有 机 化 学

（第二版）

主　编　李　玲　王　欣　孔令乾
副主编　房　方　高　星　袁碧贞
　　　　杜　清　王福东
参　编　赵　群　安　静　侯建业
　　　　鞠秀萍　卢茂芳

华中科技大学出版社
中国·武汉

内容提要

本书是为应用型本科院校学生编写的有机化学教材，编写本书是对应用型本科院校学生有机化学课程教学内容改革的一次大胆尝试。全书共分为18章，主要介绍了烃、烃衍生物及功能化合物的基本概念、基本理论和基本反应等有机化学知识。本书的特点：内容少而精，尽量增加应用知识，在内容编排方面力求适合教师讲授和学生自学。

本书适用于应用型本科药学、农学、生物学、化工及应用化学专业学生有机化学课程的教学。

图书在版编目(CIP)数据

有机化学/李玲，王欣，孔令乾主编. —2版. —武汉：华中科技大学出版社，2021.1(2025.2重印)
ISBN 978-7-5680-6751-5

Ⅰ.①有…　Ⅱ.①李…　②王…　③孔…　Ⅲ.①有机化学-高等学校-教材　Ⅳ.①O62

中国版本图书馆CIP数据核字(2021)第015090号

有机化学(第二版)
Youji Huaxue(Di-er Ban)

李　玲　王　欣　孔令乾　主编

策划编辑：王新华
责任编辑：王新华　张　萌
封面设计：原色设计
责任校对：曾　婷
责任监印：周治超
出版发行：华中科技大学出版社(中国·武汉)　电话：(027)81321913
　　　　　武汉市东湖新技术开发区华工科技园　邮编：430223
录　　排：武汉正风天下文化发展有限公司
印　　刷：武汉邮科印务有限公司
开　　本：787mm×1092mm　1/16
印　　张：22
字　　数：576千字
版　　次：2025年2月第2版第3次印刷
定　　价：52.00元

第二版前言

本教材是"应用型本科院校化学课程联编教材"之一。依据教育部相关文件和精神，由多所院校的有机化学专家、教授根据应用型本科生的培养目标和教学大纲，结合教师多年教学经验与教学工作中遇到的难题联合编写而成，选编了适用于药学、农学、生物学、应用化学及工科各专业学生必须掌握的知识体系，着重介绍了有机化学的基础理论和基本原理等内容，并力求做到简明扼要。本书的主要特点是：①内容少而精，与重点高校使用的教材相比，本书减少了复杂的结构、反应机制等纯理论部分的介绍，以学生学得懂、易掌握为宗旨；②尽量增加应用知识，特别是近年来有机化学发展前沿的相关知识，以利于培养学生的创新能力；③在内容编排方面力求详略得当，先易后难，由浅入深，语言的运用方面做到通俗易懂，言简意赅，以利于教师讲授和学生自学。

中国化学会有机化合物命名审定委员会对 1980 年《有机化合物命名原则》做了更新修订，正式发行出版《有机化合物命名原则 2017》。在本教材中，编者依据最新命名原则对有机化合物名称做了相应修订，同时增补英文命名，命名均以中英文对照形式出现，方便读者对新版命名规则的理解和掌握。

参加本书编写的有湖南中医药大学李玲、王福东、卢茂芳，信阳农林学院王欣、侯建业，聊城大学东昌学院孔令乾、鞠秀萍，南京中医药大学房方、赵群，齐鲁理工学院高星，吉林大学珠海学院袁碧贞、安静，青海民族大学杜清。由于第一版作者付出了大量的劳动，为本教材打下了良好的基础，在此表示衷心的感谢！

由于编者水平有限，教材中难免存在不妥之处，敬请广大师生提出宝贵意见。

编　者

2020 年 10 月

目　　录

第 1 章　有机化学简介

1.1　有机化合物和有机化学

1.1.1　有机化合物

有机化合物是指除 CO、CO_2、碳酸盐、氰酸和氢氰酸等以外的所有含碳化合物，简称有机物。绝大多数有机化合物都含有氢，有的还含有氧、硫、氮、磷及卤素等元素。

最初人们把那些从有生命的机体(如动物、植物)中分离出来的物质称为有机化合物，而把从无生命的矿物质中获得的物质称为无机化合物。瑞典化学家柏则里(J. J. Berzelius)提出："有机物只能存在于生物的细胞中，受一种特殊的力量作用，才能产生。"这是 17 世纪盛行的"生命力"学说的主要观点。因为就当时发现的一些有机化合物而言的确如此，如尿素取自动物尿液，谷物发酵可获得乙酸和乙醇，白蚁能分泌出甲酸，动物尸体的腐败能产生戊二胺等。

1824 年，柏则里的学生、年轻的德国化学家魏勒(F. Wöhler)在蒸发氰酸铵的水溶液时得到了尿素，从而开创了由无机物合成有机化合物历史的先河。此后，科学家们合成出许多有机化合物：如德国化学家柯尔伯(H. Kolbe)于 1845 年用木炭和水合成了乙酸；法国化学家贝特罗(P. E. M. Berthelot)于 1854 年合成了油脂；俄国的布特列洛夫(A. M. Butlerov)于 1861 年合成了糖类化合物等。大量事实证明，有机化合物也源于无生命的矿物质，"生命力"学说因此不攻自破。

1.1.2　有机化学

人们将研究有机化合物的组成、结构、性质及变化规律的自然科学称为有机化学。

作为一门独立的二级学科，有机化学主要研究含碳化合物的组成、内部结构、物理和化学性质、合成方法、有机物之间的相互转变及根据这些事实归纳出来的规律和理论等。随着科技的进步，有机化学进入了一个飞速发展的时代，已成为化学的一个重要分支。目前，有机化学已经成为一门实验技术日趋完善、研究方法日趋多样、基础理论日趋成熟的学科。

1.1.3　有机化合物的特性

与无机化合物相比，有机化合物具有如下特性：

(1) 数量庞大，组成、结构复杂。

目前，科学家们发现的无机化合物只有数十万种，而现已发现的由碳、氢、氧、硫、氮、磷等数十种元素和极少数金属元素组成的有机化合物超过了 1 000 万种，且数量还在与日俱增，每年合成出来的有机化合物就有约 15 万种。

虽然组成有机化合物的元素种类并不多，但碳原子相互结合能力很强，结合方式也多种多样。有机化合物一个分子可以含碳的数目几乎没有限制，同分异构现象也极为普遍。有机物如油脂、甾族类、维生素、生物碱及大分子化合物等，分子庞大，组成结构相当复杂。

(2) 易燃烧。

汽油、苯、乙醇、氯仿、乙酸乙酯、化纤和塑料制品等,绝大多数有机化合物容易燃烧,且燃烧成气体后无残渣,这都与其主要组成元素均含有碳和氢是分不开的。这也是有机化合物与无机化合物的显著差别之一。

(3) 熔点、沸点低。

固体有机化合物的熔点通常在 400 ℃以下,如葡萄糖为 146.5 ℃,蔗糖为 186 ℃,比无机物的熔点要低很多。液态有机化合物沸点较低,如乙酸为 117.9 ℃,乙醇为 78.5 ℃,氯丙烷为 46.6 ℃,而乙醚只有 34 ℃。

有机化合物中,原子间多为共价键,化合物的聚集状态主要靠分子间力,结合力较弱,且有机化合物多为分子晶体,故常温常压下熔、沸点较低。纯净的有机物有固定的熔点和沸点,因此熔点和沸点作为重要的物理常数可用于有机化合物的定性检验。

(4) 难溶于水。

水是强极性溶剂,而大多数有机化合物是弱极性或非极性物质,依据"相似相溶"原则,有机化合物易溶于有机溶剂而难溶水。

(5) 不导电。

有机化合物多为非电解质,故不导电。

(6) 有机化学反应速率慢、副产物多。

一些有机化学反应即使在加热、光照、催化等条件下仍要数小时、数天甚至更长时间才能完成。有机化合物中,各原子间主要以共价键相连,发生化学反应时要破坏旧键形成新键,因此反应速率慢。

有机化合物分子常由多个原子组成,发生化学反应时不局限于一个固定部位,常常可以在几个部位同时发生,故得到较多的副产物。一般在有机合成中,主产物产率能达到 60%~70%已经是很高了,而无机化学反应往往有更高的产率。

1.1.4 有机化合物的同分异构现象

在有机化学中,分子式相同而结构不同的有机化合物比比皆是。科学家把这种分子式相同而结构不同的现象称为同分异构现象,把分子式相同结构不同的化合物互称为同分异构体。为了研究的方便,也为了更确切地描述有机化合物的结构特征,又把分子中原子的连接次序和化学键的键合性质称为构造,把分子中的原子或基团在空间的特定排列形式称为构型。构造与构型同属于结构的范畴。构造异构和立体异构是最常见的异构现象,详尽的讨论将在后面的相关章节里进行。

1.1.5 有机化合物的分类

为了方便对数目庞大、种类繁多、结构复杂的有机化合物进行系统的研究,科学家们把有机化合物按以下两种方式进行分类。

1. 按碳架结构分类

依据碳架结构的不同,有机化合物可以分为四类。

(1) 开链化合物(脂肪族)。脂肪族化合物具有此种链状结构,因此开链化合物又称为脂肪族化合物。开链化合物分子中的碳原子相互连接成链状结构,碳原子之间可以是饱和的单键,也可以形成不饱和的双键或三键,如:

$CH_3CH_2CH_2CH_3$	$CH_2=CH-CH=CH_2$	$CH_3C\equiv CCH_3$	$CH_3CH_2CH_2CH_2Cl$
丁烷	丁-1,3-二烯	丁-2-炔	1-氯丁烷

(2) 脂环(族)化合物。分子中碳原子连成环状，其性质与脂肪族化合物相似的有机化合物，称为脂环化合物。环中的化学键可以是单键、双键或三键。如：

环戊烷

环己-1,4-二烯

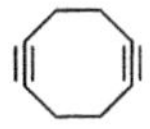
环辛-1,5-二炔

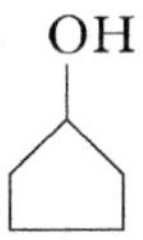
环戊醇

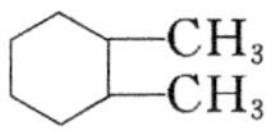
1,2-二甲基环己烷

(3) 芳香族化合物。分子中含有苯环或其他芳香环的有机化合物，称为芳香族化合物。芳香族化合物具有芳香性，与脂环族化合物有本质上的差别，是一类具有特殊结构的环状化合物。如：

苯

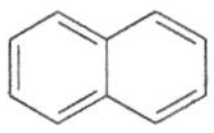
萘

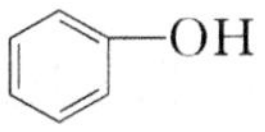
苯酚

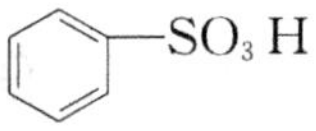
苯磺酸

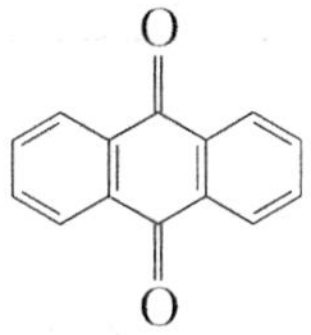
蒽-9,10-醌

(4) 杂环化合物。碳环分子中有杂原子(如 N、O、S 等)参与成环的有机化合物，称为杂环化合物。绝大多数药物和半数以上的其他有机化合物是杂环化合物。常见的杂环化合物如下：

呋喃

吡咯

吡啶

噻吩

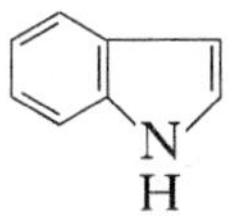
吲哚

2. 按官能团分类

有机化合物的性质除了与其碳架结构有关外，还和分子内某些特殊原子或原子团有关。这些能决定化合物基本性质的原子或原子团称为官能团，又称功能基。含有相同官能团的化合物性质十分接近，将其归为一类。按官能团不同进行分类，对于有机化合物的研究十分方便。表 1-1 列举了按官能团分类时常见有机化合物的类别与官能团。

表 1-1　常见有机化合物的类别与官能团

化合物类别	化合物举例	官能团构造	官能团名称
烯烃	$CH_2=CH_2$	$\gt C=C \lt$	双键
炔烃	$CH\equiv CH$	$-C\equiv C-$	三键
卤代烃	C_2H_5-X	$-X(F,Cl,Br,I)$	卤基(卤素原子)
醇和酚	C_2H_5OH,C_6H_5OH	$-OH$	羟基
醚	$C_2H_5-O-C_2H_5$	$(C)-O-(C)$	醚键
醛	$CH_3-\underset{\underset{O}{\Vert}}{C}-H$	$-\underset{\underset{O}{\Vert}}{C}-H(-CHO)$	醛基

续表

化合物类别	化合物举例	官能团构造	官能团名称
酮	$CH_3-\underset{\substack{\Vert \\ O}}{C}-CH_3$	$(C)-\underset{\substack{\Vert \\ O}}{C}-(C)$	酮基
羧酸	$CH_3-\underset{\substack{\Vert \\ O}}{C}-OH$	$-\underset{\substack{\Vert \\ O}}{C}-OH(-COOH)$	羧基
腈	CH_3-CN	$-CN$	氰基
胺	CH_3-NH_2	$-NH_2$	氨基
硝基化合物	CH_3-NO_2	$-NO_2$	硝基
硫醇	C_2H_5-SH	$-SH$	巯基
磺酸	$C_2H_5-SO_3H$	$-SO_3H$	磺酸基

1.2 有机化合物的化学键

有机化合物多为碳氢化合物及其衍生物。有机化合物分子中主要的化学键是共价键,具体而言最常见的就是碳氢原子间的共价键。共价键理论在无机化学中已讨论得很深入,这里只做简单回顾。

1.2.1 共价键的形成

经典共价键概念是1916年由美国科学家路易斯(G. N. Lewis)提出的。路易斯认为,分子中的每一个原子都有形成与稀有气体具有相同电子结构的趋势,以求得自身的稳定。而达到这种稳定结构不一定依靠电子的转移来完成,也可以通过共用电子对的形式来实现。例如:

H:H　或记为　H—H

H:H 称为路易斯电子结构式,简称路易斯式。H—H 称为短线式或价键式。这是有机化学中最常用的表示分子的式子。再如:

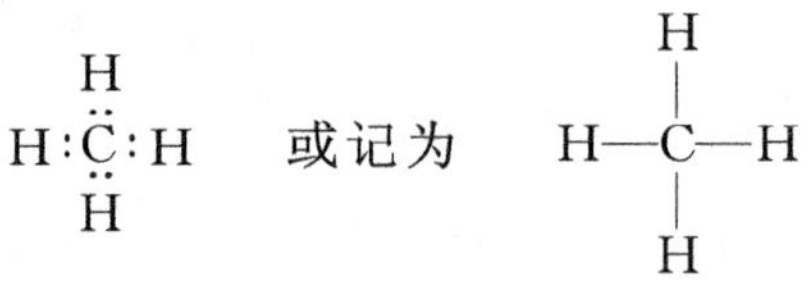

甲　烷

碳原子外层轨道由于具有4个电子,故可与4个氢原子提供的4个单电子配对,形成具有4个共价键的甲烷分子。甲烷分子中的碳原子具有8电子构型,符合八隅律。每个氢原子都与碳共用一对电子,达到了与氦一样稳定的2电子构型。

碳与氢之间共用一个电子对,形成共价单键,也称饱和共价键。若碳与碳之间共用两对或三对电子,还可以形成共价双键和共价三键。如:

乙　烯

$$H{:}C{⋮⋮}C{:}H \quad 或记为 \quad H—C≡C—H$$

乙　炔

经典共价键理论虽然能够描述一些简单分子的结构，但对共价键形成的本质却无法作出圆满解释，对 BF_3、PCl_5 等缺电子和多电子化合物的讨论也遇到了困难。因此化学家们又提出了现代共价键理论。

1. 现代价键理论

1927 年，海特勒（W. Heitler）和伦敦（F. London）两位科学家用量子力学的方法处理 H_2，解决了两个氢原子间化学键的本质问题，并将对 H_2 的处理结果推广到其他分子中，使共价键理论从经典的路易斯理论发展到今天的现代价键理论（valence bond theory，VB）。

现代价键理论认为，共价键是由成键原子的原子轨道之间相互重叠（或称交盖）而形成的。双原子分子中，两个原子轨道上自旋反平行（即自旋相反）的两个电子在轨道重叠区域内为两个原子所共用，因此增加了两原子核间的引力，减少了两核之间的斥力，降低了体系的能量而形成共价键。

由于除 s 轨道以外，其他成键的原子轨道形状各异，均为非球形对称，故原子轨道重叠面积的大小与重叠时的空间取向有关，这使共价键具有明显的方向性。又由于一个原子的未成对电子若与另一个原子的未成对电子配对，就不能再与第三个电子配对，因此共价键又具有饱和性。

成键的两个原子核间的连线称为键轴。按成键轨道与键轴的关系，共价键分为两种类型：一种是 σ 键，另一种是 π 键。

σ 键：将成键轨道沿键轴旋转任意角度，轨道的图形及符号均不改变，即 σ 键的键轴是成键轨道的任意多重轴。形象化地描述其成键过程，σ 键可看成是成键轨道的"头碰头"重叠而成的。HCl 分子中的 σ 键如图 1-1 所示。

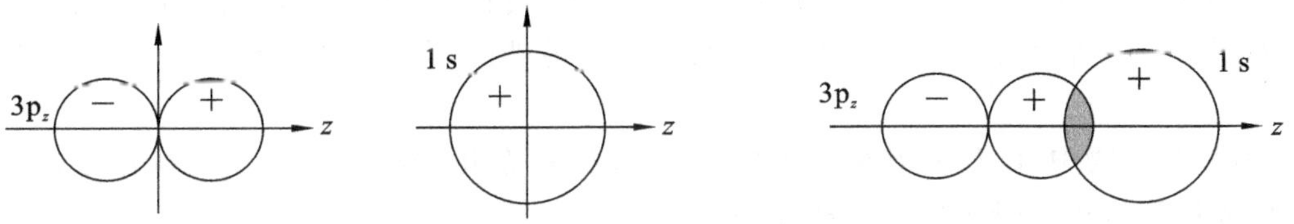

图 1-1　HCl 分子的 σ 键

π 键：成键轨道绕键轴旋转 180°时，图形复原，但符号相反。形象化地描述 π 键的成键过程，可以看成 π 键是成键轨道"肩并肩"重叠而成的，如图 1-2 所示。

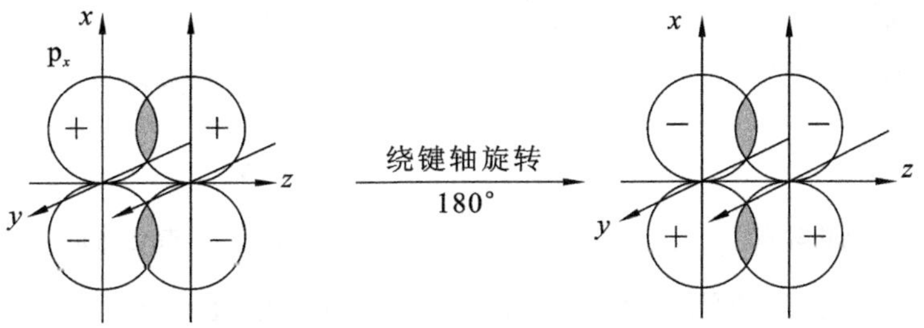

图 1-2　π 键的原子轨道重叠方式及对称性

价键理论既无法解释 CH_4 的分子空间构型，也无法解释在讨论 BF_3、PCl_5 等分子的形成原因时所遇到的困难。1931 年，鲍林（L. Pauling）又提出了杂化轨道理论，成功地解释了价键理论遇到的难题，并运用这个理论较好地说明了分子构型等问题。

2. 杂化轨道理论

杂化轨道理论在无机化学中已经作过详尽介绍。有机化学中以碳的杂化最为重要，因此这里以碳原子为例，通过对碳原子杂化过程的讨论，对杂化轨道理论做一些简单回顾。杂化轨道理论认为，碳原子的价电子构型虽为 $2s^2 2p_x^1 2p_y^1 2p_z^0$，但形成有机化合物分子时，基态原子吸收一定的能量首先进行电子跃迁，形成 $2s^1 2p_x^1 2p_y^1 2p_z^1$(激发态)。然后能量相近的 2s 轨道与 2p 轨道进行重新组合(称为杂化)，组合成能量相等的几个新轨道(称为杂化轨道)。杂化轨道的数目与参加杂化的原子轨道的数目相同，每个杂化轨道中有一个单电子，故能与另外含有自旋方向相反单电子的原子轨道成键。

在有机化合物中，碳原子轨道的杂化方式有三种类型，即 sp^3 杂化、sp^2 杂化和 sp 杂化。

(1) sp^3 杂化。激发态碳原子的 2s 轨道与三个 2p 轨道进行杂化，形成四个能量相等的 sp^3 杂化轨道，此过程称为 sp^3 杂化。所得到的四个 sp^3 杂化轨道中，每个轨道占有一个电子，故碳原子是 4 价的。每个 sp^3 杂化轨道占有 1/4 s 轨道成分和 3/4 p 轨道成分。轨道图形如图 1-3(a)所示。为使成键轨道之间排斥力最小，四个 sp^3 杂化轨道力图相距最远，故采取的空间排布方式是以碳原子为中心，sp^3 杂化轨道分别指向正四面体的四个顶点，同时两个轨道对称轴之间的夹角保持 109.5°，如图 1-3(b)所示。

有机化合物烷烃中的碳原子(和其他原子以单键相连的碳)常采取 sp^3 杂化方式，故被称为 sp^3 杂化碳原子。

(2) sp^2 杂化。激发态碳原子的 2s 轨道与两个 2p 轨道进行杂化，组成三个能量相等的 sp^2 杂化轨道，此过程称为 sp^2 杂化。每个 sp^2 杂化轨道中占有 1/3 s 轨道成分和 2/3 p 轨道成分。碳原子的一个 p 轨道未参与杂化。sp^2 杂化轨道形状与 sp^3 杂化轨道类似，如图 1-4(a)所示。为减小轨道间的相互斥力，三个 sp^2 杂化轨道对称分布于碳原子周围，并处于同一平面，轨道对称轴间夹角为 120°，呈平面三角形，如图 1-4(b)所示。未参加杂化的 p 轨道垂直于该平面，如图 1-4(c)所示，若其与另一原子平行的 p 轨道进行“肩并肩”重叠，则可形成 π 键，产生双键。

在有机化合物中，以双键相连的碳原子常采取 sp^2 杂化，被称为 sp^2 杂化碳原子。如羰基化合物、烯烃等与双键相连的碳均为 sp^2 杂化。

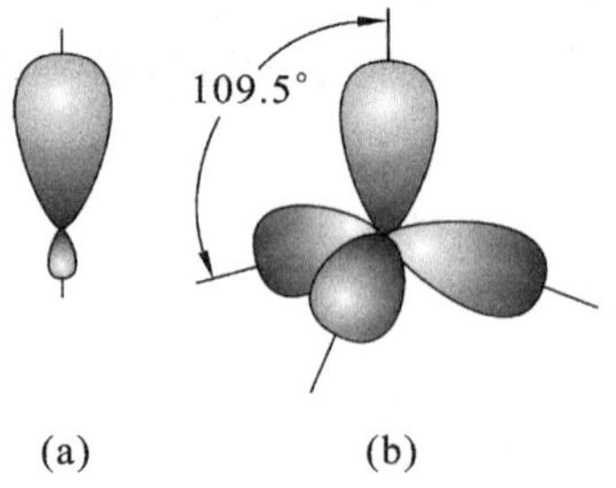

图 1-3　碳原子的 sp^3 杂化轨道

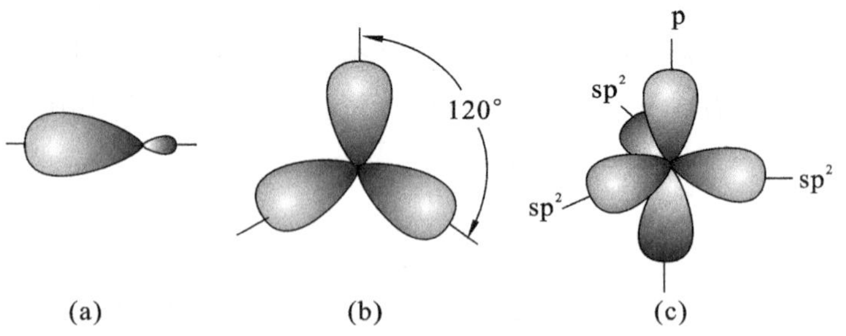

图 1-4　碳原子的 sp^2 杂化轨道

(3) sp 杂化。激发态碳原子的 2s 轨道仅与一个 2p 轨道进行杂化，组成两个能量相等的 sp 杂化轨道，此过程称为 sp 杂化。碳原子中另两个 2p 轨道未参与杂化。每个 sp 杂化轨道中，各占有 1/2 s 轨道成分和 1/2 p 轨道成分。sp 杂化轨道形状与 sp^3、sp^2 杂化轨道相似，如图 1-5(a)所示。两个 sp 杂化轨道为减小相互斥力，其对称轴夹角为 180°，呈直线形分布，如图 1-5(b)所示。两个未参与杂化的 2p 轨道的对称轴之间相互垂直，如图 1-5(c)所示。这两个 p 轨道若同与之相平行的另一原子的两个 p 轨道相互"肩并肩"重叠，则可形成三键化合物。三键相连的碳原子价态依然保持 4 价。

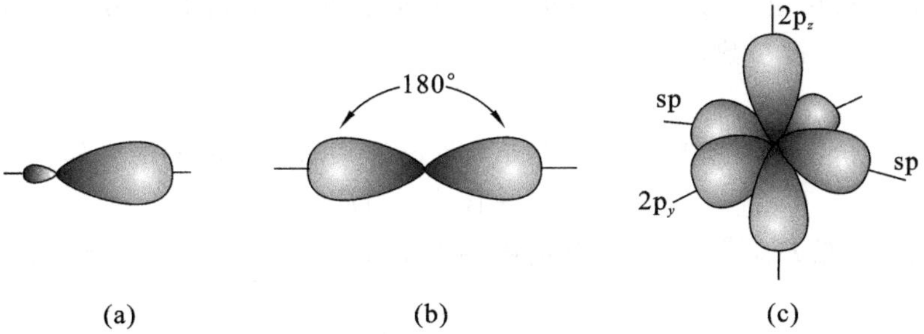

图 1-5　碳原子的 sp 杂化轨道

在有机化合物中，以三键相连的碳原子采取 sp 杂化，被称为 sp 杂化碳原子，如—C≡N、炔烃的三键碳等均采取 sp 杂化。

3. 分子轨道理论

分子轨道是从分子整体的角度研究电子的运动状态。分子轨道理论认为，原子形成分子后，电子不再受某个原子独自约束，而是在整个分子内运动，这种运动可看作是离域的。与原子轨道相似的是，每个分子轨道也有特定的空间形状、大小和一定的能级。原子轨道电子排布的基本原理和规则依然适用于分子轨道中电子的排布。

分子轨道是由原子轨道线性组合而成的。有几个原子轨道参加组合，相应的就可以组合成几个分子轨道。分子轨道中，核间电子云密度增大的轨道称为成键分子轨道，核间电子云密度减小的轨道称为反键分子轨道，分别用 Ψ 和 Ψ^* 表示。分子轨道由于原子轨道重叠方式的差异，仍然有 σ 轨道和 π 轨道之分，这一点与价键理论中价键的类型十分相近。反键轨道则用 σ^* 和 π^* 表示。

H_2 形成分子轨道时，两个氢原子的 s 轨道重新组合，形成 σ 成键和 σ^* 反键轨道。通常基态下，H_2 的两个电子都填入 σ 成键轨道中，σ^* 反键轨道中则是空的，如图 1-6 所示。

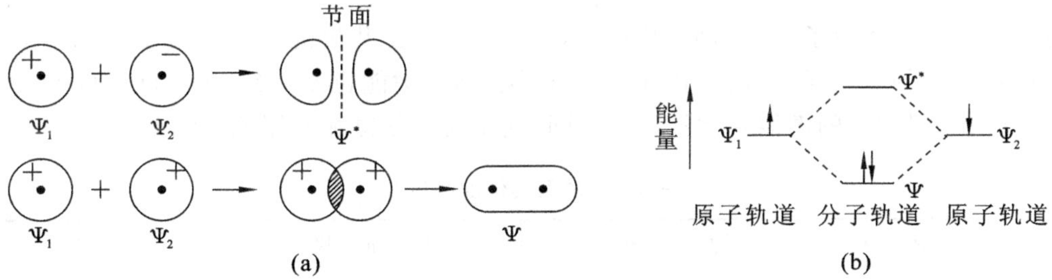

图 1-6　氢原子形成的 σ 分子轨道与 H_2 轨道能级图

在分子轨道理论中，原子轨道组成分子轨道时必须满足能量相近、最大重叠和对称性匹配(即对称性相同或位相相同)三个基本原则。

在有机化学中，价键理论和分子轨道理论都能有效地处理有机化合物的分子结构问题。价键理论通常是以定域的观点，即从电子对为两个原子所共用的角度来处理分子；而分子轨道理论则从"形成共价键的电子是分布于整个分子中"的离域观点来解释问题的。前者较直观形象，易于理解，故运用较多，后者通常用以讨论离域体系。

1.2.2　共价键的属性

共价键的属性可由量子力学的计算进行定量描述，也可用几个常用的物理量简单地加以描述，这些物理量称为键参数。

1. 键能

键能指形成共价键体系所释放的或拆开共价键体系所吸收的能量。如：

$$AB = A + B \qquad \Delta H = E_{AB}$$

对于双原子分子，键能 E_{AB} 等于分子 AB 的解离能 D_{AB}。而对于多原子分子来说，键能则为平均解离能。例如：

$$NH_3 = H + NH_2 \qquad D_1 = 435\ kJ/mol$$

$$NH_2 = H + NH \qquad D_2 = 377\ kJ/mol$$

$$NH = H + N \qquad D_3 = 314\ kJ/mol$$

三个解离能的数值不同，$D_1 > D_2 > D_3$，N—H 键的键能若以 E_{N-H} 表示，则 $E_{N-H} = \frac{1}{3}(D_1 + D_2 + D_3) = 375.3\ kJ/mol$。

键能反映了共价键的强度。键能越大，共价键越牢固。表 1-2 列举了常见共价键的键能。

表 1-2　常见共价键的键能

共　价　键	键能/(kJ/mol)	共　价　键	键能/(kJ/mol)
C—C	347	C—Cl	339
C—H	414	C—Br	285
C—N	305	C—I	218
C—O	360	C═C	611
C—F	485	C≡C	837

2. 键长

分子中成键的两原子核间的平均距离称为键长。常见共价键的键长如表 1-3 所示。键长越小，键越强。不同化合物中，相同键的键长可能不同，键能也不一致，如 CH_3OH 与 C_2H_6 中均有 C—H 键，但它们的键能和键长各不相同，这是受其他键相互影响的结果。

表 1-3　常见共价键的键长

共　价　键	键　长/nm	共　价　键	键　长/nm
C—C	0.154	C—Cl	0.177
C—H	0.109	C—Br	0.191
C—N	0.147	C—I	0.212
C—O	0.143	C═C	0.134
C—F	0.141	C≡C	0.120

3. 键角

分子中键与键之间的夹角称为键角。键角是决定分子几何构型的重要因素。键角的大小与成键的中心原子有关，也随着分子结构不同而改变。如 H_2S 分子中，H—S—H 键角为 92°，

这决定了 H_2S 的分子为“V”形结构。CO_2 分子中，O—C—O 键角为 180°，所以 CO_2 为直线形分子。

通常只有在多原子分子中才涉及键角这个物理常数。

4. 键的极性和极化性

当两个相同原子成键时，其电子云对称地分布于两个原子中间，这种键是无极性的。这种共价键称为非极性共价键，这种分子称为非极性分子，如 H_2、Cl_2 等。但当两个不同原子成键时，由于两种元素的电负性(X)不同，即吸引电子的能力不同，成键电子云非对称地分布在两核之间，在电负性较大的原子一端电子云密度较大，具有部分负电荷性质，用 δ^- 表示；另一端电子云密度较小，具有部分正电荷性质，用 δ^+ 表示。这种共价键是有极性的，称为极性共价键或简称极性键(polar bond)。例如：

$$\overset{\delta^+}{\mathrm{H}}—\overset{\delta^-}{\mathrm{Cl}} \qquad \mathrm{H_3}\overset{\delta^+}{\mathrm{C}}—\overset{\delta^-}{\mathrm{Cl}} \qquad \mathrm{H_3}\overset{\delta^+}{\mathrm{C}}—\overset{\delta^-}{\mathrm{O}}\mathrm{H}$$

共价键的极性大小取决于成键两原子的电负性值之差 ΔX，与外界条件无关，是永久的性质。表 1-4 中为常见元素的鲍林电负性值(Pauling 值)。

表 1-4　常见元素的鲍林电负性值(近似值)

H						
2.1						
Li	Be	B	C	N	O	F
1.0	1.5	2.0	2.5	3.0	3.5	4.0
Na	Mg	Al	Si	P	S	Cl
0.9	1.2	1.5	1.8	2.1	2.5	3.0
						Br
						2.8
						I
						2.5

同一元素的电负性随杂化状态的不同而有显著差异。如碳、氮的鲍林电负性值如表 1-5 所示。

表 1-5　碳、氮的鲍林电负性值(较精确)

	sp^3	sp^2	sp	乙炔中
C	2.48	2.75	3.29	3.44
N	3.08	3.94	4.67	

键的极性大小一般用偶极矩(dipole moment)表示。偶极矩(μ)定义：

$$\mu = q \cdot d$$

式中：q 为正、负电荷中心上的荷电量，单位为 C(库仑)；d 为正负电荷中心间距离(偶极长)，单位为 m；偶极矩(μ)的单位为 C · m。偶极矩是用来衡量键极性大小的物理量。几种化合物的偶极方向和偶极矩如图 1-7 所示。

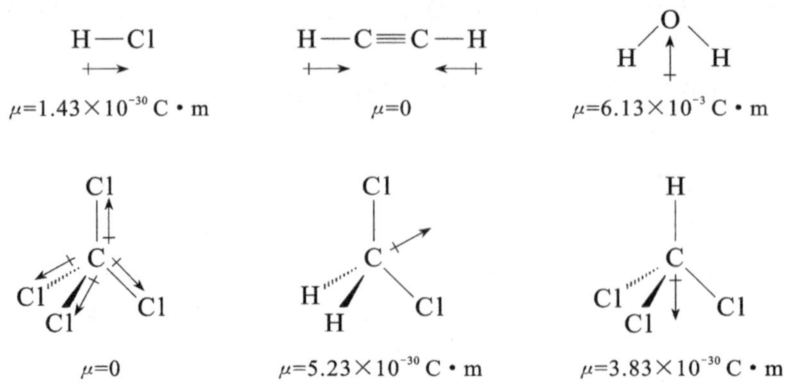

图 1-7　几种化合物的偶极方向和偶极矩

偶极矩是一个向量,具有方向性,一般用"+⟶"表示,箭头由 δ^+ 到 δ^-。偶极矩值越大,键的极性也越大。分子极性的大小也可用偶极矩来度量,它是分子中各个共价键偶极矩的向量和。例如甲烷和四氯化碳的分子中虽含极性键,但由于分子中呈正四面体分布的各键偶极矩的向量和等于零,故甲烷和四氯化碳都是非极性分子。又如一氯甲烷和二氯甲烷分子中的C—Cl 键的电荷未被抵消,故一氯甲烷和二氯甲烷均为极性分子。可见,双原子分子中键的偶极矩即是分子的偶极矩,但多原子分子的极性则不然,它不仅决定于键的极性,而且还决定于各键在空间分布的方向。

上述键和分子的极性皆非借助电场作用而产生的,它们均处于静态。但当极性或非极性分子处于外界电场时,电场对分子中的共价键即产生影响,引起电子云密度的重新分布,使分子中的正、负电荷中心产生位移,分子和共价键的偶极矩产生了一个细小的增值 $\Delta\mu$,使分子原有的极性进一步增强;非极性分子也会变为瞬时极性分子。这种由于外界电场作用而引起键的极性变化现象称为键的极化(polarization)。因为分子中成键原子或键的类型,以及分子中原子的连接方式等不同,所以受外界电场的影响也不同,从而导致键的极化程度难易不同,分子和共价键产生暂时极性的能力一般称为极化度(polarizability)。键的极化度大小主要取决于成键原子电子云流动性和原子半径的大小,共价键成键电子云流动性越大,成键原子的原子半径越大,键的极化度也越大;反之键的极化度也就越小。例如,C—X(X 代表卤素)键的极化度按如下顺序递增:C—F<C—Cl<C—Br<C—I。又如 π 键比 σ 键的极化度大,如非极性分子的乙烯 ($CH_2{=}CH_2$)分子若与试剂作用,则一般易发生加成反应,这是因为乙烯分子中具有流动性较大的 π 电子云,易受试剂的影响,分子中的 π 键起着决定性作用。

键的极化是在外界电场作用下产生的,如果消除外界电场的影响,它即恢复原来状态,这是一种动态的暂时现象。

共价键是有机化合物分子中的主要键型,共价键的键能和键长反映了的键的强度,即分子的热力学稳定性;键角反映了分子的空间形象;偶极距和键的极化性反映了分子的化学反应活性。实际上共价键的各种属性都在不同程度上影响着分子的理化性质。

1.2.3　共价键的断裂和有机反应的类型

有机化学反应都牵涉到原有化学键的断裂和新化学键的生成。

1. 共价键的断裂

共价键的断裂方式分为均裂和异裂两种。

（1）均裂。共价键断裂过程中，共用电子对由两个原子各保留一个，这种断键方式称为均裂。均裂往往需要高温或光照等条件，均裂产生具有未成对电子的原子或原子团，称为自由基或游离基。

$$R:L \xrightarrow{\text{均裂}} R\cdot + L\cdot$$

（2）异裂。成键共用电子对完全被成键原子中的一方单独占有，形成正离子和负离子，这种断键方式称为异裂。异裂往往需要酸、碱或极性试剂催化，通常在极性溶剂中进行。

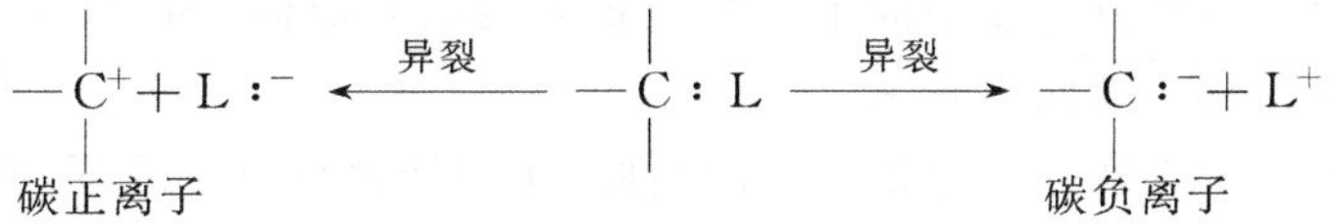

碳正离子、碳负离子是在反应中暂时生成和瞬间存在的活性中间体。它们与无机反应中的正、负离子大不相同。严格地说，这种“离子型”中间体不具有无机反应中正、负离子的真正含义。

2. 有机反应的类型

依据共价键断裂方式和生成活性中间体的不同，有机化学反应可分为三种类型。

（1）自由基反应。通过共价键均裂生成自由基活性中间体而引发的反应称为自由基反应，如甲烷的氯代反应等。

（2）离子型反应。通过共价键异裂生成碳正离子或碳负离子活性中间体引发的反应称为离子型反应。离子型反应又可根据试剂的性质进一步分类。

有机化学反应中，试剂可分为两类：对碳正离子有亲和力的试剂称为亲核试剂；对碳负离子具有亲和力的试剂称为亲电试剂。与试剂发生反应的化合物称为底物。底物与亲核试剂的反应，称为亲核反应；底物与亲电试剂的反应称为亲电反应。

（3）协同反应。反应过程中，旧键的断裂与新键的形成同时进行，无活性中间体生成，这类反应称为协同反应。协同反应是通过一个环状过渡态的形成一步完成的反应，如双烯合成反应等。

此外，有机反应还可依据产物与原料的关系分为取代反应、加成反应、消除反应和氧化还原反应等。在研究有机反应时，人们更多地习惯于把有机反应的两种分类方法融为一体来使用：如烯、炔烃与卤素的加成称为亲电加成反应；芳香化合物的卤化、硝化称为亲电取代反应；醛、酮的羰基加成称为亲核加成反应；卤代烃的水解称为亲核取代反应；烷烃的卤代称为自由基取代反应。

思考题 1-1　下列化合物是亲电试剂还是亲核试剂，或两者都是？

① Br_2　② NaCN　③ $(CH_3)_2CHOH$　④ $AlCl_3$

1.3　分子间作用力和氢键

1.3.1　分子间作用力

分子间作用力也称范德华力（van der Walls force），它是存在于分子间的一种弱的短程力，比化学键力弱得多。分子间作用力是决定有机化合物的熔点、沸点、汽化热、熔化热及溶解度等物理性质的重要因素。

依据产生原因的不同，分子间作用力分为色散力、诱导力和取向力三种。色散力是普遍存在的。在非极性分子中,由于电子的运动和核的振动,总会因电子与核之间发生相对位移而产生分子的瞬时偶极。不同分子间的瞬时偶极总是处于异极相邻的状态。瞬时偶极间的作用力称之为色散力。极性分子与非极性分子相互靠近时,极性分子固有偶极电场的作用可使非极性分子变形并产生诱导偶极。这种固有偶极与诱导偶极间的作用力称为诱导力。同理,极性分子固有偶极的电场也可以作用于极性分子,使极性分子偶极矩增大,故极性分子与极性分子之间也存在诱导力。当极性分子彼此靠近时,分子间除存在色散力、诱导力以外,由于分子的固有偶极之间同极相斥,使分子在空间上按异极相邻的状态取向,因而产生分子间力,此称为取向力。分子的极性越大,取向力越大。

总之,在非极性分子之间只有色散力;在极性分子与非极性分子之间,既存在色散力,也存在诱导力;在极性分子与极性分子之间,三种力皆存在。色散力存在于一切分子之间,且通常是最重要的一种分子间作用力,它对物质的存在状态、熔点、沸点等物理性质具有至关重要的影响。

1.3.2 氢键

以 H 原子为中心形成的 X—H···Y 键称为氢键。X 与 Y 可以相同,也可以不同,但必须是电负性很大的原子,如 N、O 或 F 等。

氢键的形成条件:①要有一个与电负性很大、半径较小的原子以共价键结合的 H 原子;②靠近 H 原子的另一个原子除电负性大、半径小以外,还要具有孤对电子。

氢键的特点:①氢键强于范德华力,但比化学键力弱很多,其键能仅为 10～40 kJ/mol;②氢键具有方向性和饱和性,X、H 和 Y 三个原子尽量在一条直线上,键角接近 180°;每一个 X—H 通常只能与一个 Y 原子形成氢键,即氢键中 H 的配位数为 2。

氢键常存在于醇、酚、羧酸、胺、氨基酸、蛋白质及核酸等有机化合物中。氢键可分为分子内氢键和分子间氢键两种,分子内氢键常见于邻位芳香取代物,如邻硝基苯酚、邻二苯酚、邻羟基苯甲醛等。氢键的存在会对有机物的熔点、沸点具有显著影响:分子间氢键的形成可使物质的熔点、沸点升高,如相同碳数的醇要比烷烃沸点高许多;分子内氢键的形成会使其熔点和沸点低于同类化合物,如邻硝基苯酚沸点为 45 ℃,而对硝基苯酚沸点为 114 ℃。

思考题 1-2 具有极性共价键的分子一定是极性分子吗?请举例说明。

1.4 有机化学中的酸碱理论

有机化学中涉及的酸碱理论主要是酸碱质子理论和酸碱电子理论。

1.4.1 质子酸碱的概念

1923 年布朗斯特(Bronsted)和劳瑞(Lowry)分别提出了酸碱质子理论。该理论认为,凡在一定条件下能给出质子(H^+)的物质为酸,能接受质子的物质为碱。质子酸碱概念完全脱离了阿伦尼乌斯(Arrhenius)电离学说只有在水溶液中才有酸碱的限制。例如:

$$\underset{\text{酸 1}}{HCl} + \underset{\text{碱 2}}{NH_3} \rightleftharpoons \underset{\text{碱 1}}{Cl^-} + \underset{\text{酸 2}}{NH_4^+}$$

上述反应中,失去质子的 HCl 是酸,接受质子的 NH_3 是碱。反应可以逆向进行,Cl^- 能接受 H^+ 故为碱,NH_4^+ 能给出 H^+ 故为酸。酸碱反应总是强酸与强碱作用,向着生成弱酸和弱碱的方向进行。

许多有机化合物如羧酸、醇、苯酚、苯磺酸等能给出质子，因此是常见的质子酸；乙醚、胺、甲氧负离子、苯氧负离子等能接受质子，故为质子碱。而既能接受质子又能给出质子的物质，如甲醇、甲胺等也可称为两性物质。

酸的强弱取决于它释放质子能力的大小，易给出质子的物质是强酸，易接受质子的物质是强碱。强酸给出质子后变为弱碱，并与其组成共轭酸碱对，如 CH_3COOH 与 CH_3COO^- 即为共轭酸碱对。强碱接受质子即变成弱酸，二者也可组成共轭酸碱对。

化合物酸碱性的强弱与介质有关。若在水介质中，即以 H_2O 和 H_3O^+ 为标准的共轭酸碱，通常借助电离理论中的 K_a 或 K_b（也可用 pK_a 或 pK_b，$pK_a=-\lg K_a$）来比较酸碱的强弱。K_a 值越大（或 pK_a 越小）的酸，其酸性越强。碱的强弱也可用 K_b 或 pK_b 的大小加以比较。

由于质子酸碱的概念最早是由布朗斯特和劳瑞提出的，为了纪念这两位科学家，人们也称质子酸碱为布朗斯特酸碱，简称布氏酸碱。

1.4.2　电子酸碱的概念

电子酸碱的理论最早是路易斯(Lewis)提出来的，故也称为路易斯酸碱，简称路氏酸碱。

酸碱电子理论认为，凡在反应中提供电子对的物质都是碱，如 OH^-、CN^-、NH_2^-、X^-、RO^-、R^-等，碱是电子对的给予体；凡在反应中接受电子对的物质都是酸，如 BF_3、H^+、Na^+、Ag^+、$FeCl_3$、R^+等，酸是电子对的接受体。酸和碱反应的产物，称为酸碱配合物。如：

$$\underset{\text{酸}}{FeCl_3}+\underset{\text{碱}}{Cl^-}=\!=\!=\underset{\text{酸碱配合物}}{FeCl_4^-}$$

$$\underset{\text{酸}}{H^+}+\underset{\text{碱}}{RO^-}=\!=\!=\underset{\text{酸碱配合物}}{ROH}$$

路易斯酸通常是具有空轨道原子的分子或正离子。例如，H^+价电子层是空的，它接受一对电子可达到稳定结构，可见路易斯酸是缺电子体系。又如 BF_3中的 B 原子，价层电子数为6，可以接受一对电子达到八隅体，故 H^+ 与 BF_3均为路易斯酸。路易斯碱通常是具有孤对电子的分子或负离子，如 NH_3、OH^-中，N 和 O 都具有孤对电子，可见路易斯碱是多电子体系。在有机反应中，路易斯酸是常见的亲电试剂，路易斯碱则是常见的亲核试剂，在加成和取代反应中都具有重要作用。

路易斯酸碱与布朗斯特酸碱在描述物质性质方面是一致的，但路易斯酸碱比布朗斯特酸碱范围更广泛。二者在有机化学中均较为常见且具有重要用途。

1.5　如何学好有机化学

有机化学在人们的日常生活、工农业生产、科学研究及国防建设等领域都具有重要用途。人们的衣食住行都离不开有机化学，如棉、麻、丝、毛、橡胶这些天然材料都是重要的有机化合物，烟、酒、糖、茶也都是有机化合物，蛋白质、氨基酸、核酸等化合物更是生物体不可缺少的基础有机物质。

有机化学是一门重要的专业基础课。许多后继课程都需要以有机化学课为基础，很多专业的研究生入学考试也都要考有机化学这门课程。

有机化学属于一类描述性科学，知识体系庞大、内容繁杂，信息量也极大，这给学生的学习带来了较大困难。学好有机化学课，至少应该做到以下几点：

(1) 课前要认真预习；

(2) 课上要认真听讲，抓住重点，做好笔记；

(3) 课后要对课堂内容认真回顾，掌握重点，并有效地利用习题集独立完成作业；

(4) 对每一单元的学习内容要经常复习巩固；

(5) 要适当阅读一些课外参考书和相关资料；

(6) 重视有机实验，注重理论联系实际，通过实验加深对理论知识的理解和记忆。

习　题

1. 名词解释。

(1) 有机化合物　(2) 键能　(3) 极性键

(4) 官能团　(5) 结构简式　(6) 均裂和异裂

(7) sp 杂化和 sp^2 杂化　(8) 氢键　(9) Lewis 酸和 Lewis 碱

(10) 固有偶极和瞬时偶极　(11) 离子型反应与自由基反应　(12) 亲电反应和亲核反应

2. 用 δ^+ 和 δ^- 表示下列各键的极性方向。

(1) $CH_3CH_2—Br$　(2) $H—NH_2$　(3) $CH_3—NH_2$

(4) $CH_3—OH$　(5) $CH_3—MgBr$　(6) $C_4H_9—Li$

3. 指出下列化合物官能团名称以及各属于何类化合物。

(1) 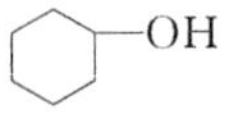　(2) 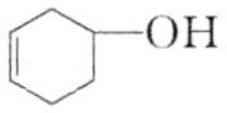　(3) 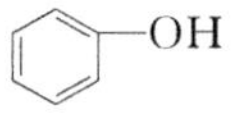

(4) 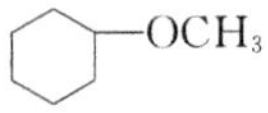　(5) $CH_3\overset{O}{\overset{\|}{C}}—H$　(6) $CH_3\overset{O}{\overset{\|}{C}}—CH_3$

(7) 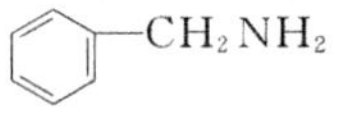　(8) 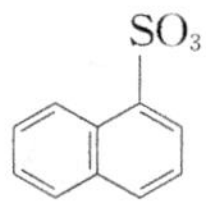　(9) 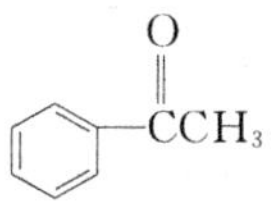

(10) $CH_3\overset{OH}{\overset{|}{C}}HCOOH$　(11) $CH_3\overset{O}{\overset{\|}{C}}—OC_2H_5$　(12) 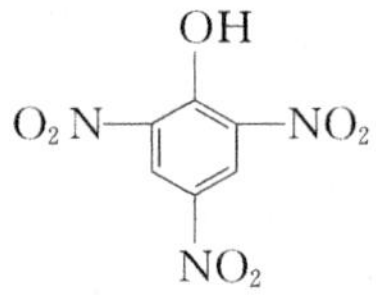

(13) 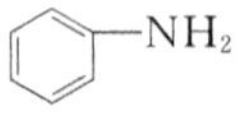　(14) CH_3CH_2Cl　(15) $CH_2═\overset{CH_3}{\overset{|}{C}}—CONH_2$

4. 下列酸碱反应中哪些化合物是酸？哪些化合物是碱？

(1) $CH_3CH_2OCH_2CH_3 + H_2SO_4 \rightleftharpoons (CH_3CH_2)_2\overset{+}{O}H + HSO_4^-$

(2) $CH_3NH_2 + H_2O \rightleftharpoons CH_3NH_3^+ + OH^-$

(3) $CH_3COOH + H_2O \rightleftharpoons CH_3COO^- + H_3O^+$

(4) $BF_3 + CH_3OCH_3 \rightleftharpoons (CH_3)_2\overset{+}{O}—\overset{-}{B}F_3$

(5) $CH_3^+ + Br^- \rightleftharpoons CH_3Br$

5. 下列化合物哪些属于同一类，称为何种化合物？哪些同属一族，为何族化合物？

(1) 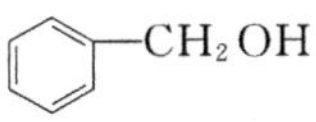

(2) 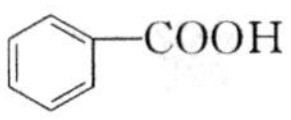

(3) 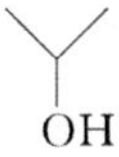

(4) 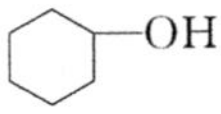

(5) 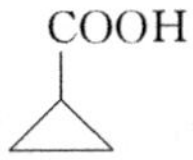

(6) 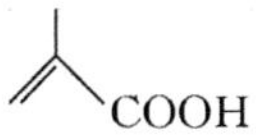

(7) 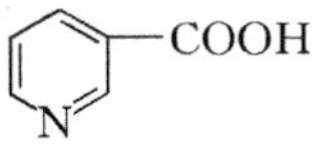

(8) 

(9) 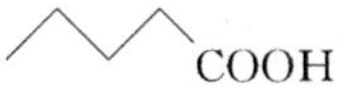

第 2 章　烷　　烃

烷烃又名饱和烃，是分子中的碳原子以单键互相连接成链的烃类，也是有机分子中结构最为简单的化合物。

2.1　烷烃的通式、同系列

在烷烃化合物中化学键全部为单键，碳除与碳以单键相连外，其余的键都被氢原子所饱和。烷烃中碳氢的组成通式为 C_nH_{2n+2}。

烷烃从甲烷开始，每增加一个碳原子就增加两个氢原子，因此含碳原子数不同的两个烷烃分子之间总是相差一个或几个 CH_2。这种组成通式相同、结构相似，而在组成上相差一个或几个 CH_2 的一系列化合物称为同系列。同系列中各物质之间互称为同系物。例如：CH_4、CH_3CH_3、$CH_3CH_2CH_3$、$CH_3CH(CH_3)_2$ 都属于烷烃的同系列，且互相之间称为同系物。同系列中化合物的化学性质相似，物理性质随碳原子数的增加而有规律地变化。

2.2　烷烃的构造异构和命名

2.2.1　烷烃的构造异构

有机化合物的结构是包括分子中原子间的连接次序、原子间的相对空间位置、化学键的结合状态以及分子中电子的分布状态等各项内容在内的总称。由于分子中原子的连接次序和键合性质不同引起的异构现象称为构造异构。烷烃的构造异构是因碳的连接方式不同引起的，所以烷烃的构造异构又称为碳链异构。例如，庚烷（C_7H_{16}）就有如下几种碳链排列方式。

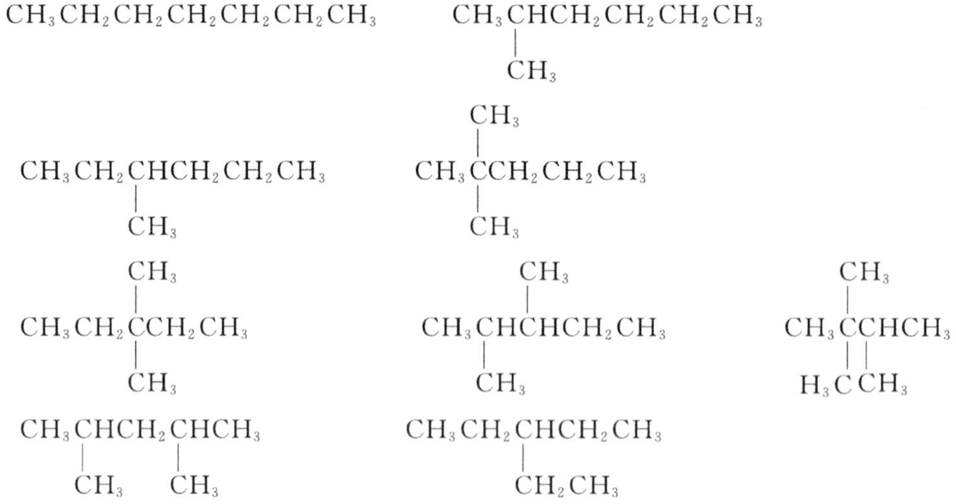

2.2.2　烷烃的命名

烷烃的命名是有机化合物的命名基础。常见的命名方法有普通命名法、俗称、系统命名法等。

1. 普通命名法

普通命名法适合含碳比较少的简单烷烃命名。含碳原子数目在10个以内的直链烃用"正"表示直链，含碳数按天干顺序甲、乙、丙、丁、戊、己、庚、辛、壬、癸分别表示；含碳数超过10个的直接以碳原子数目称呼。例如：

$CH_3CH_2CH_2CH_3$　正丁烷

$CH_3CH_2CH_2CH_2CH_2CH_3$　正己烷

$CH_3CH_2CH_2CH_2CH_2CH_2CH_2CH_2CH_2CH_3$　正癸烷

$CH_3CH_2CH_2CH_2CH_2CH_2CH_2CH_2CH_2CH_2CH_2CH_3$　十二烷

对于含有支链的烷烃，则必须在名称前面加上一个汉字来区别于直链。当链端第二位碳原子上连有一个甲基时，用"异"或"i-"或"iso-"来表示；当链端第二位碳原子上连有两个甲基时，用"新"或"neo-"来表示。如：

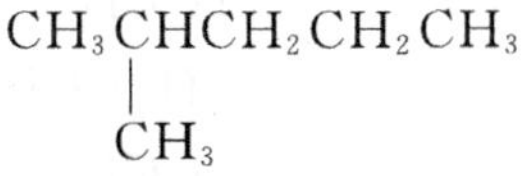

异己烷
isohexane

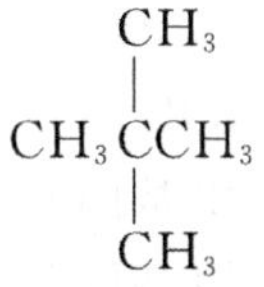

新戊烷
neopentane

《有机化合物命名原则2017》规定，下列带支链烷烃的名称仍保留使用，但仅用于其上不含取代基时：

异丁烷(isobutane)	$(CH_3)_2CHCH_3$
异戊烷(isopentane)	$(CH_3)_2CHCH_2CH_3$
新戊烷(neopentane)	$(CH_3)_4C$
异己烷(isohexane)	$(CH_3)_2CHCH_2CH_2CH_3$

2. 俗称

俗称一般是根据烷烃的来源或性质来命名的。例如：

CH_4

俗称天然气或沼气

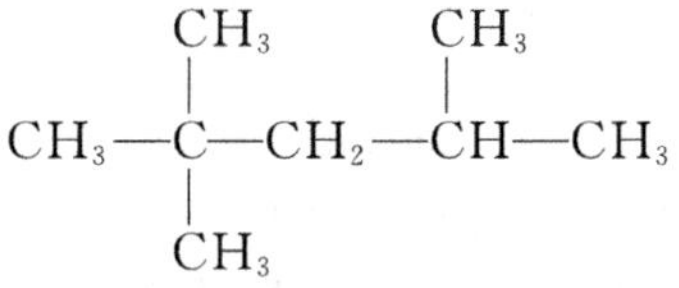

俗称异辛烷(石油工业上测定汽油辛烷值的基准物)

普通命名法和俗称一般适合结构简单烷烃的命名，结构复杂的烷烃需用系统命名法。要进行烷烃的系统命名，必须先熟悉碳、氢的类型及烷基的名称。

3. 碳氢的分类及烷基的命名

有机物中根据碳原子在分子中所处的结构环境不同，可以把碳原子分为四类，对应氢原子则分为三类。

伯(一级)碳原子：只与另一个碳原子相连接的碳原子，常以1°表示。

仲(二级)碳原子：与另外两个碳原子相连接的碳原子，常以2°表示。

叔(三级)碳原子:与另外三个碳原子相连接的碳原子,常以 3°表示。

季(四级)碳原子:与另外四个碳原子相连接的碳原子,常以 4°表示。

与伯、仲、叔碳原子相连的氢原子分别称为伯氢、仲氢和叔氢。无季氢原子。例如:

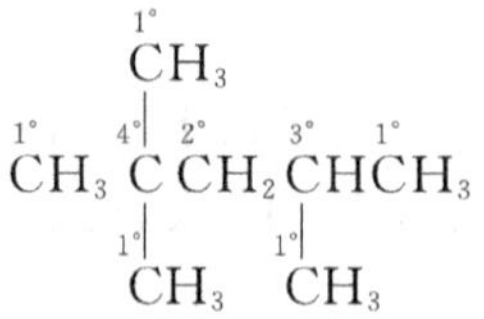

上述分子中共有 5 个伯碳原子,1 个仲碳原子,1 个叔碳原子和 1 个季碳原子;有伯氢 15 个,仲氢 2 个,叔氢 1 个。

烃分子中去掉一个氢原子所剩下的原子团称为烃基。脂肪烃去掉一个氢原子后所剩下的原子团称为脂肪烃基,通常用“R—”表示。烷基就是烷烃去掉一个氢原子后剩下的原子团。常见的烷基有:

甲基(methyl)	$CH_3—$
乙基(ethyl)	$CH_3CH_2—$
正丙基(propyl)	$CH_3CH_2CH_2—$
异丙基(丙-2-基)(isopropyl)	$(CH_3)_2CH—$
正丁基(butyl)	$CH_3CH_2CH_2CH_2—$
异丁基(2-甲基丙基)(isobutyl)	$(CH_3)_2CHCH_2—$
仲丁基(1-甲基丙基)(sec-butyl)	$CH_3\underset{\vert}{C}HCH_2CH_3$
叔丁基(1,1-二甲基乙基)(tert-butyl)	$(CH_3)_3C—$

4. 系统命名法

具有不同组成和结构的化合物应该对应有不同的名称。系统命名法就是结合有机化合物的结构特点,在有机化合物命名时尽可能地规定一些可以共同遵循的原则,从而使有机化合物的名称能够更好地体现它与组成和结构间的密切关系。

我国目前所用的系统命名法是中国化学会(Chinese Chemical Society)根据 IUPAC 系统的原则并结合我国文字的特点制定的,也称 CCS 系统命名法。

直链烷烃的系统命名与普通法相似,去掉前面的正字即可。例如:

$CH_3CH_2CH_2CH_3$	$CH_3CH_2CH_2CH_2CH_2CH_3$
丁烷	己烷
butane	hexane

支链烷烃命名时,按以下步骤进行。

(1) 选主链:选择碳链最长的链为主链。若有等长碳链可选为主链时,取代基多的为先。

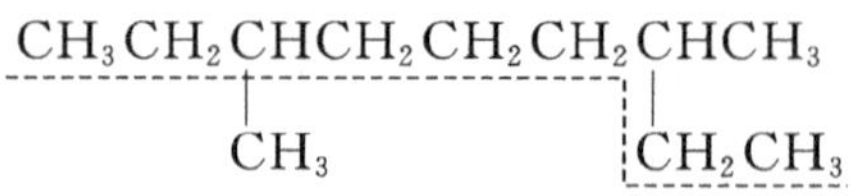

3,7-二甲基壬烷

3,7-dimethylnonane

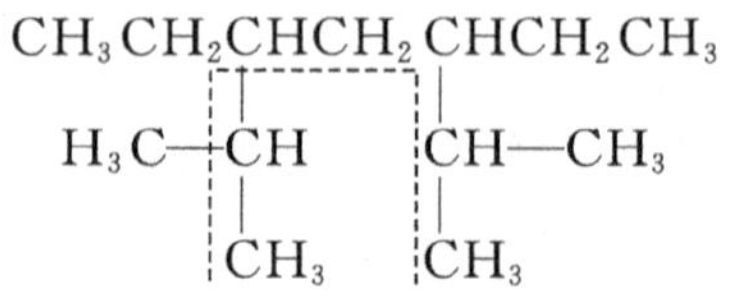

3,5-二乙基-2,6-二甲基庚烷

3,5-diethyl-2,6-dimethylheptane

(2) 主链编号:烷烃主链编号从靠近取代基的一端开始。若两端各自的第一个取代基位置一样时考虑第二个取代基,依次类推,直至比出高低为止,此规则称为最低系列原则。例如:

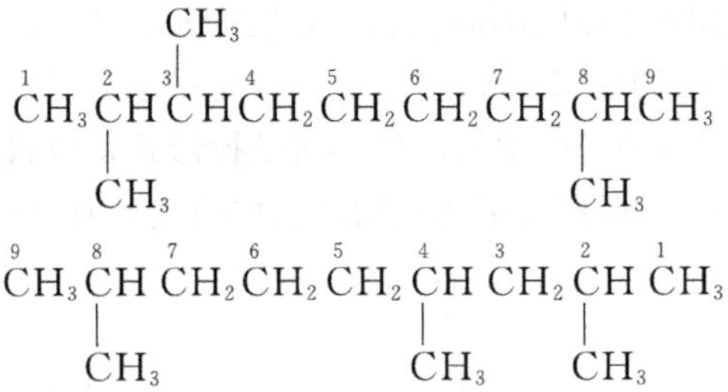

(3) 写全称:烷烃名称的书写次序依次为取代基的位次(阿拉伯数字)→取代基的数目(汉字)→取代基的名称→主链的名称。取代基不同时,按取代基英文名称的首字母顺序在前缀中依次排列。数字之间用逗号隔开,汉字与数字之间用短线隔开。例如:

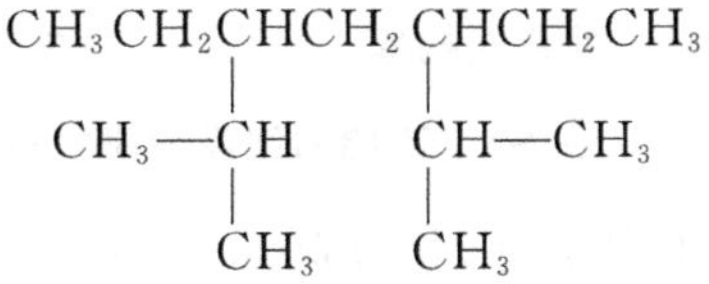

3,5-二乙基-2,6-二甲基庚烷

3,5-diethyl-2,6-dimethylheptane

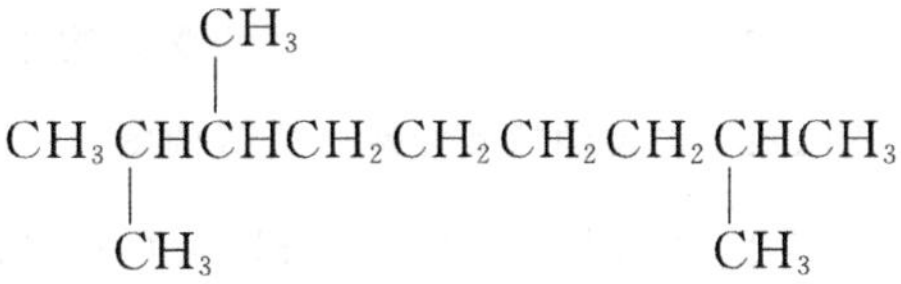

2,3,8-三甲基壬烷

2,3,8-trimethylnonane

思考题 2-1　写出庚烷(C_7H_{16})的同分异构体并命名。

2.3　烷烃的结构

2.3.1　烷烃的结构

烷烃中的碳原子均以 sp^3 杂化轨道成键。sp^3 杂化轨道夹角为 109.5°,呈正四面体形。烷烃中甲烷的结构呈正四面体形(图 2-1)。除乙烷外,其他烷烃分子中的碳链并不是直线形式,而是曲折的在空间分布,但都是四面体形。所谓的直链烷烃,是指碳链只有一条,并不是直线的意思。

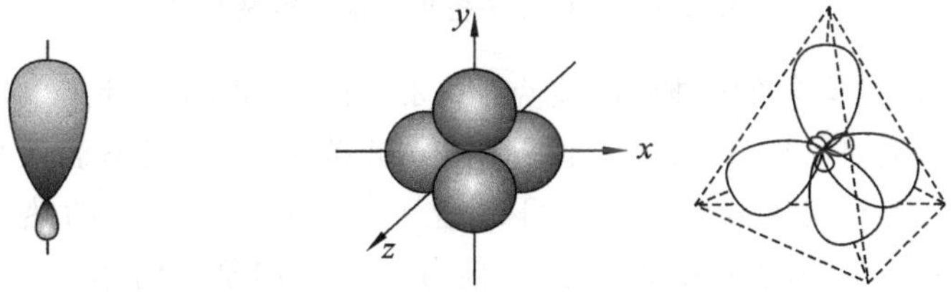

一个sp^3轨道　　四个sp^3杂化轨道

图 2-1　甲烷的结构

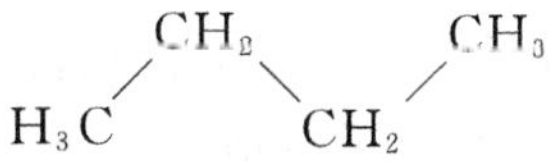

正丁烷

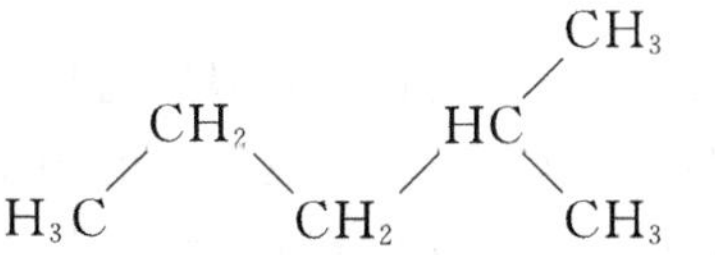

2-甲基戊烷

2.3.2　烷烃的构象

烷烃中,由于围绕单键旋转引起分子中各原子或基团在空间的不同排布方式,称为烷烃的构象。碳碳 σ 单键旋转的角度不同可形成不同的构象,从而形成的烷烃构象有无数种。一般讨论的是烷烃中的极限构象,如乙烷中的交叉式和重叠式。构象的表达式有锯架投影式和纽曼投影式。锯架投影式是从烷烃侧面看到的分子模型的形象。纽曼投影式是以投影的方法观察到的烷烃的形象,也就是从碳碳单键的延长线上观察分子的结构。乙烷的几个典型构象如图 2-2 和图 2-3 所示。

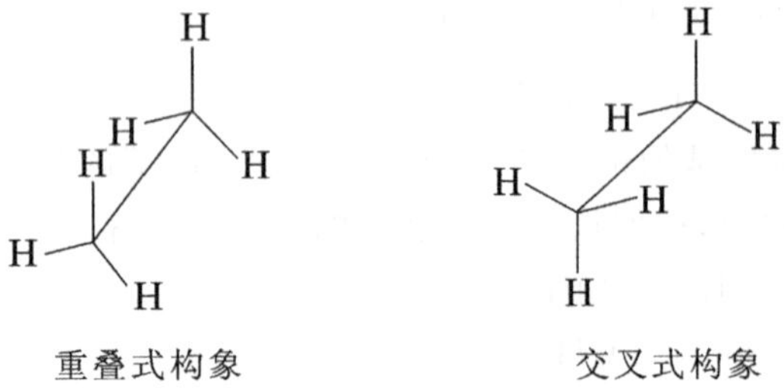

图 2-2　乙烷的锯架投影式典型构象

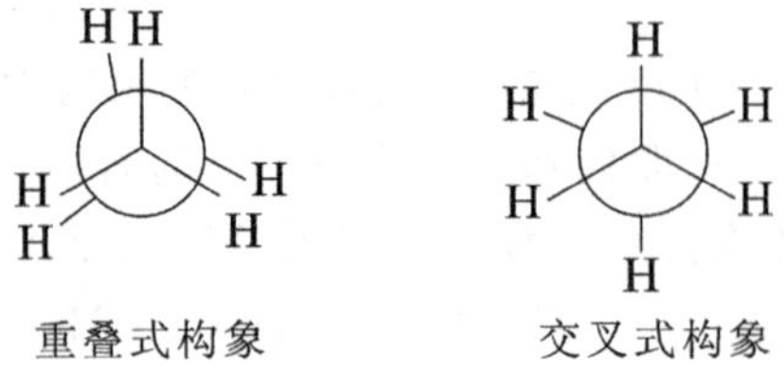

图 2-3　乙烷的纽曼投影式典型构象

在乙烷的交叉式构象中,前后碳原子上氢原子间的距离最远,相互间斥力最小,这种构象的能量最低,结构最稳定。在重叠式构象中,前后碳原子上氢原子的距离最近,相互间斥力最大,能量最高,结构最不稳定。乙烷的其他无数构象的能量都介于交叉式和重叠式之间。随着碳碳键的旋转角度不同,乙烷各种构象的能量变化如图 2-4 所示。

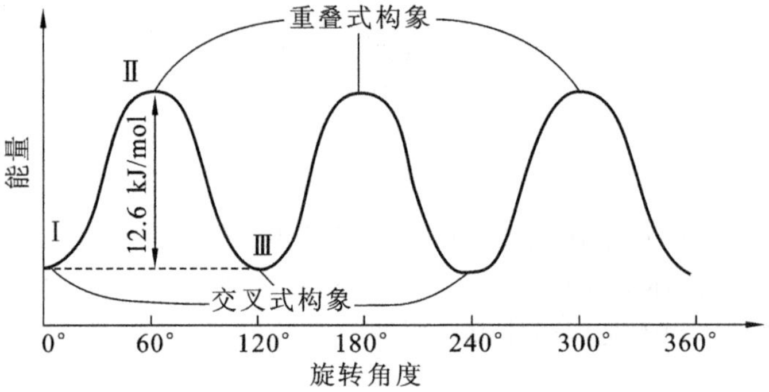

图 2-4　乙烷分子各种构象的能量曲线

从重叠式到交叉式构象的转换,需要克服 12.6 kJ/mol 的能量。单键旋转产生的不同构象的异构体之间,能量差一般在 12.6～41.8 kJ/mol 范围内,通过室温下分子的热运动就可以克服此能量差,所以各种构象异构体之间可迅速互变。但由于分子的热运动可使各种构象相互转变,在某一构象停留的时间很短,因此不能分离这些构象异构体。

正丁烷的构象也可用纽曼投影式来表示。把丁烷看作是乙烷分子每个碳上一个氢原子被甲基取代而得,从 $C_2—C_3$ 键轴的延长线上观察,正丁烷绕 $C_2—C_3$ 键轴旋转时的投影式如图 2-5 所示。

正丁烷绕 $C_2—C_3$ 键轴旋转时的势能变化如图 2-6 所示。

从能量曲线可知,正丁烷最稳定的构象为对位交叉式(图 2-6 中 *A* 点和 *G* 点),能量最高的为全重叠式(图 2-6 中 *D* 点)。室温下,约 68%的正丁烷分子为对位交叉式,约 32%为邻位交叉式(图 2-6 中 *C* 点和 *E* 点),部分重叠式(图 2-6 中 *B* 点和 *F* 点)和全重叠式极少。正丁烷各构象异构之间的能量相差不大,最大为 22.6 kJ/mol,所以分子的热运动可使各种构象互相转变,使其异构体不能分离。通常其他脂肪族化合物的构象也都与乙烷、正丁烷的构象相似。

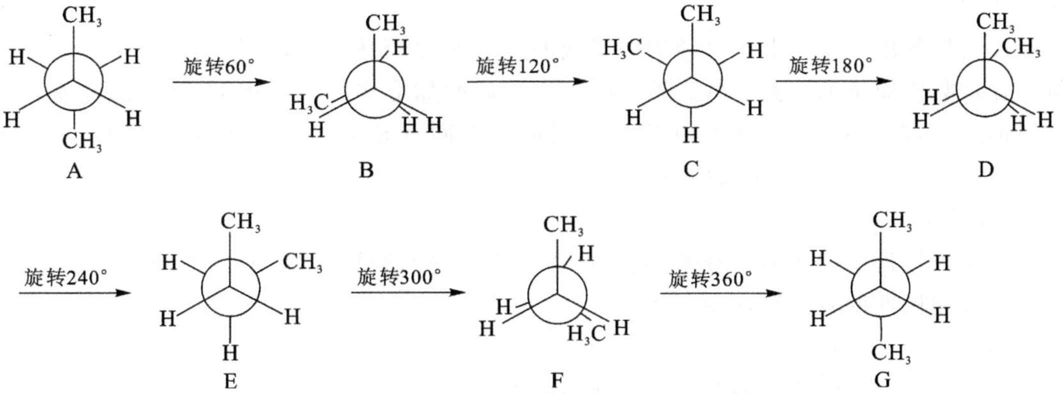

图 2-5　正丁烷绕 C_2—C_3 键轴旋转时的纽曼投影式

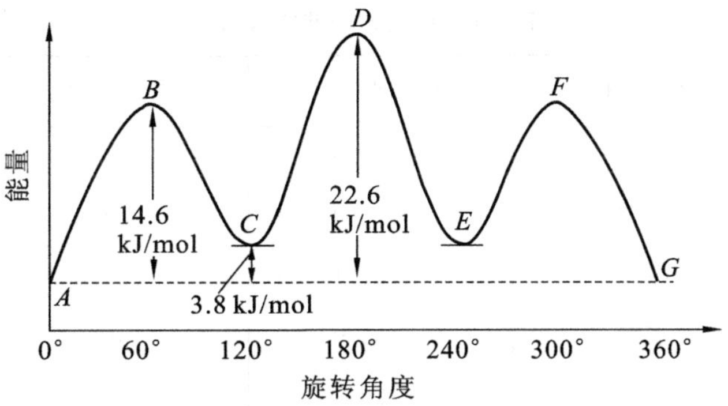

图 2-6　正丁烷绕 C_2—C_3 键轴旋转时的势能变化

思考题 2-2　为何烷烃的碳链排列一般为锯齿形？

思考题 2-3　以 C_2—C_3 为观察中心，写出戊烷的主要构象式(纽曼投影式)。

2.4　烷烃的物理性质

1. 聚集状态

烷烃大多是极性很小或没有极性的物质，分子间作用力比较弱。在常温、常压下，烷烃中含 1～4 个碳原子的是气体，5～16 个碳原子的是液体，17 个碳原子以上的是固体。

2. 沸点

直链烷烃的沸点随碳原子数的增加而有规律的升高。相邻同系物中，低级烷烃间的沸点相差较大，随着碳原子的增加，沸点升高的幅度逐渐变小。这是因为影响烷烃沸点高低的主要因素是分子间的色散力。同系物之间随相对分子质量增大，色散力相应增大，沸点也随之升高。对相对分子质量较低的烷烃，每增加一个碳，相对分子质量增加明显，沸点升高也明显；而对相对分子质量较高的烷烃，每增加一个碳，相对分子质量变化不明显，引起沸点变化也较小。例如，甲烷沸点为－161.7 ℃，乙烷沸点为－88.6 ℃，二者相差 73 ℃；而壬烷沸点为 150.7 ℃，癸烷沸点为 174.0 ℃，二者相差仅 23.3 ℃。比较烷烃的同分异构体，支链烷烃的沸点比直链烷烃要低，且支链越多，沸点越低。

3. 熔点

直链烷烃的熔点基本上也是随碳原子数的增加而逐渐升高，但偶数碳原子烷烃的熔点增加幅度比奇数碳原子的要大一些。熔点随碳原子数增加形成一条锯齿形的曲线，随着相对分子质量的增大，奇、偶的差异逐渐趋于一致。同样，在同分异构体之间支链烷烃的熔点低于直链烷烃的熔点，结构对称性越大熔点越高。

4. 溶解度

烷烃是极性很小的非极性分子，又不具备形成氢键的结构条件，所以不溶于水，而易溶于非极性的或弱极性的有机溶剂中。

5. 密度

烷烃的密度也是随着碳原子数的增加而增大，最后接近于 0.78 g/cm^3。常见烷烃的一些物理性质见表 2-1。

表 2-1　烷烃的一些物理性质

分子式	名称	熔点/℃	沸点/℃	相对密度 d_4^{20}
CH_4	甲烷	−182.6	−161.7	0.424
C_2H_6	乙烷	−172.0	−88.6	0.546
C_3H_8	丙烷	−187.1	−42.2	0.582
C_4H_{10}	丁烷	−135.0	−0.5	0.579
C_5H_{12}	戊烷	−129.7	36.1	0.626
C_6H_{14}	己烷	−94.0	68.7	0.659
C_7H_{16}	庚烷	−90.5	98.4	0.684
C_8H_{18}	辛烷	−56.8	125.6	0.703
C_9H_{20}	壬烷	−53.7	150.7	0.718
$C_{10}H_{22}$	癸烷	−29.7	174.0	0.730
$C_{11}H_{24}$	十一烷	−25.6	195.8	0.740
$C_{12}H_{26}$	十二烷	−9.6	216.3	0.749
$C_{13}H_{28}$	十三烷	−6.0	230.0	0.757
$C_{14}H_{30}$	十四烷	5.5	251.0	0.764
$C_{15}H_{32}$	十五烷	10.0	268.0	0.769
$C_{16}H_{34}$	十六烷	18.1	280.0	0.775
$C_{17}H_{36}$	十七烷	22.0	303.0	0.777
$C_{18}H_{38}$	十八烷	28.0	308.0	0.777
$C_{19}H_{40}$	十九烷	32.0	330.0	0.778
$C_{20}H_{42}$	二十烷	36.4	343.0	0.778

2.5　烷烃的化学性质

由于碳和氢的电负性相近，烷烃分子中的碳碳键和碳氢键是非极性或弱极性的 σ 键，所以烷烃没有活泼的官能团。因此在常温下烷烃是不活泼的，它们与强酸、强碱、强氧化剂、强还原剂及活泼金属都不发生反应，在反应活性上表现出相对的“惰性”。但在特定的条件下，烷烃中碳碳键或碳氢键也会断裂，发生取代、氧化、裂化等反应。

2.5.1　氧化反应

烷烃很容易燃烧，燃烧时生成 CO_2 和 H_2O，同时发出光并放出大量的热。

$$CH_4 + 2O_2 \xrightarrow{\text{点燃}} CO_2 + 2H_2O + \text{热量}$$

由于燃烧时能放出大量的热，所以烷烃常用作燃料。

控制反应条件时，烷烃可以部分氧化，生成烃的含氧衍生物。例如石蜡（含 20～40 个碳原子的高级烷烃的混合物）在特定条件下氧化得到高级脂肪酸。

$$R'CH_2CH_2R + O_2 \xrightarrow{MnO_2} R'COOH + RCOOH$$

2.5.2　裂化

烷烃在隔绝空气的条件下加强热（500～700 ℃），分子中的碳碳键或碳氢键发生断裂，生成相对分子质量较小的烷烃和烯烃的复杂混合物，这种反应称为热裂化。例如：

$$CH_3CH_2CH_2CH_3 \xrightarrow[\triangle]{\text{催化剂}} CH_3CH_2CH{=}CH_2 + H_2 + CH_4 + CH_2{=}CHCH_3 + CH_3CH_3 + CH_2{=}CH_2$$

若裂化反应在催化剂存在下进行，称为催化裂化反应，此时反应温度可在较低的温度下进行。催化裂化在石油化工生产中具有重大意义。

2.5.3　异构化反应

烷烃的异构化反应是将烷烃的一种异构体转化为另一种异构体的反应。直链烷烃在一定条件下可转化为支链较多的烷烃。例如：

$$CH_3CH_2CH_2CH_3 \underset{95\sim105\ ^\circ C,1\sim2\ MPa}{\overset{AlCl_3,HCl}{\rightleftharpoons}} \underset{\displaystyle\ \ |\atop\displaystyle CH_3}{CH_3CHCH_3}$$

通过裂化和异构化，可产生较多带支链的烷烃或低级烷烃、烯烃等，使物质的辛烷值提高，可用来提高汽油的产量和质量。

辛烷值是衡量燃料质量优劣的主要指标之一。汽油在汽缸内燃烧不完全，机器强烈震动而发生爆炸或爆震，这会降低发动机的功率并损伤发动机。燃料引起爆震的倾向，用辛烷值来表示。不同化学结构的烃类具有不同的抗爆震能力。异辛烷（2,2,4-三甲基戊烷）的抗爆震性较好，辛烷值给定为 100；正庚烷的抗爆震性差，辛烷值给定为 0。这两种标准燃料以不同的体积比混合起来可得到各种不同的抗爆震性等级的混合液，在发动机工作条件相同的情况下与待测燃料进行对比，抗爆震性与样品相等的混合液中所含异辛烷含量即为该样品的辛烷值。汽油辛烷值大，抗爆震性好，质量也好。烷烃通过异构化或裂化反应能提高产物的支链化程度,也就提高了汽油的质量。一些烃的辛烷值见表 2-2。

表 2-2　烃的辛烷值

化　合　物	辛　烷　值	化　合　物	辛　烷　值
庚烷	0	苯	101
2-甲基戊烷	24	甲苯	110
辛烷	71	2,2,3-三甲基戊烷	116
2-甲基戊烷	−20	环戊烷	122
2,2,4-三甲基戊烷	100	对二甲苯	128

2.5.4　卤代反应及反应机理

1. 卤代反应

卤代反应是烷烃分子中的氢原子在一定条件下被卤素原子取代,生成卤代烷的反应。

将甲烷与氯气混合,在漫射光或适当加热的条件下,甲烷分子中的氢原子能逐个被氯原子取代,得到多种氯代甲烷和氯化氢的混合物。

$$CH_4+Cl_2 \xrightarrow[\text{或光照}]{400\ ℃} CH_3Cl+HCl$$

$$CH_3Cl+Cl_2 \xrightarrow[\text{或光照}]{400\ ℃} CH_2Cl_2+HCl$$

$$CH_2Cl_2+Cl_2 \xrightarrow[\text{或光照}]{400\ ℃} CHCl_3+HCl$$

$$CHCl_3+Cl_2 \xrightarrow[\text{或光照}]{400\ ℃} CCl_4+HCl$$

反应条件对多种卤代产物的组成有很大影响,反应物氯气和甲烷用量比也对产物有一定的影响。若需要得到某一类取代产物时,可以通过控制甲烷与氯气的投料比来确定。如甲烷与氯气的投料比为 10∶1时,主要产物为一氯甲烷,而当甲烷与氯气的投料比为 0.263∶1时,主要产物为四氯化碳。

在烷烃的卤代反应中,卤素不同时发生取代反应的活性也不同。卤素反应的活性次序:$F_2>Cl_2>Br_2>I_2$。氟代反应太剧烈,难以控制,而碘代反应难以进行,因此通常烷烃的卤代主要是氯代和溴代。

其他的烷烃卤代反应时,氢原子的种类不同反应活性也有差异。实验证明,氢原子的反应活性次序:叔氢>仲氢>伯氢。烷烃中伯、仲、叔氢原子的活泼性不同,可以用键的解离能不同来解释。

2. 卤代反应机理

有机化学反应的特点之一是反应速率慢、副反应多(得到多种反应产物),而出于不同需要往往只希望得到一种或其中一种占绝对优势的产物,这样就需要对反应过程有详细的了解,从而可通过控制反应条件和影响因素来满足需求。

反应机理是对一个反应过程的详细描述,也就是由反应物转变为产物的路径图。它详尽地描述了反应过程中键的断裂、形成,出现的活性中间体或过渡态,几何形状的变化以及这些变化的先后次序等。这种描述是根据大量实验事实总结而提出来的理论解释。一个好的反应机理，不仅能解释已经得到的许多实验事实，而且要对未来可能发生的实验现象给出合理的预测。反应机理的研究内容也是选择反应条件的重要参考依据。若发现新的实验事实用原有反应机理无法解释时，就要更新反应机理了。限于检测手段及理论研究不能完全满足机理研究的需要，目前大多数反应机理中的许多环节尚未得到充分的证明，往往所描述的机理有理论上的假设和人为的推测。

实验证明，甲烷的卤代反应机理为游离基链反应，这种反应的特点是反应过程中形成一个活泼的原子或游离基，通过活泼原子或游离基的不断传递引发一系列的化学反应。从反应开始至反应结束经历了三个阶段，其反应过程如下。

(1) 链引发：在光照或加热至 250～400 ℃时，氯分子吸收光能而发生共价键的均裂，产生两个活泼的氯原子(又称为自由基或游离基)，此阶段称为链的引发。

$$Cl_2 \xrightarrow{\text{光或热}} 2Cl\cdot$$

(2) 链增长：氯原子反应活性很强，当它与体系中浓度很高的甲烷分子碰撞时从甲烷分子中夺取一个氢原子，结果生成了氯化氢分子和一个新的游离基——甲基游离基。

$$CH_4 + Cl\cdot \longrightarrow HCl + CH_3\cdot$$

甲基游离基也很活泼，与体系中的氯分子碰撞时生成一氯甲烷和新的氯游离基，新的游离基产生使反应一步步传递下去，逐步生成二氯甲烷、三氯甲烷和四氯化碳。这个阶段称为链的传递。

$$CH_3\cdot + Cl_2 \longrightarrow CH_3Cl + Cl\cdot$$

$$CH_3Cl + Cl\cdot \longrightarrow CH_2Cl\cdot + HCl$$

$$CH_2Cl\cdot + Cl_2 \longrightarrow CH_2Cl_2 + Cl\cdot$$

$$\vdots$$

$$CCl_3\cdot + Cl_2 \longrightarrow CCl_4 + Cl\cdot$$

(3) 链终止：随着反应的进行甲烷迅速消耗，游离基的浓度不断增加，游离基与游离基之间发生碰撞结合生成分子的机会就会增加。游离基与游离基结合生成稳定的分子后活性消失，链式反应结束，此阶段称为链的终止。

$$Cl\cdot + Cl\cdot \longrightarrow Cl_2$$

$$CH_3\cdot + CH_3\cdot \longrightarrow CH_3CH_3$$

$$CH_3\cdot + Cl\cdot \longrightarrow CH_3Cl$$

其他烷烃的卤代反应机理与甲烷一样也都是游离基链反应。从丙烷开始，一氯代产物就不止一种，这是因为其中伯、仲、叔氢分别与所连碳的化学键断裂时，形成不同的烷基游离基 $RCH_2\cdot$、$R_2CH\cdot$、$R_3C\cdot$。例如：

$$RCH_2{-}H \longrightarrow RCH_2\cdot + H\cdot$$

$$R_2CH{-}H \longrightarrow R_2CH\cdot + H\cdot$$

$$R_3C{-}H \longrightarrow R_3C\cdot + H\cdot$$

在烷基游离基中，仅有 7 个成键电子的碳原子明显缺少电子，非常不稳定。若此碳原子上连有带供电子性的烷基时，有助于碳原子得到一些负电荷的补偿以形成稳定的电子八隅体。因此碳上连的烷基越多，形成的游离基就越稳定。

游离基的稳定性顺序：$R_3C\cdot > R_2CH\cdot > RCH_2\cdot$。游离基越稳定，越易形成，对应的取代反应也越易进行，由此可以解释烷烃中伯、仲、叔氢的反应活性。

碳游离基的稳定性也可从对应碳氢键解离能数据比较得到。伯氢与碳之间形成键的键能为 410 kJ/mol；仲氢与碳之间形成键的键能为 395 kJ/mol；叔氢与碳之间形成键的键能为 380 kJ/mol。叔氢与碳形成键的键能最小，化学键最易断裂，所以叔氢原子活泼性最高，最易被取代。例如：

$$2CH_3CH_2CH_3 + 2Cl_2 \xrightarrow{\text{光照}} \underset{45\%}{CH_3CH_2CH_2Cl} + \underset{55\%}{CH_3\underset{\underset{\displaystyle Cl}{|}}{C}HCH_3} + 2HCl$$

反应中仲氢的活性大于伯氢。

$$2CH_3\underset{\underset{\displaystyle CH_3}{|}}{C}HCH_3 + 2Br_2 \xrightarrow{\text{光照}} \underset{\text{小于 }1\%}{CH_3\underset{\underset{\displaystyle CH_3}{|}}{C}HCH_2Br} + \underset{\text{大于 }99\%}{CH_3\overset{\overset{\displaystyle CH_3}{|}}{\underset{\underset{\displaystyle CH_3}{|}}{C}}Br} + 2HBr$$

叔氢的活性明显大于伯氢。

烷烃取代反应的关键步骤是链引发阶段，而这一步是需要能量的，这就很好地解释了烷烃取代反应的条件是加热或光照。烷烃的反应大多都是键发生均裂，按游离基反应机理进行的。这是因为烷烃分子中的碳碳键、碳氢键是非极性键或极性很小，键断裂时均裂要比异裂更容易些。一般通过反应机理研究可以详尽了解影响反应的各种因素，确定反应的最佳工艺条件。

思考题 2-4 比较下列游离基的稳定性大小：

① $CH_3\cdot$ ② $CH_3CH_2\cdot$ ③ $CH_3\dot{C}HCH_3$ ④ $(CH_3)_3C\cdot$

2.6 烷烃的来源

烷烃的工业来源主要是石油、天然气、油田气和煤矿的坑气。

石油的化学成分比较复杂，主要是由多种烃类组成的复杂混合物。通常是把石油分馏成若干馏分来使用。天然气、油田气中一般是甲烷等低沸点的烃类。

由于石油资源的不断减少，利用蕴藏丰厚的煤资源来转化得到烃类复杂混合物也是一种发展趋势。

纯度比较高的烷烃一般是通过以下方法来制取的。

(1) 烯烃的催化加氢。

$$RCH{=}CHR' + H_2 \xrightarrow{\text{催化剂}} RCH_2CH_2R'$$

(2) 卤代烷的还原。

$$RX + Mg \longrightarrow RMgX \xrightarrow{H_2O} RH$$

$$2RX + 2Na \longrightarrow R{-}R + 2NaX$$

(3) 卤代烷与有机金属化合物的偶联。

$$RMgBr + R'X \longrightarrow R{-}R' + MgBrX$$

2.7　重要的烷烃

1. 甲烷

甲烷的主要来源是天然气、沼气和坑气等。甲烷为无色、无臭的易燃气体，与空气、氧气或氯气等能生成易爆的混合物。甲烷在空气中的爆炸极限为 5%～16%。甲烷主要用作燃料和用于炭黑、氢、乙炔、甲醛等的制造，在工业上是合成氨和甲醇的原料。

2. 乙烷

乙烷存在于油田气、天然气、炼厂气和焦炉气中。乙烷为无色、无臭的易燃气体，在空气中的爆炸极限为 3.2%～12.45%。乙烷在工业上的主要用途是用于制乙烯、氯乙烯、氯乙烷，也可作冷冻剂、核燃料等。

3. 丙烷

丙烷存在于石油、天然气和油田气中。丙烷为无色、无臭的易燃气体，在空气中爆炸极限为 2.1%～9.5%。丙烷的主要用途是以液化气的形式用作燃料，也用于制乙烯、丙烯、含氧化合物和低级硝基烷。

4. 丁烷

丁烷和异丁烷都是轻汽油的成分。丁烷为无色、无臭易燃气体，在空气中的爆炸极限为 1.9%～8.5%。除和丙烷的混合物作液化石油气燃料外，丁烷在工业上还用来制乙烯、丙烯和丁二烯等。

5. 石油醚

石油醚是 C_5～C_6 低级烷烃的混合物，为无色透明易挥发的液体。主要用作有机溶剂，可用于提取和纯化某些中药的有效成分。由于极易燃烧，使用及储存时要特别注意防火。常用 30～60 ℃和 60～90 ℃馏分。

6. 液体石蜡

液体石蜡是 C_{18}～C_{24} 烷烃的混合物，透明液体，不溶于水和醇，能溶于醚和氯仿。医药上用作滴鼻或喷雾剂的溶剂或基质。还可用作实验室测熔点的导热液体。

7. 凡士林

凡士林是 C_{18}～C_{34} 液体石蜡和固体石蜡的混合物，呈软膏状半固体，不溶于水，溶于醚和石油醚。医药上用作软膏基质。凡士林一般呈黄色，经漂白或活性炭脱色后，可得白色凡士林。

8. 石蜡

石蜡是 C_{25}～C_{34} 固体烷烃的混合物，医药上用作蜡疗和成药密封材料，也是制造蜡烛的原料。

习　　题

1. 命名下列化合物。

(1) $CH_3CH_2CH(CH_3)_2$

(2) 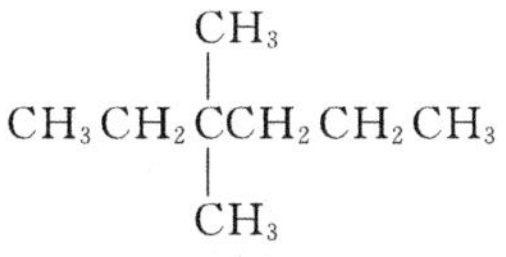

(3) 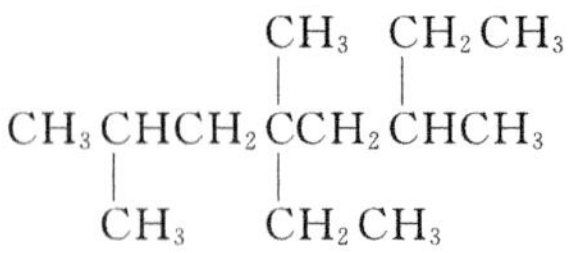

(4) 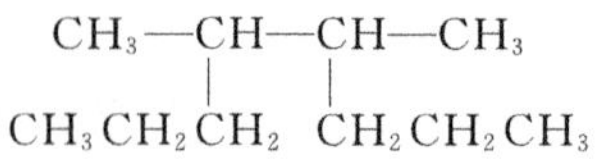

(5) 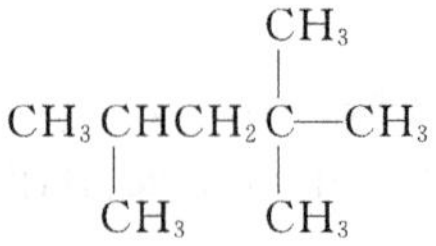

(6) 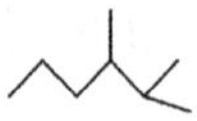

(7) 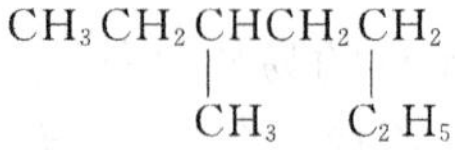

(8) 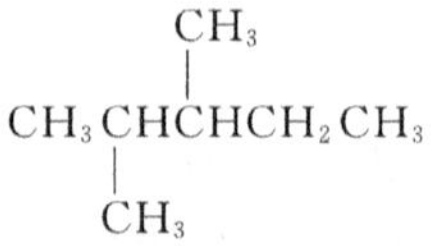

2. 写出下列化合物的结构式。

(1) 2,4-二甲基己烷　　(2) 新戊烷

(3) 异戊烷　　(4) 2,4-二甲基-4-乙基庚烷

3. 指出下列化合物中碳的类型。

(1) 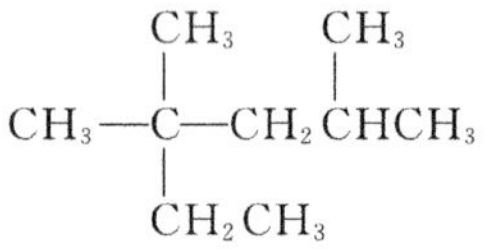

(2) 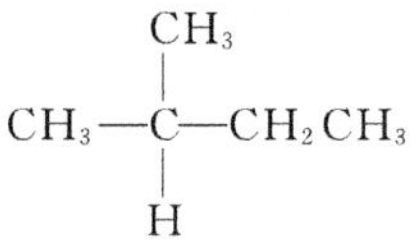

4. 写出分子式为 C_5H_{12} 的烷烃具备下列要求的构造式。

(1) 分子中仅含有一个叔氢;

(2) 只含有伯氢;

(3) 只有伯氢和仲氢。

5. 按要求将下列各组物质的性质进行排列。

(1) 沸点由高到低:正己烷,异己烷,新己烷,正庚烷;

(2) 熔点由高到低:十五烷,十六烷,十七烷,十八烷;

(3) 密度由大到小:甲烷,丁烷,水。

6. 写出分子式为 C_6H_{14} 的所有同分异构体,并指出只含有伯碳与仲碳的异构体有哪些,这些异构体有几种一氯取代产物?

7. 解释甲烷氯化时的下列实验现象。

(1) 将甲烷与氯气在黑暗中混合,得不到氯化产物;

(2) 将氯气先用光照,然后立即在黑暗中与甲烷混合,可得到氯化产物;

(3) 将甲烷用光照后,在黑暗中与氯气混合得不到氯化产物;

(4) 将氯气用光照后,在黑暗中放置一段时间再与甲烷混合得不到氯化产物。

8. 辛烷值是衡量抗爆震性能的标准,辛烷值越高,抗爆震性能越________。与异辛烷抗爆震性能相当的汽油,其辛烷值为________;与正庚烷抗爆震性能相当的汽油,其辛烷值为________。如果某种汽油的辛烷值为70,则它的抗爆震性能与含异辛烷(%)________和含正辛烷(%)________组成的混合物的抗爆震性能相当。

9. 2-甲基丁烷在热裂化反应中,碳碳键发生断裂(一次断裂)可形成哪些自由基?比较稳定的自由基是哪几个?

第3章 单 烯 烃

烯烃是指含有C═C键(碳碳双键、烯键)的碳氢化合物,属于不饱和烃,分为链烯烃与环烯烃。按含双键的多少分为单烯烃、二烯烃和多烯烃等。碳碳双键是烯烃的官能团。

单烯烃是指分子中含有一个碳碳双键的不饱和烃,它比相应的烷烃少两个氢原子,其通式为 C_nH_{2n}。含有相同碳原子数目的单烯烃与单环烷烃是同分异构体。

3.1 单烯烃的结构

乙烯是最简单的单烯烃,分子式为 C_2H_4,构造式为$H_2C═CH_2$。

根据杂化轨道理论,乙烯分子中的碳原子以 sp^2 杂化方式参与成键,三条杂化轨道同处在一个平面上。两个碳原子各用一条 sp^2 轨道相互结合,形成一个 sp^2-sp^2 碳碳 σ 键,每个碳原子的其余两条 sp^2 轨道分别与两个氢原子的 1s 轨道重叠形成四个 sp^2-s 碳氢 σ 键,这样形成的五个 σ 键都在同一个平面上。两个碳原子各有一个未参与杂化的 2p 轨道垂直于五个 σ 键所在的平面,两条 p 轨道彼此"肩并肩"重叠形成 π 键,π 键电子云对称分布在分子平面的上方和下方,如图 3-1 所示。

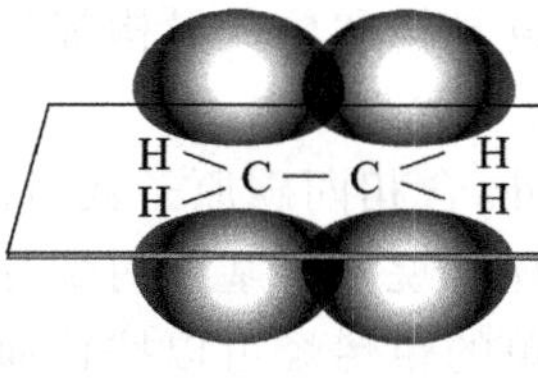

图 3-1 乙烯分子中的 σ 键和 π 键

其他烯烃的双键,也都是由一个 σ 键和一个 π 键组成的。

由于 π 键的形成,以双键相连的两个碳原子之间不能再以碳碳 σ 键为轴"自由旋转",否则 π 键将被破坏。两个碳原子之间增加了一个 π 键,所以两个碳原子核比只以一个 σ 键相连的更为靠近,其键长比乙烷中的碳碳 σ 键的键长 0.154 nm 要短,为 0.134 nm。碳碳双键的键能为 610 kJ/mol,不是碳碳单键键能 345.6 kJ/mol 的两倍,π 键的键能为(610－345.6)kJ/mol＝264.4 kJ/mol,所以 π 键不如碳碳 σ 键稳定,比较容易断裂。

为了书写方便,双键一般用两条短线表示。但是必须理解这两条短线的含义不同,一条是代表 σ 键,另一条是代表 π 键。

乙烯的立体模型如图 3-2 所示。

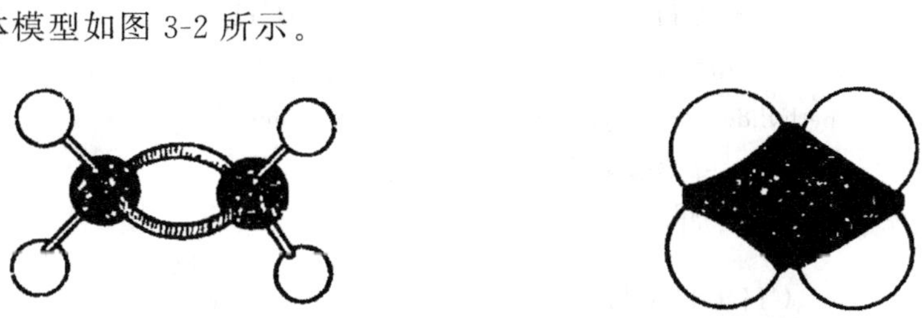

(a) Kekule 模型　　(b) Stuart 模型

图 3-2 乙烯的立体模型示意图

3.2　单烯烃的同分异构现象和命名

3.2.1　单烯烃的构造异构和命名

与烷烃相似，含有四个和四个以上碳原子的烯烃都存在碳链异构，如：

$CH_2{=}CHCH_2CH_3$
丁-1-烯
but-1-ene

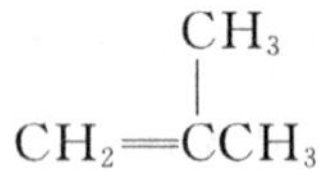
异丁烯
isobutene

与烷烃不同的是烯烃分子中存在双键，在碳骨架不变的情况下，双键在碳链中的位置不同也可产生异构体，如下式中的丁-1-烯和丁-2-烯。这种异构现象称为位置异构。

$CH_2{=}CHCH_2CH_3$
丁-1-烯
but-1-ene

$CH_3CH{=}CHCH_3$
丁-2-烯
but-2-ene

碳链异构和位置异构都是由于分子中原子之间的连接方式不同而产生的，所以都属于构造异构。

另外，含相同碳原子数目的单烯烃和单环烷烃也互为同分异构体。例如，丙烯和环丙烷、丁烯与环丁烷和甲基环丙烷等，它们也属于构造异构中的碳链异构。

简单的单烯烃可以按普通命名法命名。

$CH_2{=}CH_2$
乙烯
ethene

$CH_2{=}CHCH_3$
丙烯
propene

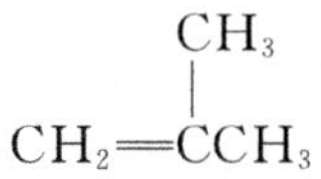
异丁烯
isobutene

烯烃分子去掉一个氢原子后剩下的基团称为“某烯基”，烯基的编号自去掉氢原子的碳原子开始。如：

$—CH{=}CH_2$
乙烯基
ethenyl(vinyl)

$—CH{=}CHCH_3$
丙-1-烯基(丙烯基)
prop-1-enyl

$—CH_2CH{=}CH_2$
丙-2-烯基(烯丙基)
prop-2-enyl(allyl)

同一个碳上带有两个游离价的基团称为“某亚基”。如：

$=CH_2$
甲亚基
methylidene(methylene)

$=CHCH_3$
乙亚基
ethylidene

烯烃的系统命名法基本上与烷烃相似，其要点如下。

(1) 选择最长链作为主链，如：

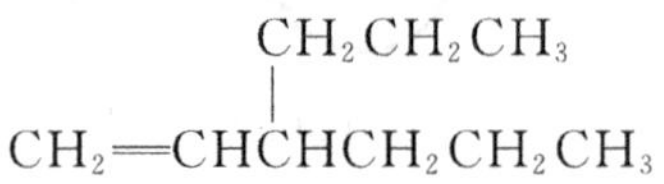
4-乙烯基庚烷
4-vinylheptane

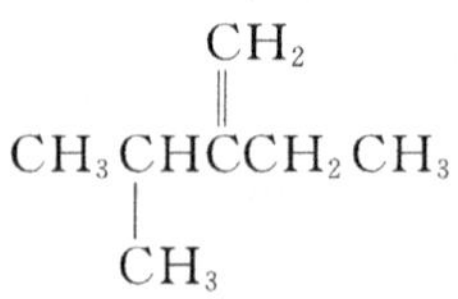
2-甲基-3-甲亚基戊烷
2-methyl-3-methylenepentane

若主链中含有双键，按主链中所含碳原子的数目命名为“某烯”。主链碳原子数在 10 以内时用天干表示，如主链含有 3 个碳原子时，即命名为丙烯；碳原子数在 10 以上时，用中文字十一、十二等表示，并在烯之前加上“碳”字，如十二碳烯。

(2) 若主链中含有双键，则给主链编号时，从距离双键最近的一端开始，侧链视为取代基，双键的位次(x)须标明，用两个双键碳原子位次较小的一个表示，主链名称为“某-x-烯”。

(3) 其他同烷烃的命名规则。

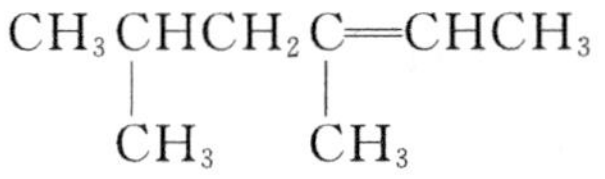

3,5-二甲基己-2-烯

3,5-dimethylhex-2-ene

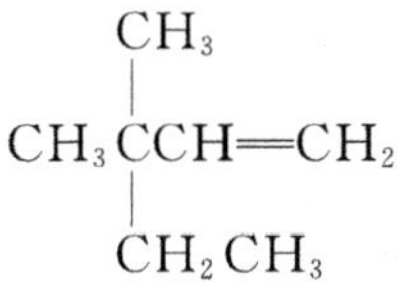

3,3-二甲基戊-1-烯

3,3-dimethylpent-1-ene

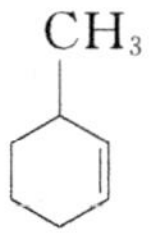

3-甲基环己烯

3-methylcyclohexene

3.2.2 烯烃的顺反异构

与烷烃不同，由于双键不能自由旋转，所以当两个双键碳原子各连有两个不同的原子或基团时，可能产生两种不同的空间排列方式。

例如，丁-2-烯：

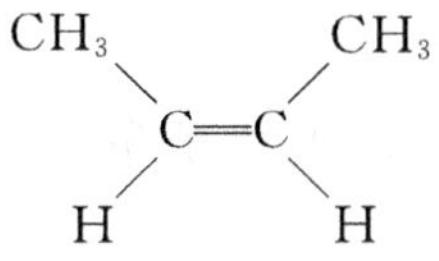

顺-丁-2-烯

cis-but-2-ene

(Ⅰ)

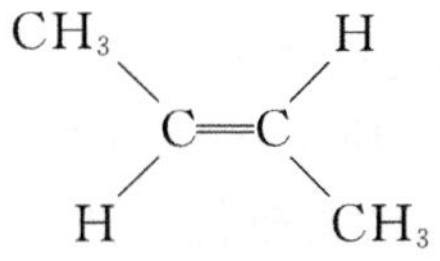

反-丁-2-烯

trans-but-2-ene

(Ⅱ)

显然，(Ⅰ)式和(Ⅱ)式虽然分子式相同，构造也相同，但它们是两种不同的化合物。

这种异构现象产生的原因是由于双键中的 π 键限制了 σ 键的自由旋转，使得两个甲基和两个氢原子在空间有两种不同的排列方式，两个相同基团[如(Ⅰ)式和(Ⅱ)式中的两个甲基或两个氢原子]在双键同一侧称为顺式，在异侧称为反式。这种由于分子中的原子或基团在空间的排布方式不同而产生的同分异构现象称为顺反异构。通常，分子中原子或基团在空间的排布方式称为构型，因此顺反异构也是构型异构，它是立体异构的一种。

需要指出的是，并不是所有的烯烃都有顺反异构现象。产生顺反异构的条件是除了 σ 键的旋转受阻外，还要求两个双键碳原子上分别连接有不同的原子或基团。也就是说，当双键的任何一个碳原子上连接的两个原子或基团相同时，就不存在顺反异构现象了。例如，下列化合物就没有顺反异构体。

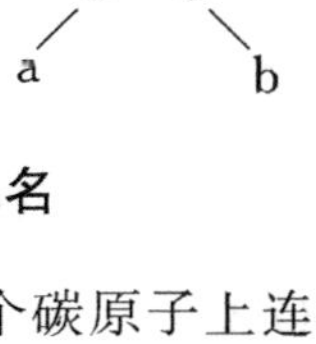

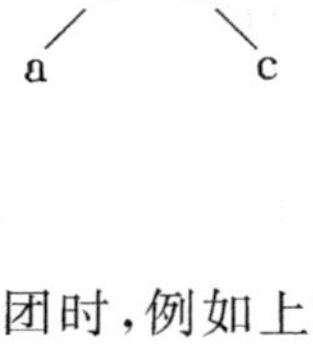

3.2.3 顺反异构体的命名

当与双键相连的两个碳原子上连有相同的原子或基团时，例如上面的(Ⅰ)式和(Ⅱ)式，可采用顺反命名法。两个相同原子或基团处于双键同一侧的称为顺式，反之称为反式。书写时分别冠以顺或反，并用短线与化合物名称相连。例如：

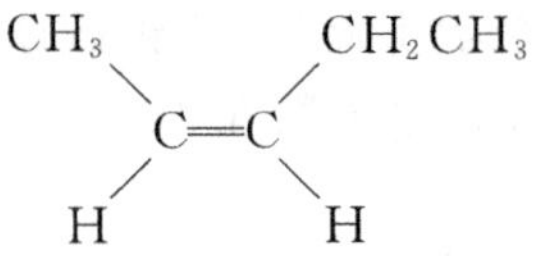

顺-戊-2-烯

cis-pent-2-ene

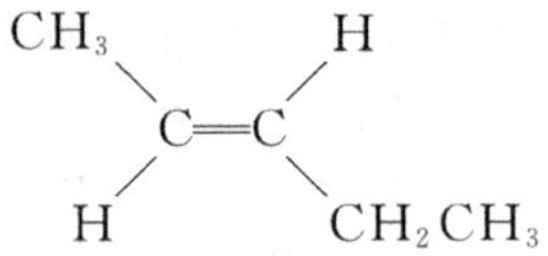

反-戊-2-烯

trans-pent-2-ene

当两个双键碳原子所连接的四个原子或基团均不相同时不能用顺反命名法命名，而采用 *Z/E* 命名法。例如：

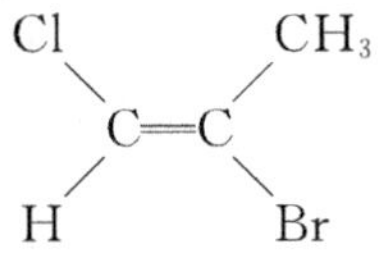

(*E*)-2-溴-1-氯丙烯

(*E*)-2-bromo-1-chloropropene

(Ⅲ)

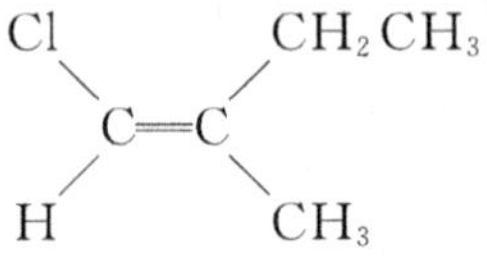

(*Z*)-1-氯-2-甲基丁-1-烯

(*Z*)-1-chloro-2-methylbut-1-ene

(Ⅳ)

用 *Z/E* 命名法时，首先根据“次序规则”将每个双键碳原子上所连接的两个原子或基团排出大小，大者称为较优基团。当两个较优基团位于双键的同一侧时，称为 *Z* 式；当两个较优基团位于双键的异侧时，称为 *E* 式。将 *Z* 或 *E* 加括号放在烯烃名称之前，同时用短线与烯烃名称相连。

“次序规则”的要点如下。

(1) 将与双键碳原子直接相连的原子按原子序数大小排列，原子序数大者为较优基团；若为同位素，则质量高者为较优基团。例如：

$$\mathrm{I > Br > Cl > S > P > F > O > N > C > D > H}$$

对于(Ⅲ)式，因为 Cl>H，Br>C，两个较优基团(Cl 和 Br)位于双键的异侧，所以为 *E* 式。

(2) 如果与双键碳原子直接相连原子的原子序数相同，则用外推法看与该原子相连的其他原子的原子序数。比较时，按原子序数由大到小排列，先比较最大的；如相同，再按顺序比较居中的、最小的；如仍相同，再依次外推，直至比出较优基团为止。

例如(Ⅳ)式中，与双键碳原子相连的—CH_3 和—CH_2CH_3 的第一个原子都是碳原子，但在—CH_3 中与碳相连的是 H、H、H，而在—CH_2CH_3 中与碳相连的是 C、H、H，因此—CH_2CH_3 为较优基团，两个较优基团(Cl 和—CH_2CH_3)位于双键的同侧，所以为 *Z* 式。

几种烃基的优先次序：

$$(CH_3)_3C\text{—} > CH_3CH_2CH(CH_3)\text{—} > (CH_3)_2CH\text{—} > CH_3CH(CH_3)CH_2\text{—}$$
$$> CH_3CH_2CH_2CH_2\text{—} > CH_3CH_2CH_2\text{—} > CH_3CH_2\text{—} > CH_3\text{—}$$

(3) 当基团含有重键时，可以把与双键或三键相连的原子看作是以单键与两个或三个原子相连。例如：

基团

可分别看作

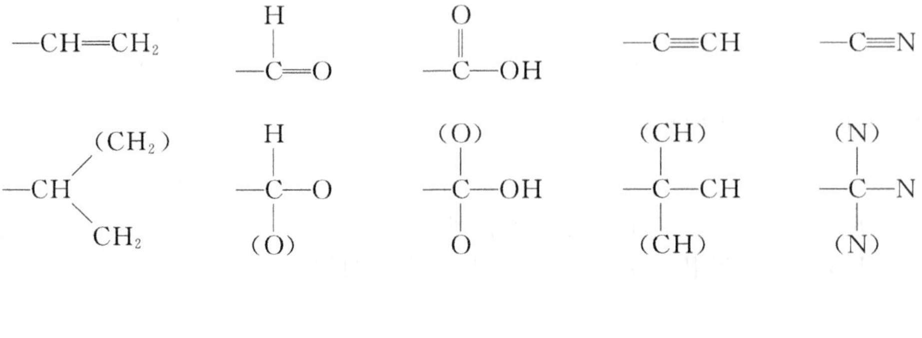

Z/E 命名法适用于所有烯烃的顺反异构体的命名，它和顺反命名法所依据的规则不同，彼此之间没有必然的联系。顺可以是 Z 也可以是 E，反之亦然。例如：

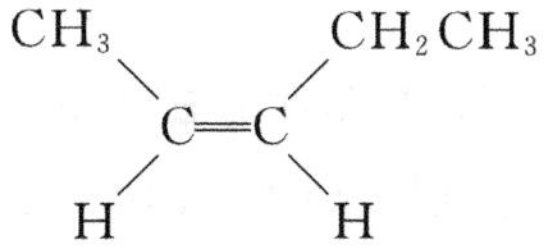

顺-戊-2-烯或(Z)-戊-2-烯

cis-pent-2-ene or (Z)-pent-2-ene

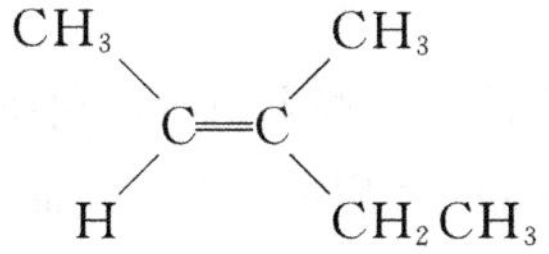

顺-3-甲基戊-2-烯或(E)-3-甲基戊-2-烯

cis-3-methylpent-2-ene or (E)-3-methylpent-2-ene

思考题 3-1　指出下列化合物中是否有顺反异构，若有，试写出两种异构体。

(1) $CH_3CH{=}CHC_2H_5$　　(2) $(CH_3)_2CHCH{=}CH(CH_3)C_2H_5$

思考题 3-2　用系统命名法命名下列化合物。

(1) 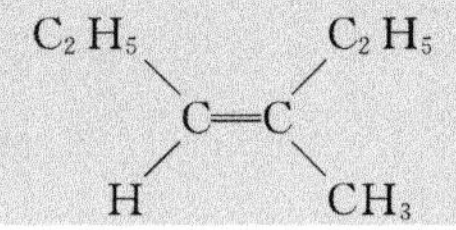

(2) 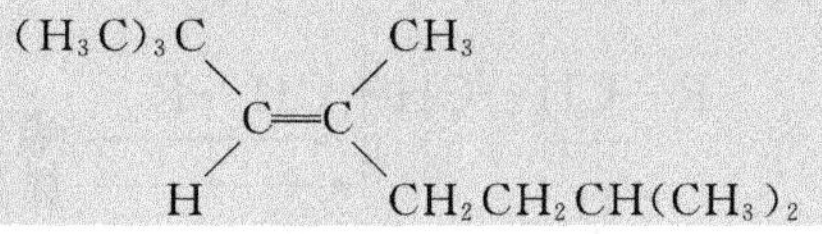

3.3　单烯烃的物理性质

在常温下，含 2～4 个碳原子的烯烃为气体，含 5～18 个碳原子的为液体，19 个碳原子以上的为固体。它们的沸点、熔点和相对密度都随相对分子质量的增加而递增，但相对密度都小于 1，都是无色物质，不溶于水，易溶于非极性和弱极性的有机溶剂，如石油醚、乙醚、四氯化碳等。含相同碳原子数目的直链烯烃的沸点比支链的高；顺式异构体的沸点比反式的高，熔点比反式的低。

一些烯烃的物理常数见表 3-1。

表 3-1　一些烯烃的物理常数

名　称	熔　点/℃	沸　点/℃	相对密度 d_4^{20}	折射率 n_D^{20}
乙烯	−169.2	−103.7	$0.384\,0^{-10}$	1.363^{100}
丙烯	−185.2	−47.4	0.519 3	$1.356\,7^{-70}$
丁-1-烯	−185.4	−6.3	0.595 1	1.396 2
顺-丁-2-烯	−138.9	3.7	0.621 3	$1.393\,1^{-25}$
反-丁-2-烯	−105.6	0.88	0.604 2	$1.384\,8^{-25}$
异丁烯	−140.4	−6.9	0.590 2	$1.392\,6^{-25}$
戊-1-烯	−165.2	30.0	0.640 5	1.371 5
己-1-烯	−139.8	63.4	0.673 1	1.383 7
庚-1-烯	−119.0	93.6	0.697 0	1.399 8

3.4　单烯烃的化学性质

单烯烃的化学性质与烷烃不同,它很活泼,主要原因是分子中存在碳碳双键。双键中的 π 键是由碳原子的 p 轨道“肩并肩”重叠而成的,原子轨道的重叠程度较小,π 电子云分布在成键原子的上方和下方,原子核对 π 电子的束缚较弱,易受外界影响发生极化,π 键的强度比 σ 键低得多,容易断裂发生加成、氧化、聚合等反应。双键是反映烯烃化学性质的官能团。

受碳碳双键的影响,与双键碳相邻的碳原子上的氢(称为 α-氢原子)也表现出一定的活泼性。

单烯烃的主要化学反应如下:

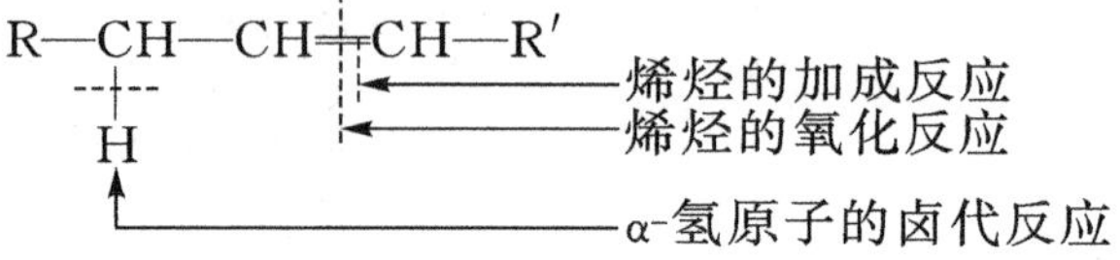

3.4.1　加成反应

加成反应是烯烃的典型反应。在反应中 π 键断开,双键上的两个碳原子和其他原子或基团结合,形成两个较强的 σ 键,这类反应称为加成反应。

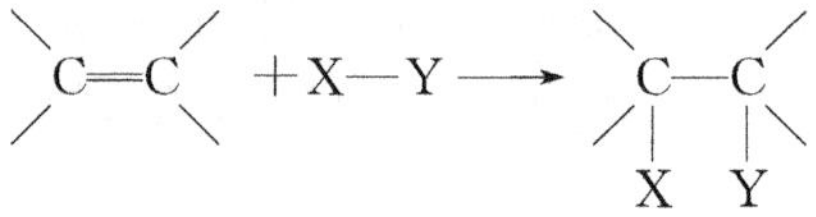

1. 催化加氢

常温常压下,烯烃很难同氢气发生反应,但是在催化剂(如铂、钯、镍等)存在下,烯烃与氢发生加成反应,生成相应的烷烃。这是因为催化剂可以降低加氢反应的活化能,使反应容易进行。

$$R—CH=CH_2 + H_2 \xrightarrow{催化剂} R—CH_2CH_3$$

烯烃的催化加氢反应是定量进行的,因此可以通过测量消耗氢气体积的办法来确定烯烃中双键的数目。

氢化反应是放热反应,1 mol 不饱和化合物氢化时放出的热量称为氢化热。每个双键的氢化热大约为 125 kJ/mol,可以通过测定不同烯烃的氢化热比较烯烃的相对稳定性。氢化热越小的烯烃越稳定。例如,顺-丁-2-烯和反-丁-2-烯氢化的产物都是丁烷,反式比顺式少放出 4.2 kJ/mol的热量,意味着反式的内能比顺式少 4.2 kJ/mol,所以反-丁-2-烯更稳定。

烯烃的催化加氢在工业上和科学研究中都具有重要意义,如油脂氢化制硬化油、人造奶油等;为除去粗汽油中的少量烯烃杂质可进行催化氢化反应,将少量烯烃还原为烷烃,从而提高油品的质量。

思考题 3-3　将下列烯烃按氢化热由高到低排列:

a. 戊-1-烯　　b. 2-甲基戊-2-烯　　c. 2-甲基戊-1-烯

2. 亲电加成反应

由于烯烃双键的形状及其电子云分布特点,烯烃容易给出电子,因而易受到正电荷或部分带正电荷的缺电子试剂(称为亲电试剂)的进攻而发生反应。这种由亲电试剂的进攻而引起的反应称为亲电加成反应。与单烯烃发生亲电加成的试剂主要有卤素单质(Br_2,Cl_2)、卤化氢、硫酸及水等。

1) 与卤素单质加成

单烯烃很容易与卤素单质发生加成反应,生成邻二卤化物。例如,将烯烃气体通入溴的四氯化碳溶液后,溴的红棕色马上消失,表明发生了加成反应。在实验室中,常利用这个反应来检验烯烃的存在。

$$CH_3—CH{=}CH_2 + Br_2 \xrightarrow{CCl_4} CH_3—\underset{\underset{Br}{|}}{CH}—\underset{\underset{Br}{|}}{CH_2}$$

相同的烯烃和不同的卤素单质进行加成时,卤素单质的活性顺序:氟>氯>溴>碘。氟与烯烃的反应太剧烈,往往使碳链断裂;碘与烯烃难于发生加成反应。所以一般所说的烯烃与卤素单质的加成实际上是指加溴或加氯。

下面以乙烯和溴的加成反应为例,来说明烯烃和卤素加成的反应历程。

当把干燥的乙烯通入溴的无水四氯化碳溶液中(置于玻璃容器)时不易发生反应,若置于涂有石蜡的玻璃容器中时则更难反应,但当加入一点水时就容易发生反应,溴水的颜色褪去。这说明溴与乙烯的加成反应受极性物质如水、玻璃(弱碱性)的影响,实际上就是乙烯双键受极性物质的影响,使 π 电子云发生极化。同样,Br_2 接近双键时在 π 电子的影响下也发会生极化:

$$\overset{\delta^+}{Br}—\overset{\delta^-}{Br}$$

极化了的乙烯和溴又是怎样进行反应的呢?实验证明,乙烯和溴在氯化钠的水溶液中进行加成时,除生成 1,2-二溴乙烷外,还生成 1-溴-2-氯乙烷和 2-溴乙醇。

$$CH_2{=}CH_2 + Br_2 \xrightarrow{NaCl,\ H_2O} BrCH_2CH_2Br + BrCH_2CH_2Cl + BrCH_2CH_2OH$$

这个事实说明,两个溴原子不是同时加到双键碳上的,而是分两步进行的。若是一步反应,两个溴原子同时加到双键上去,产物应仅为 1,2-二溴乙烷一种。由于三种产物中都含有溴原子,所以 Cl^- 和 OH^- 不可能参加第一步反应,可以断定 Cl^- 和 OH^- 是在反应的第二步才加上去的。

第一步,被极化的溴分子中带微正电荷的溴原子($\overset{\delta^+}{Br}$)首先向乙烯中的 π 键进攻,形成环状溴鎓离子中间体。由于 π 键的断裂和溴分子中 σ 键的断裂都需要一定的能量,因此这一步反应速率较慢,是决定加成反应速率的一步。

$$Br—Br + CH_2{=}CH_2 \xrightarrow{慢} \underset{\overset{+}{Br}}{\underbrace{CH_2—CH_2}} + Br^-$$

溴鎓离子

第二步,溴负离子或氯负离子、水分子进攻溴鎓离子,生成产物,这一步反应是离子之间的反应,反应速度较快。

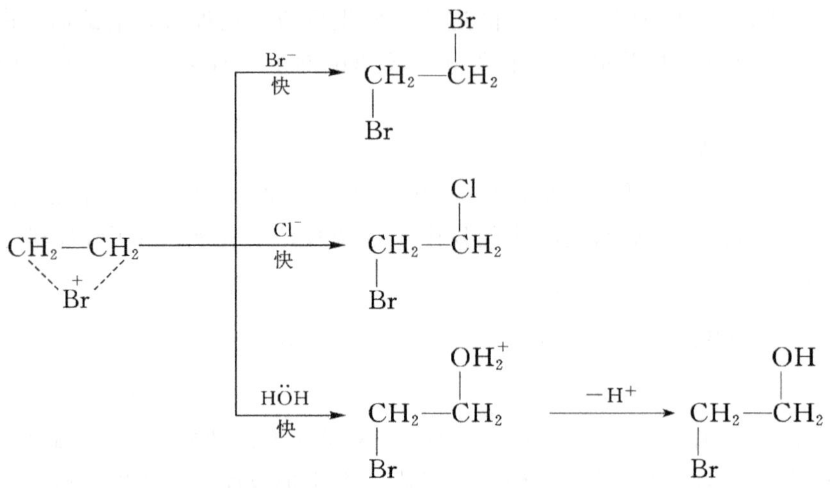

上面的加成反应实质上是亲电试剂 Br^+ 对 π 键的进攻引起的，所以称为亲电加成反应。由于加成是由溴分子发生异裂后生成的离子进行的，故这类加成又称为离子型亲电加成反应。另外，由于溴鎓离子的三元环桥阻止了 C—C 键的旋转，同时也限制了 Br^- 只能从中间体的对面进攻碳正离子，所以，从反应的立体选择性考虑，烯烃与溴的加成是反式加成，得到反式加成产物。

2）与卤化氢加成

卤化氢气体或浓的氢卤酸溶液能与烯烃进行加成反应，生成相应的卤代烷烃。

$$CH_2{=}CH_2 + HX \longrightarrow CH_3CH_2X$$

不同卤化氢与相同的烯烃进行加成时，反应活性顺序：HI＞HBr＞HCl，HF 一般不与烯烃加成。

烯烃与卤化氢的加成反应机理和烯烃与卤素的加成相似，也是分两步进行的离子型亲电加成反应。不同的是第一步由亲电试剂 H^+ 进攻 π 键，且不生成卤鎓离子，而是生成碳正离子中间体，然后 X^- 进攻碳正离子，生成产物。

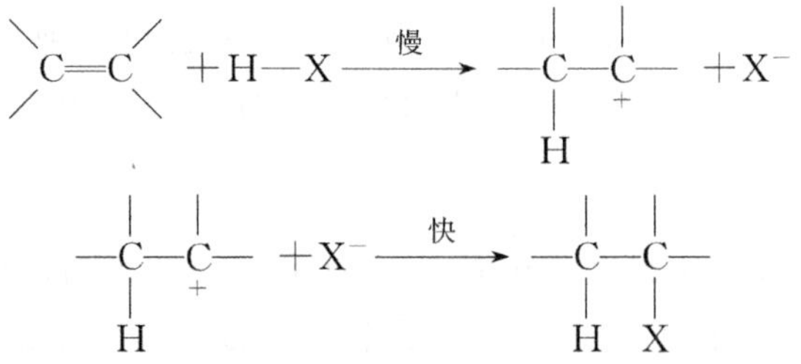

乙烯是对称分子，不论氢离子或卤离子加到哪一个碳原子上，得到的产物都是一样的。但是丙烯等不对称的烯烃，与卤化氢加成时可能得到两种不同的产物。

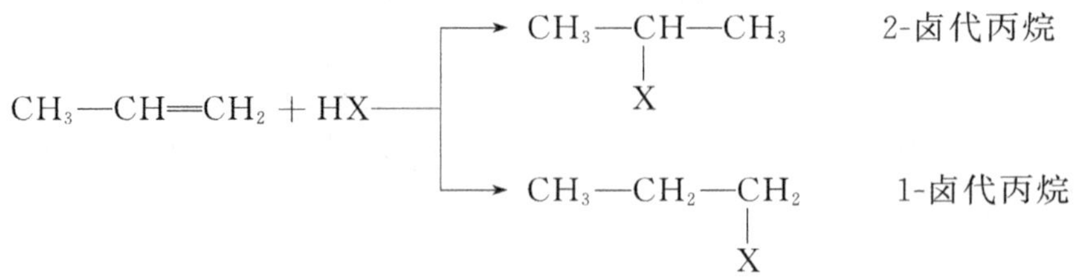

实验证明，丙烯与卤化氢加成的主要产物是 2-卤代丙烷。1868 年，俄国化学家马尔科夫

尼科夫(Markovnikov)在总结了大量实验事实的基础上提出了一条重要的经验规则：不对称烯烃与不对称试剂发生加成反应时，氢原子总是加到含氢较多的双键碳原子上，卤素原子和其他原子或基团加在含氢较少的双键碳原子上。这个规则称为 Markovnikov 规则，简称马氏规则。应用马氏规则可以预测不对称烯烃与不对称试剂加成时的主要产物。例如：

$$CH_3CH_2CH{=}CH_2 + HBr \xrightarrow{\text{醋酸}} CH_3CH_2\underset{\substack{|\\ Br}}{C}HCH_3$$

80%

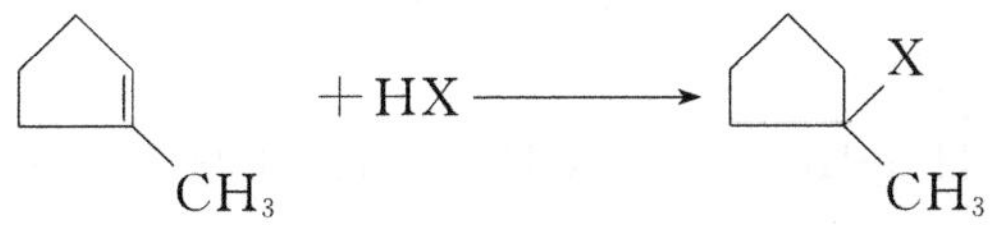

马氏规则可以用电子效应来解释。在多原子分子中，当两个直接相连的原子的电负性不同时，由于电负性较大的原子吸引电子的能力较强，两个原子间的共用电子对偏向于电负性较大的原子，使之带有部分负电荷(用 δ^- 表示)，另一原子则带有部分正电荷(用 δ^+ 表示)。在静电引力作用下，这种影响能沿着分子链诱导传递，使分子中成键电子云向某一方向偏移。例如，在 1-氯丙烷分子中：

$$\underset{3}{\overset{\delta\delta\delta^+}{CH_3}} \rightarrow \underset{2}{\overset{\delta\delta^+}{CH_2}} \rightarrow \underset{1}{\overset{\delta^+}{CH_2}} \rightarrow \overset{\delta^-}{Cl}$$

由于氯的电负性比碳大，因此 C—Cl 键的共用电子对向氯原子偏移，使氯原子带部分负电荷(δ^-)，碳原子带部分正电荷(δ^+)。在静电引力作用下，相邻 C—C 键本来对称共用的电子对也向氯原子方向偏移，使得 C_2 上也带有很少的正电荷，同样依次影响的结果，C_3 上也多少带有部分正电荷。上式中箭头所指的方向是电子偏移的方向。

像 1-氯丙烷这样当不同原子间形成共价键时，由于成键原子的电负性不同，共用电子对会偏向于电负性大的原子使共价键产生极性，而且这个键的极性可以通过静电作用力沿着碳链在分子内传递，使分子中成键电子云向某一方向发生偏移，这种效应称为诱导效应，用符号 I 表示。

诱导效应是一种静电诱导作用，其影响随距离的增加而迅速减弱或消失，诱导效应在一个 σ 体系传递时，一般认为每经过一个原子即降低为原来的三分之一，经过三个原子以后影响就极弱了，超过五个原子便可忽略不计。诱导效应具有叠加性，当几个基团或原子同时对某一化学键产生诱导效应时，方向相同，效应相加，方向相反，效应相减。此外，诱导效应沿单键传递时，只涉及电子云密度分布的改变，共用电子对并不完全转移到另一原子上。

诱导效应的强度由原子或基团的电负性决定，一般以氢原子作为比较基准。比氢原子电负性大的原子或基团表现出吸电性，称为吸电子基，具有吸电诱导效应，一般用－I 表示；比氢原子电负性小的原子或基团表现出供电性，称为供电子基，具有供电诱导效应，一般用＋I 表示。常见原子或基团的诱导效应强弱次序如下。

吸电诱导效应(－I)：$—NO_2 > —COOH > —F > —Cl > —Br > —I > —OH > —C{\equiv}CR > —C_6H_5 > —RC{=}CHR'$。

供电诱导效应(＋I)：$(CH_3)_3C— > (CH_3)_2CH— > CH_3CH_2— > CH_3—$。

上面所讲的是在静态分子中所表现出来的诱导效应，称为静态诱导效应，它是分子在静止状态的固有性质，没有外界电场影响时也存在。

在化学反应中，分子受外电场的影响或在反应时受极性试剂进攻的影响而引起的电子云分布的改变，称为动态诱导效应。

根据诱导效应就不难理解马氏规则。例如，当丙烯与 HBr 加成时，丙烯分子中的甲基是一个供电子基，甲基表现出向双键供电子，结果使双键上的 π 电子云发生极化，π 电子云发生极化的方向与甲基供电子方向一致，这样一来，含氢原子较少的双键碳原子带部分正电荷(δ^+)，含氢原子较多的双键碳原子则带部分负电荷(δ^-)。加成时，进攻试剂 HBr 分子中带正电荷的 H^+ 首先加到带负电荷的(即含氢较多的)双键碳原子上，然后，Br^- 才加到另一个双键碳上，产物符合马氏规则。

$$CH_3-\overset{\delta^+}{C}H\!=\!\overset{\delta^-}{C}H_2+\overset{\delta^+}{H}-\overset{\delta^-}{Br}\longrightarrow[CH_3-\overset{+}{C}H-CH_3]\xrightarrow{Br^-}\underset{\displaystyle Br}{CH_3\underset{|}{C}HCH_3}$$

马氏规则也可以由反应过程中生成的活性中间体碳正离子的稳定性来解释。例如，丙烯和 HBr 加成，第一步反应生成的碳正离子中间体有两种可能：

$$CH_3-CH\!=\!CH_2+HBr\xrightarrow{-Br^-}\begin{cases}[CH_3-\overset{+}{C}H-CH_3]\quad(\text{Ⅰ})\\[CH_3-CH_2-\overset{+}{C}H_2]\quad(\text{Ⅱ})\end{cases}$$

究竟生成哪一种碳正离子，这取决于碳正离子的相对稳定性。根据物理学上的规律，一个带电体系的稳定性取决于所带电荷的分散程度，电荷越分散，体系越稳定。丙烯分子中的甲基是一个供电子基，表现出供电诱导效应，甲基的成键电子云向缺电子的碳正离子方向移动，使碳正离子的正电荷减少一部分，因而使其正电荷得到分散，体系趋于稳定。因此，带正电荷的碳上连接的烷基越多，供电诱导效应越大，碳正离子的稳定性越高。

一般烷基碳正离子的稳定性次序：叔碳正离子＞仲碳正离子＞伯碳正离子＞甲基正离子，即 $3°>2°>1°>CH_3^+$。例如：

$$(CH_3)_3C^+>(CH_3)_2CH^+>CH_3CH_2^+>CH_3^+$$

丙烯和 HBr 加成过程，根据碳正离子的稳定性次序，碳正离子(Ⅰ)比(Ⅱ)稳定，所以碳正离子(Ⅰ)为该加成反应的主要中间体。(Ⅰ)一旦生成，很快与 Br^- 结合，生成 2-溴丙烷，符合马氏规则。

但在过氧化物存在下，HBr 与不对称烯烃的加成是反马氏规则的。例如，在过氧化物存在下丙烯与 HBr 的加成，生成的主要产物是 1-溴丙烷，而不是 2-溴丙烷。

$$CH_3-CH\!=\!CH_2+HBr\xrightarrow{\text{过氧化物}}CH_3CH_2CH_2Br$$

这种由于过氧化物的存在而引起烯烃加成取向的改变，称为过氧化物效应。该反应的反应历程是自由基加成反应历程，不是亲电加成反应历程。

应该指出的是，过氧化物效应仅限于不对称试剂 HBr 与不对称烯烃的加成，过氧化物的存在，对于不对称烯烃与 HCl 和 HI 的加成反应方式没有影响。

3) 与硫酸加成

烯烃与冷的浓硫酸混合，反应生成硫酸氢酯，硫酸氢酯水解生成相应的醇。例如：

$$CH_2\!=\!CH_2+HOSO_3H\longrightarrow\underset{\text{硫酸氢乙酯}}{CH_3CH_2OSO_3H}\xrightarrow[\triangle]{H_2O}CH_3CH_2OH+H_2SO_4$$

不对称烯烃与硫酸的加成反应，遵守马氏规则。

$$CH_3—CH═CH_2 + HOSO_3H \longrightarrow \underset{\text{硫酸氢异丙酯}}{CH_3\underset{\underset{OSO_3H}{|}}{C}HCH_3} \xrightarrow[\triangle]{H_2O} \underset{\text{异丙醇}}{CH_3\underset{\underset{OH}{|}}{C}HCH_3} + H_2SO_4$$

这是工业上制备醇的方法之一，其优点是对烯烃的原料纯度要求不高、技术成熟和转化率高，但由于反应需使用大量的酸，易腐蚀设备，且后续处理困难。由于硫酸氢酯能溶于浓硫酸，因此可用来提纯某些化合物。例如，烷烃一般不与浓硫酸反应，也不溶于硫酸，用冷的浓硫酸洗涤烷烃和烯烃的混合物，可以除去烷烃中的烯烃。

4）与水加成

在酸（常用硫酸或磷酸）催化下，烯烃与水直接加成生成醇。不对称烯烃与水的加成反应也遵从马氏规则。例如：

$$CH_2═CH_2 + HOH \xrightarrow[300\ ℃,7\ MPa]{H_3PO_4/\text{硅藻土}} CH_3CH_2OH$$

$$CH_3—CH═CH_2 + HOH \xrightarrow[200\ ℃,2\ MPa]{H_3PO_4/\text{硅藻土}} \underset{\text{异丙醇}}{CH_3\underset{\underset{OH}{|}}{C}HCH_3}$$

上述反应也是醇的工业制法之一，称为烯烃的水合反应（直接水合法）。此法简单、价格低廉，但对设备要求较高，尤其是需要选择合适的催化剂。

5）与硼氢化合物加成

烯烃能与硼氢化合物发生加成，一般是以乙硼烷（B_2H_6）与烯烃反应，生成的产物是烷基硼烷。这一反应称为硼氢化反应（hydroboration）。

$$6RCH═CH_2 + \underset{\text{乙硼烷}}{B_2H_6} \xrightarrow{0\ ℃} \underset{\text{三烷基硼烷}}{2(RCH_2CH_2)_3B}$$

这一反应是分步进行的。反应时，乙硼烷首先解离成甲硼烷（BH_3），甲硼烷随即与烯烃加成。

$$RCH═CH_2 + BH_3 \longrightarrow \underset{\text{一烷基硼烷}}{RCH_2CH_2BH_2} \xrightarrow{RCH═CH_2} \underset{\text{二烷基硼烷}}{(RCH_2CH_2)_2BH} \xrightarrow{RCH═CH_2} \underset{\text{三烷基硼烷}}{(RCH_2CH_2)_3B}$$

由于反应非常迅速，通常分离不出一烷基硼烷和二烷基硼烷，只能得到三烷基硼烷。如果双键碳原子上取代基的数目较多，空间位阻增大，调节试剂的用量比也可使反应停止在生成一烷基硼烷或二烷基硼烷阶段。例如：

$$(H_3C)_2C═C(CH_3)_2 + BH_3 \longrightarrow (CH_3)_2CH\overset{\overset{CH_3}{|}}{\underset{\underset{CH_3}{|}}{C}}BH_2$$

$$2(H_3C)_2C═CHCH_3 + BH_3 \longrightarrow [(CH_3)_2CH\underset{\underset{CH_3}{|}}{C}H]_2BH$$

一烷基硼烷和二烷基硼烷可代替乙硼烷作为硼氢化反应的试剂使用。

不对称烯烃与硼烷加成时，反应具有择向性，硼原子主要加到烷基取代较少的双键碳上，这一加成方式是反马氏规则的。因为硼的电负性（2.0）比氢（2.1）略小，且具有空 p 轨道，表现出亲电性，加之硼烷体积较大，因此加成时硼加到电子云密度较大而空间位阻较小的含氢较多的双键碳上。

实验证明，烯烃的硼氢化并不生成碳正离子中间体，反应是通过形成一个四中心过渡态历程进行的：

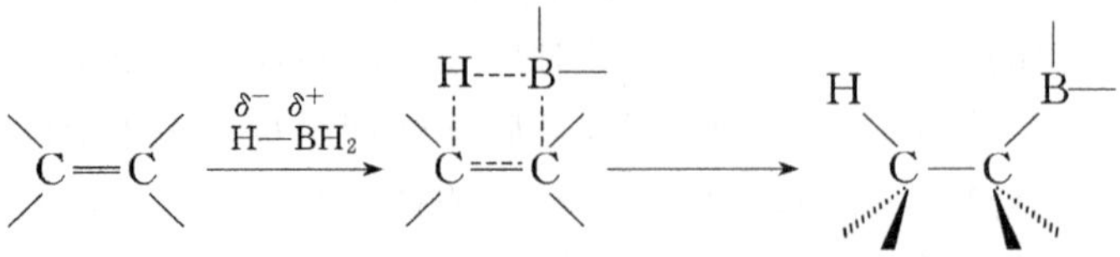

因而在这一反应中不会发生重排，而且它是一个典型的顺式加成反应。

烷基硼烷是一类非常活泼的有机化合物，通过它可以制备许多不同类型的化合物。例如，将烷基硼烷在碱性条件下进行氧化和水解可得到醇：

$$(R-CH_2CH_2)_3B \xrightarrow{H_2O_2,OH^-} R-CH_2CH_2OH + H_3BO_3$$

这一反应与硼氢化反应合起来称为烯烃的硼氢化-氧化反应。其反应方向与烯烃的酸催化水合反应方向正好相反。例如：

$$CH_3-CH=CH_2 \xrightarrow[②H_2O_2,OH^-]{①B_2H_6} CH_3CH_2CH_2OH$$

$$CH_3-\overset{\displaystyle CH_3}{\overset{|}{C}}=CHCH_3 \xrightarrow[②H_2O_2,OH^-]{①B_2H_6} CH_3\overset{\displaystyle CH_3}{\overset{|}{C}H}\underset{\underset{\displaystyle OH}{|}}{CH}CH_3$$

烯烃的硼氢化-氧化反应是一个非常有用的反应，它被广泛用于由碳碳双键化合物来制备醇。从反应产物来看，它相当于烯烃与水的反马氏规则加成。用这一方法所制得的醇是不能用其他方法从烯烃得到的，因此，这一反应正好可以与烯烃的酸催化水合反应互补。

3.4.2　聚合反应

聚合是烯烃的重要化学反应，这种反应是在催化剂或引发剂的作用下使烯烃双键打开，并按一定方式把相当数量的烯烃分子连接成长链型大分子。生成的产物称为聚合物，也称为高分子化合物，反应中的烯烃分子称为单体。现代有机合成工业中，常用的重要烯烃单体有乙烯、丙烯、异丁烯、氯乙烯、苯乙烯等。例如，在齐格勒-纳塔(Ziegler-Natta)催化剂[$TiCl_4$-$Al(C_2H_5)_3$]等的作用下，乙烯、丙烯可以聚合为聚乙烯、聚丙烯。

$$nCH_2=CH_2 \xrightarrow{TiCl_4-Al(C_2H_5)_3} \underset{\text{聚乙烯}}{\left[CH_2-CH_2 \right]_n}$$

$$nCH_3-CH=CH_2 \xrightarrow{TiCl_4-Al(C_2H_5)_3} \underset{\text{聚丙烯}}{\left[\overset{\displaystyle CH_3}{\overset{|}{C}H}-CH_2 \right]_n}$$

很多高分子聚合物均有广泛的用途，如聚乙烯是一种电绝缘性能好、用途广泛的塑料；聚氯乙烯用作管材、板材等；聚丁-1-烯用作工程塑料；聚四氟乙烯称为塑料王，广泛用于电绝缘材料、耐腐蚀材料和耐高温材料等。

3.4.3 氧化反应

烯烃容易被氧化,氧化产物与烯烃结构、氧化剂和氧化条件有关。

1. 高锰酸钾氧化

用稀的碱性或中性高锰酸钾溶液在较低温度下氧化烯烃时,在双键处引入两个羟基生成邻二醇。反应过程中,高锰酸钾溶液的紫色褪去,并且生成棕褐色的二氧化锰沉淀,所以这个反应可以用来鉴定烯烃。

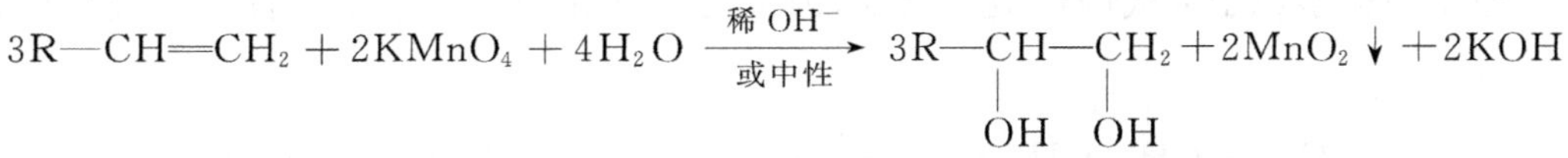

若用酸性高锰酸钾溶液氧化烯烃,不仅碳碳双键完全断裂,同时双键上的氢原子也被氧化成羟基,生成含氧化合物。

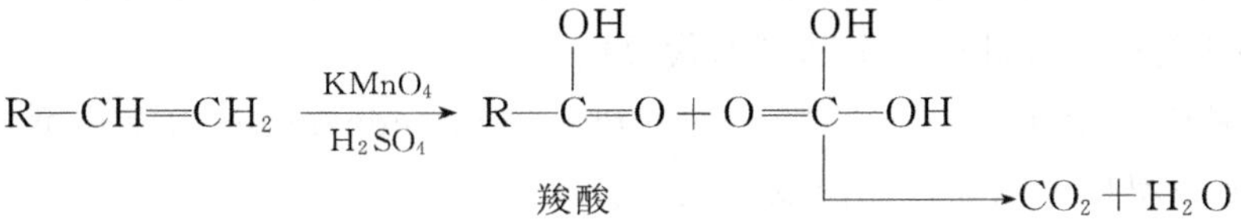

羧酸

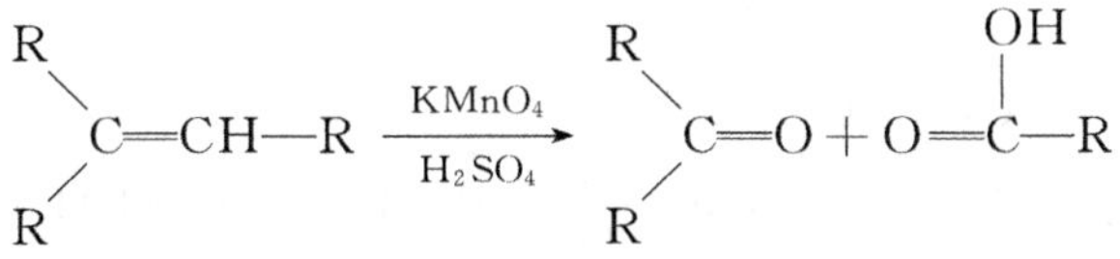

酮 羧酸

由于不同结构的烯烃其氧化产物不同,因此通过分析氧化得到的产物,可以推测原来烯烃的结构。

2. 臭氧氧化

将含有 6%~8%臭氧的氧气通入烯烃的非水溶液中,能迅速生成糊状臭氧化合物,后者不稳定易爆炸,因此反应过程中不必把它从溶液中分离出来,可以直接在溶液中水解生成醛、酮和过氧化氢。为防止产物醛被过氧化氢氧化,水解时通常加入还原剂(如 H_2/Pt,或锌粉)。

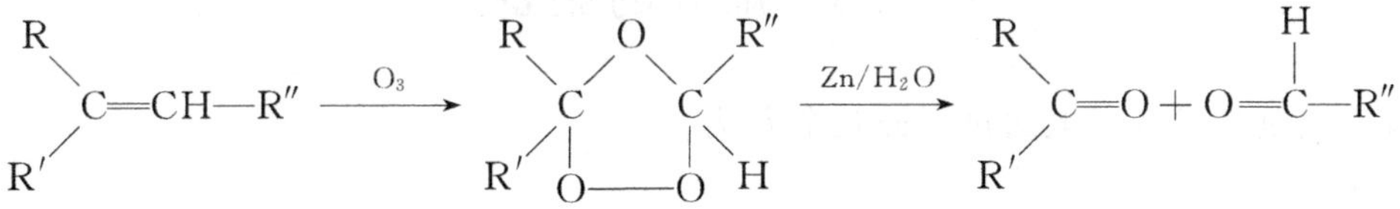

臭氧化物 酮 醛

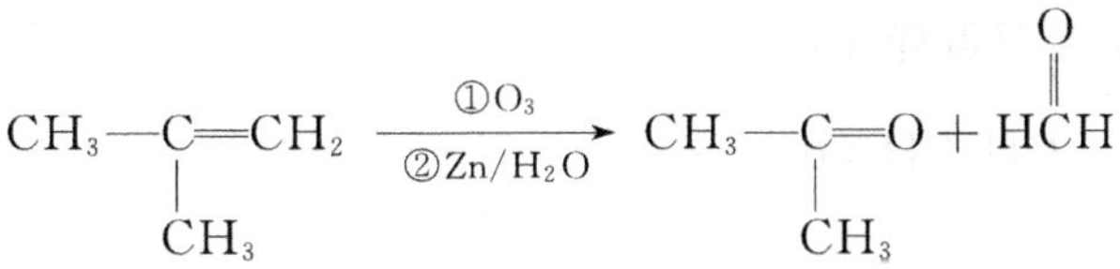

丙酮 甲醛

根据烯烃臭氧化所得到的产物,也可以推测原来烯烃的结构。

3. 催化氧化

将乙烯与空气或氧气混合,在银的催化下,乙烯被氧化生成环氧乙烷,这是工业上生产环氧乙烷的主要方法。

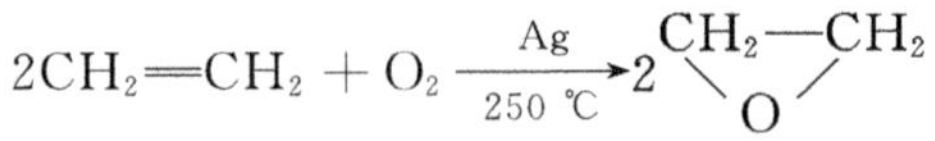

环氧乙烷是重要的有机合成中间体,用它可以制造乙二醇、合成洗涤剂、乳化剂、抗冻剂、塑料等。

3.4.4 α-氢原子的卤代反应

烯烃与卤素在室温下可发生双键的亲电加成反应,但在高温(500~600 ℃)时,则主要发生 α-氢原子被卤素原子取代的反应。例如,丙烯与氯气在约 500 ℃主要发生取代反应,生成 3-氯-丙-1-烯。

$$CH_3—CH═CH_2 + Cl_2 \xrightarrow{500\ ℃} ClCH_2—CH═CH_2 + HCl$$

这是工业上生产 3-氯-丙-1-烯的方法。它主要用于制备甘油、环氧氯丙烷和树脂等。

与烷烃的卤代反应相似,烯烃的 α-氢原子的卤代反应也是受光照、高温、过氧化物(如过氧化苯甲酸)引发,进行自由基型取代反应。

如果用 *N*-溴代丁二酰亚胺(*N*-bromosuccinimide,NBS)为溴化剂,在光照或过氧化物作用下,则 α-溴代可以在较低温度下进行。

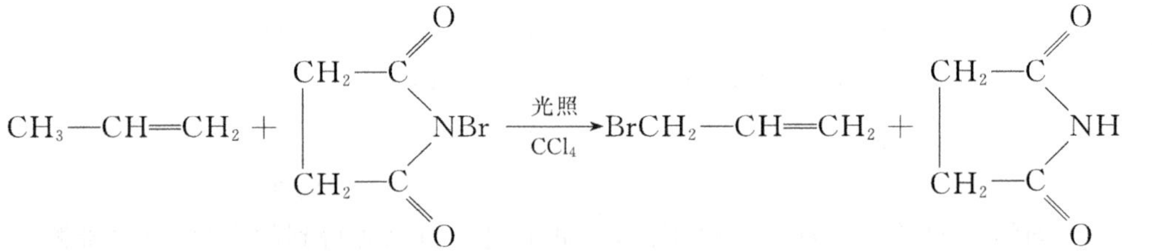

思考题 3-4 写出丙烯和异丁烯与 HCl 加成的主要产物,哪一个烯烃的加成速度较快,并给予解释。

思考题 3-5 写出 $(CH_3)_2C═CH_2$ 与下列试剂反应的主要产物。

(1) Cl_2/H_2O (2) H_2O/H^+ (3) HBr/过氧化物 (4) ①B_2H_6;②H_2O_2/OH^-

(5) ①O_3;②Zn/H_2O

3.5 烯烃的制备

实验室里制备烯烃一般通过下面几个方法。

1. 醇脱水

醇和酸(如硫酸)一起加热反应,在一定温度下醇脱去一分子水而生成烯烃。如乙醇在浓硫酸或氧化铝催化下脱水而得烯烃:

$$CH_3CH_2OH \xrightarrow[170\ ℃]{H_2SO_4} H_2C═CH_2 + H_2O$$

$$CH_3CH_2OH \xrightarrow[350\sim360\ ℃]{Al_2O_3} H_2C═CH_2 + H_2O$$

98%

2. 卤代烃脱卤化氢

此反应一般在乙醇溶液中进行。在强碱(常用氢氧化钾或氢氧化钠)存在下加热回流,卤代烷脱去一分子卤化氢而得烯烃。例如:

$$\underset{\displaystyle H}{\overset{|}{}}\!\!\!\!\!\!\;\;H_3C—\underset{|\atop H}{CH}—\underset{|\atop Br}{C}HCH_2CH_3 + KOH \xrightarrow{CH_3CH_2OH} H_3C—CH═CHCH_2CH_3$$

若卤代烷上有多个不同的β-氢原子时，生成不同的烯烃，其主要产物是双键碳上连有较多取代基的较稳定烯烃——札依采夫(Saytzeff)烯烃。

3. 邻二卤代烷脱卤素

邻二卤代烷在金属锌、镁等作用下，失去两个卤素原子而生成烯烃。例如：

$$H_3C\underset{|\atop Br}{H}C—\underset{|\atop Br}{C}HCH_3 \xrightarrow{Zn} H_3CHC═CHCH_3$$

上述反应中，金属为碳卤键的断开和双键的形成提供一对电子，金属首先夺走一个卤素原子生成碳负离子，碳负离子再失去β-卤素原子生成烯。

除上面三种方法外，炔烃加氢、羧酸酯和季铵盐的裂解、Wittig反应、磺酸酯脱磺酸等也都是制备烯烃的常用方法，会在后面各有关章节内加以介绍。

3.6 重要的烯烃

1. 乙烯

乙烯是一种略带甜味的无色气体，沸点为－103.7 ℃，微溶于水，与空气能形成爆炸性混合物，其爆炸极限是3％～29％。

乙烯是重要的有机合成原料，可以用来大规模生产许多化工产品和中间体，如塑料、橡胶、树脂、涂料、溶剂等，所以乙烯的产量被认为是衡量一个国家石油化学工业发展水平的标志。

乙烯也是植物的内源激素之一，许多植物器官中都含有微量的乙烯。它能抑制细胞的生长，促进果实成熟和促进叶片、花瓣、果实等器官脱落。所以乙烯可用作水果的催熟剂，需要的时候可以用乙烯人工加速果实成熟。另一方面，在运输和储存期间则希望果实减缓成熟，可以使用一些能够吸收或氧化乙烯的药剂来控制乙烯的含量，以延长储存期，保持果实的鲜度。

2. 丙烯

常温下，丙烯是一种无色、无臭、略带有甜味的气体。相对分子质量为42.08，相对密度d_4^{20}为0.513 9，沸点为－47.4 ℃。易燃，爆炸极限为2％～11％。不溶于水，溶于有机溶剂，是一种低毒类物质。

丙烯是三大合成材料的基本原料，主要用于生产丙烯腈、异丙烯、丙酮和环氧丙烷等。丙烯在特定的催化剂作用下可以聚合生成聚丙烯，聚丙烯是一种新型塑料，为白色无臭无毒的固体，其透明度比聚乙烯好，具有良好的机械性能、耐热性和耐化学腐蚀性，广泛用于国防、工业、农业和日常生活用品中。丙烯在氨存在下氧化得到丙烯腈，丙烯腈是制造腈纶(人造羊毛)的单体，聚丙烯腈纤维的商品名为腈纶，外国商品名为奥纶(Orlon)。人造羊毛的问世及其产品的工业化，不仅基本解决了人类穿衣发愁的困扰，而且节约了大量的耕地去用于粮食生产，从而间接地缓解了粮食的供求矛盾。

习　　题

1. 命名下列化合物。

(1) 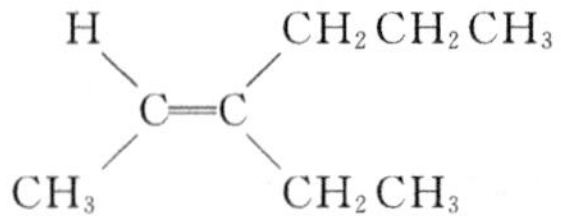　　(2) 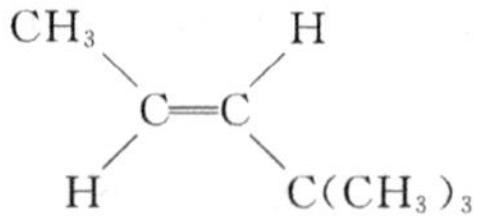

(3) 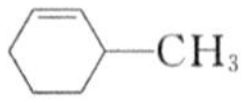　　(4) $CH_3CH_2C(=CH_2)CH(CH_3)_2$

2. 写出下列化合物的结构式。

(1) 1-甲基环戊烯　(2) (*Z*)-戊-2-烯　(3) 异戊二烯

(4) (*E*)-3-甲基戊-2-烯　(5) 顺,反-己-2,4-二烯　(6) 异丁烯

3. 下列化合物哪些有顺反异构体？写出其全部异构体的结构式。

(1) $CH_3CH{=}CHCH_3$　(2) $CH_3CH_2CH{=}C(CH_3)_2$

4. 写出异丁烯与下列试剂的反应产物。

(1) H_2/Ni　(2) Br_2　(3) HBr

(4) HBr,过氧化物　(5) H_2SO_4　(6) H_2O,H^+

(7) Br_2/H_2O　(8) 冷、稀的 $KMnO_4/OH^-$　(9) 热的酸性 $KMnO_4$

(10) O_3,之后与 Zn/H_2O

5. 下列化合物与 HBr 发生亲电加成反应生成的活性中间体是什么？排出各活性中间体的稳定性次序。

(1) $CH_2{=}CH_2$　(2) $CH_2{=}CHCH_3$　(3) $CH_2{=}C(CH_3)_2$　(4) $CH_2{=}CHCl$

6. 完成下列反应式。

(1) $CH_3C(CH_3){=}CHCH_3 + HCl \longrightarrow$　(2) $CH_3CH{=}CH_2 + Cl_2 \longrightarrow$

(3) $CH_2{=}CHCH_2CH_3 + H_2O \xrightarrow{H^+}$　(4) 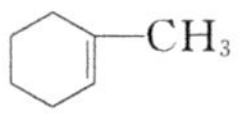 $\xrightarrow{H_2SO_4} \xrightarrow{H_2O}$

(5) $(CH_3)_2C{=}CH_2 + Br_2 \xrightarrow{NaCl水溶液}$　(6) $(CH_3)_2C{=}CHCH_3 \xrightarrow{冷、稀的 KMnO_4/OH^-}$

(7) $CH_3CH{=}CH{-}C(CH_3){=}CH_2 \xrightarrow[②Zn/H_2O]{①O_3}$　(8) 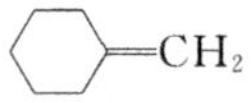 $+ HBr \xrightarrow{过氧化物}$

7. 用化学方法鉴别下列化合物。

(1) 丙烷,丙烯,丙炔,环丙烷　(2) 环戊烯,环己烷,甲基环丙烷

8. 写出由丙烯合成下列化合物的反应历程。

(1) 2-溴丙烷　(2) 1-溴丙烷　(3) 丙-2-醇　(4) 3-氯丙烯

9. 某化合物 A,其分子式为 C_8H_{16},它可以使溴水褪色,也可溶于浓硫酸,经臭氧氧化水解只得到一种产物 $CH_3C(=O)CH_2CH_3$,写出化合物 A 可能的结构式。

第 4 章　炔烃和二烯烃

分子中含有碳碳三键的不饱和烃称为炔烃，通式为 C_nH_{2n-2}。根据三键在分子中所处位置的不同，炔烃可分为以下三种：三键在分子链的端位，称为端炔烃；在碳链中间，称为内炔烃；与双键共存，称为烯炔。此外，只有大环分子（一般指 8 个碳原子以上）才有环炔烃。

4.1　炔　　烃

4.1.1　炔烃的结构和命名

乙炔是最简单的炔烃，分子式为 C_2H_2，构造式为 HC≡CH。乙炔分子的形成如图 4-1 所示。

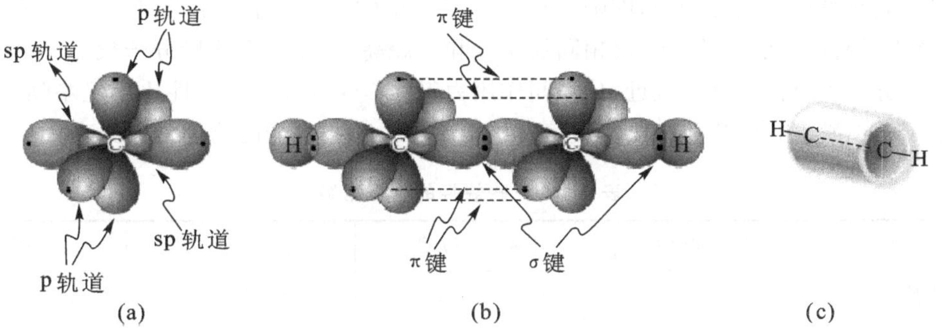

图 4-1　乙炔分子中 π 键的形成及电子云分布

根据杂化轨道理论，在乙炔分子中每个碳原子都是以 sp 杂化方式参与成键的。两个碳原子彼此以一个 sp 杂化轨道互相重叠，形成碳碳 σ 键，每个碳原子又用其余的一个 sp 轨道分别与一个氢原子的 1s 轨道重叠，形成碳氢 σ 键。所有 σ 键都在同一条线上，键角为 180°。此外，两个碳原子还各有两个相互垂直的未杂化的 2p 轨道，其对称轴彼此平行，相互"肩并肩"重叠形成两个相互垂直的 π 键，从而构成了碳碳三键。两个 π 键电子云对称地分布在碳碳 σ 键周围，呈圆筒形。其他炔烃中的三键也都是由一个 σ 键和两个 π 键组成的。

现代物理方法证明，乙炔分子中所有原子都在一条直线上，碳碳三键的键长为 0.12 nm，比碳碳双键的键长短，这是由于碳原子之间的电子云密度较大，使乙炔中两个碳原子相较乙烯中两个碳原子更为靠近。但三键的键能只有 836.8 kJ/mol，比三个 σ 键的键能之和（345.6 kJ/mol×3）要小，这主要是因为 p 轨道是侧面重叠，重叠程度较小所致。

由于三键的几何形状为直线形，三键碳上只可能连有一个取代基，因此炔烃不存在顺反异构现象，炔烃异构体的数目比含相同碳原子数目的烯烃少。

炔烃的系统命名法与烯烃相同，只是将"烯"字改为"炔"字。例如：

$CH_3C{\equiv}CH$	$CH_3C{\equiv}CCH_3$	$(CH_3)_2CHC{\equiv}CH$
丙炔	丁-2-炔	3-甲基丁-1-炔
propyne	but-2-yne	3-methylbut-1-yne

分子中同时含有双键和三键的化合物,称为烯炔类化合物。命名时,选择包括双键和三键均在内的最长碳链为主链,编号时应遵循最低系列原则,书写时先烯后炔。

$CH_3—CH═CH—C≡CH$

戊-3-烯-1-炔

pent-3-en-1-yne

$CH_2═CH—CH═CH—C≡CH$

己-1,3-二烯-5-炔

hexa-1,3-dien-5-yne

双键和三键处在相同的位次时,应使双键的编号最小。

$CH≡C—CH_2—CH═CH_2$

戊-1-烯-4-炔

pent-1-en-4-yne

思考题 4-1 写出炔烃 C_5H_8 的所有构造式。

思考题 4-2 用系统命名法命名下列化合物。

(1) $HC≡CCH═CH_2$ (2) $HC≡CCH_2\overset{\overset{CH_3}{|}}{C}═CHCH_3$ (3) $CH_3C≡C\overset{\overset{CH_2}{\|}}{C}CH_2CH_2CH_3$

4.1.2 炔烃的物理性质

炔烃的物理性质与烯烃相似,即随着相对分子质量的增大而有规律地变化。简单炔烃的熔点、沸点及相对密度一般比碳原子数相同的烷烃和烯烃高,这是由于炔烃分子较短小、细长,在液态和固态中分子可以彼此靠得很近,分子间作用力很强。炔烃分子的极性比烯烃略强,不易溶于水而易溶于石油醚、乙醚、苯和四氯化碳等有机溶剂中。一些炔烃的物理常数见表 4-1。

表 4-1 一些炔烃的物理常数

名 称	熔 点/℃	沸 点/℃	相对密度 d_4^{20}	折射率 n_D^{20}
乙炔	−80.8	−84.0	0.620 8(−82 ℃)	1.000 5(0 ℃)
丙炔	−101.5	−23.2	0.706 2(−50 ℃)	1.386 3(−40 ℃)
丁-1-炔	−125.7	8.1	0.678 4(0 ℃)	1.396 2
丁-2-炔	−32.3	27.0	0.691 0	1.392 1
戊-1-炔	−90.0	40.2	0.690 1	1.385 2
戊-2-炔	−101	56.1	0.710 7	1.403 9
3-甲基丁-1-炔	−89.7	29.4	0.666 0	1.372 3
己-1-炔	−131.9	71.3	0.715 5	1.398 9
庚-1-炔	−81.0	99.7	0.732 8	1.408 7

4.1.3 炔烃的化学性质

炔烃的化学性质和烯烃相似,也有加成、氧化和聚合等反应。这些反应都发生在三键上,所以三键是炔烃的官能团。但由于炔烃中的 π 键和烯烃中的 π 键在强度上有差异,造成二者在化学性质上有差别,即炔烃的亲电加成反应活泼性不如烯烃,且炔烃三键碳上的氢显示一定的酸性。

炔烃的主要化学反应如下:

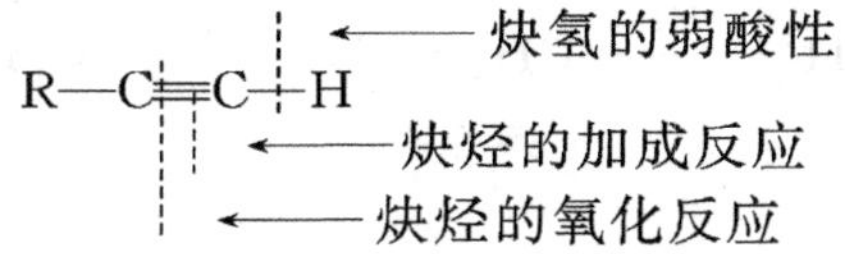

1. 加成反应

1）加氢与还原

在常用的催化剂如铂、钯的催化下，炔烃和足够量的氢气反应生成烷烃，反应难以停止在烯烃阶段。

$$R—C\equiv C—R' \xrightarrow[Pd]{H_2} R—CH=CH—R' \xrightarrow[Pd]{H_2} R—CH_2CH_2—R'$$

如果只希望得到烯烃，可使用活性较低的催化剂。常用的是林德拉（Lindlar）催化剂（钯附着于碳酸钙上，加少量醋酸铅和喹啉使之部分毒化，从而降低催化剂的活性），在其催化下炔烃的氢化可以停留在烯烃阶段。值得一提的是，林德拉催化剂适用于炔烃制备顺式烯烃，若要生成反式烯烃，需用金属钠/液氨还原等方法。

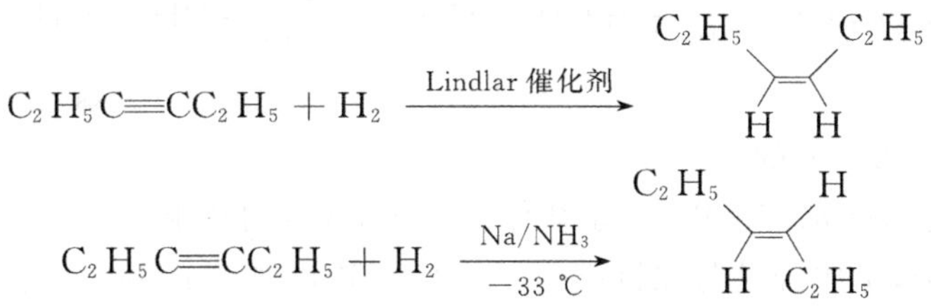

2）亲电加成

炔烃的亲电加成反应包括加卤素单质、加卤化氢和加水等反应。

（1）加卤素单质。炔烃和卤素单质（主要是氯和溴）发生亲电加成反应，反应是分步进行的，先加一分子卤素生成二卤代烯，然后继续加成得到四卤代烷烃。

$$CH_3—C\equiv CH \xrightarrow{Br_2/CCl_4} CH_3—CBr=CHBr \xrightarrow{Br_2/CCl_4} CH_3—CBr_2—CHBr_2$$

1,2-二溴丙烯　　1,1,2,2-四溴丙烷

与烯烃一样，炔烃与红棕色的溴溶液反应生成无色的溴代烃，所以此反应可用于炔烃的鉴别。

但炔烃与卤素单质的亲电加成反应活性比烯烃小，反应速率慢。例如，烯烃可使溴的四氯化碳溶液立刻褪色，炔烃却需要数分钟才能使其褪色，乙炔甚至需在光照或三氯化铁催化下才能反应。所以当分子中同时存在双键和三键时，首先进行的是双键加成。例如，在低温、缓慢加入溴的条件下，三键可以不参与反应：

$$CH_2=CH—CH_2—C\equiv CH + Br_2 \longrightarrow CH_2Br—CHBr—CH_2—C\equiv CH$$

4,5-二溴戊-1-炔

炔烃的亲电加成不如烯烃活泼是因为乙炔的 π 键比乙烯的 π 键更稳定，不易受亲电试剂的接近而极化，所以乙炔较乙烯难发生亲电加成反应。

（2）加卤化氢。炔烃与卤化氢加成的速率比烯烃慢，反应是分两步进行的，先加一分子卤化氢生成卤代烯烃，后者继续与卤化氢加成生成二卤代烷烃，产物符合马氏规则。加成反应可以停留在第一步。

$$CH{\equiv}CH \xrightarrow{HI} CH_2{=}CHI \xrightarrow{HI} CH_3{-}CHI_2$$

碘乙烯　　1,1-二碘乙烷

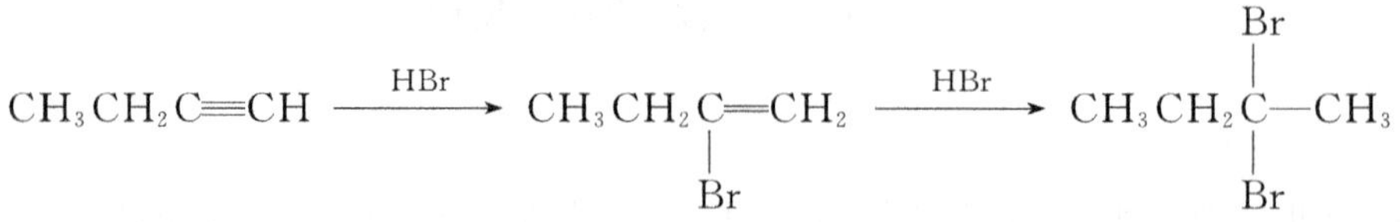

2-溴丁-1-烯　　2,2-二溴丁烷

当三键在碳链中间时,主要生成反式加成产物。

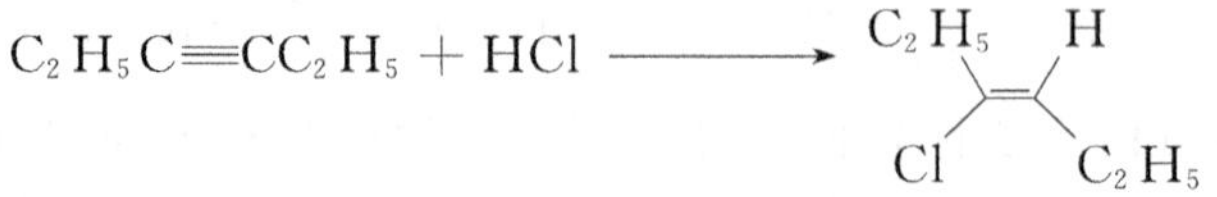

(Z)-3-氯己-3-烯

乙炔和氯化氢的加成要在氯化汞催化下才能顺利进行。例如:

$$CH{\equiv}CH \xrightarrow[HgCl_2]{HCl} CH_2{=}CHCl \xrightarrow[HgCl_2]{HCl} CH_3{-}CHCl_2$$

氯乙烯　　1,1-二氯乙烷

氯乙烯是合成聚氯乙烯塑料的单体。

(3) 水合。在稀硫酸水溶液中,用汞盐作催化剂,炔烃可以和水发生加成反应。炔烃与水的加成遵从马氏规则,生成羟基与双键碳原子直接相连的加成产物,称为烯醇。通常,烯醇式不稳定,容易异构化形成稳定的醛酮式,这种现象称为互变异构。

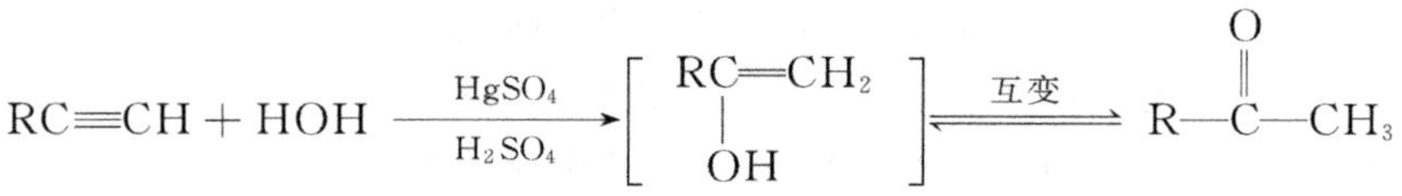

烯醇式　　酮式

例如,乙炔在10%硫酸和5%硫酸汞水溶液中发生加成反应,生成乙醛,这是工业上生产乙醛的方法之一。

$$CH{\equiv}CH + HOH \xrightarrow[H_2SO_4]{HgSO_4} [CH_2{=}CH{-}OH] \xrightarrow{\text{互变异构}} CH_3{-}CHO$$

乙烯醇　　乙醛

除乙炔生成乙醛外,其他炔烃与水加成均得到酮。

由于汞盐有剧毒,因此很早已开始非汞催化剂的研究,并已取得很大进展。

2. 氧化反应

炔烃可被高锰酸钾等氧化剂氧化,生成羧酸或二氧化碳。

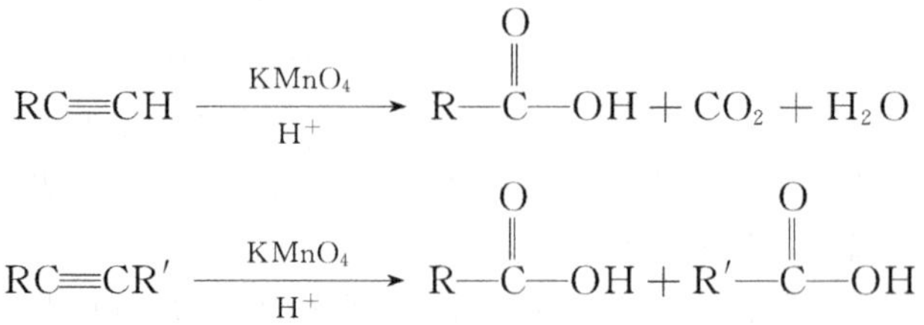

反应后高锰酸钾溶液的紫色消失,因此这个反应可用来检验分子中是否存在三键。根据所得氧化产物的结构,还可推知原炔烃的结构。

思考题 4-3　某些不饱和烃经 $KMnO_4$ 氧化得到下列化合物，试推测原来不饱和烃的结构。

(1) $CH_3CH_2COOH + CO_2$　　(2) $CH_3COOH + CH_3\overset{\overset{\displaystyle O}{\|}}{C}CH_3$

3. 硼氢化反应

炔烃可以发生硼氢化反应，反应所得的三烯基硼烷用醋酸处理得烯烃，若用碱性过氧化氢处理则生成醛或酮。

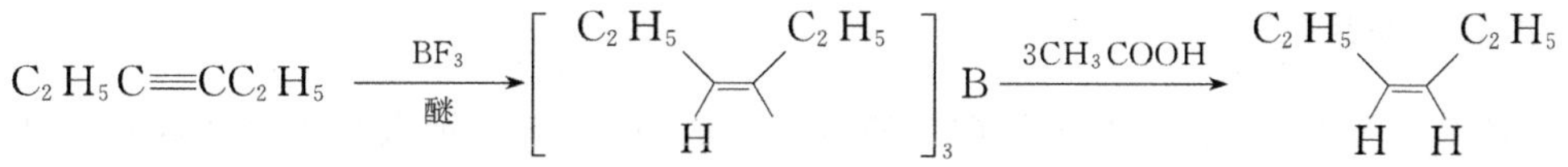

若为不对称炔烃，则硼原子加到位阻较小的三键碳原子上。

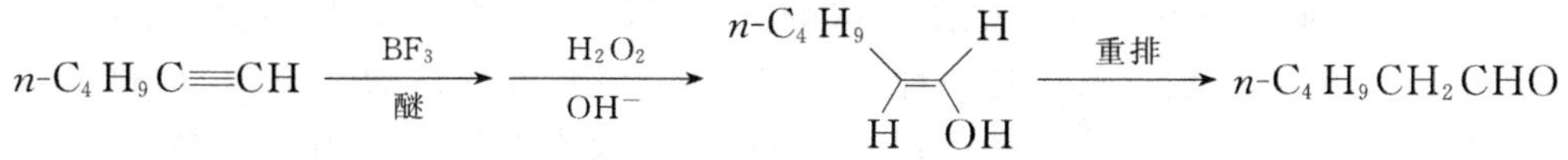

4. 炔烃的酸性

碳原子的电负性随杂化时 s 的成分的增加而增大，其次序为 $sp > sp^2 > sp^3$。三键上碳原子与氢原子共用的电子对主要位于碳原子周围，从而使氢原子带有部分正电荷，容易给出电子形成氢离子，显示一定程度的“酸性”。因此三键碳原子上的氢原子具有微弱酸性，可以被金属取代生成金属炔化物。例如，将乙炔通入银氨溶液或亚铜氨溶液中，则分别析出白色和红棕色的炔化物沉淀：

$$CH{\equiv}CH + 2Ag(NH_3)_2NO_3 \longrightarrow \underset{\text{乙炔银(白色)}}{AgC{\equiv}CAg\downarrow} + 2NH_4NO_3 + 2NH_3$$

$$CH{\equiv}CH + 2Cu(NH_3)_2Cl \longrightarrow \underset{\text{乙炔亚铜(红棕色)}}{CuC{\equiv}CCu\downarrow} + 2NH_4Cl + 2NH_3$$

不仅乙炔，凡是有 $RC{\equiv}CH$ 结构的炔烃（端位炔烃）都可进行此反应，且上述反应非常灵敏，现象明显，可被用来鉴别乙炔和端位炔烃。烷烃、烯烃和 $R—C{\equiv}C—R'$ 类型的炔烃均无此反应。

干燥的炔化银和炔化亚铜不稳定，受热或撞击易发生爆炸。所以，实验完毕后应立即加入稀硝酸使其分解。

思考题 4-4　$CH_3C{\equiv}CH$ 能否与 NaOH 或 C_2H_5ONa 反应，并给予解释。

思考题 4-5　用化学方法鉴别丙烷、丙烯和丙炔。

4.1.4　炔烃的制备

通过消去反应可以在分子中导入三键，乙炔或 $RC{\equiv}CH$ 型炔烃通过烷基化反应可以使碳链延长。

两个卤素原子在相邻或同一个碳原子上的二卤代烷（邻二卤代烷或偕二卤代烷）在消去反应中先脱去一分子卤化氢，生成乙烯式卤代烃，在剧烈的条件下（强碱、高温）再脱去一分子卤化氢生成炔烃：

$$\left.\begin{array}{l} RCHXCH_2X \\ \text{邻二卤代烷} \\ \\ RCH_2CHX_2 \\ \text{偕二卤代烷} \end{array}\right\} \xrightarrow{-HX} RHC{=}CHX \xrightarrow{-HX} RC{\equiv}CH$$

在液氨钠或者烷基锂试剂的作用下，末端炔烃(包括乙炔)可以与卤代烷发生烷基化反应，生成碳链延长的炔烃：

$$HC\equiv CH \xrightarrow[②CH_3CH_2Br]{①NaNH_2} HC\equiv CCH_2CH_3 \xrightarrow[②CH_3CH_2Br]{①NaNH_2} \underset{己\text{-}3\text{-}炔}{C_2H_5C\equiv CCH_2CH_3}$$

思考题 4-6　由丙炔及必要的原料合成庚-2-炔。

4.1.5　重要的炔烃

乙炔是最重要的炔烃，它不仅是重要的有机合成原料，而且被大量地用作高温氧炔焰的燃料。工业上可用煤、石油或天然气作为原料生产乙炔。

纯的乙炔是有麻醉作用并带有乙醚气味的无色气体。与乙烯、乙烷不同，乙炔在水中具有一定的溶解度，易溶于丙酮。乙炔是一种不稳定的化合物，液化乙炔经碰撞、加热可发生剧烈爆炸。乙炔与空气混合，当它的含量达到 3%～70%时会剧烈爆炸。为避免爆炸危险，一般可用浸有丙酮的多孔物质(如石棉、活性炭)吸收乙炔后一起储存在钢瓶中，这样可便于运输和使用。乙炔和氧气混合燃烧可产生 2 800 ℃的高温，用以焊接或切割钢铁及其他金属。

乙炔在催化剂作用下也可以发生聚合反应。与烯烃不同，它一般不聚合成高聚物，例如，在氯化亚铜和氯化铵的作用下可以发生二聚或三聚作用。这种聚合反应可以看作是乙炔的自身加成反应：

$$CH\equiv CH + CH\equiv CH \xrightarrow[NH_4Cl]{Cu_2Cl_2} \underset{乙烯基乙炔}{CH_2=CH-C\equiv CH} \xrightarrow[NH_4Cl]{Cu_2Cl_2} \underset{二乙烯基乙炔}{CH_2=CH-C\equiv C-CH=CH_2}$$

乙炔可与 HCN、RCOOH 等含有活泼氢的化合物发生加成反应，反应的结果可以看作是这些试剂的氢原子被乙烯基($CH_2=CH-$)所取代，因此这类反应通称为乙烯基化反应。其反应机理不是亲电加成，而是亲核加成。烯烃不能与这些化合物发生加成反应。

$$CH\equiv CH + HCN \xrightarrow{Cu_2Cl_2} \underset{丙烯腈}{CH_2=CH-CN}$$

丙烯腈是工业上合成腈纶和丁腈橡胶的重要单体。

4.2　二　烯　烃

分子中含有两个或两个以上双键的碳氢化合物称为多烯烃。其中含有两个双键的称为二烯烃或双烯烃，通式为 C_nH_{2n-2}，与碳原子数相同的炔烃是同分异构体。

4.2.1　二烯烃的分类和命名

根据二烯烃分子中两个双键的相对位置不同，可将二烯烃分为三种类型。

两个双键连在同一个碳原子上，即具有$-C=C=C-$结构的二烯烃，称为累积二烯烃。例如丙二烯：$CH_2=C=CH_2$。

两个双键被两个或两个以上的单键隔开，即具有$-C=CH(CH_2)_nCH=C-$($n\geq1$)结构的二烯烃，称为隔离二烯烃，它们的性质与一般烯烃相似。例如戊-1,4-二烯：$CH_2=CH-CH_2-CH=CH_2$。

两个双键被一个单键隔开，即具有$-C=CH-CH=C-$结构的二烯烃，称为共轭二烯烃。

由于两个双键的相互影响，它们有一些独特的物理性质和化学性质，在理论研究和生产上都具有重要价值。例如丁-1,3-二烯：$CH_2{=}CH{-}CH{=}CH_2$。

多烯烃的系统命名法与单烯烃相似。命名时，取含双键最多的最长碳链为主链，称为某几烯，主链碳原子的编号从距离双键最近的一端开始。

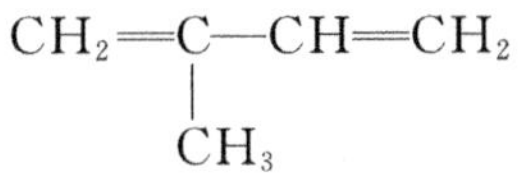

2-甲基丁-1,3-二烯

（俗名：异戊二烯）

2-methylbuta-1,3-diene(isoprene)

$CH_2{=}CH{-}CH{=}CH{-}CH{=}CH_2$

己-1,3,5-己三烯

hexa-1,3,5-triene

与单烯烃一样，多烯烃的双键两端连接的原子或基团各不相同时也存在顺反异构现象，命名时要逐个标明其构型。例如，3-甲基庚-2,4-二烯有四种构型式：

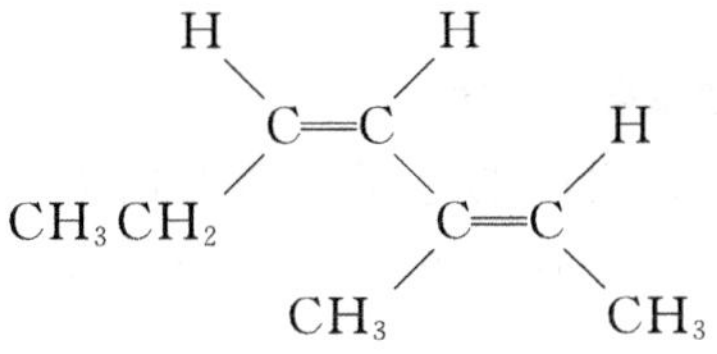

顺,顺-3-甲基庚-2,4-二烯

(2*E*,4*Z*)-3-methylhepta-2,4-diene

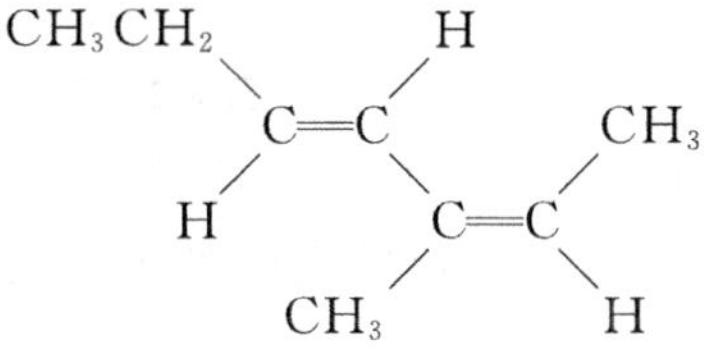

反,反-3-甲基庚-2,4-二烯

(2*Z*,4*E*)-3-methylhepta-2,4-diene

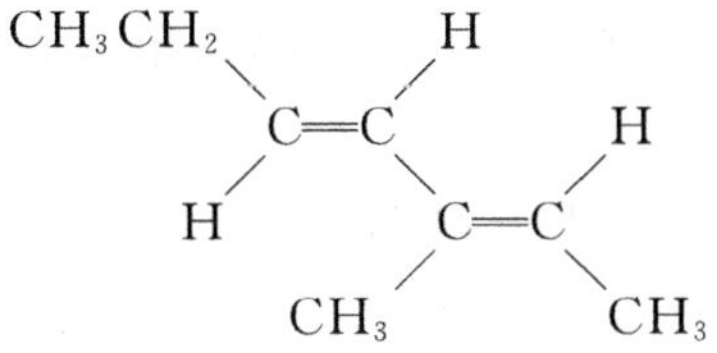

顺,反-3-甲基庚-2,4-二烯

(2*E*,4*E*)-3-methylhepta-2,4-diene

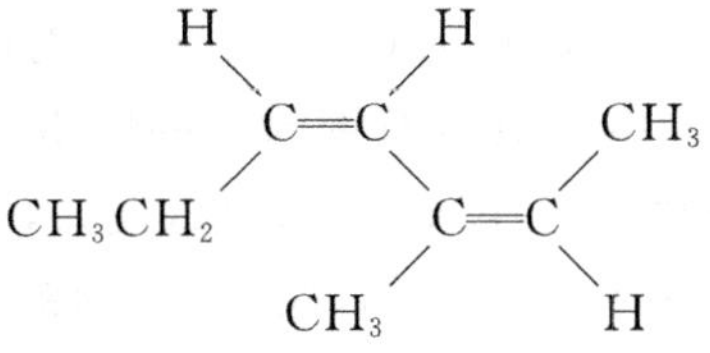

反,顺-3-甲基庚-2,4-二烯

(2*Z*,4*Z*)-3-methylhepta-2,4-diene

4.2.2　丁-1,3-二烯的结构和共轭效应

共轭二烯烃在结构和性质上都表现出一系列的特性。丁-1,3-二烯是最简单的共轭二烯烃，下面以它为例来说明共轭二烯烃的结构特点。

价键理论认为，在丁-1,3-二烯分子中四个碳原子都是 sp^2 杂化的，相邻碳原子之间以 sp^2 杂化轨道相互轴向重叠形成三个碳碳 σ 键，其余的 sp^2 杂化轨道分别与氢原子的 1s 轨道重叠形成六个碳氢 σ 键。这些 σ 键都处在同一平面上，即丁-1,3-二烯的四个碳原子和六个氢原子都在同一个平面上。

此外，每个碳原子还有一个未参与杂化的 p 轨道，这些 p 轨道垂直于分子平面且彼此间相互平行。因此，不仅 1 位碳与 2 位碳、3 位碳与 4 位碳的 p 轨道发生了侧面重叠，而且 2 位碳与 3 位碳的 p 轨道也发生了一定程度的重叠（但比 1 位碳与 2 位碳或 3 位碳与 4 位碳之间的重叠要弱一些），形成了包含四个碳原子的四个 π 电子的大 π 键（图 4-2）。

乙烯分子中的 π 电子是在两个碳原子间运动的，称为 π 电子定域。与乙烯不同的是，在丁-1,3-二烯分子中 π 电子云并不是“定域”在 1 位碳与 2 位碳和 3 位碳与 4 位碳之间，而是扩展到整个共轭双键的四个碳原子周围。这种 3 个或 3 个以上的 p 轨道彼此从侧面重叠形成大 π 键，使电子的活动范围扩大的现象称为 π 电子的离域。

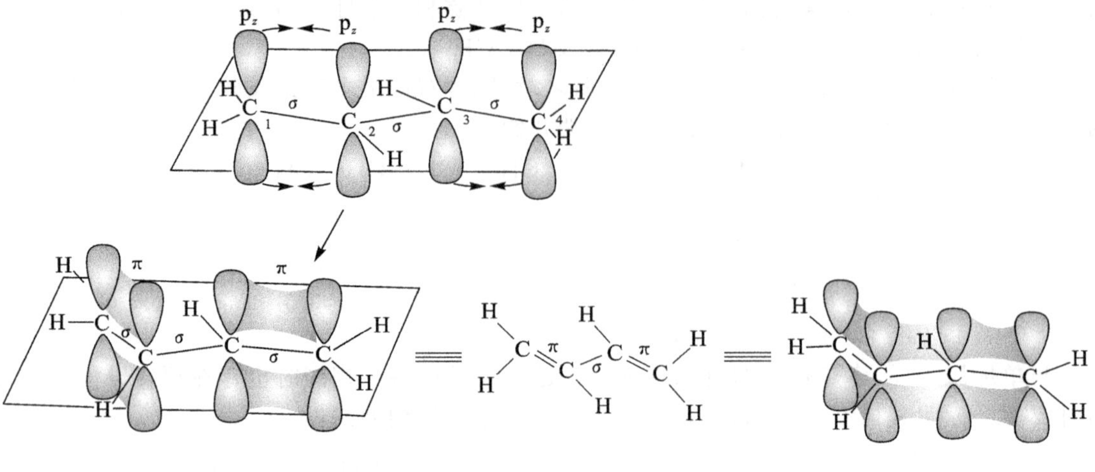

图 4-2　丁-1,3-二烯分子中 p 轨道重叠示意图

π 电子的离域不但使 1 位碳与 2 位碳、3 位碳与 4 位碳之间的电子云密度增大,也部分地增大了 2 位碳与 3 位碳之间的电子云密度,使之与一般的碳碳 σ 键不同,具有了部分双键的性质。

π 电子的离域使得共轭分子中单、双键的键长趋于平均化。例如,丁-1,3-二烯分子中 1 位碳与 2 位碳、3 位碳与 4 位碳的键长为 0.133 7 nm,与乙烯的双键键长 0.134 nm 相近;而 2 位碳与 3 位碳的键长为 0.147 nm,比乙烷分子中的碳碳单键键长 0.154 nm 短,显示了 2 位碳与 3 位碳之间的键具有双键的某些性质。

同样由于电子离域的结果,使共轭体系的能量显著降低,稳定性明显增加。这可以从氢化热的数据中看出。例如,戊-1,3-二烯(共轭体系)和戊-1,4-二烯(非共轭体系)分别加氢时,它们的氢化热是明显不同的:

$CH_2{=}CH{-}CH{=}CH{-}CH_3 + 2H_2 \longrightarrow CH_3CH_2CH_2CH_2CH_3$　氢化热:226 kJ/mol

$CH_2{=}CH{-}CH_2{-}CH{=}CH_2 + 2H_2 \longrightarrow CH_3CH_2CH_2CH_2CH_3$　氢化热:254 kJ/mol

两个反应的产物相同,戊-1,3-二烯的氢化热比戊-1,4-二烯的低 28 kJ/mol,说明戊-1,3-二烯的能量比戊-1,4-二烯的低。这种能量差值是由于共轭体系内电子离域引起的,故称为离域能或共轭能。共轭体系越长,离域能越大,体系的能量越低,化合物越稳定。

像丁-1,3-二烯这样,由于共轭体系内原子的相互影响引起键长和电子云分布的平均化、体系能量降低、分子更稳定的现象,称为共轭效应。共轭效应有如下特点。

(1) 只存在于共轭体系中,并可沿碳链传递,它不因碳链的增长而减弱。共轭效应是共轭体系的内在性质,与诱导效应不同的是共轭效应只存在于共轭体系中,沿共轭链传递,其强度不因共轭链的增长而减弱;当共轭体系的一端受到电场的影响时,这种影响将一直传递到共轭体系的另一端,同时在共轭链上产生电荷正负交替的现象。

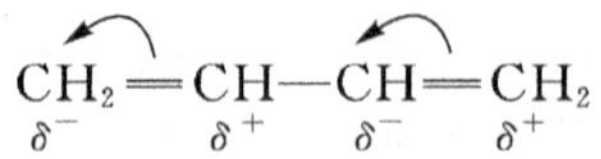

(2) 在内外因的影响下,将发生电子云密度疏密交替的现象。

(3) 共轭效应改变了共价键的极性(电子云向一方偏移),且使单键具有部分双键的性质。

共轭效应又有吸电子共轭效应和给电子共轭效应之分。与共轭体系相连的原子或基团的电负性较大时,如$-NO_2$、$-CN$、$-SO_3H$、$-CHO$、$-COR$、$-COOH$ 等,体现出吸电子共轭效应，一般用－C 表示；与共轭体系相连的原子或基团有未共用电子对时，如—NR_2、—NHR、—NH_2、—OH、—OR、—X 等，体现出给电子共轭效应，一般用＋C 表示。

共轭体系有多种类型，最常见且最重要的共轭体系除了上面讲到的 π-π 共轭体系（丁-1,3-二烯）外，还有 p-π 共轭体系。p-π 共轭体系的结构特征是单键的一侧是 π 键，另一侧有平行的 p 轨道。例如：

$CH_2{=}CH{-}\ddot{Cl}$　氯乙烯

$CH_2{=}CH{-}CH_2^+$　烯丙基正离子

$CH_2{=}CH{-}CH_2^-$　烯丙基负离子

$CH_2{=}CH{-}CH_2\cdot$　烯丙基自由基

电子的离域不仅存在于 π-π 共轭体系和 p-π 共轭体系中，分子中的碳氢 σ 键也能与处于共轭位置的 π 键、p 轨道发生侧面部分重叠，产生类似的电子离域现象。例如：$CH_3{-}CH{=}CH_2$ 中，CH_3—的碳氢 σ 键与—$CH{=}CH_2$ 中的 π 键（图 4-3）；$(CH_3)_3C^+$ 中，CH_3—的碳氢 σ 键与碳正离子的 p 轨道（图 4-4）都能发生共轭，分别称为 σ-π 共轭和 σ-p 共轭，统称为超共轭效应。自由基的超共轭如图 4-5 所示。超共轭效应比 π-π 和 p-π 共轭效应弱得多。

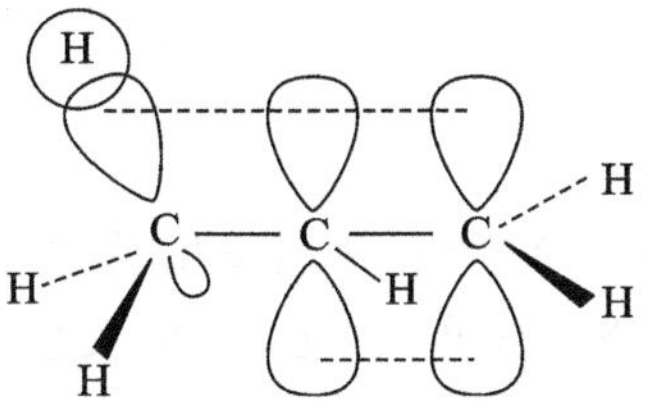

图 4-3　丙烯分子中的超共轭

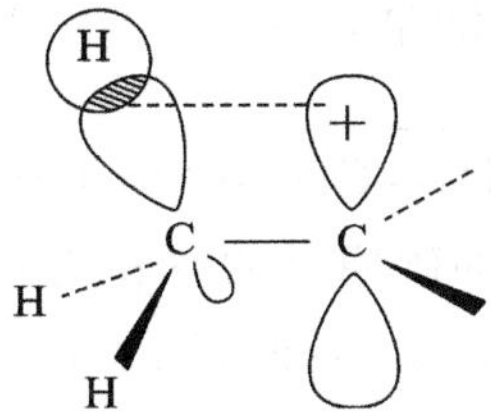

图 4-4　碳正离子的超共轭

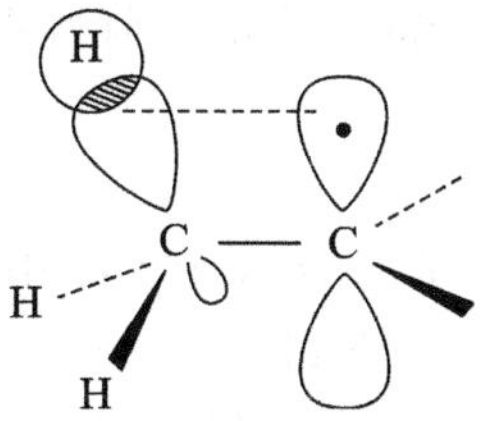

图 4-5　自由基的超共轭

在前面讨论碳正离子的稳定性时，提到丙烯的甲基具有给电子性，其实这种给电子性主要是 σ-π 超共轭效应的结果。碳正离子中带正电的碳具有三个 sp^2 杂化轨道，此外还有一个空的 p 轨道。与正碳原子相连的烷基的碳氢 σ 键可以与此空 p 轨道有一定程度的重叠，这就使 σ 电子离域并扩展到空 p 轨道上。这种超共轭效应的结果使碳正离子的正电荷有所分散，增加了碳正离子的稳定性。和正碳原子相连的碳氢键越多，能引起超共轭效应的碳氢 σ 键就越多，越有利于正碳原子上正电荷的分散，使碳正离子更趋于稳定。比较伯、仲、叔碳正离子，叔碳正离子的碳氢 σ 键最多，仲碳正离子次之，伯碳正离子更次，而 CH_3^+ 则不存在碳氢 σ 键，因而也不存在超共轭效应。所以碳正离子的稳定性次序：$3°C^+ > 2°C^+ > 1°C^+ > CH_3^+$。

超共轭效应、共轭效应和诱导效应都是分子内原子间相互影响的电子效应，它们常同时存在，利用它们可以解释有机化学中的许多问题。

4.2.3　共轭二烯烃的化学性质

共轭二烯烃除具有单烯烃的性质外，由于是共轭体系，所以还表现出一些特殊的化学性质。

1. 共轭二烯烃的 1,2-加成和 1,4-加成

与单烯烃相似，共轭二烯烃也容易与卤素、卤化氢等亲电试剂进行亲电加成反应，也可催化加氢，加成产物一般可得两种：

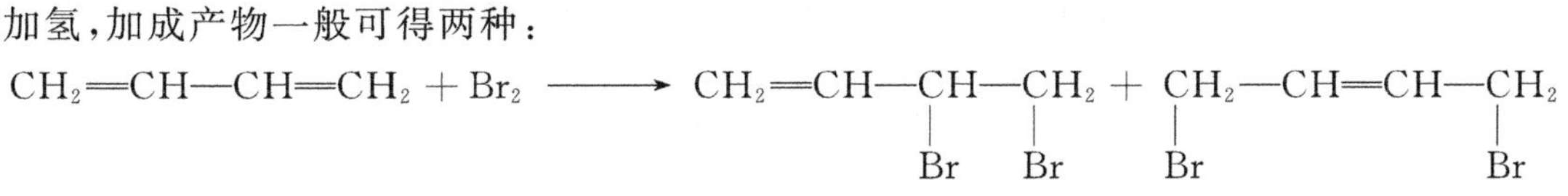

1,2-加成　　1,4-加成

$$CH_2{=}CH{-}CH{=}CH_2 + HBr \longrightarrow CH_2{=}CH{-}\underset{\displaystyle Br}{\underset{|}{CH}}{-}CH_3 + \underset{\displaystyle Br}{\underset{|}{CH_2}}{-}CH{=}CH{-}CH_3$$

共轭二烯烃与一分子亲电试剂加成时有两种加成方式：一种是断开一个π键，亲电试剂的两部分加到双键的两端，另一个双键不变，这称为1，2-加成；另一种是试剂加在共轭双烯两端的碳原子上，同时在2位碳与3位碳之间形成一个新的π键，这称为1，4-加成。

共轭二烯烃的亲电加成反应也是分两步进行的。例如，丁-1，3-二烯与溴化氢的加成，第一步是亲电试剂H^+的进攻，加成可能发生在1位碳或2位碳上，生成两种碳正离子(Ⅰ)或(Ⅱ)：

$$CH_2{=}CH{-}CH{=}CH_2 + H^+\ Br^- \longrightarrow \begin{cases} CH_2{=}CH{-}\overset{+}{C}H{-}CH_3 + Br^- & (\text{Ⅰ}) \\ CH_2{=}CH{-}CH_2{-}\overset{+}{C}H_2 + Br^- & (\text{Ⅱ}) \end{cases}$$

在碳正离子(Ⅰ)中，带正电荷的碳原子为sp^2杂化，它的空p轨道可以和相邻π键的p轨道发生重叠，形成包含三个碳原子的缺电子大π键，因为这三个碳原子只有两个π电子，导致π电子离域，使正电荷得到分散，体系能量降低。

$$\overbrace{CH_2{\cdots}CH{\cdots}CH}^{+}{-}CH_3$$

而在碳正离子(Ⅱ)中，带正电荷的碳原子的空p轨道不能和π键的p轨道发生重叠，所以正电荷得不到分散，体系能量较高。因此，碳正离子(Ⅰ)比碳正离子(Ⅱ)稳定，加成反应的第一步主要是通过形成碳正离子(Ⅰ)进行的。

由于共轭体系内正负极性交替的存在，在碳正离子(Ⅰ)中的π电子云不是平均分布在这三个碳原子上，而是正电荷主要集中在2位碳和4位碳上，所以反应的第二步Br^-既可以与2位碳结合，也可以与4位碳结合，分别得到1，2-加成产物和1，4-加成产物。

$$\overbrace{\underset{4}{\underset{\delta^+}{CH_2}}{\cdots}\underset{3}{CH}{\cdots}\underset{2}{\underset{\delta^+}{CH}}}^{+}{-}\underset{1}{CH_3} + Br^- \longrightarrow \begin{cases} \xrightarrow{1,2\text{-加成}} CH_2{=}CH{-}\underset{\displaystyle Br}{\underset{|}{CH}}{-}CH_3 \\ \xrightarrow{1,4\text{-加成}} \underset{\displaystyle Br}{\underset{|}{CH_2}}{-}CH{=}CH{-}CH_3 \end{cases}$$

共轭二烯烃的1，2-加成和1，4-加成是同时发生的，产物的比例与反应物的结构、反应温度等有关。一般随反应温度的升高和溶剂极性的增加，1，4-加成产物的比例增加。

2. 双烯合成

1928年，德国化学家狄尔斯(O. Diels)和阿尔德(K. Alder)发现共轭二烯烃与含有双键或三键的化合物能发生1，4-加成反应，生成六元环状化合物，这类反应称为Diels-Alder反应，又称双烯合成。

丁-1，3-二烯　　乙烯　　环己烯

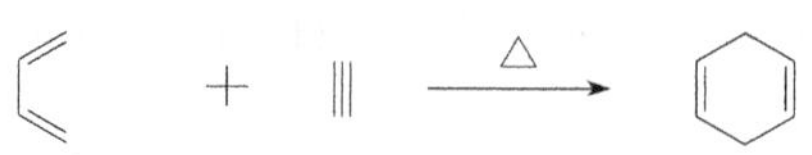

丁-1，3-二烯　　乙炔　　环己-1，4-二烯

在这类反应中，旧键的断裂与新键的生成同时进行。反应是一步完成的，没有活性中间体（碳正离子或自由基等）生成。

双烯合成反应中，通常将共轭二烯烃称为双烯体，与双烯体反应的不饱和化合物称为亲双烯体。实验证明，亲双烯体上连有吸电子取代基（如硝基、羧基、羰基等）和双烯体上连有给电子取代基时，反应容易进行。

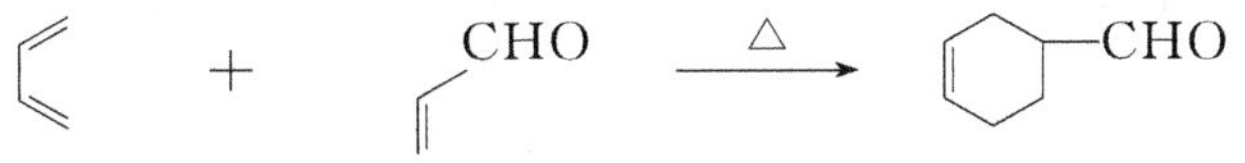

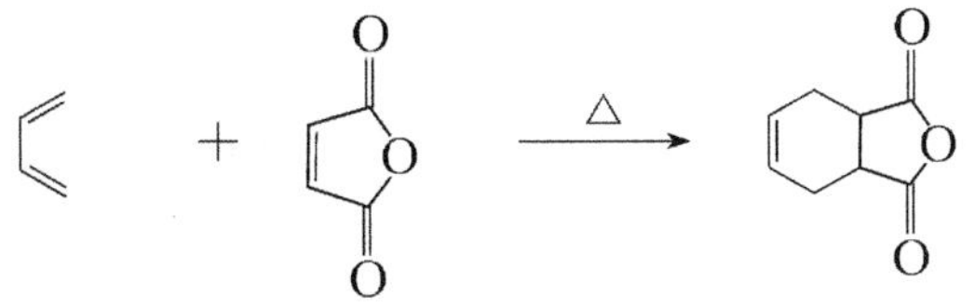

双烯合成反应是由直链化合物合成环状化合物的方法之一，应用范围广泛，在理论上和生产上都占有重要的地位。

思考题 4-7　写出异戊二烯与 1 mol HBr 反应的产物，并给予解释。

4.2.4　重要化合物

橡胶是具有高弹性的高分子化合物，用途极为广泛。20 世纪初世界上只有天然橡胶，主要来源于野生的或人工种植的橡胶树，它的化学成分是顺式或反式聚异戊-1,4-二烯。人们通常说的天然橡胶主要是指顺式聚异戊-1,4-二烯，它具有优良的弹性、机械性能、抗曲挠性、气密性和绝缘性。反式橡胶的各种性能均不及顺式橡胶。

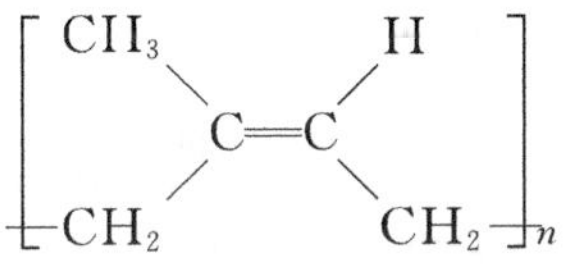

顺-聚异戊-1,4-二烯

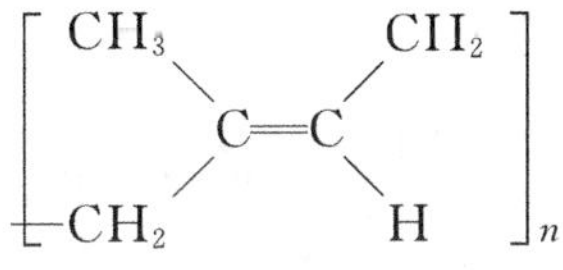

反-聚异戊-1,4-二烯

天然橡胶远不能满足工业上对橡胶制品的大量需求。自从 1932 年第一种人工合成的橡胶——丁钠橡胶投入生产以来，合成橡胶的品种越来越多，产量也远远超过天然橡胶。合成橡胶不仅在数量上弥补了天然橡胶的不足，而且各种具有耐磨、耐油或耐高温的特种合成橡胶的出现满足了工业上对橡胶制品的不同要求。

合成橡胶主要是以丁-1,3-二烯、异戊二烯或 2-氯丁-1,3-二烯等为单体的聚合物，也可由丁二烯与其他双键化合物如苯乙烯等共聚而成。顺丁橡胶是由丁-1,3-二烯定向聚合得到的，主要用途是用作轮胎；氯丁橡胶是由单体 2-氯丁-1,3-二烯用乳液聚合方法制成的，它不仅具有良好的机械性能，而且具有良好的耐油性能，在工业上用作耐油胶管、电线包皮材料、垫圈等；丁苯橡胶是由丁-1,3-二烯和苯乙烯共聚而得，它有较好的综合性能，在耐腐和耐老化等方面均优于天然橡胶，适合用作轮胎的外胎、胶管、防腐衬里等。

习　题

1. 命名下列化合物。

(1) $(H_3C)_2HCC{\equiv}CH$　　(2) $CH_3CH_2C{\equiv}CAg$

(3) $CH_3CH{=}CH{-}C{\equiv}CH$　　(4) $CH_2{=}C{=}CH{-}CH_3$

(5) 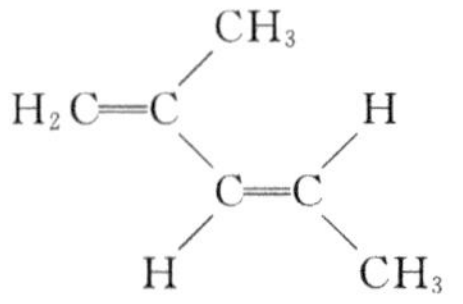

(6) 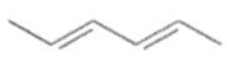

(7) 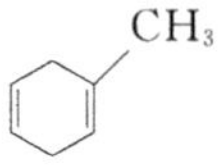

(8) 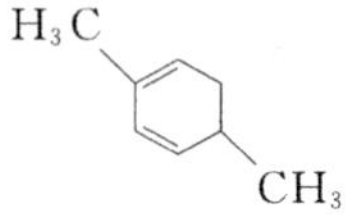

2. 写出下列化合物的结构式。

(1) 异戊二烯　　(2) 3-甲基戊-3-烯-1-炔　　(3) 顺-3-正丙基己-4-烯-1-炔

3. 下列化合物哪些有顺反异构体？写出其全部异构体的构型式。

(1) $CH_2{=}CH{-}CH{=}CHCH_3$　　(2) $CH_3CH{=}CH{-}CH{=}CHCH_3$　　(3) $CH_3CH{=}CH{-}C{\equiv}CH$

4. 写出丁-1,3-二烯与下列试剂的反应产物。

(1) 1 mol H_2　　(2) 1 mol Br_2　　(3) 1 mol HCl

(4) 热的酸性 $KMnO_4$　　(5) O_3，之后与 Zn/H_2O

5. 完成下列反应式。

(1) $CH_3CH_2C{\equiv}CH \xrightarrow{Cu(NH_3)_2^+}$

(2)  $+ CH_2{=}CH{-}CN \longrightarrow$

(3) 

(4) 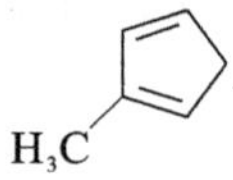 $+ HBr \longrightarrow$

(5) $CH_3{-}C{\equiv}C{-}CH_3 \xrightarrow[\text{Lindlar 催化剂}]{H_2}$

(6) $HC{\equiv}CCH_2CH_3 \xrightarrow[HgSO_4/H_2SO_4]{H_2O}$

(7) $CH_3C{\equiv}CCH_2CH_3 \xrightarrow[H^+]{KMnO_4}$

(8)  $\xrightarrow{1\ mol\ Br_2}$

(9) $CH_2{=}\underset{\underset{CH_3}{|}}{C}{-}CH{=}CH_2 \xrightarrow{HBr}$

6. 用化学方法鉴别丙烷、丙烯、丙炔和环丙烷。

7. 以$HC{\equiv}CH$为原料合成 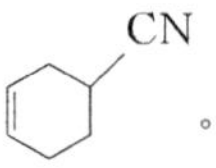 。

8. 有四种化合物 A、B、C、D，分子式均为 C_5H_8，它们都能使溴的四氯化碳溶液褪色。A 能与硝酸银的氨溶液作用生成沉淀，B、C、D 不能。当用热的酸性 $KMnO_4$ 溶液氧化时，A 得到 CO_2 和 $CH_3CH_2CH_2COOH$，B 得到乙酸和丙酸，C 得到戊二酸，D 得到丙二酸和 CO_2。写出 A、B、C、D 的结构式。

第5章 脂 环 烃

具有碳环结构，其化学性质和脂肪烃相似的烃类称为脂环烃(alicyclic hydrocarbon)。脂环烃及其衍生物广泛存在于自然界，尤其是石油和植物中。

5.1 脂环烃的分类和命名

5.1.1 脂环烃的分类

根据碳原子的饱和程度可分为饱和脂环烃和不饱和脂环烃。

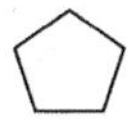

环戊烷

环戊烯

环辛炔

根据环的大小可分为大环(含 12 个以上碳原子)、中环(含 8～12 个碳原子)、普通环(含 5～7 个碳原子)、小环(含 3～4 个碳原子)。

根据碳环的数目可分为单环、双环和多环脂肪烃。

其中两个碳环共用一个碳原子的脂肪烃称为螺环烃。如：

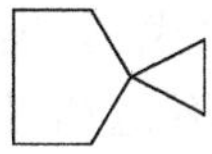

两个或两个以上的碳环共用两个及两个以上碳原子的脂肪烃称为桥环烃。其中共用两个碳原子的脂环烃称为稠环烃。如：

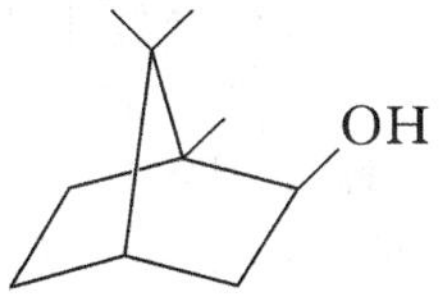

冰片

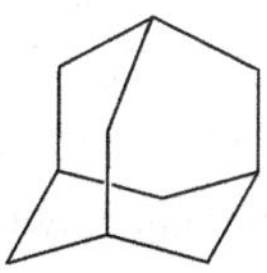

金刚烷

思考题 5-1 某分子式为 C_7H_{14} 的饱和烃，分子中只含一个甲基，试写出该化合物的所有构造式并命名之。

5.1.2 脂环烃的命名

1. 单环脂环烃

单环烃的命名与链烃相类似，只需在相应的化合物类名前加个“环”字即可。例如：

环丙烷

cyclopropane

环己烷

cyclohexane

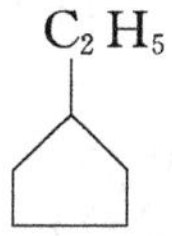

乙基环戊烷

ethylcyclopentane

当环上有多个取代基时，尽可能使取代基的位次为小，且使小取代基号数为小。

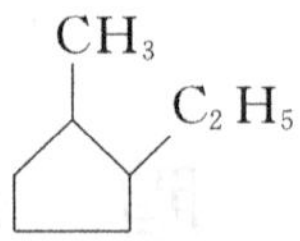

1-乙基-2-甲基环戊烷

1-ethyl-2-methylcyclopentane

当环上有不饱和键时，要使不饱和键编号最低，并使取代基编号较小。

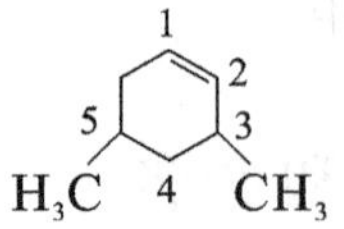

3,5-二甲基环己-1-烯

3,5-dimethylcyclohex-1-ene

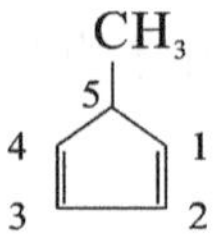

5-甲基环戊-1,3-二烯

5-methylcyclopenta-1,3-diene

当取代基比较复杂或链长环小时，环部分作为取代基。

3-环丙基戊烷

3-cyclopropylpentane

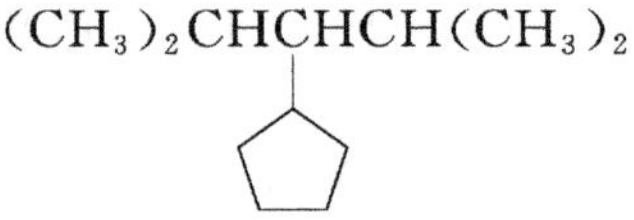

3-环戊基-2,4-二甲基戊烷

3-cyclopentyl-2,4-dimethylpentane

2. 螺环烃

命名螺环烃时，从小环邻接于螺原子的环碳开始编号，通过螺原子环绕第二环，根据组成螺环的碳原子数目称“螺某烃”。方括号内用阿拉伯数字注明每环碳原子数目(螺原子不计入，从小到大次序列出)并用圆点隔开。如有取代基，编号时使取代基的位次为最小，位次及名称放在“螺”字前。如果环上同时有取代基和不饱和键，首先满足不饱和键的位次为最小。将不饱和键的位次放在“某烃”中间，并用短线隔开。

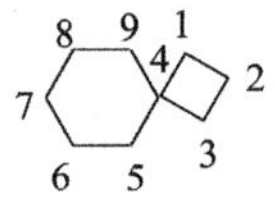

螺[3.5]壬烷

spiro[3.5]nonane

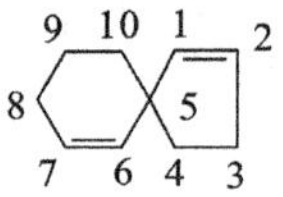

螺[4.5]癸-1,6-二烯

spiro[4.5]deca-1,6-diene

3. 桥环烃

桥环化合物共用的碳原子称为桥头碳。桥环的编号从第一个桥头碳开始。首先编最长桥，然后到第二个桥头碳，再沿次长桥回到第一个桥头碳，最后是最短桥。命名时，根据组成环的碳原子数称“某烃”，加上词头“二环”。将经过的碳数(桥的长度)用阿拉伯数字表示由大到小写到“二环”和“某烃”之间的方括号内，数字之间用圆点隔开。

如果有取代基，在遵循桥环编号的原则下尽可能使取代基的位次为小，并将取代基的位次和名称写在最前面。如果同时有不饱和键和取代基，首先满足不饱和键的位次为小，并将不饱和键的位次写在“某烃”中间，用短线隔开。如：

2-乙基-1,8-二甲基二环[3.2.1]辛烷

2-ethyl-1,8-dimethylbicyclo[3.2.1]octane

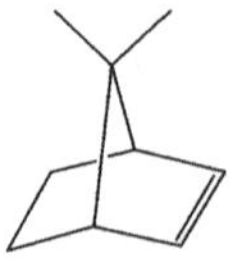

7,7-二甲基二环[2.2.1]庚-2-烯

7,7-dimethylbicyclo[2.2.1]hept-2-ene

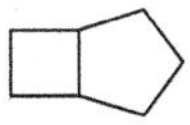

二环[3 . 2 . 0]庚烷
bicyclo[3 . 2 . 0]heptane

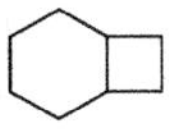

二环[4 . 2 . 0]辛烷
bicyclo[4 . 2 . 0]octane

5.2　脂环烃的物理性质

脂环烃的物理性质和脂肪烃相似。脂环烃的沸点和熔点均要比相应的开链烃要高。常温下，脂环烃中的小环一般为气态，普通环为液态，中环和大环为固态。脂环烃总比水轻，不溶于水。表 5-1 是几种环烷烃的物理常数。

表 5-1　几种环烷烃的物理常数

名　　称	熔　点/℃	沸　点/℃	相对密度 d_4^{20}
环丙烷	−127.6	−32.9	0.720
环丁烷	−80.0	12.0	0.750
环戊烷	−94.0	49.0	0.745
甲基环戊烷	−142.4	72.0	0.779
环己烷	6.5	80.8	0.799
甲基环己烷	−126.5	100.8	0.810
环庚烷	−12.0	118.0	0.800
环辛烷	14.3	150	0.835

5.3　环烷烃的化学性质

环烷烃的化学性质与烷烃相似，但含三元环和四元环的小环环烷烃有一些特殊的化学性质，和烯烃容易断开 π 键相似开环生成链状化合物。五元以上的环烷烃化学性质和链烷烃相似容易发生取代反应，但不易发生开环反应。

5.3.1　加成反应

1. 催化加氢

 $\xrightarrow[80\ ℃]{H_2,Ni} CH_3CH_2CH_3$

 $\xrightarrow[200\ ℃]{H_2,Hi} CH_3CH_2CH_2CH_3$

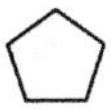 $\xrightarrow[300\ ℃]{H_2,Hi} CH_3CH_2CH_2CH_2CH_3$

从环丙烷、环丁烷到环戊烷，催化加氢越来越难。

2. 与卤素加成

 $\xrightarrow[室温]{Br_2} BrCH_2CH_2CH_2Br$

五元以上的环烷烃很难与溴加成,随着温度的升高可发生自由基取代反应。

3. 与卤化氢加成

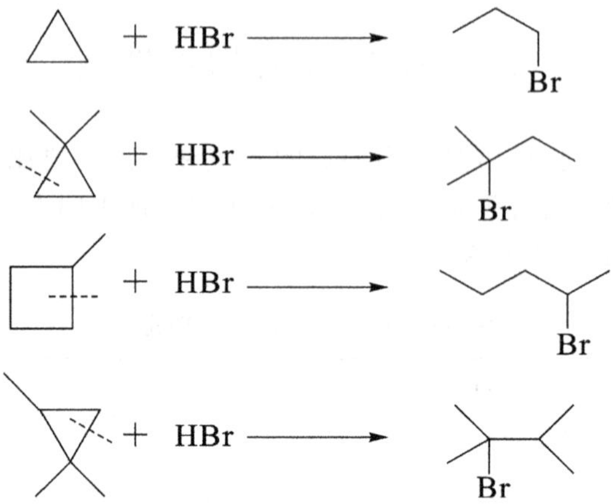

环丙烷、环丁烷及其衍生物很容易与卤化氢发生加成反应,开环发生在含氢最多和含氢最少的两个碳原子之间,加成反应符合马氏规则。五元以上的环烷烃室温下很难与卤化氢发生加成反应。

5.3.2　氧化反应

环烷烃的性质和烯烃类似,通常情况下不易与 $KMnO_4$、O_3 等发生氧化反应,但在高温和催化剂的作用下也是可以被氧化的。

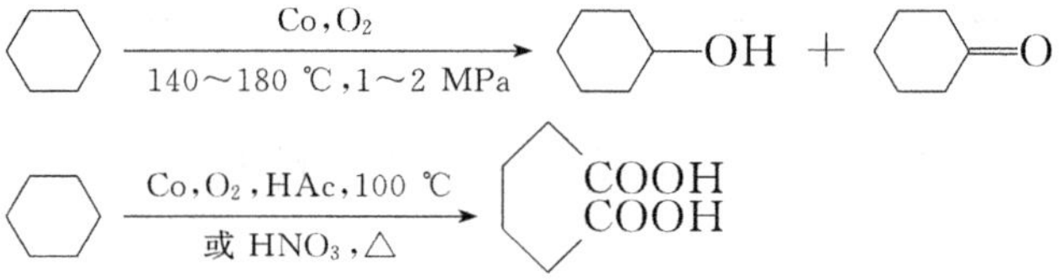

5.3.3　取代反应

在光照和高温的作用下,环烷烃能与卤素发生自由基取代反应。

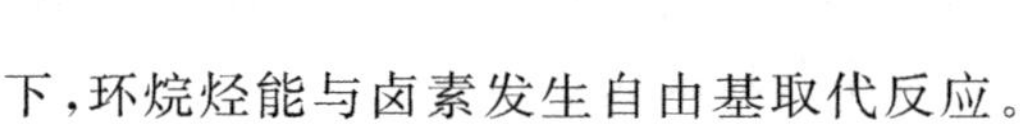

思考题 5-2　下列化合物在常温下能使溴水褪色的是(　　)。

A. 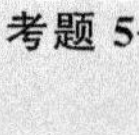　B. 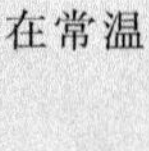　C. 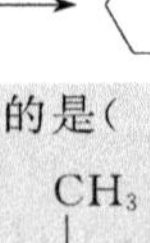

D. 

思考题 5-3　乙基环丙烷与溴化氢的加成产物是(　　)。

A. $CH_3CH_2CHCH_2CH_3$（CH 上连 Br）

B. $CH_3CH_2CH_2CH_2CH_2Br$

C. $CH_3CHCH_2CH_2CH_3$（CH 上连 Br）

D. $CH_3CHCHCH_3$（第二个 CH 上连 Br，第一个 CH 上连 CH_3）

思考题 5-4　用简便的化学方法鉴别丙烷和甲基环丙烷。

5.4　环烷烃的结构和稳定性

5.4.1　张力学说

实验证明，小环（三、四元环）稳定性很差，容易与某些试剂发生反应开环生成链状化合物，其反应性能与双键差不多，而五元环和六元环以及大环烷烃都是比较稳定的。为了解释这一事实，拜尔（Adolf von Baeyer）于 1885 年提出了张力学说。

拜尔根据碳是正四面体的模型，假设成环后所有的碳原子都在同一平面上并形成正多边形。如果成环后所有键与键的夹角是 109.5°，那么这个环很稳定；如果成环后键与键之间的夹角偏离了 109.5°，则产生向内或向外的扭曲力，称为角张力（angle strain）或拜尔张力（Baeyer strain）。对于三、四元环，键与键之间的夹角分别为 60°和 90°，要成环必须使键角向内弯曲。形成三元环，每个键要向内弯曲 24°44′[(109.5°－60°)/2]；要形成四元环，每个键向内弯曲 9°44′[(109.5°－90°)/2]。所以小环的键角都偏离了正常的角度 109.5°，存在角张力。偏离得越大，角张力越大，化合物的稳定性越差，也越容易开环。环丙烷比环丁烷向内的扭曲力大，因此环丙烷比环丁烷稳定性更差，更容易发生反应。

根据上述同样的计算方法，五元环每个键向内弯曲 0°44′，六元环则向外扩张 5°16′。环再大一些扩张的角度更大。按张力学说，似乎五元环最稳定，而六元环以上的化合物稳定性更差了。但事实上，六元环以上的化合物稳定性很好，与张力学说矛盾，原因在于张力学说把环状化合物所有碳原子固定在同一平面上，但事实上，除三元环外，其他环状化合物的碳原子并不都在同一平面上。因此，张力学说是有局限性的，它很好地解释了小环化合物的不稳定性，但对于大环化合物就不适用了。

但拜尔提出的分子内的键角由于偏离正常键角而产生张力的现象确实存在的，现在仍将这种张力称为角张力。

5.4.2　近代结构理论的解释

近代结构理论认为，共价键的形成是成键的原子轨道相互重叠的结果，重叠的程度越大，形成的共价键就越牢固。

丙烷分子中，碳碳 σ 键是由两个原子轨道的 sp^3 杂化轨道以两个原子核的连线为对称轴，以头碰头的方式重叠形成的。而在环丙烷分子中，由于受到分子几何形状的影响，两个碳原子的 sp^3 杂化轨道不可能在两个原子核连线上重叠，只能偏离一定的角度在连线外侧重叠形成弯曲的键，称为香蕉键，如图 5-1 所示。

图 5-1　环丙烷的原子轨道重叠图

环丙烷分子形成的这种香蕉键，电子云重叠程度很小，键的稳定性差，所以环丙烷很不稳定。根据量子力学计算，环丙烷分子中碳环的键角为 105.5°，H—C—H 键角为 114°，由于键角从正常的键角 109.5°压缩到了 105.5°，故存在角张力。此外，环丙烷的三个碳原子共平面，因而相邻碳原子上的碳氢键全部处于重叠式构象而产生扭转张力。扭转张力的存在也是环丙烷不稳定的一个原因。

环丁烷通常为蝶式构象，如图 5-2 所示，四个碳原子不在一个平面内，角张力和扭转张力比环丙烷要小一些。而环戊烷通常为信封式构象，如图 5-3 所示，碳碳键已经接近一般烷烃中碳碳键之间的正常键角，因而较为稳定，但仍具有一定的扭转张力。

而环己烷中，六个碳原子不在一个平面上，碳碳键之间的夹角为 109.5°，环很稳定，既无角张力也无扭转张力，是个无张力的环。

大环烷烃(大于 12 个碳原子)的环也是几乎没有张力的环，碳碳键之间的夹角保持在 109.5°左右，它们通常以皱褶型存在。碳原子间的键角接近正常的四面角，无张力。

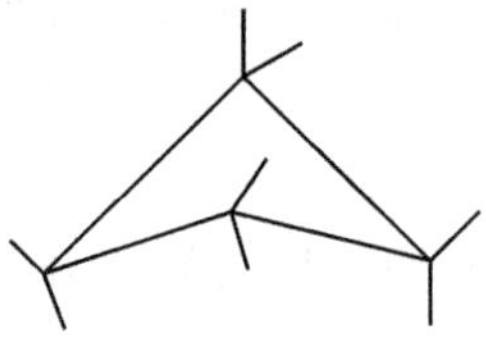

图 5-2　环丁烷的蝶式构象图

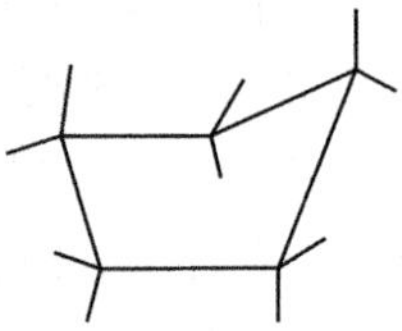

图 5-3　环戊烷的信封式构象

5.5　环烷烃的立体化学

5.5.1　环己烷的构象

环己烷的碳原子是 sp^3 杂化的，可以保持正常的键角，六个碳原子不在同一平面上，可以形成椅式(图 5-4)和船式(图 5-5)两种经典构象。

图 5-4　环己烷的椅式构象及其纽曼投影式

图 5-5　环己烷的船式构象及其纽曼投影式

1. 椅式构象和船式构象

从图 5-4 的椅式构象的纽曼投影式可以看出，椅式构象所有的键都处于交叉式，没有扭曲力；六个碳原子均能满足正四面体结构，没有角张力；所有氢都处在相距最远的位置，没有空间位阻。所以椅式构象是环己烷最稳定的构象。

从图 5-5 的船式构象的锯架投影式来看 2 位碳、3 位碳、5 位碳和 6 位碳四个碳原子都在同一平面上，可看作“船底”，1 位碳、4 位碳可看成一个是“船头”另一个是“船尾”。1 位碳与 4 位碳上靠内的氢距离只有 183 pm，小于范德华半径之和 240 pm，故相互排斥，使体系能量升高，存在空间位阻；从纽曼投影式看，2 位碳和 3 位碳、5 位碳和 6 位碳分别处于重叠式构象，存在扭曲力。所以，船式构象能量很高。根据计算，船式比椅式构象能量高 30 kJ/mol，因此在室温下环己烷绝大多数以椅式构象存在（99.9%以上）。

2. 平伏键和直立键

环己烷的六个碳原子分处于两层平行的平面，以此平行面为环平面考察各化学键，每个碳原子上有两种碳氢键，一个 a 键，一个 e 键。

六个碳氢键与分子的对称轴平行的称为直立键——a 键（axial bond）。其中三个在环的上方，三个在环的下方。分子中六个碳氢键与直立键成接近 109°28′夹角，称为平伏键——e 键（equatorial bond）。如图 5-6 所示。

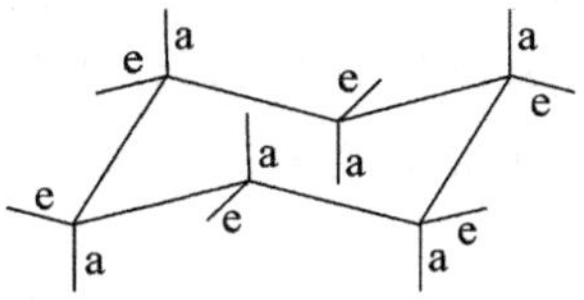

图 5-6 环己烷的直立键和平伏键

在室温下，环己烷的一种椅式构象可以通过 σ 键的旋转迅速变成另外一种椅式构象，发生环的翻转。

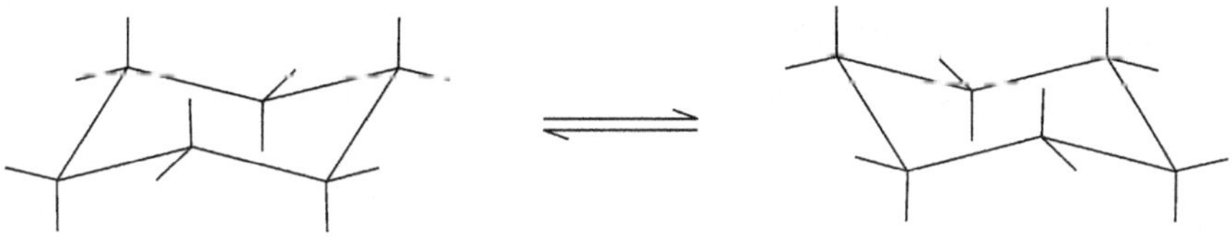

当环己烷由一种椅式构象转变为另外一种椅式构象时，原来的 a 键都变成了 e 键，同时原来的 e 键也都变成了 a 键。这两种椅式构象每秒钟可以翻转约为 106 次，像这样的环形转变就称为翻环作用。

5.5.2 取代环己烷的构象

1. 一取代环己烷的构象

一取代环己烷的取代基可以占据 a 键，也可以占据 e 键，这两种构象异构体可以通过环的翻转互相转变达到平衡。在平衡体系中稳定的构象是优势构象，一般情况下，e 键取代的构象是优势构象。例如，在甲基环己烷的构象中，甲基处于 e 键的约占 95%，处于 a 键的约占 5%；而在叔丁基环己烷中，叔丁基处于 e 键的构象则接近 100%。

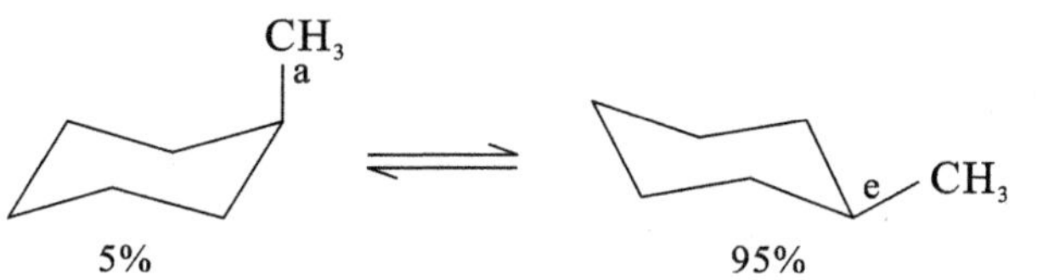

2. 二取代环己烷的构象

1,2-二甲基环己烷有顺式和反式两种异构体。顺-1,2-二甲基环己烷的两种构象可以用 ae 和 ea 表示,它们是构象异构体,常温下可以迅速地转换。反-1,2-二甲基环己烷的两种构象可以用 ee 和 aa 表示,其中 ee 构象中的两个甲基都处于 e 键,是稳定的优势构象。

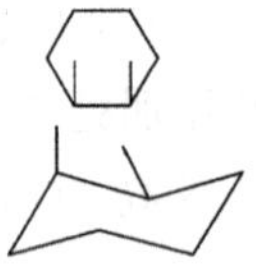

ae 型(顺式)

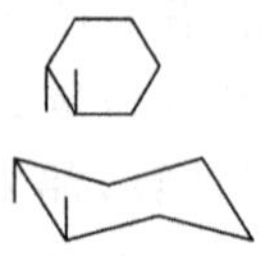

aa 型(反式)

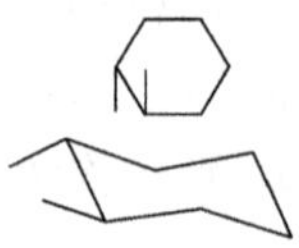

ee 型(反式)

顺-和反-1,4-二甲基环己烷的情况和相应的 1,2-二甲基环己烷类似,优势构象为反式 ee 型。而在 1,3-二甲基环己烷中,优势构象为顺式 ee 型。

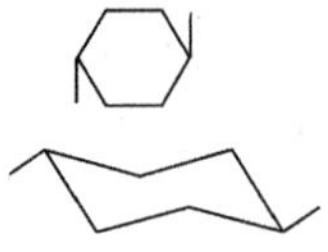

ee 型(反式)

ee 型(顺式)

在二取代环己烷中,若两个取代基不同,则体积较大的基团位于 e 键的构象为优势构象。若环上有多个取代基时,则以 e 键取代最多的为优势构象。如:

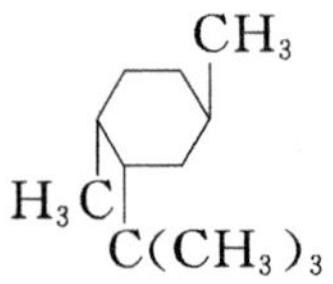

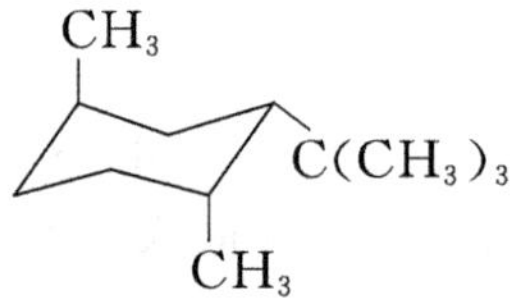

优势构象

思考题 5-5　1,4-二甲基环己烷的构象有三种:

①

②
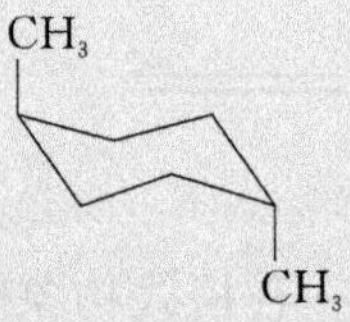

③
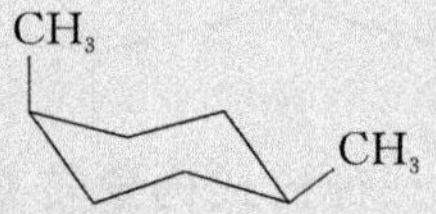

它们的稳定性大小顺序是(　　)。

A. ①>②>③　　B. ②>①>③　　C. ③>①>②　　D. ①>③>②

习　题

1. 写出分子式符合 C_5H_{10} 的所有脂环烃的异构体。
2. 命名下列化合物。

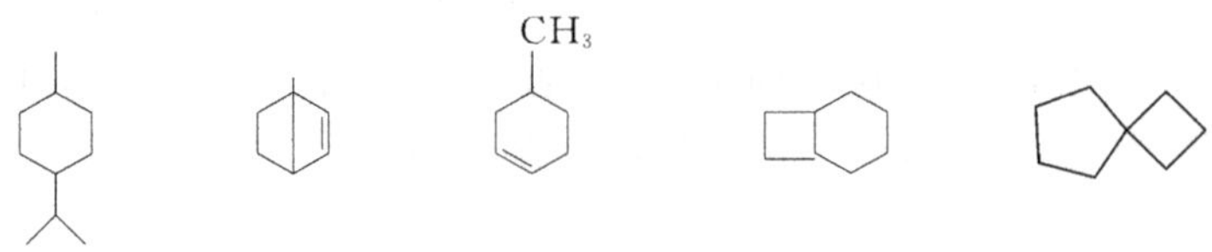

3. 写出下列化合物的结构式。

(1) 二环[2.2.0]己烷　　(2) 螺[3.5]壬烷　　(3) 二环[4.4.0]癸烷

(4) 二环[2.2.1]庚烷　　(5) 环己基苯　　(6) 4-溴环己烯

4. 写出顺-4-异丙基-1-甲基环己烷的稳定构象式。
5. 用化学方法区别下列两组物质。
   (1) 环丙烷和丙烯　　　　　(2) 戊-1-炔、环戊烷和环戊烯
6. 写出 1,2-二甲基环己烷的立体异构体和优势构象。
7. 写出顺十氢萘和反十氢萘的构象结构式。
8. 写出 1,4-二甲基-2-叔丁基-环己烷的优势构象式。

第6章　芳　　烃

芳香族碳氢化合物简称芳香烃或芳烃。在有机化学发展初期，芳香烃是指从天然的树脂、香精油中提取得到的具有芳香气味的物质，随着有机化合物的增多和研究的深入，人们发现许多化合物虽属于芳香族化合物但没有芳香气味，因此，“芳香”一词已失去原有的含义，现在只是沿用旧名而已。实际上“芳香族化合物”是指分子中具有苯环结构和有着与苯相似的化学性质、电子结构的一类有机化合物，这类化合物一般具有特殊的稳定性。与不饱和的脂肪烃和脂环烃相比，这类化合物比较容易进行取代反应，不易进行加成反应和氧化反应，这种特性曾作为芳香烃的标志——芳香性。随着有机化学的发展，作为芳香族化合物的标志不仅是它们的化学特性，而且有其特有的结构判据，即符合休克尔(Hückel)规则，在核磁共振谱中显示有顺磁环流芳环质子的碳环化合物及其衍生物统称为具有芳香性的芳香族化合物。目前，芳香性的概念已包括化学特性和结构特性双重含义。

现在通常所说的芳香烃是指分子中含有苯环结构的碳氢化合物，而把分子中不含苯环结构的有芳香性的烃称为非苯芳烃。

6.1　芳烃的分类、命名及结构

6.1.1　芳烃的分类

芳烃按其结构可分为四类。

(1) 单环芳烃：分子中含有一个苯环的芳烃，包括苯及其同系物。例如：

苯

甲苯

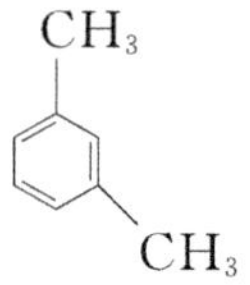

间二甲苯

(2) 多环芳烃：分子中含有两个或两个以上独立苯环的芳烃。例如：

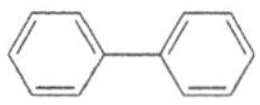

联苯

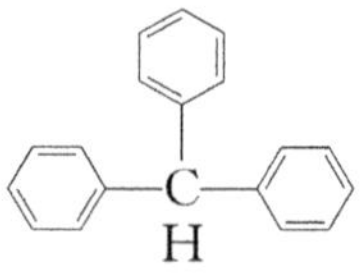

三苯甲烷

(3) 稠环芳烃：分子中含有两个或多个苯环，彼此间通过共用两个相邻碳原子稠合而成的芳烃。例如：

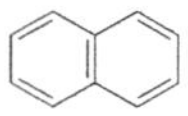

萘

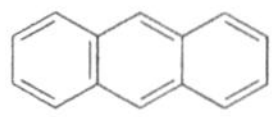

蒽

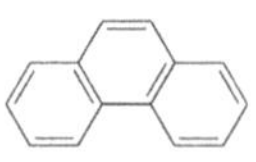

菲

(4) 非苯芳烃：分子中不含苯环，但具有芳香性的芳烃。例如：

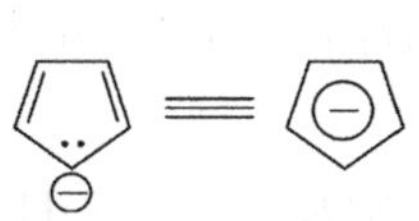

环戊二烯负离子

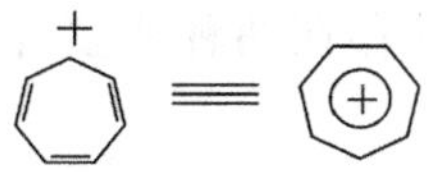

环庚三烯正离子

6.1.2　芳烃的命名

苯及其衍生物的命名方式分为两种情况。

1. *以苯为母体的命名方式*

苯环上连有—R、—NO_2、—X 时，通常以苯为母体，称为某基苯（“基”字常省略）。例如：

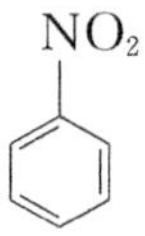

硝基苯
nitrobenzene

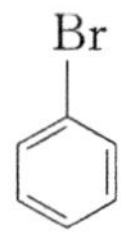

溴苯
bromobenzene

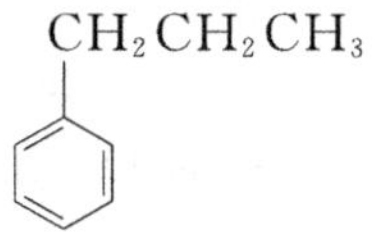

丙苯
propylbenzene

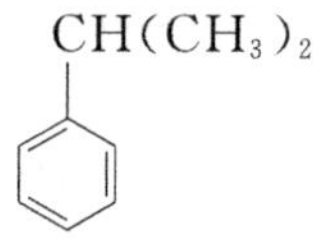

异丙苯
isopropylbenzene

芳烃中少一个氢原子的基团称为芳基，常用 Ar(aryl)表示。常见的芳基有苯基(C_6H_5—)和苄基($C_6H_5CH_2$—)，常用 Ph(phenyl)表示苯基，用 Bzl(benzoyl)表示苄基。

苯及其同系物的通式为 C_nH_{2n-6}。苯的同系物是指苯分子中的氢原子被烷基取代的衍生物，分为一取代、二取代、三取代等。当苯环上连有两个或多个烷基时，可用阿拉伯数字标明位置。当苯环上仅有两个取代基时，有三种位置异构体，命名时也可用邻、间、对或 *o*-(ortho)、*m*-(meta)、*p*-(para)等表示其相对位置；当苯环上连有三个相同的烃基时，也有三种位置异构，命名时也可用连、偏、均等表示三个基团分别处于 1、2、3 位，1、2、4 位，1、3、5 位。例如：

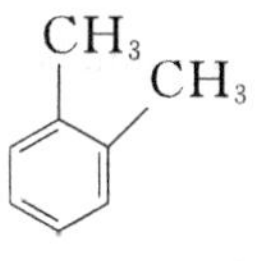

1,2-二甲苯
邻二甲苯(*o*-二甲苯)
o-dimethylbenzene

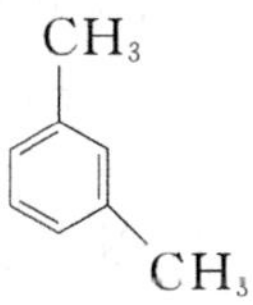

1,3-二甲苯
间二甲苯(*m*-二甲苯)
m-dimethylbenzene

1,4-二甲苯
对二甲苯(*p*-二甲苯)
p-dimethylbenzene

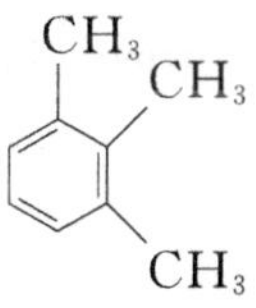

1,2,3-三甲苯
(连三甲苯)
1,2,3-trimethylbenzene

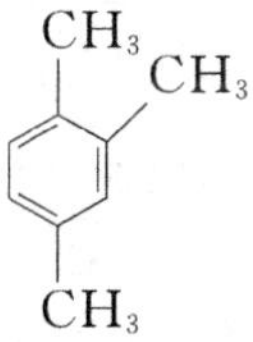

1,2,4-三甲苯
(偏三甲苯)
1,2,4-trimethylbenzene

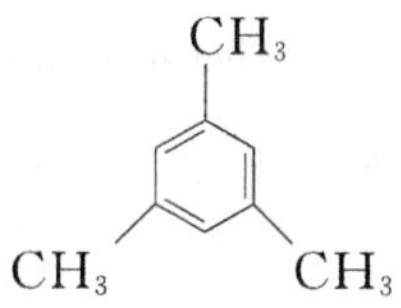

1,3,5-三甲苯
(均三甲苯)
1,3,5-trimethylbenzene

2. *以苯为取代基的命名方式*

当苯环上所连接的烃基较长、较复杂，或分子为多苯基芳烃时，则将苯基作为取代基。例如：

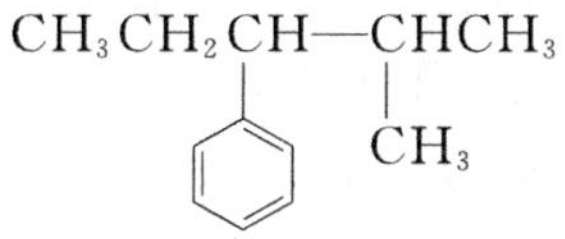

2-甲基-3-苯基戊烷
2-methyl-3-phenylpentane

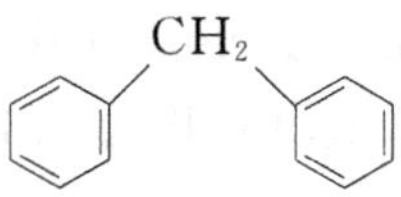

二苯甲烷
diphenylmethane

有机化合物分子中常存在两种或多种不同的官能团,IUPAC组织规定了各种母体官能团的优先顺序：

—COOH(羧基)>—CHO(醛基)>—C═O(酮基)>—OH(羟基)>—C═C—(烯基)或—C≡C—(炔基)>$-NH_2$(氨基)>—OR(烷氧基)>Ph(苯基)>—R(烷基)>—X(卤素)或$-NO_2$

在这个顺序表前面出现的为母体,后面出现的为取代基。当苯环上连有比自身优先的官能团时,都应将这些官能团作母体。例如：

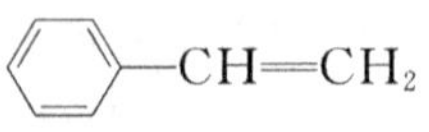

苯乙烯

styrene

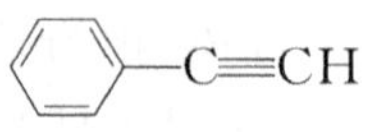

苯乙炔

phenylacetylene

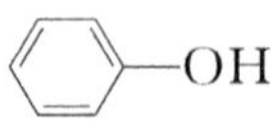

苯酚

phenol

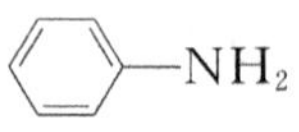

苯胺

phenylamine

当苯环上有两个或更多个不同取代基,命名时同样按上述的顺序,先出现的官能团为主要(母体)官能团,母体官能团的位置编号为1,其他的基团作为取代基,取代基的编号以母体官能团为标准计数。编号时,取代基的号码要尽可能小。写名称时,取代基的列出顺序按次序规则,次序小者先写出。例如：

对硝基氯苯

(1-氯-4-硝基苯)

1-chloro-4-nitrobenzene

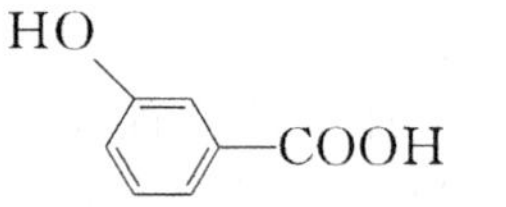

间羟基苯甲酸

(3-羟基苯甲酸)

3-hydroxybenzoic acid

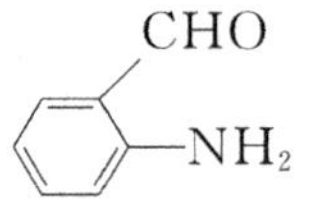

邻氨基苯甲醛

(2-氨基苯甲醛)

2-aminobenzaldehyde

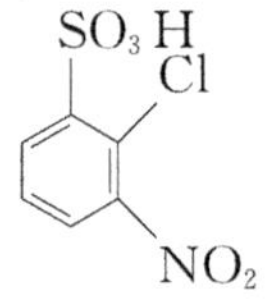

2-氯-3-硝基苯磺酸

2-chloro-3-nitrobenzenesulfonic acid

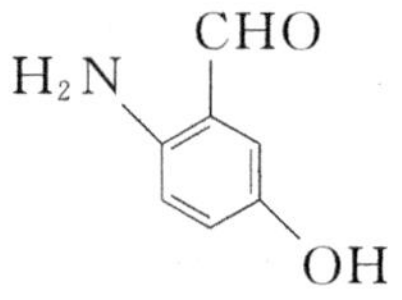

2-氨基-5-羟基苯甲醛

2-amino-5-hydroxybenzaldehyde

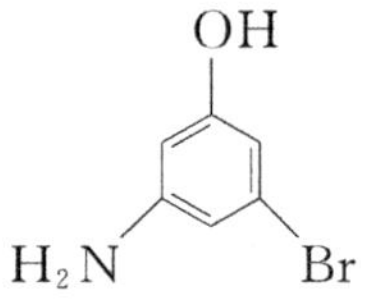

3-氨基-5-溴苯酚

3-amino-5-bromophenol

思考题6-1　根据IUPAC和《有机化合物命名原则2017》命名下列化合物。

(1) 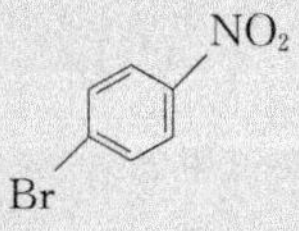　(2) 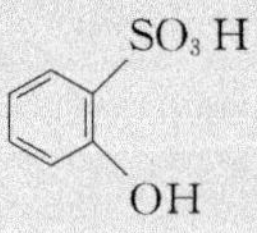　(3) 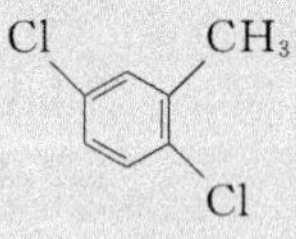　(4) 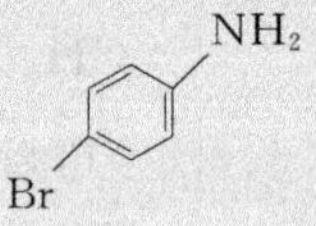

思考题6-2　画出并命名所有可能的分子式为C_7H_7Cl的芳香族化合物。

6.1.3　苯的结构

运用现代物理方法(光谱法、电子衍射法、X射线法)测得苯的结构[图6-1(a)]：

① 分子呈正六边形,6个碳原子和6个氢原子都在同一平面上；

② 6个碳碳键键长均为0.140 nm,6个碳氢键键长均为0.108 nm；

③ C—C—C及C—C—H键的键角均为120°。

杂化轨道理论认为,苯环中6个碳原子均为sp^2杂化状态,相邻碳原子之间以sp^2杂化轨

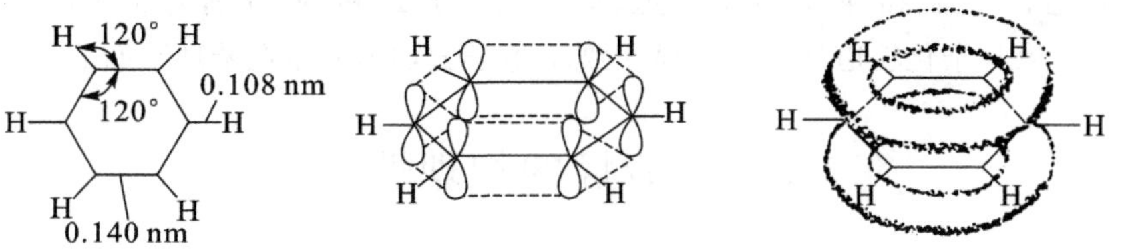

图 6-1　苯分子环状结构及 π 电子云分布图

道互相重叠，形成 6 个均等的碳碳 σ 键，每个碳原子又各用一个 sp^2 杂化轨道与氢原子的 s 轨道互相重叠，形成碳氢 σ 键。而没有杂化的 p 轨道互相平行且垂直于 σ 键所在平面，它们侧面互相重叠形成闭合大 π 键[图 6-1(b)]共轭体系。大 π 键的电子云像两个救生圈分布在分子平面的上下。苯的分子结构可用图 6-2 中的定域式或离域式两种方法表示。

图 6-2　苯分子结构式的书写方式

定域式又称为凯库勒式，是德国化学家凯库勒于 1865 年首先提出的，这种书写方式没有真实反映苯环中的环状离域大 π 键，无法表达苯分子中完全平均化的碳碳单双键。而离域式较好地表达了苯环中的环状离域大 π 键和分子中完全平均化的碳碳单双键。目前，在有机化学中这两种书写方式都可以用来表示苯的结构。

苯的特殊芳香稳定性可从它的共轭能或离域能得到证明。苯的氢化热为 208.5 kJ/mol，环己烯的氢化热为 119.7 kJ/mol，而理论上环己三烯的氢化热应为环己烯的三倍，即 359.1 kJ/mol。苯的氢化热比假设的环己三烯氢化热要低 150.6 kJ/mol，这一差值即为苯的共轭能或离域能，证明苯环中三个双键的闭合环状共轭，使苯分子的内能大大下降，比链状共轭的己-1,3,5-三烯的内能还要低，因此具有特殊的稳定性。

分子轨道理论认为，苯分子形成 σ 键以后，6 个碳原子上的 6 个 p 轨道组成 6 个 π 分子轨道 Ψ_1、Ψ_2、Ψ_3、Ψ_4、Ψ_5 和 Ψ_6[图 6-3(a)]，能量大小为 $\Psi_1<\Psi_2=\Psi_3<\Psi_4=\Psi_5<\Psi_6$。其中，$\Psi_1$、$\Psi_2$

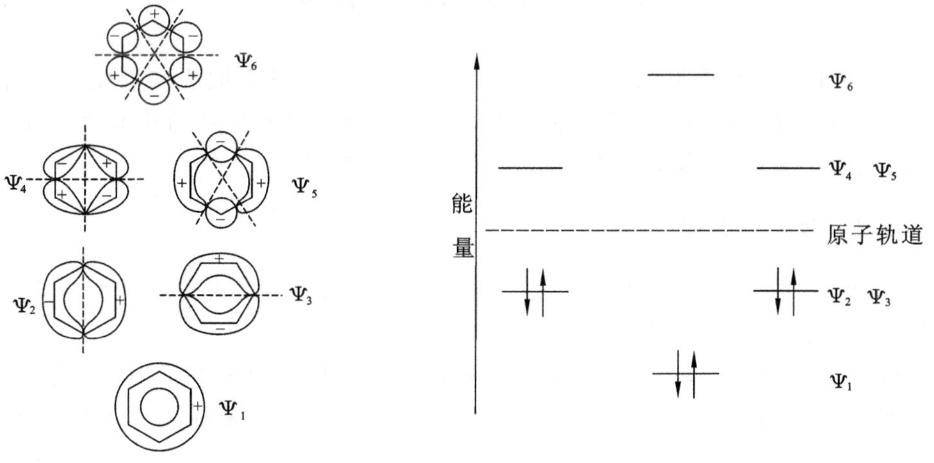

(a) 分子轨道图（顶视图）　　(b) 分子轨道能级图

图 6-3　苯的 π 分子轨道和能级图

和 Ψ_3 是成键轨道;Ψ_4、Ψ_5 和 Ψ_6 是反键轨道;Ψ_2 和 Ψ_3 与 Ψ_4 和 Ψ_5 分别为简并轨道。将 Ψ_1、Ψ_2、Ψ_3 轨道叠合的结果与杂化轨道处理的结果一致,π 电子云均匀分布在苯环平面的上下[图 6-3(b)]。

6.2　芳烃的物理性质

苯及其同系物多数为无色液体,具有香味,均不溶于水,易溶于有机溶剂。一般单环芳烃都比水轻,沸点随相对分子质量升高而升高。熔点除与相对分子质量大小有关外,还与结构有关,通常对位异构体由于分子对称,晶格能较大,熔点较高,溶解度也较小。一般有毒,会对呼吸道、中枢神经和造血器官产生损害,使用时要注意防护措施。一些常见芳烃的物理性质如表 6-1 所示。

表 6-1　常见芳烃的物理性质

名　　称	熔　点/℃	沸　点/℃	相对密度 d_4^{20}
苯	5.5	80.1	0.879
甲　　苯	−95	110.6	0.867
邻二甲苯	−25.2	144.4	0.880
间二甲苯	−47.9	139.1	0.864
对二甲苯	13.2	138.4	0.861
乙　　苯	−95	136.2	0.867
正 丙 苯	−99.6	159.3	0.862
异 丙 苯	−96	152.4	0.862
连三甲苯	−25.5	176.1	0.894
偏三甲苯	−43.9	169.2	0.876
均三甲苯	−44.7	164.6	0.865
苯 乙 烯	−33	145.8	0.906

6.3　芳烃的化学性质

在一般条件下苯的性质很稳定,只有在特殊条件下才能发生加成和氧化反应,使苯环破裂,但芳环易发生亲电取代反应。苯的同系物的侧链烷基仍具有烷基的基本性质,直接与苯环相连的 α-碳上的 α-氢(或苄氢),具有类似于烯丙氢的反应活性。

6.3.1　亲电取代反应的历程

苯富有 π 电子,易接受亲电试剂的进攻,但芳环上的双键不发生烯烃的加成反应,在适当的催化剂存在下能与亲电试剂发生取代反应。

在亲电取代反应中,首先是亲电试剂 E^+ 进攻苯环,与离域的 π 电子相互作用形成不稳定的 π-配合物,π-配合物仍然保持着苯环的结构。接着亲电试剂从苯环的 π 体系中获得两个电子,与苯环的一个碳原子形成 σ 键,而生成 σ-配合物(又称芳 鎓离子)。这时这个碳原子的 sp^2 杂化轨道也随之变成 sp^3 杂化轨道,此时它不再有 p 轨道;苯环上只剩下四个 π 电子,这四个 π 电子离域分布在环上的五个 sp^2 碳原子上,苯环原来的 π_6^6 闭合共轭体系被破坏。尽管 σ-配合

物是一个链状 π_5^4 共轭离域碳正离子，但能量远比苯高，不稳定。它很容易从 sp^3 杂化碳原子上失去一个质子，从而恢复成原来的 sp^2 杂化状态，重新形成六个 π 电子离域的闭合共轭体系——苯环，并生成热力学稳定的取代苯 Ph—E。可以说，苯的亲电取代反应是一个芳香共轭体系“失而复得”的过程。

综上所述，芳环亲电取代反应历程可概括表示如下：

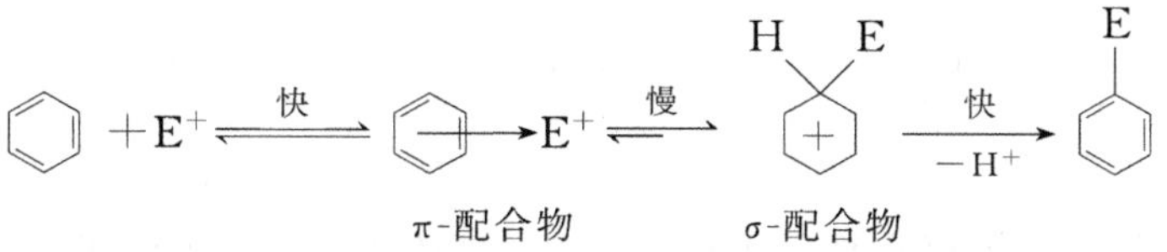

反应过程中的能量变化如图 6-4 所示。

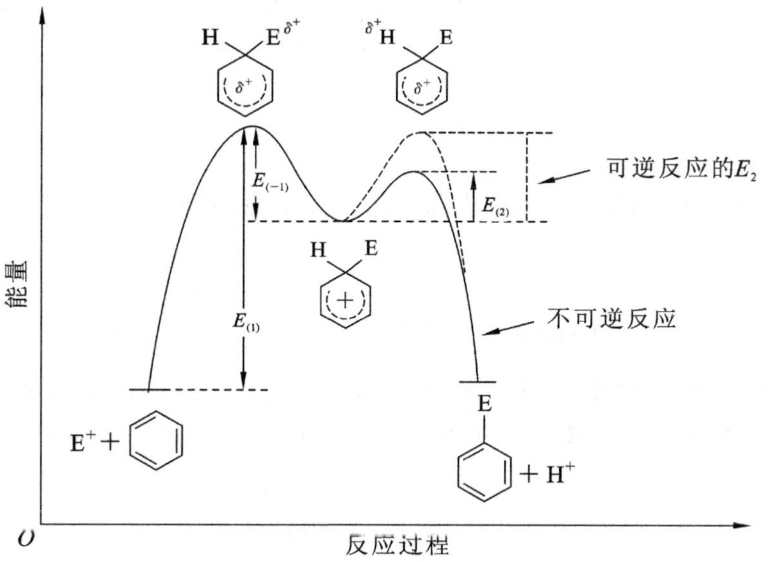

图 6-4　苯的亲电取代反应过程的能量曲线图

芳香烃亲电取代反应包括卤代、硝化、磺化和傅-克反应等等。其主要的两步反应历程是相同的，差别在于进攻的亲电试剂各异。芳香烃亲电取代反应一般是不可逆的，因为 $E_{(2)} \ll E_{(-1)}$。当 $E_{(2)} \approx E_{(-1)}$ 时，则变成可逆反应，如磺化反应。

6.3.2　亲电取代反应

芳香族亲电取代反应的结果是在芳环上直接引入一些基团，后者又可转变为其他基团，故在有机合成上有重要用途。

1. 卤代反应(halogenation reaction)

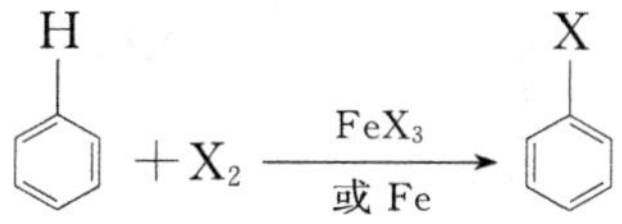

在卤化铁等路易斯酸催化下，苯与卤素反应生成卤代苯。卤素的活性次序：氟＞氯＞溴＞碘。氟代反应太剧烈，不易控制。碘代反应不仅太慢，而且生成的碘化氢是还原剂，可使反应逆转。因此氟代物和碘代物通常不用此法制备。常用的催化剂有 $FeCl_3$、$FeBr_3$、$AlCl_3$、$CuCl_2$、$SbCl_5$ 等路易斯酸，也可直接使用铁粉先与卤素反应生成卤化铁再催化反应。

卤素本身活性不足以进攻苯环，催化剂的作用是使卤素转变为更强的亲电试剂卤正离子。例如：

$$2Fe + 3Br_2 \longrightarrow 2FeBr_3 \qquad FeBr_3 + Br_2 \rightleftharpoons FeBr_4^- + Br^+$$

在较强烈条件下，卤代苯可继续与卤素反应，主要生成邻、对位产物。例如：

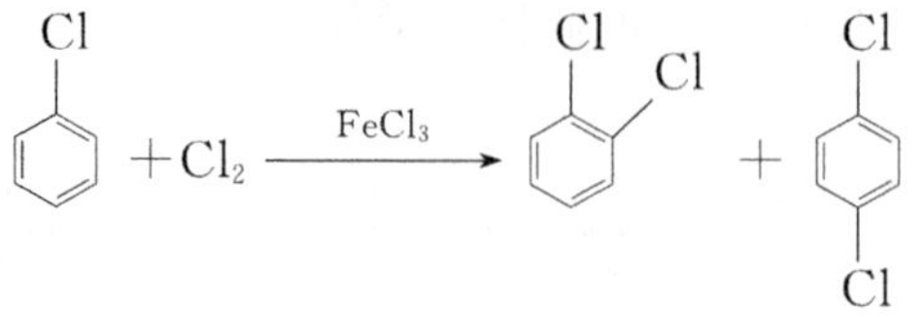

烷基苯在类似条件比苯更容易发生环上的亲电取代反应，主要得邻、对位产物。例如：

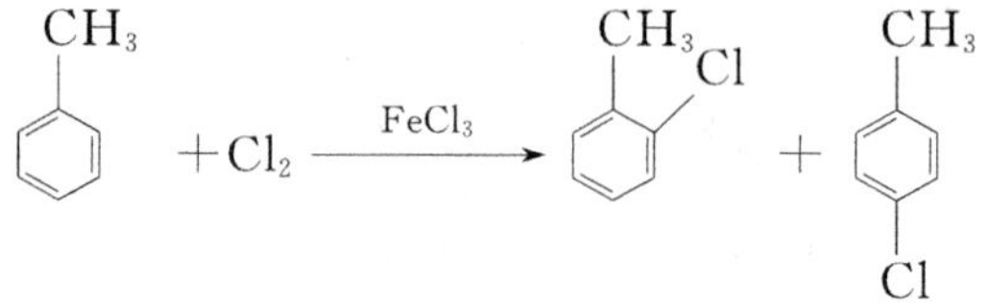

2. 硝化反应(nitration reaction)

苯与浓硝酸和浓硫酸的混合物(通常称为混酸)在加热的情况下可发生硝化反应，生成硝基苯。

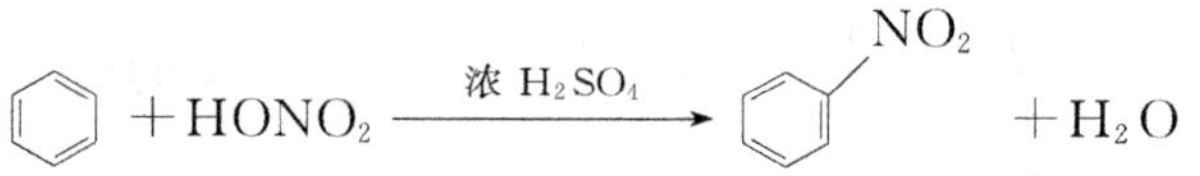

在硝化反应中，浓硫酸的作用是促使硝酸变成硝酰正离子($^+NO_2$)，增强试剂的亲电能力：

$$HOSO_2O-H + HO-NO_2 \rightleftharpoons H-\underset{\displaystyle H}{\underset{|}{O^+}}-NO_2 + HSO_4^-$$

$$H-\underset{\displaystyle H}{\underset{|}{O^+}}-NO_2 \rightleftharpoons NO_2^+ + H_2O$$

硝基苯在混酸中要进一步硝化为二硝基化合物必须提高反应温度才能发生，而且主要生成间二硝基苯。

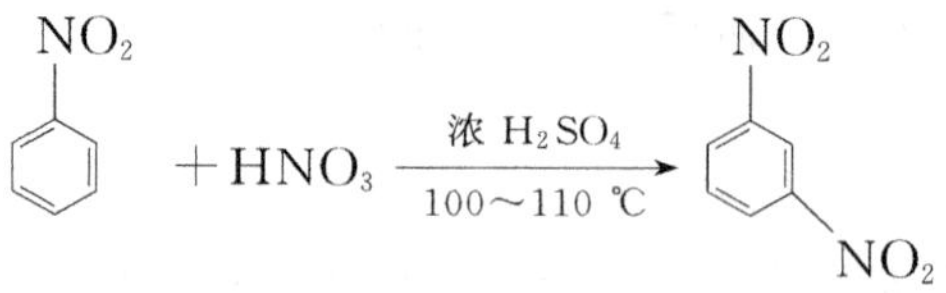

烷基苯在混酸的作用下也能发生硝化反应，反应比苯更容易进行，主要生成邻位和对位硝基烷基苯。

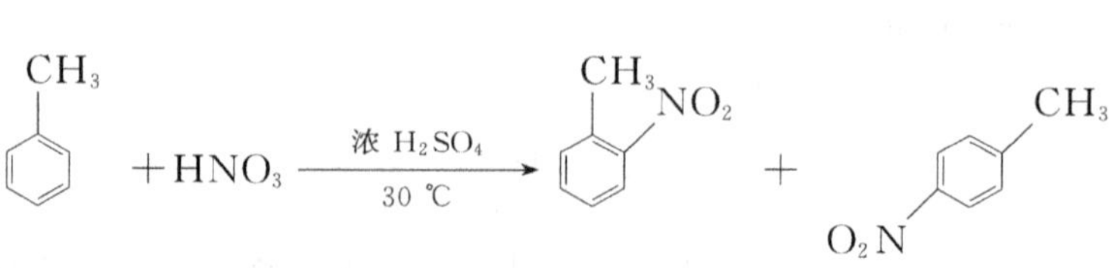

3. 磺化反应(sulfonation reaction)

苯与浓硫酸或发烟硫酸作用，生成苯磺酸的反应称为磺化反应。

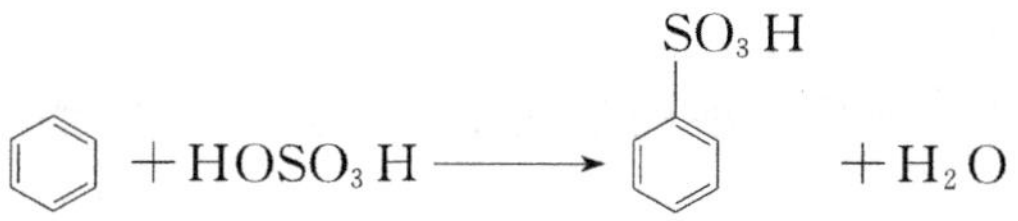

使用不同的磺化剂，磺化反应的机理不同。使用发烟硫酸为磺化剂时，是由 SO_3 进攻苯环；使用浓硫酸或稀硫酸为磺化剂时，可能是硫酸正离子 $H_2OS^+O_3H$（或 $^+SO_3H$）进攻苯环。

烷基苯比苯容易磺化，生成邻、对位烷基苯磺酸。例如：

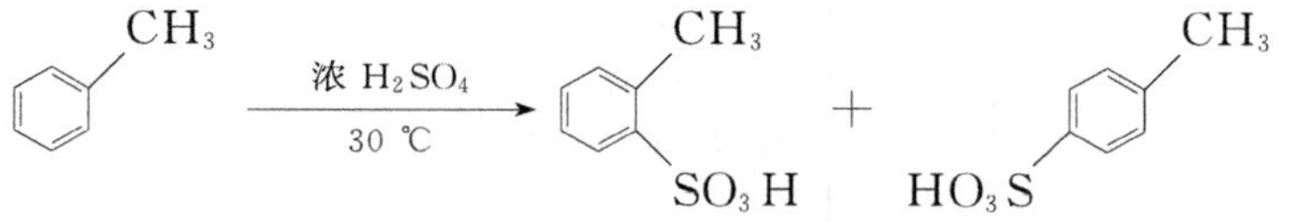

磺化反应和卤代、硝化不同，它在高温下是可逆反应，磺化产物与稀酸共热至 100～150 ℃时磺酸基将逆分解脱落。这是因为磺化和去磺酸基遵循相同的反应途径，这两步的活化能比较接近。

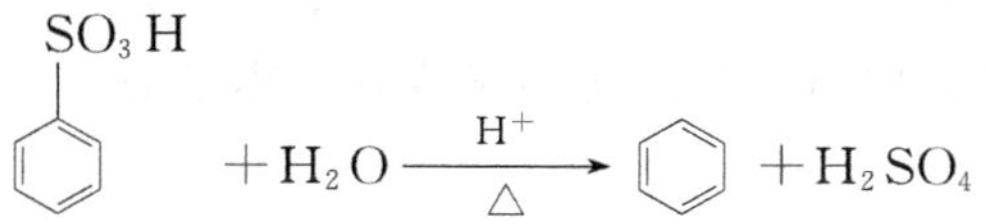

磺化反应的可逆性在有机合成中十分有用，可利用这个反应把芳环上某些位置保护（占据）起来再进行其他反应，待反应后再把稀硫酸加到产物中加热水解脱去磺酸基。例如，由间二甲苯合成 2-硝基-1，3-二甲苯不能直接用混酸硝化，因为硝基易进入空阻较小的邻、对位：

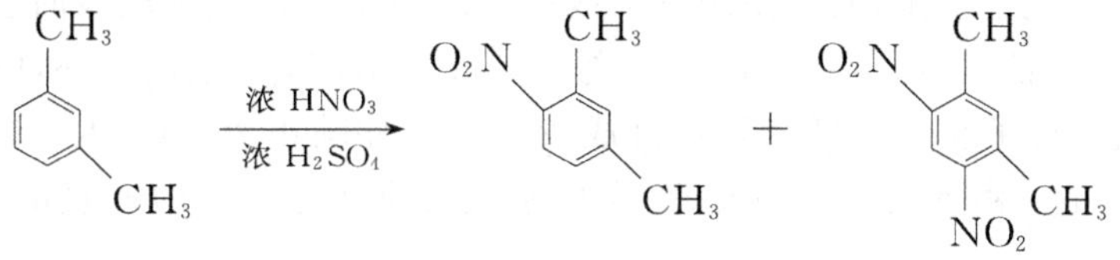

若将间二甲苯先磺化后硝化，最后再用稀酸处理，则可以得到指定的产物：

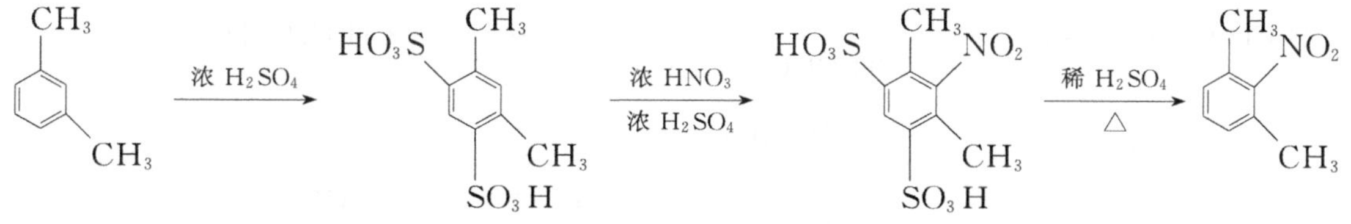

磺酸的钠盐与碱共熔，可转化为酚的钠盐，酸化后得到酚。这是芳环上间接引入羟基的一种方法。

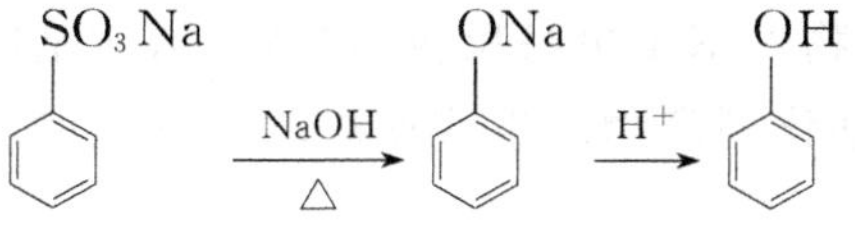

芳香磺酸是强酸，其酸性与硫酸相仿，可作为有机酸性催化剂。另外，磺酸溶于水，可利用苯及其同系物在热硫酸中溶解的特性区别烷烃和单环芳烃，也可利用磺化反应在含有苯环的有机药物分子中引入磺酸基团，以提高药物的水溶性。药物构效学研究表明，药物分子中引入磺酸基，在改善溶解性的同时其药效基本不变。

4. 弗里德-克拉夫茨（Friedel-Crafts）反应

此反应有两类，简称傅-克烷基化（alkylation）反应和傅-克酰基化（acylation）反应。

1）傅-克烷基化反应

在无水 $AlCl_3$ 等路易斯酸或质子酸的催化下，苯与卤代烃、醇、烯烃等烷基化试剂反应生成烷基苯。例如：

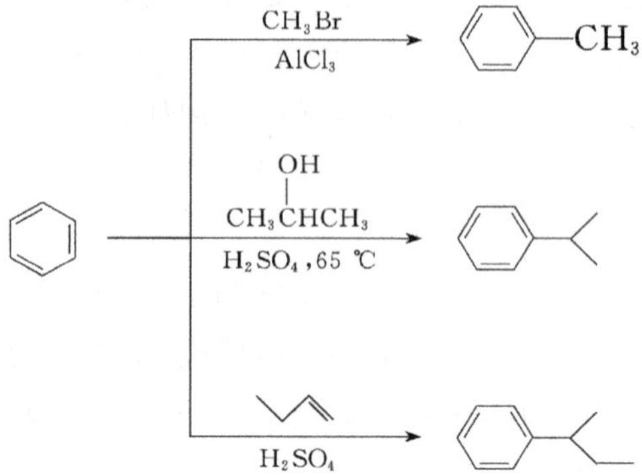

常用的催化剂有无水 $AlCl_3$、$FeCl_3$、$ZnCl_2$、BF_3 等，其中以无水 $AlCl_3$ 的活性最高。

烷基化反应中，进攻的亲电试剂是碳正离子或紧密离子对，催化剂促使烷基化试剂转变成这些活性较大的亲电试剂：

$$R—Cl + AlCl_3 \longrightarrow [R^+ AlCl_4^-]$$

$$R—OH + H^+ \longrightarrow R^+ + H_2O$$

$$R—CH═CH_2 + H^+ \longrightarrow R—CH^+—CH_3$$

由于碳正离子易发生重排，所以使用三个或多个碳原子的卤代烷反应时会有重排产物。例如苯与1-氯丙烷反应，低温时，主要由伯碳正离子（$CH_3CH_2CH_2^+$）进攻芳环，以正常产物正丙苯为主；高温时，伯碳正离子经1,2-H迁移重排成较稳定的仲碳正离子（$CH_3—CH^+—CH_3$），故以重排产物异丙苯为主。由此可知。利用傅-克烷基化反应在芳环上引入直链烷基，一般难以取得好结果。

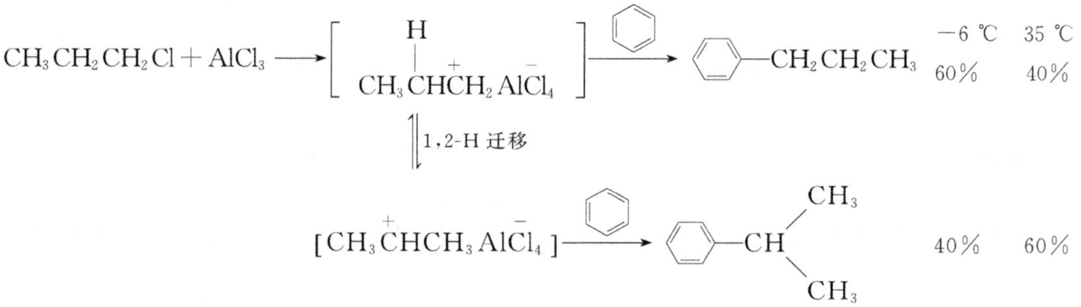

在烷基化反应中，由于产物烷基苯更易反应（烷基是活化基团），因此反应还常伴有多烷基化副产物生成。重排和多烷基化副产物的生成使烷基化反应的应用受到了一定的限制。

2）傅-克酰基化反应

苯在路易斯酸催化下与酰卤或酸酐等酰化剂反应生成酰基苯即芳香酮。例如：

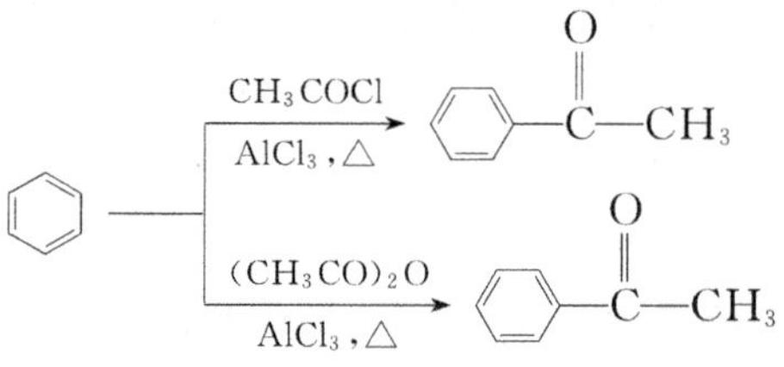

催化剂的作用是使酰化剂形成亲电活性较大的酰基碳正离子：

$$CH_3-\underset{\underset{O}{\|}}{C}-Cl + AlCl_3 \longrightarrow CH_3-\underset{\underset{O}{\|}}{\overset{+}{C}}\overset{-}{AlCl_4}$$

与烷基碳正离子不同，酰基碳正离子不发生重排，故酰化反应不会有重排产物。另外，酰基是间位定位的钝化基团，故不会有多酰基化产物。因此要在苯环上引入直链烷基，经常采用先酰基化，再还原羰基的合成路线。例如：

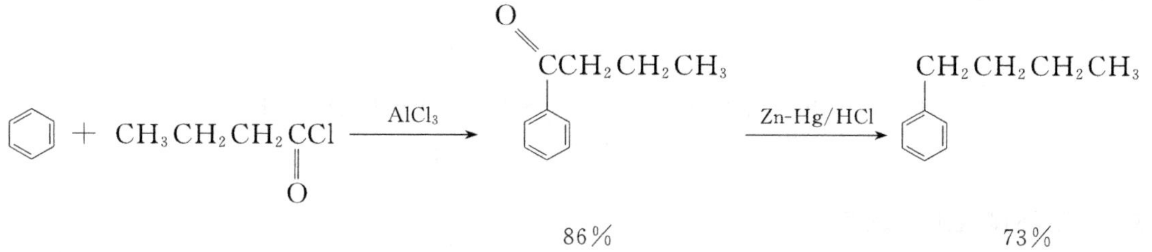

芳环上如只有硝基、磺酸基、酰基和氰基等强钝化基团时，不能发生傅-克烷基化及酰基化反应，因此硝基苯常作为此类反应的溶剂。苯和 $AlCl_3$ 都溶于硝基苯中。

6.3.3 加成反应

苯环是闭合共轭体系，能量较低，不易进行加成和氧化反应。但苯环又是不饱和体系，在较为强烈的条件下还是可以进行加成和氧化反应的。

1. 加氢反应

当分子中具有侧链的双键时，在温和条件下，侧链选择加氢，苯环不发生加氢反应：

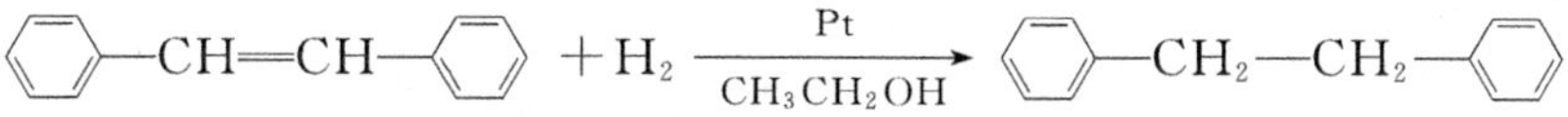

但在激烈条件下，苯环也可以发生加成反应生成环己烷。例如：

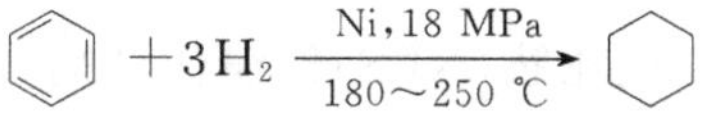

苯及其取代苯在液相中用碱金属和乙醇还原，通过1,4-加氢生成环己-1,4-二烯及其衍生物。这个反应称为伯奇(Birch)还原反应：

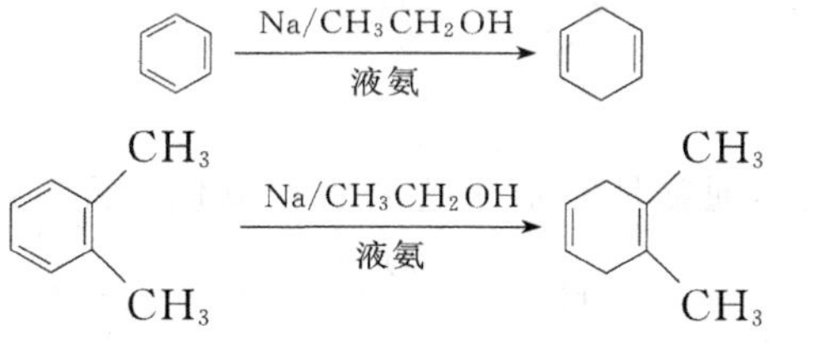

2. 加氯反应

在紫外光照射下，苯与氯在40 ℃即可发生加成反应，生成六氯环己烷：

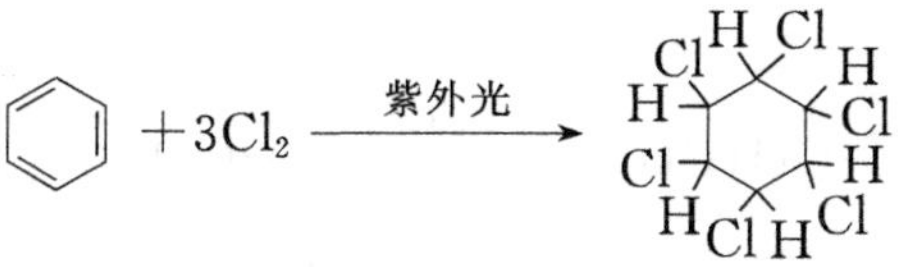

六氯环己烷又称六氯化苯，分子式为 $C_6H_6Cl_6$，俗称"六六六"，它曾作为农药大量使用，由于残毒严重而逐渐被淘汰，大多数国家已禁止使用。

苯在加成反应中,一旦加成反应开始发生,稳定的闭合共轭体系即遭破坏,最初的加成中间产物将比苯更容易进行加成反应。因此不论加氢还是加氯,反应都不容易停留在加一分子或两分子氢或氯的阶段。而上述伯奇还原反应则是一种反应机理较为特殊的选择性加成反应。

6.3.4　氧化反应

苯在高温下,用 V_2O_5 作催化剂能顺利地氧化成顺丁烯二酸酐。顺丁烯二酸酐简称顺酐,是重要的有机合成原料。

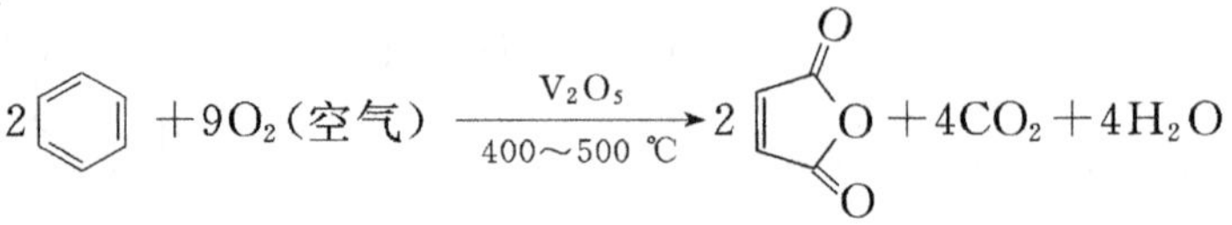

6.3.5　苯环侧链上的反应

1. 侧链卤代

烷基苯侧链与苯环相连的第一个碳原子为 α-碳,其上的氢为 α-氢。在分子构造上芳烃侧链的 α-氢与烯烃的 α-氢相似,受苯环的影响性质比较活泼。在光照或加热的条件下,烷基苯的 α-氢优先被卤素取代,生成 α-卤代烷基苯。例如:

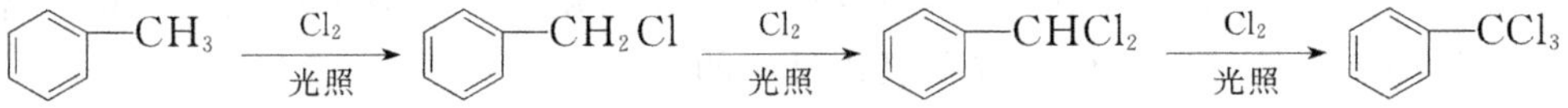

α-氢氯代反应为游离基型反应,其活性中间体为苄基游离基(Ph—CH_2·)。由于 p-π 共轭的稳定作用,苄基游离基比叔烷基游离基还要容易形成。例如:

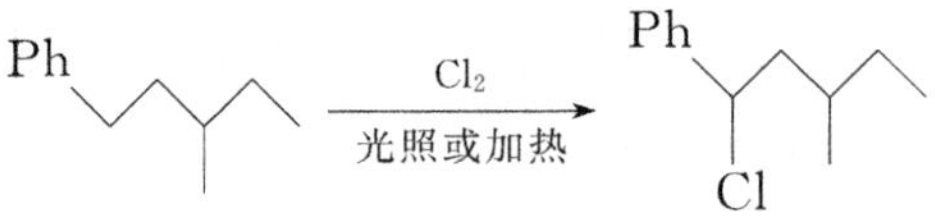

溴代反应可以用 *N*-溴代丁二酰亚胺(NBS)作溴代试剂,反应缓和,易控制:

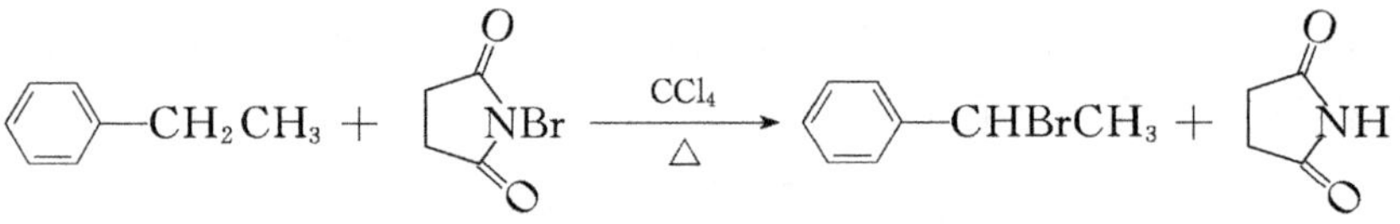

2. 侧链氧化

烷基苯比苯容易被氧化,通常是 α-碳上连有氢的取代苯都可以被氧化成苯甲酸:

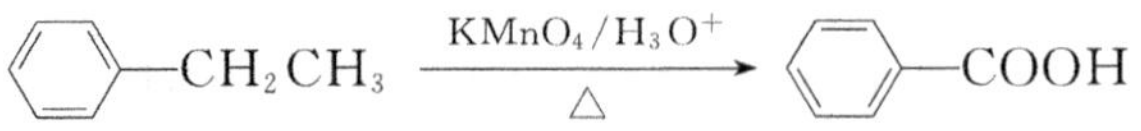

在一般情况下,不论侧链多长以及侧链上还连有什么基团(如—CH_2Cl、—$CHCl_2$、—CH_2OH、—CHO、—CH_2NO_2等),只要有 α-氢都能氧化成苯甲酸。无 α-氢的烷基苯,如叔丁苯则很难氧化。

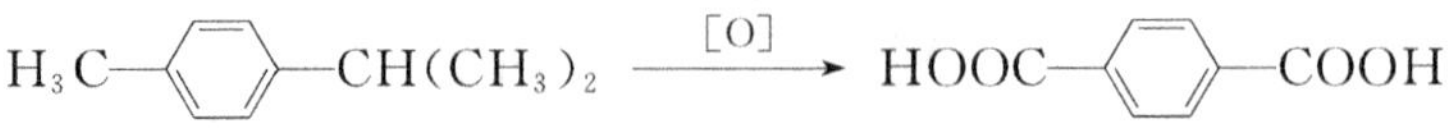

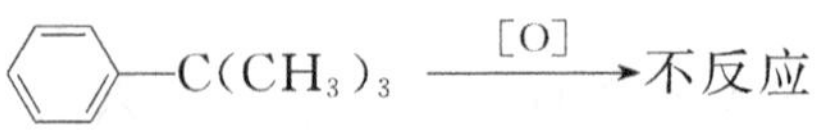

思考题 6-3　氯甲苯和苯在无水 $AlCl_3$ 的催化下经过傅-克反应后的产物是什么?

思考题 6-4 下列基团属于间位定位基的是( )。

A. —$NHCOCH_3$ B. —NH_2 C. —$CONH_2$ D. —Cl

思考题 6-5 下列基团属于活化苯环的是( )。

A. —$NHCOCH_3$ B. —NO_2 C. —$CONH_2$ D. —Cl

思考题 6-6 下列说法错误的是( )。

A. 苯磺酸是一个强酸

B. 磺化反应是一个可逆反应

C. 在结构中引入磺酸基可以增加其水溶性

D. 苯与浓硫酸在室温就可以反应

6.4 苯环上取代反应的定位规律

6.4.1 取代基的分类

当苯环上已连有一个基团(Z)时,新引入的取代基进入它的邻位、间位或对位的平均机会如下:

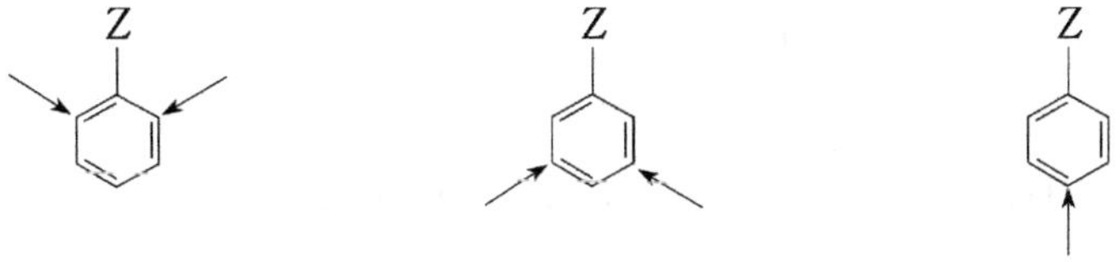

邻位 间位 对位

(占 40%) (占 40%) (占 20%)

但事实上,由于受到苯环上已有基团的影响,取代基进入各处的机会并不是平均的。例如:

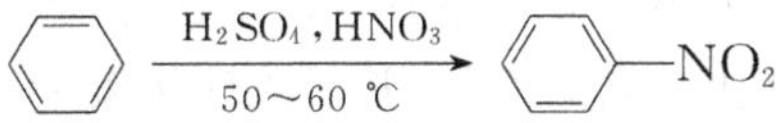

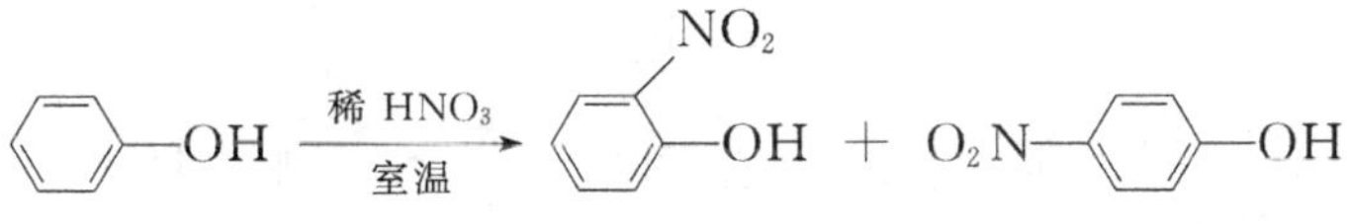

50%～55% 45%～50%

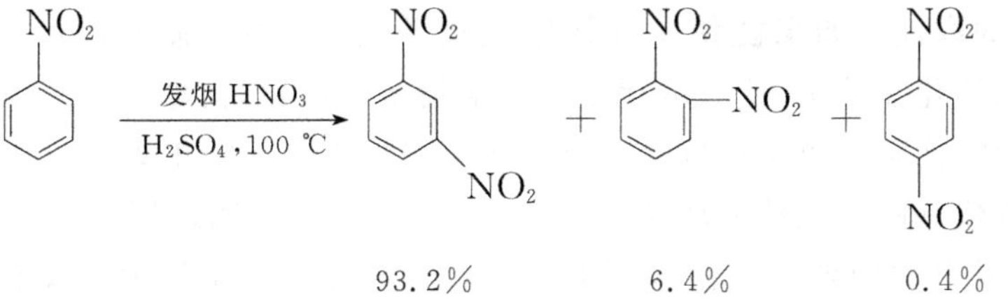

93.2% 6.4% 0.4%

对比苯、苯酚和硝基苯的硝化条件和反应产物可以看出:苯酚比苯容易硝化,且硝基几乎100%进入邻、对位;硝基苯比苯难硝化,且硝基主要进入间位(93.2%)。由此可见,在苯环的亲电取代反应中,苯环上原有取代基不仅对苯环亲电取代反应有活化或钝化作用,而且对新取代基进入的位置有指示定位的制约作用,故把苯环上原有的取代基如酚羟基、硝基等称为定位基。从大量实验事实中归纳出来的这一规律称为苯环亲电取代定位规则(又称定位效应)。

常见的定位基可以分为下面两大类。

1. 邻对位定位基

这类定位基使第二个取代基主要进入它的邻位和对位，并且大多能使苯环活化(卤素除外)，使取代反应较容易进行。邻对位定位基在结构上的特征：定位基中直接与苯环相连的原子不含双键或三键，多数具有未共用电子对。常见的邻对位定位基及其反应活性(相对于苯而言)如下。

强烈致活作用：$—O^-$，$—NH_2$，—NHR，$—NR_2$，—OH。

中等致活作用：$—OCH_3(—OC_2H_5)$，$—NHCOCH_3$。

弱致活作用：$—C_6H_5$，$—CH_3(—R)$。

致钝作用：—F，—Cl，—Br，—I。

2. 间位定位基

间位定位基使第二个取代基主要进入间位，并可使苯环钝化，使取代反应比苯要困难些。这类定位基在结构上的特征：定位基中与苯环直接相连的原子一般都含有双键或三键，或带有正电荷。常见的间位定位基及其反应活性如下。

强烈致钝作用：$—\overset{+}{N}R_3$，$—NO_2$。

中等致钝作用：—C≡N，$—SO_3H$。

较弱致钝作用：—CHO，$—\overset{O}{\overset{\|}{C}}—R$，—COOH，$—\overset{O}{\overset{\|}{C}}—OR$。

6.4.2　定位规律的理论解释

苯环上的定位基之所以能影响与决定新取代基进入的位置以及取代反应的难易，这是分子中原子与原子团之间相互影响、相互作用的结果。

从芳烃亲电取代反应历程可知，芳烃亲电取代反应的决速步骤为亲电试剂 NO_2^+、R^+、X^+(X 代表卤素)等进攻苯环上电子云密度比较高的部位，并形成环状碳正离子中间体(σ-配合物)的一步：

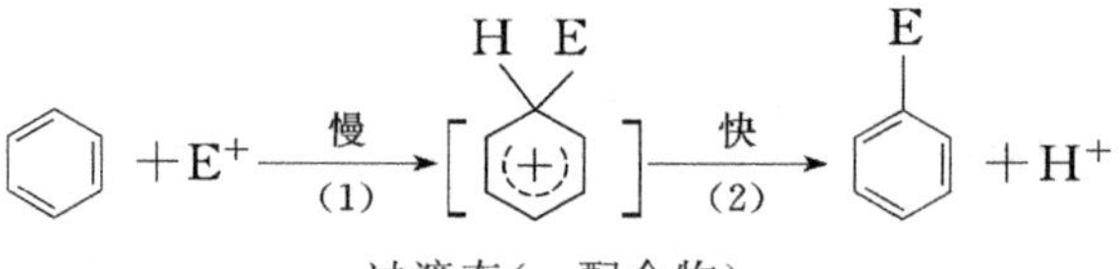

过渡态(σ-配合物)

苯环上已有的取代基如果能使中间体碳正离子趋向稳定，那么 σ-配合物的生成比较容易，即反应需要的活化能较小，这种取代基的影响使苯环活化，使整个取代反应速率比苯快；反之，若取代基的影响使碳正离子中间体稳定性降低，那么生成碳正离子 σ-配合物就需要较高的活化能，这种取代基的影响使苯环钝化，取代反应速率也就比苯慢。另外，苯环上原有取代基的电子效应尤其是共轭效应将使苯环上的环状共轭体系发生波浪式交替极化，正是这种 π 电子云的交替极化制约了新取代基对苯环不同位置的选择性取代。下面分别讨论两类定位基对苯环的影响及其定位效应。

1. 甲基(烷基)

甲基(或其他烷基)是斥电子基，具有+I 诱导效应，同时甲基和苯环之间存在着 σ-π 超共轭+C 效应，两种效应都使苯环的电子云密度增加，烷基对苯环的 σ-π 超共轭效应在苯环共轭体系的交替传递使邻、对位处的电子云密度增加较多，因此甲苯或烷基苯的亲电取代比苯要快，且使新取代基主要进入烷基的邻、对位。

2. *羟基*

羟基连在饱和碳原子上时是单纯的吸电子(—I)基，当它连在苯环上时，—I 效应通过碳氧 σ 键使苯环上电子云密度降低，但羟基氧上的未共用电子对能与苯环的大 π 键形成 p-π 共轭体系，具有 +C 效应，且氧上电子云向苯环方向转移的程度大于本身的 —I 效应。所以总的来说羟基使苯环电子云密度增加，并在邻、对位处增加较多，因此苯酚亲电取代反应较易进行，反应速度比苯快，反应主要生成邻、对位产物。烃氧基（—OR）、氨基（$—NH_2$）和胺基（—NHR、$—NR_2$）对苯环的电子效应和定位效应与羟基相似。

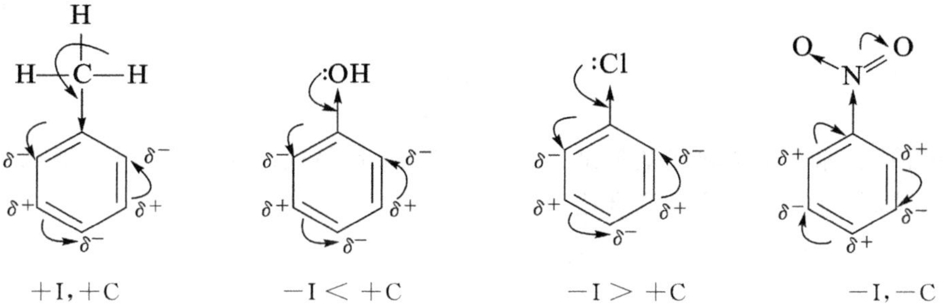

3. *卤素*

卤素连在饱和碳原子上时也是单纯的吸电子(—I)基，当它连在苯环上时，—I 效应通过碳卤 σ 键使苯环上电子云密度总体降低。当然，卤素未共用电子对也能与苯环中 π 电子云形成 p-π 共轭 +C 效应，使苯环上 π 电子云的交替极化情况与烷基苯和苯酚相似。但第三、四、五周期卤素的 p 轨道因轨道半径大于第二周期碳元素 p 轨道半径，根据分子轨道能量相近匹配原则，卤素中的 Cl、Br、I 对苯环的 +C 效应远小于第二周期的羟基和氨基；而处于第二周期的 F 虽然与同周期的羟基、氨基相似，对含碳共轭体系有较强的 +C 效应，但因其 —I 效应是所有取代基中最强者，其 +C 效应仍然小于 —I 效应。从卤素 +C 效应对苯环的交替极化来看，它们是邻、对位定位基，但因它们均为 +C<—I 的吸电子基，所以反应虽然在邻、对位进行，但反应的完成比苯困难。卤素是一个使苯环钝化的特殊邻对位定位基。

4. *硝基*

硝基是强吸电子基，其 —I 效应和 —C 效应都使苯环上电子云密度降低，亲电取代活性降低，是一个钝化基团。根据共轭体系中电子云极性交替现象，邻、对位电子云密度最小，间位电子云密度降低得较少，所以苯环上硝基的间位成为亲电试剂进攻的主要位置，故硝基是一个间位定位基。

6.4.3 二取代苯亲电取代反应的经验规律

当苯环上已经有两个取代基再引入第三个取代基时，主要由原来的两个取代基的性质决定。大体上说，苯环上已有两个取代基时有三种定位情况。

第一种情况，原有两个取代基都是邻、对位取代基，第三个取代基进入苯环的位置就由定位能力强的取代基决定。例如，下列化合物引入第三个取代基时，第三个取代基主要进入箭头所示的位置：

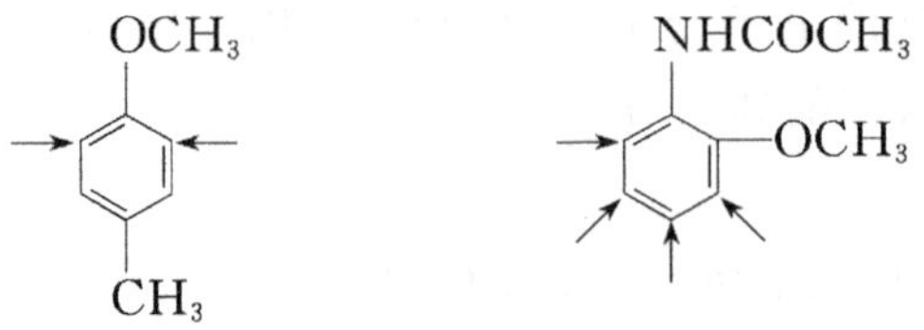

如果苯环上两个定位基的定位能力接近时，如邻乙酰氨基苯甲醚在进行亲电取代时四种产物都有，很难预言它们的比例。

第二种情况，原有两个取代基一个是邻对位取代基而另一个是间位取代基，第三个取代基进入苯环的位置主要由邻对位取代基决定。

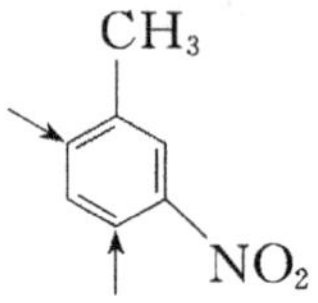

第三种情况，原有两个取代基都是间位取代基，而且是处于 1 位和 3 位，那么第三个取代基主要进入苯环上的 5 位，这是最合适的。

有时某些位置从电性效应考虑是可以进入的，但因邻近有体积较大的基团如—NO_2、—COOR、—SO_3H、—CH_3等存在，产生空间阻碍，而难引入—NO_2、—SO_3H 等较大的基团。下列虚线表示因空间阻碍而较难进入的位置：

6.4.4 定位规律的应用

苯环上亲电取代反应的定位规律不仅可以用来解释某种现象，还可以通过它来指导取代苯的合成，包括预测反应的主要产物和正确选择合成路线。

1. 预测反应的主要产物

二元取代苯发生取代反应时，综合考虑定位规律最适合位置与空间阻碍等因素就可以解释和预测许多取代反应的结果。

例如，间甲苯酚分子中的 2 位、4 位和 6 位碳上都是可能被取代的位置，但 2 位碳处的空间阻碍比 4 位和 6 位碳处大，所以硝化时的主要产物是 4-硝基与 6-硝基衍生物。

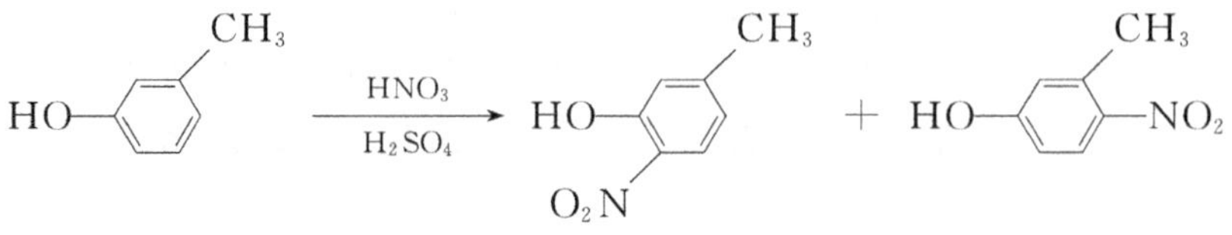

三种二甲苯进行磺化反应时，由于间二甲苯的定位作用一致，而邻、对位二甲苯的定位作用不一致，所以间二甲苯最容易磺化。利用这一特性，可将混合二甲苯在较低温度下经过选择性磺化、分离和水解，得到纯的间二甲苯：

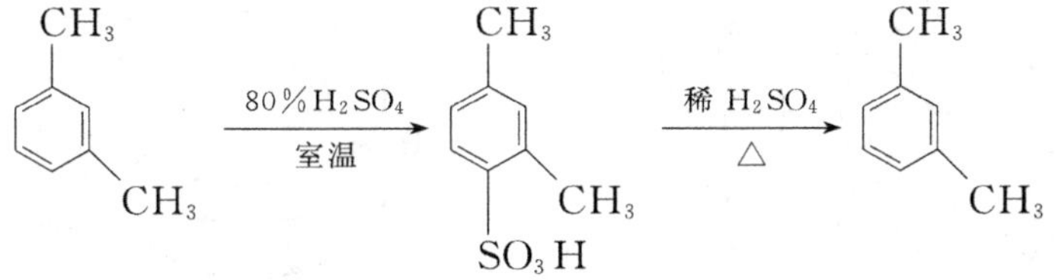

2. 选择合理的合成路线

应用定位规律可以选择可行的合成路线，得到较高的产率和避免复杂的分离步骤。例如，以甲苯为原料合成间硝基苯甲酸，应先氧化后硝化，因为甲基氧化成羧基（间位定位基—COOH）后才能使硝基进入其间位：

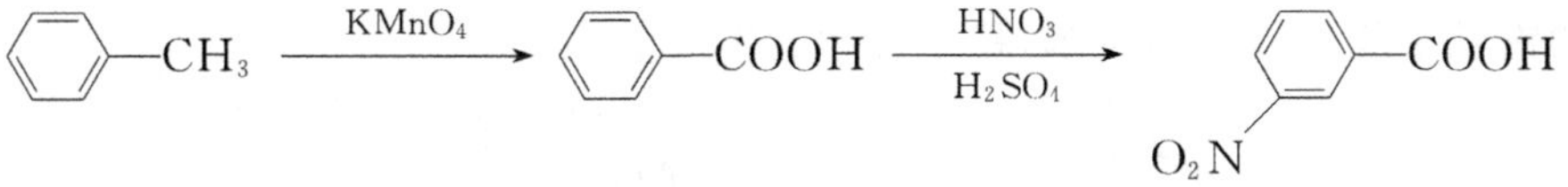

而要合成邻或对硝基苯甲酸，则应先硝化后氧化，利用甲基是邻对位定位基，把硝基引向其邻、对位。

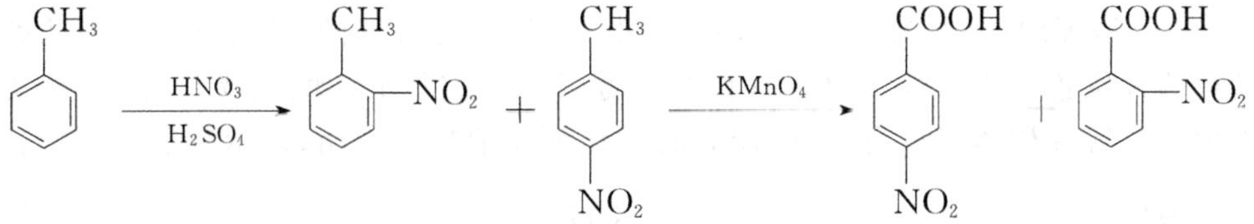

又如由对硝基甲苯合成 2,4-二硝基苯甲酸，其合成路线有如下两条：

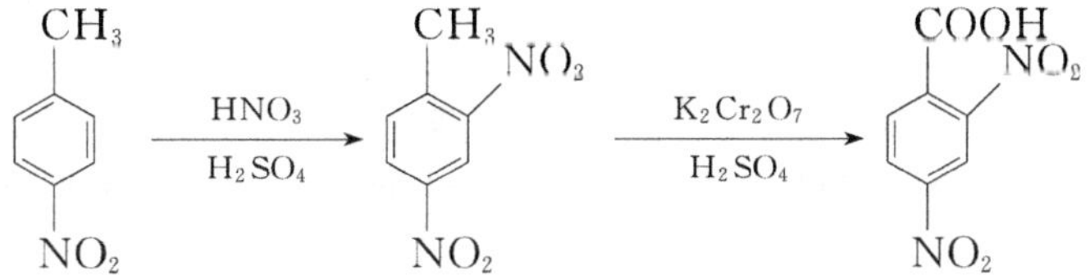

（Ⅰ）

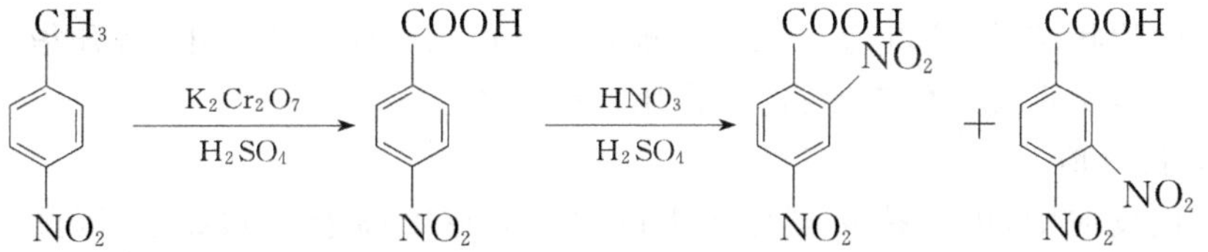

（Ⅱ）

显然路线（Ⅰ）较合理，可以简化分离步骤，同时硝化一步反应较路线（Ⅱ）的硝化一步反应易进行。

6.5　多环芳烃

6.5.1　萘

1. 结构

萘的分子式为 $C_{10}H_8$。化学方法已经证明，萘是由两个苯环共用两个碳原子并联而成的。物理方法也已证明，萘与苯相似，所有的碳、氢原子处于同一平面，10 个碳原子的 p 轨道的对称轴都垂直于σ键所在的平面,它们相互平行并在侧面相互交盖,构成了一个形如"8"字的闭合的共轭体系,如图 6-5 所示。

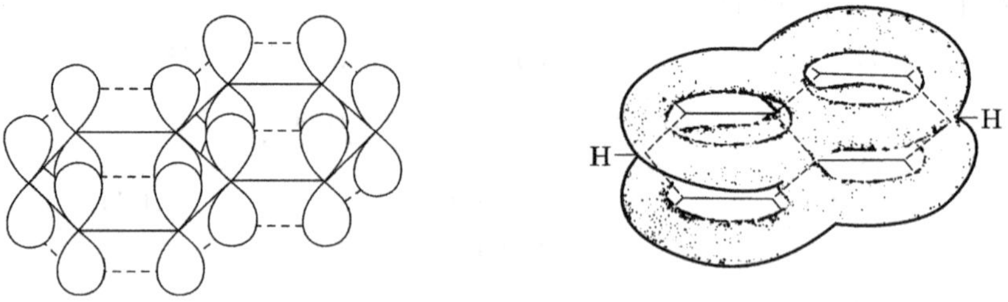

图 6-5　萘的分子轨道示意图

萘具有芳香性,离域能约为 254.98 kJ/mol,因此比较稳定。但此数值比两个单独苯的离域能(精确值为 150.48 kJ/mol)的总和 300.96 kJ/mol 要低,因此萘的芳香性比苯差。萘分子中碳碳键的键长平均化程度不及苯,稳定性也比苯差。

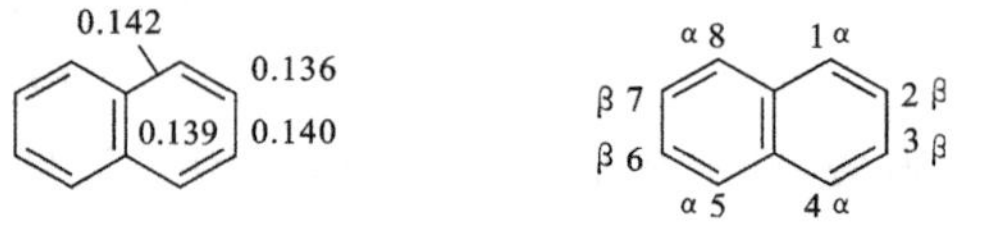

从萘的构造式可知,分子中的碳原子位置不是等同的,其编号方式见上式(共用碳不编号):1、4、5、8 位是等同的,称为α位;2、3、6、7 四个位置也是等同的,称为β位。因此萘的一元取代物只有两种位置异构体:α-取代物(1-取代物)和β-取代物(2-取代物)。但二元及其二元以上取代物的位置异构体至少有七种,命名时须用阿拉伯数字标明,以示区别。例如:

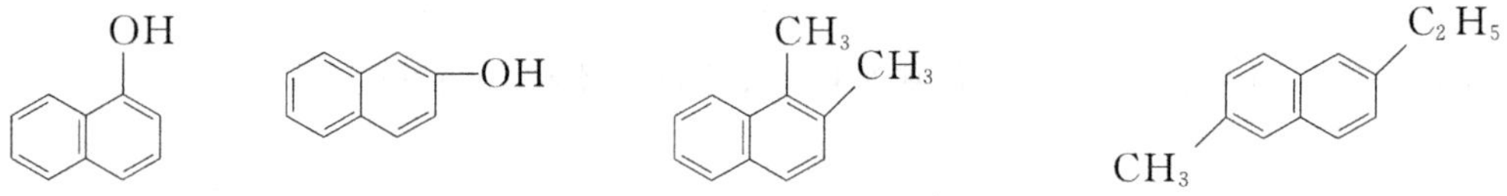

α-萘酚　　β-萘酚　　1,2-二甲基萘　　2-乙基-6-甲基萘

naphthalen-1-ol　　naphthalen-2-ol　　1,2-dimethylnaphthalene　　2-ethyl-6-methylnaphthalene

2. 性质

萘是光亮的片状结晶,熔点为 80.2 ℃,沸点为 218 ℃,有特殊气味,易升华,不溶于水,易溶于有机溶剂。萘是重要的化工原料,也常用作防蛀剂。

1) 亲电取代反应

在亲电取代反应中,由于萘α-碳原子上的电子云密度高于β-碳原子,因此亲电取代反应一般发生在α位。例如:

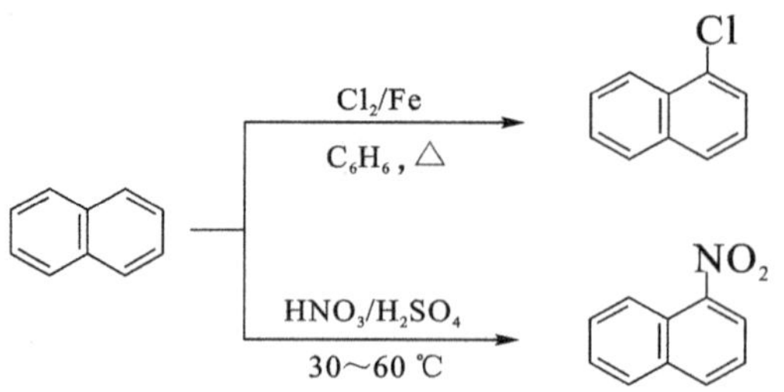

但是,萘的磺化反应在较低温度(<60 ℃)下主要生成α-萘磺酸,在较高温度(165 ℃)下主要生成β-萘磺酸。α-萘磺酸与硫酸共热至 165 ℃时也转变成β-萘磺酸。由于萘的α位

(1 位)电子云密度较高,α 位取代有较小的活化能,即 α 位取代物容易生成;但由于 1 位与 8 位相距很近(迫位),当较大的磺酸基进入 1 位后比较拥挤,成为热力学不稳定产物(动力学控制产物)。β 位(2 位)取代虽有较大活化能,但较大取代基进入 β 位后不像 α 位取代那样拥挤,故成为热力学稳定产物(热力学控制产物)。与前述丁-1,3-二烯的 1,2-加成和 1,4-加成的竞争反应相似,萘在较低温度下磺化主要生成活化能较小的动力学控制产物——α-萘磺酸;在较高温度下磺化,由于 α-萘磺酸的逆分解速度大于 β-萘磺酸的逆分解速度,因此主要生成热力学控制产物——β-萘磺酸。其他体积较大的亲电试剂的取代反应也有类似现象。

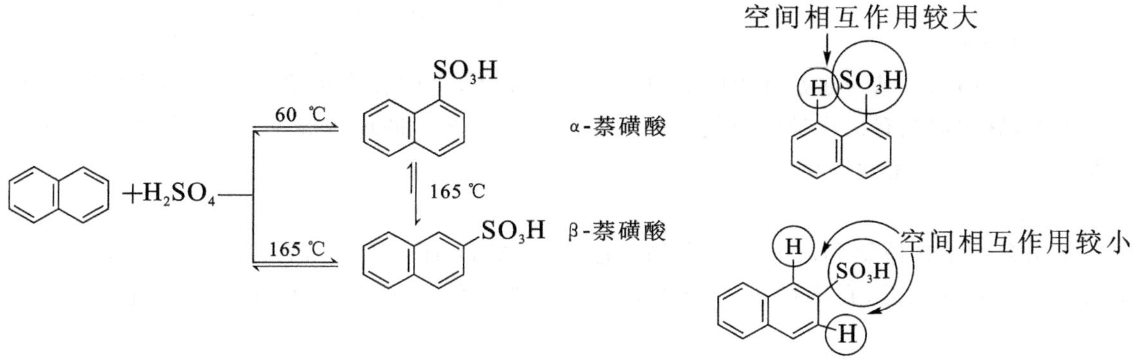

萘的傅-克酰基化反应产物与反应温度和溶剂有关:在低温和非极性溶剂(如 CS_2)中产物以 α-异构体为主;在较高温度及极性溶剂(如硝基苯)中产物以 β-异构体为主。例如:

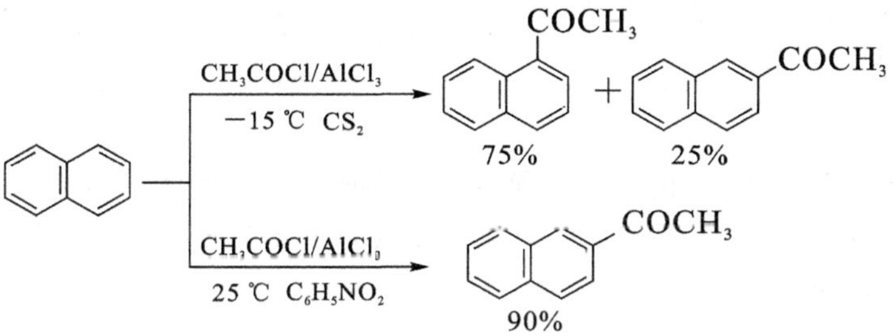

这是因为在极性溶剂中,酰基碳正离子溶剂化程度较大,形成的溶剂化物体积较大,温度较高时进入空阻较小的 β 位;低温时,在溶剂化程度较小的非极性溶剂中,裸露的亲电试剂容易进入活泼的 α 位。

2) 氧化反应

萘比苯容易氧化,主要发生在 α 位,在不同条件下可得不同产物。例如:

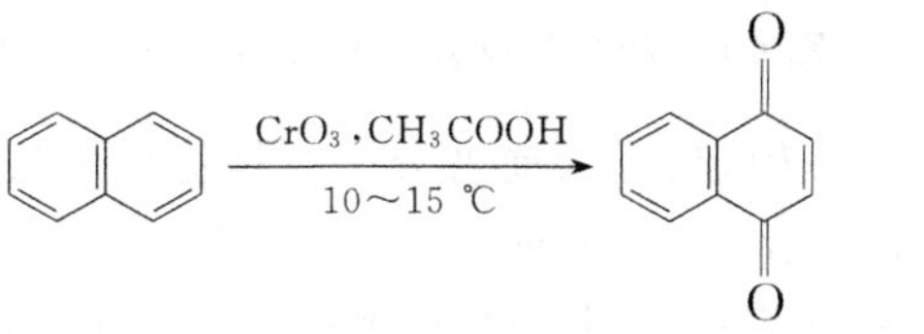

萘-1,4-醌(α-萘醌)

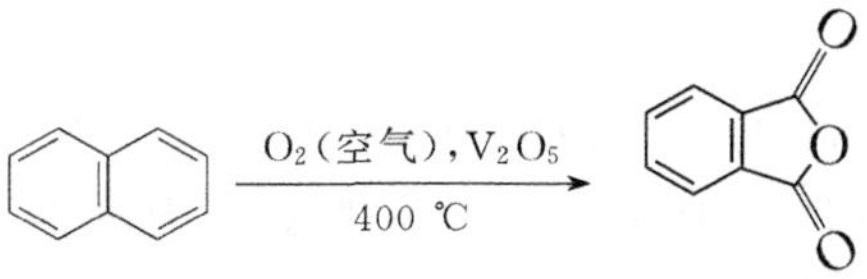

邻苯二甲酸酐

萘环即使在强烈的条件下氧化,仍然停留在一个环的氧化阶段,因为剩下的是一个比萘要稳定得多的苯环含氧衍生物。当取代的萘氧化时,哪一个环被氧化破裂,则取决于取代基的性质。一般含有吸电子钝化基团的环上 π 电子云密度有所下降,难以被亲电子的氧化剂氧化开环,而含有供电子活化基团的环上 π 电子云密度有所升高,易被亲电子的氧化剂氧化开环。例如:

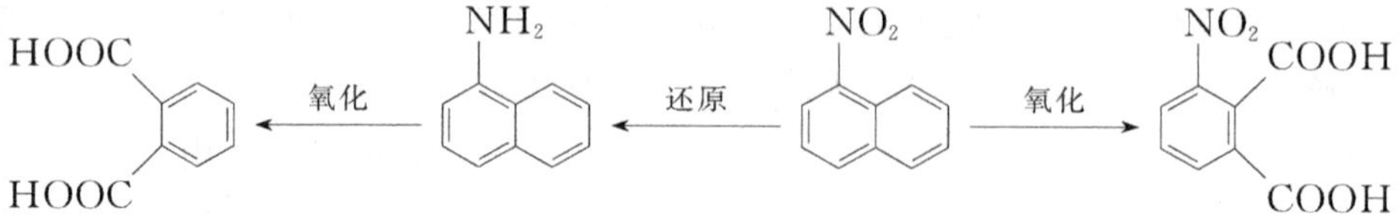

从上述反应可知,氨基连在萘环上时为供电子活化基团,它的存在促进了所在环的氧化破裂。由此可见,氧化剂在有机化学中也是一种广义的亲电试剂。稠环芳烃的开环氧化反应一般优先发生在 π 电子云密度较高的环上。

3）还原反应

萘用金属钠在液氨和乙醇的混合物中进行还原时(伯奇还原),得到 1,4-二氢萘。产物中有一个孤立的双键,它不被进一步还原。在强烈条件下加氢时,可生成四氢化萘或十氢化萘。

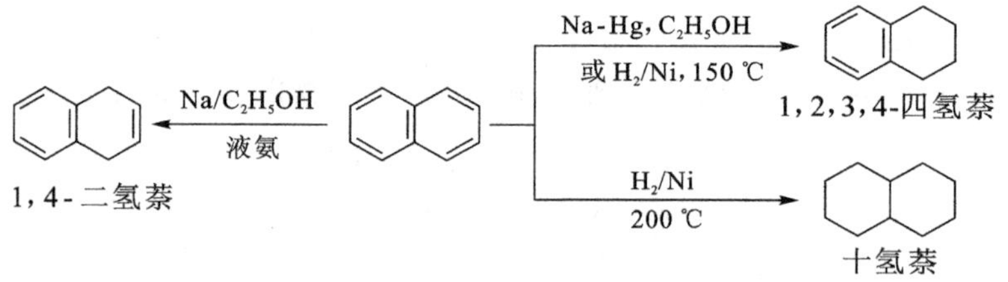

十氢萘的系统化学名为二环[4.4.0]癸烷,有两种几何异构体,即两个椅式环己烷分别以顺式(ea)或反式(ee)稠合,如图 6-6 所示。顺式沸点为 194 ℃,反式沸点为 185 ℃。它们都是非常稳定的高沸点溶剂。

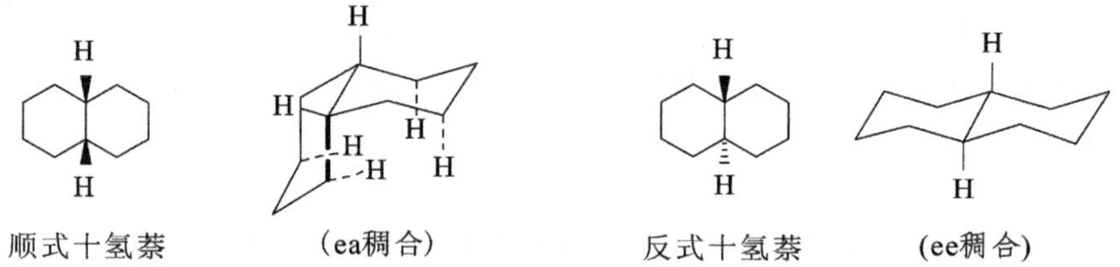

图 6-6　顺式和反式十氢萘的构型和构象

反式十氢萘比顺式十氢萘稳定,因为前者分子结构比较平展,能量较低;而在后者分子中,环下方几个 a 键氢原子比较拥挤,故分子能量高,不稳定。二者能量相差 11.5 kJ/mol。

在常温下,顺式、反式十氢萘不能通过碳碳键的转动相互转化,因为它们不是构象异构体,而是构型异构体。但在 530 ℃和钯碳催化剂存在下两种异构体呈动态平衡,平衡混合物中有 91%的反式十氢萘。

由于环碳链长度的刚性限制,以 ee 键稠合的反式十氢萘不可能发生翻环作用,即不存在 aa 稠合的反式十氢萘构象异构体。因此反式十氢萘又称为刚性十氢萘。反式十氢萘上取代基的 a、e 空间向位被相对固定,不存在 a $\rightleftharpoons$ e 转换构象异构。

以 ea 键稠合的顺式十氢萘可以通过翻环作用转换成 ae 稠合的构象，因此顺式十氢萘又称为柔性十氢萘。顺式十氢萘环上的取代基通过翻环作用有两种 a $\rightleftharpoons$ e 转换构象异构体。

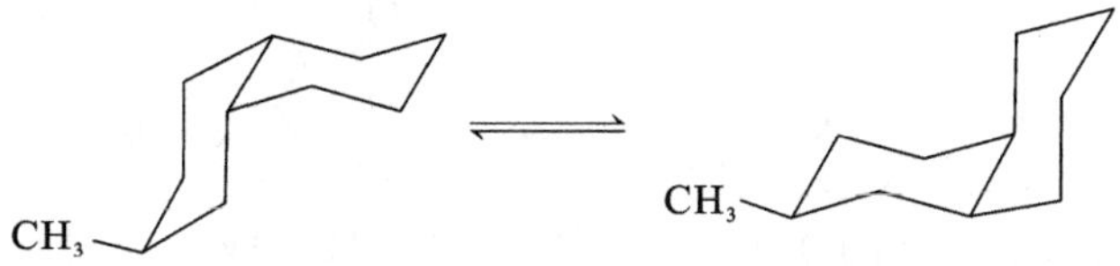

a-构象　　　　e-构象

6.5.2　蒽和菲

1. 结构

蒽和菲的分子式都是 $C_{14}H_{10}$，它们互为构造异构(苯环位置异构)体。它们都是由三个苯环组成，且都在同一平面上，其中蒽的三个苯环成线形稠合，而菲则为角形稠合。与萘相似，蒽和菲均是闭合共轭体系，碳碳键的键长也不完全相等，环上电子云密度的分布也并不完全平均化。它们都具有芳香性，但比萘还弱，其中蒽的离域能为 349 kJ/mol，菲的离域能为 381.63 kJ/mol，故菲的芳香性比蒽强。由离域能(每个苯环平均值)可知，苯、萘、菲、蒽的芳香性依次减弱。蒽和菲的构造式及其编号方法如下：

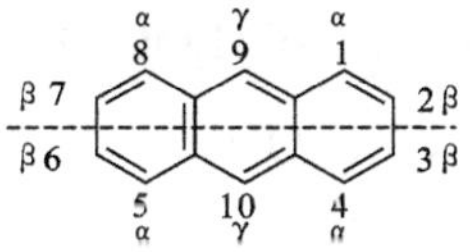

蒽

anthracene

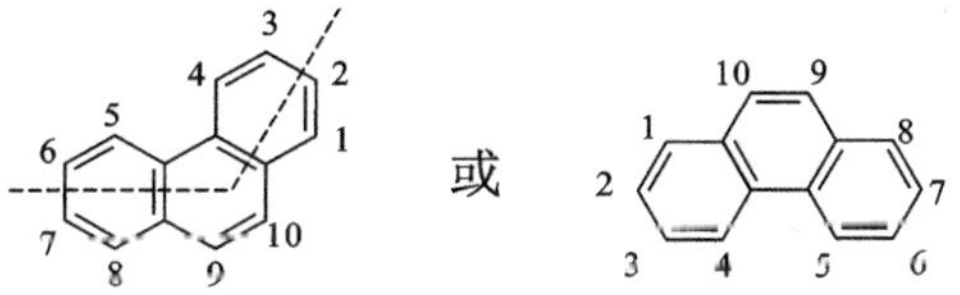

菲

phenanthrene

在蒽分子中，1、4、5、8 四个位置相等，称为 α 位；2、3、6、7 四个位置相等，称为 β 位；9、10 两个位置相等，称为 γ 位(或中位)。因此蒽的一元取代物有三种。在菲分子中有五对相互对应的位置，即 1 与 8、2 与 7、3 与 6、4 与 5、9 与 10，因此菲的一元取代物有五种异构体。

2. 性质

蒽分子中，γ 位比 α 位和 β 位都活泼，所以反应通常发生在 γ 位。菲分子中也是 9、10 位比较活泼。蒽和菲的亲电取代、氧化和还原反应均发生在 9、10 位。例如：

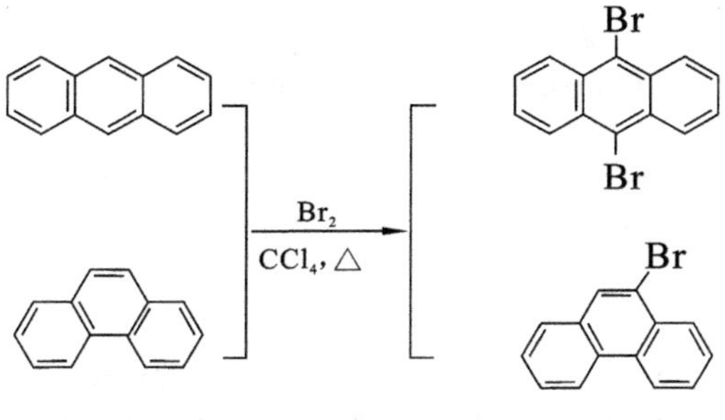

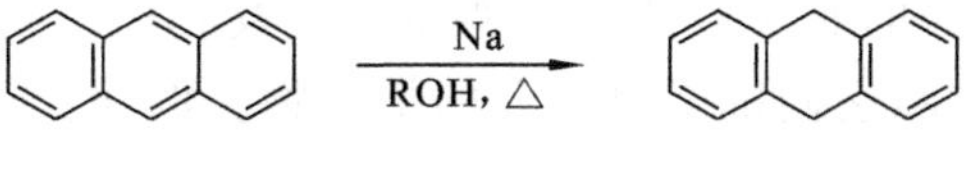

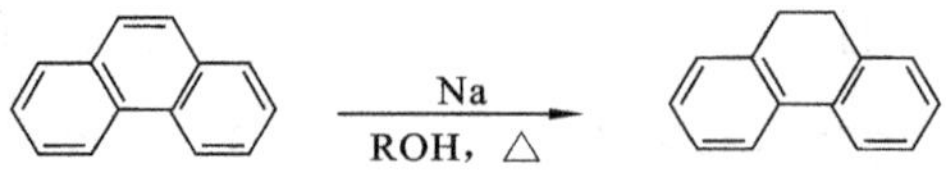

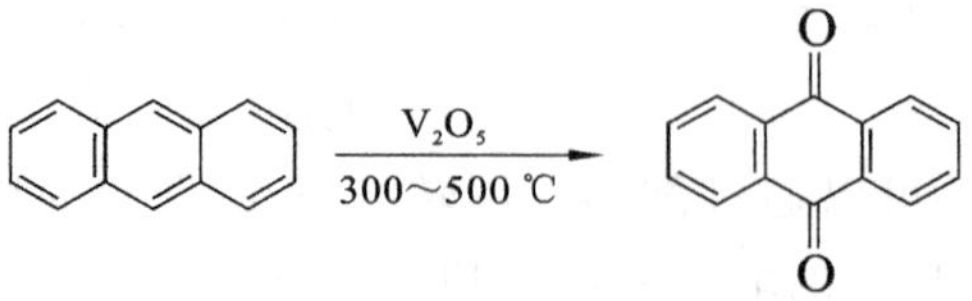

蒽醌

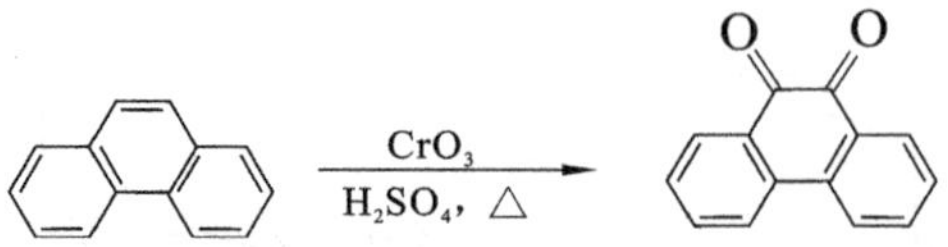

菲醌

9、10 位的加氢反应表明，蒽和菲的 9、10 位具有明显的双键(或二烯)性。蒽的芳香性比较差，且在 9、10 位比较活泼，因此蒽可作为双烯体发生 Diels-Alder 反应。例如：

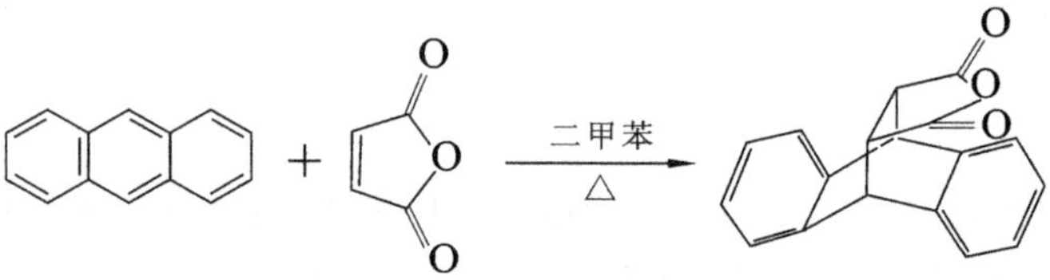

蒽和菲的衍生物非常重要，如蒽醌是一类重要的染料，也是中药中的一类重要活性成分，如大黄、番泻叶等的有效成分都属于蒽醌类衍生物；菲的某些衍生物具有特殊的生理作用，如甾醇、生物碱、维生素、性激素分子中常含有环戊烷(并)多氢菲(甾环)的结构。醋酸可的松分子中就有此种结构。

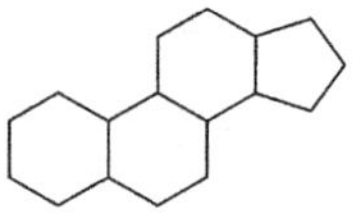
环戊烷（并）多氢菲

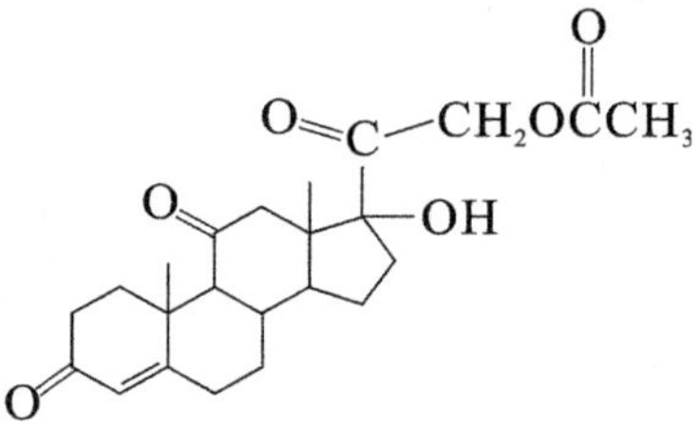

醋酸可的松

3. 其他稠环芳烃

芳烃主要来自煤焦油，其中还可分离出其他稠环芳烃。如茚、芴和苊是脂环和芳环相稠的芳烃；四苯、五苯和芘则是高级稠环芳烃。

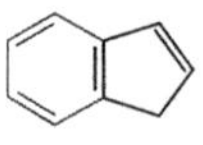
茚
indene

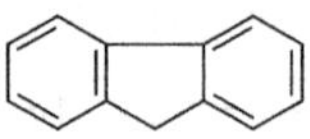
芴
fluorene

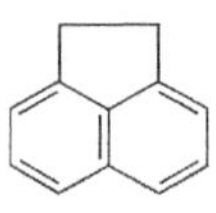
苊
acenaphthene

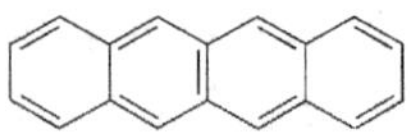
四苯
tetracene

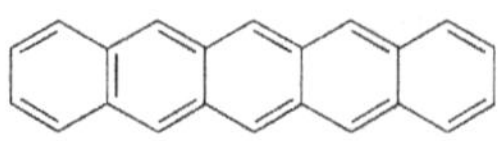
五苯
pentacene

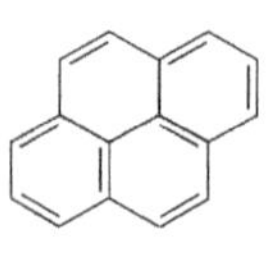
芘
pyrene

研究证明，超过四个苯环的非线形稠合的稠环芳烃及其衍生物大多是有致癌活性和促进致癌的物质，常称为致癌芳烃，它们都是蒽和菲的衍生物。例如：

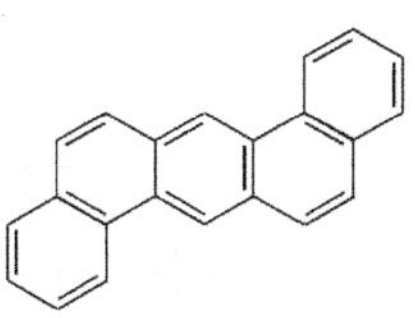

1,2,5,6-二苯并蒽

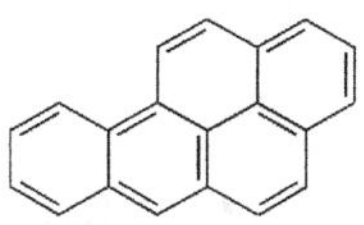

1,2-苯并芘

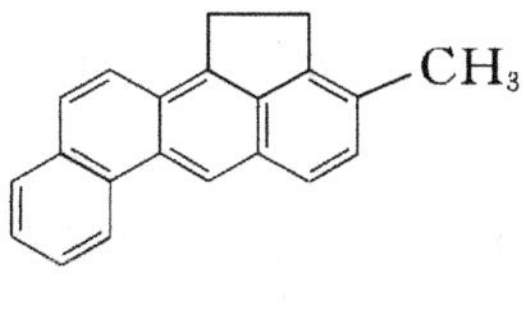

3-甲基胆蒽

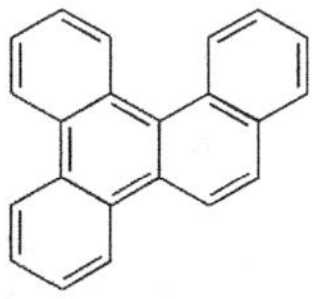

1,2,3,4-二苯并菲

有些致癌烃在煤、石油、木材和烟草等燃烧不完全时能够产生。稠环芳烃的结构和致癌作用的关系现在仅有些初步的经验规律，有关致癌机理、结构与致癌的关系等目前尚未完全弄清，这方面的研究对于环境保护、癌症的治疗和预防都有重要的意义。

思考题 6-7　用箭头表示化合物 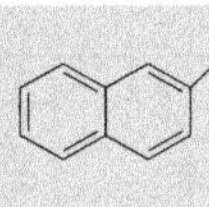 进行一硝化的主要产物：________。

思考题 6-8　反应 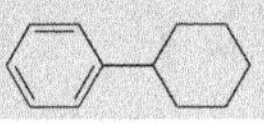 $+KMnO_4 \xrightarrow[\triangle]{H^+}$ 的主要产物为________。

6.6　休克尔规则

6.6.1　休克尔规则与芳香性

前面讨论的芳烃都含有苯环结构，它们是环状闭合共轭体系，π 电子高度离域，具有离域能，体系能量低，较稳定，在化学性质上表现为易进行亲电取代反应，不易进行加成和氧化反应，即具有不同程度的芳香性。是不是具有芳香性的化合物一定要含有苯环？具有与苯类似构造的环状多烯(C_nH_n)是否都具有芳香性？德国化学家休克尔(Hückel)于 1931 年通过分子轨道理论计算，从分子轨道理论的角度对环状化合物的芳香性提出了如下的规则(即休克尔规则)：一个单环化合物只要具有平面环状离域体系，它的 π 电子数为 $4n+2(n=0,1,2,\cdots)$，那么该化合物就具有芳香性。

在单环共轭多烯分子中，π 电子数符合 $4n+2$ 具有芳香性的原因，可从分析这种体系的分子轨道能级图得到答案。在所有单环多烯体系的分子轨道能级图中，能量最低的成键轨道都只有一个。而能量最高的反键轨道则有所不同：在 p 轨道是奇数的单环多烯中有两个(简并轨道)；在 p 轨道是偶数的单环多烯中则只有一个。当成键轨道或非键轨道完全充满电子时(分子轨道数目的量子化学计算证明，只有 $4n+2$ 个 π 电子才能充满这些轨道)，它们具有与惰性气体相类似的结构(图 6-7)，体系趋向稳定，所以具有芳香性。

单环共轭多烯(C_nH_n)的 π 分子轨道能级的数学计算公式可用如下简易几何法表示(图 6-8)：把环状多烯(C_nH_n)视为一个边数为 n 的正多边形，把正 n 边形的一个顶角朝下放置，每个角代表一个 π 轨道的能级，正 n 边形中心水平位置相当于非键轨道的能量，水平线以下代表成键轨道的能级，水平线以上代表反键轨道的能级。一般碳原子数为 $4n$ 的体系都有两个非键轨道。

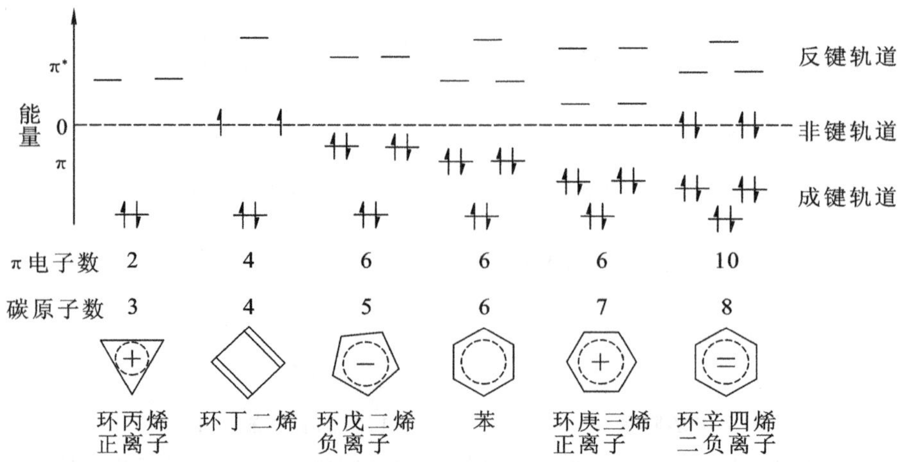

图 6-7　环多烯(C_nH_n)的 π 分子轨道能级和基态电子构型

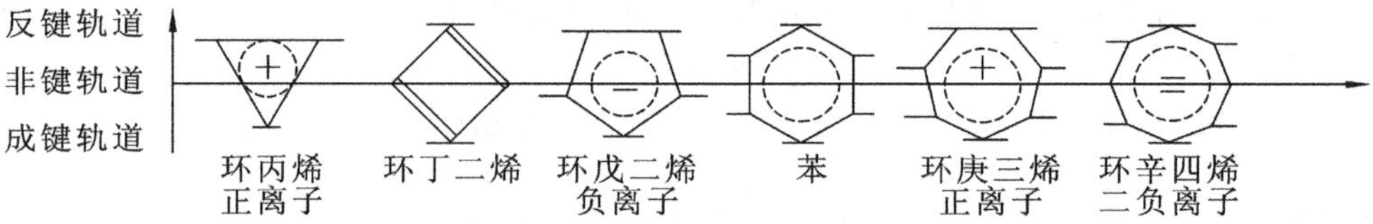

图 6-8　环多烯(C_nH_n)的 π 分子轨道能级的简易表示法

凡符合休克尔规则，具有芳香性但不含苯环的烃类化合物称为非苯芳烃，非苯芳烃包括一些环多烯和芳香离子等。$4n+2$ 个 π 电子是非苯芳烃具有芳香性的必要条件，而成环碳原子共平面则是芳香性的充分条件。

6.6.2　轮烯

单环共轭多烯烃(通式 C_nH_n)又称作轮烯(annulene)。如环丁二烯、苯、环辛四烯、环癸五烯、环十八碳九烯、环二十二碳十一烯分别称为[4]轮烯、[6]轮烯、[8]轮烯、[10]轮烯、[18]轮烯和[22]轮烯(方括号中的数字代表成环碳原子数)。

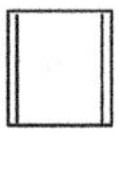

[4]轮烯

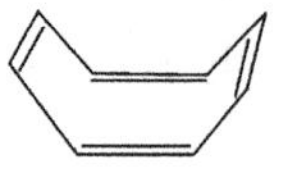

[8]轮烯

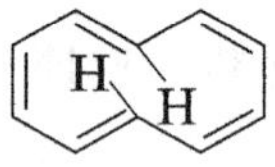

[10]轮烯

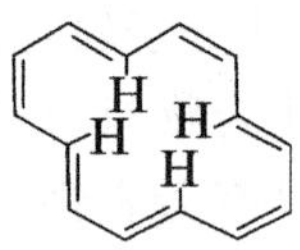

[14]轮烯

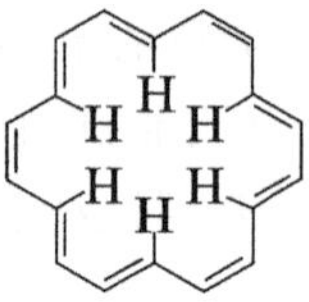

[18]轮烯

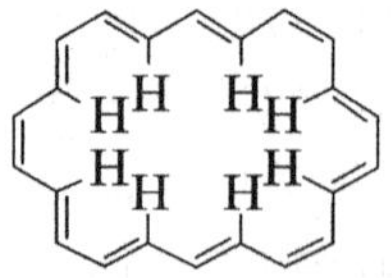

[22]轮烯

[4]轮烯和[8]轮烯的 π 电子数不符合休克尔规则，从电子构型来看它们都属于很不稳定的双游离基。实际上，[4]轮烯为长方形结构(即有单、双键之分)，[8]轮烯的 8 个碳原子也不在同一平面，而是盆形结构。已知凡具有 $4n$ 个 π 电子数的一类环多烯，不但没有芳香性，而且

它们的能量一般比相应的链状共轭多烯烃还要高，即它们的稳定性很差，类似于游离基，通常称为反芳香性化合物。反芳香性化合物一般在非键或反键的简并轨道中有单电子（图 6-8）。

视为[6]轮烯的苯有六个 π 电子，符合 $4n+2(n=1)$ 规则，六个碳原子在同一平面内，故苯有芳香性。[10]轮烯和[14]轮烯的 π 电子数符合 $4n+2(n=2)$ 规则，但由于 sp^2 碳原子键角的限制，环中出现了向内排布的氢原子，由于环内空间较小，环内氢原子的相互排斥破坏了环的平面性，故无芳香性。[18]轮烯的 π 电子数符合 $4n+2(n=4)$ 规则，环中虽有六个较为拥挤的环内氢，但由于环较大，碳原子基本上在一个平面内，因此有芳香性。与此相似，[22]轮烯也具有芳香性。根据目前所研究的化合物中，当 $n=7$ 时，休克尔规则就不一定适用。另外，很多杂环化合物也可用休克尔规则来判别其芳香性，相关内容将在第 15 章中讨论。

6.6.3 芳香离子

某些烃虽没有芳香性，但转变成离子（正或负离子）后，则有可能显示芳香性。例如，环戊二烯无芳香性，但形成负离子后，不仅组成环的五个碳原子在同一平面，且有六个 π 电子（$n=1$），故有芳香性。

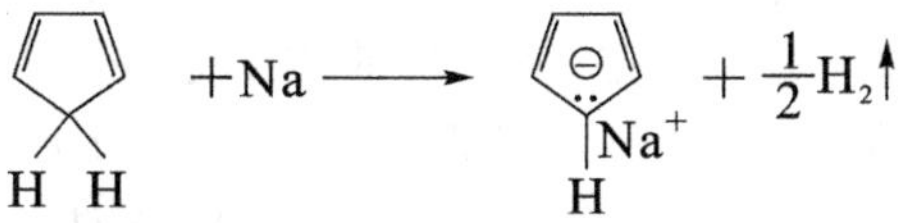

环戊二烯有明显的酸性（$pK_a=15$），比一般烯丙型 C—H 酸性（如 $CH_3—CH=CH_2$ 的 $pK_a=35$）强得多，甚至比醇类化合物的 O—H 酸性（$pK_a=16\sim19$）还要强。反常的酸性归因于环戊二烯 sp^3 碳氢键解离后形成了热力学特别稳定的 π_5^6 芳香离子。由于形成芳香共轭体系而导致的特殊理化性质称为“芳香效应”。

7-溴环庚三烯在室温下与 $AgNO_3$ 的醇溶液作用，迅速产生淡黄色 AgBr 沉淀，说明该化合物具有离子化合物的特性。因为碳溴键极易解离，形成具有 π_7^6 芳香共轭体系的环庚三烯正离子（又称䓬鎓离子）。碳溴键以离子键结合比共价键结合要稳定得多。7-溴环庚三烯特殊的活性也是由于芳香效应所致。

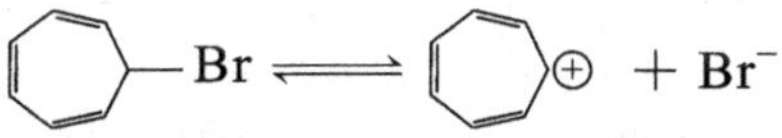

与此相似，环辛四烯的两价负离子也有芳香性。因为形成负离子后，原来的碳环由盆形转变成平面正八边形，且有 10 个 π 电子（$n=2$），故有芳香性。

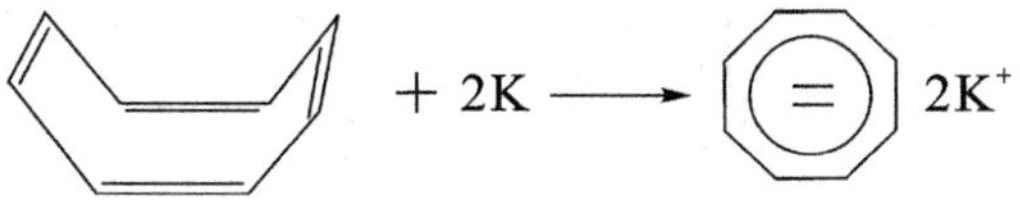

其他某些离子也具有芳香性，如环丙烯正离子（Ⅰ）、环丁二烯二价正离子（Ⅱ）和二价负离子（Ⅲ）、环庚三烯正离子（Ⅳ）。因为它们都具有平面结构，且 π 电子数分别为 2、2、6、6，符合 $4n+2$ 规则（n 分别为 0、0、1、1）。

（Ⅰ）（Ⅱ）（Ⅲ）（Ⅳ）

具有芳香性的离子也属于非苯芳烃。芳香离子的这种稳定性是对于相应的 π 电子数不是 $4n+2$ 的烯烃而言的，一般来说，这些离子还是很活泼的。

6.6.4 多环芳烃

π 电子数分别为 10 和 14(符合休克尔规则)的萘、蒽、菲等虽然是稠环芳烃,但也是具有芳香性的分子。之所以具有芳香性,是由于它们的成环碳原子都在同一平面上,构成环的碳原子都处在最外层的环上,可看成是单环共轭多烯,故可用休克尔规则来判断其芳香性。

与萘、蒽等稠环芳烃相似,对于非苯系的稠环和联环化合物,如果考虑其成环原子的外围 π 电子,也可用休克尔规则判断其芳香性。例如,薁(azulene,又称蓝烃,青蓝色片状晶体,熔点为 90 ℃)是由一个五元环和一个七元环稠合而成的,其成环原子的外围 π 电子有 10 个,相当于[10]轮烯,属于萘的碳环构造异构体,符合休克尔规则($n=2$),也具有芳香性。

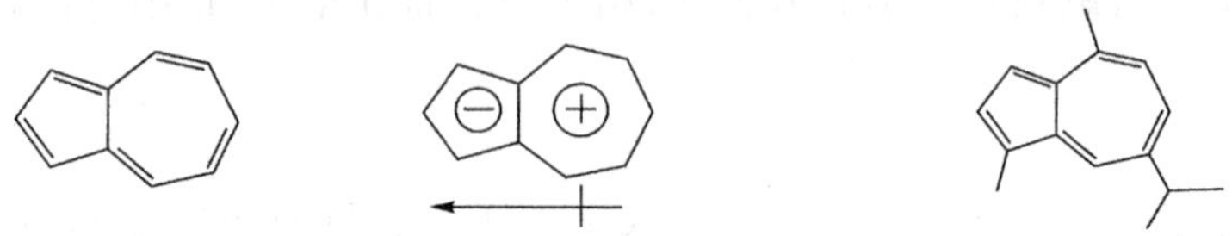

薁(azulene)　　　愈创木薁(guaiazulene)

研究证明,薁分子具有偶极离子的特征,分子的偶极矩为 3.335×10^{-30} C · m,其中环庚三烯带有正电荷,环戊二烯带有负电荷,可看成是由环庚三烯正离子和环戊二烯负离子稠合而成的。两个环分别有 6 个电子,所以稳定,是典型的非苯芳烃。

薁可发生芳环亲电取代反应,取代基区域选择性地加入五元环:

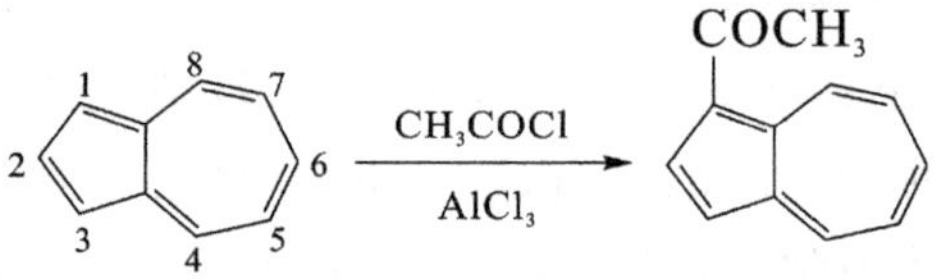

存在于老鹳草挥发油中的愈创木薁(guaiazulene,蓝色针晶,熔点为 31 ℃)是一种能促进烫伤创面愈合的化合物,是国内烫伤膏的主要成分。它也是一种薁,属非苯芳香烃。

另外,还有一些与薁相似的具有偶极的单环和联环化合物,分子的 π 电子数符合休克尔规则,也属于非苯芳香化合物。例如:

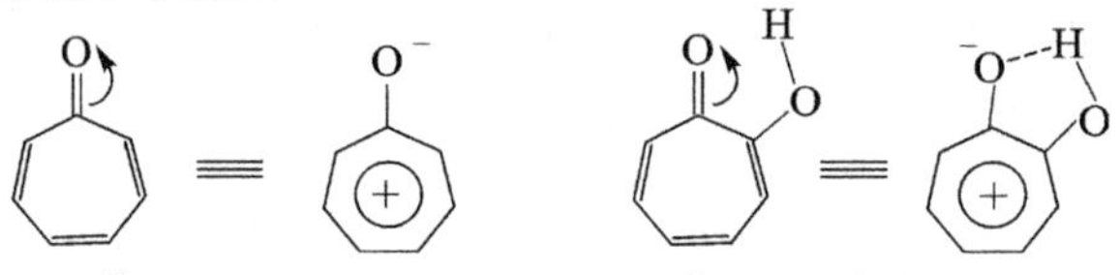

草酮(tropone)　　　草酚酮(tropolone)

习　题

1. 写出四甲基苯的各种异构体并命名。
2. 命名下列化合物。

(1) 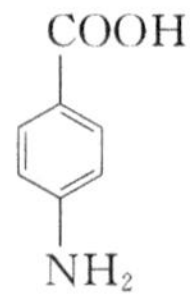

(2) 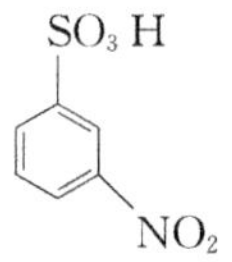

(3) 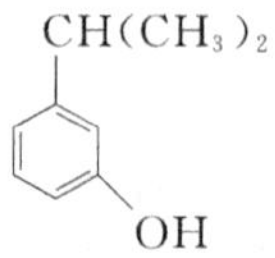

(4) 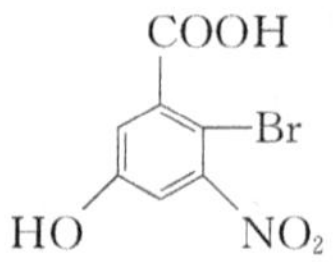

3. 写出下列反应的产物。

(1) 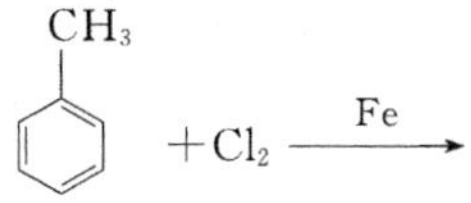

(2) 

(3) 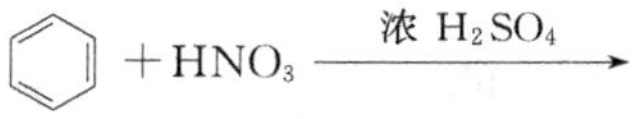

(4) 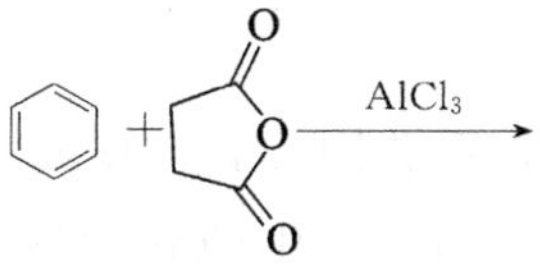

(5) 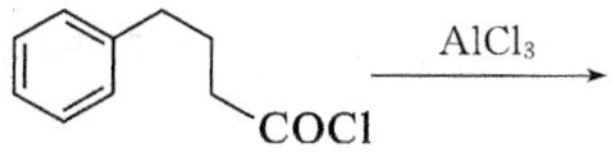

4. 完成下列反应式。

(1) 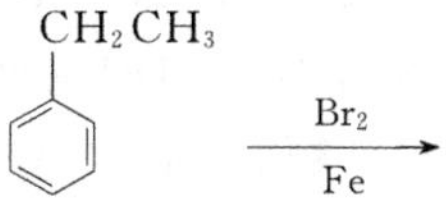

(2) 

(3) 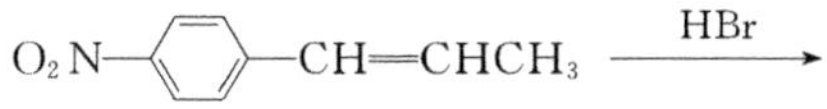

(4) 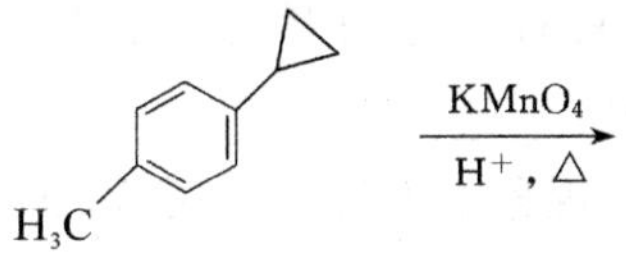

5. 写出下列化合物溴化的主要产物。

(1) 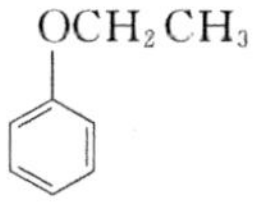

(2) 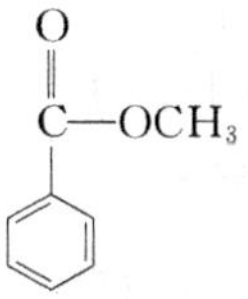

(3) 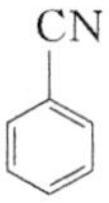

(4) 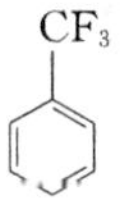

(5) 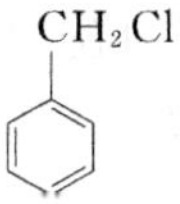

(6) 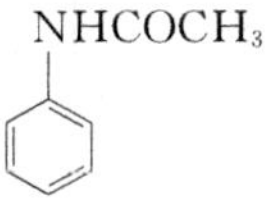

6. 根据休克尔规则，判断下列化合物有无芳香性。

(1) 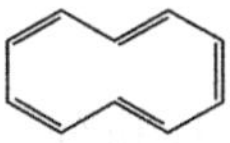

(2) 

(3) 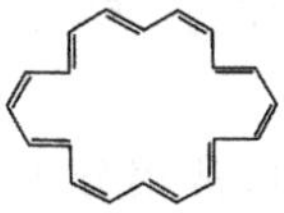

(4) 

(5) 

(6) 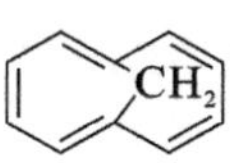

(7) 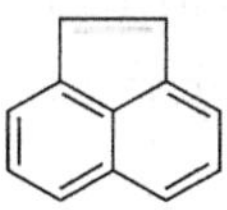

7. 根据休克尔规则，判断下列化合物有无芳香性。

(1) 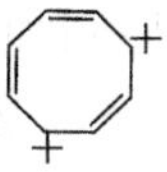

(2) 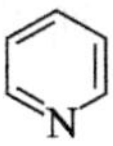

(3) 

(4) 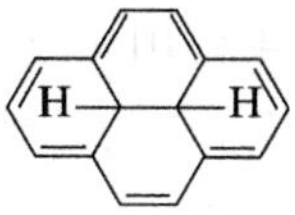

第7章 旋光异构

有机化合物中普遍存在着同分异构现象。凡具有相同分子式的化合物，由于分子内原子互相连接的方式和次序不同所产生的异构现象称为构造异构(constitutional isomerism)。有机物的异构现象除构造异构外，还有由于分子内原子或基团在空间排列的方式不同所引起的异构现象，称为立体异构(stereoisomerism)。

立体化学(stereochemistry)是研究分子中原子或基团在空间的排列状况，以及不同排列对分子的物理性质和化学性质所产生的影响，它主要包括有机化合物的构型和构象两部分。构型(configuration)是指分子内原子或基团在空间"固定"的排列顺序或方式。构象(conformation)是指具有一定构型的分子由于单键的旋转或扭曲使分子内原子或基团在空间产生不同的排列形象。

有机化合物异构现象的关系可表示如下。

- 同分异构
  - 构造异构
    - 碳架异构
    - 位置异构
    - 官能团异构
    - 互变异构
  - 立体异构
    - 构型异构
      - 顺反异构
      - 旋光异构
    - 构象异构

7.1 分子模型的平面表示方法

分子结构是以立体形式存在的，常用分子模型来帮助了解分子的立体形状和分子内各原子的相对位置。分子模型虽然直观，但书写时很不方便，因此用平面投影的方式来表示化合物的立体结构。下面介绍三种常用的分子立体结构的平面表示法。

7.1.1 费歇尔投影式(Fischer projection)

1891年德国化学家费歇尔(E. Fischer)提出用投影方法得到平面式，其投影原则如下。

(1) 将分子的球棒模型或透视式中的中心碳原子放在纸平面上，其四个键两个横放，两个竖放，且横键指向纸平面外，竖键指向纸平面里，然后进行投影。

(2) 横键和竖键的交叉点为中心碳原子。

一个模型可有多个费歇尔投影式，其中按命名规则的碳原子编号自小到大从上往下排列是最常用的一种。例如，乳酸的费歇尔投影式如下：

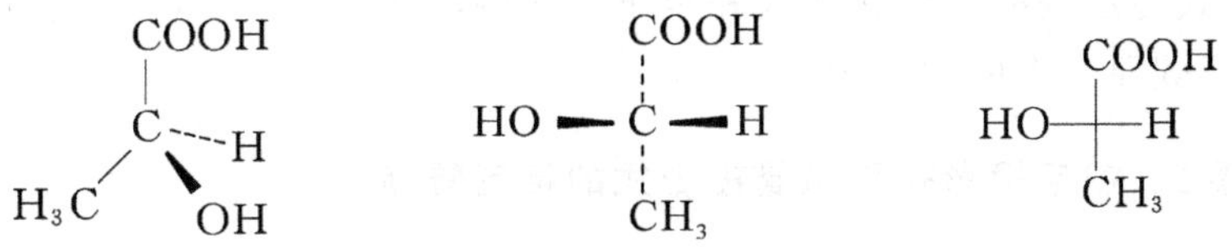

使用费歇尔投影式时，必须遵守下述基本法则。

(1) 投影式在纸平面上平移或旋动 90°的偶数倍，其构型不变；在纸平面上旋转 90°的奇数倍，其构型改变。

(2) 投影式不能离开纸平面翻转，若翻转其构型改变。

(3) 投影式的中心碳原子上任意两个原子或基团的位置经偶数次交换，不改变原分子的构型；经奇数次交换，将改变原分子构型。

7.1.2　锯架投影式(sawhorse projection)

锯架投影式像木工用的锯架，这种投影式一般是从侧面观察。例如，乙烷的锯架投影式：

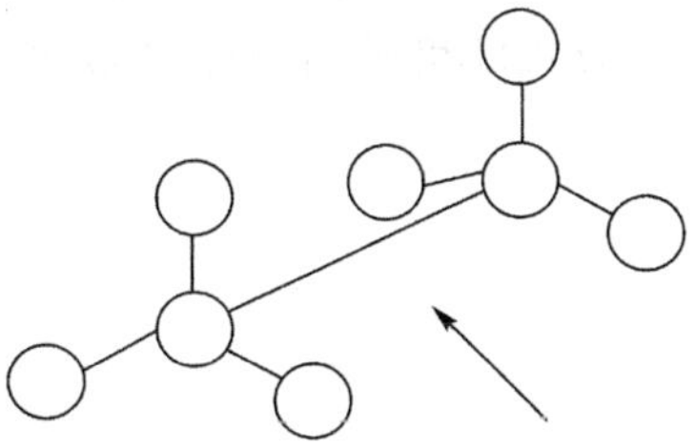

(Ⅰ)

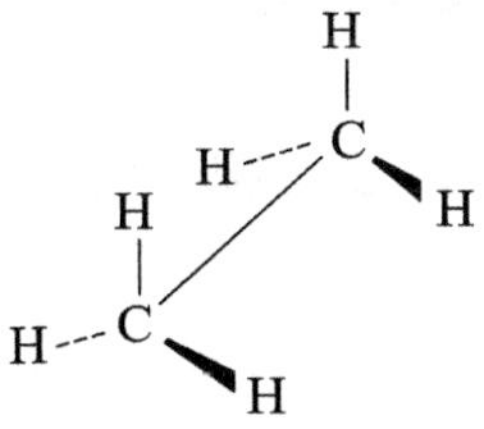

(Ⅱ)

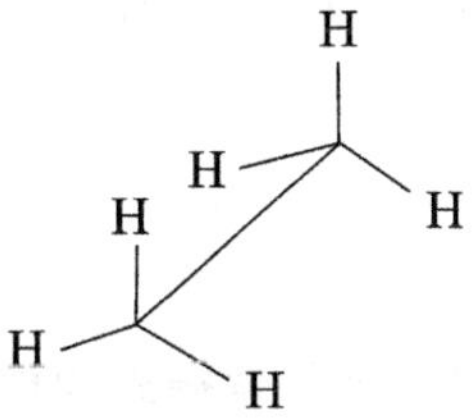

(Ⅲ)

(Ⅰ)式为乙烷的球棒模型，由箭头指引的方向观察可得到(Ⅱ)式。(Ⅱ)式为乙烷的锯架投影式，实线表示在纸平面上，虚线表示指向纸平面后方，楔形线表示伸向纸平面的前方。(Ⅲ)式为乙烷简化的锯架投影式，碳原子可省略不画。

锯架投影式的特点是能够清楚地表明连接在两个相邻碳原子上的原子或基团的空间关系。

7.1.3　纽曼投影式(Newman projection)

纽曼投影式是美国化学家纽曼(Newman)于 1955 年提出来的。跟锯架投影式一样，它是表示连接在两个相邻碳原子上的原子或基团的空间关系。画这种投影式是把分子的立体模型(如乙烷)放在眼前，从碳碳单键的延长线上去观察，离视线近的碳原子用点表示连有三个氢原子；离视线远的碳原子用圈表示连有三个氢原子。乙烷的纽曼投影式如下：

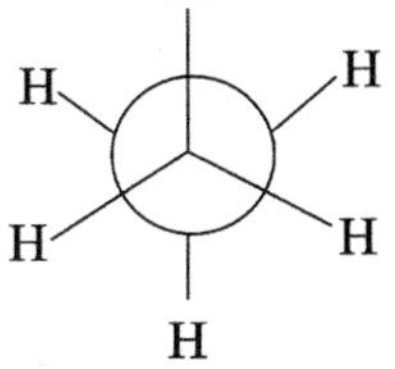

(Ⅳ)

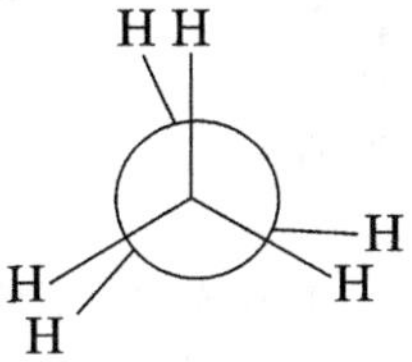

(Ⅴ)

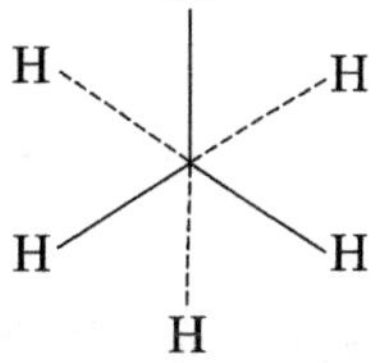

(Ⅵ)

(Ⅳ)式和(Ⅴ)式为乙烷的对位交叉式和全重叠式的纽曼投影式。(Ⅵ)式为简化的纽曼投影式,虚线表示后面碳原子上的碳氢键。

7.1.4 费歇尔投影式、锯架投影式和纽曼投影式的相互转换

现以丁-2,3-二醇为例,观察其转换方法。

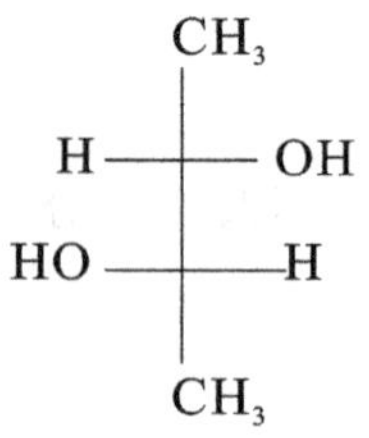

(Ⅶ)

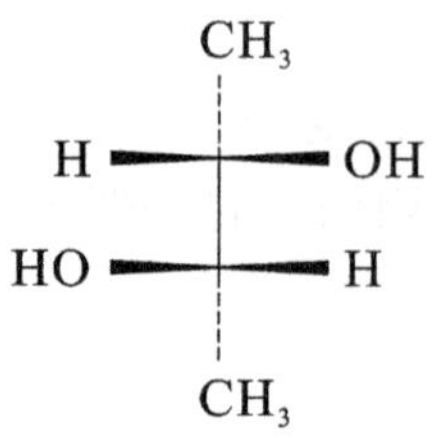

(Ⅷ)

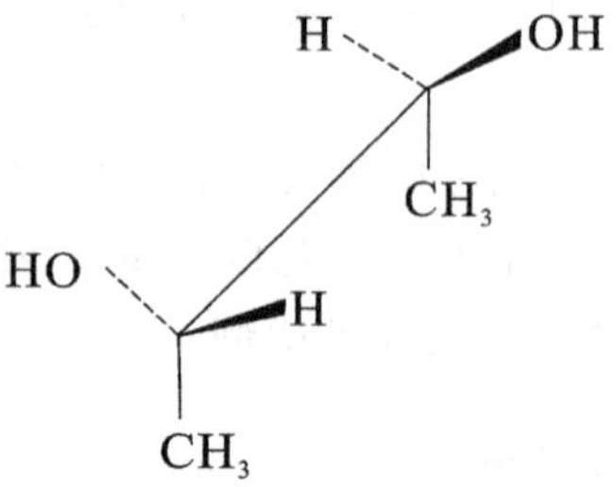

(Ⅸ)

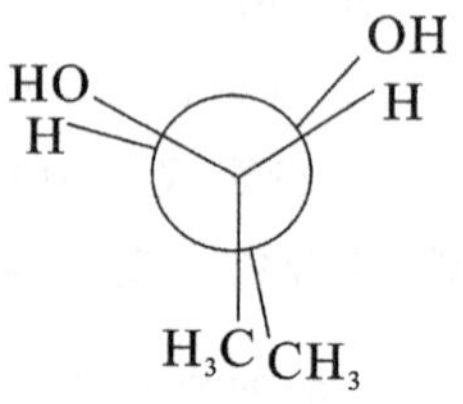

(Ⅹ)

上面(Ⅶ)式为丁-2,3-二醇的费歇尔投影式,(Ⅷ)式为其费歇尔投影式中原子或基团的实际空间关系。由(Ⅷ)式可以画出锯架投影式(Ⅸ),再由锯架投影式即可画出纽曼投影式(Ⅹ)。

7.2 物质的旋光性

7.2.1 平面偏振光和旋光性

光是一种电磁波,是振动前进的,其振动方向垂直于光波前进的方向。在普通光线里,光波可在垂直于它前进方向的任何可能的平面上振动。如果使普通光通过一个特制的 Nicol 棱镜,只有与 Nicol 棱镜的晶轴平行振动的光线才能全部通过,因此,通过这种棱镜的光线只在一个平面上振动,这种光线称为平面偏振光(plane polarized light),也称偏振光或偏光,如图 7-1所示。

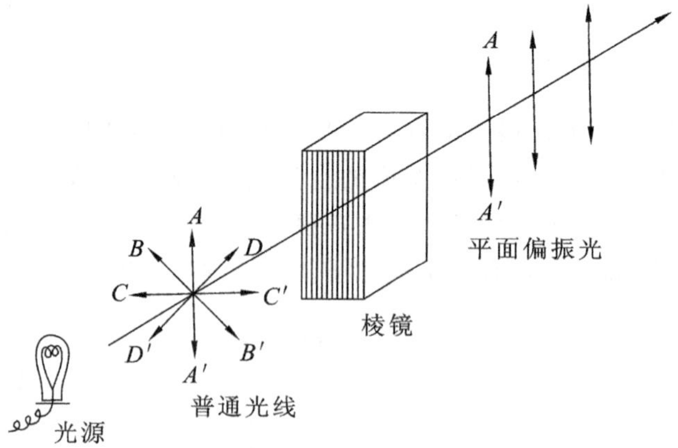

图 7-1　普通光和平面偏振光示意图

当偏振光通过某种介质时,有些介质能使偏振光振动平面发生旋转,如蔗糖、乳酸、石英晶体等,这种性质称为旋光性或光学活性(optical activity),具有旋光性的物质称为旋光性物质或光学活性物质(optically active substance)。使偏振光振动平面向右旋转的物质称为右旋物

质(dextrorotatory substance),用正号(+)表示;反之,使偏振光振动平面向左旋转的物质称为左旋物质(levorotatory substance),用负号(−)表示。

7.2.2　旋光仪和比旋光度

旋光性物质使偏振光振动平面旋转的角度称为旋光度(optical rotation),用 α 表示。实验室利用旋光仪测定化合物的旋光度。旋光仪的主要组成部分是两个 Nicol 棱镜和一个用来装被测物质溶液的盛液管,盛液管放在两个棱镜之间,如图 7-2 所示。第一个棱镜(起偏镜)是一个固定的 Nicol 棱镜,它的作用是将普通光变为偏振光;第二个棱镜(检偏镜)是一个可以转动的 Nicol 棱镜,它连着刻度盘,用来测定使偏振光旋转的方向和角度,从刻度盘上可读出其左旋或右旋的角度。

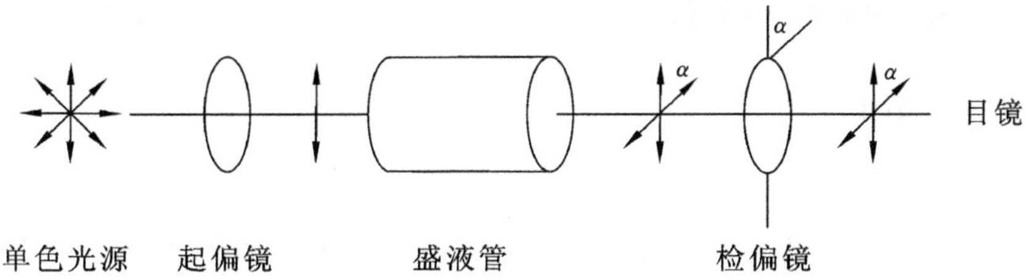

图 7-2　旋光仪示意图

测得的旋光度 α 除了与物质本身的分子结构有关外,还与盛液管的长度、溶液的浓度、光的波长、测定时的温度及所用的溶剂有关。为了能比较物质的旋光性能,通常规定:浓度为 1 g/mL的旋光性物质放在 1 dm 长的盛液管中测得的旋光度为该物质的比旋光度(specific rotation),用 $[\alpha]_\lambda^t$ 表示,t 为测定时温度,λ 为测定时光的波长(一般是钠光,波长 589 nm,用 D 表示)。旋光度和比旋光度的关系:

$$[\alpha]_\lambda^t = \frac{\alpha}{cl}$$

式中:c 为旋光性物质浓度,g/mL;l 为盛液管的长度,dm。

比旋光度像熔点、沸点、相对密度和折射率一样,也是化合物的一种性质。

7.3　对映异构和分子结构的关系

7.3.1　对映异构现象的发现

1848 年,法国微生物学家、化学家巴斯德(Louis Pasteur)在研究酒石酸钠铵晶体时,发现酒石酸钠铵有两种不同的晶体,这两种晶体互为实物和镜像的关系,外形相似,但不能重合(图 7-3)。当一束偏振光分别通过这两种晶体时,其中一种能使偏振光向右旋转一定的角度,而另一种则使偏振光向左旋转相等的角度。巴斯德还进一步推论:构成这两种晶体的分子一定是不对称的,并且明确提出在左旋和右旋晶体的分子中原子在空间的排列方式是不对称的,两种分子的构型不同,不能重合,它们彼此互为镜像。

1874 年,随着碳原子四面体学说提出,荷兰化学家范特霍夫(Van't Hoff)指出,如果一个碳原子连有四个不同基团,这四个基团在碳原子周围可以有两种不同的四面体空间构型,它们互为镜像,和左右手之间的关系一样,外形相似,但不能重合(图 7-4)。至此,将两种分子的结构彼此是实物与镜像或左手与右手的对映关系,称为对映异构(enantiomerism),具有这种关系的异构体称为对映异构体(enantiomer)或对映体,这种现象就称为对映异构现象(enantiotropy)。

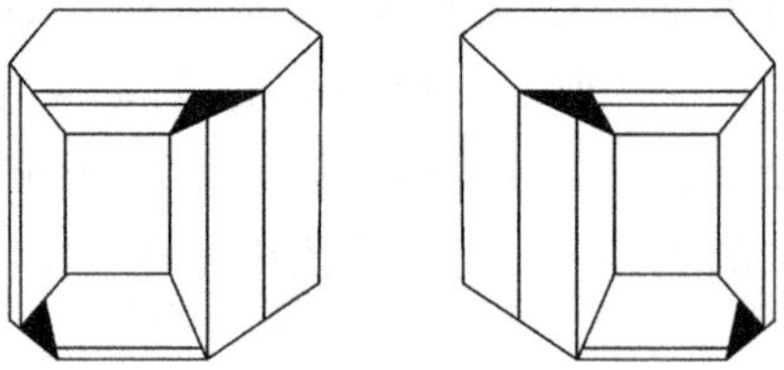

图 7-3　左旋和右旋酒石酸钠铵晶体

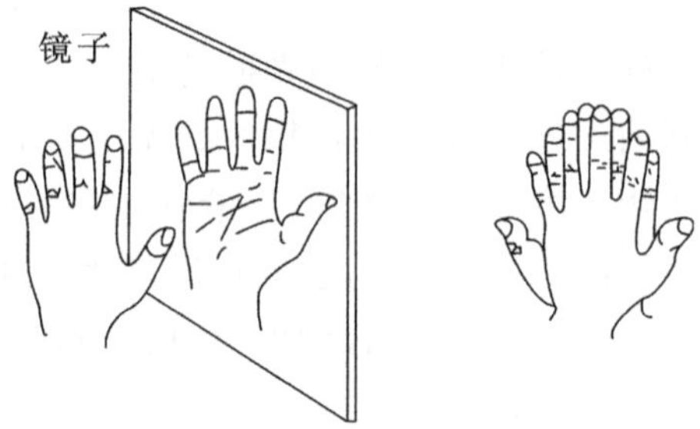

图 7-4　镜像关系示意

7.3.2　手性和对称因素

1. 手性

实物与镜像不能重叠的特点称为手性(chirality),具有手性特点的分子称为手性分子(chiral molecule)。手性分子必有旋光性,旋光性的分子必有手性,手性是物质具有旋光性和对映异构现象的必要条件。凡是可以与其镜像重叠的分子称为非手性分子(achiral molecule),即分子有对称性,此种分子无对映异构体,也无旋光性。

一个分子是否能够与其镜像重合与分子的对称性有关。因此判断一个分子是否具有手性,一般常用的方法是研究这个分子的对称性,而分子是否有对称性取决于分子是否有对称因素。

2. 对称因素

(1) 对称面(plane of symmetry,符号 σ):假如有一个平面可以把分子分割成互为镜像的两部分,该平面就是分子的对称面。如图 7-5 所示的分子中都存在对称面。

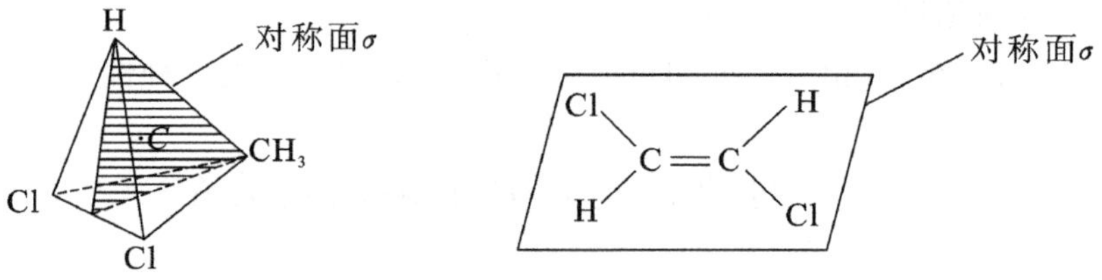

图 7-5　分子对称面示意图

在 1,1-二氯乙烷分子中,对称面 σ 穿过 H、C、CH_3 三个质点,并平分 Cl—C—Cl 键角;在 (E)-1,2-二氯乙烯分子中,对称面 σ 穿过所有原子。

(2) 对称中心(center of symmetry,符号 i):若分子中有一点 i,过 i 点作任一直线,如果在离 i 等距离的两端有相同的原子存在,则点 i 为分子的对称中心。如图 7-6 所示的化合物中都存在对称中心。

(3) 对称轴(axis of symmetry,符号 C):假如分子中有一条直线,当分子以此直线为轴旋转 $360°/n$ 后($n=2,3,\cdots$),得到的分子与原来的相同,这条直线就是 n 重对称轴,用 C_n 表示。如图 7-7 所示化合物中,(E)-1,2-二氯乙烯分子绕轴旋转 180°后和原来分子的形象一样,由于

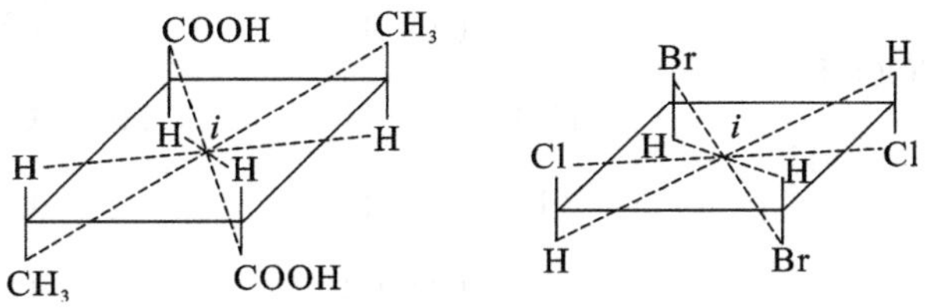

图 7-6 分子对称中心示意图

360°/180°=2，这是二重对称轴；苯分子绕轴旋转 60°后和原来分子形象相同，为六重对称轴(360°/60°=6)。

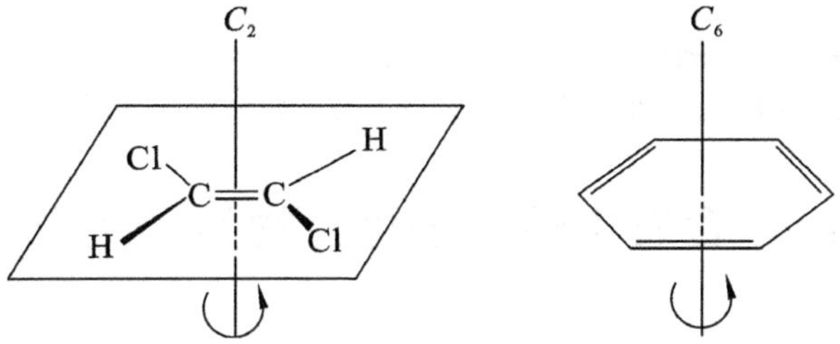

图 7-7 分子对称轴示意图

(4) 交替对称轴(alternating axis of symmetry，符号 S)：首先是分子通过一个轴旋转 $360°/n$ 度($n=2,3,\cdots$)，然后用一个垂直于该轴的镜面反射，如果得到的镜像与原分子的立体镜像相同，则此轴为交替对称轴，用 S_n 表示。如图 7-8 所示的化合物就有一个交替对称轴 S_2。

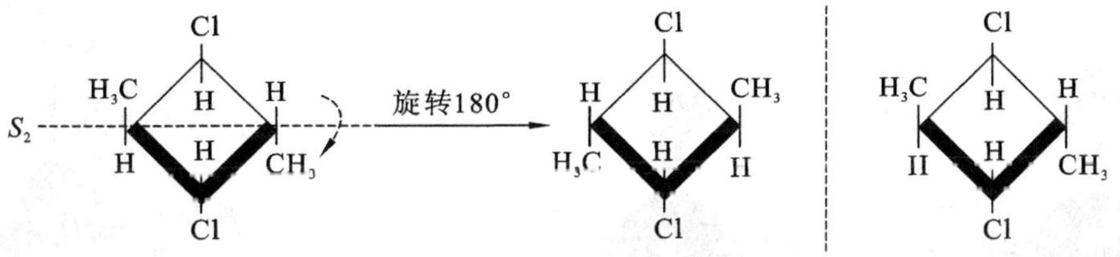

图 7-8 分子交替对称轴示意图

交替对称轴常和其他对称因素同时存在，如图 7-8 所示的化合物具有二重交替对称轴，同时也具有对称中心。此外，还有四重交替对称轴，但这种对称因素较少见，在此从略。

根据分子具有的对称因素，可把化合物分为三类：凡具有对称面、对称中心和交替对称轴中任何一种对称因素的化合物称为对称化合物(symmetric compound)；仅有简单对称轴而不具备其他对称因素的化合物称为非对称化合物(dissymmetric compound)；不具备任何对称因素的化合物称为不对称化合物(asymmetric compound)。其中，非对称化合物和不对称化合物，它们的实物和镜像不能重合，因此具备手性，是手性分子；对称化合物的实物和镜像能重合，故为非手性分子。要判断一个分子是否有手性，一般情况下看它是否有对称面、对称中心或交替对称轴即可。当一个碳原子上所连的四个原子或基团各不相同时，它没有对称面、对称中心和交替对称轴，这个碳原子称为手性碳原子(chiral carbon atom)或不对称碳原子(asymmetric carbon atom)，常用 C^* 表示。例如，乳酸和苹果酸的分子中都含有一个手性碳原子，酒石酸分子中则含有两个手性碳原子：

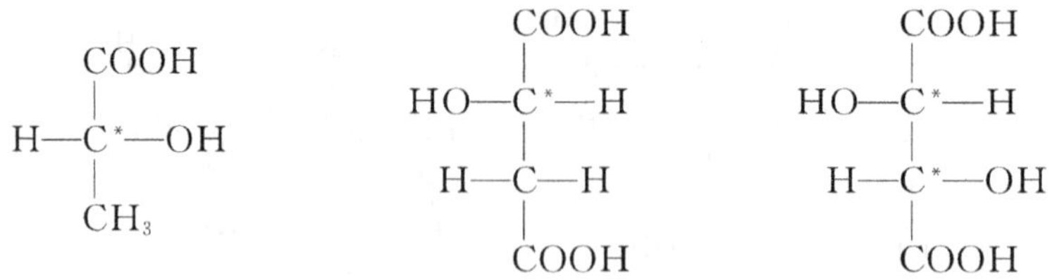

乳酸　　　　苹果酸　　　　酒石酸

这三个有机酸分子都含有手性碳原子,又无对称面、对称中心和交替对称轴,是手性分子,都具有旋光性。因此,分子具有手性的必要和充分条件是无对称面、对称中心和交替对称轴。

思考题 7-1　下列哪些物体有手性?为什么?

A. 螺丝　　B. 单色杯子　　C. 单色调羹　　D. 钢笔　　E. 一只脚　　F. 一只耳朵

7.4　含有手性原子化合物的对映异构

7.4.1　含一个手性碳原子化合物的对映异构

含一个手性碳原子的化合物一定存在对映异构现象,即有一对对映异构体,一个是左旋的,另一个是右旋的,乳酸可作为这类化合物的代表,从图 7-9 可以看出,两种乳酸的立体结构之间存在着实物和镜像的关系,有如左右手那样,互相对映而不能重叠。

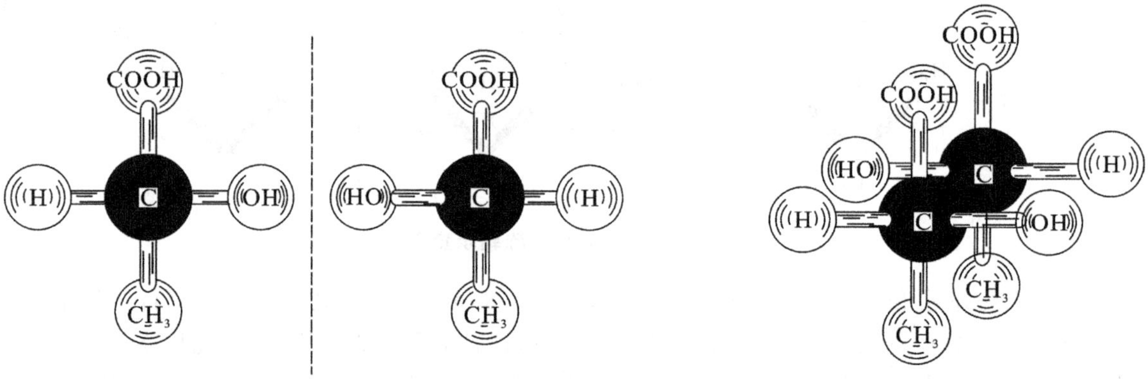

图 7-9　乳酸对映体的模型

对映体中,围绕着手性碳原子的四个原子或基团的距离是相同的,因而它们的物理性质和化学性质一般是相同的,如(+)-乳酸和(−)-乳酸具有相同的熔点、pK_a值和比旋光度,但旋光方向相反,如表 7-1 所示。它们在手性环境中,其物理性质和化学性质是不同的。

在实验室合成乳酸时,得到的产品为等量的左旋体和右旋体的混合物,无旋光性。这种由等量的对映体所组成的物质称为外消旋体(racemate),以 *dl* 或(±)表示。由于对映体的旋光度相同,旋光方向相反,旋光性恰好互相抵消,所以外消旋体不显旋光性。外消旋体的化学性质一般与旋光异构体相同,而物理性质则有差异(表 7-1)。

表 7-1　乳酸的物理性质

	熔点/℃	$[\alpha]_D^{20}$	pK_a
(+)-乳酸	28	+3.82°	3.79
(−)-乳酸	28	−3.82°	3.79
(±)-乳酸	18	0°	3.79

对映异构体的生物活性有时会有差异，如左旋肾上腺素收缩血管的作用比其对映体强 12～15 倍；左旋氯霉素有很强的抑菌作用而其对映体无效，合霉素则为氯霉素的外消旋体，疗效为氯霉素的二分之一；左旋尼古丁的毒性高于右旋尼古丁。

7.4.2　对映体的构型及其表示法

对于顺反异构，可以用 Z、E 来表示异构体的构型。对于对映异构体来说，命名这类具有立体特征的化合物时，应标出分子中手性碳原子上四个原子或基团在空间的排列方式(即构型)。常用的有 D、L 及 R、S 标记法。

1. D、L 构型表示法

19 世纪末，费歇尔建议以甘油醛为标准来确定对映体的构型。甘油醛的投影式如下：

(Ⅰ)　　　　(Ⅱ)

费歇尔指定：(Ⅰ)代表右旋甘油醛，羟基在手性碳原子的右边，这种构型被定为 D 型；(Ⅱ)代表左旋甘油醛，羟基在手性碳原子的左边，这种构型被定为 L 型。在选定了以甘油醛这样的构型为标准后，把其他旋光性化合物与甘油醛联系起来，以确定它们的构型。例如：

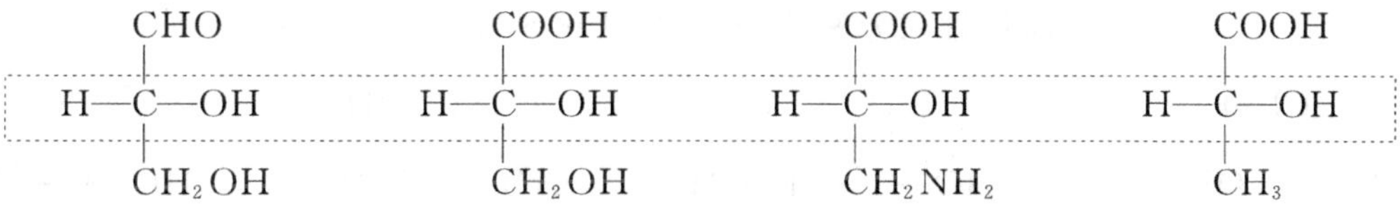

D-(+)-甘油醛　D-(−)-甘油酸　D-(+)-异丝氨酸　D-(−)-乳酸

D-(+)-glyceraldehyde　D-(−)-glyceric acid　D-(+)-isoserine　D-(−)-lactic acid

必须注意，构型和旋光方向没有确定的联系，从上式可以看出，D-甘油醛是右旋的，而 D-乳酸却是左旋的。对于一对对映体而言，如果 D 型是左旋体，那么 L 型一定是右旋体，反之也如此。

用 D、L 标记构型是相对构型，有一定的局限性：无法与甘油醛结构相联系的化合物不能用此方法标记构型；分子中有多个手性碳原子时，不能全面地反映各个手性碳原子的构型。由于习惯的原因，目前在糖和氨基酸类物质中仍较普遍采用。

2. R、S 构型表示法

由于 D、L 构型表示法有局限性，根据 IUPAC 的规定，用 R、S 标记对映异构体的构型。R、S 构型表示法不需选定什么化合物作为标准，而是直接对化合物的立体结构式或其透视式甚至投影式进行处理。R、S 构型表示法原则如下。

(1) 将与手性碳原子相连的四个基团(a、b、c、d)按次序规则排列优先次序。假设它们的优先次序为 a>b>c>d。

(2) 把立体结构式或透视式中次序最小的 d 放在离观测者最远的位置,而使 a、b、c 处在观测者的眼前。

(3) 观测者观察 a→b→c 的顺序:如顺时针排列则为 *R* 构型(*R* configuration),如逆时针排列则为 *S* 构型(*S* configuration),如图 7-10 所示。

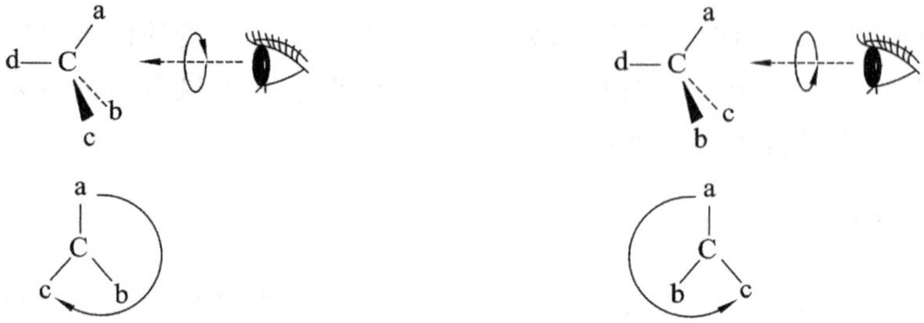

R　　　　*S*

(a) *R*构型　　(b) *S*构型

图 7-10　*R*、*S* 构型的确定

对于透视式,可以直接观察其 *R*、*S* 构型。例如,丁-2-醇分子中与手性碳原子相连的四个原子和基团的优先顺序为—OH>—C_2H_5>—CH_3>—H,所以其一对对映体的 *R*、*S* 构型应标记为

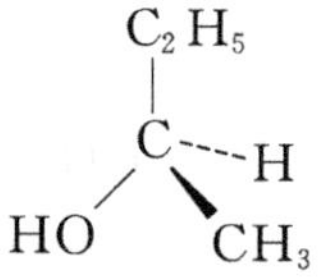

(*R*)-丁-2-醇

(*R*)-butan-2-ol

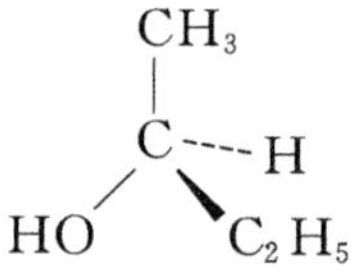

(*S*)-丁-2-醇

(*S*)-butan-2-ol

对于费歇尔投影式,由于手性碳原子在纸平面上,竖键指向后方,横键伸向前方,因此观察费歇尔投影式:d 基团在竖键上,a→b→c 按顺时针排列为 *R* 构型,逆时针排列为 *S* 构型;d 基团在横键上,a→b→c 按顺时针排列为 *S* 构型,逆时针排列为 *R* 构型。例如:

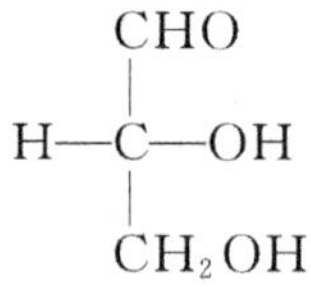

(*R*)-(+)-甘油醛

(*R*)-(+)-glyceraldehyde

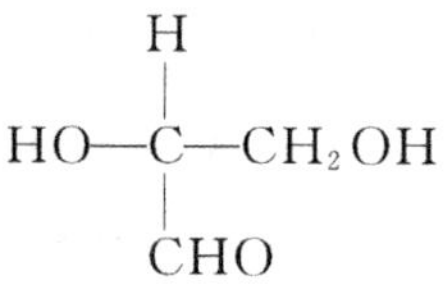

(*S*)-(−)-甘油醛

(*S*)-(−)-glyceraldehyde

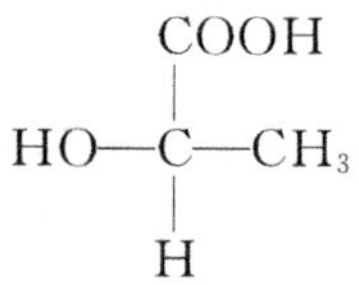

(*R*)-(−)-乳酸

(*R*)-(−)-lactic acid

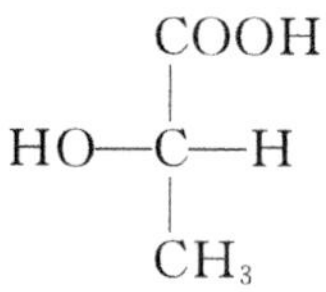

(*S*)-(+)-乳酸

(*S*)-(+)-lactic acid

目前比较普遍地采用 *R*、*S* 来表示对映体的构型,尤其在一些环状化合物或结构复杂的化合物中需要特别指明手性中心的构型时更为合适。

7.4.3　含两个手性碳原子化合物的对映异构

1. 含两个不同手性碳原子化合物的对映异构

分子中含有两个不相同的手性碳原子时,与它们相连的原子或基团可有四种不同的空间排列形式,即存在四个旋光异构体。例如,三羟基丁醛分子中有两个不相同的手性碳原子,它有四个旋光异构体,其费歇尔投影式如下:

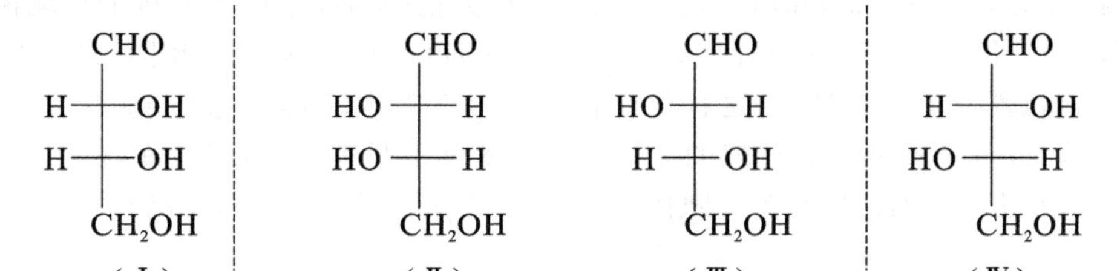

(Ⅰ)　D-(−)-赤藓糖　D-(−)-erythrose　(2*R*, 3*R*)

(Ⅱ)　L-(+)-赤藓糖　L-(+)-erythrose　(2*S*, 3*S*)

(Ⅲ)　D-(−)-苏阿糖　D-(−)-threose　(2*S*, 3*R*)

(Ⅳ)　L-(+)-苏阿糖　L-(+)-threose　(2*R*, 3*S*)

(Ⅰ)与(Ⅱ)：对映体；(Ⅲ)与(Ⅳ)：对映体；非对映体

(Ⅰ)和(Ⅱ)以及(Ⅲ)和(Ⅳ)是对映体,(Ⅰ)和(Ⅲ)或(Ⅳ)以及(Ⅱ)和(Ⅲ)或(Ⅳ)都不是实物和镜像的关系,称为非对映异构体(diastereoisomer),简称非对映体。非对映体的旋光度不同,其他物理性质如熔点、沸点、溶解度也不一样。此外,在含有两个或多个手性碳原子的旋光异构体中,如果只有一个手性碳原子的构型不同,其他手性碳原子的构型均相同,如(Ⅰ)和(Ⅲ)属于 2 位碳构型不同,(Ⅰ)和(Ⅳ)属于 3 位碳构型不同,这种异构体称为差向异构体(epimer),那么(Ⅱ)和(Ⅲ)、(Ⅱ)和(Ⅳ)也互为差向异构体。

在费歇尔投影式中,两个相邻的手性碳原子上如有相同的原子或基团,它们在同一边的称为赤型(erythro form),不在同一边的称为苏型(threo form)。

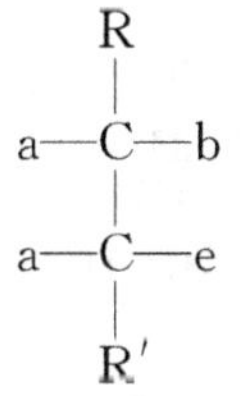

赤型

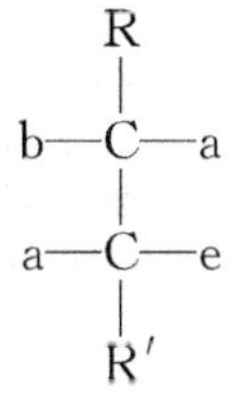

苏型

可以预测,当分子中含有 n 个不相同的手性碳原子时,其旋光异构体的总数可为 2^n 个,可有 2^{n-1} 对对映体,可组成 2^{n-1} 对外消旋体。

2. 含两个相同手性碳原子化合物的对映异构

分子中含有两个相同手性碳原子的化合物,其旋光异构现象与上述情况有所不同。如酒石酸分子中的两个手性碳原子上都连有—OH、—H、—COOH 和—CH(OH)COOH,其费歇尔投影式如下:

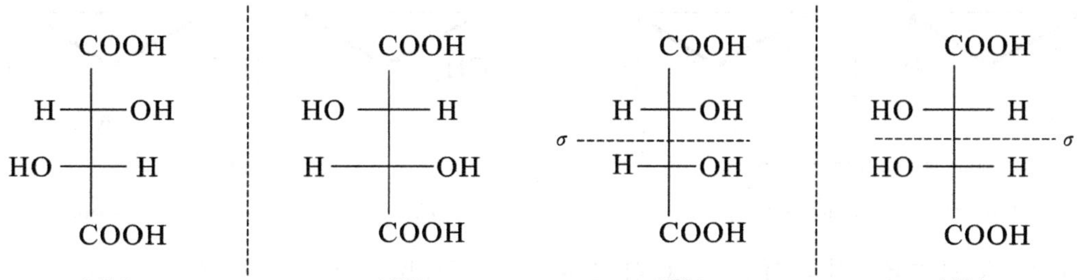

(Ⅰ)　(+)-酒石酸　(+)-tartaric acid　(2*R*,3*R*)

(Ⅱ)　(−)-酒石酸　(−)-tartaric acid　(2*S*,3*S*)

(Ⅲ)　(2R,3S)；(Ⅳ)　(2S,3R)　*meso*-酒石酸　*meso*-tartaric acid

(Ⅰ)和(Ⅱ)互为对映体,(Ⅲ)和(Ⅳ)是同一物质,因为把(Ⅲ)在纸面上旋转 180°就得到(Ⅳ)。(Ⅲ)或(Ⅳ)的 2 位碳和 3 位碳间有一对称面,两个手性碳原子的旋光度相同,但旋光方向却相反,正好互相抵消而失去旋光性,这种化合物称为内消旋体(meso compound),常用 *meso* 表示,所以又称 *meso*-酒石酸。酒石酸的立体异构体实际上只有三种,即左旋体、右旋体和内消旋体。其中,左旋体和右旋体互为对映体,它们和内消旋体是非对映体。酒石酸的物理性质如表 7-2 所示。

表 7-2 酒石酸的物理性质

酒 石 酸	熔 点/℃	$[\alpha]_D^{25}$	溶解度/[g/(100 g 水)]
(+)-酒石酸	170	+12°	139.0
(−)-酒石酸	170	−12°	139.0
meso-酒石酸	140	0°	125.0
(±)-酒石酸	204	0°	20.6

内消旋体和外消旋体虽然都没有旋光性,但它们却有本质上的差别。前者是一个化合物,不能拆分成两个异构体;后者是一种混合物,可以用特殊方法拆分成两个旋光异构体。

meso-酒石酸因为分子中有对称面,所以不是手性分子,没有旋光性。由此可见,含一个手性碳原子的分子必定有手性,而含两个或多个手性碳原子的分子却不一定有手性。所以,决定一个分子是否有手性的根本依据是视其有无对称因素。

思考题 7-2 D-赤藓糖 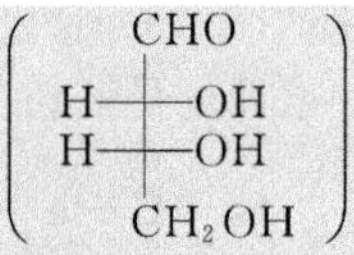

与 D-苏阿糖 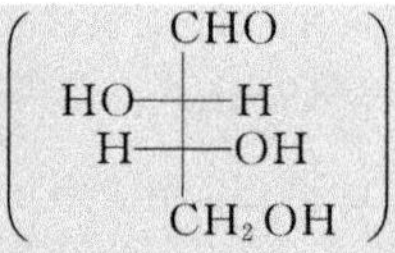

的熔点(Ⅰ)、沸点(Ⅱ)、在水中溶解度(Ⅲ)、比旋光度(Ⅳ)是否相同?( )

A. Ⅰ、Ⅱ相同,Ⅲ、Ⅳ不同　　B. Ⅰ、Ⅱ、Ⅲ相同,Ⅳ不同

C. 全部相同　　D. 全部不同

7.4.4 脂环化合物的对映异构

在脂环化合物中若存在手性碳原子,也可能有对映异构体。如果构成脂环碳架中有两个手性碳原子,则立体异构现象就复杂了。例如,1-溴-2-甲基环丙烷有下列四个立体异构体:

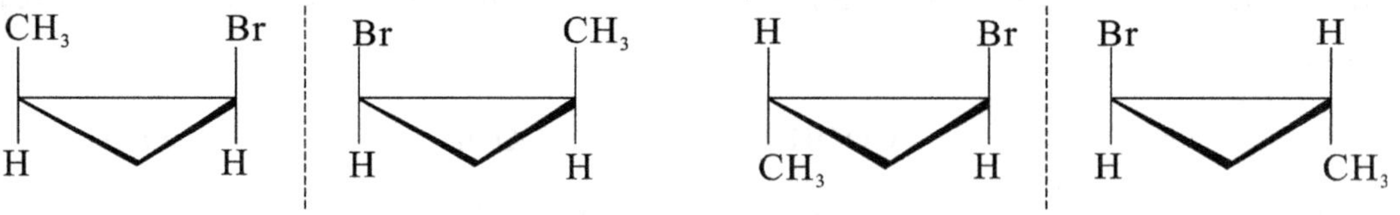

(Ⅰ)　(Ⅱ)　(Ⅲ)　(Ⅳ)

顺-1-溴-2-甲基环丙烷　　反-1-溴-2-甲基环丙烷

cis-1-bromo-2-methylcyclopropane　　*trans*-1-bromo-2-methylcyclopropane

(Ⅰ)和(Ⅱ)是顺式异构体,它们是一对对映体。(Ⅲ)和(Ⅳ)是反式异构体,它们也是一对对映体。顺式和反式异构体之间互为非对映体。

在相同二取代环己烷衍生物中,要判断是否有对映异构现象存在,应看两个相同取代基的位置关系。如下所列,只有反-1,3-二取代和反-1,2-二取代有对映异构体,其他的只有顺反异

构现象，而不存在对映异构现象。

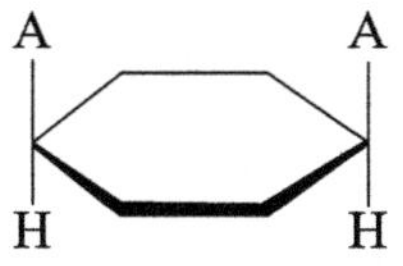

顺-1,4-二取代

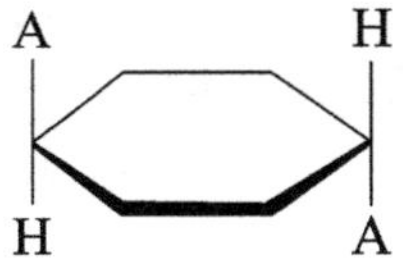

反-1,4-二取代

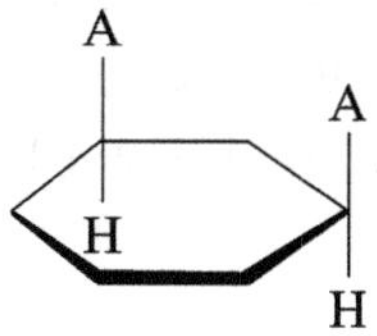

顺-1,3-二取代

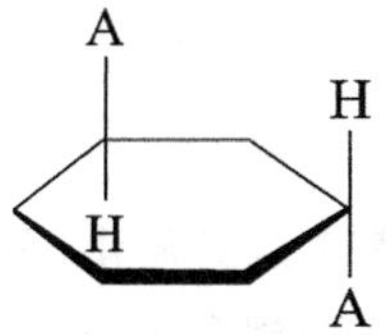

反-1,3-二取代

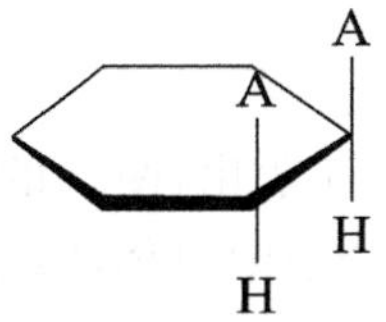

顺-1,2-二取代

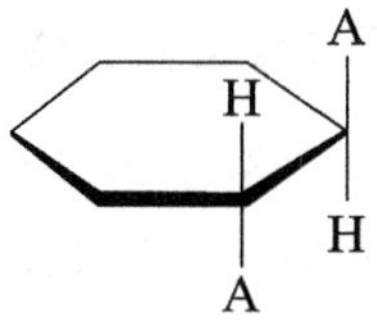

反-1,2-二取代

由此可见，在脂环化合物中顺反异构现象和对映异构现象往往同时存在。其中，对映体的数目与取代基的个数、种类有关，并与取代基的位置及环系是奇数或偶数有关。如果是多个不同的手性碳原子存在于环分子中，其立体异构体总数最多为 2^n 个。

7.4.5　含其他手性原子化合物的对映异构

除碳原子外，还有一些原子(如 Si、N、S、P、As 等)能和四个不同的原子或基团形成四面体结构，则该原子也能成为手性中心。例如，下列含有这类手性中心的化合物都有一对对映体。

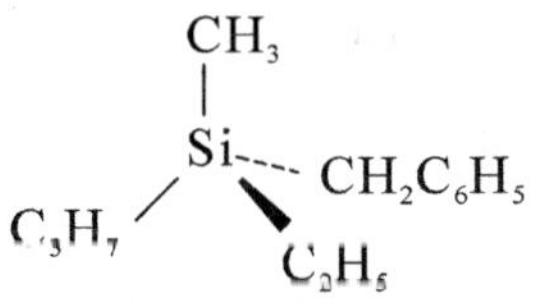

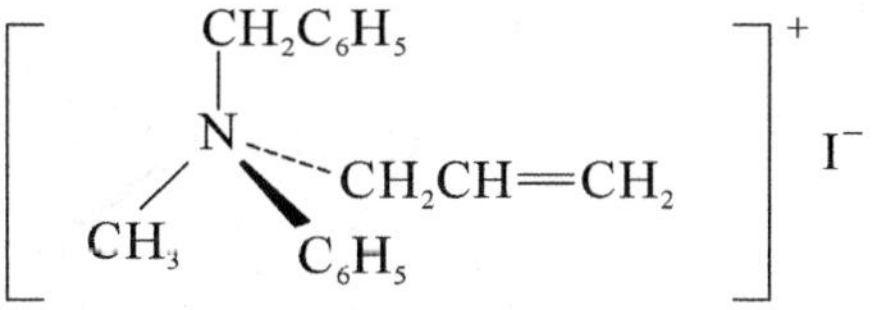

三级胺的氮原子也是四面体结构，氮的一对孤对电子占据四面体的一个顶角，从理论上讲也应该得到一对对映体，但由于氮中的三个基团以很快的速度来回翻转，目前还没有拆分这类对映异构体的方法。

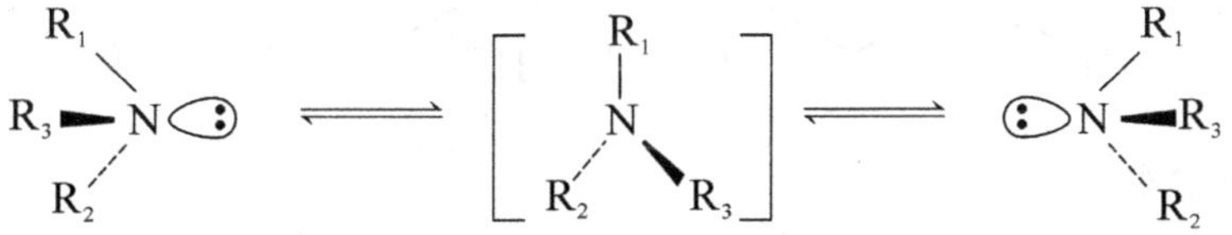

若把氮的三个不同基团固定在环上使其不能来回翻转，这样就可能拆分开一对对映体。特勒格(J. Tröger)碱就是这样的一种分子，它的一对对映体如下：

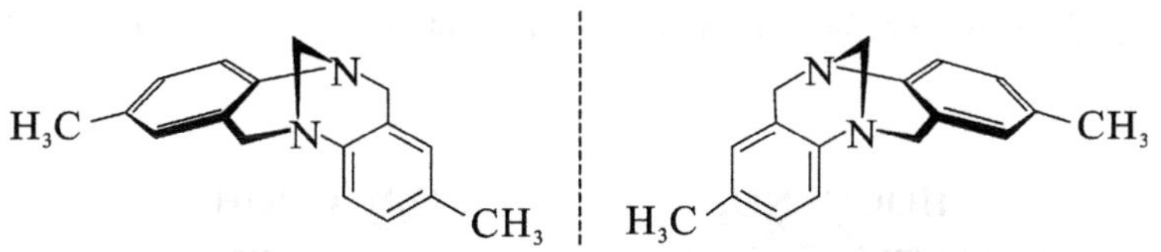

思考题 7-3　分子式为 C_5H_{10}，分子内含有三元环的烃类异构体中有几种是旋光的？(　　)

A. 2 种　　B. 3 种　　C. 4 种　　D. 5 种

思考题 7-4　构造式为 $CH_3CHClCH=CHCH_3$ 的立体异构体数目是？(　　)

A. 2　　B. 4　　C. 3　　D. 1

思考题 7-5　下列化合物中有几何异构体的是？(　　)

A. 2-甲基丁-2-烯　　B. 2,3-二甲基丁-2-烯

C. 2-甲基丁-1-烯　　D. 戊-2-烯

思考题 7-6　1-甲基-4-异丙基环己烷有几种异构体？(　　)

A. 2 种　　B. 3 种　　C. 4 种　　D. 5 种

7.5　不含手性碳原子化合物的对映异构

7.5.1　丙二烯型化合物

丙二烯型分子中，中间的碳原子为 sp 杂化，两端的两个碳原子都是 sp^2 杂化，分子中的两个 π 键互相垂直。因此，丙二烯衍生物分子中母体两端的四个基团处于相互垂直的平面上，其立体形象如下：

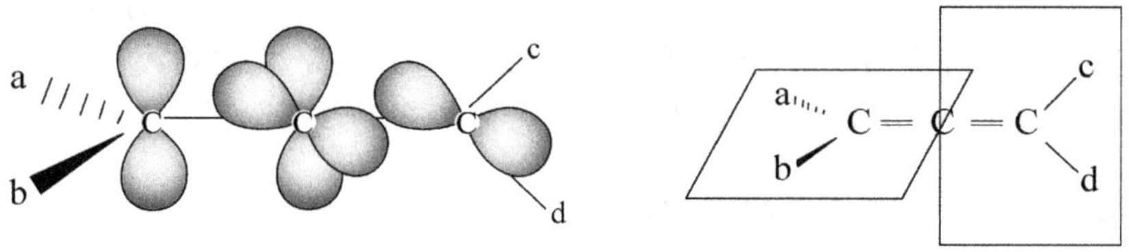

当 a≠b、c≠d 时，虽然没有手性碳原子，但因为整个分子没有对称面、对称中心和交替对称轴，是手性分子，而具有对映异构体。例如：

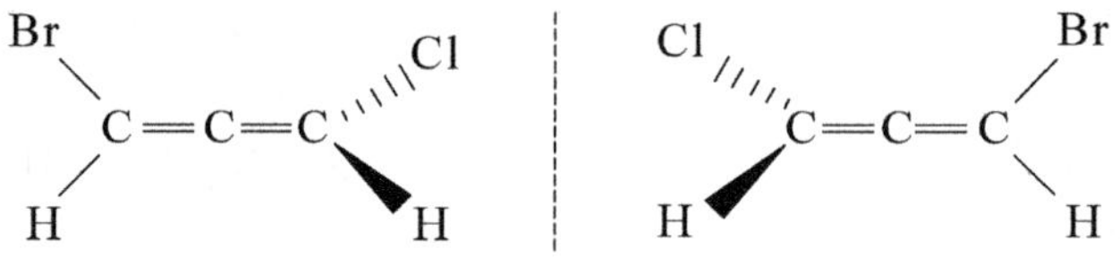

与丙二烯型分子类似，当一个分子中含有互相垂直的平面的骨架，而其两端分别连有不同基团时就可能形成手性分子而有对映异构体。例如：

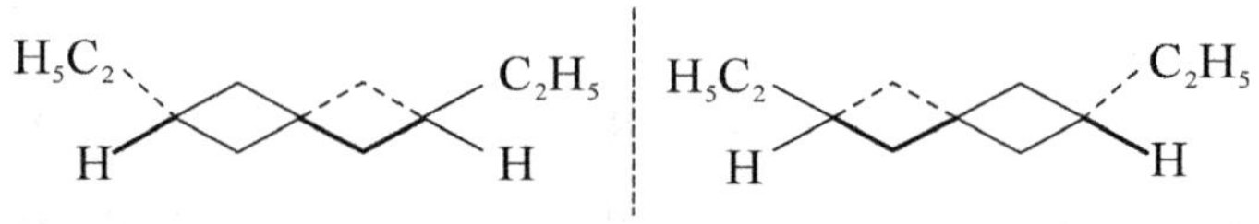

7.5.2　联苯型化合物

联苯分子中两个苯环通过一个单键相连，可以围绕着中间的单键自由旋转。当苯环邻位上连有体积较大的取代基时，两个苯环之间单键的自由旋转受到阻碍，致使两个苯环不能处在同一平面上。此时，如果两个苯环上的取代基分布不对称，整个分子就具有手性，因而有对映异构体存在。例如：

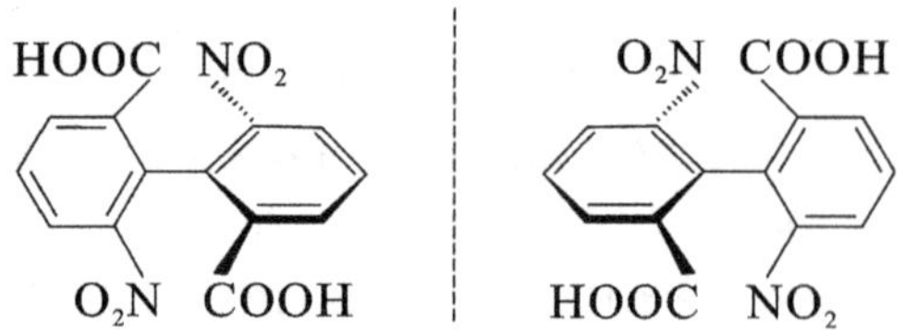

7.6　立体化学在研究反应历程中的应用

立体化学除了对了解一些化合物的性质有帮助外，它对反应历程也能给出其他方法所不能提供的旁证。一个正确的反应历程应能说明包括立体化学在内的所有实验事实，所以立体化学对反应历程的测定和研究具有重要的意义。

7.6.1　烷烃的卤代反应

正丁烷氯代可得 1-氯丁烷和 2-氯丁烷：

$$CH_3CH_2CH_2CH_3 \xrightarrow[\text{光或热}]{Cl_2} CH_3CH_2CH_2CH_2Cl + CH_3\overset{*}{C}HClCH_2CH_3$$

反应产物中 2-氯丁烷含一个手性碳原子。分离 2-氯丁烷，测定无旋光性，可判断产物为外消旋体。为什么会产生外消旋体呢？这是由于氯同烷烃反应所经历的是自由基取代的过程，反应中氯自由基夺取丁烷仲碳上的一个氢，形成仲丁基自由基。仲丁基自由基具有平面结构，在接下来与氯的反应中，氯从平面两侧进攻的机会均等，因此得到的两个对映体是等量的。

$$CH_3CH_2CH_2CH_3 + Cl\cdot \longrightarrow CH_3\dot{C}HCH_2CH_3 + HCl$$

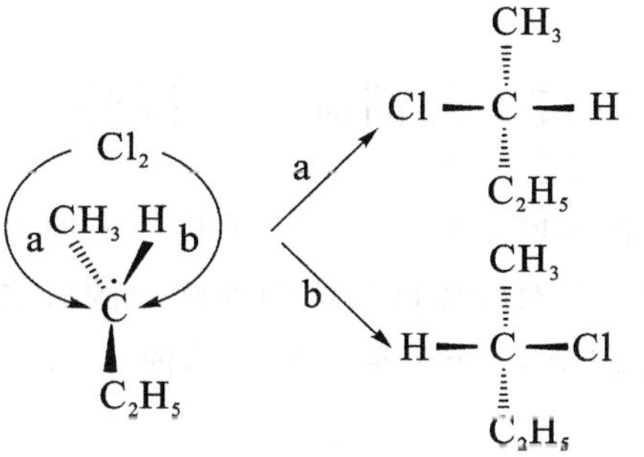

立体化学的结果为烷烃卤代反应的自由基机理提供了佐证。反应中正丁烷的仲碳原子由非手性碳原子变为手性碳原子，此类碳原子称为潜手性碳原子(prochiral carbon)。在有机反应中，非手性分子在非手性条件下反应，所得产物总是无旋光性的，这是一个普遍的原则。

7.6.2　烯烃的加成反应

在前面已经介绍了烯烃与溴的反应机理是反式加成：

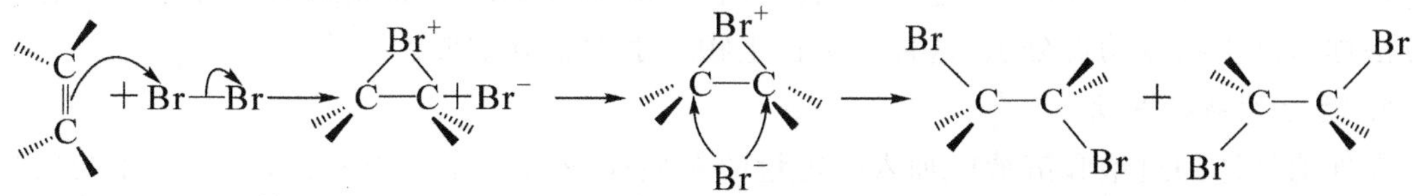

现在可以用立体化学的原理予以证实。由实验得知，顺-丁-2-烯与溴加成得到的是等量的一对对映体，而反-丁-2-烯与溴加成得到的是内消旋体。因此可以得出，顺、反-丁-2-烯与溴加成的产物只能是反式加成的结果，而不是顺式加成。

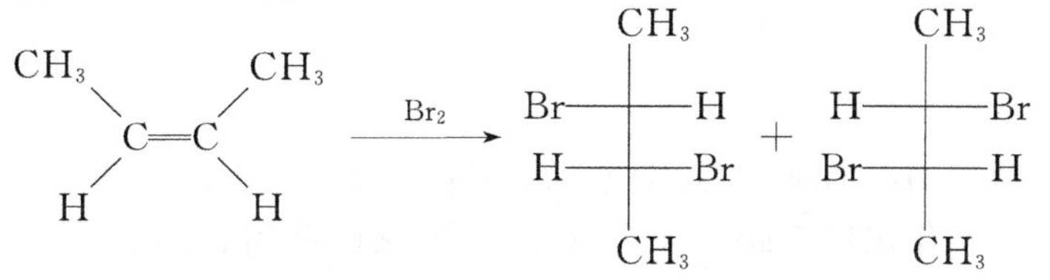

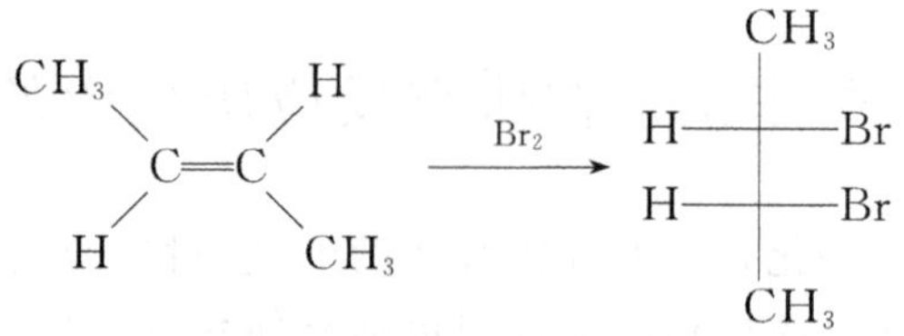

凡互为立体异构体的反应物，在相同条件下与同一试剂反应分别生成不同的立体异构体产物，这种反应称为立体专一性反应(stereospecific reaction)。两种丁-2-烯与溴的加成就是立体专一性反应的例子。

有些反应的产物可能是几种立体异构体，但实际只生成一种或一对对映体为主导的产物，此类反应称为立体选择性反应(stereoselective reaction)。例如，丁-2-炔在液氨中用钠还原，其产物为反-丁-2-烯。由于丁-2-炔没有立体异构体，所以这个反式加成反应是立体选择性反应，而不是立体专一性反应。

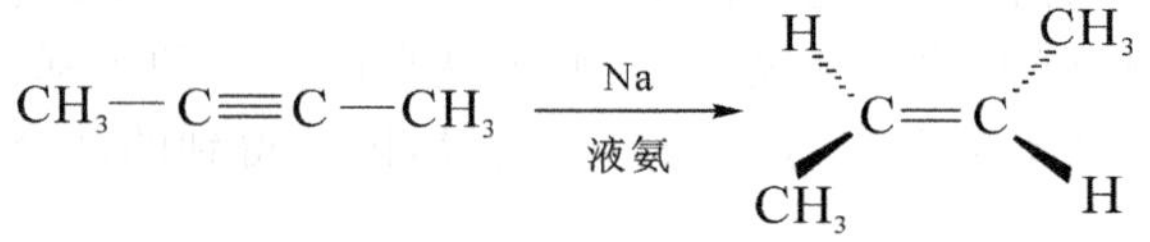

立体专一性反应都是立体选择性反应，但立体选择性反应不一定是立体专一性反应。

7.7　外消旋体的拆分

一个非手性化合物在非手性环境中引入第一个手性中心时通常都得到外消旋体，然后用物理或化学方法将外消旋体的一对对映体拆分成两种纯净的旋光体，这一过程称为外消旋体的拆分(resolution)。拆分的方法很多，下面简单介绍几种。

1. 机械分离法

利用外消旋体中对映体在结晶形态上的差别，用肉眼或通过放大镜进行辨认从而把两种结晶体分开的方法称为机械分离法。1848 年，巴斯德在显微镜下用镊子分离了酒石酸钠铵的两种晶体。

2. 微生物或酶拆分法

1858 年，巴斯德在外消旋酒石酸铵中加入青霉素进行发酵，右旋酒石酸铵会慢慢被消耗掉，最后只剩下左旋酒石酸铵。这种利用微生物分解对映体之一而制得另一纯旋光性化合物的方法称为微生物或酶拆分法，这种方法在生物化学中十分重要。

3. 诱导结晶拆分法

在外消旋体的过饱和溶液中加入一定量的左旋体或右旋体作为晶种，与晶种相同的异构体会优先析出，把这种晶体滤出后，再向滤液中加入外消旋体制成过饱和溶液，于是溶液中的另一种异构体优先结晶析出。如此反复处理就可以得到左旋体和右旋体，该法称为诱导结晶拆分法。这种方法已用于工业，合成的氯霉素就是利用此法分离出具有较强药效的左旋氯霉素。

4. 色谱分离法

选择具有光学活性的物质如淀粉、蔗糖、乳糖等作为柱色谱的吸附剂，当外消旋体经过色谱柱时对映体与吸附剂作用后会转变为非对映体，因此可利用它们被吸附剂吸附和洗脱速率的不同而达到分离的目的，上述过程称为色谱分离法。

5. 化学拆分法

化学拆分法应用较广，它的原理是把对映体转变成非对映体，然后加以分离。将对映体转变成非对映体的方法是使它们和某一旋光性化合物(这种旋光性物质通常称为拆分剂，resolving agent)发生反应，生成非对映体。由于非对映体的物理性质不同，可以用一般的物理方法把它们拆分开，然后去掉与它们发生反应的旋光性物质就可得到纯左旋和右旋异构体。例如，拆分外消旋酸的步骤可用通式表示如下：

$$(\pm)\text{-RCOOH} + 2(+)\text{-R}'\text{NH}_2 \xrightarrow{\text{成盐}} \left.\begin{matrix}(+)\text{-RCOO}^-(+)\text{R}'\text{N}^+\text{H}_3\\(-)\text{-RCOO}^-(+)\text{R}'\text{N}^+\text{H}_3\end{matrix}\right]$$

非对映体

分级结晶

$$\rightarrow (+)\text{-RCOO}^-(+)\text{R}'\text{N}^+\text{H}_3 \xrightarrow{\text{HCl}} (+)\text{-RCOOH} + (+)\text{-R}'\text{NH}_2$$

$$\rightarrow (-)\text{-RCOO}^-(+)\text{R}'\text{N}^+\text{H}_3 \xrightarrow{\text{HCl}} (-)\text{-RCOOH} + (+)\text{-R}'\text{NH}_2$$

习　　题

1. 举例解释下列名词。

(1) 对映体　(2) 手性分子　(3) 手性碳原子　(4) 对称面

(5) 外消旋体　(6) 非对映体　(7) 内消旋体　(8) *R* 构型

2. 将下列化合物中的手性碳原子用星号标出，并写出它们的两个对映体。

(1) $CH_3CH_2CHDCH(CH_3)_2$　(2) $CH_3CHClCH{=}CH_2$

(3) 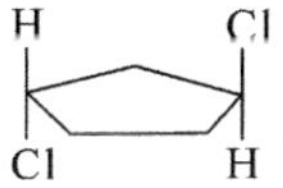

(4) 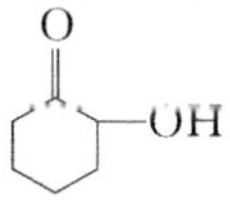

3. 判断下列化合物有无手性。如有，请写出对映体；如无，指出有哪种对称因素。

(1) 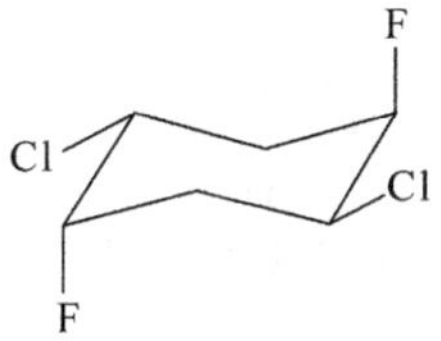

(2) 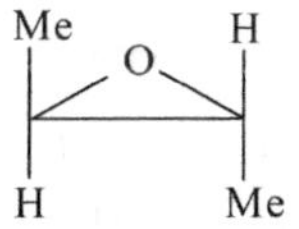

(3) 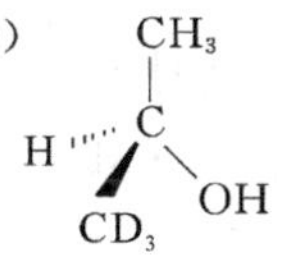

(4) 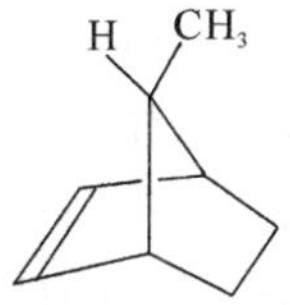

(5) 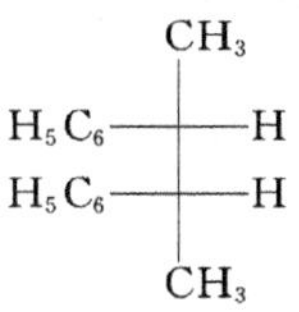

(6) 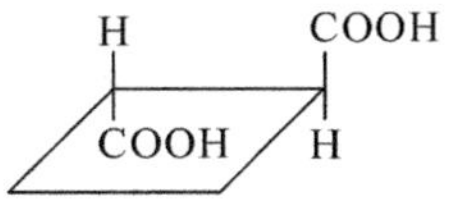

(7) 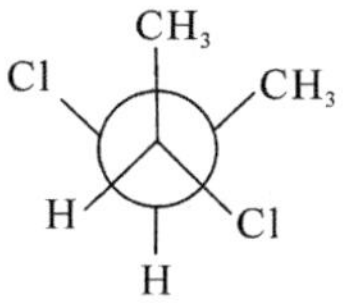

(8) 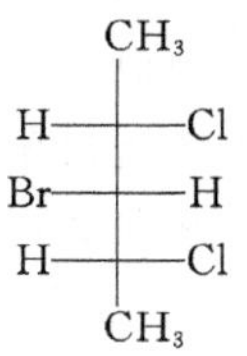

4. 用 *R*、*S* 标记下列化合物中手性碳原子的构型。

(1) 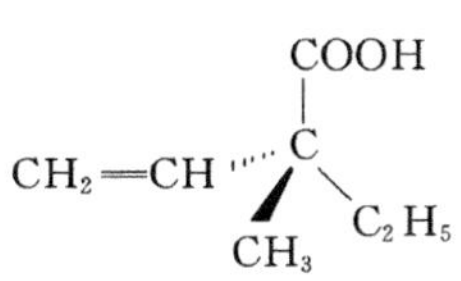

(2) 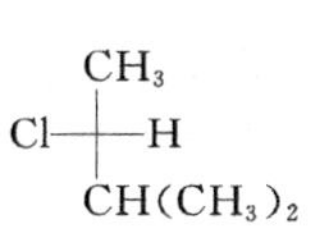

(3) 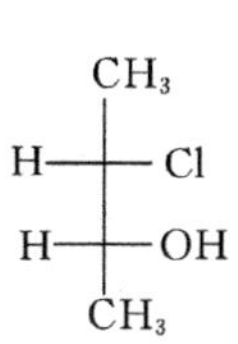

(4) 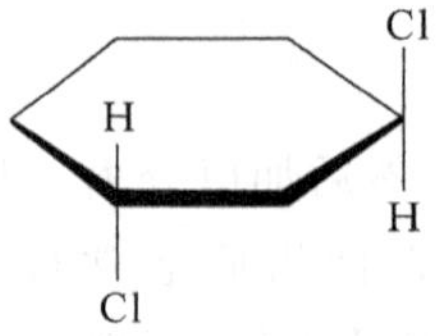　(5) 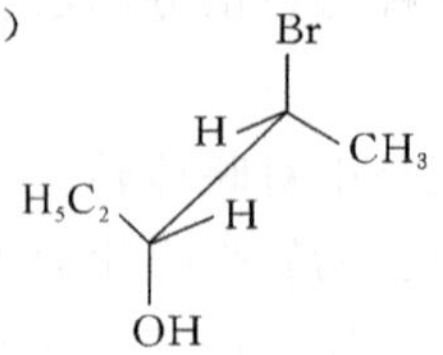　(6) 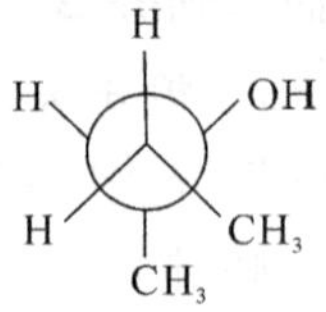

5. 下列各项的两个投影式是否相同?

(1) 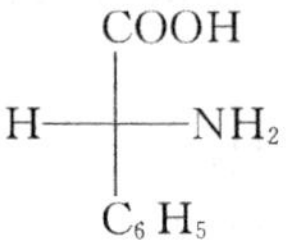，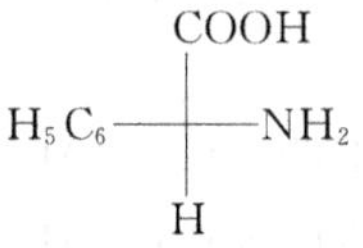　(2) 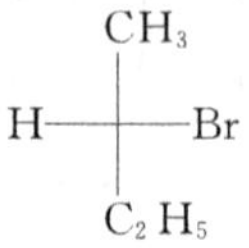，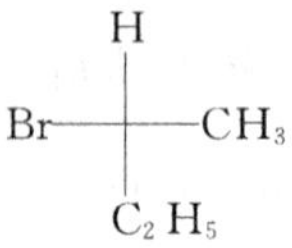

(3) 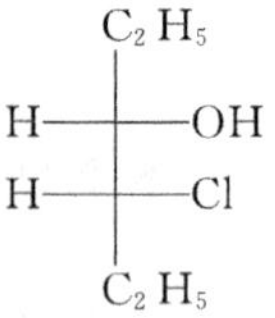，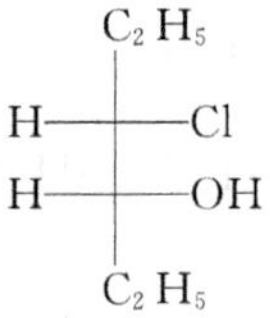

6. 下列各式中哪些是相同的化合物?

(1) 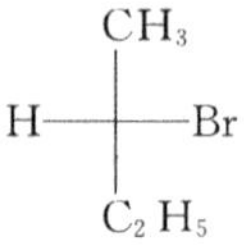　(2) 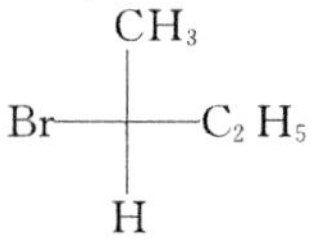

(3) 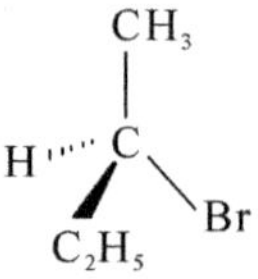　(4) 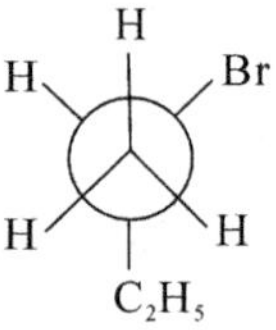

7. 写出(*R*)-戊-2-醇和(S)-戊-1-烯-3-醇($CH_2{=}CH{-}CHOH{-}CH_2CH_3$)的费歇尔投影式。

8. 写出下列化合物所有可能的构型异构体。

(1) 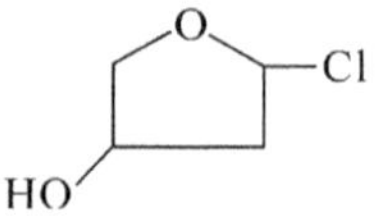　(2) $CH_3CH{=}CH{-}\underset{\displaystyle Cl}{\underset{|}{CH}}{-}CH_3$

9. 下列四个立体异构体:

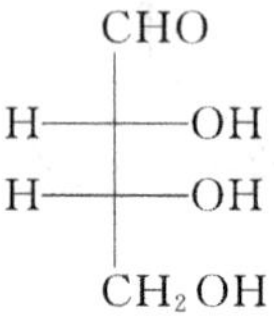
(a)

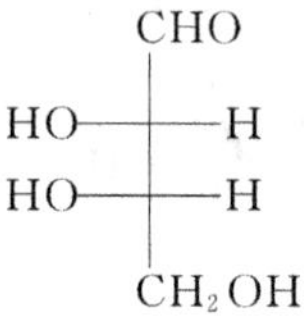
(b)

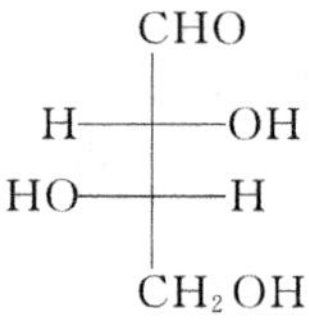
(c)

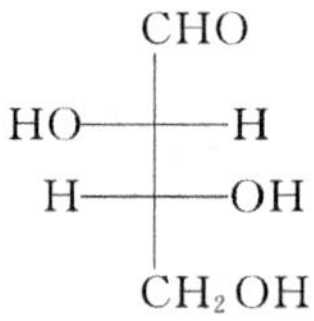
(d)

(1) 它们是否都有旋光性?

(2) 它们的等量混合物是否有旋光性?

(3) 用 *R*、*S* 标记(a)的构型。

10. 分别写出 1-氯-2-甲基环丙烷及 1,2-二甲基环己烷的立体异构体。

第 8 章　红外吸收光谱、核磁共振谱和质谱

波谱方法具有微量、快速、准确等特点，已经成为检测、表征有机化合物的重要手段。有机波谱，主要包括紫外-可见光谱（UV）、红外吸收光谱（IR）、核磁共振谱（NMR）以及质谱（MS）等多种现代检测手段。红外吸收光谱包括分子的旋转光谱和振动光谱，通过对红外吸收光谱的解析可以确定有机化合物的官能团。核磁共振谱可以确定有机分子中氢原子类别、数目（^{1}H 谱）或有机分子的碳架结构（^{13}C 谱）。质谱可以确定有机分子的相对分子质量及探讨有机分子碎裂的机理。现在，核磁共振谱以及质谱等波谱方法又有了新的发展：核磁共振谱已由过去只能检测氢质子和碳原子的氢谱和碳谱发展到可检测^{16}P 的磷谱，核磁数据记录由一维谱图发展到二维谱图；质谱也从过去只能检测小分子发展到可以检测蛋白质等大分子。对于化学或相关专业的学生来说，掌握一定的有机波谱知识，是从事相关工作必不可少的。由于篇幅有限，本章仅对红外吸收光谱、核磁共振谱和质谱的有关知识进行简单介绍。

8.1　红外吸收光谱

当有机化合物分子受到电磁波照射时，分子可以对一定波段的电磁波选择吸收，由此可以得到相应的吸收光谱。这是因为有机物分子处于不同的运动状态，当分子吸收电磁辐射后受到激发，从能量较低的运动状态（低能级）跃迁到能量较高的运动状态（高能级）。表 8-1 列出了电磁波谱的一些参数。

$$\Delta E = E_{高} - E_{低} = h\nu$$

式中：E 为光子能量，J；h 为普朗克常量，$h=6.626\times10^{-34}$ J·s；ν 为光子频率，Hz。

由上面的关系式可知，能级跃迁时所吸收光的频率与两能级间的差值有关。差值越大，吸收光的频率越高，则波长越短。

表 8-1　电磁波谱

波谱名称	波长范围	跃迁类型
γ射线	<0.005 nm	核能级
X 射线	0.1～10 nm	K 和 L 层电子
远紫外光	10～200 nm	中层电子
近紫外光	200～400 nm	外层电子
可见光	400～760 nm	外层电子
近红外光	0.76～2.5 μm	分子振动
中红外光	2.5～5.0 μm	分子振动
远红外光	5.0～1 000 μm	分子转动和振动
微波	0.1～100 cm	分子转动
无线电波	1～1 000 m	核的自旋

注：由波长与频率的关系 $E=h\nu=hc/\lambda$，知波数为波长的倒数。

红外光波段范围进一步又可分为近红外、中红外和远红外三部分(表 8-1)。用波长为 0.76～1 000 μm 的电磁波(又称红外线的连续光)照射样品，会引起样品分子的振动、转动能级的跃迁，在跃迁中吸收了那些与分子振动、转动能级差相当的光子，由此形成了红外吸收曲线，这就是红外吸收光谱。

常用红外光波段范围为中红外光，波长范围为 2 500～5 000 nm。在这一红外区域，各种有机化合物分子中的官能团、化学键都有特征的吸收峰，由此可以进行定性分析，根据透射率的大小可定量地分析该有机化合物中官能团的数目。

思考题 8-1　确定分子中的特征官能团常用的检测方法是(　　)。

A. IR　　B. UV　　C. MS　　D. NMR

8.1.1　分子振动与红外吸收光谱

1. 分子振动类型

按照经典力学的观点，双原子分子仅有一种振动方式，而多原子分子则有多种振动方式。对于多原子分子而言，振动可分为两大类(图 8-1)。

1）伸缩振动

沿着键轴方向伸、缩的振动称为伸缩振动，常用符号 ν 表示，它的吸收频率相对在高波数区域。伸缩振动按其振动方向，又可分为对称伸缩和反对称伸缩，分别记为 ν_s 和 ν_{as}。

2）弯曲振动

弯曲振动又称变形振动，它是指原子在垂直于化学键的方向进行的振动，它的吸收频率相对在低波数区域。弯曲振动分为面内弯曲和面外弯曲两种振动方式。面内弯曲振动又分为剪切振动(记为 δ_s)和面内摇摆(记为 ρ)，面外弯曲振动又分为面外摇摆(记为 ω)和扭曲振动(记为 τ)。

分子中，不同原子在不同键上的不同振动都有特定的能级和能级差，要吸收相应能量的光量子，因而在光谱图上就会有相应的吸收峰。

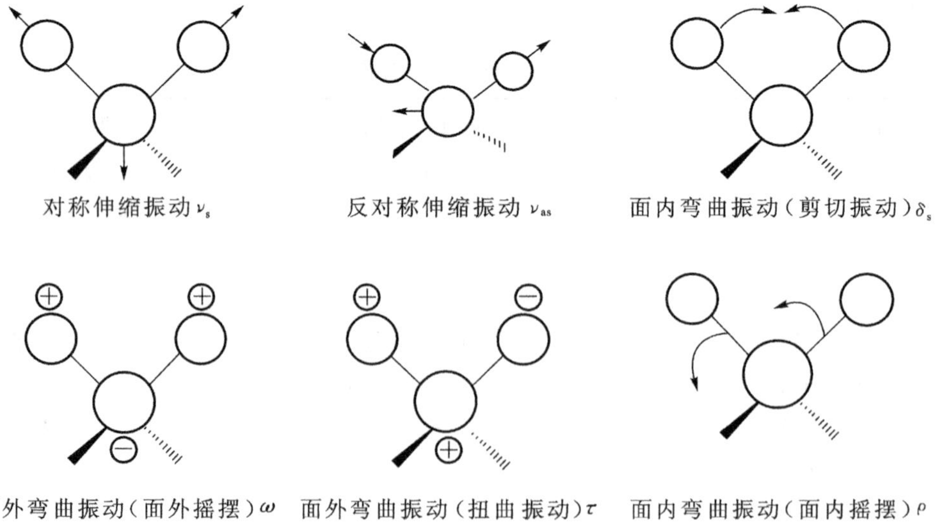

图 8-1　分子振动类型

2. 红外光谱的表示方法

常见的红外光谱图是以波长 $\lambda(\mu m)$ 或波数 $\sigma(cm^{-1})$ 为横坐标，透射率 $T(\%)$ 或吸光度 A 为纵坐标。透射率 T 指通过样品的光强度 I 占原入射光强度 I_0 的百分数。

$$T=\frac{I}{I_0}\times 100\%$$

如果样品在某一特定波长无吸收，则透射率为 100%，如果样品在某一特定波长有吸收，则透射率减小，这样在图谱中就会出现一个吸收峰。吸光度 A 为辐射光吸收的量度，可用下式表示：

$$A=\lg\left(\frac{I_0}{I}\right)=\lg\left(\frac{1}{T}\right)$$

因此，吸收强度越大，吸光度 A 就越大，而透射率就越小。吸收强度的强弱还常定性地用 vs(很强)、s(强)、m(中)、w(弱)、v(可变)等符号表示。图谱中吸收峰的形状也各不相同，一般分为宽峰、尖峰、肩峰和双峰等类型。

图 8-2 是正庚烷的红外吸收光谱图。在 2 930～2 800 cm^{-1}、1 460 cm^{-1}、1 380 cm^{-1} 处出现三个高度不同的吸收峰。

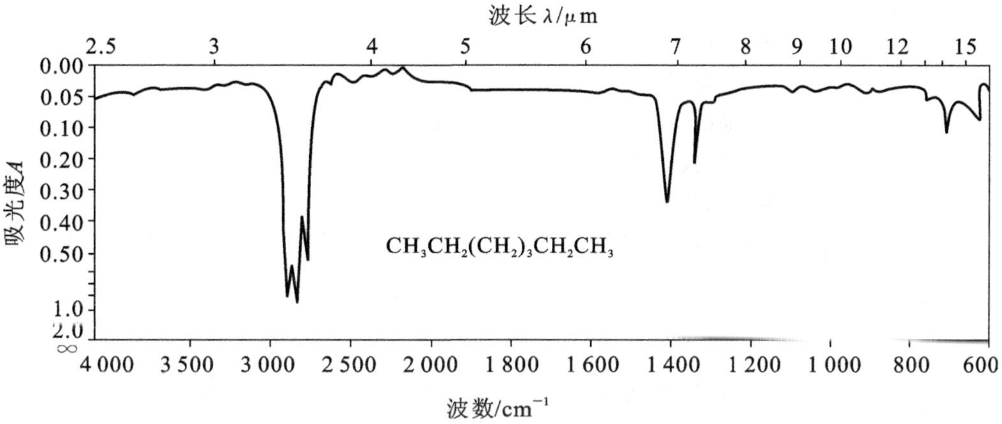

图 8-2　正庚烷的红外吸收光谱图

8.1.2　红外吸收光谱与分子结构的关系

特征区又称官能团区，指 4 000～1 300 cm^{-1} 的区域，主要为伸缩振动吸收，它是官能团的特征峰出现较多的部分。所谓特征吸收是某种类型的化学键吸收红外光独立产生的吸收峰，峰出现的位置受分子其他部分的影响较小。双键、三键、苯环、羰基、硝基、羟基等基团的特征峰都在这个区域。因此，对红外吸收光谱首先应察看这一区域内有无预期的官能团的特征吸收峰。

指纹区是指 1 300～650 cm^{-1} 的区域，这一区域的吸收峰是多原子体系的单键伸缩振动和弯曲振动所造成的，受分子的整体结构影响较大。各化合物在这一区域内的吸收峰出现的位置、形状和强度都不相同，如同人的指纹一样，具有很强的特殊对应性，在认证有机化合物方面准确度较高，故称为指纹区。其中低频区(909～650 cm^{-1})对于确认芳香族化合物及其取代情况非常有效，芳香族和杂环芳香族化合物在这一区域有强的吸收带，反之则可推出该化合物为非芳香结构。

表 8-2 列出了各类基团在不同红外频率区的特征吸收。

表 8-2　各类基团在不同频率区的特征吸收

键　型	化　合　物	特征吸收峰/cm^{-1}	吸收强度
C—H	烷烃(伸缩)	3 100～2 800	强
C═C—H	烯烃、芳烃(伸缩)	3 100～3 000	中
C≡C—H	炔烃(伸缩)	3 500～3 200	强、尖
C═C	烯烃(伸缩)	1 680～1 600	不定
	芳烃	1 600～1 400	弱～中强
C≡C	炔(伸缩)	2 260～2 050	不定
C—O	醇、醚	1 250～980	强
	羧酸	1 440～1 350	弱～强
		1 320～1 210	强
	酯	1 300～1 035	强
C═O	醛(伸缩)	1 740～1 690	强
	酮(伸缩)	1 730～1 550	强
	酸、酯(伸缩)	1 780～1 710	强
N—H	伯胺(伸缩)	3 600～3 200	中
	仲胺(伸缩)	3 500～3 100	中
O—H	醇、酚(伸缩)	3 700～3 400	不定(尖)
	醇、酚(氢键缔合)	3 400～3 200	强、宽
	醇、酚、酸(弯曲)	1 450～1 000	强
	酸(氢键缔合)	3 300～2 500	不定(宽)
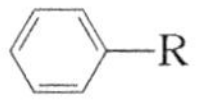	一取代苯(弯曲)	770 和 710～690	强
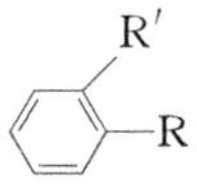	邻二取代苯(弯曲)	770～735	强
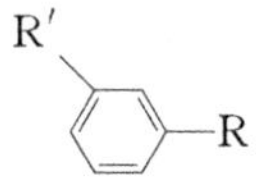	间二取代苯(弯曲)	770～725 和 810～760	强
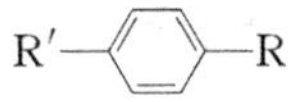	对二取代苯(弯曲)	860～800	强

思考题 8-2　下列哪个化合物在 3 700～3 000 cm^{-1} 之间无吸收?(　　)

A. 乙炔　　B. 乙烷　　C. 乙醇　　D. 乙苯

8.1.3　红外吸收光谱在有机化合物结构鉴定中的应用

1. 确定官能团的存在及化合物的类型

红外吸收光谱在化合物鉴定中有着重要的作用。通过红外吸收光谱图中的主要特征峰可以确定化合物中所含的官能团,由此来鉴别化合物的类型。如某化合物的图谱中只含有饱和 C—H 特征峰,则该化合物为烷烃化合物,如有 C═C 和 C≡C 等双键或三键的不饱和键特征峰,就属于烯类或炔类。

【例 8-1】 未知物分子式为 C_8H_{16}，其红外吸收光谱图如图 8-3 所示，试推测其结构。

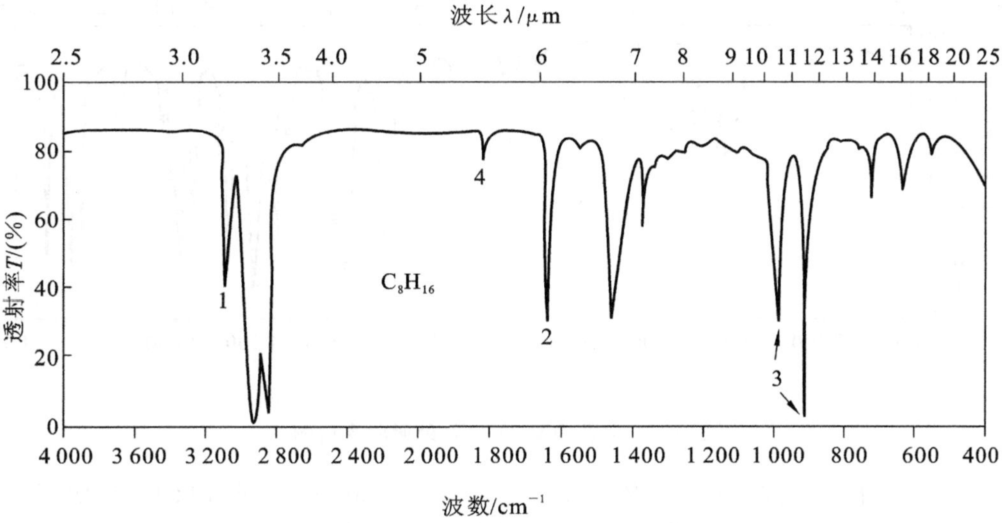

图 8-3 未知物 C_8H_{16} 红外吸收光谱图

解 由分子式可计算出化合物的不饱和度为 1，即该化合物为不饱和烯烃或为环状化合物。由谱图可知，3 079 cm^{-1} 处有吸收峰，这说明存在与不饱和碳相连的氢，因此该化合物应为烯烃。在 1 642 cm^{-1} 处还有 C═C 伸缩振动吸收，更进一步证明该化合物中存在烯基。910 cm^{-1}、993 cm^{-1} 处的 C—H 弯曲振动说明该化合物有末端乙烯基。从 2 928 cm^{-1}、1 462 cm^{-1} 处的较强吸收及 2 951 cm^{-1}、1 379 cm^{-1} 处的较弱吸收可知，该化合物中的—CH_2—多于—CH_3。

综上可知，未知物为直链末端烯烃，即 1-辛烯，结构式为 CH_2═$CH(CH_2)_5CH_3$。

【例 8-2】 某化合物的分子式为 C_3H_4O，其红外吸收光谱图如图 8-4 所示，试推测其结构。

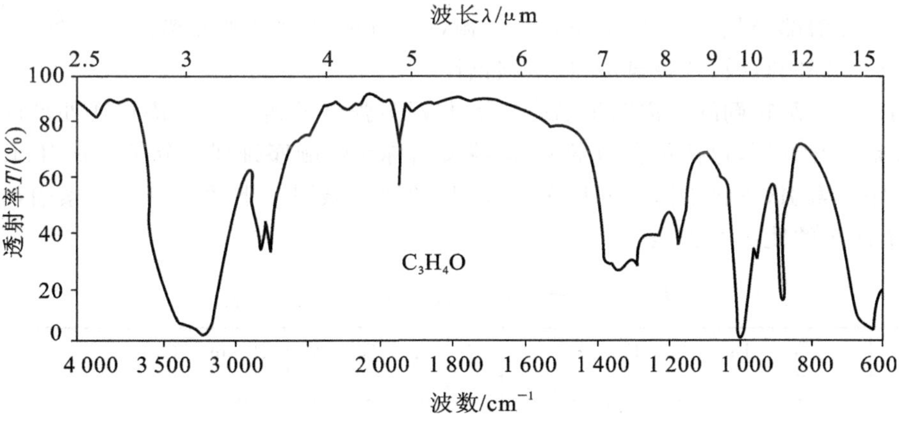

图 8-4 化合物 C_3H_4O 红外吸收光谱图

解 图中 3 300 cm^{-1} 处有一宽的吸收峰，说明存在羟基。1 040 cm^{-1} 处的 C—O 是伸缩振动吸收，所以化合物为醇。在 2 110 cm^{-1} 处的峰为 C≡C 键的特征吸收峰。从分子式可知，该化合物为丙-2-炔醇，结构式为 CH≡C—CH_2OH。

【例 8-3】 某化合物的分子式为 C_7H_8O，其红外光谱图如图 8-5 所示，试推测其结构。

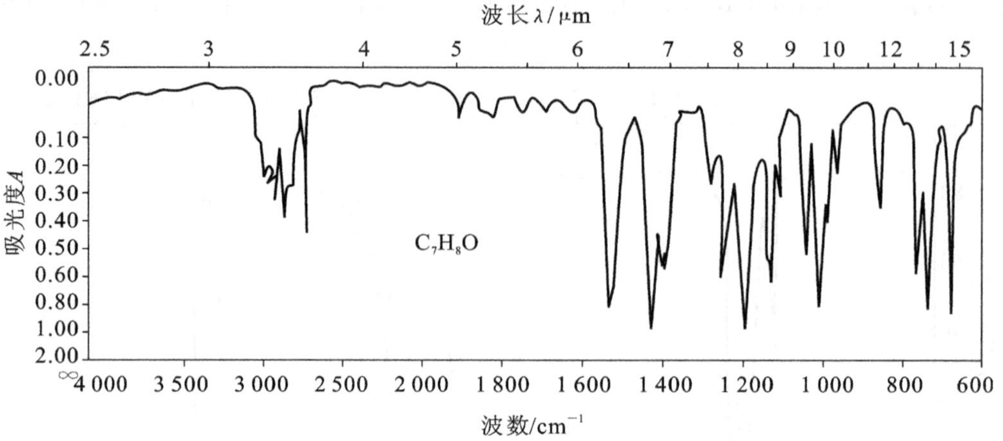

图 8-5　化合物 C_7H_8O 红外吸收光谱图

解　该化合物分子式只有一个氧原子,在 3 620～3 200 cm^{-1} 处无吸收,说明不含羟基。在 1 700 cm^{-1} 处无强吸收,说明化合物不是羰基化合物,故化合物可能是醚。根据 1 600 cm^{-1} 处、1 500 cm^{-1} 处和 700 cm^{-1} 处的吸收峰判定该化合物是一取代物。在 1 250 cm^{-1} 处和 1 040 cm^{-1} 处的 C—O 伸缩振动吸收体现了芳香醚的特性。因此,该化合物是苯甲醚,结构式为 —OCH_3。

思考题 8-3　丙酮和丙烯醇是异构体,如何通过红外吸收光谱区分它们?

2. 利用标准谱图鉴定有机化合物

最常见的红外标准谱图为萨特勒(Sadtler)红外谱图集和 DMS(documentation of molecular spectroscopy)卡片。

萨特勒红外谱图集是美国费城萨特勒研究实验室从 1947 年开始编制的一套标准谱图,分为标准光谱图和商业光谱图两部分。其中标准光谱图指化合物纯度在 98%以上的化合物的光谱图,红外光谱部分包括棱镜(prism)和光栅(grating)两种红外光谱图。另外,萨特勒红外谱图集还包括紫外、拉曼、核磁氢谱、核磁碳谱图。

到目前为止,萨特勒红外谱图集已收集了七万多张红外谱图。萨特勒红外谱图集具有多种索引,检索非常方便,包括化合物索引(按英文名称字母顺序排列)、分子式索引、化学分类索引、谱图顺序号索引(按收集谱图的顺序号排列)和波长索引。下面以分子式索引简要说明萨特勒红外谱图集的使用方法(表 8-3)。

表 8-3　萨特勒红外谱图集的分子式索引表

Name	C	H	Br	Cl	F	I	O	P	S	Si	M	Prism	Grating	…
……	…	…	…	…	…	…	…	…	…	…	…	…	…	…
Butyric Acid, 2-hydroxy-	4	8					3					17 506	36 898	…
……	…	…	…	…	…	…	…	…	…	…	…	…	…	…

第 1 栏是有机化合物的分类,2～12 栏是化合物中所含元素的数目,13～14 栏是化合物分别在棱镜和光栅两种红外谱图中的编号。15～17 栏分别为该化合物的标准紫外、核磁氢谱及

碳谱的编号。

【例 8-4】 通过萨特勒红外谱图集查阅 2-羟基丁酸的红外光谱图。

解 首先写出 2-羟基丁酸的分子式 $C_4H_8O_3$，再根据分子式查阅萨特勒红外谱图集的分子式索引表。查阅时，从 2～12 栏中找出符合该化合物的各元素原子的数目(C:4，H:8，O:3)，然后查找该化合物的名称“Butyric acid，2-hydroxy-”，由此即可查到其所对应的红外光谱图的编号“17 506”(棱镜)和“36 898”(光栅)。根据其编号即可找到如图 8-6 所示的红外光谱图。

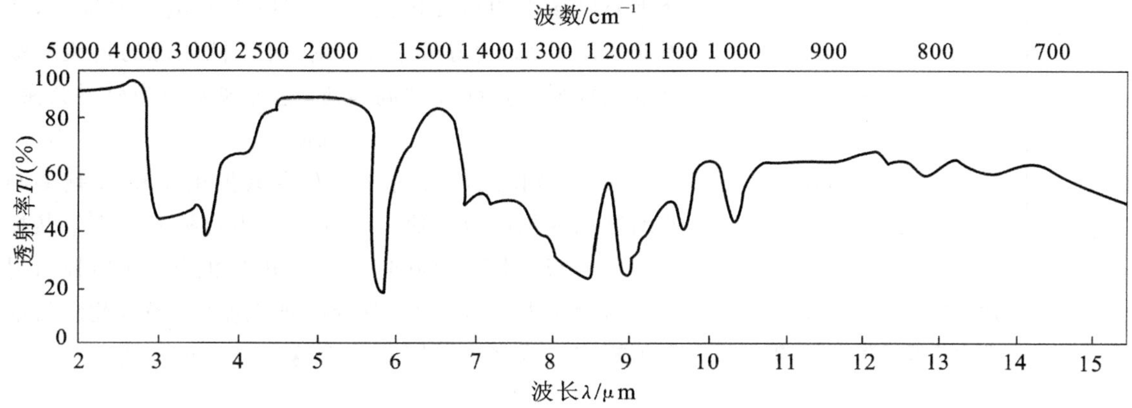

图 8-6　2-羟基丁酸的红外吸收光谱图(光栅)

通过红外吸收光谱图，还可以鉴别光学异构体，区分几何(顺、反)异构体、构象异构体和互变异构体，鉴别样品的纯度和指导分离操作，以及研究化学反应中的一些问题。在化学反应过程中，可直接用反应液或粗品进行检测，根据原料和产物特征峰的消长情况，对反应进程、反应速度、反应时间与收率的关系等问题及时作出判断。

8.2　核磁共振谱

8.2.1　核磁共振的基本原理

核磁共振是由原子核的自旋运动引起的。核磁共振谱是原子序数或质量数为奇数的原子核吸收兆周数量级的电磁波而产生的核自旋跃迁所得到的吸收光谱。目前研究最多、应用最广的是 ^{1}H 和 ^{13}C 的核磁共振谱。

质子的自旋磁矩(μ)方向是混乱的(图 8-7)。当自旋核处于磁场强度为 H_0 的外加磁场中时它的取向分为两种，一种与外磁场方向相同，另一种相反(图 8-8)。与外磁场取向相同的自旋能量较低，逆向排列的自旋能量较高，两种取向能量差为 ΔE，可用下式表示：

图 8-7　质子的自旋磁矩方向

图 8-8　质子在外加磁场中的自旋磁矩方向

$$\Delta E=\gamma h H_0/(2\pi) \qquad (8\text{-}1)$$

式中:h 为普朗克常量,$h=6.626\times10^{-34}$ J·s;γ 为磁旋比,质子的 $\gamma=23\ 753$ rad/(s·T);H_0 为外加磁场强度,T。

上式表明,核由自旋的低能态向高能态跃迁时所需的能量 ΔE 与外加磁场强度(H_0)成正比,外加磁场越强,它们的能差越大(图 8-9)。

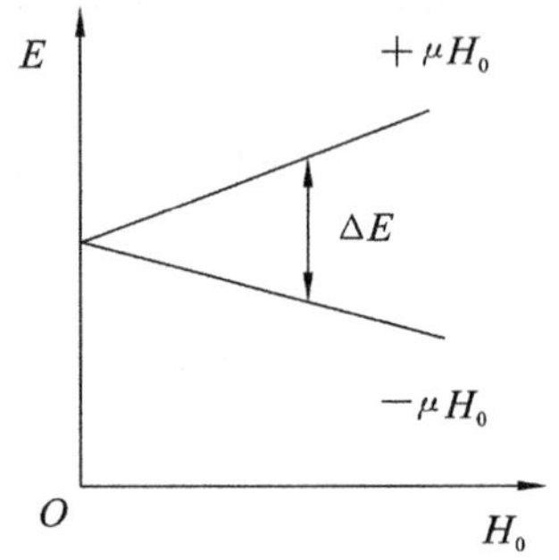

图 8-9　质子在外加磁场 H_0 中时两个自旋能级和 H_0 的关系

核要从低能态跃迁到高能态,必须吸收 ΔE 的能量。处于外磁场中的自旋核接受一定频率的电磁波辐射,当辐射的能量 $h\nu_0$ 恰好等于 ΔE 时,处于低能态的自旋核吸收电磁辐射能量跃迁到高能态,这种现象称为核磁共振。

$$\Delta E=h\nu_0 \qquad (8\text{-}2)$$

式(8-1)和式(8-2)表明,发生共振的电磁波频率与外加磁场的强度成正比。因此可采用两种方法产生共振吸收:一种是固定磁场强度,改变电磁波频率(扫频);另一种是固定电磁波频率,改变磁场强度(扫场),此法目前应用较多。许多仪器同时具有这两种扫描方式。

8.2.2　化学位移

化学位移的变化为十万分之几,因此精确测量化学位移的绝对值十分困难,故在实际测量中化学位移采用相对数值来表示,即选用四甲基硅[$(CH_3)_4Si$,TMS]为标准物质。这是因为TMS分子中的12个氢是等同的,只有一个吸收峰,而且硅的电负性比碳小,它的质子受到较大的屏蔽,抗磁感应磁场比一般有机化合物大,所以其共振吸收峰一般出现在高场,而大部分有机分子中氢的共振吸收都将出现在它的低场。把TMS的化学位移定为0,则其他有机分子中的氢的化学位移值(δ)都将大于0。测定时可把标准物与样品放在一起,这种方法称为内标法;也可将标准物用毛细管封闭后放入样品中进行测定,称为外标法。

$$\delta=\frac{H_{标}-H_{样品}}{H_{仪器}}\times10^6=\frac{\Delta H}{H_{仪器}}\times10^6 \quad (扫场) \qquad (8\text{-}3)$$

式中:$H_{样品}$(或 $\nu_{样品}$)、$H_{标}$(或 $\nu_{标}$)、$\nu_{标}$分别为样品和标准物 TMS 中氢核的共振频率(或共振磁场强度),Hz;$H_{仪器}$(或 $\nu_{仪器}$)为核磁共振仪所用的频率(或磁场强度),Hz。

诱导效应对质子的化学位移有很大影响。因为较强电负性基团的吸电子诱导作用使原子周围的电子云密度减小,使屏蔽效应减小,氢核的共振吸收移向低场,δ 值增大。化学位移也随吸电子基团数目的增多而增大,如三氯甲烷、二氯甲烷、一氯甲烷质子的化学位移值分别为7.27、5.30、3.05。取代基的诱导效应沿碳链的传递依次减弱,故 α、β、γ-氢的化学位移依次减小,例如一溴丙烷 α、β、γ-氢的化学位移依次为3.03、1.69、1.25。

影响氢核化学位移的另一因素是各向异性效应。氢核与某一基团在空间的相互关系对氢核 δ 值的影响称为各向异性效应。例如,苯环上的质子共振吸收一般出现在低场,化学位移约为7.26,这是由于苯环 π 电子屏蔽作用的各向异性效应引起。如图 8-10 所示,在外加磁场的影响下,苯环的 π 电子产生环电流,同时形成一个感应磁场。该磁场方向与外加磁场方向在环内相反(抗磁的),该区域为屏蔽区,以"+"表示;而该磁场方向与外加磁场方向在环外相同(顺磁的),该区域为去屏蔽区,以"−"表示。苯环平面上的氢原子处在去屏蔽区,所以苯环上质子的共振吸收出现在低场。不仅是苯，所有具有 $4n+2$ 个电子的环状共轭体系都有强烈的环电流效应，若氢核在该环的上下方则受到强烈的屏蔽作用。羰基、碳碳双键等也有这种效应（图 8-11）。

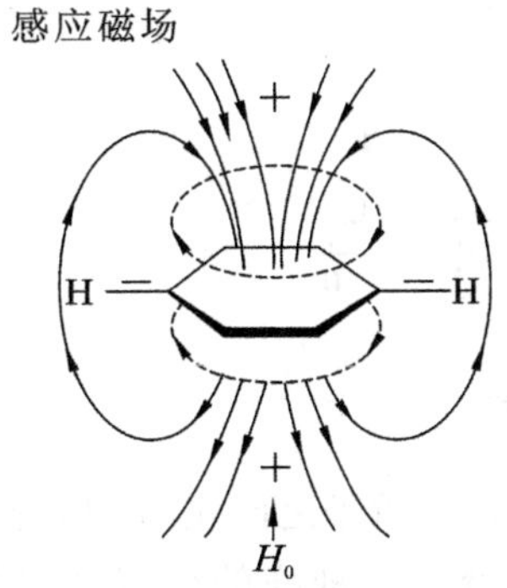

图 8-10　苯环各向异性效应

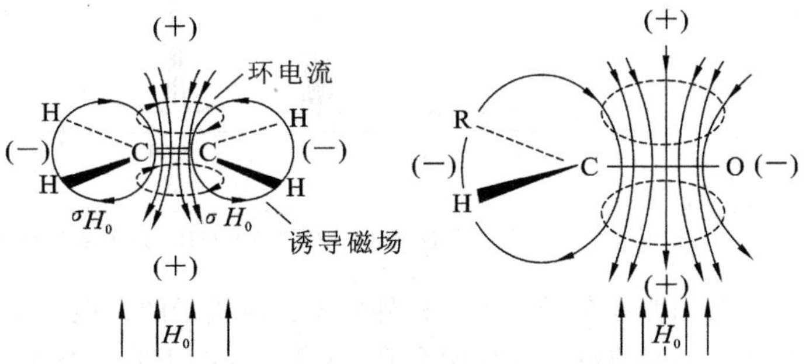

图 8-11　羰基和碳碳双键各向异性效应

此外，范德华效应、氢键及溶剂效应对化学位移也有影响。常见不同类型氢原子的化学位移值列于表 8-4 中。

表 8-4　常见不同类型氢原子的化学位移值

基　团	δ	基　团	δ
$(CH_3)_4Si$	0.00	$=C—CH_3$	1.80±0.15
环丙烷（$CH_2—CH_2$，CH_2）	0.22	$Ar—CH_3$ $\equiv CH$	2.35±0.15 1.8±0.1
CH_4	0.23	$X—CH_3$	3.5±1.2
$—C—CH_3$（C 上下各有一键）	1.1±0.1	$O—CH_3$ $RO—H$	3.6±0.3 0.5~5.5
$—C—CH_2—C—$（C 上下各有一键）	1.3±0.1	$=CH_2$ $=CHR$	4.5~7.5
$C—CH—C$（CH 上、下各连一个 C）	1.5±0.1	$Ar—H$ $Ar—OH$ $RCONH_2$ $RCHO$	7.4±1.0 4.5~9.0 8.0±0.1 9.8±0.3
RNH_2	0.6~4.0	$RCOOH$	11.6±0.8
$=C—CH_3$	1.75±0.15	RSO_3H	11.9±0.8

8.2.3　自旋偶合和自旋裂分

在 $CH_2BrCHBr_2$ 分子中有两类不同的氢，用低分辨率和高分辨率核磁共振仪测定可得到不同的核磁共振谱图。低分辨率核磁共振仪得到的谱图有两个单峰，而高分辨率核磁共振仪得到的谱图有两组峰，一组为二重峰，另一组为三重峰，如图 8-12 所示。

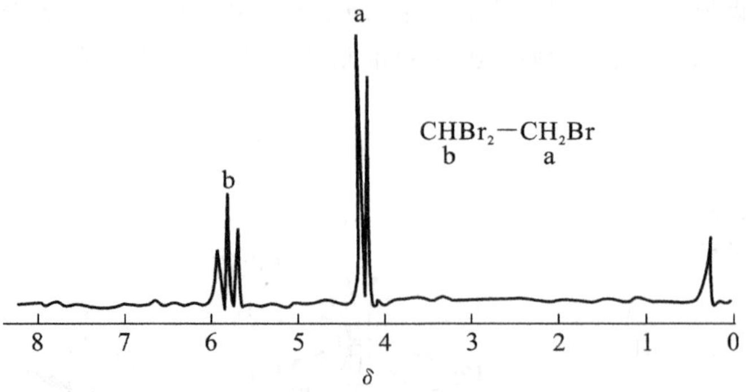

图 8-12　$CH_2BrCHBr_2$ **分子的核磁共振谱图**

这是因为在分子中不仅核外电子会对质子的共振产生影响,邻近质子之间也有相互作用。氢原子 a 的吸收峰分裂成两个峰,氢原子 b 的吸收峰分裂成三个峰。这种峰的分裂现象是由于氢核受到邻近碳原上氢核自旋产生的磁场的作用引起的,这种相互作用称为自旋偶合。由于自旋偶合使吸收峰发生分裂的现象称为自旋裂分。在每组氢中,两裂分峰间的频率差可以从谱图上测量出来,这种频率差叫做偶合常数,用 J(Hz)表示。

每一个氢核的自旋都有两种取向,不同取向对外加磁场强度的影响可以是稍微加强或稍微减弱,使氢核的吸收峰裂分。当氢核受到的有效磁场作用比外加磁场略大时,吸收峰稍向低场裂分出峰(左移);反之,则稍向高场裂分出峰(右移)。但并不是所有相邻碳上的氢都有裂分现象,只有化学环境不同的相邻碳原子上的氢核才有裂分现象。例如,$BrCH_2CH_2Br$ 就没有裂分现象,在核磁共振谱中只出现一个单峰。

$CH_2BrCHBr_2$分子中有两种氢。其中氢原子 a 核只受到一个氢原子 b 核的偶合,而氢原子 b 核的自旋磁场方向与外磁场方向有两种组合方式(方向相同或相反),故氢原子 a 核的吸收峰裂分为两个强度相等的双峰。氢原子 b 核受到两个氢原子 a 核的偶合,而两个氢原子 a 核的自旋磁场方向与外磁场方向有四种组合方式,其中有两种组合方式是相同的(图 8-13),故氢原子 b 核的吸收峰裂分为三重峰,它们的相对强度为 1∶2∶1。

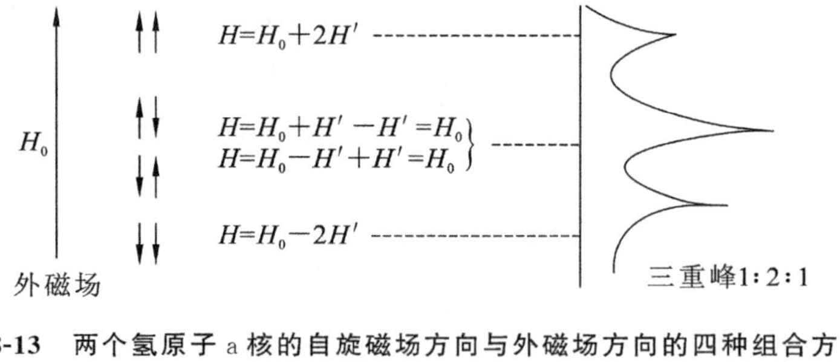

图 8-13　两个氢原子 a 核的自旋磁场方向与外磁场方向的四种组合方式

依此类推,三个相同类型的氢核有 $2^3=8$ 种自旋组合方式,可以使相邻氢核给出四重峰,其相对强度为 1∶3∶3∶1。

由此,可得出自旋偶合与自旋裂分的规律如下。

(1) 若相邻碳原子上有 n 个氢原子,则裂分峰数为 $n+1$,称为 $n+1$ 规律。

(2) 自旋偶合只发生在相邻碳原子上化学环境不同的氢核之间,具有相同化学环境的氢核之间不发生自旋偶合。

(3) 各峰的相对强度为三项式$(a+b)^n$的展开式各项系数之比，即：

n	峰面积比	峰的总数
0	1	1
1	1∶1	2
2	1∶2∶1	3
3	1∶3∶3∶1	4
4	1∶4∶6∶4∶1	5
5	1∶5∶10∶10∶5∶1	6
6	1∶6∶15∶20∶15∶6∶1	7

思考题 8-4　下列哪个化合物在^{1}H-NMR 谱中只有一种吸收信号？(　　)

A. $BrCH_2CH_2CH_2Br$　　B. $CH_3CBr_2CH_3$

C. $CH_3CHBrCH_2Br$　　D. $CH_3CH_2CHBr_2$

思考题 8-5　2-氯丙烯的^{1}H-NMR 谱中有 3 种氢的信号，为什么？

8.2.4　核磁共振谱在有机化合物结构鉴定中的应用

核磁共振谱可以给出有机分子中不同环境氢核的信息。根据谱图中各峰的化学位移值、峰的分裂情况及峰面积比，可判定氢原子的种类及个数，从而推导出分子的可能结构。

【例 8-5】　图 8-14 为 1-硝基丙烷的核磁共振谱图。

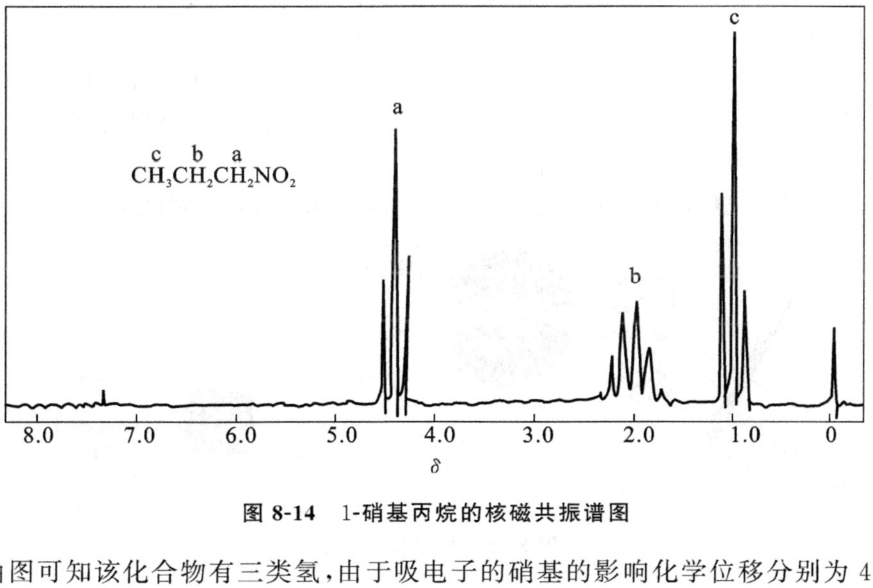

图 8-14　1-硝基丙烷的核磁共振谱图

解　由图可知该化合物有三类氢，由于吸电子的硝基的影响化学位移分别为 4.5(氢原子 a)、2.0(氢原子 b)、1.0(氢原子 c)。氢原子 a、c 分别受到相邻 2 个氢核偶合而裂分为三重峰，氢原子 b 受到相邻 5 个氢核偶合而裂分为六重峰。

【例 8-6】　图 8-15 为乙醇的核磁共振谱图。可以预料，羟基上的氢应该被分裂为三重峰。实际上，一般乙醇羟基的氢只是一个单峰。

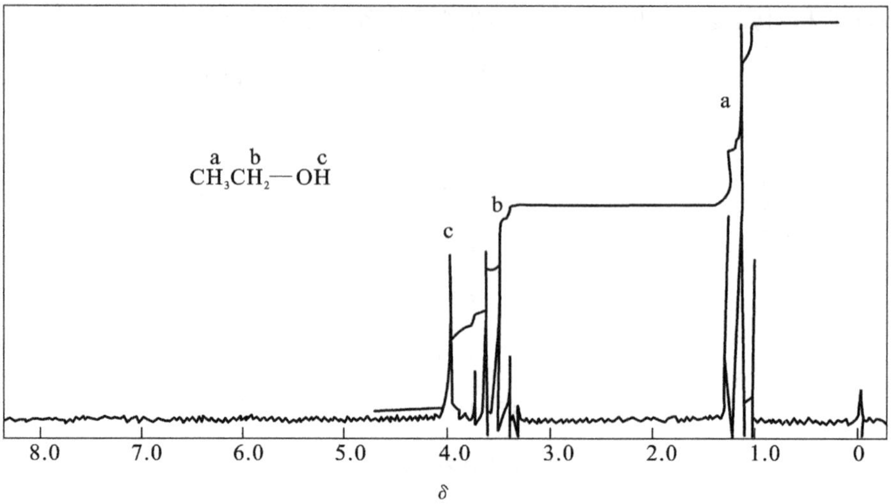

图 8-15　乙醇的核磁共振谱图

思考题 8-6　下列化合物在 ^1H-NMR 谱中只表现出单峰,给出化合物的结构。

A. C_5H_{12}　　B. C_5H_{10}　　C. $C_4H_8O_2$

8.3 质　谱

8.3.1 基本原理及表示方法

在质谱仪中,有机气态分子 M 受高能电子束的冲击失去一个电子产生正离子(分子离子峰,$M\cdot^+$),继续断裂则生成各种碎片,其中带正电荷的碎片称为碎片离子。将这些碎片离子加速引入磁场,由于离子的质量与电荷比(简称质荷比)不同,在磁场中运行的轨道偏转也不同,从而达到分离的目的。质谱仪获取这些离子,并按其质荷比记录在得到的谱图中。由于记录的是正离子碎片的质量,因此称为质谱。

质谱仪由离子源、磁分析器、离子收集检测器三部分组成,其示意图如图 8-16 所示。

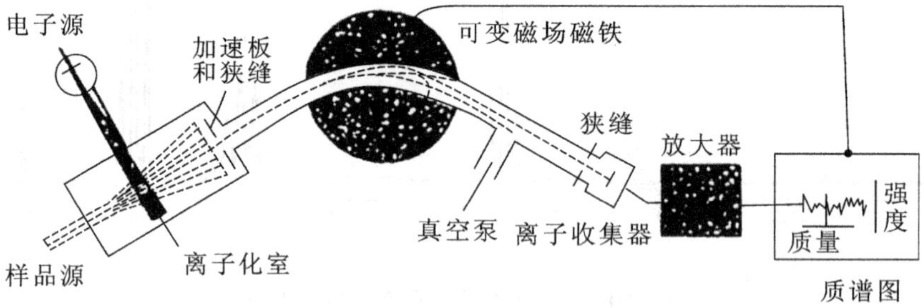

图 8-16　质谱仪示意图

在质谱图中,每一种质荷比的离子给出一个峰,称为离子峰(M^+ 峰)。离子峰用线条表示,线条的高度表示各离子的丰度。质谱图中横坐标为质荷比(m/z),纵坐标为离子的相对丰度。由于离子的电荷一般为 1,故质谱的横坐标实际上为离子质量。相对丰度即将图中峰值最强的峰定为基峰(标准峰),其值定为 100,其余峰的强度用和基峰的相对值来表示。例如丁醛的质谱图如图 8-17 所示。

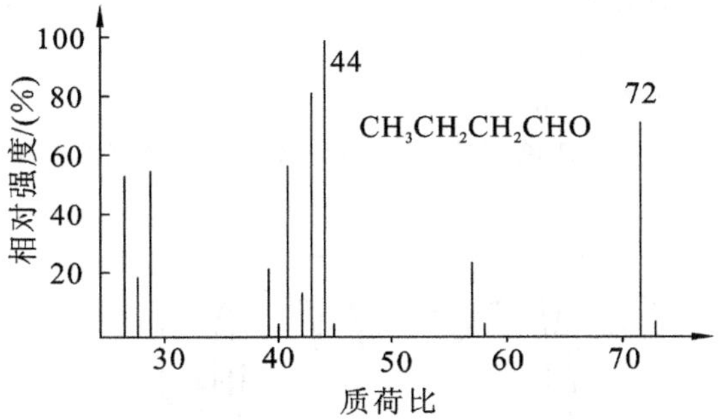

图 8-17　丁醛的质谱图

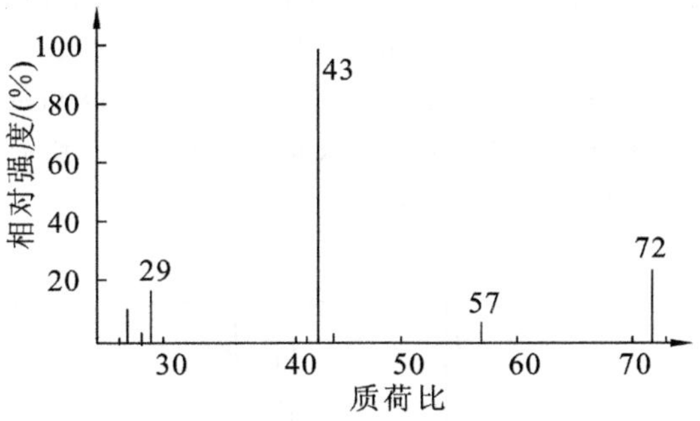

图 8-18　丁酮的质谱图

8.3.2　质谱在有机化学中的应用

在解析质谱图时，首先要找出分子离子峰($M^{\cdot +}$峰)，它的质荷比就是化合物准确的相对分子质量。判断分子离子峰的方法是：在质谱图中必须是最高质量的离子峰(同位素峰除外)；必须是一个奇电子离子；符合氮规则，即由碳、氢、氧组成的化合物中，不含氮原子或含有偶数氮原子其相对分子质量为偶数，反之为奇数；分子离子峰能失去合理的中性碎片。此外，有的化合物分子离子峰很小，甚至根本看不到；有的化合物如醚、氰化物等的 M＋1 峰强度大于 M^+ 峰；有的化合物如醛、醇等的 M－1 峰强度大于 M^+ 峰。

峰的相对强度直接与分子离子的稳定性有关。通常，分子离子在最弱或较弱的键处断裂成碎片，给出特征离子峰，从而可辨认出分子中一些结构单元。碎片离子的元素组成通常表明分子中存在的一些较稳定的基团。故解析谱图时一般找强度比较高、能辨认的离子峰。

丁酮的质谱图如图 8-18 所示。图中的峰质荷比分别为 72、57、43、29、15，其中 72 可能为分子离子峰，则它的相对分子质量为 72。根据酮的裂分规律：

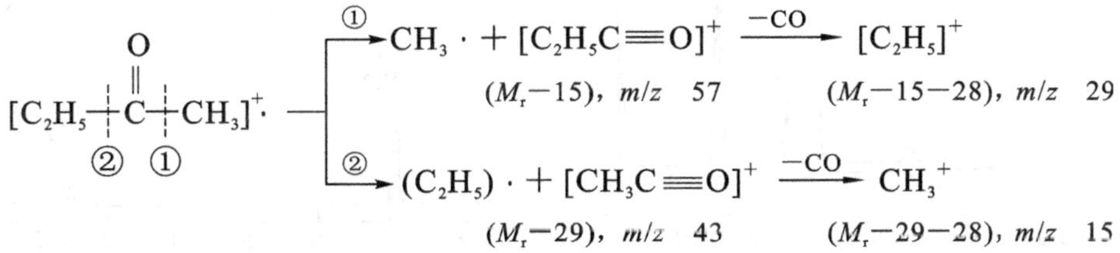

酮分子离子容易进行 α-分解，生成氧𬭩离子，进而再失去中性分子 CO 生成新的正离子。由此，可以推断该化合物为丁酮。

对于有机化合物的结构鉴定，常需要将紫外可见光谱、红外吸收光谱、核磁共振谱及质谱等技术联合应用，才能使分析更为准确可靠，而且效率更高。四大谱的应用已成为现代有机分析中的先进实验手段。

习　题

1. 指出下列红外光谱数据(单位：cm^{-1})可能存在的官能团。

(1) 3 010，965(s)　　(2) 3 300，2 150，630　　(3) 3 350(宽)，1 050

(4) 1 720(s)，但无 2 720，2 820　　(5) 1 720(s)，2 720，2 820

2. 根据下列化合物的红外吸收光谱吸收带的分布,写出它们的结构式。

(1) C_5H_8:3 300 cm^{-1},2 900 cm^{-1},2 100 cm^{-1},1 470 cm^{-1},1 375 cm^{-1}

(2) C_7H_6O:2 720 cm^{-1},1 760 cm^{-1},1 580 cm^{-1},740 cm^{-1},690 cm^{-1}

3. 化合物 C_8H_6 的红外吸收光谱图如图 8-19 所示,它能使 Br_2/CCl_4 褪色,并能与银氨溶液反应生成沉淀。试推测该化合物的结构。

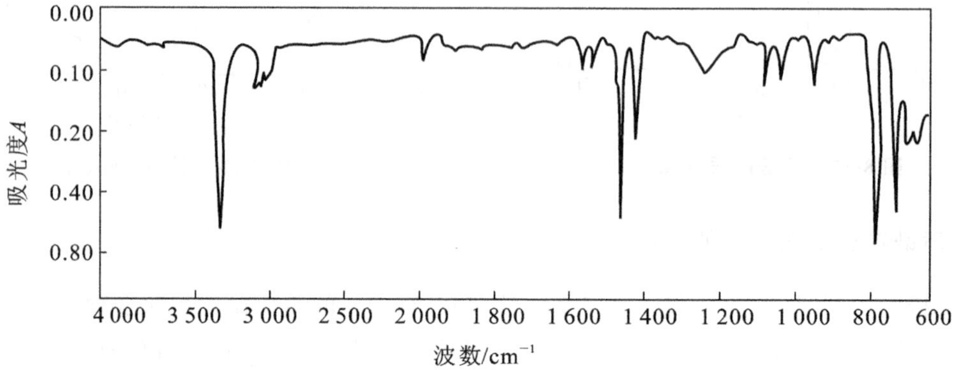

图 8-19　C_8H_6 **的红外吸收光谱图**

4. 名词解释。

(1) 核磁共振　(2) 化学位移　(3) 质谱　(4) 分子离子峰

5. 图 8-20 为 $(CH_3)_2C(OH)CH_2COCH_3$ 的核磁共振谱图。

(1) 分子中含有几种类型的质子?

(2) 写出各峰的化学位移。

(3) 推测每一个峰是分子中哪些质子产生的。

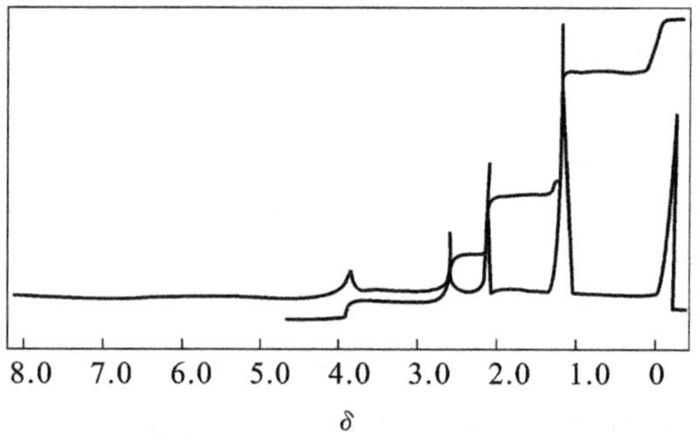

图 8-20　$(CH_3)_2C(OH)CH_2COCH_3$ **的核磁共振谱图**

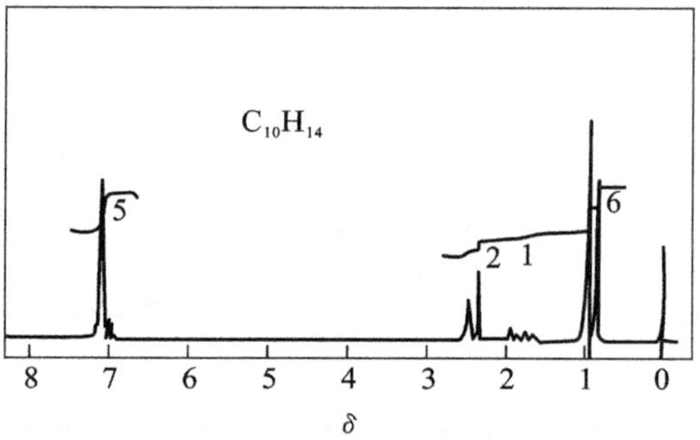

图 8-21　$C_{10}H_{14}$ **的核磁共振氢谱图**

6. $C_{10}H_{14}$ 的核磁共振谱图如图 8-21 所示,推测它的结构式。

7. 无环化合物的分子式为 $C_6H_{12}O_2$,其光谱特征是:核磁共振谱在 δ 3.4 和 δ 1.0 处各有一单峰;红外吸收光谱在 2 950 cm^{-1} 处无吸收峰,在 1 740 cm^{-1}、1 250 cm^{-1} 和 1 060 cm^{-1} 处有强吸收带。试推测这个化合物的结构。

8. 某化合物的分子式为 $C_9H_{10}O_2$,其红外吸收光谱特征峰如下:1 742 cm^{-1},1 232 cm^{-1},1 028 cm^{-1},764 cm^{-1},690 cm^{-1};^{1}H-NMR 谱如下:δ 2.02(单峰,3H),δ 5.03(单峰,2H),δ 7.26(单峰,5H)。试推测这个化合物的结构。

9. 某化合物分子式为 C_4H_8O。它的核磁共振氢谱图中有 3 组峰:单峰(3H)、四重峰(2H)、三重峰(3H)。它的红外吸收光谱在 1 715 cm^{-1} 处有强吸收。试写出它的结构式。

第9章　卤　代　烃

卤代烃是指烃分子中的一个或多个氢原子被卤素原子取代后生成的化合物。因此卤代烃又称为烃的卤素衍生物。

9.1　卤代烃的分类与命名

9.1.1　卤代烃的分类

卤代烃的分类可根据卤素原子种类、氢原子被取代的数目、母体烃的种类及卤素原子连接碳的类型等，分类方法有多种。

1. 按分子中卤素原子取代的数目分

(1) 一卤代烃：分子中一个氢原子被卤素原子取代的产物。例如：

CH_3CH_2Cl　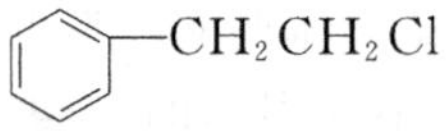　$CH_3CH_2CH_2Br$

(2) 二卤代烃：分子中两个氢原子被卤素原子取代的产物。例如：

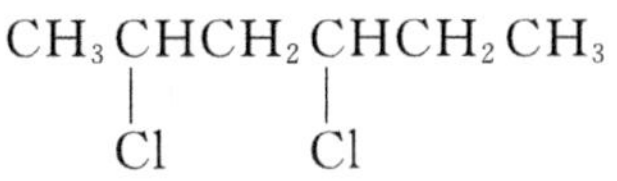　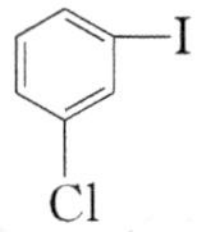

(3) 多卤代烃：分子中两个以上氢原子被卤素原子取代的产物。例如：

$CHCl_3$　$CHCl_2CHCl_2$

2. 按烃的种类不同分

(1) 饱和卤代烃：烷烃中的氢原子被卤素原子取代的产物。例如：

CH_3Cl　$CH_3CH_2CH_2CH_2CH_2Cl$　$(CH_3)_2CHCH_2CH_2Br$

(2) 不饱和卤代烃：不饱和烃中的氢原子被卤素原子取代的产物。例如：

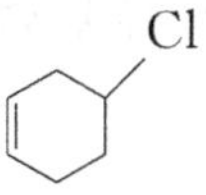　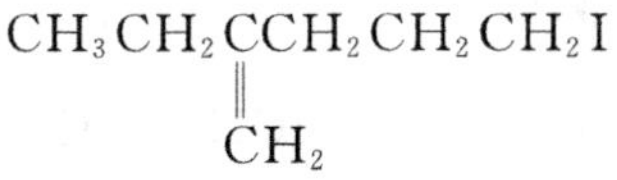　$CH{\equiv}CCH_2CH_2Cl$

(3) 卤代芳烃：芳烃中的氢原子被卤素原子取代的产物。例如：

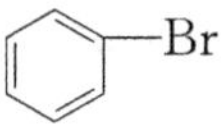　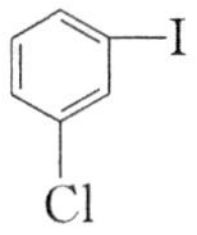　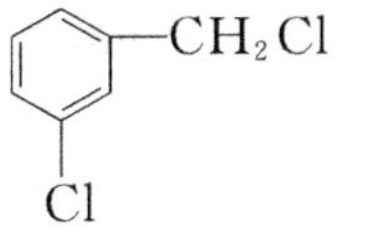

3. 按卤素原子连接碳原子的种类分

(1) 伯卤代烃：伯碳原子上的氢原子被卤素原子取代的产物。例如：

$CH_2ClCH_2CH_2CH_2I$　

(2) 仲卤代烃:仲碳原子上的氢原子被卤素原子取代的产物。例如:

(3) 叔卤代烃:叔碳原子上的氢原子被卤素原子取代的产物。例如:

$(CH_3)_3CCl$ 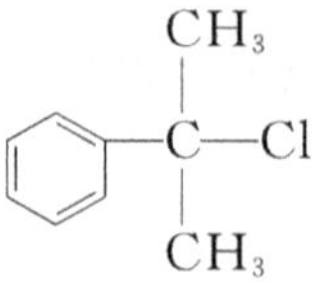

4. 按卤素原子的种类不同分

按卤素原子种类不同分为氟代烃、氯代烃、溴代烃、碘代烃,例如:

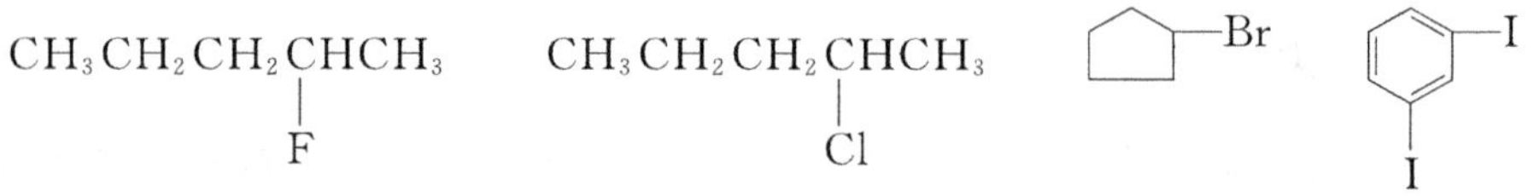

9.1.2 卤代烃的同分异构与命名

1. 卤代烃的同分异构

卤代烃的同分异构体比相应的烃类异构体要多。除烃中讨论的碳链、官能团的位置等异构外,还应包括卤素原子在碳链上的位置不同引起的异构。在一个固定碳链结构的烃中,有多少种氢原子,就会有多少种卤素原子位置不同引起的卤代烃异构体。如异戊烷发生一氯取代后就有四种异构体。

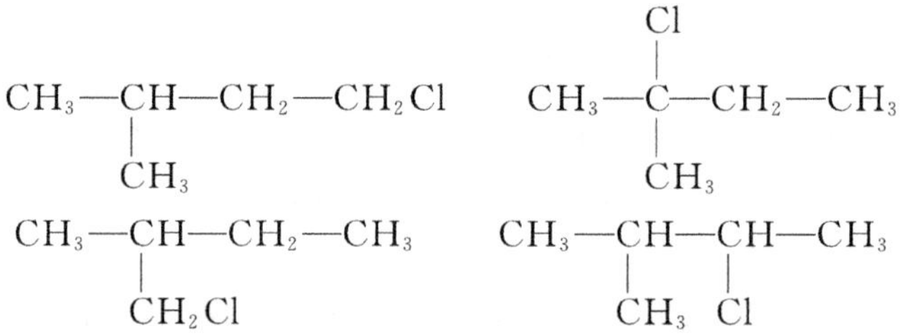

2. 卤代烃的命名

1) 习惯命名法

习惯命名法是按卤素原子连接烃基的名称命名的。书写方式为:烃基名称＋卤素名称。此法适合烃基结构简单的卤代烃命名。例如:

CH_3Cl	CH_3CH_2Br	$(CH_3)_3CCl$	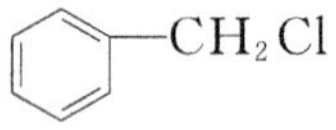
甲基氯	乙基溴	叔丁基氯	苄基氯(苯甲基氯)
methyl chloride	ethyl bromide	tert-butyl chloride	benzyl chloride

还有的用俗称。如:

CHX_3	$CHCl_3$	CCl_4
卤仿	氯仿	四氯化碳
haloform	chloroform	carbon tetrachloride

2) 系统命名法

卤代烃的系统命名是把卤素原子作为烃的取代基命名的。

命名时，选择连有卤素原子的最长碳链为主链，支链和卤素原子均看作取代基。主链编号从靠近取代基的一端开始，卤素原子与烷基的书写顺序与编号按取代基英文名称首字母顺序排列。

CH_3Cl	CH_3CH_2Br	$(CH_3)_3CCl$	$CHCl_3$
氯甲烷	溴乙烷	2-氯-2-甲基丙烷	三氯甲烷
chloromethane	bromoethane	2-chloro-2-methylpropane	trichloromethane

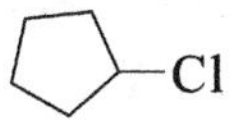

氯代环戊烷

1-chlorocyclo pentane

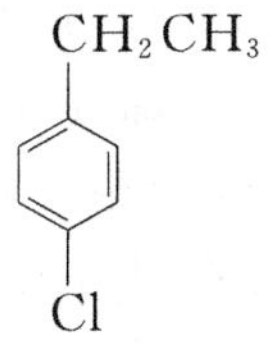

4-氯乙苯

4-chloro ethylbenzene

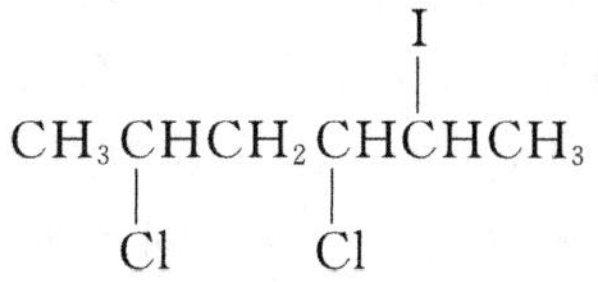

2,4-二氯-5-碘己烷

2,4-dichloro-5-iodohexane

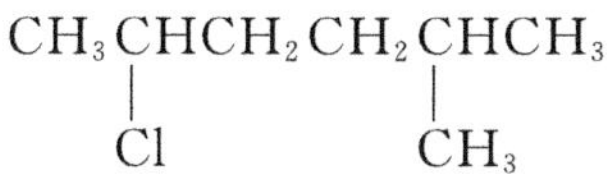

2-氯-5-甲基己烷

2-chloro-5-methylhexane

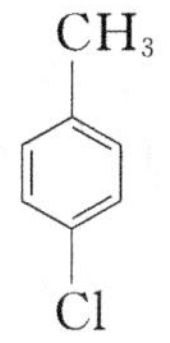

4-氯甲苯（对氯甲苯）

4-chloromethylbenzene(*p*-chloromethylbenzene)

不饱和卤代烃命名时，选择含有不饱和键并连有卤素原子的最长碳链作主链，编号使不饱和键的位次最小，并使取代基的位次尽可能小。

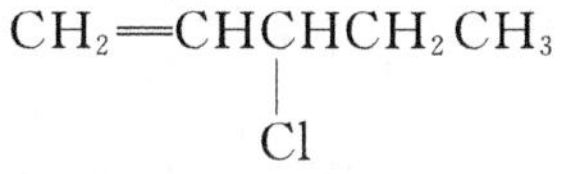

3-氯-戊-1-烯

3-chloro-pent-1-ene

$CH\equiv CCH_2CH_2CH_2Br$

5-溴-戊-1-炔

5-bromo-pent-1-yne

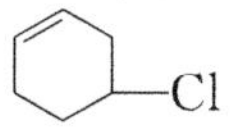

4-氯环己烯

4-chlorocyclohexene

思考题 9-1　写出分子式为 $C_5H_{11}Br$ 的所有异构体的结构式和 IUPAC 名称，并指出是一级、二级还是三级卤代烷。

9.2　卤代烃的结构

卤代烃中碳卤键是极性共价键（$-\overset{|}{\underset{|}{C}}^{\delta^+}-X^{\delta^-}$），卤素电负性均比碳大，卤素原子上带部分负电荷，碳原子上带部分正电荷，带正电荷的碳更易受试剂的进攻。碳卤键是活性较强的化学键，因此卤素是卤代烃的官能团。碳卤共价键的断裂取决于键的可极化度和键能的大小。

可极化度与原子的半径和核对外层电子的吸引强度有关。从氟到碘原子半径逐渐增大，核对外层电子的吸引能力逐渐减弱，键的可极化度逐渐增强。

从键能的大小也可以看出碳卤键的稳定性。

	C—H	C—C	C—Cl	C—Br	C—I
键能/(kJ/mol)	414.2	437.3	338.9	284.5	217.6

由上述分析可知，碳卤键的活泼次序：C—I ＞ C—Br ＞ C—Cl。

9.3 卤代烃的物理性质

卤代烃的熔、沸点和密度等物理性质不仅与烃基的结构有关,也和卤素原子的种类有关。卤素原子相同时,同系物沸点的变化规律与烷烃相似;烃基相同时,其沸点随卤素原子从氯到碘而升高。卤代烷的沸点高于与其有相同烃基的烷烃,但与相对分子质量相近的烷烃沸点相差不大。常温常压下,氯甲烷、氯乙烷、溴甲烷、氯乙烯等为气体,其他含 15 个碳原子以下的一卤代烷均为液体,高级的卤代烷为固体。一氯代烃的相对密度小于 1,比水轻。一溴代烃和一碘代烃的相对密度均大于 1。同系列中,卤代烷的相对密度随相对分子质量的增加而降低。这主要是卤素原子在分子中质量分数逐渐减小的缘故。

纯净的卤代烃无色,有令人不愉快气味,蒸气有毒,应避免吸入体内。碘代烷易分解产生游离碘,久置后逐渐变为红棕色。

卤代烃均不溶于水,可溶于醇、醚、烃等有机溶剂。

一些卤代烷的物理常数如表 9-1 所示。

表 9-1　一些卤代烷的物理常数

卤代烷	氟化物		氯化物		溴化物		碘化物	
	沸点/℃	相对密度 d_4^{20}	沸点/℃	相对密度 d_4^{20}	沸点/℃	相对密度 d_4^{20}	沸点/℃	相对密度 d_4^{20}
CH_3X	−78.4	0.842 8	−24.2	0.915 9	3.6	1.73	42.4	2.279
CH_3CH_2X	−37.7	0.718 2	12.3	0.897 8	38.4	1.440	72.3	1.933
$CH_3CH_2CH_2X$	−2.5	0.795 6	46.6	0.890	71.0	1.335	102.5	1.747
$(CH_3)_2CHX$	−9.4	0.769 0	34.8	0.859	59.4	1.310	89.5	1.705
$CH_3CH_2CH_2CH_2X$	−32.5	0.779	78.4	0.884	101.6	1.276	130.5	1.617
$CH_3CH_2CH(CH_3)X$	−25.3	0.766	68.3	0.871	91.2	1.258	120	1.595
$(CH_3)_2CHCH_2X$	−25.1	—	68.8	0.875	91.4	1.261	121	1.605
$(CH_3)_3CX$	−12.1	—	50.7	0.840	73.1	1.222	100	—
$CH_3CH_2CH_2CH_2CH_2X$	—	—	108	0.883	130	1.223	157	1.517
CH_2X_2	−52	—	40	1.336	99	2.49	180	3.325
CHX_3	−83	—	61	1.489	151	2.89	升华	4.008
CX_4	−128	—	77	1.595	189.5	3.42	升华	4.32

9.4 卤代烃的化学性质

卤代烃除了烃基上可发生前面各章介绍的烃的有关反应外,其他的反应发生都与其官能团卤素有关。由于碳卤键可极化度大,键能小,所以卤代烃的化学性质比较活泼。主要的反应部位与类型如下所示：

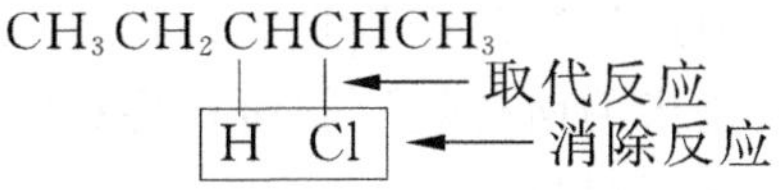

9.4.1 亲核取代反应

在碳卤键中，共用电子对偏向卤素原子，使得碳带部分正电荷，极易受到亲核试剂的进攻，亲核试剂从而取代卤素原子，卤素原子带着一对电子以负离子的形式离去。反应通式如下：

$$R-X + Nu: \longrightarrow RNu + X^-$$

底物　亲核试剂　产物　离去基团

亲核试剂(Nu:)一般是带负电荷的离子或具有未共用电子对的基团。它们都具有较大的电子云密度，对带正电荷(碳)的部分有亲和作用。一般把能产生这些负离子和基团的分子称为亲核试剂。如 NaOH、NaOR、NaCN、NH_3 等都是常见亲核试剂。

卤代烃可以与亲核试剂 OH^-、CN^-、RO^-、NH_2^- 等发生反应，得到相应的取代产物醇、腈、醚、胺。

1. 被羟基取代

卤代烷与碱的水溶液共热，卤素原子被羟基取代生成醇。

$$RX + HOH \xrightleftharpoons{NaOH} ROH + HX$$

卤代烷的水解是可逆过程，需要在碱的水溶液中共热，加碱的目的是中和 HX，利于反应正向进行。

$$R-X + NaOH \xrightarrow{\triangle} R-OH + NaX$$

一般的卤代烷是通过相应的醇制得的，故对结构较简单的卤代烷，这种反应的合成价值不高。而对于一些结构复杂的分子，引入一个羟基要比引入一个卤素原子困难，故先引入卤素原子，然后再水解引入羟基来制备相应的醇。

2. 被氰基取代

卤代烷与氰化钠或氰化钾作用，卤素原子被氰基取代生成腈。腈在酸性条件下水解，可得到相应的羧酸。

$$R-X + NaCN \xrightarrow{\triangle} R-CN + NaX$$

$$RCN + H_2O \xrightarrow{H^+} RCOOH$$

通过上述反应，分子中的碳链增加了一个碳原子，因此在有机合成上该反应常常作为增长碳链的方法之一。

3. 被烷氧基取代

卤代烷与醇钠作用，卤素原子被烷氧基取代生成醚。这是制备不对称醚常用的方法。

$$R-X + NaOR' \longrightarrow ROR' + NaX$$

$$CH_3Cl + CH_3CH_2ONa \xrightarrow[回流]{乙醇} CH_3OCH_2CH_3 + NaCl$$

4. 被氨基取代

卤代烷与液氨共热，卤素原子被氨基取代生成胺。

$$R-X + NH_3 \xrightarrow{\triangle} RNH_2 + HX$$

由于氨(包括生成的胺)比水及醇具有更强的亲核性,故反应得到的伯胺会继续与卤代烷反应,生成仲胺、叔胺及季铵盐,因此得到的产物是混合物。

上述几类取代反应中,一般是指伯卤代烷。叔卤代烷难以得到相应的取代产物,而主要是消除产物。仲卤代烷是取代、消除同时进行,反应产率较低。

5. 卤素原子的交换

氯代烷、溴代烷在丙酮溶液中与碘化钠作用,氯、溴原子被碘原子取代,得到碘代烷。

$$R—Br + NaI \xrightarrow{\text{丙酮}} RI + NaBr$$

$$\underset{\displaystyle\underset{Br}{|}}{CH_3CH}CH_2CH_3 \xrightarrow{\text{丙酮}} \underset{\displaystyle\underset{I}{|}}{CH_3CH}CH_2CH_3 + NaBr$$

卤素交换反应是一个可逆平衡反应。碘代烷不能从烷烃直接碘化获得,但可用此法制得。这是由于碘化钾溶于丙酮,而氯化钾和溴化钾不溶于丙酮,从而有利于反应的进行。

6. 与硝酸银的醇溶液反应

卤代烷与硝酸银的醇溶液作用,生成硝酸酯和卤化银沉淀。

$$R—X + AgONO_2 \xrightarrow{C_2H_5OH} RONO_2 + AgX\downarrow$$

不同的卤代烷反应的快慢不同,反应现象也不同,常用此反应来鉴别不同类型的卤代烷。不同类型卤代烷的反应活性从大到小的顺序:叔卤代烷>仲卤代烷>伯卤代烷;碘代烷>溴代烷>氯代烷。

$$R_3C—X + AgONO_2 \xrightarrow[\text{室温}]{\text{乙醇}} R_3CONO_2 + AgX\downarrow \quad \text{立即生成沉淀}$$

$$R_2CH—X + AgONO_2 \xrightarrow[\text{室温}]{\text{乙醇}} R_2CHONO_2 + AgX\downarrow \quad \text{慢慢生成沉淀}$$

$$RCH_2—X + AgONO_2 \xrightarrow[\triangle]{\text{乙醇}} RCH_2ONO_2 + AgX\downarrow \quad \text{加热才有沉淀生成}$$

9.4.2 消除反应

消除反应是分子中脱去一些小分子(如 HX、H_2O 等),生成不饱和化合物的反应。卤代烃的消除反应是在碱的醇溶液作用下,卤素原子和 β-碳上的氢同时脱去,失去一分子卤化氢生成烯烃的反应。

$$CH_3—\underset{\displaystyle\underset{CH_3}{|}}{CH}—\underset{\displaystyle\underset{Cl}{|}}{CH}—CH_3 \xrightarrow[C_2H_5OH]{NaOH} CH_3—\underset{\displaystyle\underset{CH_3}{|}}{C}=CH—CH_3 + HCl$$

结构不同的卤代烃发生消除反应的活性由大到小的顺序:叔卤代烷>仲卤代烷>伯卤代烷。烃基结构相同,卤素原子不同时消除反应的活性由大到小的顺序:碘代烷>溴代烷>氯代烷。

对于仲卤代烃和叔卤代烃消除反应的产物有选择时,遵循札依采夫(Saytzeff)规则。

札依采夫规则:仲卤代烷和叔卤代烷脱 HX 时,主要脱含氢少的 β-碳上的氢,生成连烷基多的烯烃。

$$\underset{\displaystyle\underset{H}{|}}{CH_3CH}\underset{\displaystyle\underset{Br}{|}}{CH}\underset{\displaystyle\underset{H}{|}}{CH_2} \xrightarrow[KOH]{C_2H_5OH} \begin{cases} HBr + CH_3CH_2CH=CH_2 \\ HBr + CH_3CH=CHCH_3 \quad 81\% \end{cases}$$

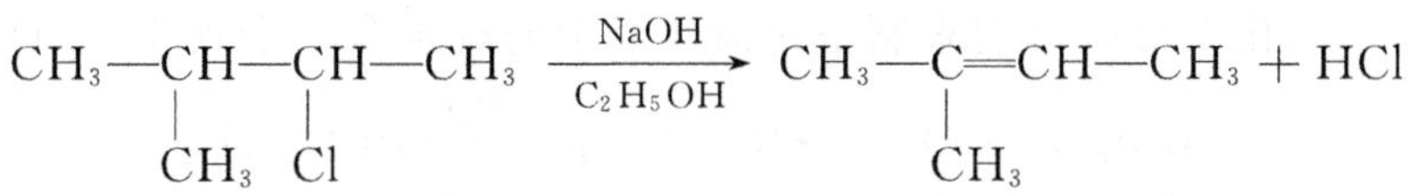

卤代烷的消除反应与取代反应都是在碱的作用下进行的，因此消除和取代是相互伴随的竞争反应。反应中究竟哪种反应占优势，与反应物的分子结构和反应条件都有关系，具体情况可参照后面的反应机理分析。

9.4.3　与金属的反应

卤代烃与某些金属作用，生成金属与碳直接相连的一类化合物，称为有机金属化合物。

有机金属化合物的命名是把有机基团的名称写在金属名称之前。如：

CH_3Li	CH_3CH_2MgCl	CH_3Cu	$(CH_3CH_2)_4Pb$
甲基锂	乙基氯化镁	甲基铜	四乙基铅
methyllithium	ethylmagnesium chloride	methylcopper	tetraethylplumbane

有机金属化合物中，碳与活泼金属形成的键极性很强，属于离子型的化学键，所以这类化合物的性质非常活泼，是一类非常强的亲核试剂。

1. 与金属锂的反应

卤代烃与金属锂在非质子溶剂中作用生成有机锂化合物。

$$CH_3CH_2CH_2Br + 2Li \xrightarrow[-10\ ℃]{CH_3CH_2OCH_2CH_3} CH_3CH_2CH_2Li + LiBr$$

由于有机金属化合物性质非常活泼，可与含活泼氢的物质反应，所以在制备和使用时要求用惰性气体保护且在非质子溶剂中进行。这里用的乙醚为无水、无醇的绝对醚。

2. 与金属钠的反应

卤代烷与金属钠反应生成有机钠化合物 RNa，RNa 进一步与卤代烷反应生成烷烃，用此反应可合成结构对称的烷烃。

$$2RX + 2Na \longrightarrow R—R + 2NaX$$

3. 与金属镁的反应

卤代烃与金属镁在干醚（无水、无醇）或四氢呋喃溶剂中作用可得到烷基卤化镁。此类化合物称为格氏（Grignard）试剂。格氏试剂生成后不用分离可直接用于下一步反应。

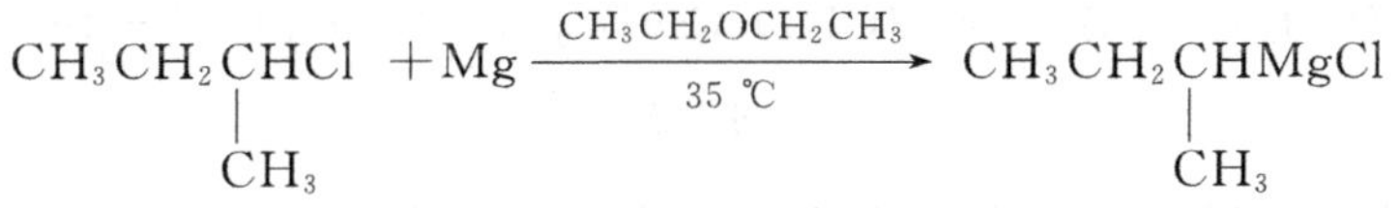

格氏试剂是有机合成中重要的活泼中间体，可与醛、酮、环氧乙烷等发生加成反应，用于有机物的制备。此用途将在后续章节中讨论。

另外，格氏试剂能与多种含有活泼氢的化合物反应生成相应的烃，且反应是定量进行的。因此，在有机分析中可将含活泼氢的化合物与甲基碘化镁（CH_3MgI）作用，通过测定生成甲烷的体积可计算出化合物中所含活泼氢的数目。

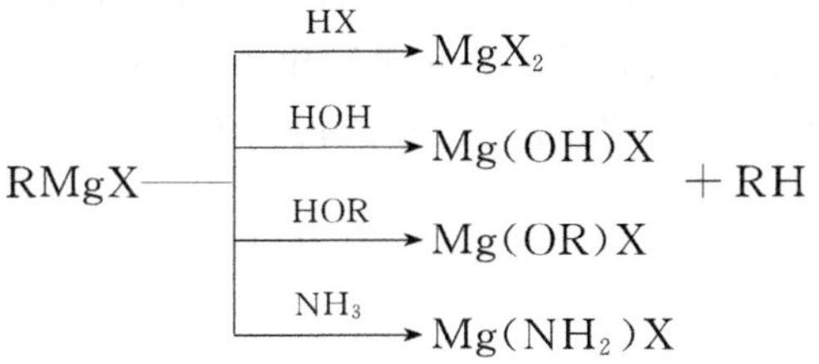

格氏试剂与二氧化碳反应常用来制备比卤代烃中的烷基多一个碳原子的羧酸。例如：

$$RMgX + CO_2 \longrightarrow RCOOMgX \xrightarrow{H_2O} RCOOH$$

思考题 9-2　用化学方法鉴别下列化合物。

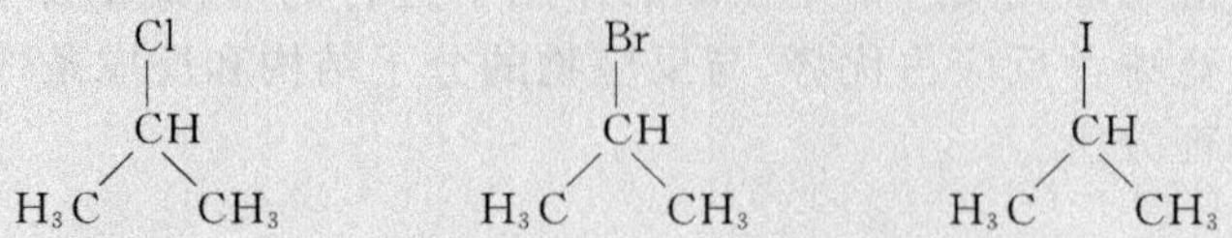

思考题 9-3　将下列化合物发生消除反应的活性从高到低排序。

(1) 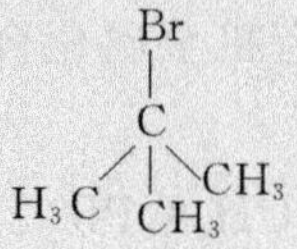　(2) 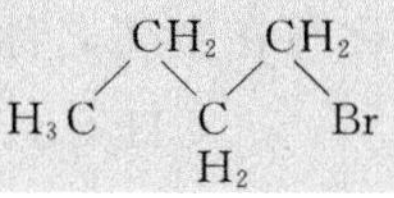　(3) 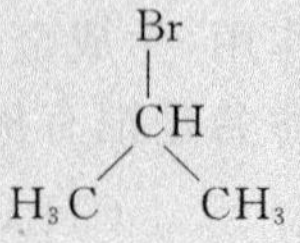

9.5　亲核取代反应机理

溴甲烷在碱性水溶液中的水解速率不仅与溴甲烷的浓度成正比，也与亲核试剂碱的浓度成正比；而叔丁基溴在碱的水溶液中水解速率只与叔丁基溴的浓度成正比，而与亲核试剂碱的浓度无关。这个实验事实说明，伯卤代烷与叔卤代烷的水解反应机理是不同的。为了解释这些不同的实验现象，化学家提出了单分子亲核取代与双分子亲核取代两种反应机理。

9.5.1　单分子亲核取代(S_N1: unimolecular nucleophilic substitution reaction)反应机理

只有一种分子参与了决定反应速率关键步骤的亲核取代反应称为单分子亲核取代反应，用 S_N1 表示。S 表示取代反应(substitution reaction)，N 表示亲核(nucleophilic)，1 表示有一种分子参与了速控步骤。叔卤代烷的取代反应大多属于此反应机理，例如叔丁基溴的水解反应就可用 S_N1 反应机理解释。此取代反应分两步进行，第一步是叔丁基溴在溶剂中逐步极化，经历一个碳溴键将断未断而能量较高的过渡态阶段，最后解离成叔丁基碳正离子和溴负离子。这步反应是将极性共价键异裂为离子，活化能高，反应速率慢。

$$(CH_3)_3C{-}Br \xrightleftharpoons{慢} \underset{过渡态}{[(CH_3)_3C\cdots Br]^{\neq}} \rightleftharpoons (CH_3)_3C^+ + Br^-$$

这里生成的碳正离子是活性中间体，不能稳定存在。第二步是生成的叔丁基碳正离子立即与亲核试剂 OH^- 作用生成水解产物叔丁醇。

$$(CH_3)_3C^+ + OH^- \xrightleftharpoons{快} [(CH_3)_3C\cdots OH]^{\neq} \rightleftharpoons (CH_3)_3C{-}OH$$

由于第一步反应是慢反应，所以整个反应的快慢就由它决定。而这一决定整个反应速率的步骤，其反应的速率只与反应物卤代烷的浓度成正比，与亲核试剂的浓度无关，所以称作单分子反应历程。生成的碳正离子越稳定，越可能发生 S_N1 反应。另外，反应中生成的碳正离子还可以发生重排而转为更稳定的碳正离子，然后再与亲核试剂作用。例如，新戊基溴与乙醇反应，几乎全部得到重排产物。

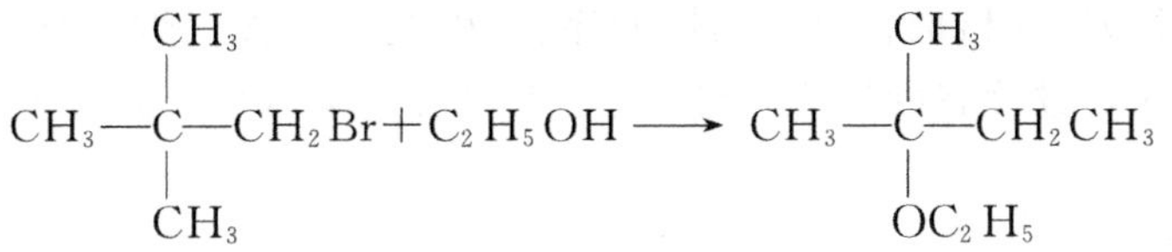

其反应机理如下：

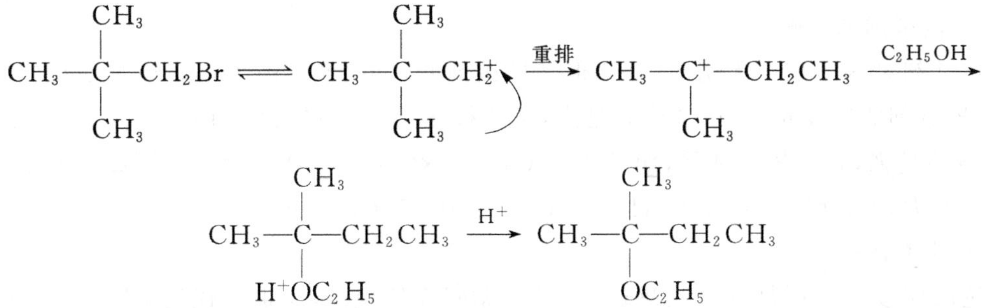

反应按 S_N1 机理进行时，有如下特点：①反应速度仅与 RX 浓度有关，与亲核试剂的浓度无关；②反应分两步进行；③产生了碳正离子中间体；④中间体碳正离子可以发生重排。

9.5.2　双分子亲核取代（S_N2：bimolecular nucleophilic substitution reaction）反应机理

S_N2 反应是双分子过程，其反应速率与卤代烷和亲核试剂的浓度都成正比。两种反应物对速率的影响是同步过程，如溴甲烷的水解就属于此反应机理。反应中亲核试剂从反应物离去基团的背面向与它连接的原子进攻，这样羟基与碳原子形成比较弱的 C—OH 键，同时 C—Br 键有一定程度的减弱，形成一个不稳定的过渡态。羟基与碳的距离越来越近，使得羟基对碳上三个氢原子的排斥增大，三个碳氢键逐渐由伞形变成平面。这时亲核试剂、中心碳原子、离去基团处在一条直线上。随着 C—OH 键的不断增强，C—Br 键不断减弱。最后羟基与碳生成稳定的 C—OH 键，C—Br 键则彻底断裂，形成甲醇和溴负离子，同时碳原子上的三个碳氢键由平面偏向另一边呈伞形。分子空间结构在整个转化过程中犹如大风将雨伞由里向外翻转一样，这种结构转化又称为瓦尔登翻转。

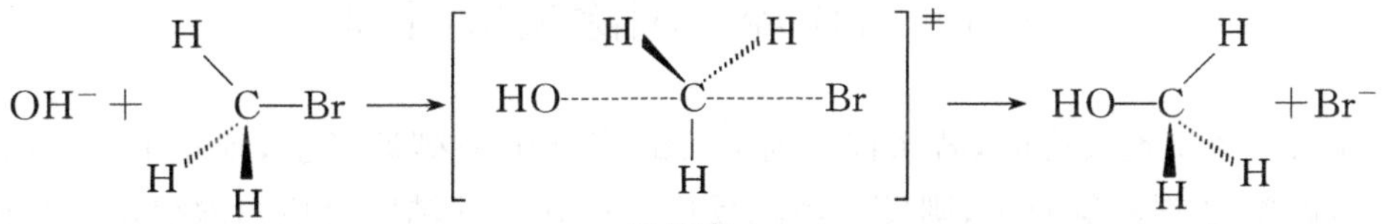

过渡态

反应按 S_N2 机理进行时的特点如下：①反应速率不仅与 RX 浓度有关，也与亲核试剂浓度有关；②反应中新键的形成和旧键的断裂同时进行；③产物构型转变，发生瓦尔登翻转。

9.5.3　决定亲核取代反应机理的影响因素

卤代烷的亲核取代反应究竟是按 S_N1 机理进行还是按 S_N2 机理进行，不仅受烃基结构影响，还与亲核试剂、离去基团、溶剂等因素都有密切关系。

1）烃基结构的影响

按 S_N1 机理进行时，亲核取代反应活性顺序：叔卤代烷＞仲卤代烷＞伯卤代烷＞卤甲烷。因为决定反应速率的是碳正离子的形成，形成的碳正离子越稳定，反应越易进行。碳正离子上连接的烃基越多，正电荷的分散程度越大，结构越稳定。

按 S_N2 机理进行时，亲核取代反应活性顺序：卤甲烷＞伯卤代烷＞仲卤代烷＞叔卤代烷。因为决定反应速率的是过渡态的形成，空间位阻是主要影响因素。烃基越多、越大，空间位阻就越大。

2）卤素的影响

反应按 S_N1 和 S_N2 机理进行时，卤素原子的影响一样：RI＞RBr＞RCl＞RF。

3）亲核试剂的影响

亲核试剂对 S_N1 反应无明显影响，但亲核试剂的浓度、亲核能力都影响 S_N2 反应的速率。一般，亲核试剂的浓度越大，亲核能力越强，反应按 S_N2 机理进行的趋势越大。具有相同原子的 Nu：碱性越强，其亲核性越强，如 $RO^- > OH^- > RCO_2^- > ROH > H_2O$；同族元素半径越大，其变形性越大，亲核性越强，如 RSH＞ROH，$I^- > Br^- > Cl^- > F^-$。

4）离去基团的影响

无论反应按 S_N1 还是 S_N2 机理进行，都遵循同样的规律，即被取代的基团越易离去，反应速率就越快。离去基团离去倾向的大小与离去基团的碱性和可极化度有关，碱性越弱、可极化度越大，离去倾向就越大，如 $RSO_3^- > RCOO^- > Ph^- > OR^- > OH^- > R_3C^-$；$I^- > Br^- > Cl^- > F^-$。

5）溶剂的影响

一般极性溶剂有利于反应按 S_N1 机理进行，极性较小溶剂有利于反应按 S_N2 机理进行。

在通常情况下，S_N1 和 S_N2 两种机理总是同时并存且互相竞争的，叔卤代烷主要按 S_N1 机理进行，伯卤代烷主要按 S_N2 机理进行，仲卤代烷既可按 S_N1 机理进行又可按 S_N2 机理进行，但以 S_N2 机理为主。

思考题 9-4　将下列化合物按要求排序：

1-溴丁烷；1-溴-2,2-二甲基丁烷；1-溴-2-甲基丁烷；1-溴-3-甲基丁烷

(1) 进行 S_N2 反应速率由大到小。

(2) 进行 S_N1 反应速率由大到小。

思考题 9-5　氯甲烷发生水解反应时，加入少量 NaI 或 KI 时，反应会加快很多，为什么？

9.6　卤代烃的消除反应机理

卤代烃与亲核试剂反应时，若亲核试剂进攻的部位在 α-碳原子上，则发生亲核取代反应，若亲核试剂进攻的是 β-氢原子，则发生消除反应。卤代烃的消除反应与取代反应是同时进行且互相竞争的，这是因为两种反应的机理有相似之处。消除反应也存在单分子消除反应和双分子消除反应。

9.6.1　单分子消除(E1：unimolecular elimination)反应机理

与单分子取代反应机理相似，单分子消除反应也是分两步进行的。首先是卤代烷在溶剂中先解离为碳正离子和卤素负离子，因为碳卤键断裂需要吸收较多的能量，所以此反应是个慢步骤。然后亲核试剂进攻 β-氢原子，脱去一分子水形成烯烃。这一步要打开碳氢键，同时形成碳碳键，再加上碳正离子的活性较高，所以该步反应的活化能较小，反应速率快。这样整个反应的速控步骤为第一步，反应的快慢只与卤代烷的浓度有关，属于单分子消除反应机理。如叔卤代烷与 KOH-乙醇共热时的反应机理如下。

第一步：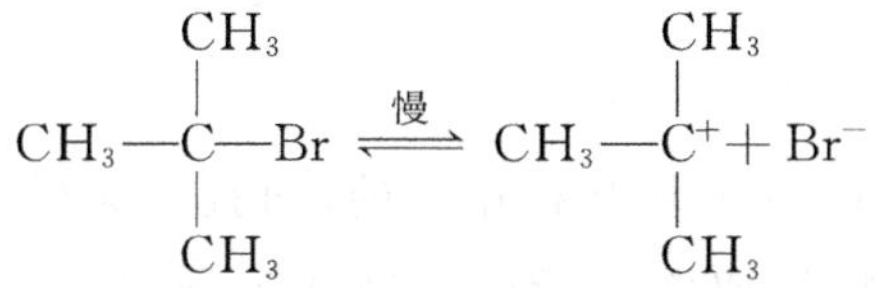

第二步：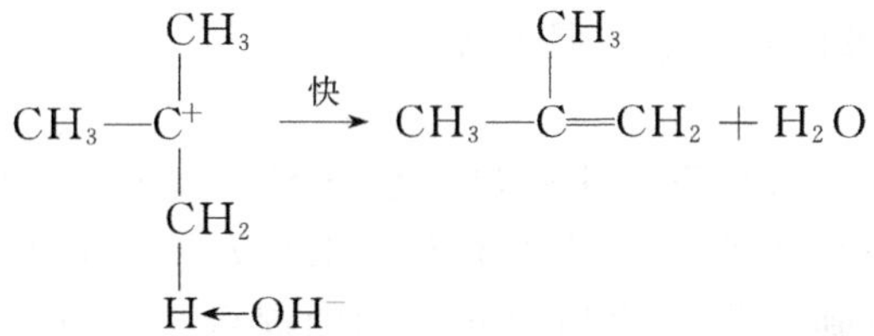

反应中生成的碳正离子同样可以发生重排反应而转变为更稳定的离子。如新戊基溴消除反应可得重排产物 2-甲基丁-2-烯。

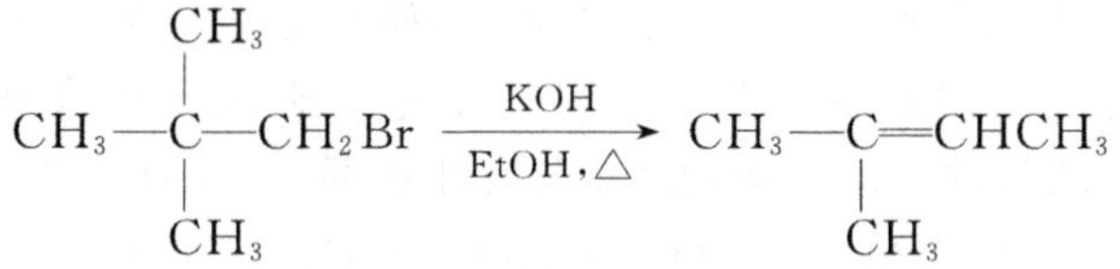

反应机理可参考 9.5.1。

9.6.2　双分子消除(E2：bimolecular elimination)反应机理

双分子消除反应是一步进行的反应。反应中亲核试剂进攻卤代烷的 β-氢原子，当靠近一定程度时就会部分成键，同时碳卤键被削弱。随着反应的进行，最后 β-碳氢键断裂，氢以质子的形式与亲核试剂结合。而碳卤键也完全断裂，形成 X^-，β-碳原子和 α-碳原子结合，在它们之间形成双键。一般伯卤代烷的消除反应就属于双分子消除反应机理。例如，溴丙烷在碱的醇溶液中发生消除反应。

$$CH_3CH_2CH_2Br + OH^- \xrightarrow{C_2H_5OH} CH_3CH{=}CH_2 + H_2O + Br^-$$

其反应机理如下：

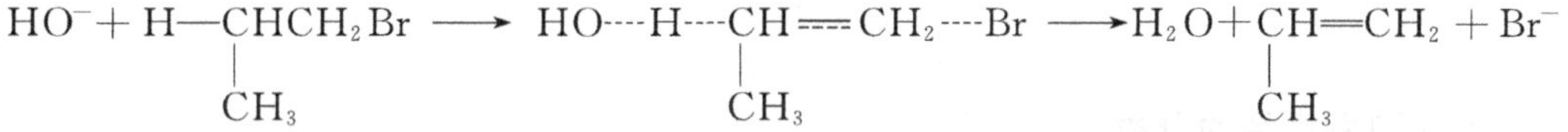

若从反应物与产物的结构对比分析还可以得知，离去基团和 β-氢原子必须处于反式共平面状态，由此提出 E2 反应的机理如下：

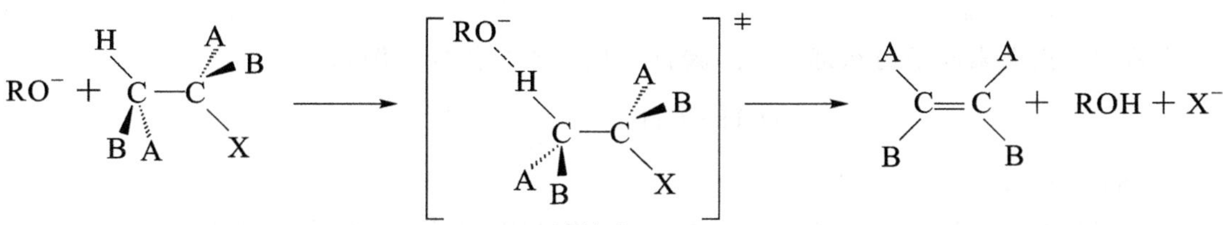

过渡态

进攻基团在进攻氢原子时形成的过渡状态中碳氢键、碳卤键已经开始变弱，碳由 sp^3 杂化逐渐转变为 sp^2 杂化，此时碳原子上的原子及取代基均在同一平面上，H—C—C—X 四个原子处于对位时结构稳定，故卤代烷的消除是反式消除。例如，2-溴丁烷进行消除反应，几乎全部得到(*E*)-丁-2-烯，(*Z*)-丁-2-烯很少。

9.6.3　决定消除反应机理的影响因素

单分子消除反应与双分子消除反应是同时发生并互相竞争的，而且消除反应与亲核取代反应也是并存的互相竞争反应，所以影响取代反应的一些因素同样影响消除反应，如烃基结构、进攻试剂的碱性和亲核性、溶剂的极性和反应的温度等。

1) 烃基结构的影响

伯卤代烷主要发生 S_N2 反应，但在弱极性溶剂中强碱进攻试剂有利于消除反应。碳上支链越多，从空间效应和电子效应看都不利于 S_N2 反应而有利于 E2 反应。叔卤代烷在无强碱存在的条件下 S_N1 和 E1 都易进行，得到的是取代和消除产物的混合物，其中取代产物多一些。对于仲卤代烷的反应，情况比较复杂，要参考其他条件来决定。

2) 进攻试剂的影响

进攻试剂的碱性指的是试剂对质子的亲和能力，碱性越强，结合质子的能力就越强，越容易发生 β-消除反应。进攻试剂的亲核性是指对带正电荷碳原子的亲和能力，亲核性越强，越有利于 S_N2 反应。一般试剂的空间位阻越大，亲核性越弱，但碱性越强。

亲核性：$CH_3O^- > CH_3CH_2O^- > (CH_3)_2CHO^- > (CH_3)_3CO^-$。

碱性：$(CH_3)_3CO^- > (CH_3)_2CHO^- > CH_3CH_2O^- > CH_3O^-$。

3) 溶剂的影响

一般增加溶剂极性有利于取代反应，更有利于 S_N1 反应。弱极性溶剂则有利于消除反应。

4) 温度的影响

低温有利于亲核取代反应，温度升高有利于消除反应。因消除反应中要打开碳氢和碳卤两个化学键，所以需要的活化能较高。

总之，一般低温、稀碱及强极性溶剂有利于取代反应，而高温、浓碱及弱极性溶剂有利于消除反应。选取适当的反应条件，可使某一反应为主反应。

9.7　不饱和卤代烃

9.7.1　不饱和卤代烃的分类

不饱和卤代烃中，根据卤素原子与双键(或苯环)的相对位置不同，可进行如下分类。

1. 乙烯(苯基)型

乙烯型是指卤素原子与双键(苯环)碳直接相连的卤代烃。例如：

$RCH{=}CHX$　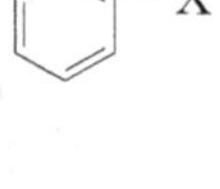

2. 烯丙(苄基)型

烯丙型是指卤素原子与双键(苯环)碳隔一个饱和碳原子的卤代烃。例如：

$RCH{=}CHCH_2X$　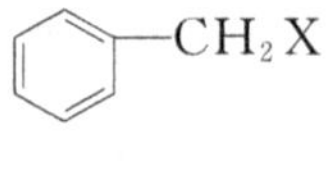

$CH_2{=}CHCH_2Cl$　　$CH_3CH{=}CHCHCH_2CH_3$（Cl 连于第四个碳上）　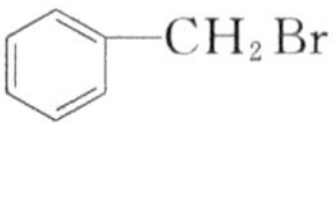

Cl

3. 孤立型

孤立型是指卤素原子与双键(苯环)碳隔两个或两个以上饱和碳原子的卤代烃。例如：

$RCH{=}CH(CH_2)_nX$

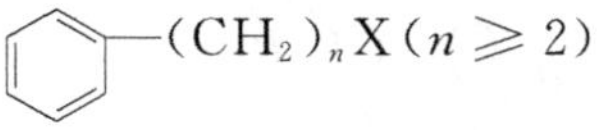

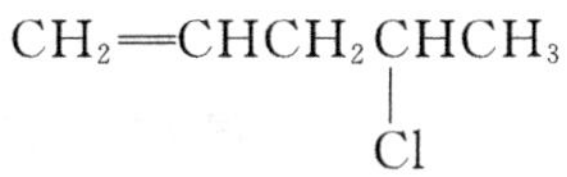

9.7.2　不饱和卤代烃的化学活性

不饱和卤代烃分子中同时含有两种官能团双键和卤素，因此它们应同时具有烯烃和卤代烃的性质。但由于官能团之间的互相影响，它们的性质又与烯烃和卤代烃的性质并不完全一样，尤其是双键对卤素原子的活性影响较大，在乙烯型和烯丙型中的表现更为明显。这在与硝酸银的醇溶液反应时以生成卤化银沉淀的快慢可得到证明。

$$R{-}X + AgONO_2 \longrightarrow RONO_2 + AgX\downarrow$$

$CH_2{=}CHCH_2X$	$CH_2{=}CH(CH_2)_nX$	$CH_2{=}CHX$
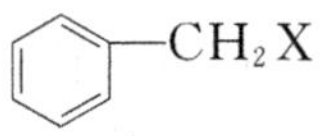	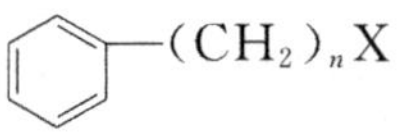	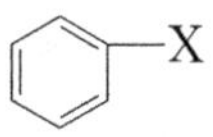
烯丙型	孤立型	乙烯型
室温下立即出现沉淀	加热才出现沉淀	加热也不出现沉淀

据此可见，烯丙型中的卤素原子最活泼，与叔卤代烷相似；孤立型卤素原子活泼性和伯卤代烷、仲卤代烷的活泼性相似；乙烯型中卤素最不活泼。有机分析中常用此反应来鉴别不同类型的卤代烃。

9.7.3　不饱和卤代烃化学活性的解释

不饱和卤代烃中卤素原子活泼性的差异，主要是卤素原子与双键(苯环)的相对位置不同时双键(苯环)对卤素原子活性的影响大小不同造成的。下面通过几个特例说明。

1. 氯乙烯和氯苯的结构与性质

在氯乙烯分子中，氯原子的价电子分布为 $3s^2 3p_x^2 3p_y^2 3p_z^1$，氯原子以单电子的 p 轨道与碳的 sp^2 杂化轨道形成 σ 键，氯原子的另外两个 p 轨道上还有两对未成键的电子对，随着碳氯σ 键的旋转，使其中一个有电子对的 p 轨道与 π 键的轨道平行，p 轨道与 π 键交盖，形成多电子 p-π 共轭体系(图 9-1)。

共轭的结果使得四个电子分布在三个原子周围，电子云密度趋于平均化，体系内能降低。由于氯原子的电子云向碳原子方向偏移，使得碳氯键上电子云密度加大，键能增大，键长缩短，氯原子的活性降低，从而不易发生取代反应。

一般乙烯型卤代烃不与亲核试剂 NaOH、RONa、NaCN、NH_3、$AgNO_3$ 作用。

另外，共轭体系对双键的亲电加成活性也有一定的影响，共轭的结果使得 π 键电子云密度加大，有利于亲电加成；氯原子与碳原子间存在的诱导效应，又使得 π 键电子云密度降低，不利于亲电加成。总的结果是诱导效应略大于共轭效应，钝化了 π 键，亲电加成活性比乙烯有所减弱。亲电加成符合马氏规则。

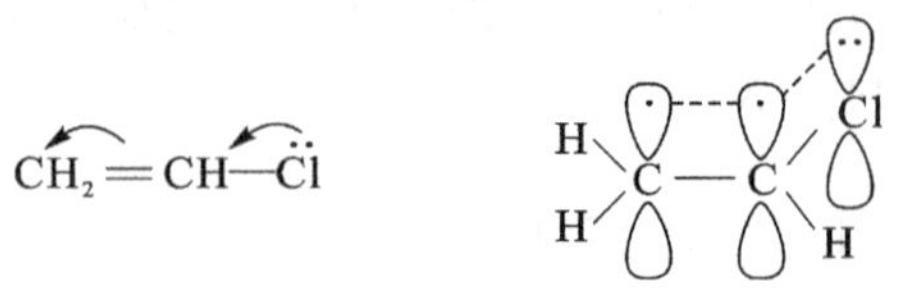

图 9-1　氯乙烯的 p-π 共轭

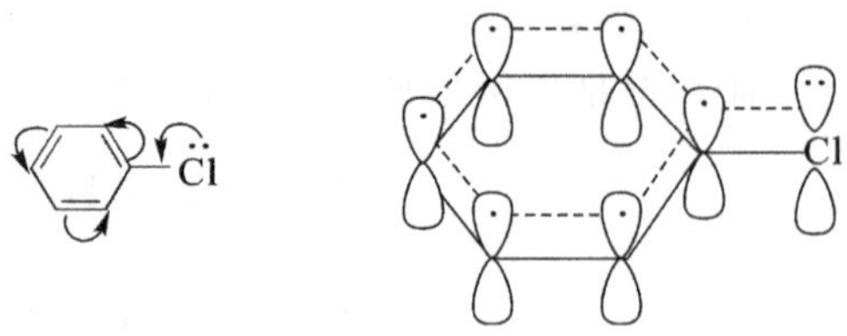

图 9-2　氯苯的 p-π 共轭

2. 氯苯的结构与活性

氯苯的结构与氯乙烯相似，氯原子除以单电子的 p 轨道与碳的 sp^2 杂化轨道形成 σ 键，另外，带电子对未成键的 p 轨道也可以和苯环大 π 键形成 p-π 共轭体系(见图 9-2)。结果使碳氯键上电子云密度增加，键能增大，键长缩短，氯原子活性减弱，一般不易被取代。同样，共轭体系的存在对苯环上亲电取代活性也有一定的影响，共轭的结果使得苯环上电子云密度增加，有利于亲电取代反应，但卤素原子与碳原子间的诱导效应又使得苯环上电子云密度降低，尤其是间位降低较明显，且诱导效应略大于共轭效应，所以苯环上亲电取代活性与苯比较有所减弱。

3. 3-氯丙-1-烯的结构与性质

3-氯丙-1-烯中氯原子非常活泼，这是因为碳氯键断裂后产生的烯丙基碳正离子比较稳定，有利于取代反应的进行。碳氯键断裂前碳是 sp^3 杂化的，断裂后带正电荷的碳转化为 sp^2 杂化，它有一个未参与杂化的空 p 轨道，这个空 p 轨道与相邻碳碳双键的 π 键发生交盖，形成缺电子 p-π 共轭体系(图 9-3)。共轭的结果使得 π 键电子云离域，碳的正电荷得到分散，碳正离子趋于稳定，从而使氯更容易被取代。

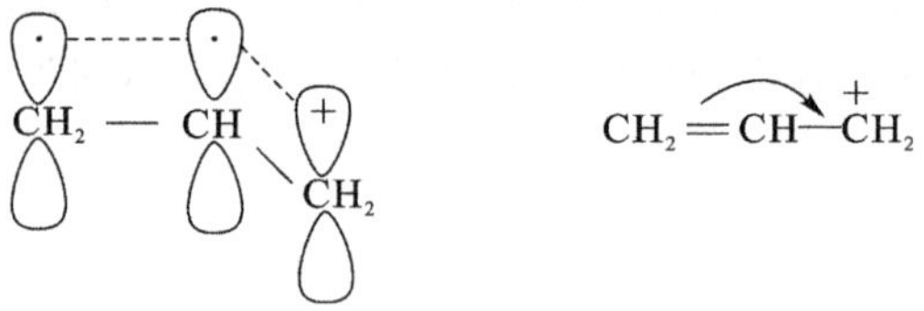

图 9-3　烯丙基碳正离子的 p-π 共轭

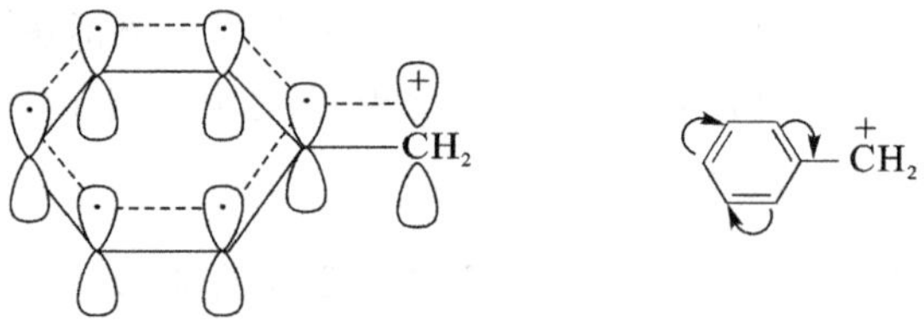

图 9-4　苄基碳正离子的 p-π 共轭

苄基氯中氯原子也非常活泼，其原因与 3-氯丙-1-烯情况基本相似。碳氯键断裂产生比较稳定的苄基碳正离子(图 9-4)。

若在不饱和卤代烃中，卤素原子与不饱和键相距较远，则官能团之间的影响不大，各自保留原有官能团的一些性质。

9.8　卤代烃的制备

卤代烃在自然界中极少存在，但它们又是有机合成的重要原料，所以，卤代烃的制备在有机合成中具有重要的地位。制备卤代烃一般是向烃分子中直接引入卤素，或将某些有机化合物分子中的官能团以卤素置换而得。

9.8.1　烃的卤代

1. 烷烃的卤代

在光照或高温条件下，烷烃中的氢原子被卤素原子取代得到卤代烷烃，反应不易停留在一元取代，也不容易控制卤素原子在碳原子上的位置，得到的是多种取代产物的混合物。

$$CH_4 \xrightarrow[\text{或高温}]{\text{光照}} CH_3Cl + CH_2Cl_2 + CHCl_3 + CCl_4$$

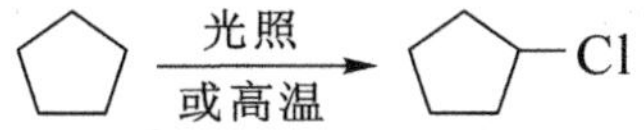

2. 烯烃的卤代

烯烃在高温条件下，α-碳上的氢原子被卤素原子取代，得到 α-卤代烯烃。

$$CH_2{=}CHCH_3 \xrightarrow{\text{高温}} CH_2{=}CHCH_2Cl$$

3. 芳烃的卤代

芳烃在 $FeCl_3$ 催化下卤素原子可在苯环上取代；若在光照或高温条件下，卤素原子则在侧链 α-碳上取代，得到卤代芳烃。

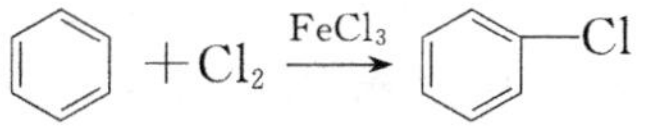

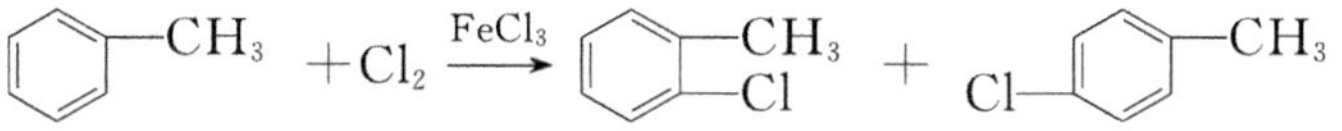

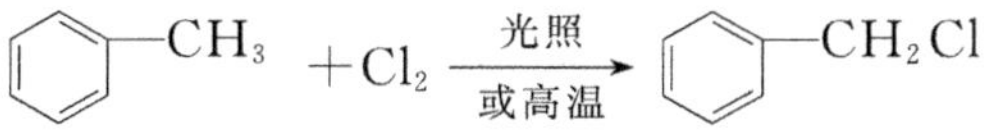

在无水氯化锌催化下，将干燥的氯化氢通入芳烃和三聚甲醛中，可在苯环上直接引入氯甲基。

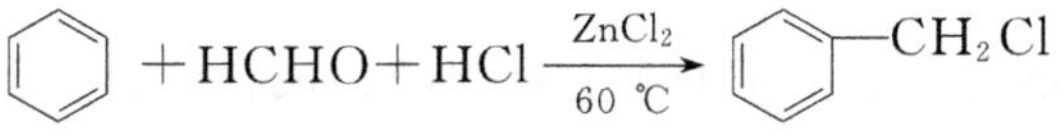

9.8.2　烃的加成

不饱和卤代烃与卤素原子或卤化氢加成，可得到一卤代或多卤代烃。

$$CH_2{=}CHCH_3 + Br_2 \longrightarrow \underset{\substack{|\\ Br}}{CH_2}{-}\underset{\substack{|\\ Br}}{CH}CH_3$$

$$CH_2{=}CHCH_3 + HBr \longrightarrow \underset{\substack{|\\ H}}{CH_2}{-}\underset{\substack{|\\ Br}}{CH}CH_3$$

9.8.3　由醇制备

醇分子中羟基被卤素原子取代可生成相应的卤代烃。常用的卤化试剂有卤化氢、三卤化磷、五氯化磷、亚硫酰氯等。

$$CH_3CH_2CH_2OH \xrightarrow[H_2SO_4]{HBr} CH_3CH_2CH_2Br + H_2O$$

$$CH_3CH_2CH_2OH \xrightarrow{PBr_3} CH_3CH_2CH_2Br + P(OH)_3$$

$$CH_3CH_2CH_2OH \xrightarrow{P,I_2} CH_3CH_2CH_2I$$

$$CH_3CH_2\underset{\substack{|\\ OH}}{CH}CH_3 \xrightarrow[\triangle]{SOCl_2} CH_3CH_2\underset{\substack{|\\ Cl}}{CH}CH_3 + SO_2 + HCl$$

9.9 重要的卤代烃

1. 氯甲烷

氯甲烷在工业上由甲醇与氯化氢或甲烷氯代来制备。室温下为无色气体,有类似乙醚的气味,其主要用途是作为甲基化试剂、冷冻剂、麻醉剂和制备有机硅化合物的原料和各种聚合过程的溶剂。

2. 三氯甲烷

三氯甲烷俗称氯仿,是一种无色、有甜味的透明液体,不溶于水,是一种良好的不燃性有机溶剂,具有麻醉作用。在工业上是由甲烷氯代或四氯化碳还原得到的。

$$CCl_4 + 2[H] \xrightarrow{Fe+H_2O} CHCl_3 + HCl$$

三氯甲烷在室温、光照下能被空气中的氧气所氧化,产生剧毒的光气,若在其中加入1%的乙醇,可增加其稳定性。

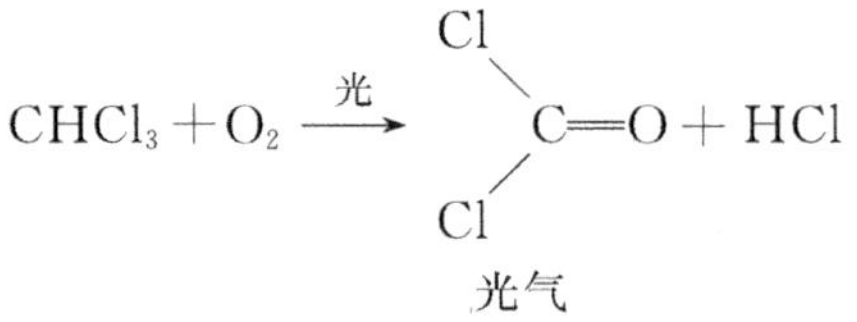

三氯甲烷一般要密封保存在棕色瓶中。

3. 氯乙烯

氯乙烯是无色气体,难溶于水。在工业上早期的合成方法是用乙炔与氯化氢在氯化汞的催化下加成得到的。这种方法技术成熟,设备简单,但所用催化剂有毒,且成本高。

$$HC{\equiv}CH + HCl \xrightarrow[150\sim160\ ^\circ C]{HgCl_2} CH_2{=}CHCl$$

乙烯法是乙烯与氯气先加成,再消除一分子氯化氢得到的。

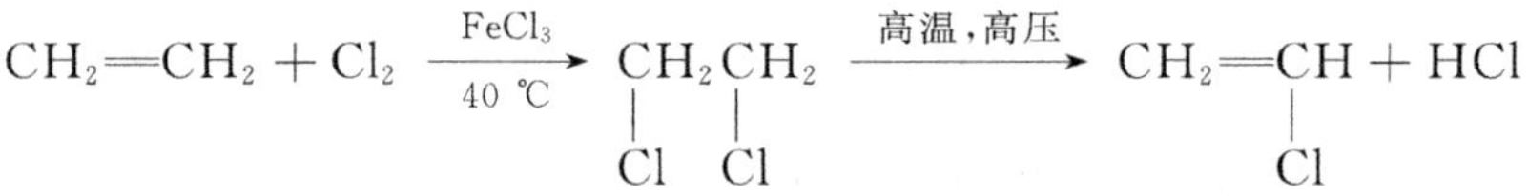

将乙炔与乙烯法联合,则可利用副产物氯化氢。氯乙烯主要用于制备聚氯乙烯,也可用作冷冻剂。

4. 四氯化碳

四氯化碳在工业上是由甲烷氯化法或二硫化碳与氯在 $SbCl_5$ 或 $AlCl_3$ 等催化下制备的。

$$CH_4 + 4Cl_2 \xrightarrow{440\ ^\circ C} CCl_4 + 4HCl$$

$$CS_2 + 3Cl_2 \xrightarrow[40\ ^\circ C]{SbCl_5} CCl_4 + S_2Cl_2$$

四氯化碳是无色液体,不能燃烧,沸点低,易挥发,蒸气比空气重,常用作灭火剂。因它不导电,更适合于电器设备的灭火。在工业上,四氯化碳也是良好溶剂和合成的原料。

5. 氯化苄

氯化苄也称为苄基氯或苯甲基氯,工业上是在光照下通氯气于沸腾的甲苯中合成的,也可以由苯直接氯甲基化来制取。

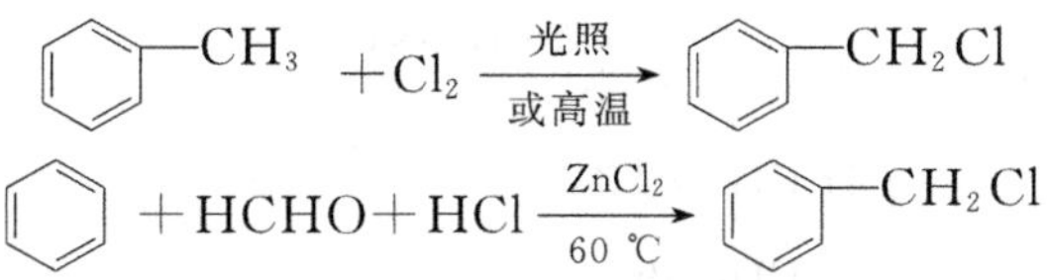

氯化苄是一种催泪剂，不溶于水，是制备苯甲醇、苯甲胺、苯乙腈等的原料。在有机合成上用作苯甲基化试剂。

6. 二氯二氟甲烷

二氯二氟甲烷是无色无臭的气体，沸点为－30 ℃，易压缩成液体，当解除压力后立即挥发而吸收大量的热，因此常用作冷冻剂。其优点是不燃，无毒，无臭味，无腐蚀性，化学稳定性强。二氯二氟甲烷的商品名称为氟利昂(Freon)，商业代号 F12。

氟利昂实际上是含氯氟的烷烃，简称氯氟烷，常用 F×××表示它的组成。代号中的 F 表示是氟利昂；F 右边的数字中，百位数代表碳原子数减 1，含一个碳原子则为 0，省略不写；十位数代表氢原子数加 1；个位数代表氟原子数。氯原子数不用表示出来，碳原子上尚未满足的原子价数即为氯原子数。

例如：$ClF_2C—CF_2Cl$，代号 F114；$CHCl_2F$，代号 F21；CCl_3F，代号 F11；$CHClF_2$，代号 F22；$CFCl_2CF_2Cl$，代号 F113。

习　题

1. 命名下列化合物。

(1) 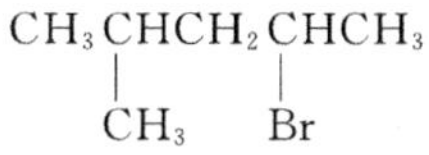

(2) 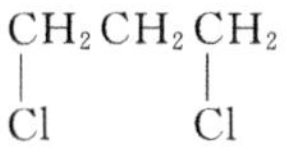

(3) 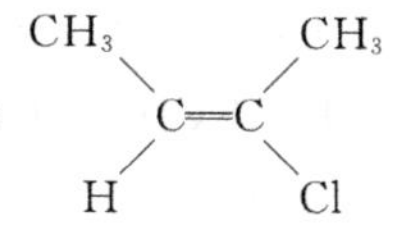

(4) 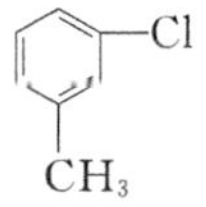

(5) 

(6) 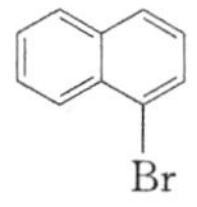

(7) CH_3MgI

(8) $(CH_3CH_2)_4Pb$

(9) 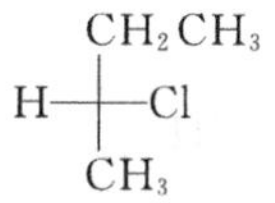

(10) $F_2C═CF_2$

(11) 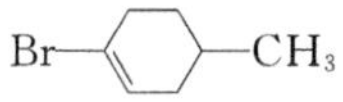

(12) $CH≡CCH_2CH_2Cl$

2. 写出下列化合物的结构式。

(1)烯丙基溴　(2)苄基氯　(3)对氯苄基氯　(4)异丙基溴化镁

(5)间氯甲苯　(6)新戊基溴　(7)(*E*)-3-苯基-1-氯丁-2-烯　(8)氯仿

3. 完成下列反应式。

(1) $CH_3CH_2CH═CH_2 + HBr \xrightarrow{过氧化物}$　$\xrightarrow[干醚]{Mg}$

(2) 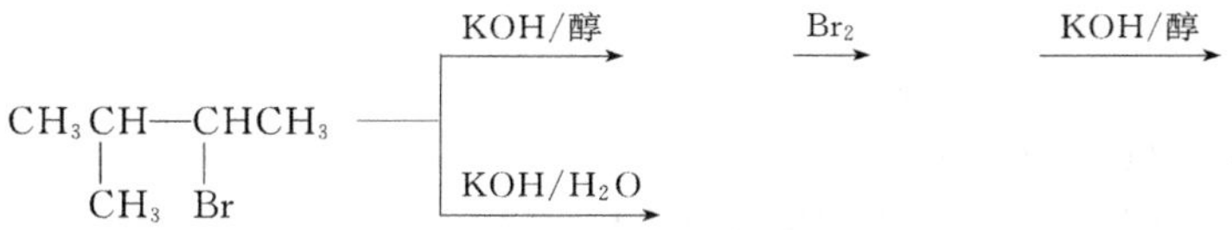

(3) $CH_3CH_2CH_2Cl$＋NaI/丙酮⟶

(4) $(CH_3)_2CHCl + KCN \xrightarrow{乙醇}$

(5) $CH_3CH_2CH{=}CH_2 + HBr \longrightarrow \xrightarrow{CH_3CH_2ONa}$

(6) $\underset{\mid\quad\ \mid}{CH_3CH{-}CHCH_3}$ (CH_3, OH) $\xrightarrow{?}$ $CH_3CH{-}CHCH_3$ (CH_3, Br) $\xrightarrow{AgNO_3/醇}$

(7) 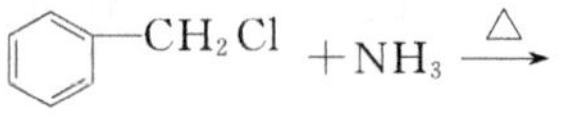

4.写出 2-溴丁烷与下列试剂反应的主要产物。

(1) KOH/水　(2) KOH/醇　(3) Mg/干醚　(4) NH_3

(5) NaCN　(6) $AgNO_3$(醇)　(7) C_2H_5ONa　(8) 乙炔钠

5.比较下列各组化合物与乙醇钠发生取代反应时的快慢。

(1) 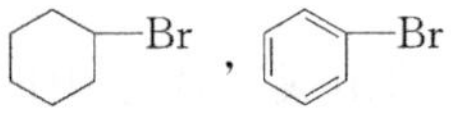　(2) 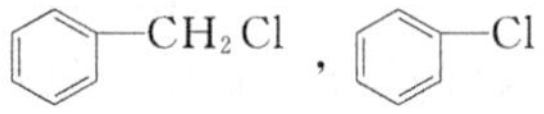

(3) $CH_3CH_2CH_2Cl, CH_3CH_2CH_2I, CH_3CH_2CH_2Br$

(4) $CH_3CH{=}CHCl, CH_2{=}CHCH_2Cl, CH_3CH_2CH_2Cl$

6. 卤代烷与 NaOH 在水与乙醇的混合溶液中进行反应时,有下列现象发生的反应是按照 S_N1 机理进行还是 S_N2机理进行?

(1) 产物的构型完全转化;

(2) 碱浓度增加反应速率增加;

(3) 叔卤代烷反应速率大于仲卤代烷;

(4) 增加溶剂的含水量反应速率明显加快;

(5) 反应不分阶段,一步完成;

(6) 试剂亲核性越强反应速率越快。

7. 用化学方法鉴别下列各组化合物。

(1) $CH_3CH_2CH_2Br, CH_3CH{=}CHBr, CH_2{=}CHCH_2Br$

(2) 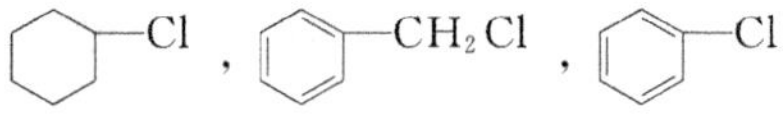

(3) 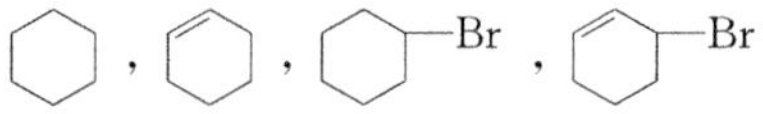

8. 由指定原料合成下列化合物。

(1) 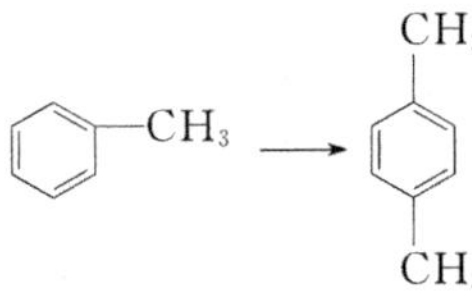

(2) CH_3CHCH_3 (2-位 Cl) $\longrightarrow CH_3CH_2CH_2Cl$

(3) 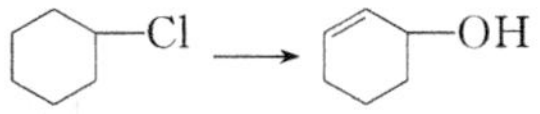

(4) 丙烯⟶2,3-二溴-1-氯丙烷

9.将下列各组化合物的性质按要求进行排列。

(1) 沸点由高到低排序:

$CH_3I, CH_3Br, CH_3Cl, CH_3F$

(2) 按 S_N1 反应机理排列下列各物质的反应速率:

$CH_3CH_2CH_2CH_2Br, (CH_3)_3CBr, CH_3CH_2CHCH_3$ (Br)

(3) 按 S_N2 反应机理排列下列各物质的反应速率:

$CH_3CH_2CH_2CH_2Br, (CH_3)_3CCH_2Br, CH_3CH_2CHCH_3$ (Br), $(CH_3)_3CBr$

10. 试写出分子式为 C_4H_{10} 的烷烃经氯化后所得的一氯代物的各种可能的结构式并命名。

11. 化合物 A 分子式 C_3H_7Br，A 与 KOH 的醇溶液作用生成 B(C_3H_6)，用高锰酸钾氧化 B 得到 CH_3COOH、CO_2 和 H_2O，B 与 HBr 作用得到 A 的异构体 C。试写出 A、B、C 的结构式和各步反应式。

12. 某烃 A，分子式为 C_5H_{10}，它与溴水不发生反应，在紫外光照射下与溴作用只得到一种 B(C_5H_9Br)。将化合物 B 与 KOH 的醇溶液作用得到 C(C_5H_8)，化合物 C 经臭氧氧化并在锌粉存在下水解得到戊二醛。写出化合物 A、B、C 的结构式，并写出各步反应。

13. 有两种同分异构体 A 和 B，分子式都是 $C_6H_{11}Cl$，都不溶于浓硫酸，A 脱氯化氢生成 C，C 经高锰酸钾氧化生成 $HOOC(CH_2)_4COOH$，B 脱氯化氢生成 D，D 用高锰酸钾氧化生成 $CH_3COCH_2CH_2CH_2COOH$，写出 A、B、C、D 的结构式。

第 10 章　醇、酚、醚

醇、酚和醚都是烃的含氧衍生物，也可将它们看成是水分子中的氢原子被烃基取代所形成的衍生物。醇是水分子中的一个氢被脂肪烃基取代而成的，酚是水分子中的一个氢被芳基取代而成的，而醚是水分子中的两个氢均被烃基取代而成的。结构通式如下：

水	醇	酚	醚
H—O—H	R—O—H	Ar—O—H	R—O—R′ Ar—O—R Ar—O—Ar

由于这三类化合物的结构不同，性质上也有明显的差别，所以将分别进行讨论。

10.1　醇

醇可以用通式 R—OH 表示，羟基(—OH)是醇分子中的官能团，醇羟基都与 sp^3 杂化的碳原子相连。

10.1.1　醇的分类和命名

1. 分类

根据醇的分子结构，有如下几种分类方式。

(1) 按照醇羟基所连的碳原子种类分。

伯(一级或 1°)醇，醇羟基连在伯碳原子上，如 $CH_3CH_2CH_2OH$。

仲(二级或 2°)醇，醇羟基连在仲碳原子上，如 $CH_3\overset{\mathrm{OH}}{\overset{|}{C}}HCH_3$。

叔(三级或 3°)醇，醇羟基连在叔碳原子上，如$(CH_3)_3C—OH$。

(2) 根据醇羟基所连的烃基结构特点分，有饱和醇、不饱和醇和芳香醇。芳香醇中的羟基是接在芳环的侧链上；当双键碳直接连接羟基时，称为烯醇式结构，由于大多数情况下烯醇式结构不太稳定，所以常见的不饱和醇的醇羟基是连接在 sp^3 杂化碳原子上的。如：

$CH_3CH_2\underset{\mathrm{OH}}{\underset{|}{C}}HCH_3$

饱和醇

$CH_2=CHCH_2CH_2OH$

不饱和醇

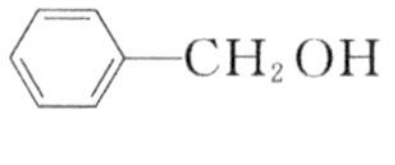

芳香醇

(3) 根据分子中含有羟基的数目分，有一元醇、二元醇和多元醇。如：

一元醇

$\underset{\mathrm{OH}}{\underset{|}{CH_2}}—\underset{\mathrm{OH}}{\underset{|}{CH_2}}$

二元醇

$\underset{\mathrm{OH}}{\underset{|}{CH_2}}—\underset{\mathrm{OH}}{\underset{|}{CH}}—\underset{\mathrm{OH}}{\underset{|}{CH_2}}$

多元醇

2. 命名

1）普通命名法

根据与羟基相连的烃基名称（“基”字可省去）加上“醇”字即可，适用于结构简单的醇。

CH_3CH_2OH

乙醇

ethyl alcohol

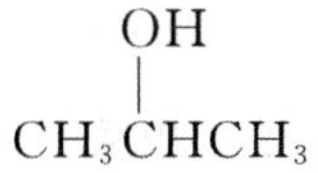

异丙醇

i-propyl alcohol

$CH_3CH_2CH_2CH_2OH$

正丁醇

n-butyl alcohol

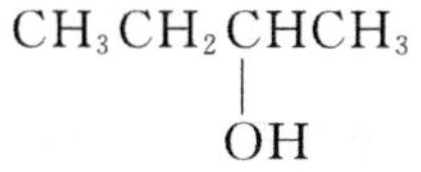

仲丁醇

s-butyl alcohol

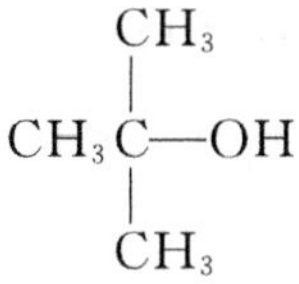

叔丁醇

t-butyl alcohol

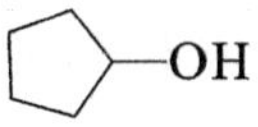

环戊醇

cyclopentyl alcohol

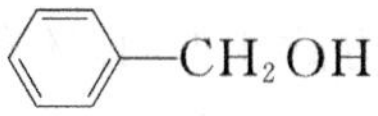

苄醇

benzyl alcohol

2）系统命名法

脂肪醇在命名时应选择连有羟基的最长碳链作为主链，根据碳原子数称为某醇，从靠近羟基端的碳原子对主链编号，标明羟基及取代基的名称和位次。如：

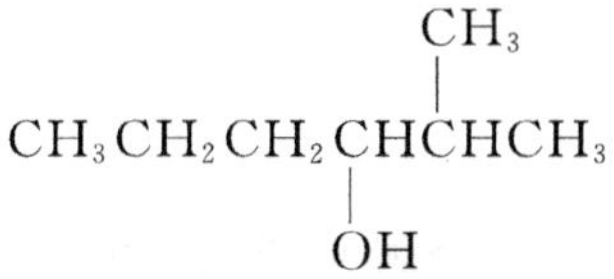

2-甲基己-3-醇

2-methylhexane-3-ol

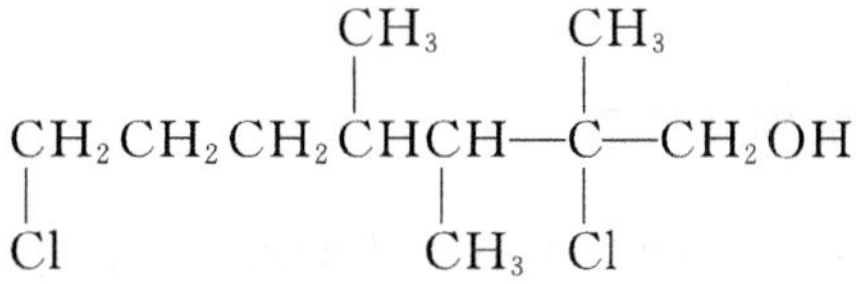

2，7-二氯-2，3，4-三甲基庚-1-醇

2，7-dichloro-2，3，4-trimethylheplane-1-ol

芳醇的命名，一般将苯基作为取代基。如：

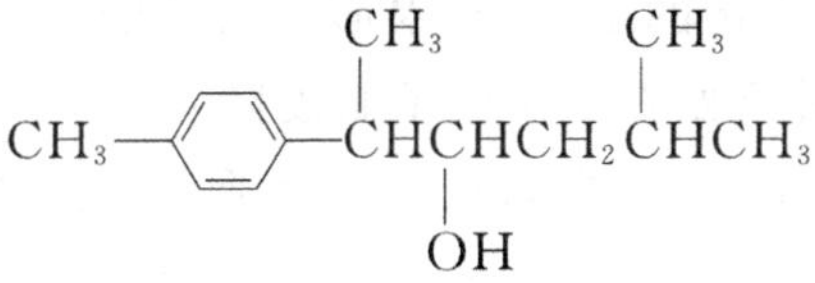

5-甲基-2-对甲苯基己-3-醇

5-methyl-2-(*p*-tolyl)hexane-3-ol

多元醇的命名，应尽可能选择含多个羟基的碳链为主链，不能包括在主链上的羟基可作为取代基。如：

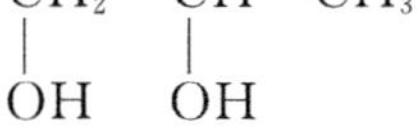

丙-1，2-二醇

propane-1，2-diol

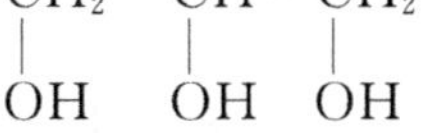

丙三醇（俗名：甘油）

propane-1，2，3-triol

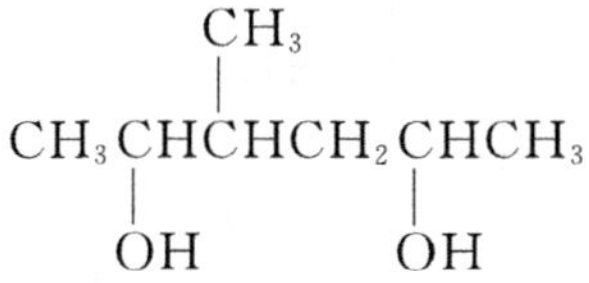

3-甲基己-2，5-二醇

3-methylhexane-2，5-diol

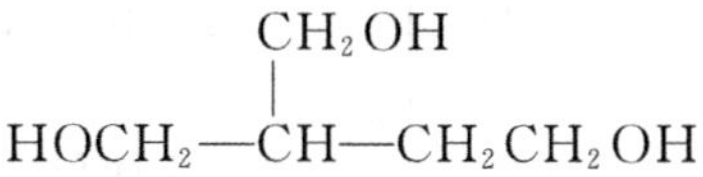

2-羟甲基丁-1，4-二醇

2-(hydroxymethyl)butane-1，4-diol

不饱和醇在命名时，应选择包含羟基和碳碳不饱和键在内的最长碳链作为主链，根据碳原子数命名为某烯（炔）醇，编号时从靠近醇羟基端开始，同时不饱和键的位次要尽可能小。书写时需注明羟基和不饱和键的位次。如：

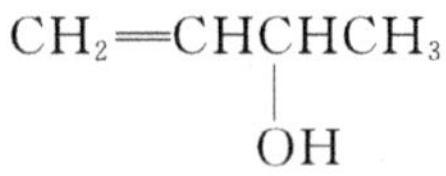

丁-3-烯-2-醇

but-3-en-2-ol

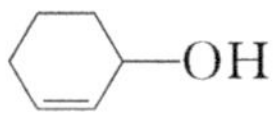

环己-2-烯-1-醇

cyclohex-2-en-1-ol

思考题 10-1　写出分子式为 $C_5H_{11}OH$ 的异构体的构造式,并用系统命名法命名。

10.1.2　醇的结构

醇常可看作是水分子中的一个氢被烃基取代所得的衍生物,羟基氧原子与水分子中氧原子的成键方式相似,以不等性 sp^3 杂化状态成键,因此氧原子除形成碳氧和氧氢 σ 键外还含有两对孤对电子。如甲醇的分子结构如下:

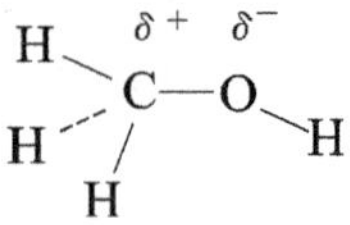

	C—H	O—H	C—O
键长	101 pm	96 pm	143 pm
	H—C—H	H—C—O	C—O—H
键角	109°	110°	108.9°

氧原子的电负性较大,所以碳氧键和氧氢键均有较强的极性,因此羟基是一个活性较高的官能团。

10.1.3　醇的物理性质

低级饱和一元醇为无色透明的液体,往往有特殊气味,十二个碳原子以上的高级醇为蜡状固体,难溶于水。低级醇的熔点和沸点都比相对分子质量相近的烷烃要高得多,这是因醇分子间能形成氢键。含支链醇的沸点比相同碳原子数的直链醇要低。直链饱和一元醇随着相对分子质量的增加沸点呈有规律的上升,每增加一个系列差(CH_2)沸点升高 18～20 ℃。

饱和一元醇随着相对分子质量的增加,与水形成氢键的能力和在水中的溶解度都迅速减小。低级醇能与水混溶,从丁醇开始在水中的溶解度随着相对分子质量的增加而降低。

多元醇分子中含有多个羟基,分子之间及与水分子都有机会形成氢键,因此它们的沸点更高,水溶性也会增大。

饱和一元醇的相对密度都比相对分子质量相近的烷烃大,但小于 1。

一些常见醇的物理性质如表 10-1 所示。

表 10-1　一些醇的物理常数

化合物	结构简式	熔点/℃	沸点/℃	相对密度 d_4^{20}	在水中溶解度(25 ℃)/[g/(100 mL)]
甲醇	CH_3OH	−97.8	65.0	0.791 4	∞
乙醇	CH_3CH_2OH	−114.7	78.5	0.789 3	∞
正丙醇	$CH_3CH_2CH_2OH$	−126.5	97.4	0.803 5	∞
异丙醇	$(CH_3)_2CHOH$	−89.5	82.4	0.785 5	∞
正丁醇	$CH_3CH_2CH_2CH_2OH$	−89.5	117.3	0.809 8	8.0

续表

化合物	结构简式	熔点/℃	沸点/℃	相对密度 d_4^{20}	在水中溶解度(25 ℃)/[g/(100 mL)]
仲丁醇	$CH_3CH_2CHOHCH_3$	−114.7	99.5	0.806 3	12.5
叔丁醇	$(CH_3)_3COH$	25.5	82.2	0.788 7	∞
正戊醇	$CH_3(CH_2)_4OH$	−79	138	0.814 4	2.2
新戊醇	$(CH_3)_3CCH_2OH$	53	114	0.814 4	∞
正己醇	$CH_3(CH_2)_5OH$	−46.7	158	0.813 6	0.7
环己醇	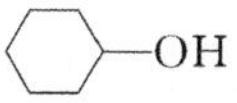	2.3	161	0.962 4	3.6
烯丙醇	$CH_2{=}CH{-}CH_2OH$	−129	97	0.855 5	∞
乙二醇	CH_2OHCH_2OH	−11.5	198	1.108 8	∞
丙三醇	$CH_2OHCHOHCH_2OH$	20	290	1.261 3	∞

低级醇还能与某些无机盐如无水氯化钙、无水氯化镁、无水硫酸铜等形成结晶醇配合物，如 $CaCl_2 \cdot 4CH_3OH$、$MgCl_2 \cdot 6CH_3OH$、$CaCl_2 \cdot 4CH_3CH_2OH$ 等，此配合物能溶于水而不溶于有机溶剂。因此，低级醇不能用上述无机盐作为干燥剂。

思考题 10-2 将下列化合物按沸点由高到低顺序排列：己-3-醇，正己醇，正辛醇，正己烷，2-甲基戊-2-醇。

10.1.4 醇的化学性质

醇的化学性质主要由羟基官能团所决定。由于氧原子的电负性较大，碳氧键和氧氢键都有较大的极性，容易受外来试剂的进攻从而发生化学反应。

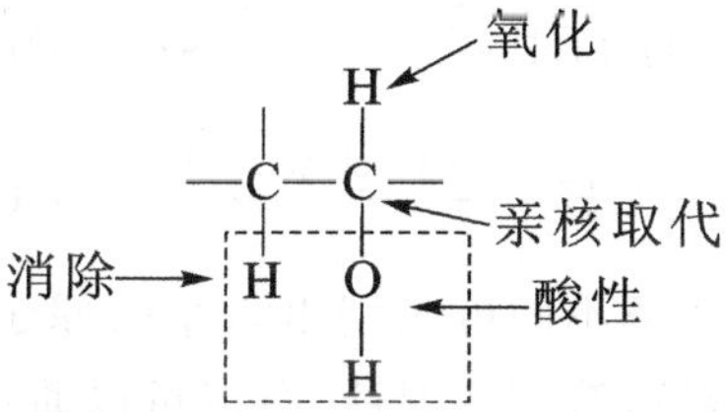

1. 弱酸性

醇能与钠、钾、镁、铝等活泼金属反应，生成醇金属化合物并放出氢气和热量，也可与强碱作用给出质子，说明醇具有酸性。

$$2ROH + 2Na \longrightarrow \underset{\text{醇钠}}{2RONa} + H_2\uparrow$$

$$ROH + NaNH_2 \longrightarrow RONa + NH_3$$

金属与醇反应没有与水那么剧烈，低级醇的反应进行很顺利，高级醇的反应进行很慢甚至难以发生，说明醇(如乙醇 $pK_a = 17$)是比水($pK_a = 15.7$)还要弱的酸。

不同醇与金属反应的活性次序：甲醇＞一级醇＞二级醇＞三级醇，与它们的酸性强弱次序一致。因为，随着烷基支链的增多，供电子效应增强，氧氢键中氢的解离能力减弱，酸性减弱。

醇与金属钠的反应较缓和，因此用钠熔法进行有机物定性分析。有机物被金属钠分解后，过量的金属钠须加少量的乙醇使之破坏,然后再加水溶解。

醇钠是一种白色固体,碱性比氢氧化钠还强,能溶于醇。醇钠遇水甚至潮湿空气能分解成氢氧化钠和醇,所以需特别保管。

$$RONa + H_2O \rightleftharpoons ROH + NaOH$$

上述反应为可逆反应,一般情况下反应右向进行。但由于水能与醇、苯形成三元共沸物被除去,所以可使反应向生成醇钠方向进行,工业上可用此法制备醇钠。

醇钠的化学性质很活泼,在有机合成上可作为碱性缩合剂,也可作为引入烷氧基的试剂。例如:

$$RONa + R'X \rightleftharpoons ROR' + NaX$$

思考题 10-3　比较并写出丁-1-醇,丁-2-醇,2-甲基丙-2-醇与金属钠反应的活性次序;同时列出所得三种醇钠的碱性大小次序。

2. 卤代反应

醇分子中的碳氧键是极性键,在亲核试剂的作用下易断裂,发生类似卤代烷的亲核取代反应和消除反应。

1) 与氢卤酸的反应

醇与氢卤酸反应,生成卤代烷和水,反应可逆。

$$ROH + HX \rightleftharpoons RX + H_2O \quad (X = Cl, Br 或 I)$$

不同结构的醇的反应活性次序:烯丙醇>叔醇>仲醇>伯醇。不同氢卤酸的反应活性次序:HI>HBr>HCl。醇与氯化氢的反应需在脱水剂无水氯化锌存在下进行,常用浓盐酸与无水氯化锌配成的试剂,称为卢卡斯(Lucas)试剂。例如:

$$CH_3CH_2CH_2CH_2OH \xrightarrow[\triangle]{浓\ HI} CH_3CH_2CH_2CH_2I$$

$$CH_3CH_2CH_2CH_2OH \xrightarrow[\triangle]{浓\ HBr, H_2SO_4} CH_3CH_2CH_2CH_2Br$$

$$CH_3CH_2CH_2CH_2OH \xrightarrow[\triangle]{浓\ HCl, 无水\ ZnCl_2} CH_3CH_2CH_2CH_2Cl$$

使用卢卡斯试剂,根据反应速率不同可区别出六个碳原子以下的伯、仲、叔醇。鉴别依据是生成的卤代烃在浓盐酸中不溶解,溶液变混浊,所以可以通过混浊出现的先后顺序鉴别不同结构的醇。

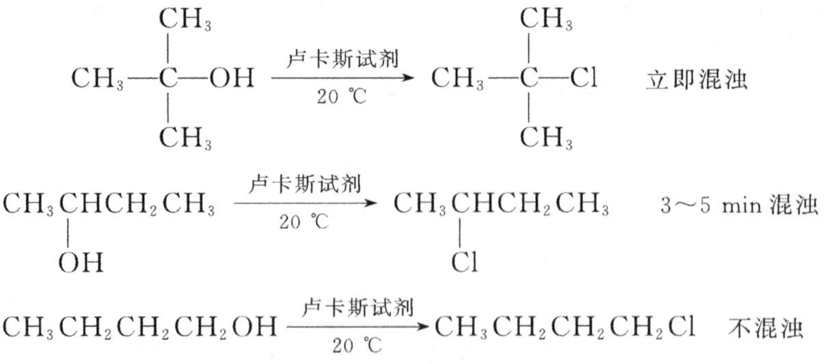

醇与氢卤酸进行的亲核取代反应,醇的结构不同则反应历程不同,一般烯丙醇及叔醇按 S_N1 历程进行:

$$R_3C—OH \underset{}{\overset{H^+}{\rightleftharpoons}} R_3C—\overset{+}{O}H_2 \overset{-H_2O}{\rightleftharpoons} R_3C^+ \overset{X^-}{\rightleftharpoons} R_3C—X$$

这一历程涉及碳正离子为中间体的反应，会导致碳架发生重排，因此有重排产物形成，产物是混合物，分离较为困难，合成上可利用性较少。

大多数情况下，伯醇按 S_N2 历程进行，仲醇按 S_N1 和 S_N2 历程进行，不发生碳架重排反应。但有些伯醇，特别是邻位碳上连有叔丁基结构的伯醇可能以 S_N1 反应历程进行，能发生碳架重排，甚至以重排产物为主。如：

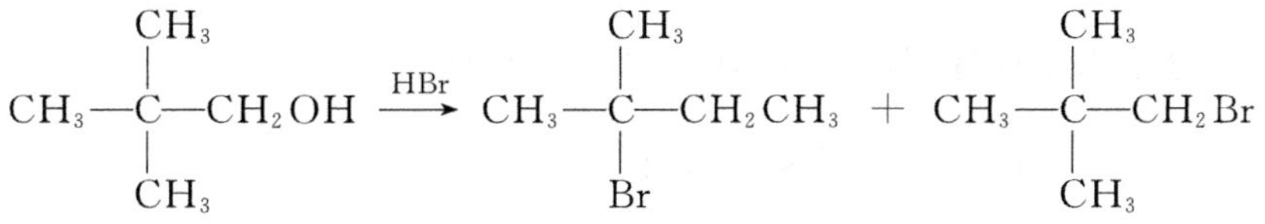

主产物　　　次产物

其反应历程如下：

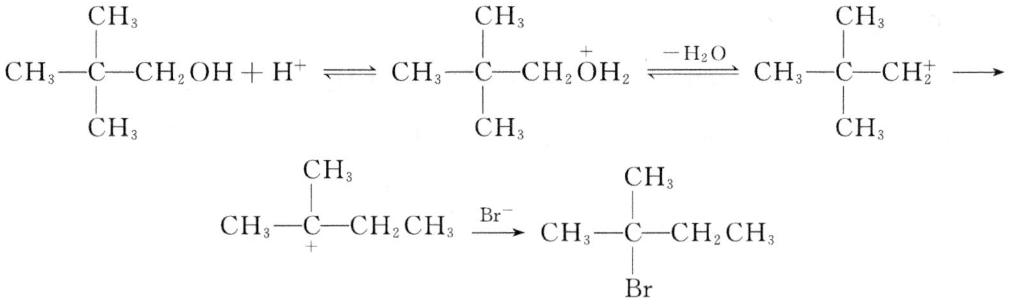

2）与卤化磷反应

醇与磷的卤化物反应，分子中的醇羟基被卤素原子取代，生成相应的卤代烷。

$$3ROH + PX_3 \longrightarrow 3RX + H_3PO_3$$

$$ROH + PX_5 \longrightarrow RX + POX_3 + HX$$

实际反应中三溴化磷用红磷与溴代替，三碘化磷用红磷与碘代替。氯代反应常用五氯化磷，但产率较低。

3）与亚硫酰氯反应

醇与亚硫酰氯反应可生成氯代烷。

$$ROH + SOCl_2 \longrightarrow RX + SO_2\uparrow + HCl\uparrow$$

从反应式可以看出，产物除生成氯代烷外其余都是气体，有利于反应的进行，产率较高，而且产物容易纯化，常用于实验室中制备氯代烷。使用中应注意该反应的立体化学特征：手性醇在醚等非极性溶剂中反应，产物构型保持；在吡啶存在下反应，得到构型转化的产物。

3. 与含氧无机酸反应

醇与硫酸、硝酸或亚硝酸、磷酸等无机含氧酸作用脱去水（称为酯化反应），生成无机酸酯。例如：

$$R—OH + \underset{\text{硝酸}}{HO—NO_2} \rightleftharpoons \underset{\text{硝酸酯}}{R—O—NO_2} + H_2O$$

$$\underset{\text{乙醇}}{C_2H_5OH} + \underset{\text{硫酸}}{HO—SO_3H} \rightleftharpoons \underset{\text{硫酸氢乙酯}}{C_2H_5—O—SO_3H}$$

$$2C_2H_5—O—SO_3H \xrightarrow{\text{减压蒸馏}} \underset{\text{硫酸二乙酯}}{C_2H_5—O—SO_2—O—C_2H_5} + H_2SO_4$$

低级醇的硫酸酯是常用的烷基化试剂,如硫酸二甲酯和硫酸二乙酯在合成中经常使用,但毒性较大,要注意安全。硝酸酯受热易爆炸,亚硝酸酯也易分解,它们中的一些化合物可作为扩张心血管、缓解心绞痛的药物使用。

4. 醇的脱水反应

醇在质子酸(如硫酸、磷酸等)或路易斯酸(如三氧化二铝等)的催化下常可发生脱水反应。醇可按两种方式脱水:分子内脱水和分子间脱水。反应条件对产物影响较大。

1) 分子内脱水

醇在分子内脱去一分子水生成烯烃的反应,属于β-消除反应。

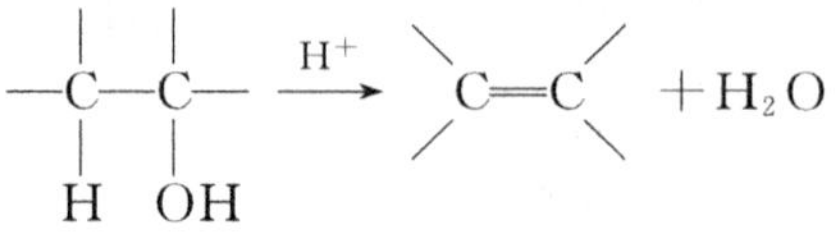

例如乙醇在硫酸存在下加热到 170 ℃,或将乙醇的蒸气在 360 ℃下通过氧化铝催化剂,均可发生分子内脱水生成乙烯。

$$C_2H_5OH \xrightarrow[\text{或 } Al_2O_3,360\ ℃]{\text{浓 } H_2SO_4,170\ ℃} CH_2{=}CH_2 + H_2O$$

不同结构的醇发生分子内脱水的难易程度不同,叔醇最容易,仲醇次之,伯醇最难。例如:

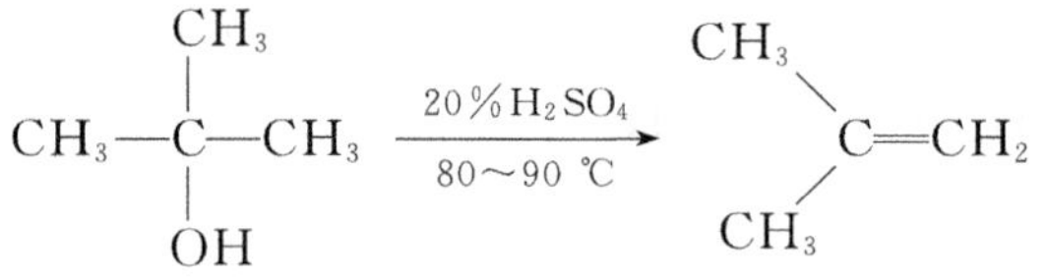

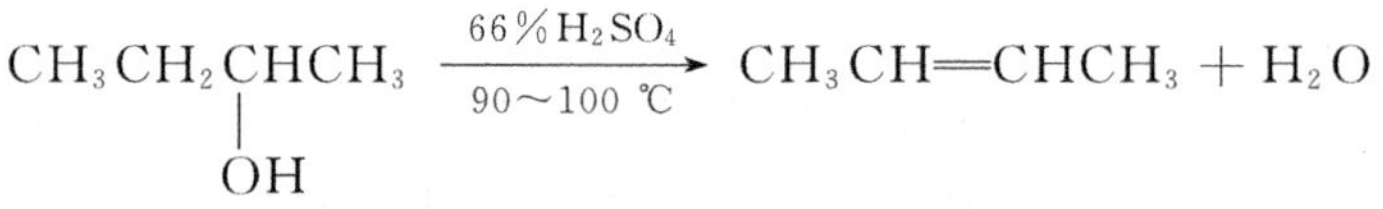

$$CH_3CH_2CH_2CH_2OH \xrightarrow[140\ ℃]{75\%H_2SO_4} CH_2{=}CHCH_2CH_3 + H_2O$$

这与碳正离子的稳定性顺序一致,说明醇在质子酸催化下脱水生成烯烃的反应是 E1 反应。反应历程如下:

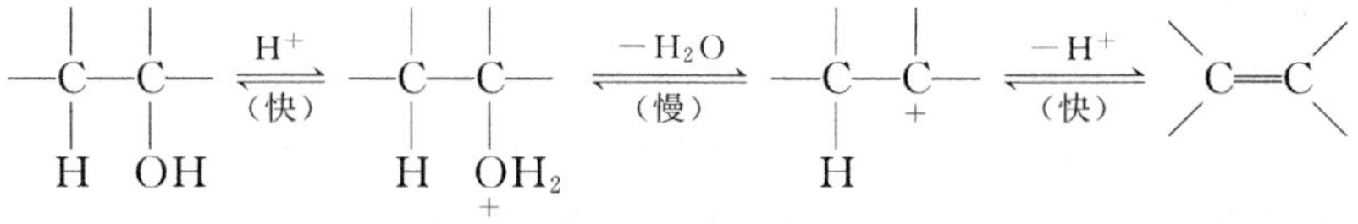

使用醇脱水反应制备烯烃时,由于醇的酸催化脱水反应为 E1 反应,反应中有碳正离子生成,所以可能有重排产物形成,有时甚至是以重排产物为主。若用三氧化二铝催化脱水,则无重排产物。

二级醇、三级醇中可能有两种脱水方向,主要产物方向应遵守札依采夫规则,即以生成在双键碳上连有较多烃基的烯烃为主要产物。

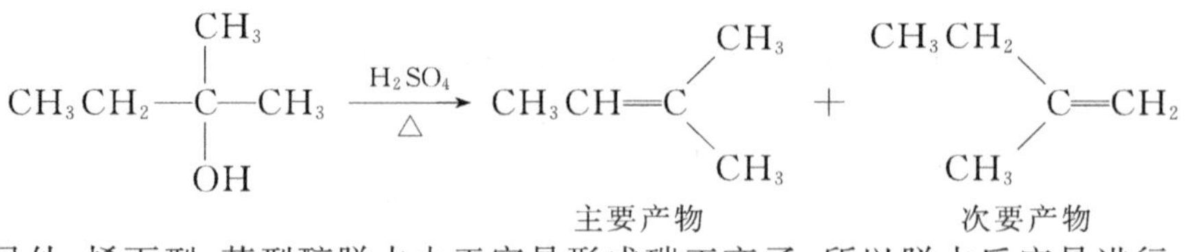

另外,烯丙型、苄型醇脱水由于容易形成碳正离子,所以脱水反应易进行,产物以形成稳定共轭体系的烯烃为主要产物。

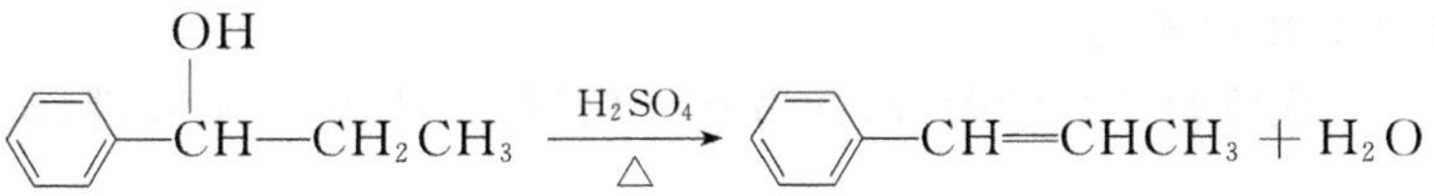

2）分子间脱水

两分子醇之间脱去一分子水生成醚的反应属于亲核取代反应。如：

$$C_2H_5OH + HOC_2H_5 \xrightarrow[\text{或 } Al_2O_3,240\ ℃]{H_2SO_4,140\ ℃} C_2H_5—O—C_2H_5 + H_2O$$

这一反应常用于由伯醇制备醚。用仲醇来反应时，消除反应的产物(烯烃)将会增多，而叔醇则以消除反应为主。

在酸性条件下，伯醇分子间脱水反应是按 S_N2 机理进行的。如乙醇脱水生成乙醚的反应历程如下：

$$C_2H_5—OH + H^+ \rightleftharpoons C_2H_5—\overset{+}{O}H_2$$

$$C_2H_5—OH + C_2H_5—\overset{+}{O}H_2 \rightleftharpoons C_2H_5—\underset{\mid \atop H}{\overset{+}{O}}—C_2H_5 + H_2O$$

$$C_2H_5—\underset{\mid \atop H}{\overset{+}{O}}—C_2H_5 \rightleftharpoons C_2H_5—O—C_2H_5 + H^+$$

醇的两种脱水方式是一对竞争性反应，条件不同，脱水的方式也不同，从而生成不同的产物。其中温度是最大的影响因素。总体来说，高温有利于分子内脱水(消除反应)，低温有利于分子间脱水(亲核取代反应)。如乙醇在硫酸催化下的脱水反应，170 ℃下的主要产物是乙烯，140 ℃下的主要产物是乙醚。

5. 氧化和脱氢反应

在醇分子中，受醇羟基的影响 α-氢比较活泼，容易被氧化。醇的结构不同，使用的氧化剂不同，其产物也就不同。

1）$K_2Cr_2O_7$-H_2SO_4 或中性 $KMnO_4$ 氧化

在此条件下，伯醇一般先生成中间产物醛，继而被氧化成酸，很难停留在醛的阶段，即使将生成的醛尽快分离，醛的产率依然很低；仲醇被氧化成酮，酮在此条件下稳定，不再发生变化；叔醇中不含 α-氢，在此条件下不氧化。因此，通过反应的颜色变化，可将叔醇与其他醇区别开。

$$RCH_2OH \xrightarrow[\text{或 } KMnO_4]{K_2Cr_2O_7\text{-}H_2SO_4} [RCHO] \xrightarrow{[O]} RCOOH$$

$$R—\underset{\mid \atop OH}{CH}—R' \xrightarrow[\text{或 } KMnO_4]{K_2Cr_2O_7\text{-}H_2SO_4} R—\underset{\| \atop O}{C}—R'$$

如果在更强烈的氧化条件下(如用酸性 $KMnO_4$ 在加热条件下氧化)，叔醇及酮均可能发生碳碳键的断裂，此时一般大多会氧化生成一些小分子物质，而无实际应用价值。而环状的酮或叔醇，经强烈氧化则发生开环反应，具有一定的应用价值。如：

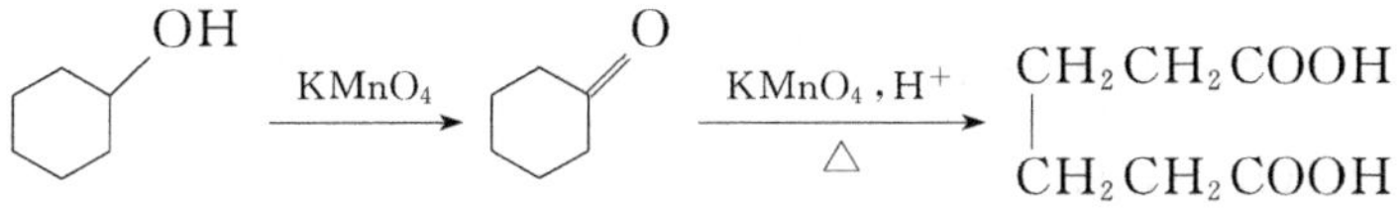

2) 其他选择性氧化剂氧化

为了使伯醇经氧化停留在醛的阶段,或者在氧化醇时不影响碳碳双键,常使用一些特殊的氧化剂。

如沙瑞特(Sarrett)试剂是三氧化铬双吡啶配合物,常写作 $CrO_3 \cdot (C_5H_5N)_2$,琼斯(Jones)试剂为 $CrO_3 \cdot H_2SO_4$。这些试剂的共同特点是可将伯、仲醇分别氧化成醛、酮,而分子中的碳碳双键不受影响。

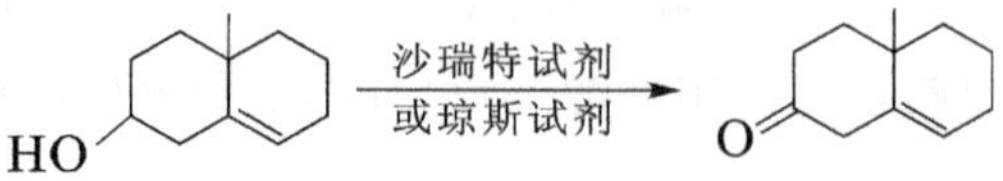

活性二氧化锰试剂则可选择性地将烯丙型的伯醇、仲醇氧化成相应的不饱和醛或酮,收率较好。此试剂需临用前制备。

$$CH_2{=}CHCH_2OH \xrightarrow{\text{活性 } MnO_2} CH_2{=}CHCHO$$

含不饱和键的仲醇还可选用欧芬脑尔(Oppenauer)氧化剂氧化成酮,保留不饱和键。方法是在异丙醇铝或叔丁醇铝存在下由仲醇和丙酮反应,醇被氧化成酮而丙酮被还原成异丙醇,反应中丙酮应过量。此法一般不用于伯醇氧化,因为伯醇被氧化生成醛后,在此碱性条件下可能发生醛的缩合反应。

$$\underset{\substack{|\\OH}}{CH_3CH}CH{=}\underset{\substack{|\\CH_3}}{C}CH{=}CH_2 + CH_3\underset{\substack{\|\\O}}{C}CH_3 \xrightarrow[\text{苯}]{Al[OCH(CH_3)_2]_3} CH_3\underset{\substack{\|\\O}}{C}CH{=}\underset{\substack{|\\CH_3}}{C}CH{=}CH_2 + CH_3\underset{\substack{|\\OH}}{CH}CH_3$$

3) 脱氢反应

将伯醇、仲醇的蒸气在高温下通过铜、银或镍等活性催化剂进行脱氢反应,可分别生成醛或酮。叔醇不含 α-氢,不发生反应。如:

$$CH_3CH_2OH \xrightarrow[300\ ^\circ C]{Cu} CH_3CHO + H_2$$

$$CH_3\underset{\substack{|\\OH}}{CH}CH_3 \xrightarrow[500\ ^\circ C,\ 0.3\ MPa]{Cu} CH_3\underset{\substack{\|\\O}}{C}CH_3 + H_2$$

脱氢反应是可逆的,为了使反应向产物方向进行需通入一些空气,将脱下的氢转化成水。脱氢反应得到的产品较纯,但设备条件较苛刻。

6. 二元醇的特性反应

二元醇具有一元醇的性质,另外由于羟基之间的相互影响,还会有一些特殊性质。

根据二元醇分子中两个羟基的位置不同,有 1,2-二醇、1,3-二醇及 1,4-二醇等。其中 1,2-二醇即邻二醇的性质比较特殊。

1) 氧化裂解反应

用高碘酸或四醋酸铅在缓和条件下氧化邻二(多)醇,两个羟基之间的碳碳键会发生断裂,生成两分子羰基化合物。如:

$$\underset{\substack{|\\OH}}{RCH}{-}\underset{\substack{|\\OH}}{CHR'} \xrightarrow{HIO_4} RCHO + R'CHO$$

$$CH_3{-}\overset{\substack{CH_3\\|}}{\underset{\substack{|\\OH}}{C}}{-}\underset{\substack{|\\OH}}{CH}{-}\underset{\substack{|\\OH}}{CH}{-}CH_3 \xrightarrow{HIO_4} CH_3COCH_3 + HCOOH + CH_3CHO$$

反应是定量进行的，每断裂一个邻二醇单元的碳碳键需一分子 HIO_4，因此根据消耗的 HIO_4 分子数及产物结构可推测邻二醇的结构。

有时分子中有—NO_2 或—CHO 与羟基相邻，也能发生类似的断键反应。

有些环状结构的邻二醇，当两个羟基在反式位置时不能被高碘酸氧化。如：

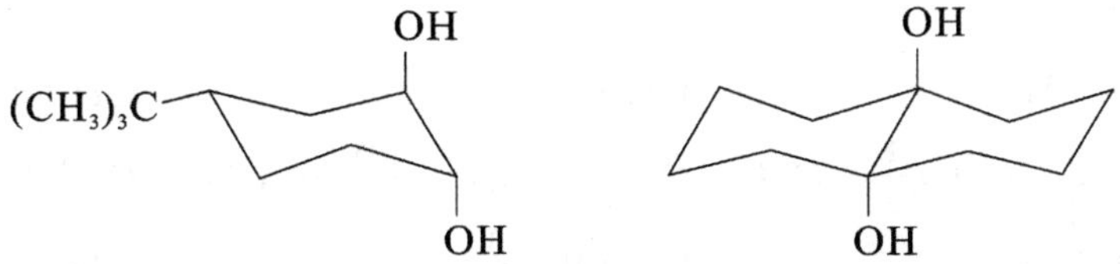

思考题 10-4　写出下列化合物用 HIO_4 处理得到的产物结构。

（1） 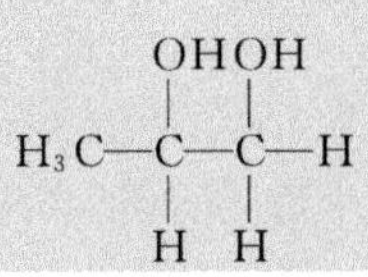

（2） 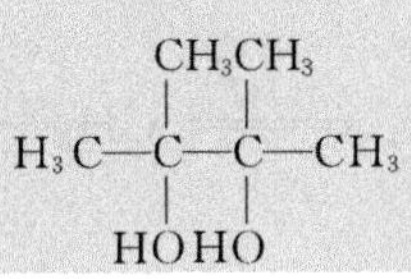

2）与氢氧化铜反应

由于多元醇酸性较大，且邻二醇可以与 Cu^{2+} 形成螯合物，所以氢氧化铜能溶于乙二醇等含邻二醇结构的溶剂中，形成蓝色的溶液。这一现象常用于邻二醇结构的鉴别。

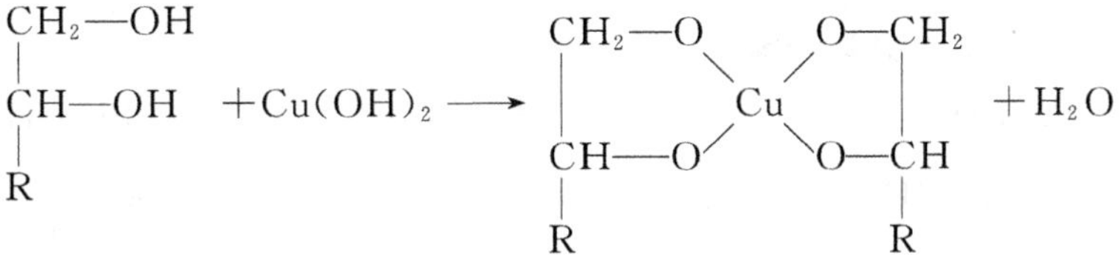

3）脱水反应

脱水反应的条件及产物都与羟基的相对位置有关。

偕二醇，即同碳二元醇，很不稳定，会自发脱水生成羰基化合物。

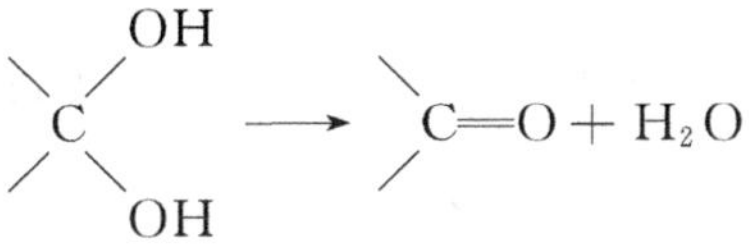

1，4-或 1，5-二醇脱水生成环醚。

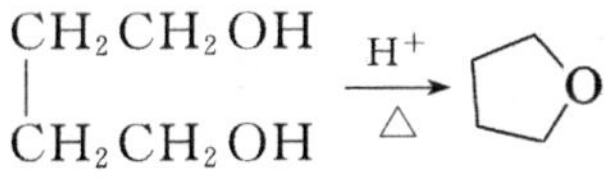

邻二醇在酸性催化下也会脱水重排生成羰基化合物，如乙二醇脱水生成乙醛。

$$HO—CH_2CH_2—OH \xrightarrow[-H_2O]{H^+,\triangle} [CH_2═CH—OH] \xrightarrow{重排} CH_3CHO$$

四烃基乙二醇常称为频哪醇，在酸性条件下脱水重排的产物称为频哪酮。

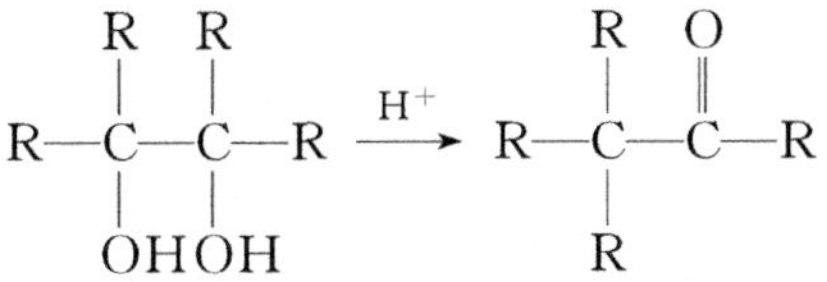

这一反应将发生烃基的迁移，从而使碳链发生变化，称为频哪醇重排反应。如：

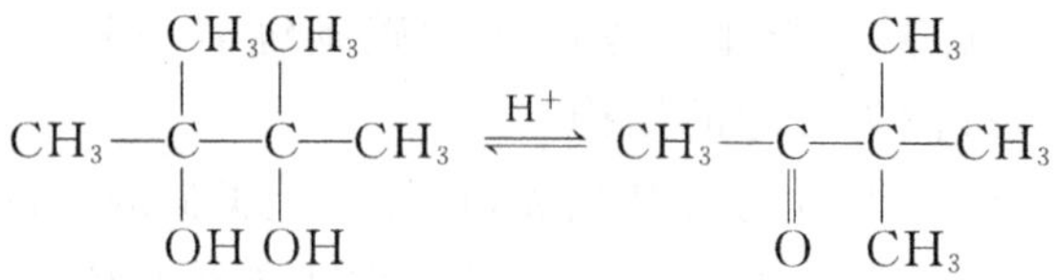

其反应历程如下：

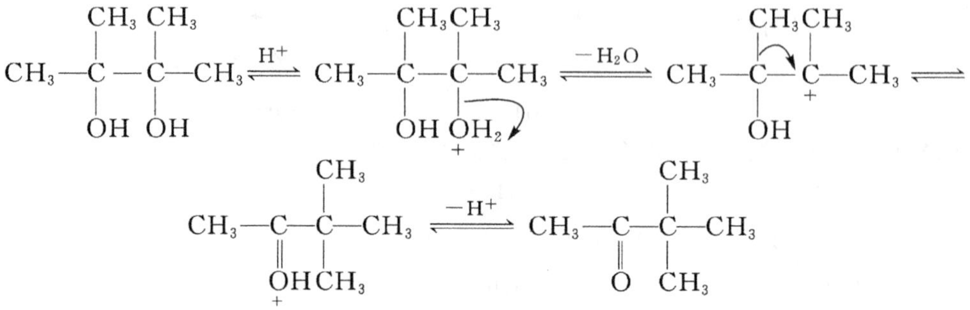

当邻二醇的碳上连有不相同的烃基时，重排产物与反应活性中间体的稳定性及烃基的迁移能力有关。可根据下列步骤判断重排产物：首先判断哪个羟基先离去，应为离去后生成碳正离子较稳定的羟基先离去；然后判断哪个烃基迁移，通常能够提供电子、电荷较多的基团先迁移，迁移能力顺序是芳基＞烷基＞氢。

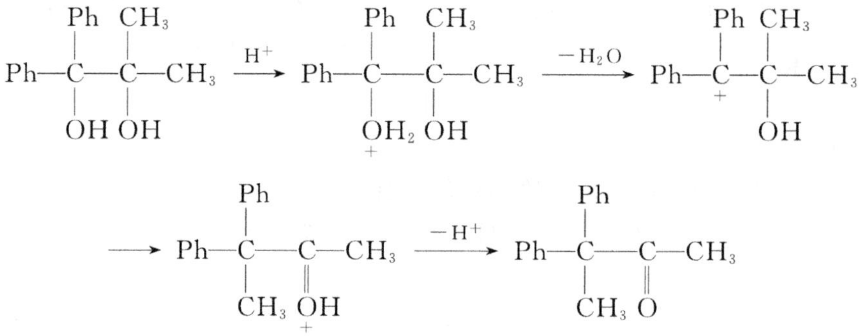

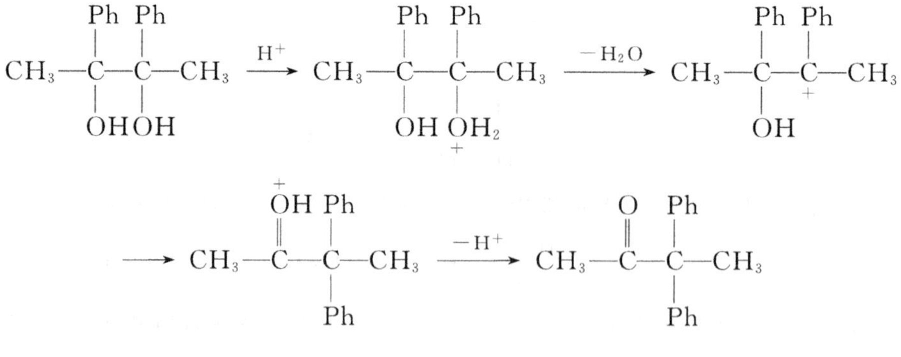

10.1.5　醇的制备

1. 由烯烃合成

在工业上，一些低级饱和一元醇常以烯烃为原料来制备，常用直接水合法。

$$CH_2{=}CH_2 + H_2O \xrightarrow[300\ ℃,7\ MPa]{H_3PO_4} CH_3CH_2OH$$

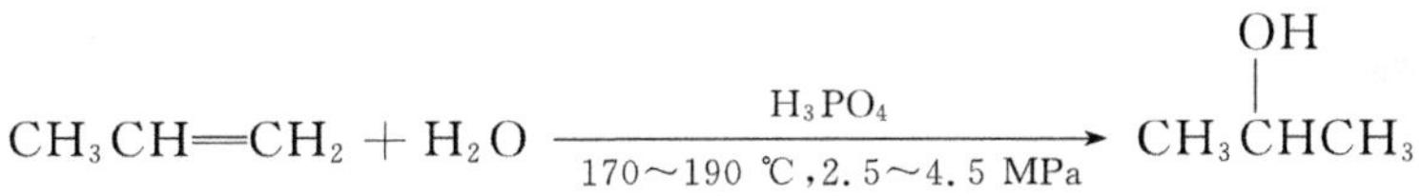

实验室制备饱和一元醇则常用间接水合法，此法实验条件比较温和，在实验室中容易实现。

直接水合法和间接水合法都符合马氏规则，往往用于制备仲醇或叔醇。如要制备伯醇，一般需要反马氏加成产物，则可用硼氢化-氧化反应。

$$RCH{=}CH_2 \xrightarrow{B_2H_6} \xrightarrow[OH^-]{H_2O_2} RCH_2CH_2OH$$

2. 由格氏试剂制备

醛、酮与格氏试剂反应可以得到醇。

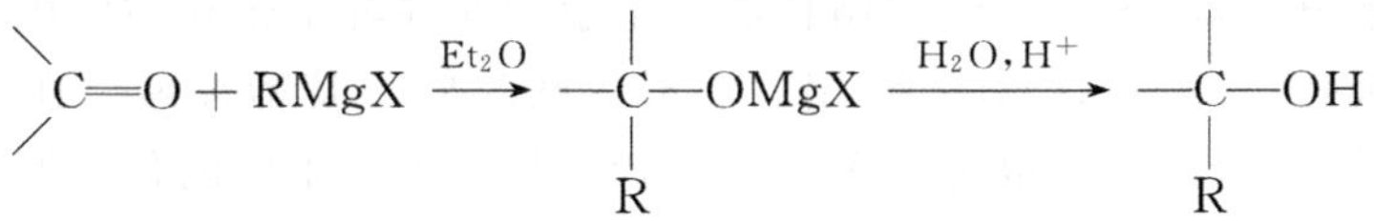

伯、仲、叔醇都可以用此法制备。如：

$$HCHO + CH_3CH_2MgBr \xrightarrow[\text{②}H_2O,H^+]{\text{①}Et_2O} CH_3CH_2CH_2OH$$

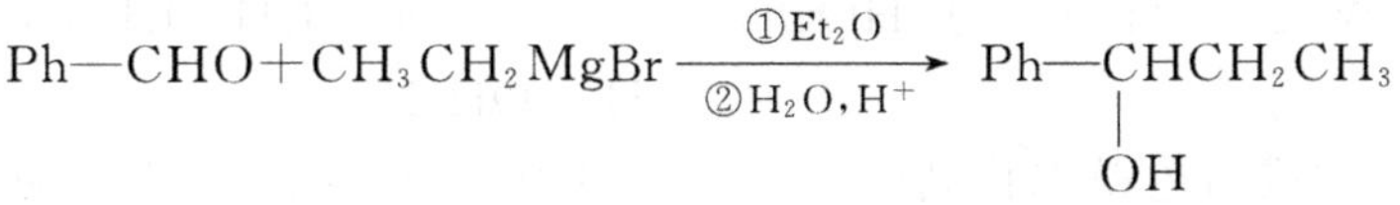

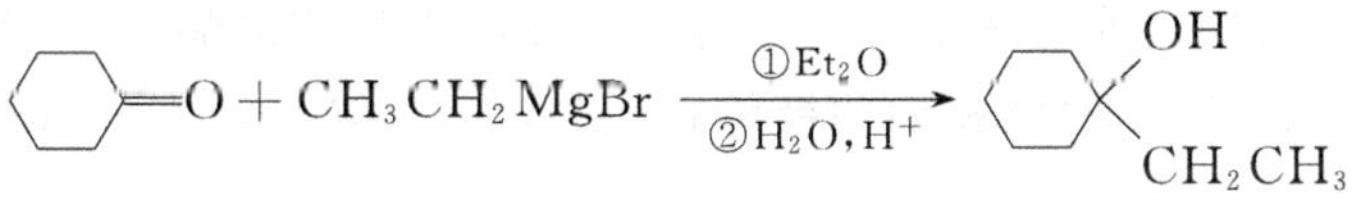

环氧化物与格氏试剂反应也可以得到醇。如：

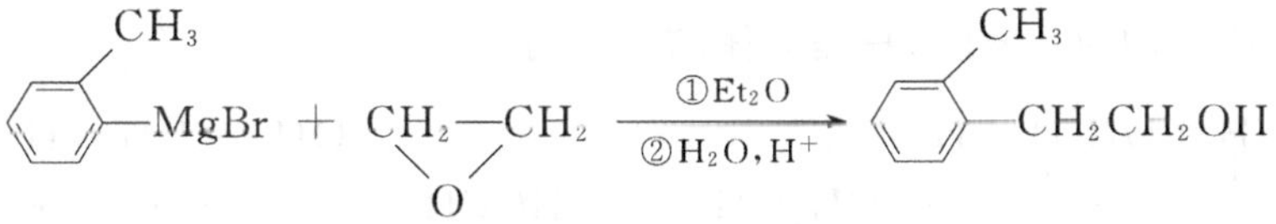

3. 卤代烃的水解

$$RX + NaOH \xrightarrow{H_2O} ROH + NaX$$

卤代烃多数是由醇类制备的，非特殊情况不用此方法制备醇类化合物。

4. 还原法制备

用适当的还原剂将醛、羧酸和羧酸衍生物还原可以得到伯醇，将酮还原可以得到仲醇。常用的还原方法有金属氢化物（$LiAlH_4$、$NaBH_4$ 等）还原、催化加氢或溶解金属还原等。如：

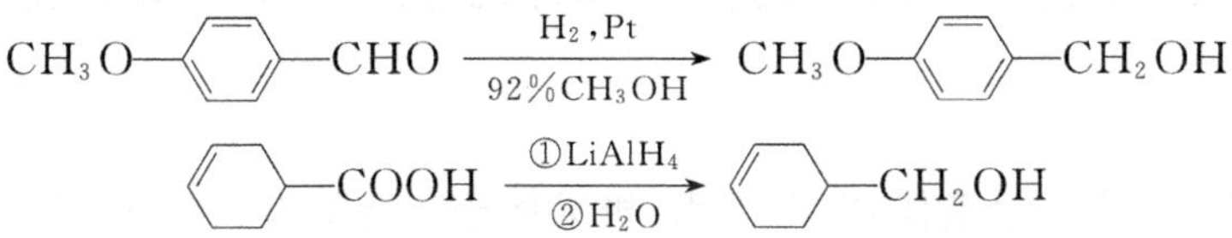

10.1.6　重要的醇

1. 甲醇

甲醇又称木醇或木精，为无色透明易燃的液体，沸点为 64.7 ℃，毒性很大，能破坏视神经，误饮 5～10 mL 即能导致双目失明，进一步中毒最终会引起死亡，致命剂量大约是 70 mL。甲醇是常用的有机溶剂，也是重要的化工原料。

2. 乙醇

乙醇俗名酒精，为无色透明易燃的液体，沸点为 78.5 ℃，可与水形成乙醇含量为 95.5% 的恒沸混合物。乙醇毒性小，是最常用的有机溶剂，可根据情况用 95% 的乙醇、无水乙醇或配成适当的浓度来使用，70% 的乙醇还是一个有效的杀菌剂。另外乙醇也是很常用的工业原料，可用来制造醋酸、饮料、染料、燃料等。

3. 丙三醇

丙三醇俗称甘油，为无色透明带有甜味的黏稠液体，能与水或乙醇互溶。由于甘油可以增加人体组织中的水分含量，冬季人们常用甘油涂于手和面部等暴露在空气中的皮肤表面，但由于甘油的吸湿性很强，对皮肤有刺激性，用以润滑皮肤时要用其稀释液。在医药方面，甘油可用作溶剂，如酚甘油，碘甘油等，也可用于便秘患者。甘油也是重要的化工原料，用于制造硝化甘油、醋酸树脂、聚氨酯树脂、环氧树脂等。

4. 木糖醇

木糖醇是一种戊五醇，结构式为 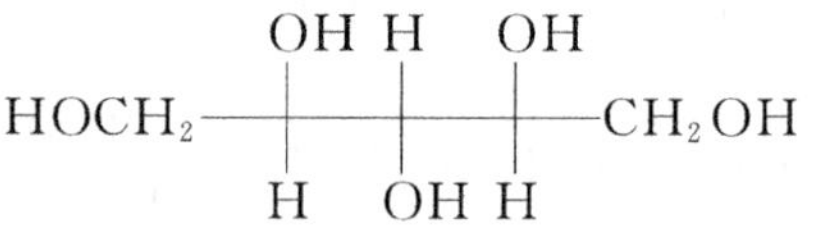 ，是木糖代谢的正常中间产物，为白色晶体或白色粉末状晶体。在自然界中，广泛存在于果品、蔬菜、谷类、蘑菇之类食物和木材、稻草、玉米芯等植物中。木糖醇是多元醇中最甜的甜味剂，甜度相当于蔗糖，热量相当于葡萄糖，现代常用作蔗糖和葡萄糖的替代品，如以木糖醇为主要甜味剂的口香糖和糖果已经得到广泛的认可。

5. 山梨醇和甘露醇

山梨醇和甘露醇均为己六醇，只是立体结构不同。

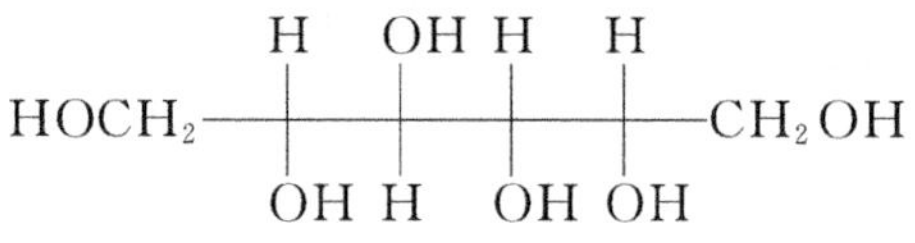

山梨醇

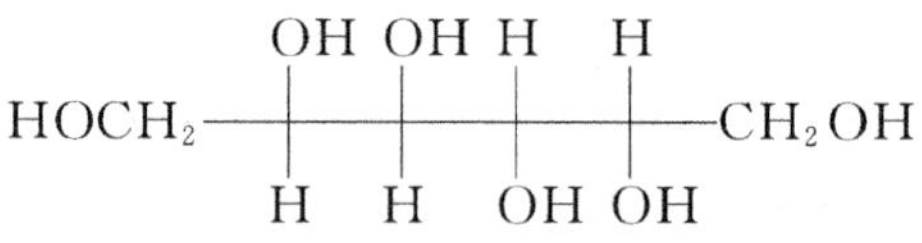

甘露醇

二者都是白色的结晶性粉末，有甜味，易溶于水，医疗临床用 20% 或 25% 的溶液以产生血液的高渗作用，使周围组织及脑实质脱水并随尿液排出，从而降低颅内压，消除脑水肿。

6. 环己六醇

环己六醇又称肌醇，有 9 种立体异构体，其中有医用价值的是天然存在的异构体环己-顺-1,2,3,5-反-4,6-六醇，为内消旋体，可促进细胞新陈代谢、助长发育、增进食欲，用于治疗肝脂肪过多症、肝硬化症。

7. 苯甲醇

苯甲醇又叫苄醇，为无色液体，能溶于水，极易溶于乙醇等有机溶剂，常以酯的形式存在于许多植物精油中，如茉莉花油、风信子油和秘鲁香脂中都含有此成分。苯甲醇有素馨香味，多用于香料工业。另外因为它有微弱的麻醉作用，常用作注射剂中的止痛剂，如可用 2%苯甲醇的灭菌液稀释青霉素。

10.2　酚

10.2.1　酚的结构

酚可以看作芳环上的氢被羟基取代生成的化合物，分子中的羟基专称酚羟基。酚羟基直接与芳环上 sp^2 杂化的碳原子直接相连，氧原子上未共用的孤对电子与苯环上 π 电子云形成 p-π 共轭体系而向苯环方向转移，这样碳氧键的强度增强，氧氢键强度削弱(图 10-1)。

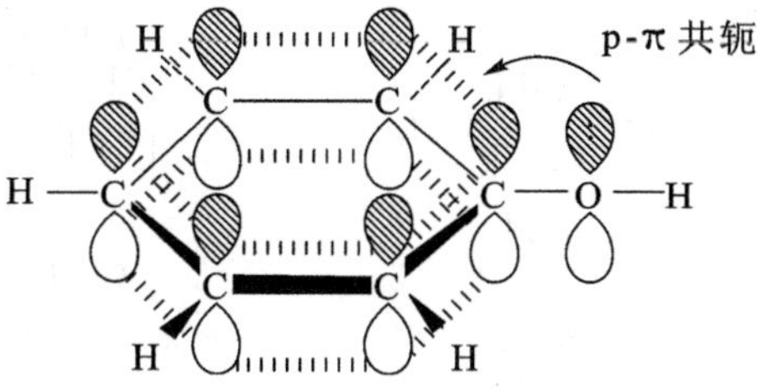

图 10-1　苯酚的 p-π 共轭体系

酚与醇虽然都有羟基，但结构差异较大，是不同类别的化合物，有不同的性质。

10.2.2　酚的分类、命名

1. 分类

(1) 根据酚羟基所连的芳基不同，可分为苯酚、萘酚、蒽酚、菲酚等。

(2) 根据所含酚羟基的数目不同，可分为一元酚和多元酚(二元及二元以上酚统称为多元酚)。如：

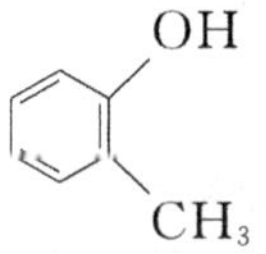

邻甲苯酚(一元酚)

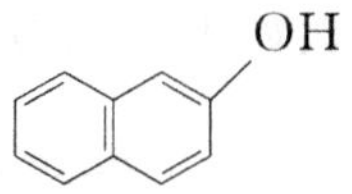

β-萘酚(一元酚)

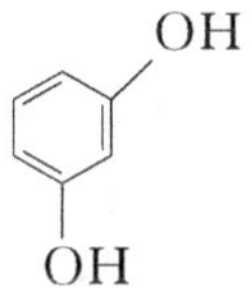

间苯二酚(二元酚)

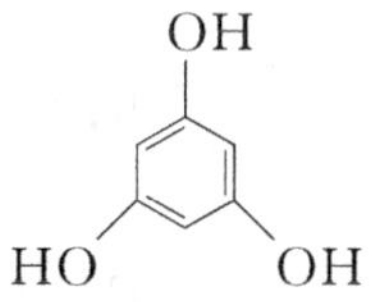

均苯三酚(三元酚)

2. 命名

常以酚为母体，多元酚的命名需对环上的羟基位置进行编号。如：

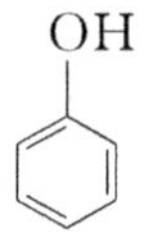

苯酚
phenol

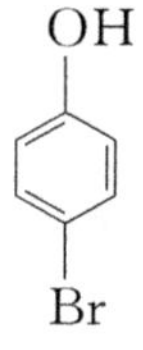

对溴苯酚(4-溴苯酚)
4-bromophenol

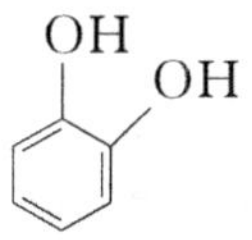

邻苯二酚(苯-1,2-二酚)
benzene-1,2-diol

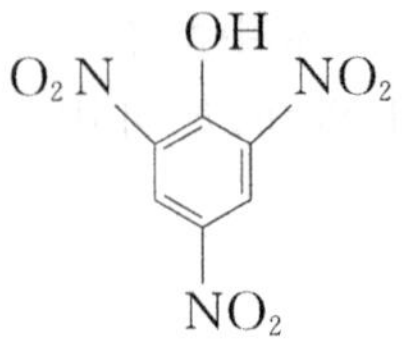

2,4,6-三硝基苯酚(俗名苦味酸)
2,4,6-trinitrophenol

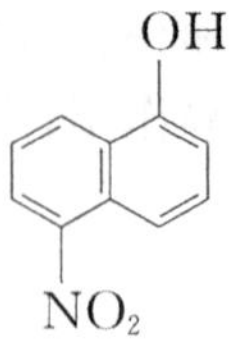

5-硝基萘-1-酚
5-nitronaphthalen-1-ol

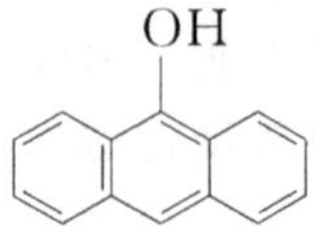

蒽-9-酚
anthracen-9-ol

芳环上含有烃基的多元酚或芳环上含有命名优先的其他官能团时,一般将酚羟基作为取代基命名。

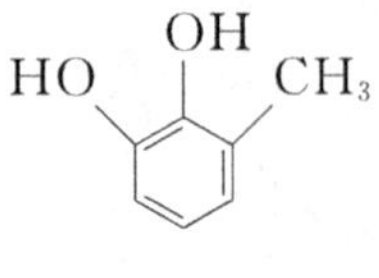

3-甲基苯-1,2-二酚
3-methylbenzene-1,2-diol

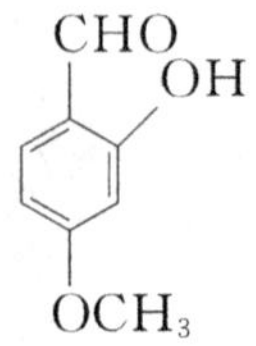

2-羟基-4-甲氧基苯甲醛
2-hydroxy-4-methoxybenzaldehyde

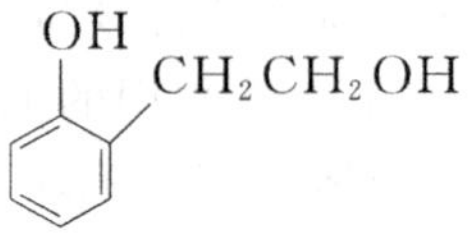

2-邻羟基苯基乙醇
2-(4-hydroxyphenyl)ethan-1-ol

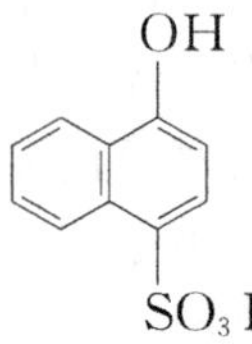

4-羟基萘-1-磺酸
4-hydroxynaphthalene-1-sulfonic acid

10.2.3　酚的物理性质

除少数烷基酚为液体外,绝大多数酚是固体,一般是无色的。由于酚分子间能形成氢键,往往沸点都比较高。酚具有特殊的气味,有一定毒性。酚也能与水形成氢键,所以在水中有一定的溶解度,其溶解度大小受分子结构的影响较大,一般极性基团增多,水溶性增强,但有些能形成分子内氢键的酚如邻硝基苯酚,其水溶性会比同类化合物小。

一些常见酚的物理常数如表 10-2 所示。

表 10-2　一些酚的物理常数

化　合　物	熔　点/℃	沸　点/℃	在水中溶解度(25 ℃)/[g/(100 mL)]
苯酚	40.8	181.8	8
邻甲苯酚	30.5	191	2.5
间甲苯酚	11.9	202.2	2.6
对甲苯酚	34.5	201.8	2.3
邻硝基苯酚	44.5	214.5	0.2
间硝基苯酚	96	194(9 333 Pa)	2.2
对硝基苯酚	114	295	1.3
邻苯二酚	105	245	45
间苯二酚	110	281	123
对苯二酚	170	285.2	8
α-萘酚	94	279	难溶
β-萘酚	123	286	0.1

10.2.4　酚的化学性质

酚与醇相比，二者都有羟基，但是酚羟基氧与苯环形成 p-π 共轭，导致碳氧键强度增加而不易发生碳氧键的断裂反应；同时氧氢键的极性增大，使酚羟基中氢原子的解离倾向增大，所以酚的酸性比醇强；羟基是供电子基团，使芳环的邻、对位活化，易发生亲电取代反应和氧化反应。

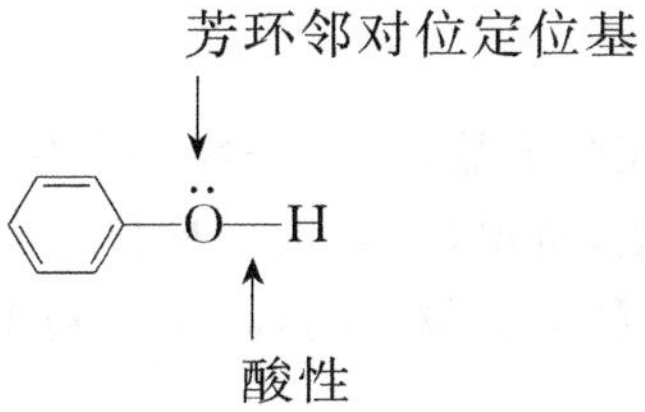

1. 酸性

苯酚（pK_a=10）具有弱酸性，酸性比水（pK_a=15.7）强，但比碳酸（pK_a=6.37）和有机酸（pK_a≈5）弱，所以苯酚易溶于氢氧化钠等强碱溶液，不易溶解在碳酸氢钠溶液中。相反，在苯酚钠的水溶液中通入二氧化碳则会有苯酚析出。

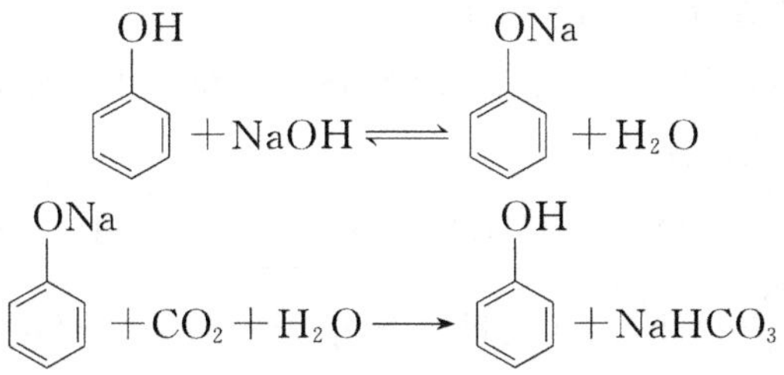

大多数酚的酸性与苯酚相近，易溶于氢氧化钠溶液而难溶于碳酸氢钠溶液，常可利用这一特性将酚性化合物从其他有机物中分离出来。

芳环上有不同的取代基时，酚的酸性强弱不同：当芳环上有吸电子取代基时，环上电子密度降低，酚的酸性增强；当芳环上有供电子取代基存在时，环上电子密度增强，酚的酸性减弱。例如，硝基酚的酸性大于苯酚，硝基越多，酸性越强，而 2,4,6-三硝基苯酚的酸性与盐酸相当。

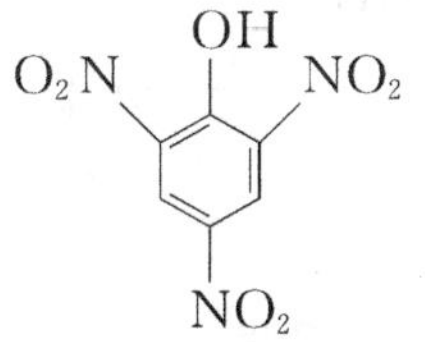

2,4,6-三硝基苯酚

（pK_a=0.25）

2,4,6-三硝基苯酚又称苦味酸，是黄色晶体化合物，熔点为 123 ℃，在 300 ℃高温时会爆炸。它能与多种有机碱形成难溶于水的结晶苦味酸盐并有一定的熔点，可用于有机碱的鉴定。

思考题 10-5　排出下列化合物的酸性次序：间溴苯酚，间甲苯酚，间硝基苯酚，苯酚。

2. 酚酯的生成及弗莱斯(Fries)重排

酚类化合物直接与酸生成酯比较困难，一般需要酸酐或酰卤与其反应，因为酚的亲核能力较弱。弱碱（吡啶等）或酸（硫酸、磷酸等）可促使反应进行。

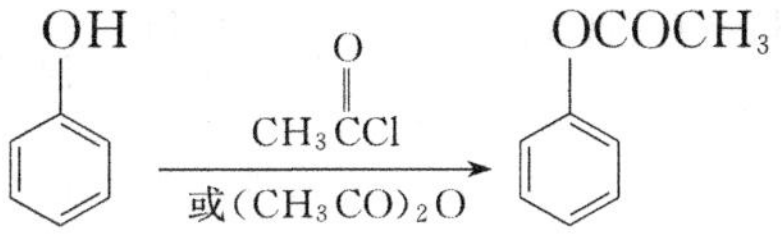

生成的酚酯在三氯化铝等路易斯酸存在下加热，酰基可重排至羟基的邻位或对位，得到酚酮，此重排称弗莱斯重排。

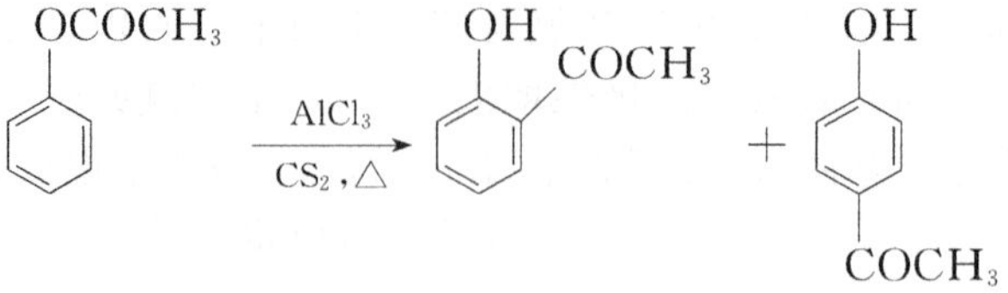

由于苯酚遇三氯化铝首先会成盐，所以一般不直接利用苯酚的酰化反应来制备酚酮，而弗莱斯重排是制备酚酮的好方法，所得邻、对位异构体可用水蒸气蒸馏分离。生成邻、对位异构体的比例与温度有关，低温有利于对位产物，高温有利于邻位产物。例如：

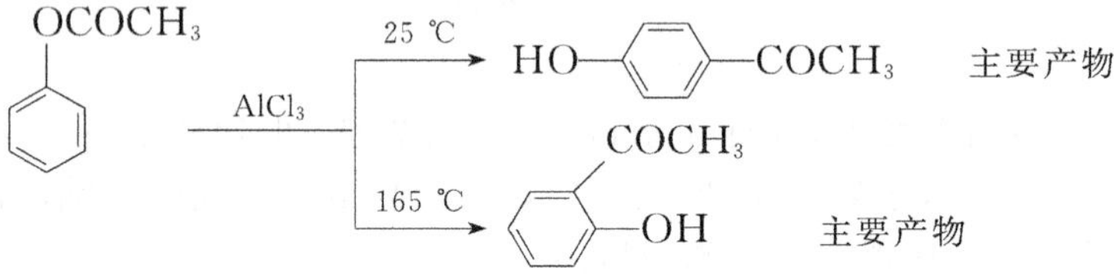

3. 酚醚的形成与克莱森(Claisen)重排

醇分子之间脱水形成醚是比较方便的，但酚分子间脱水生成醚比较困难，常用酚钠与卤代烃或硫酸二烷基酯作用生成酚醚。

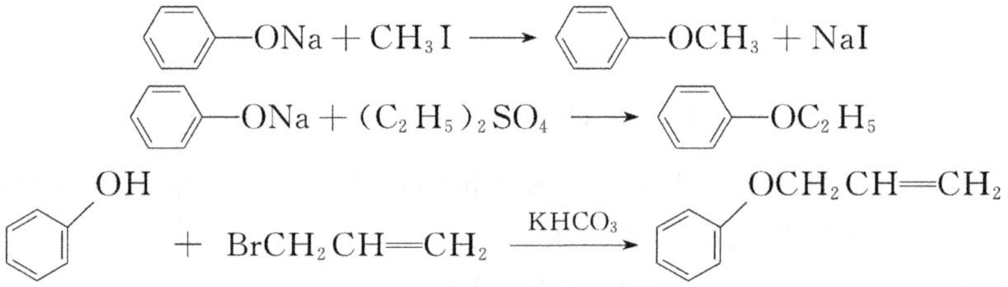

烯丙基酚醚加热到 200 ℃左右会发生重排反应，生成烯丙基取代苯酚，此反应称克莱森重排。

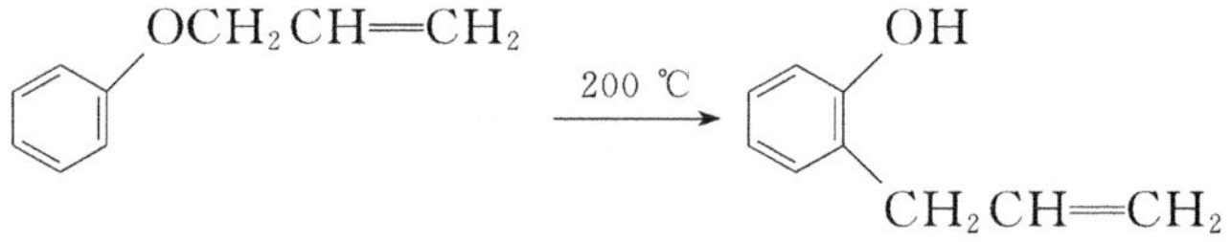

克莱森重排的历程如下：

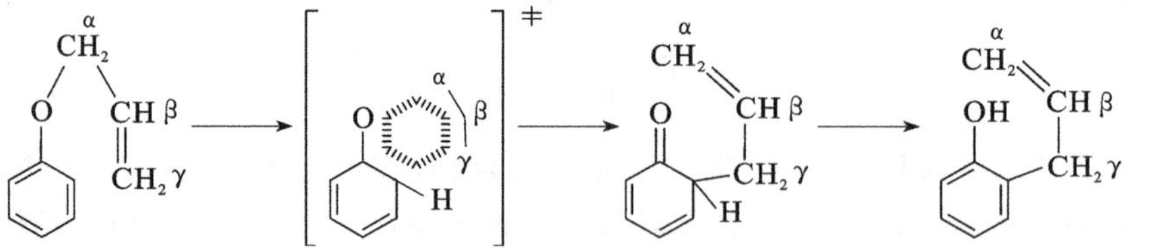

克莱森重排特点：①重排总是烯丙基中的 γ-碳连到苯环上，即使是取代的烯丙基也是如此；②重排优先发生在酚羟基的邻位，只有当酚羟基的两个邻位都被占领时，重排才会发生在对位；③如果邻、对位都被占据，重排不会发生。同位素标记表明，此重排是经过两次完成的，即先排在邻位，再重排到对位。如：

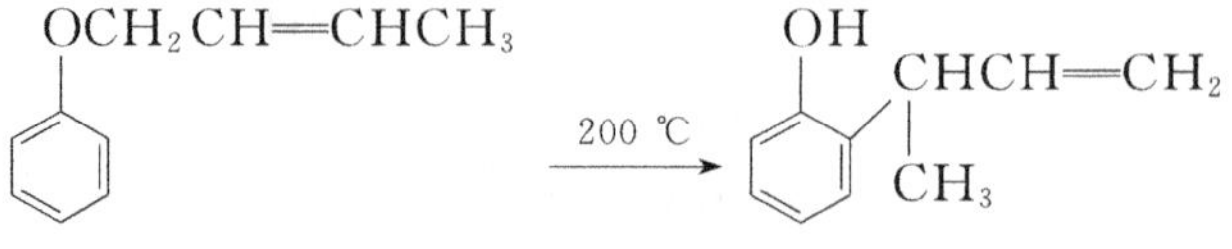

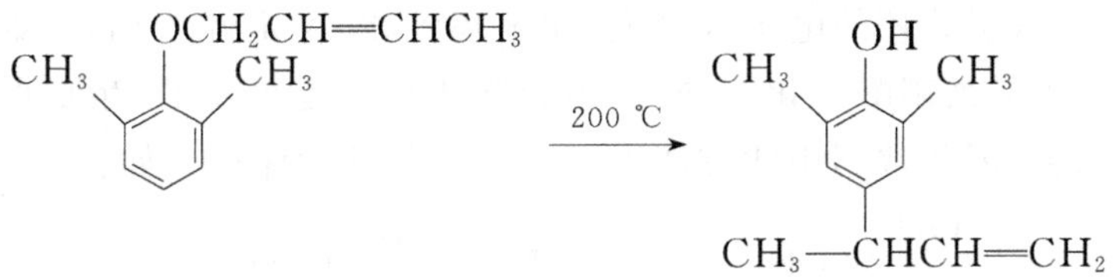

4. 与三氯化铁的显色反应

大多数酚与三氯化铁作用能生成有颜色的配离子，此反应可以作为酚类的定性鉴别。如：

$$6C_6H_5OH + FeCl_3 \longrightarrow H_3[Fe(OC_6H_5)_6] + 3HCl$$

不同的酚所产生的配离子颜色不同。如苯酚、间苯二酚及均苯三酚与三氯化铁反应都显蓝紫色，对苯二酚显暗绿色，连苯三酚显红棕色等。

另外，具有烯醇结构的化合物也有类似反应。

5. 芳环上的取代反应

羟基是芳环的强致活效应基团，因此酚极易发生芳环上的亲电取代反应。

1）卤代反应

苯酚与溴在低温非极性的条件下反应，可得邻位和对位取代产物，其中以对位产物为主。

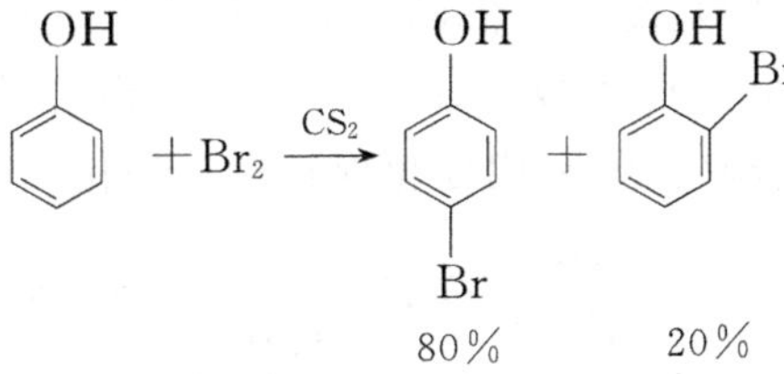

苯酚与溴水作用立即生成 2,4,6-三溴苯酚的白色沉淀，反应很灵敏。这一性质可用于苯酚的定性鉴别和定量测定。

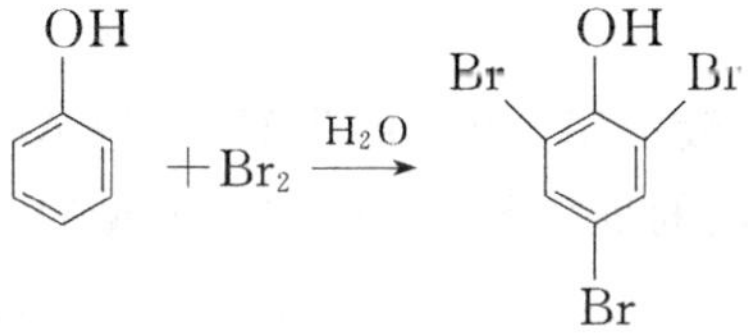

白色沉淀

苯酚和氯反应与苯酚和溴的反应相似，在低极性溶剂中可以生成单取代物或者二取代物，而在水这样的极性溶剂中则生成 2,4,6-三氯苯酚。

2）磺化反应

苯酚在室温下就容易与浓硫酸作用，在苯环上引入磺酸基，主要产物是邻羟基苯磺酸；升高温度，对位产物的比例将会增加，如在 100 ℃时，主要产物是对羟基苯磺酸。

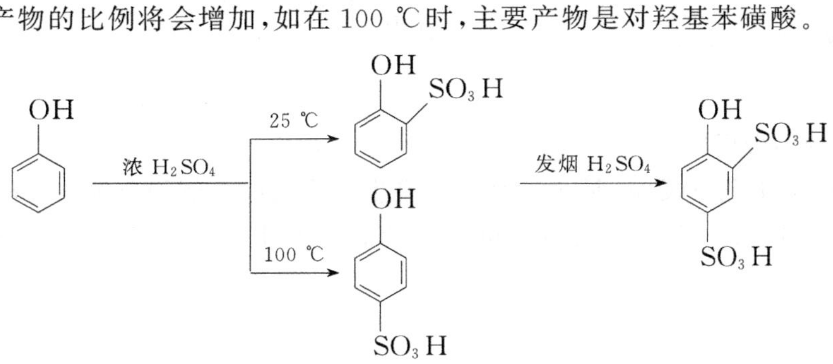

磺酸基的引入降低了芳环的电子云密度,使苯环钝化,稳定性增加,例如苯酚容易被硝酸氧化,而羟基苯磺酸不易被硝酸氧化。同时,因为磺化反应是可逆的,生成的羟基苯磺酸与稀酸共热,磺酸基可除去,因此常利用此方法进行占位及芳环的保护。如:

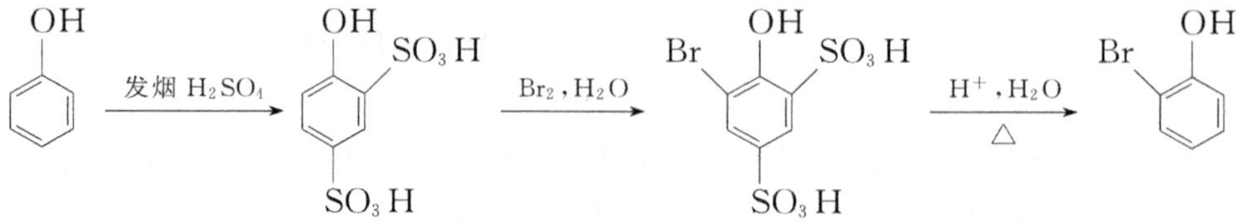

3)硝化反应

苯酚在室温下即可与稀硝酸反应,生成邻位和对位硝基苯酚。

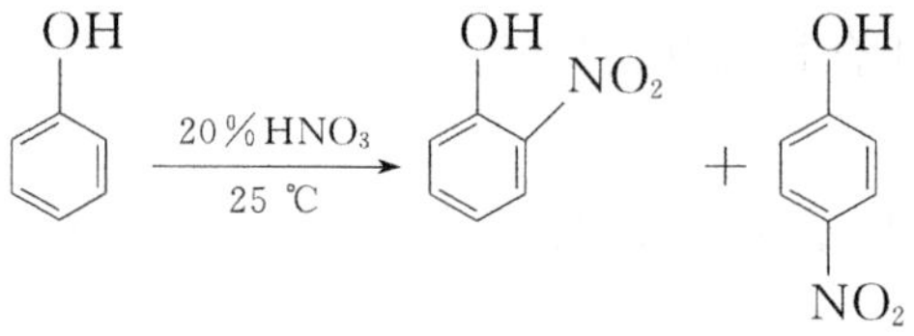

由于邻位产物可形成分子内氢键,水溶性小,能随水蒸气蒸出,而对位产物形成分子间氢键,不随水蒸气挥发,因此邻位硝基酚和对位硝基酚可用水蒸气蒸馏方法分离。

苯酚与较浓的硝酸反应,虽然可生成二硝基取代的产物,但因硝酸的氧化性而使产率降低。多硝基酚只能用其他方法制备,如利用磺化保护后再硝化。

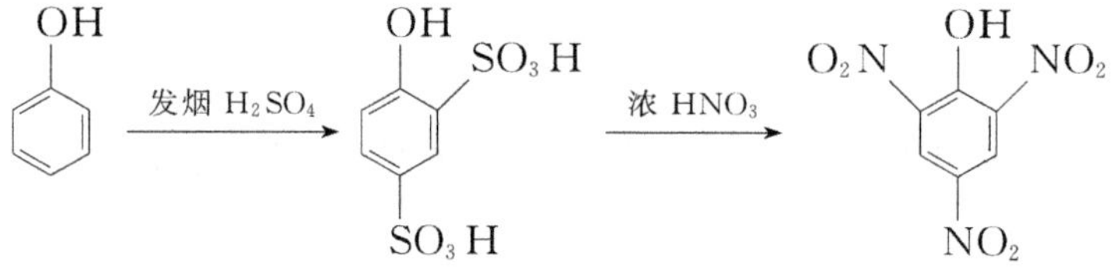

4)傅-克反应

酚很容易发生傅-克反应,一般不用 $AlCl_3$ 催化剂,因为 $AlCl_3$ 可与酚羟基成盐从而失去催化活性。酚的傅-克反应常用较弱的催化剂,如 BF_3、HF 或 H_3PO_4 等。

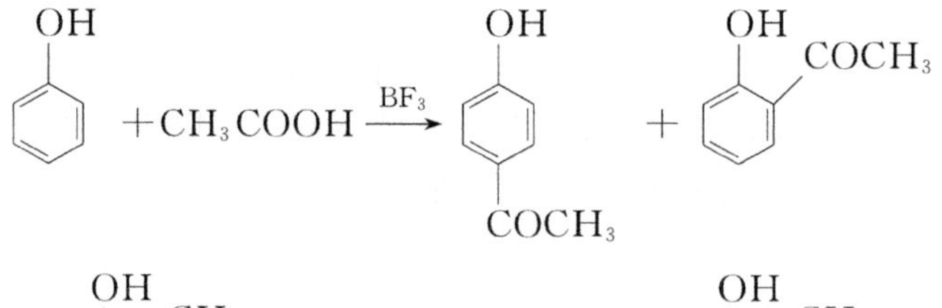

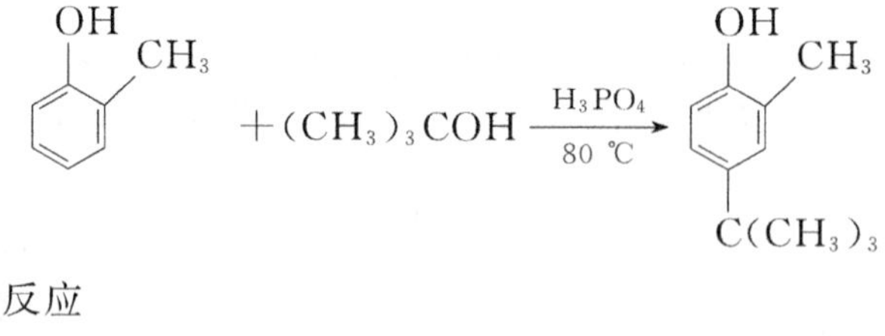

5)与甲醛的缩合反应

酚在酸或碱的催化下反应,易与羰基化合发生缩合反应。例如苯酚与甲醛反应,先生成邻或对位羟基苯甲醇,产物分子之间还可以继续脱水发生缩合反应,形成高聚物——酚醛树脂。

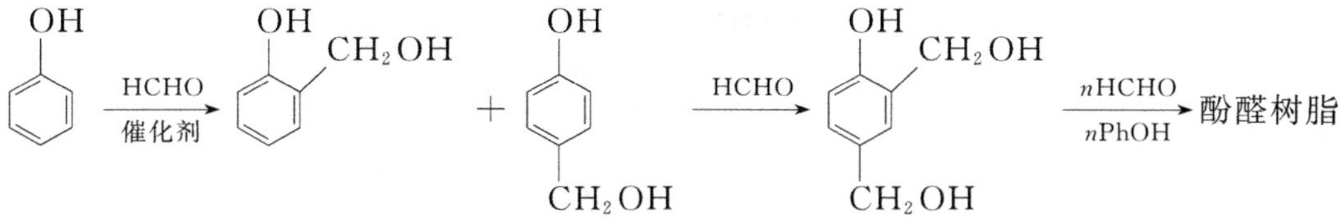

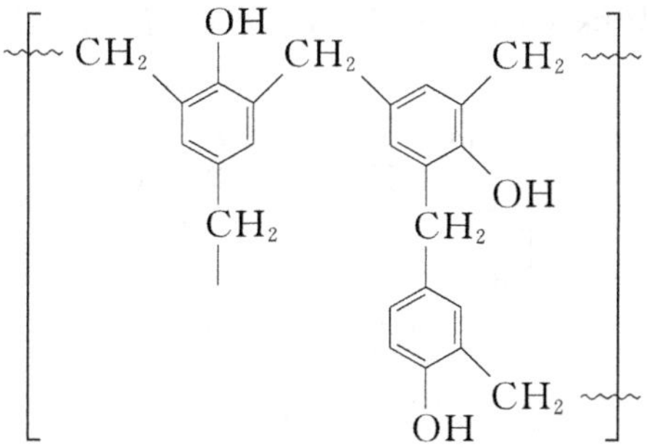

酚醛树脂部分结构

在不同的物料配比及不同的酸碱性条件下，反应所得酚醛树脂结构有所不同。酚醛树脂具有良好的绝缘、耐热、耐老化、耐化学腐蚀等性能，广泛用于电子、电气、塑料、木材、纤维等工业。

6）瑞穆尔-蒂曼(Reimer-Tiemann)反应

酚的碱性水溶液与氯仿共热，生成羟基苯甲醛的反应，称为瑞穆尔-蒂曼反应。一般情况下醛基进入羟基的邻位。

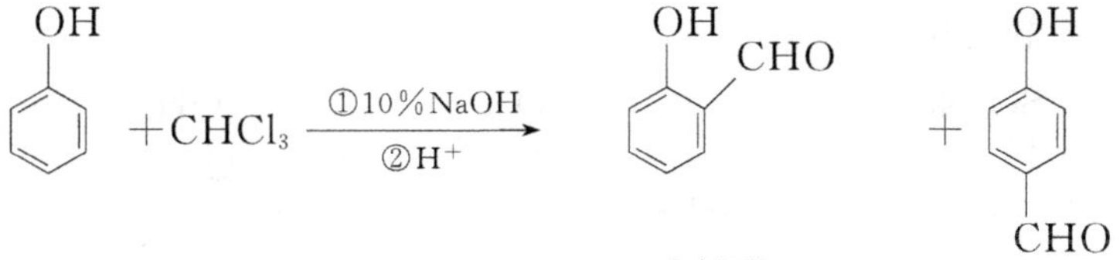

水杨醛
（主要产物）

这是工业上生产水杨醛的方法，能发生此反应的化合物还有萘酚、多元酚和其他一些芳香性化合物等。

7）羧基化反应

干燥的苯酚钠与二氧化碳在一定的温度和压力下反应，可在苯环上引入羧基，这一反应称为柯尔贝-施密特(Kolbe-Schmidt)反应。羧基主要进入羟基的邻位，生成邻羟基苯甲酸，即水杨酸。反应中有少量的对位异构体，用水蒸气蒸馏法可将两种异构体分开。

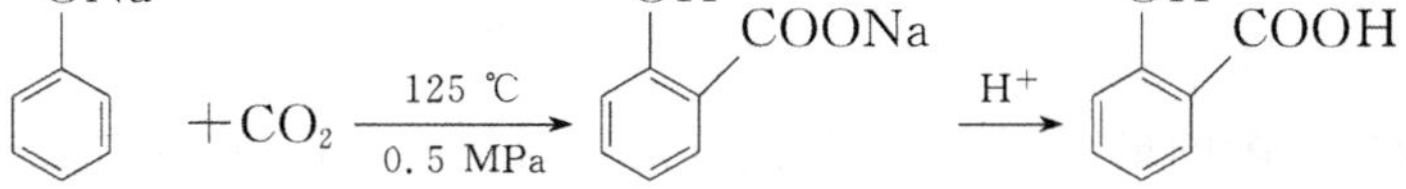

水杨酸

水杨酸具有消炎和抗风湿作用，也是制备阿司匹林的原料。

6. 酚的氧化

酚类化合物很容易被氧化，在空气中即可缓慢氧化成醌。酚类化合物多为无色，放置久了或者经光照后往往颜色加深，就是因为发生了氧化反应。

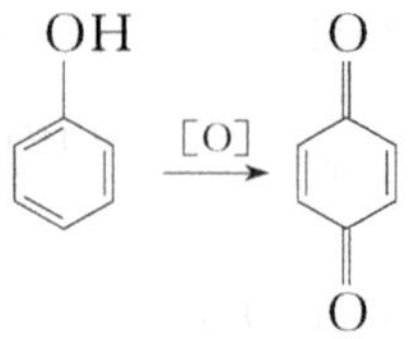

多元酚更容易被氧化。如绿茶中富含多酚，茶水放置出现棕红色，主要是其中含有的多酚类化合物被氧化的结果。

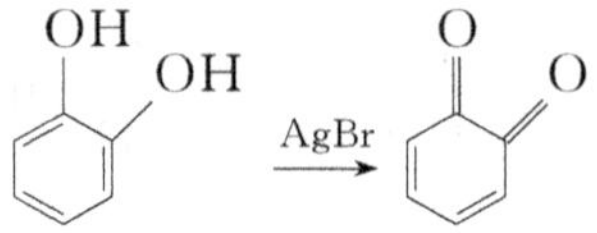

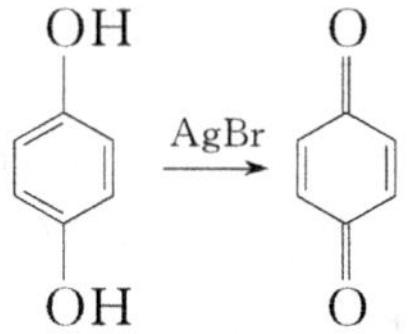

利用酚易氧化的性质可在工业上将其用作抗氧剂，减缓产品的氧化变质。

10.2.5　酚的制备

1. 磺酸盐碱熔法

利用芳磺酸盐与氢氧化钠或氢氧化钾在高温下作用，磺基被羟基取代而制备酚的衍生物的反应是最早的工业制酚法。

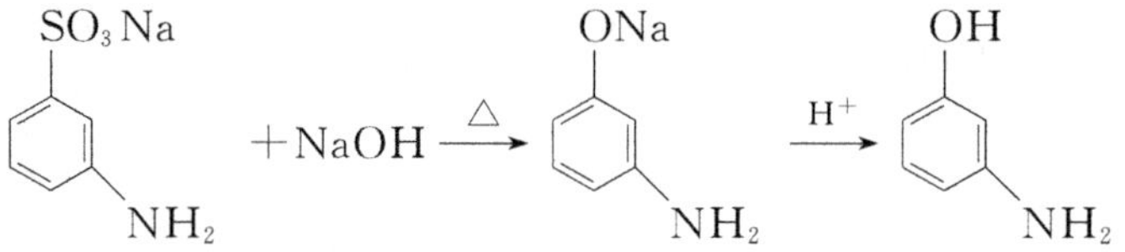

2. 异丙苯法

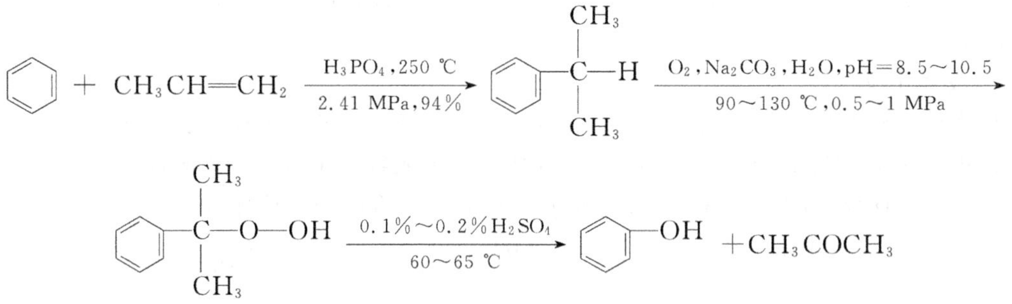

此法是目前合成苯酚的最主要方法，其优点是原料价廉易得，产品纯度也高。

3. 芳香卤代烃的水解

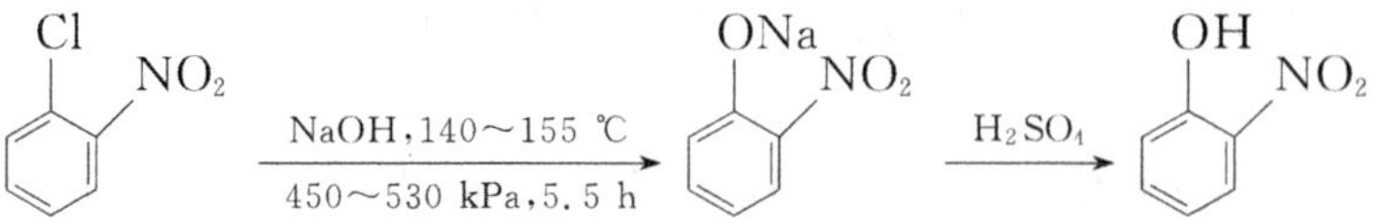

这是一个亲核取代反应，主要适用于芳环上有吸电子取代基的酚类化合物的制备，如硝基酚、氯代酚等。

4. 重氮盐水解

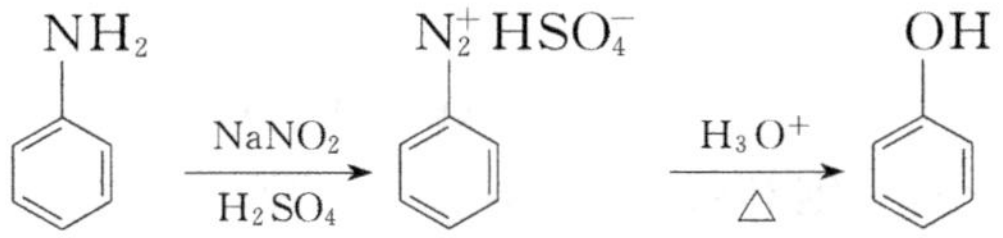

此法主要用于实验室制备酚。

10.2.6 重要的酚

1. 苯酚

苯酚俗称石炭酸，常温下是无色晶体，熔点为 40.8 ℃。有毒，有腐蚀性，如不慎滴落到皮肤上应立即用酒精擦洗。常温下微溶于水，易溶于有机溶液；当温度高于 65 ℃时，能跟水以任意比例互溶。易氧化，暴露在空气中因氧化而呈粉红色。可用作消毒剂，也是重要的工业原料，可用于制造药物、塑料、农药、染料等。

2. 甲酚

甲酚俗称煤酚，来源于煤焦油，是 *o*、*m* 和 *p*-甲酚三种异构体的混合物，煤酚的抗菌力比苯酚强，由于难溶于水，常配成 50%的肥皂溶液，又称来苏儿。1%～2%的水溶液用于手和皮肤消毒；3%～5%的水溶液用于器械、用具消毒；5%～10%的水溶液用于排泄物消毒。

3. 邻苯二酚

邻苯二酚又名儿茶酚，为无色结晶，熔点为 105 ℃，易溶于水、醇、醚等溶剂中，是重要的化工中间体，可用于制造橡胶硬化剂、电镀添加剂、皮肤防腐杀菌剂、染发剂、照相显影剂等。

4. 麝香草酚

麝香草酚即 5-甲基-2-异丙基苯酚，又称百里酚，由百里草和麝香草中的香气成分而得名，为无色晶体或白色粉末，微溶于水，熔点为 51.5 ℃，用于制造香料、药物和指示剂等，也用于治疗某些皮肤病。

10.3 醚和环氧化合物

醚可以看成水分子中的两个氢原子被烃基取代生成的化合物，也可看成醇或酚分子中羟基上的氢被烃基取代的产物。

10.3.1 醚的结构

醚分子中含有两个碳氧单键，称为醚键，是醚的官能团。醚分子中的氧原子通过不等性 sp^3 杂化方式成键，与水分子相似，有两个未共用电子对在 sp^3 杂化轨道中，分子中没有活性氢原子。醚键的键角为 110°左右。

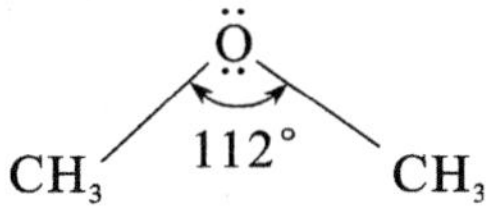

甲醚

10.3.2 醚的分类和命名

醚分子常可分为单醚、混醚和环醚三类。

1. 单醚

单醚的两个烃基相同,可表示为

$$R—O—R \quad Ar—O—Ar$$

常称为“二某醚”。若烃基为饱和烃基,可省去“二”字。如:

$CH_3CH_2OCH_2CH_3$

乙醚

diethyl ether

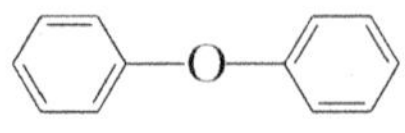

二苯醚

diphenyl ether

$CH_2{=}CH—O—CH{=}CH_2$

二乙烯醚

divinyl ether

2. 混醚

混醚的两个烃基不同,可表示为

$$R—O—R' \quad Ar—O—Ar' \quad R—O—Ar$$

对于结构简单的混醚,命名时将两个烃基按基团英文名称首字母排序依次列出,再加上“醚”字即可。

$CH_3OC(CH_3)_3$

甲基叔丁基醚

methyl tert-butyl ether

$C_2H_5—O—CH{=}CH_2$

乙基乙烯基醚

ethyl vinyl ether

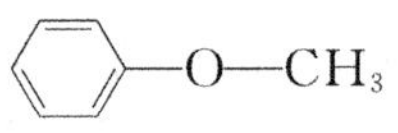

甲苯醚

methyl phenyl ether

对于结构复杂的醚,则可将其中的烃氧基作为取代基来命名。如:

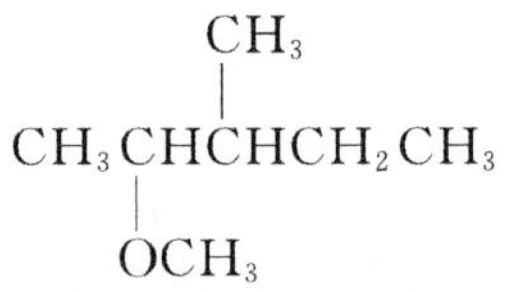

2-甲氧基-3-甲基戊烷

2-methoxy-3-methylpentane

$CH_3OCH_2CH_2OCH_2CH_3$

1-乙氧基-2-甲氧基乙烷

1-ethoxy-2-methoxyethane

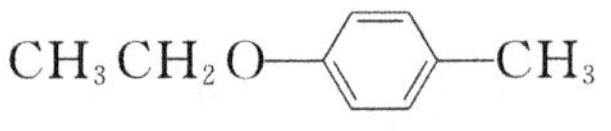

1-乙氧基-4-甲基苯

(对乙氧基甲苯)

1-ethoxy-4-methylbenzone

3. 环醚

环醚是含氧环状分子。一般以环氧化合物或杂环来命名。如:

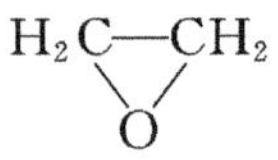

氧杂环丙烷

oxirane

环氧乙烷

epoxyethane

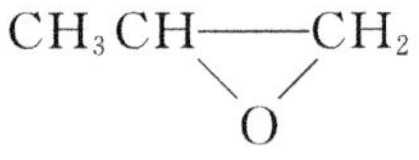

2-甲基氧杂环丙烷

2-methyloxirane

1,2-环氧丙烷

1,2-epoxypropane

氧杂环戊烷

oxacyclopentane

1,4-环氧丁烷(或四氢呋喃)

1-4-epoxybutane(or tetrahydrofuran)

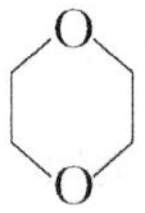

1,4-二氧杂环己烷

(俗称二氧六环)

1,4-dioxane

10.3.3 醚的物理性质

醚分子间不能形成氢键,其沸点比相对分子质量相近的醇低得多,如乙醚的沸点为 34.5 ℃,而正丁醇的沸点为 117.3 ℃。三个碳以下的醚在常温下是气体,其余的醚常温下多为无色液体,有特殊气味。

醚可与水分子形成氢键,所以在水中溶解度与同碳原子数的醇相近,如乙醚在水中的溶解度与正丁醇相似，约为 8 g/100 mL。环醚在水中溶解度要大些，这是因为环醚中的氧原子突出在外，更容易与水形成氢键，如四氢呋喃可与水混溶。一些常见醚的物理性质如表 10-3 所示。

表 10-3　一些常见醚的物理性质

化合物	结构简式	熔　点/℃	沸　点/℃
甲醚	CH_3OCH_3	−138.5	−23
乙醚	$CH_3CH_2OCH_2CH_3$	−116.62	34.5
正丙醚	$CH_3CH_2CH_2OCH_2CH_2CH_3$	−122	91
异丙醚	$(CH_3)_2CHOCH(CH_3)_2$	−86	68
正丁醚	$(CH_3CH_2CH_2CH_2)_2O$	−65	142
环氧乙烷	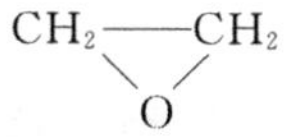	−111	13.5
苯甲醚	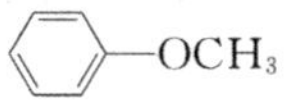	−37.5	155
四氢呋喃		−65	67
1,4-二氧六环	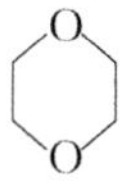	12	101

由于醚化学性质不活泼，常作为有机溶剂使用。低级醚沸点低，具有高度的挥发性，极易着火，使用时要小心。

10.3.4　醚的化学性质

醚是一类比较稳定的化合物，常温下与碱、氧化剂、还原剂都不发生反应。醚具有以下化学性质。

1. 𨦡盐的形成

醚分子的氧原子含有未共用电子对，作为一种碱能与强酸或路易斯酸形成𨦡盐。例如：

$$R—O—R + H_2SO_4 \rightleftharpoons R—\overset{+}{\underset{\underset{H}{|}}{O}}—R + HSO_4^-$$

$$R—O—R + BF_3 \rightleftharpoons R—\overset{+}{\underset{\underset{B^-F_3}{|}}{O}}—R$$

𨦡盐很不稳定，遇水立即分解成醚和酸。利用这种性质可将醚与烃、卤代烃等不含氧的化合物进行鉴别、分离。

2. 醚键的断裂

醚与浓强酸共热，可以发生醚键断裂反应。例如与氢卤酸作用可生成卤代烷和醇，若有过量酸存在，醇将继续转变为卤代烷。

$$R—O—R' + HX \longrightarrow RX + R'OH \xrightarrow{HX} R'X$$

氢卤酸的反应活性次序：HI>HBr>HCl。由于 HBr 和 HCl 反应不活泼，所以常用 HI。其反应历程如下：

$$R—O—R' + H^+ \rightleftharpoons R—\overset{+}{\underset{\substack{|\\H}}{O}}—R' \xrightarrow[S_N1\text{ 或 }S_N2]{I^-} ROH + R'I$$

醚键的断裂可以通过 S_N1 机理或 S_N2 机理，由烃基的结构决定哪个碳氧键断裂。一般一级烷基发生 S_N2 反应，三级烷基或烯丙基等结构发生 S_N1 反应。

$$CH_3OCH_2CH_2CH_3 \xrightarrow{HI} CH_3I + CH_3CH_2CH_2OH$$

上式为 S_N2 反应，I^- 优先进攻位阻小的甲基。

$$(CH_3)_3C—O—CH_3 + HI \longrightarrow (CH_3)_3C—I + CH_3OH$$

上式为 S_N1 反应，由于叔丁基正离子稳定性较好，所以该碳氧键优先断裂，形成的叔丁基正离子再与 I^- 结合即得。

芳基烷基醚断裂时，一般是脂肪烃基先形成卤代烃。这是因为芳基碳与氧相连时存在 p-π 共轭，所以该碳氧键键能比较大，难以断裂。如：

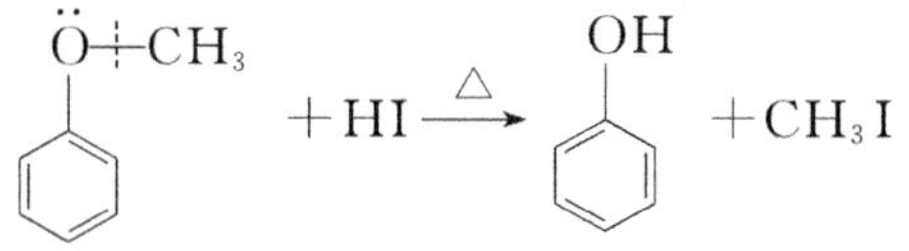

由于酚在碱性条件下易生成酚醚，而酚醚容易被酸分解，所以在有机合成中常用生成醚的方法来保护酚羟基，反应完成后再除去。例如：

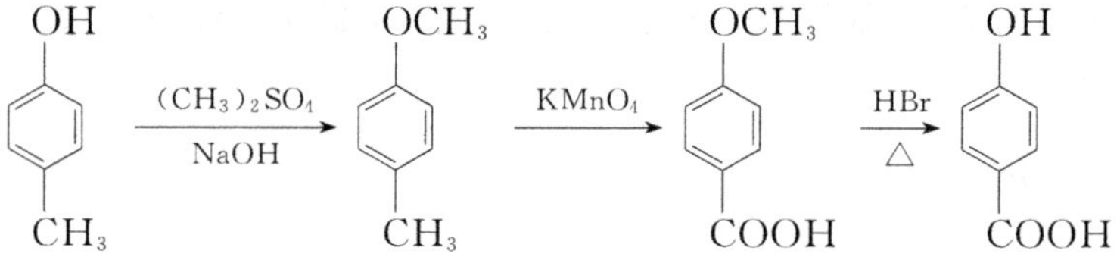

3. 过氧化物的生成

醚类长时间与空气中的氧接触，慢慢被氧化生成过氧化物。氧化通常发生在 α-碳氢键上。

$$CH_3CH_2OCH_2CH_3 \xrightarrow{O_2} CH_3\underset{\substack{|\\O—O—H}}{CH}OCH_2CH_3$$

过氧化乙醚

过氧化醚遇热容易发生爆炸，因此放置过久的醚在使用前应做过氧化物的检查。检查方法是看其能否使湿润的碘化钾-淀粉试纸变蓝或使 $FeSO_4$-KSCN 试液变红，如出现上述现象之一即说明有过氧化物存在。此时可将醚用硫酸亚铁水溶液洗涤，以破坏其中的过氧化物。

思考题 10-6　如何检验醚中是否有过氧化物存在？

10.3.5　醚的制备

1. 醇分子间的脱水

此方法适用于由伯醇或仲醇制备单醚。如：

$$2CH_3CH_2OH \xrightarrow[140\ ℃]{H_2SO_4} CH_3CH_2OCH_2CH_3$$

五、六元环的环醚可以通过二元醇在酸催化下分子内脱水得到。如：

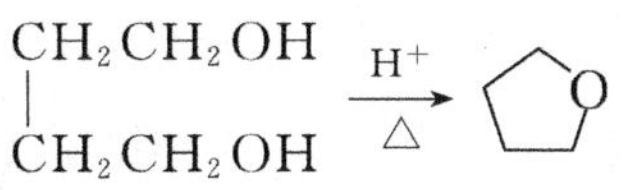

2. 威廉逊(Williamson)合成

威廉逊合成是用醇钠或酚钠制备醚的方法，既可用于制备单醚，又可用于制备混醚。

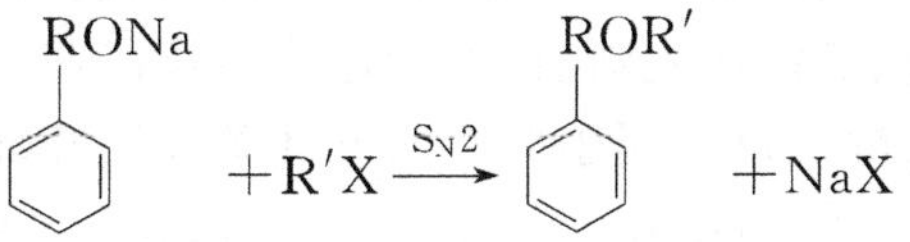

3. 三元环醚的制备

工业上常用氯醇与氢氧化钙共热制备三元环醚。如：

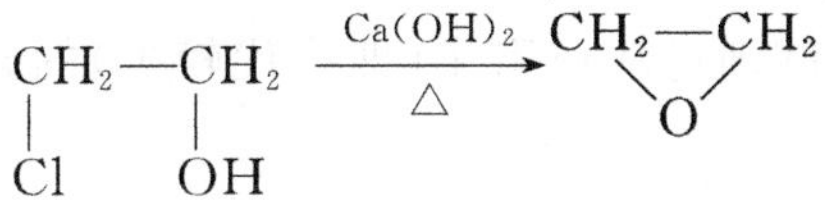

环氧乙烷工业上还常用乙烯和氧气在银催化下反应得到，此法仅限于环氧乙烷的合成。

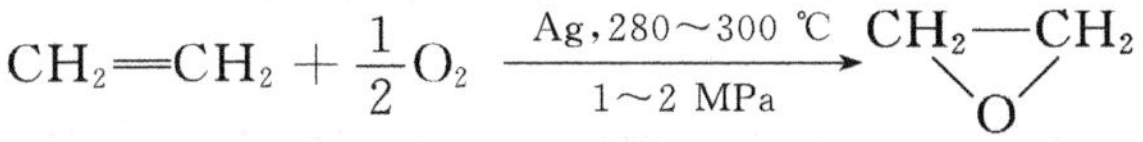

10.3.6 环氧化合物的反应

最简单的环氧化合物是环氧乙烷。环氧乙烷由于含三元环，比开链醚或其他的环醚性质要活泼，极易与许多试剂发生反应。

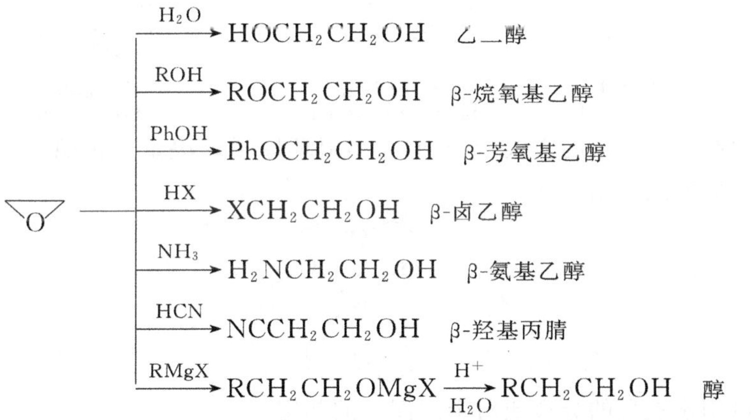

环氧乙烷化学性质活泼，是很重要的化工原料。该物质沸点只有 13.5 ℃，极易挥发，且与空气能形成爆炸性混合物，使用时应注意安全。

以上环氧乙烷的反应都属于开环反应，是亲核取代反应。环氧乙烷为对称分子，发生开环反应时不存在开环方向的问题。若是取代环氧乙烷（如 1,2-环氧-2-甲基丙烷）就存在开环的方向问题，开环的方向主要取决于是酸催化还是碱催化。1,2-环氧-2-甲基丙烷在酸催化下与醇反应的历程如下：

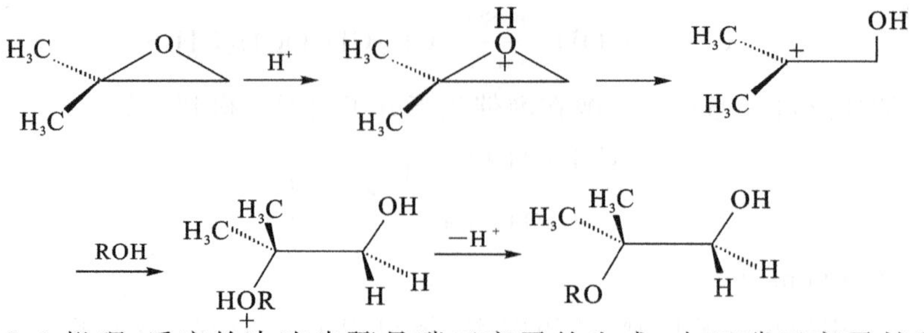

该反应为 S_N1 机理，反应的决速步骤是碳正离子的生成，由于碳正离子越稳定越容易生成，所以取代基较多的碳的碳氧键优先断裂，然后连接亲核试剂。

1,2-环氧-2-甲基丙烷与醇钠反应属于典型的碱性条件下开环反应，其反应历程如下：

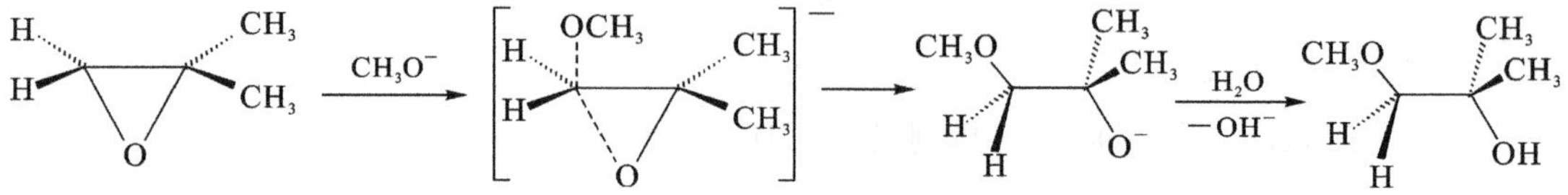

该反应为 S_N2 机理，亲核试剂进攻位阻小(即取代较少)的碳原子。

10.3.7　冠醚

冠醚是分子中具有 $\left(-CH_2CH_2O-\right)$ 重复单元的大环多醚。由于最初合成的冠醚都形似皇冠，故此得名。

冠醚于 1962 年被首次合成，该类化合物按“x-冠-y”的方式命名，其中 x 表示环上的原子总数，y 表示氧原子数。如：

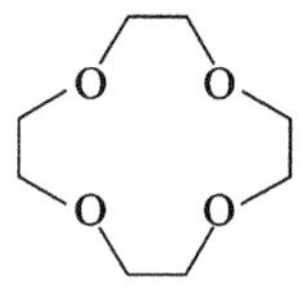

12-冠-4
12-crown-4

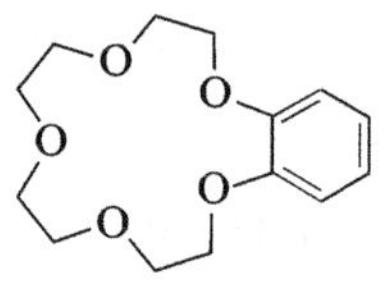

苯并15-冠-5
benzo-15-crown-5

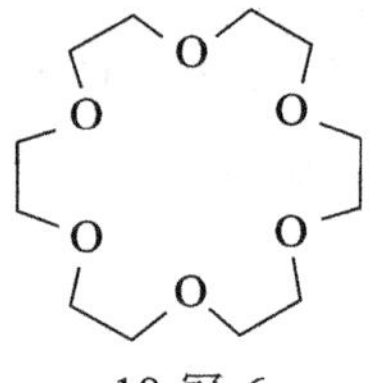

18-冠-6
18-crown-6

冠醚分子中有一定大小的空穴，空穴的大小由环原子数决定。按照穴的孔径可选择性地与不同金属离子形成配合物。

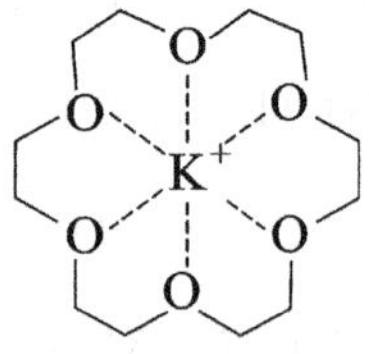

这一特性可用于冠醚的分离或对金属离子的测定。

冠醚在有机化学上常用作相转移催化剂(phase transfer catalyst，简称 PTC)。例如环己烯用 $KMnO_4$ 氧化生成己二酸的反应，如果直接反应，$KMnO_4$ 在水相而环己烯在有机相，二者不相溶，反应效率低，需要较高的温度和时间才能完全。而加入冠醚后，由于具有亲油性的亚甲基排列在环的外侧，可将 $KMnO_4$ 转移至有机相中，成为均相反应，反应效率大大提高，在室温和较短时间内便可完成。

但是冠醚合成较困难，而且有一定毒性，回收也较难，使用要多加注意。

10.3.8　重要的醚

1. 乙醚

乙醚为无色透明有特殊气味的液体，沸点为 34.5 ℃，挥发性极强，易着火。乙醚被广泛用作溶剂，在医疗上用作麻醉剂，可引起恶心呕吐等不良反应。乙醚长时间与氧接触和光照可生成过氧化乙醚，过氧化乙醚受热会爆炸，所以使用长期保存后的乙醚应先除去过氧化物。

2. 苯甲醚

苯甲醚俗称茴香醚，无色液体，具有香味，沸点为 155 ℃，溶于乙醇、乙醚，不溶于水。苯甲醚容易发生芳核上的亲电取代反应，可用作有机合成原料，如合成树脂、香料等。

3. β-萘甲醚

β-萘甲醚又名橙花醚，为白色鳞片状结晶，熔点为 72 ℃，有橙花香味。主要用作香皂中的香料，以及用来合成炔诺孕酮和米非司酮等药物的中间体。

10.4　硫醇和硫醚

硫与氧同为周期表中第Ⅵ主族元素，外层电子结构均为 ns^2np^4，所以它们都能形成 2 价化合物。硫在许多方面与氧相似，并能在多种有机化合物的结构中代替氧。

常见的含硫有机化合物可分为两大类。

一类是用硫代替有机物中的氧而形成的含硫有机物。

含氧有机物		含硫有机物	
R—OH	醇	R—SH	硫醇
Ar—OH	酚	Ar—SH	硫酚
R—O—R	醚	R—S—R	硫醚

在硫醇和硫酚的分子结构中均含有一个—SH官能团，称作硫氢基或巯基。

另一类则为高价的含硫化合物，可看作是硫酸和亚硫酸的衍生物。例如：

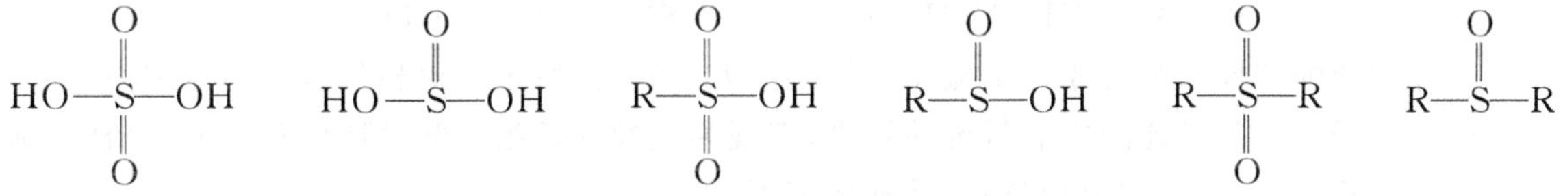

硫酸　　亚硫酸　　磺酸　　亚磺酸　　砜　　亚砜

10.4.1　硫醇和硫酚

硫醇和硫酚的通式分别为 R—SH 和 Ar—SH。从结构上看，二者可以视为硫化氢的一个氢原子被烃基取代的化合物。

硫醇和硫酚的命名很简单，与相应的含氧化合物相同，只需在相应的母体名称前加上“硫”字。例如：

CH_3SH　　$CH_3CH_2CH_2CH_2SH$

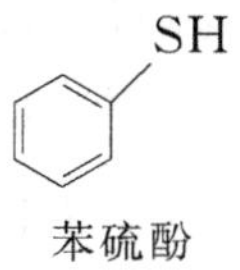

甲硫醇　methanethiol

丁硫醇　butane-1-thiol

苯硫酚　benzenethiol

对于结构复杂的化合物，有时也可把—SH(巯基)作为取代基来命名，命名原则与其他官能团的命名相同。例如：

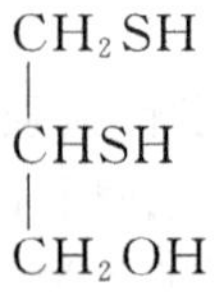

2,3-二巯基丙-1-醇
2,3-dimercaptopropan-1-ol

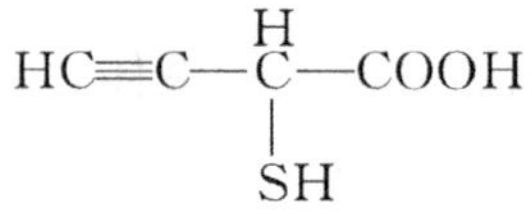

2-巯基丁-3-炔酸
2-mercaptobut-3-ynoic acid

1. 物理性质

除甲硫醇为气体外，在常温下低级硫醇均为液体，有难闻的臭味。乙硫醇在空气中的浓度达到 10^{-11} g/L 时即能被人们的嗅觉所察觉。随着相对分子质量的增加，硫醇的臭味逐渐减弱。含有九个碳以上的硫醇可以产生令人愉快的气味。硫醇类化合物往往是大气中臭气污染的主要来源。然而硫醇的臭味也不是一点用处也没有的，在人工煤气中混入少量硫醇就可以在煤气泄漏时引起人们的警觉。硫醇形成氢键的能力极弱，远不如醇类，所以其沸点及在水中的溶解度比相应的醇低得多。例如：乙硫醇的沸点为 36 ℃，而乙醇的沸点则为 78.3 ℃。乙醇与水完全混溶，而乙硫醇在 100 mL 水中只溶解 1.5 g。

2. 化学性质

硫醇、硫酚在结构上与醇、酚类似，但在化学性质上存在显著差别，主要表现在酸性和氧化反应两个方面。

1）酸性

硫醇和硫酚的酸性比相应的醇与酚强。硫醇显弱酸性，可溶于稀氢氧化钠溶液中。硫酚的酸性比碳酸强，可溶于碳酸氢钠水溶液。如乙醇的 pK_a 为 15.9，而乙硫醇的 pK_a 为 10.5，苯酚的 pK_a 为 10.0，苯硫酚的 pK_a 为 7.8。

$$R—SH+NaOH \longrightarrow R—SNa+H_2O$$

$$Ar—SH+NaHCO_3 \longrightarrow Ar—SNa+CO_2+H_2O$$

硫醇和硫酚酸性增强的原因是硫原子的半径大于氧，其原子核对核外电子的控制力较弱，导致硫醇分子中硫氢键比醇中氧氢键易解离，表现为硫醇和硫酚的酸性比醇和酚强。硫醇、硫酚的重金属盐(如汞、铅、铜等盐类)以及砷盐都不溶于水。

$$2R—SH+HgO \longrightarrow (RS)_2Hg\downarrow +H_2O$$

许多重金属盐能引起人、畜中毒，就是由于这些重金属能与机体内某些酶中的巯基结合，使酶丧失正常的生理活性所致。

硫醇中的 2,3-二巯基丙醇是一个重要的重金属中毒的解毒剂。2,3-二巯基丙醇可以和汞、锑、金等重金属及砷形成十分稳定的化合物，所以常用作有效的重金属中毒的解毒剂。它可以夺取已与有机体内酶结合的金属，形成稳定的配位化合物(也称络盐)后随尿排出。例如 2,3-二巯基丙醇与砷化物的反应：

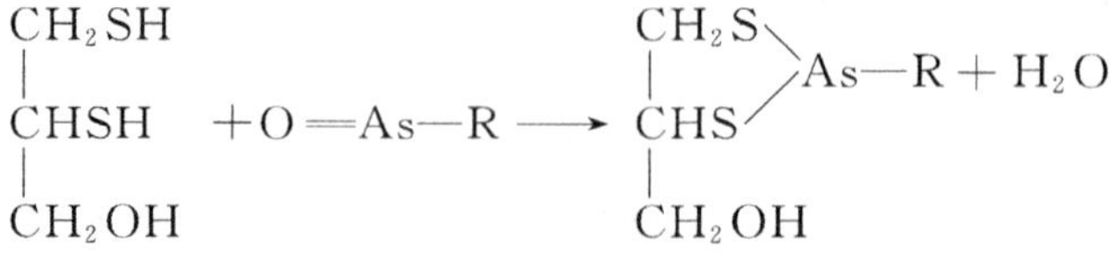

2）氧化反应

硫醇和硫酚的氧化反应是它们的重要性质之一。硫醇的氧化反应与醇的氧化反应完全不同。醇被氧化时，反应发生在 α-碳原子上，氧化产物为醛或酮。硫醇的氧化反应则发生在硫原子上，例如硫醇在 I_2、稀 H_2O_2 溶液中，甚至在空气中氧的作用下（以铜、铁作催化剂）进行温和的氧化反应，即可生成二硫化物，二硫化物又可被还原为硫醇。

$$RSH \underset{[H]}{\overset{[O]}{\rightleftharpoons}} R—S—S—R$$

在生物体中，二硫键对于保持蛋白质分子的特殊构型具有重要作用。二硫键与巯基之间的氧化-还原是一个极为重要的生理过程。例如胰岛素就是依靠由胱氨酸提供的二硫键将两个多肽链连接起来的。而胱氨酸就是半胱氨酸的二硫化物，它们在酶的作用下发生氧化-还原反应而相互转化。

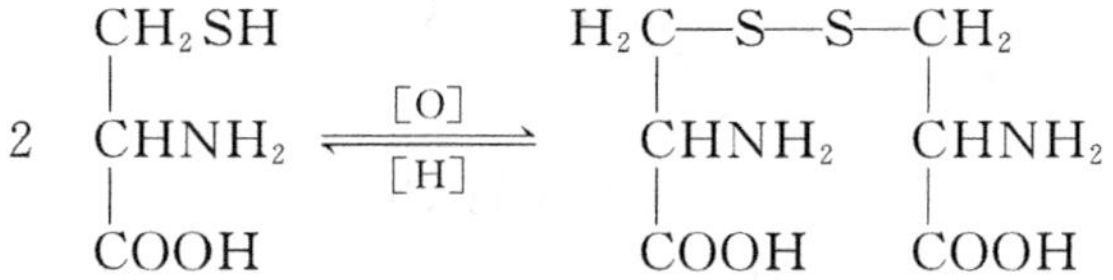

半胱氨酸　　　　胱氨酸

硫醇和硫酚在高锰酸钾、硝酸等强氧化剂的作用下生成磺酸，例如：

$$5C_2H_5SH + 6MnO_4^- + 18H^+ \longrightarrow 5C_2H_5SO_3H + 6Mn^{2+} + 9H_2O$$

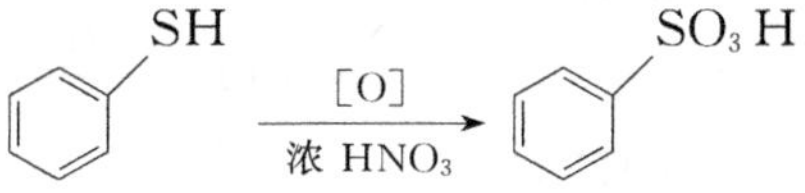

苯磺酸

由此，可将醇与硫醇的氧化反应性质对比如下：

$$RCH_2OH \xrightarrow{[O]} RCHO \xrightarrow{[O]} RCOOH$$

$$RCH_2SH \xrightarrow{[O]} RCH_2S—SCH_2R \xrightarrow{[O]} RCH_2SO_3H$$

硫醇也常存在于石油中，且易使汽油产生令人讨厌的气味，其燃烧会产生 SO_2 或 SO_3，对环境构成一定的危害。除掉石油中的硫醇是一项复杂的技术，需要使其转变成能溶于水的不挥发性盐或在 4 价钼、4 价钨高温催化下进行脱硫。

10.4.2　硫醚

硫醚的通式为 R—S—R，可以看作硫化氢分子中的两个氢原子均被烃基取代的化合物。硫醚的命名与醚相似，只用在醚字前多加一个“硫”字。例如：

CH_3SCH_3	$CH_3SCH_2CH_3$	$CH_3SCH_2CH(CH_3)_2$	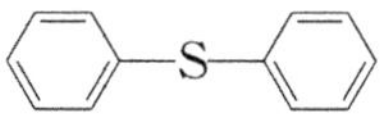
二甲硫醚	乙基甲基硫醚	异丁基甲基硫醚	二苯硫醚
dimethylsulfane	ethyl(methyl)sulfane	isobutyl(methyl)sulfane	diphenylsulfane

硫醚也有难闻的气味，不溶于水，易溶于醇、醚等有机溶剂。硫醚与硫醇一样，也可以被氧化成高价的含硫化合物。这是由于硫原子具有空 3d 轨道，它倾向于接受外界电子，使硫的氧化态由 2 价提高到 6 价，如硫醚在过氧化氢作用下被氧化成亚砜。烃基与亚硫酰基结合而成

的化合物称为亚砜,而烃基与硫酰基结合而成的化合物称为砜。在高于室温的条件下,亚砜在醋酸溶液中用过量的 H_2O_2 氧化可生成砜。反应如下:

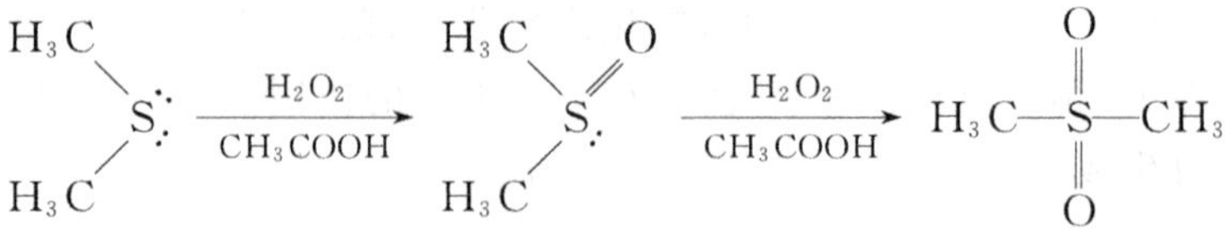

甲硫醚　　　　二甲亚砜　　　　二甲砜

二甲亚砜(DMSO)为无色液体,它是一种极有用的有机溶剂,既能溶于有机物又能溶于无机物。二甲亚砜能迅速透过皮肤,故常用于伤湿止痛膏等药物中。实验中若使用二甲亚砜必须戴手套,以避免有毒物质随二甲亚砜进入体内。

硫醚的一个典型代表物——双(2-氯乙基)硫醚,其结构式为

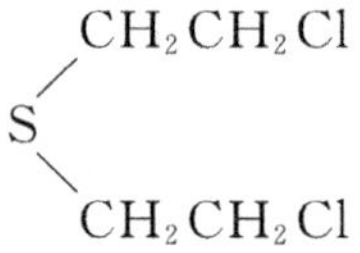

由于具有芥末的气味,双(2-氯乙基)硫醚俗称芥子气。芥子气在第二次世界大战中作为军用毒剂并用于战场,造成人员的大量伤亡。芥子气是糜烂性毒剂的主要代表物,它性质稳定,持久性强,毒性较大,有多方面的损伤作用,因此目前仍备受关注和重视。

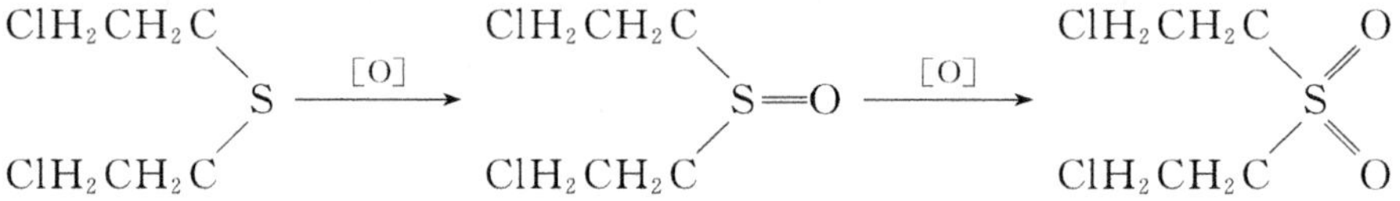

习　　题

1. 用 IUPAC 法命名下列化合物。

(1) 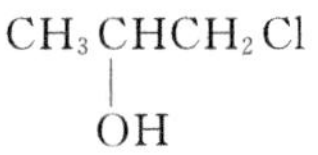

(2) 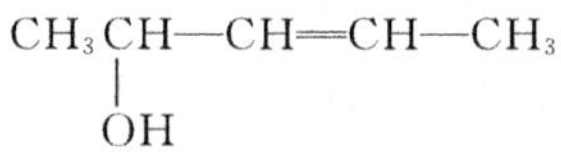

(3) 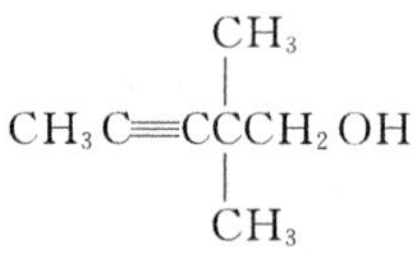

(4) 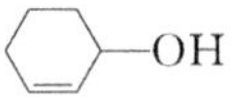

(5) 

(6) 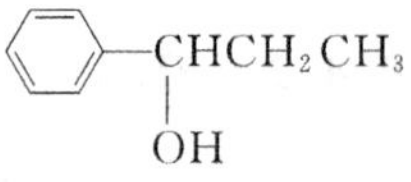

(7) 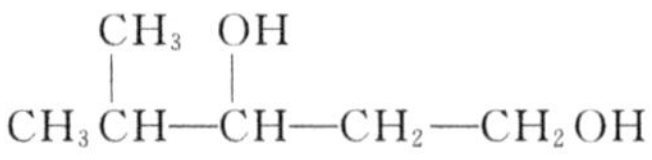

(8) 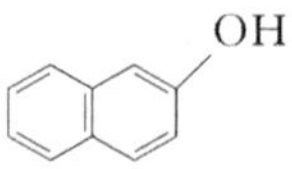

(9) 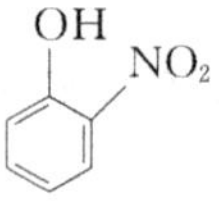

(10) 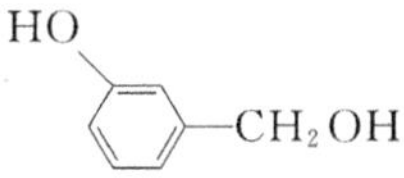

(11) 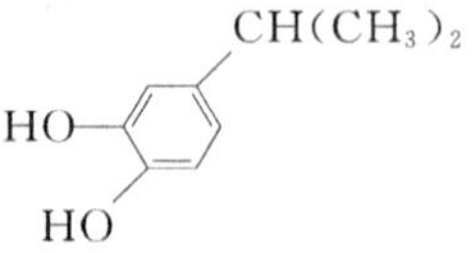

(12) $CH_3—O—CH_2CH_3$

(13) 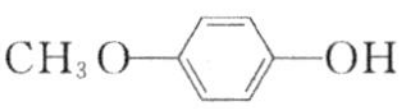

(14) 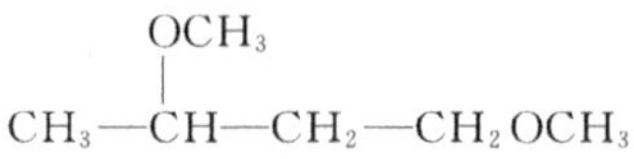

2. 写出分子式为 C_4H_8O 的所有饱和醇的结构。

3. 写出下列各反应的主要产物。

(1) 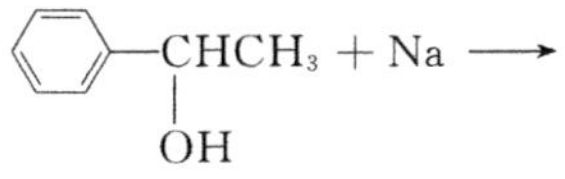

(2) $CH_3CH_2\underset{OH}{\underset{|}{C}}HCH_3 + HCl \xrightarrow{ZnCl_2}$

(3) $CH_3CH_2\underset{OH}{\underset{|}{C}}HCH_3 \xrightarrow[\triangle]{H_2SO_4}$

(4) $CH_3CH_2CH_2OH + SOCl_2 \xrightarrow{乙醚}$

(5) $CH_3CH_2OH \xrightarrow[140\ ℃]{H_2SO_4}$

(6) 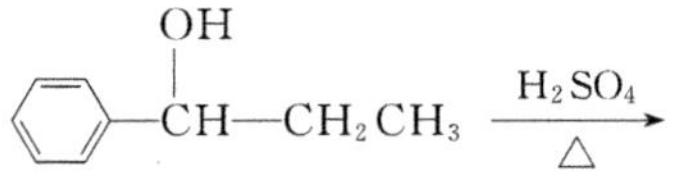

(7) 

(8) 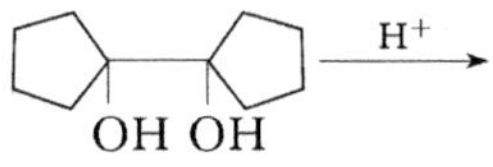

(9) 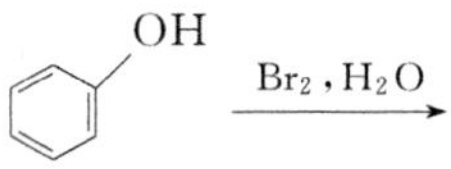

(10) 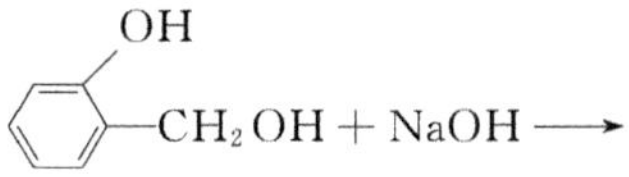

(11) 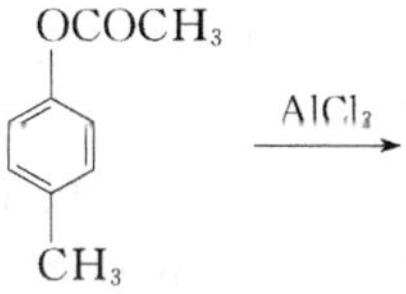

(12) 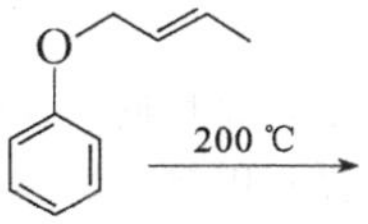

(13) 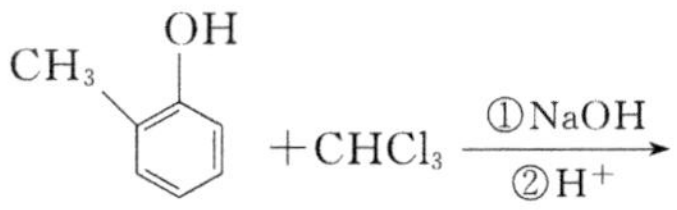

(14) 

4. 异丁醇与 HBr 反应的主要产物是什么？请写出反应机理。

5. 用反应机理解释下式。

$$CH_3CH_2—CH{=}CH—\underset{OH}{\underset{|}{CH_2}} \xrightarrow{HBr} CH_3CH_2—\underset{Br}{\underset{|}{CH}}—CH{=}CH_2 + CH_3CH_2—CH{=}CH—\underset{Br}{\underset{|}{CH_2}}$$

6. 用化学方法鉴别下列各组化合物。

(1) 正丁醇，仲丁醇，叔丁醇

(2) 对甲基苯酚，苯甲醚，苯甲醇

(3) 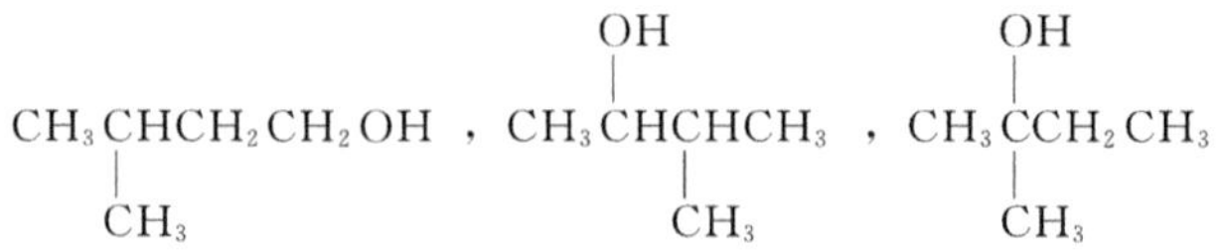

(4) 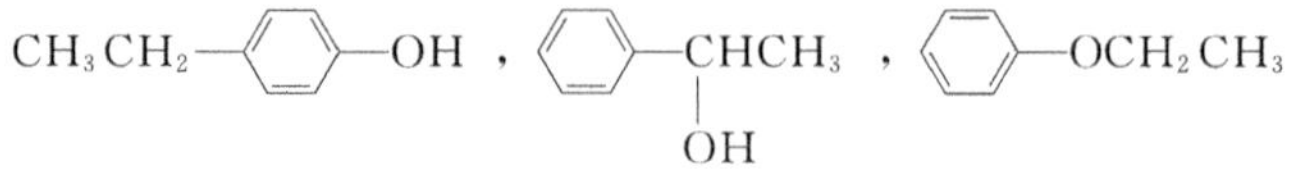

7. 比较下列各组化合物的酸性大小次序。

(1) 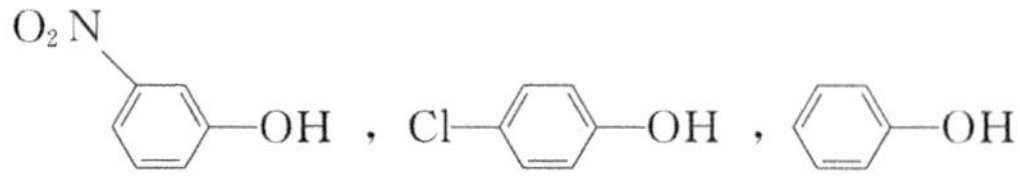

(2) 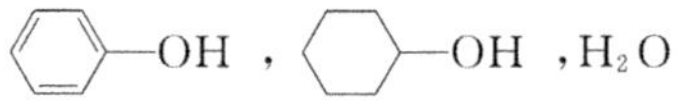

(3) 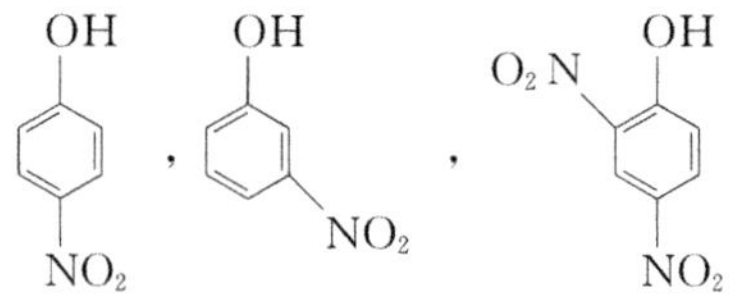

8. 比较下列各组结构的碱性大小次序。

(1) CH_3O^-，$CH_3CH_2O^-$，$(CH_3)_3CO^-$

(2) 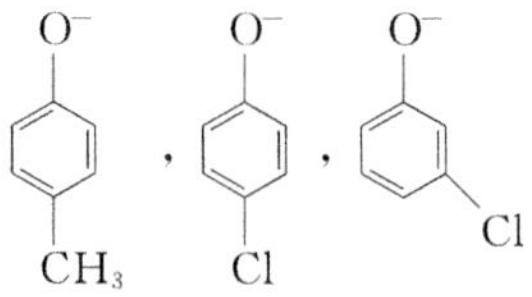

9. 由乙烯和乙炔为主要原料合成丁-2-醇。

10. 由乙烯和环己醇合成 1-乙基环己醇。

11. 由苯为原料合成 3-溴-4-甲基苯酚。

12. 化合物 A($C_9H_{12}O$)与 NaOH、$KMnO_4$ 均不反应，遇 HI 生成 B 和 C，B 遇溴水立即变为白色混浊，C 经 NaOH 水解后与 $K_2Cr_2O_7$ 的稀硫酸溶液反应生成丙酮。试写出 A、B、C 的结构式。

13. 某化合物 A($C_4H_{10}O$)能与金属反应放出氢气，与浓硫酸共热生成 B(C_4H_8)，B 与 HBr 作用生成 C(C_4H_9Br)，C 与 NaOH 醇溶液共热得 D，D 与 B 是同分异构体，D 经酸性 $KMnO_4$ 氧化只得一种产物。试写出 A、B、C、D 的结构式。

14. 某化合物 A($C_{10}H_{12}O$)加热至 200 ℃时容易异构化得到化合物 B，B 和 A 的分子式相同。B 能溶解于 NaOH 水溶液中而 A 不能。用 O_3 分解时，A 产生甲醛，没有乙醛；B 产生乙醛，没有甲醛。试写出 A 和 B 的结构式。

第 11 章　醛　和　酮

醛、酮分子中含有官能团羰基 $\rangle C=O$ ，故称为羰基化合物。

羰基至少和一个氢原子相连的化合物称为醛，羰基和两个烃基相连的化合物称为酮，可用通式表示为：

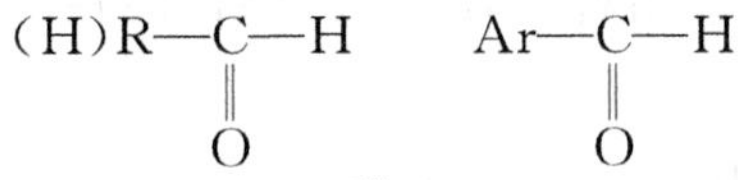

醛

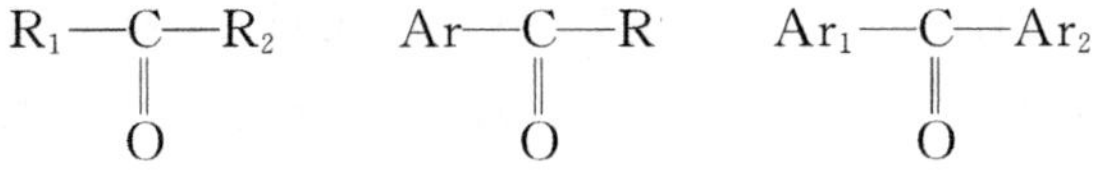

酮

醛分子中的 $\text{—}\overset{O}{\overset{\|}{C}}\text{—H}$ 称为醛基，醛基可以简写为—CHO，但不能写成—COH。酮分子中的羰基称为酮基。

羰基化合物广泛存在于自然界，它们既是参与生物代谢过程的重要物质，如甘油醛（$HOCH_2CHOHCHO$）和丙酮酸（$HOOCCOCH_3$）是细胞代谢作用的基本成分，又是有机合成的重要原料和中间体。

11.1　醛、酮的分类和命名

11.1.1　醛、酮的分类

根据羰基所连烃基的结构，可把醛、酮分为脂肪族、脂环族和芳香族醛、酮等几大类。例如：

CH_3CHO

脂肪醛

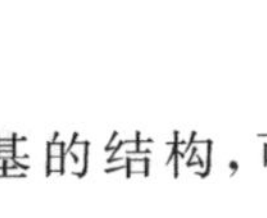

脂肪酮

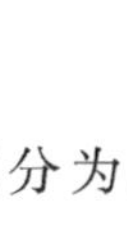

脂环酮

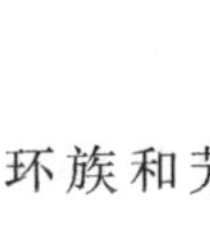

芳香醛

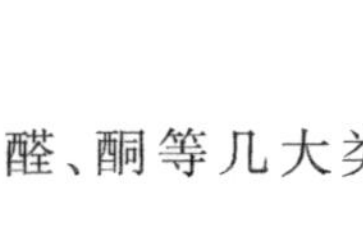

芳香酮

根据羰基所连烃基的饱和程度，可把醛、酮分为饱和与不饱和醛、酮。例如：

CH_3CH_2CHO

饱和醛

$CH_2=CHCHO$

不饱和醛

不饱和酮

不饱和酮

根据分子中羰基的数目，可把醛、酮分为一元、二元和多元醛、酮等。例如：

$OHC—CHO$　　二元醛

$CH_3\overset{O}{\overset{\|}{C}}CH_2\overset{O}{\overset{\|}{C}}CH_3$　　二元酮

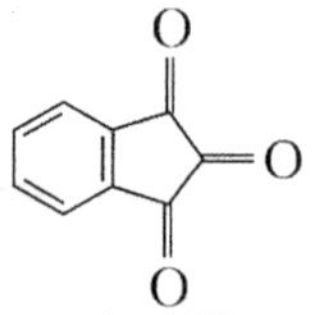
多元酮

碳原子数相同的饱和一元醛、酮互为位置异构体，具有相同的通式 $C_nH_{2n}O$。

11.1.2 醛、酮的命名

1. 普通命名法

少数结构简单的醛、酮可以采用普通命名法命名，即在与羰基相连的烃基名称后面加上“醛”或“酮”字。例如：

$CH_3CH_2CH_2CHO$
正丁醛
n-butyraldehyde

$CH_3\underset{CH_3}{\underset{|}{C}}HCHO$
异丁醛
isobutyraldehyde

$CH_3\overset{O}{\overset{\|}{C}}CH_3$
二甲(基)酮
dimethyl ketone

$CH_3\overset{O}{\overset{\|}{C}}CH_2CH_3$
甲(基)乙(基)酮
ethyl methyl ketone

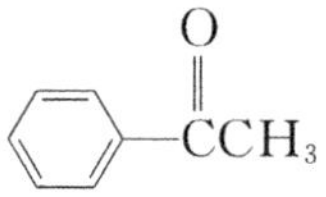
甲基苯基酮
methyl phenyl ketone

2. 系统命名法

结构复杂的醛、酮通常采用系统命名法命名，选择含有羰基的最长碳链为主链，主链编号从靠近羰基一端编起，根据主链的碳原子数命名为“某醛”或“某酮”。醛基总是在碳链的一端，命名时不用标明醛基的位次，而酮基的位次因不在链端，则需将酮基的位次标明。主链上有取代基时，将取代基的位次和名称放在母体名称前。主链编号也可用希腊字母 α、β、γ 等表示。命名不饱和醛、酮时，需标出不饱和键的位置。例如：

$CH_3—\underset{CH_3}{\underset{|}{C}}HCHO$
2-甲基丙醛或 α-甲基丙醛
2-methylpropanal or α-methylpropanal

$CH_3\overset{O}{\overset{\|}{C}}CH_2\overset{CH_3}{\overset{|}{C}}HCH_3$
4-甲基戊-2-酮
4-methylpentan-2-one

$CH_3\underset{Br}{\underset{|}{C}}H\overset{O}{\overset{\|}{C}}\underset{Br}{\underset{|}{C}}HCH_3$
2,4-二溴戊-3-酮
2,4-dibromopentan-3-one

$CH_3CH{=}CHCHO$
丁-2-烯醛
but-2-enal

羰基在环内的脂环酮称为“环某酮”，若羰基在环外则将环作为取代基。例如：

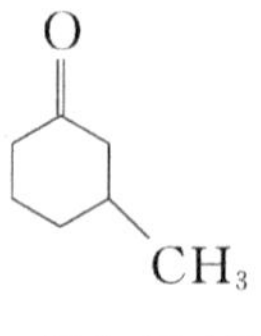
3-甲基环己酮
3-methylcyclohexanone

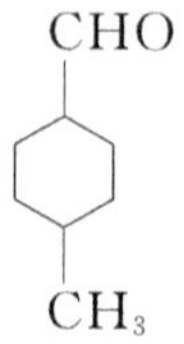
4-甲基环己基甲醛
4-methylcyclohexylmethanal

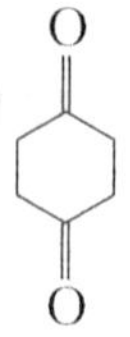
环己-1,4-二酮
cyclohexa-1,4-dione

命名芳香醛、酮时，把芳香烃基作为取代基。例如：

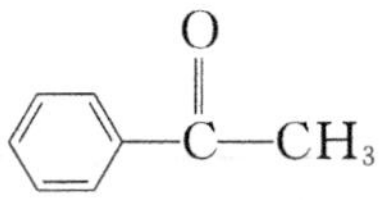

苯乙酮
acetophenone

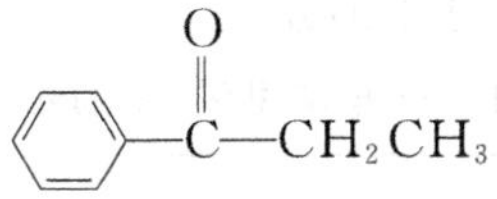

1-苯基丙-1-酮
1-phenylpropan-1-one

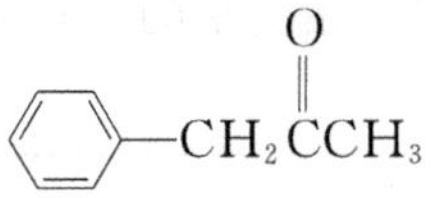

1-苯基丙-2-酮
1-phenylpropan-2-one

某些醛常用俗名。例如：

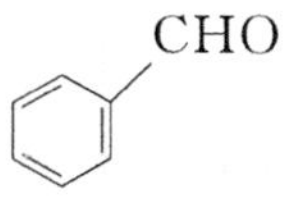

苯醛(苯甲醛)
benzonicaldehyde
(benzaldehyde)

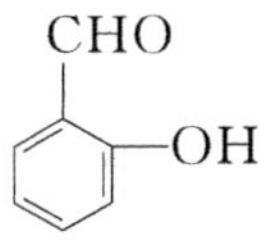

水杨醛(2-羟基苯甲醛)
salicylaldehyde
(2-hydroxybenzaldehyde)

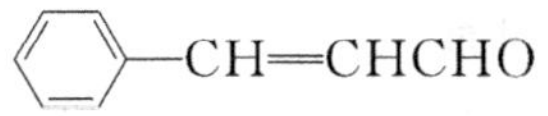

肉桂醛(3-苯基丙烯醛)
cinnamylaldehyde
(3-phenylacrylaldehyde)

11.2 醛、酮的结构

醛和酮的分子中都含有羰基,它是由碳原子与氧原子以双键结合成的官能团。与碳碳双键相似,碳氧双键中一个是 σ 键,一个是 π 键。碳原子是 sp^2 杂化状态,它的三个 sp^2 杂化轨道分别与氧原子和另外两个原子形成三个 σ 键,它们在同一平面内,键角接近 120°。碳原子未杂化的 p 轨道与氧原子的一个 p 轨道从侧面重叠形成 π 键。该 π 键垂直于三个 σ 键所在的平面。由于羰基氧原子的电负性大于碳原子,因此双键电子云不是均匀地分布在碳和氧之间,而是偏向于氧原子,形成一个极性双键,所以醛、酮是极性较强的分子,如图 11-1 所示。

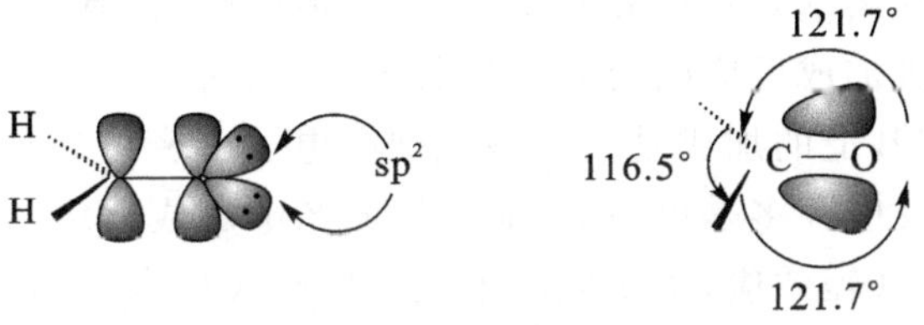

图 11-1 羰基的结构示意图

11.3 醛、酮的物理性质

室温下除甲醛是气体外,C_{12} 以下的脂肪醛、酮为液体,高级脂肪醛、酮为固体,而芳香醛、芳香酮为液体或固体。酮和芳香醛具有愉快的气味,低级脂肪醛具有强烈的刺激气味,C_9 和 C_{10} 的醛、酮具有花果香味,常用于配制香料。

醛、酮是极性化合物,所以醛、酮的沸点较相对分子质量相近的烷烃和醚高。但醛、酮分子间不能形成氢键,因此其沸点比相对分子质量相近的醇低。例如：

	丁烷	丙醛	丙酮	丙醇
相对分子质量	58	58	58	60
沸点/℃	−0.5	48.8	56.2	97.4

一些常见醛、酮的物理常数如表 11-1 所示。

表 11-1 一些常见醛、酮的物理常数

名　称	熔　点/℃	沸　点/℃	相对密度 d_4^{20}	折射率 n_D^{20}	溶解度/[g/(100 g 水)]
甲醛	−92	−21	0.815	—	溶
乙醛	−121	20.8	$0.783\ 8^{18}$	1.331 6	溶
丙醛	−81	48.8	0.805 8	1.363 6	溶
丁醛	−99	75.7	0.817 0	1.384 3	溶
戊醛	−91.5	103	0.809 5	1.394 4	不溶
丙酮	−95.35	56.2	0.789 9	1.358 8	溶
丁酮	−86.3	79.6	0.805 4	1.378 8	溶
2-戊酮	−77.8	102	0.808 9	1.389 5	不溶
3-戊酮	−39.8	101.7	0.813 8	1.392 4	不溶
苯甲醛	−26	178.62	$1.041\ 5^{10}$	1.546 3	不溶
环己酮	−16.4	155.6	0.947 8	1.450 7	不溶
苯乙酮	20.5	202.6	1.028 1	1.537 8	不溶
水杨醛	−7	197.93	1.167 4	1.574 0	不溶

11.4 醛、酮的化学性质

醛和酮分子中所含的羰基是不饱和基团，易发生加成反应，但羰基的极性碳氧双键加成反应的历程与烯烃碳碳双键加成反应的历程有显著的差异。碳碳双键上的加成是由亲电试剂进攻而引起的亲电加成，羰基上的加成是由亲核试剂向电子云密度较低的羰基碳进攻而引起的亲核加成。醛酮的加成反应大多是可逆的，而烯烃的亲电加成反应一般是不可逆的。含有 α-氢原子的醛、酮也存在超共轭效应，由于氧的电负性比碳大得多，因此醛、酮的超共轭效应比烯烃强得多，有促使 α-氢原子变为质子的趋势。一些涉及 α-氢的反应是醛、酮化学性质的主要部分。此外，醛、酮处于氧化-还原反应的中间价态，它们既可被氧化又可被还原，所以氧化-还原反应也是醛、酮的一类重要反应。

综上所述，醛、酮的化学反应可归纳如下：

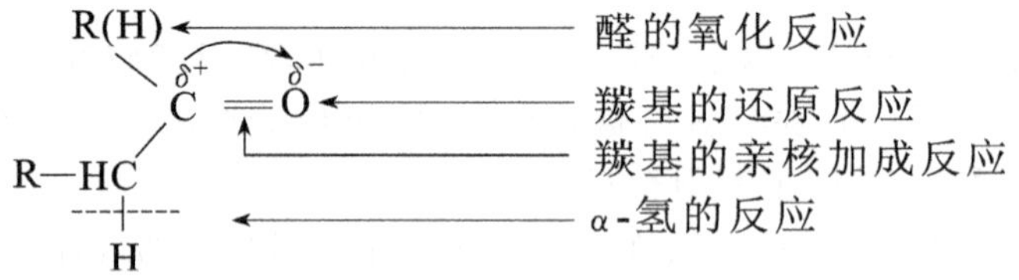

11.4.1 羰基的亲核加成反应

1. 与氢氰酸加成

醛、酮与氢氰酸作用，生成 α-羟基腈，也称 α-氰醇。反应是可逆的，少量碱的存在可加速反应进行。

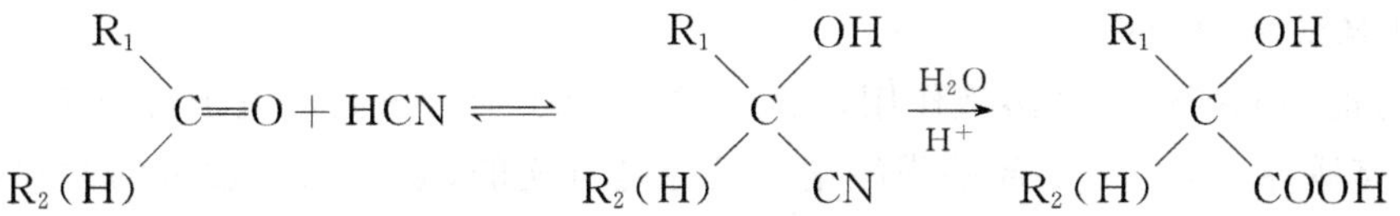

α-羟基腈可进一步水解成 α-羟基酸。由于产物比反应物增加了一个碳原子，所以该反应是有机合成中增长碳链的方法。

羰基的碳氧双键由一个 σ 键和一个 π 键组成，氧原子的电负性强，电子云偏向氧原子使其带部分负电荷，碳原子带部分正电荷。如果试剂带负电荷部分（亲核试剂）首先进攻羰基碳原子，则形成氧负离子中间体；如果试剂带正电荷部分（亲电试剂）首先进攻羰基氧原子，则形成碳正离子中间体。

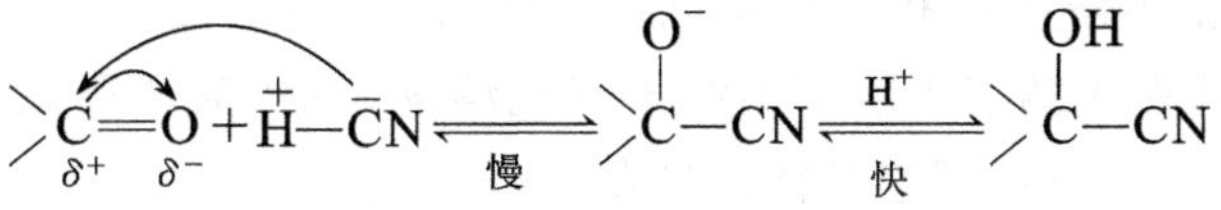

亲核加成

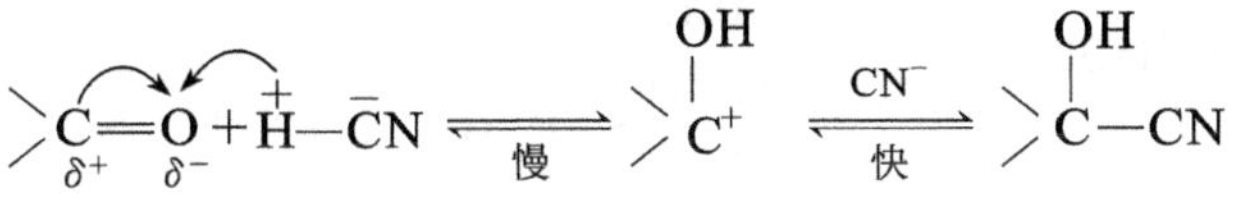

亲电加成

实验也证明羰基与氢氰酸的加成反应是亲核加成。例如，丙酮和氢氰酸反应 3～4 h，仅有一半原料起作用；若在反应体系中加入一滴氢氧化钾溶液，反应可在几分钟内完成；若加入大量酸，则放置几周也不起反应。这种少量碱加速反应、酸抑制反应的事实说明反应中首先进攻羰基的试剂一定是 CN^-，而不是 H^+。氢氰酸是弱酸，在水溶液中存在如下电离平衡：

$$HCN \rightleftharpoons H^+ + CN^-$$

加碱有利于氢氰酸离解，提高 CN^- 的浓度；加酸使平衡向生成氢氰酸的方向移动，降低 CN^- 的浓度。

不同结构的醛、酮与氢氰酸反应的活性有明显差异，这种活性受电子效应和空间效应两种因素的影响。从电子效应考虑，羰基碳原子上的电子云密度越低，越有利于亲核试剂的进攻，所以羰基碳原子上连接的给电子基团（如烃基）越多，反应越慢。从空间效应考虑，羰基碳原子上的空间位阻越小，越有利于亲核试剂的进攻，所以羰基碳原子上连接的基团越多、体积越大，反应越慢。由此可见，电子效应和空间效应对醛、酮的反应活性影响是一致的。不同结构的醛、酮与氢氰酸的加成反应活性次序大致如下：

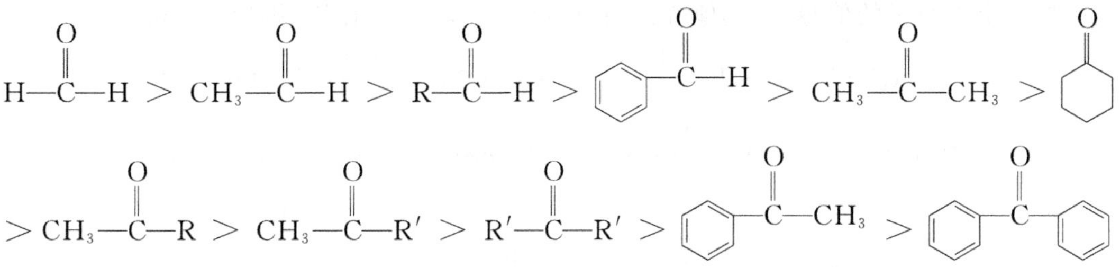

实际上，只有醛、脂肪族甲基酮、8 个碳原子以下的环酮才能与氢氰酸反应。

思考题 11-1　下列羰基化合物亲核加成反应活性最大的是（　　）。

A. 甲醛　　B. 三氟乙醛　　C. 乙醛　　D. 丙酮

2. 与亚硫酸氢钠加成

醛、酮与饱和亚硫酸氢钠溶液作用,亚硫酸氢钠分子中带未共用电子对的硫原子作为亲核中心进攻羰基碳原子,生成 α-羟基磺酸钠。反应是可逆的,必须加入过量的饱和亚硫酸氢钠溶液以促使平衡向右移动。

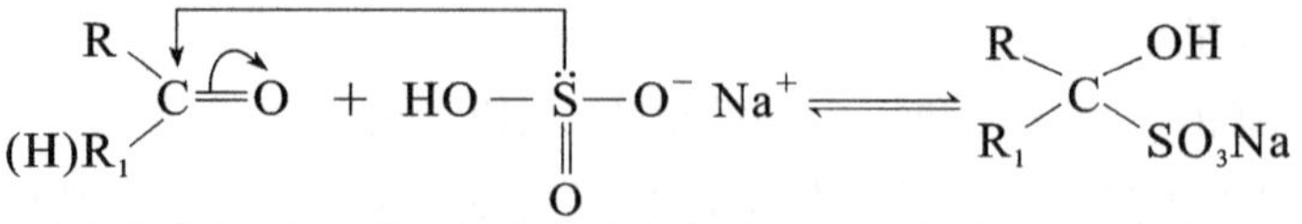

和与氢氰酸的反应相同,只有醛、脂肪族甲基酮、8 个碳原子以下的环酮才能与饱和亚硫酸氢钠溶液反应。

由于 α-羟基磺酸钠不溶于饱和亚硫酸氢钠溶液,以白色沉淀析出,所以此反应可用来鉴别醛、酮。另外,α-羟基磺酸钠溶于水而不溶于有机溶剂,与稀酸或稀碱共热可分解析出原来的羰基化合物,所以此反应也可用于分离提纯某些醛、酮。

$$R\text{—}CH(OH)SO_3Na \xrightarrow[H_2O]{HCl} RCHO + NaCl + SO_2 + H_2O$$

$$R\text{—}CH(OH)SO_3Na \xrightarrow[H_2O]{Na_2CO_3} RCHO + Na_2SO_3 + NaHCO_3$$

思考题 11-2　下列化合物中,哪些能与饱和亚硫酸氢钠溶液反应?(　　)

A. $CH_3CH_2CH_2CHO$　　B. $C_6H_5COCH_3$　　C. $CH_3CH_2COCH_3$

D. $(CH_3)_3CCOC(CH_3)_3$　　E. 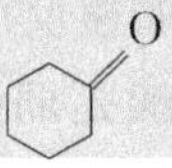

3. 与格氏试剂加成

醛酮与格氏试剂发生加成反应,加成的产物不必分离便可直接水解生成相应的醇,是制备醇的最重要的方法之一。

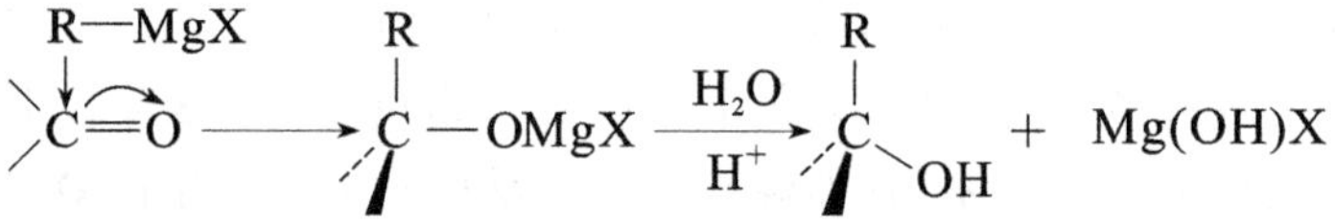

格氏试剂中的碳镁键是高度极化的,碳原子带有部分的负电荷,镁原子带有部分正电荷。在反应过程中,有机金属镁化合物的烃基带着一对键合电子从镁转移到羰基碳原子上,其亲核原子是碳原子,是较强的亲核试剂。非常容易与醛、酮进行加成反应。格氏试剂与甲醛作用,生成增加一个碳原子的伯醇;与其他醛作用,可得到仲醇;与酮作用,则生成叔醇。

$$RMgX + HCHO \xrightarrow{\text{干燥乙醚}} RCH_2OMgX \xrightarrow[H^+]{H_2O} RCH_2OH$$

$$RMgX + R_1CHO \xrightarrow{\text{干燥乙醚}} R\text{—}CH(R_1)\text{—}OMgX \xrightarrow[H^+]{H_2O} R\text{—}CH(R_1)\text{—}OH$$

$$RMgX + R_1R_2C{=}O \xrightarrow{\text{干燥乙醚}} R\text{—}CR_1R_2\text{—}OMgX \xrightarrow[H^+]{H_2O} R\text{—}CR_1R_2\text{—}OH$$

由于产物比反应物增加了碳原子，所以该反应在有机合成中是增长碳链的方法之一。

4. 与醇加成

在干燥氯化氢或浓硫酸的催化下，醛与醇发生加成反应，生成半缩醛。半缩醛又能继续与过量的醇作用，脱水生成缩醛。反应是可逆的，必须加入过量的醇以促使平衡向右移动。

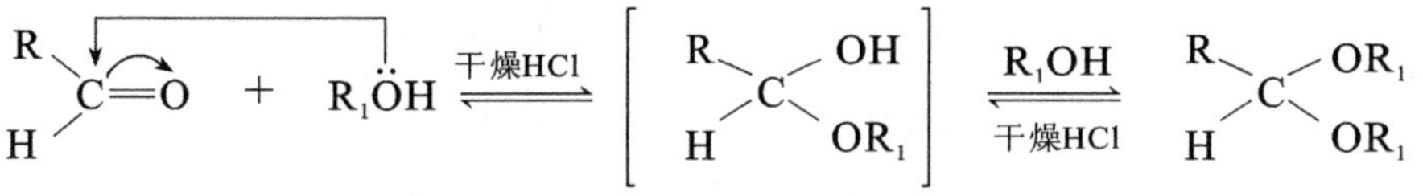

半缩醛　　缩醛

半缩醛不稳定，容易分解成原来的醛和醇，因此不易分离出来。在同样条件下，半缩醛可以与另一分子醇反应生成稳定的缩醛。

醛与醇的加成反应是按下列历程进行的：

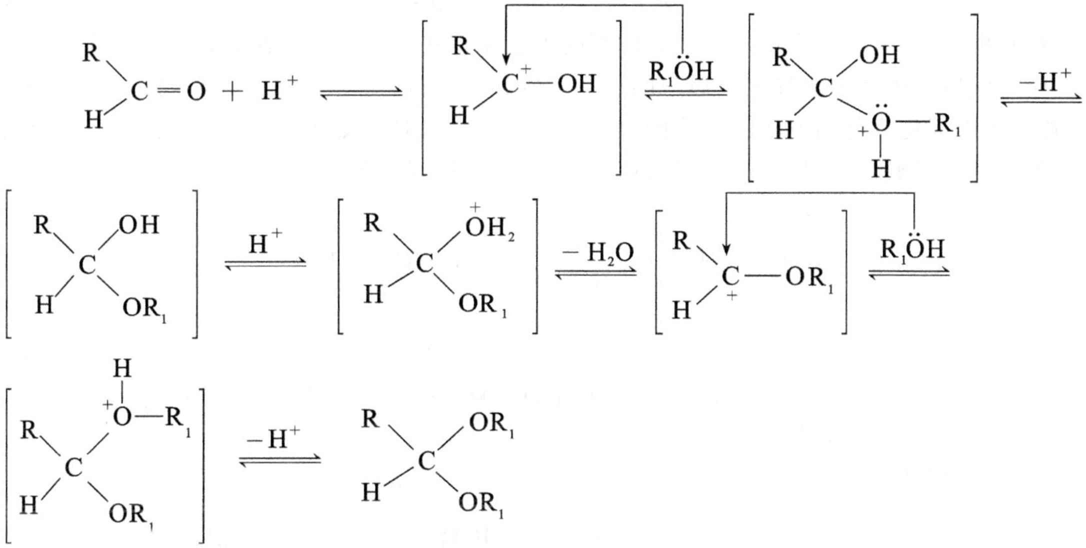

由于醇是弱的亲核试剂，与羰基加成的活性较低，不利于反应的进行。但在干燥氯化氢催化下，羰基氧与质子结合生成质子化的醛，增大了羰基的极性，有利于弱亲核性的醇向羰基加成生成半缩醛。半缩醛在酸的作用下，又可继续与质子结合成为质子化的醇，经脱水后成为反应活性很高的碳正离子，这也有利于弱亲核性的醇与其作用生成缩醛。

缩醛可以看作同碳二元醚，性质与醚相似，对碱、氧化剂、还原剂等都比较稳定，但在酸性溶液中易水解为原来的醛和醇，因此在羰基化合物与醇的加成反应中要使用干燥的氯化氢作催化剂。

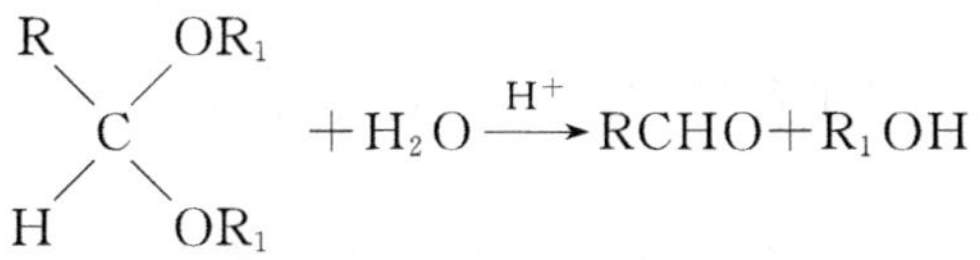

酮和醇的反应比醛和醇的反应困难，酮一般不和一元醇加成，但在无水酸催化下，酮能与乙二醇等二元醇反应生成环状缩酮。

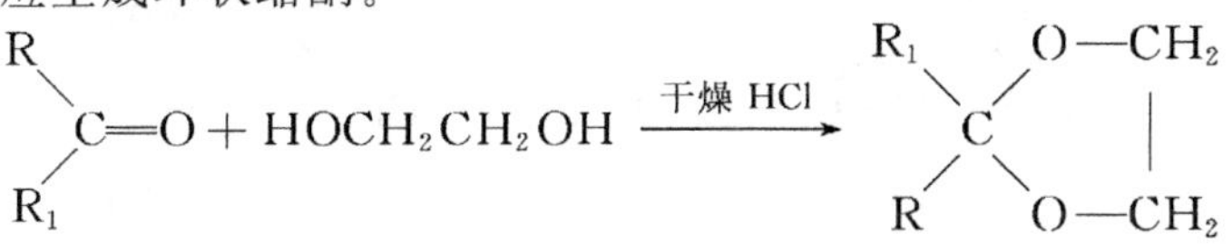

如果在同一分子中既有羰基又有羟基，只要二者位置适当(能形成五元或六元环)，常常自动在分子内形成环状的半缩醛或半缩酮，并能稳定存在。半缩醛和缩醛的结构在糖化学中具有重要的意义。

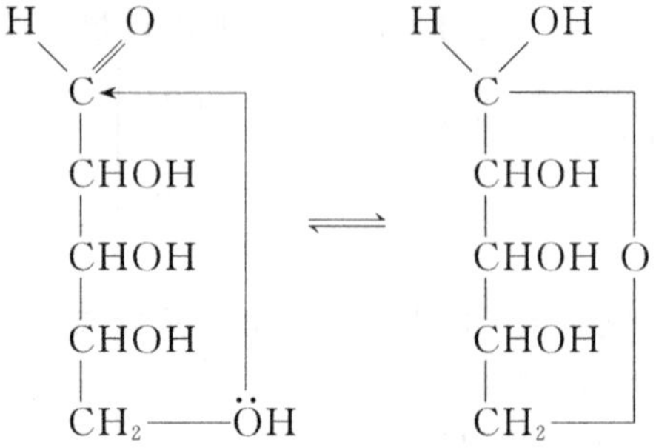

分子内的六元环状半缩醛

在有机合成中，常利用生成缩醛和缩酮的方法来保护羰基，使羰基在反应中不被破坏，一旦反应完成后再用酸水解释放出原来的羰基。例如，要将丙烯醛转化为丙醛或2,3-二羟基丙醛，若直接用催化氢化的方法或氧化的方法醛基都将被破坏。如果先把醛转化为缩醛然后再进行催化氢化或氧化，待反应完成后再用酸水解，即可达到保护醛基的目的。

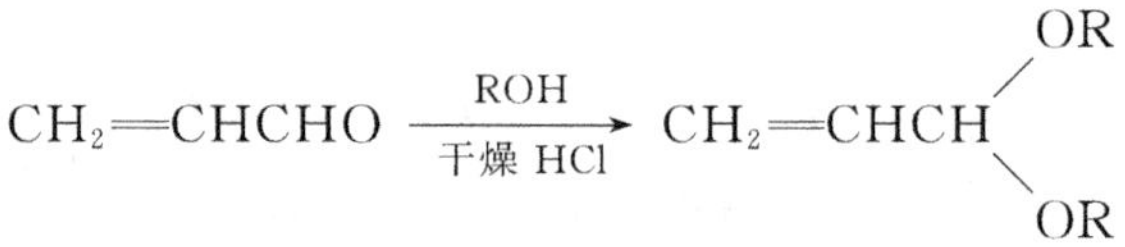

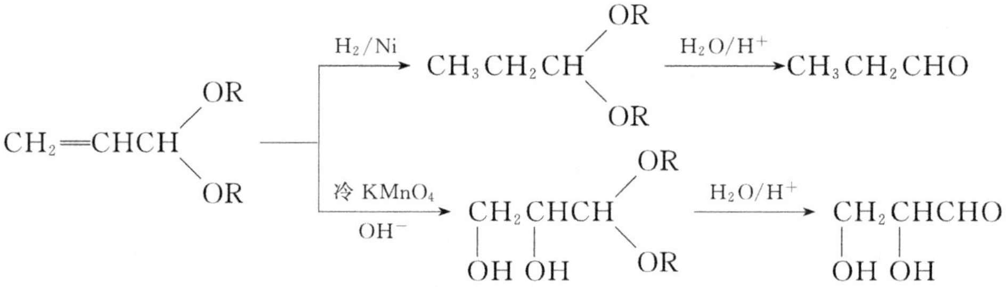

5. 与水加成

水也可以和羰基化合物进行加成反应，但由于水是比醇更弱的亲核试剂，所以只有极少数活泼的羰基化合物才能与水加成生成相应的水合物。例如：

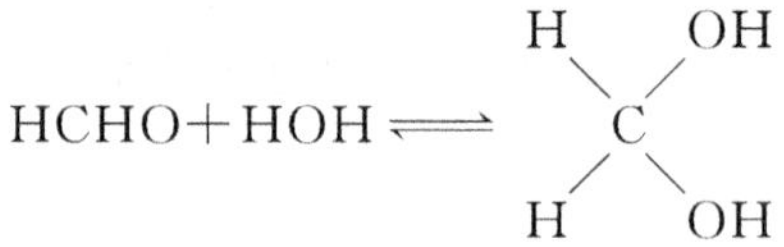

甲醛溶液中有99.9%都是水合物，乙醛水合物仅占58%，丙醛水合物含量很低，而丁醛的水合物可忽略不计。

在三氯乙醛分子中，由于三个氯原子的吸电子诱导效应，它的羰基有较大的反应活性，容易与水加成生成水合三氯乙醛。

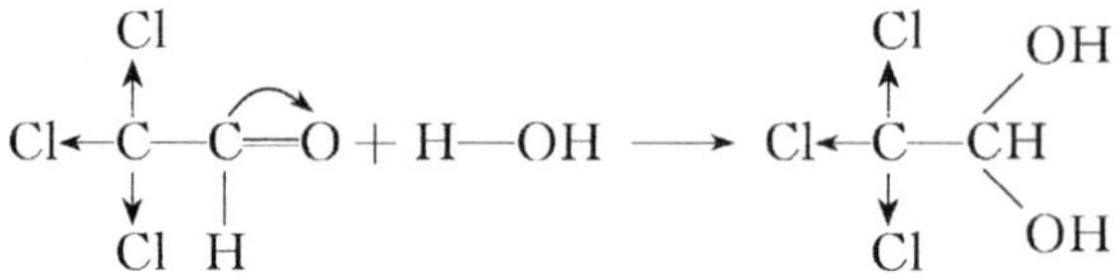

水合三氯乙醛简称水合氯醛，为白色晶体，可作为安眠药和麻醉药。

茚三酮分子由于羰基的吸电子诱导效应，也容易和水分子形成稳定的水合茚三酮。

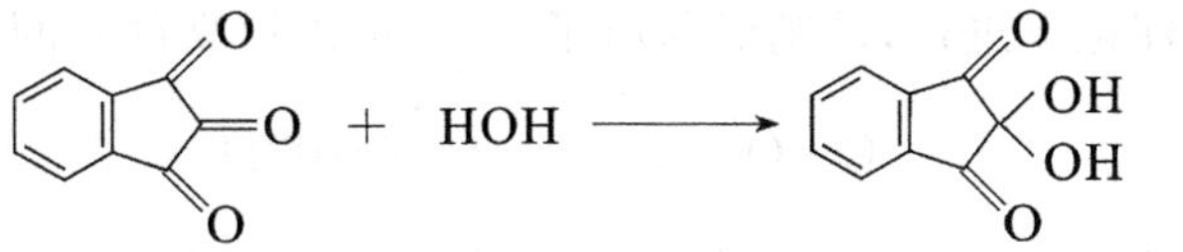

水合茚三酮在 α-氨基酸的色谱分析中常用作显色剂。

11.4.2　与氨的衍生物的加成-消除反应

醛、酮可与氨的衍生物发生亲核加成反应，最初生成的加成产物容易脱水，随即生成含碳氮双键的化合物，所以此反应为加成-消除反应。

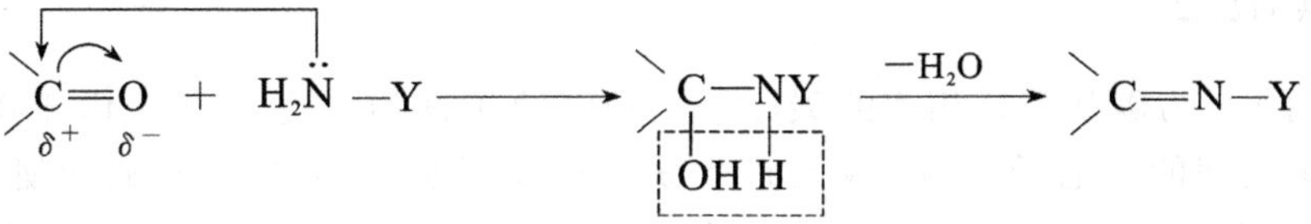

常见的氨的衍生物有：

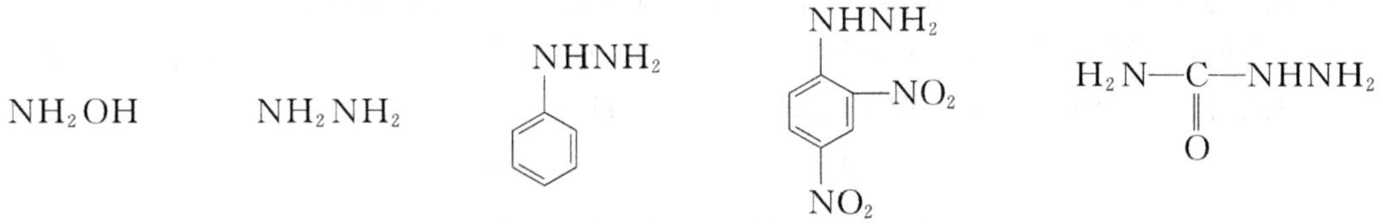

羟胺　　肼　　苯肼　　2,4-二硝基苯肼　　氨基脲

它们与羰基化合物进行加成-消除反应的产物如下：

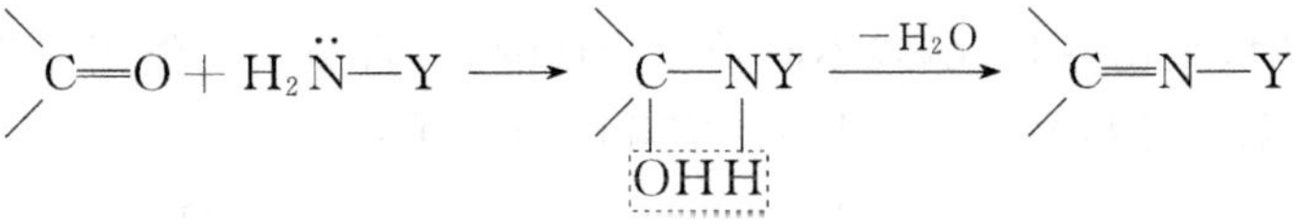

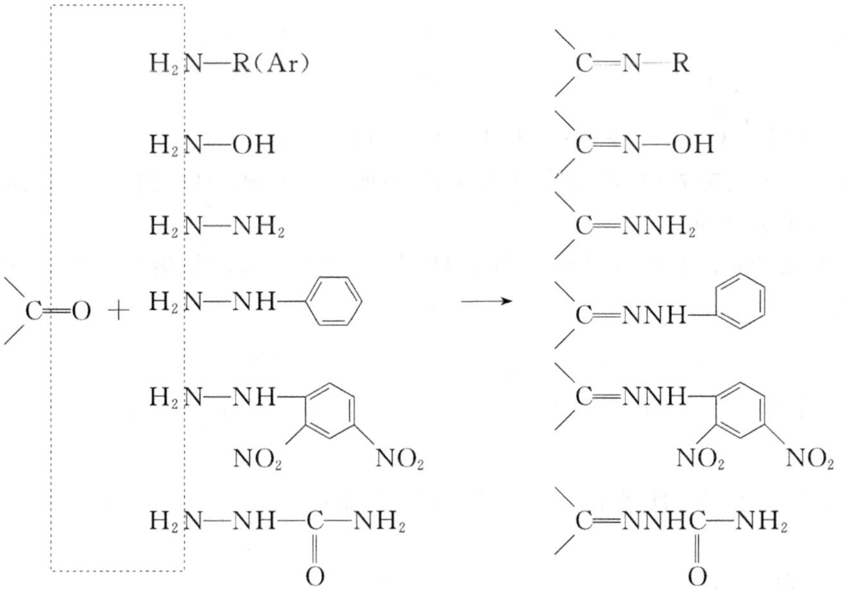

希夫(Schiff)碱

肟

腙

苯腙

2,4-二硝基苯腙

缩氨脲

羰基化合物与羟胺、苯肼、2,4-二硝基苯肼及氨基脲的加成-消除产物大多是黄色晶体，有固定的熔点，收率高，易于提纯，在稀酸的作用下能水解为原来的醛、酮。这些性质可用来分

离、提纯、鉴别羰基化合物。上述试剂也被称为羰基试剂,其中 2,4-二硝基苯肼与醛、酮反应所得到的黄色晶体具有不同的熔点,常把它作为鉴定醛、酮的灵敏试剂。

该反应一般在酸催化下进行,羰基氧与质子结合,可以提高羰基的活性。

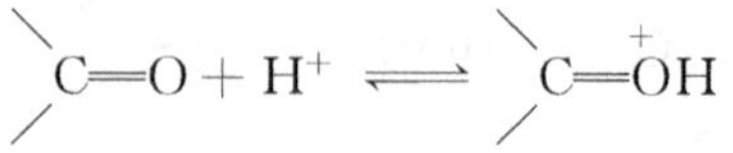

因为在强酸下氨的衍生物能与质子结合形成盐,从而丧失它们的亲核性,所以反应的酸性不能太强。

$$H_2\ddot{N}—Y + H^+ \rightleftharpoons H_3\overset{+}{N}—Y$$

通常反应在弱酸性溶液(醋酸)中进行。

11.4.3 α-氢的反应

醛、酮分子中,与羰基直接相连的碳原子上的氢原子称为 α-氢原子。由于羰基的 π 电子云与 α-碳氢键之间的 σ 电子云相互交叠产生 σ-π 超共轭效应,削弱了 α-碳氢键,使 α-氢更加活泼,酸性有所增强。例如甲烷和乙烷 α-氢的 pK_a 分别约为 49 和 50,而乙醛和丙酮 α-氢的 pK_a 分别约为 17 和 20。因此,醛酮分子中的 α-氢可表现出特别的活性。

对于脂肪醛、酮来说,α-氢的活性主要表现在以 H^+ 的形式解离出来,并转移到羰基氧上,形成烯醇式异构体,但平衡主要偏向酮式一边。例如:

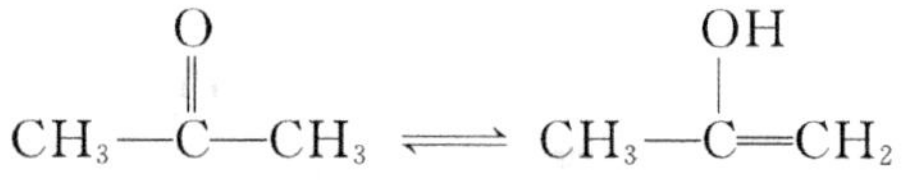

烯醇式(0.000 25%)

简单醛、酮中烯醇式含量虽然很少,但在很多情况下醛、酮都是以烯醇式参与反应的。当烯醇式与试剂作用时,平衡右移,酮式不断转变为烯醇式,直至酮式作用完为止。

碱可以夺取 α-氢产生碳负离子,继而形成烯醇负离子:

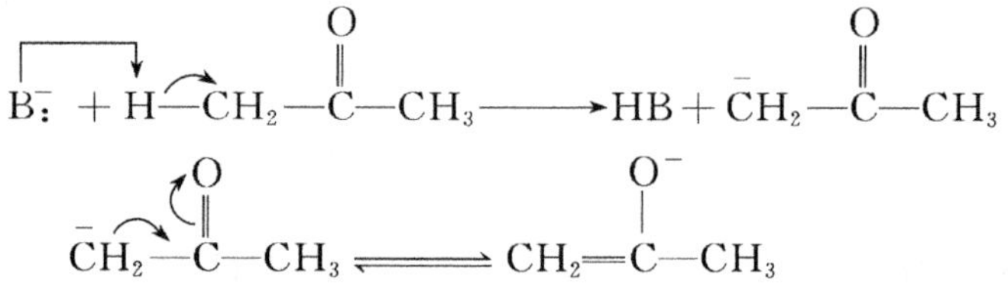

烯醇负离子中存在 p-π 共轭效应,负电荷得到分散,因而烯醇负离子比较稳定。醛、酮有许多反应是通过碳负离子进行的。

酸也可以促进羰基化合物的烯醇化。这是由于 H^+ 与氧结合后增加了羰基的诱导效应,从而使 α-氢容易解离。

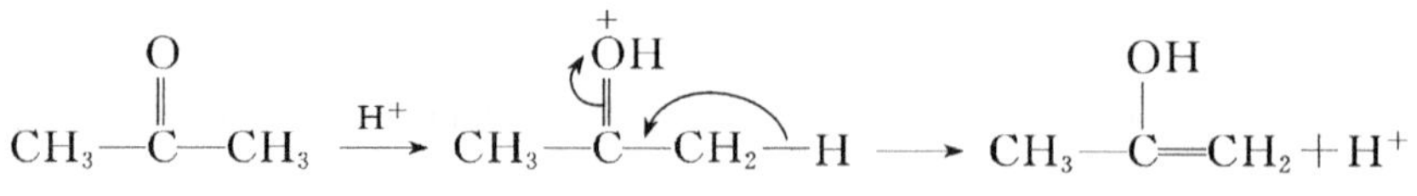

1. 卤代及碘仿反应

醛、酮分子中的 α-氢原子在酸性或中性条件下容易被卤素取代,生成 α-卤代醛或 α-卤代酮。例如:

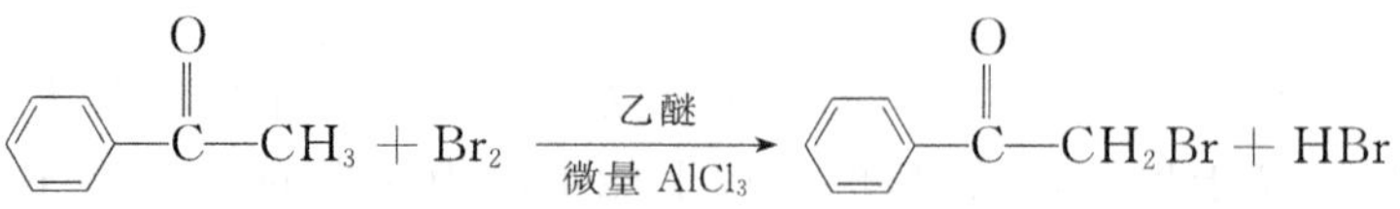

α-卤代酮是一类催泪性很强的化合物。

反应是通过烯醇式进行的。和简单烯一样，烯醇是依靠它们的 π 电子具有亲核性来反应的，但是烯醇比简单烯活泼得多，因为在反应中羟基是作为一个电子给予体参与反应的。

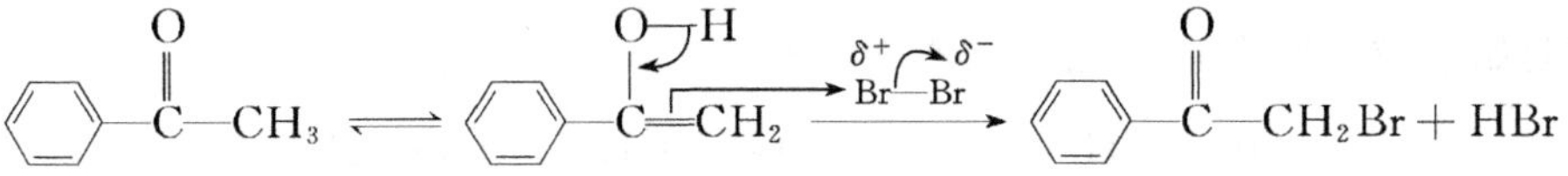

酸催化可控制反应在一卤代阶段。由于引入卤素原子的吸电子效应，使羰基氧原子上的电子云密度降低，再质子化形成烯醇要比未卤代时困难。

卤代反应也可被碱催化，碱催化的卤代反应很难停留在一卤代阶段。若 α-碳为甲基，如乙醛或甲基酮（$CH_3CO—$），则三个氢都可被卤素原子取代。这是由于 α-氢被卤素取代后卤素原子的吸电子诱导效应使还没有取代的 α-氢更活泼，更容易被取代。例如：

$$CH_3—\overset{O}{\overset{\|}{C}}—CH_3 + X_2 \xrightarrow{NaOH} CH_3—\overset{O}{\overset{\|}{C}}—CX_3$$

生成的 1,1,1-三卤代丙酮由于羰基氧和三个卤素原子的吸电子作用，使碳碳键不牢固，在碱的作用下会发生断裂，生成卤仿和相应的羧酸盐。例如：

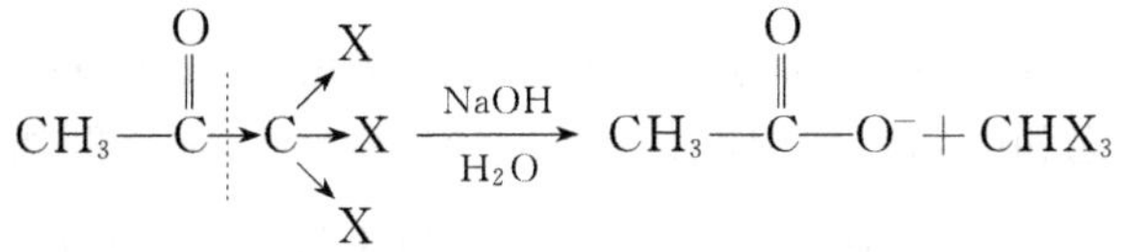

因为有卤仿生成故称为卤仿反应，当卤素是碘时称为碘仿反应。碘仿（CHI_3）是黄色沉淀，利用碘仿反应可鉴别乙醛和甲基酮。

卤素在碱溶液中会产生次卤酸钠，它是一种氧化剂，可以将醇羟基氧化为羰基，因此具有 $CH_3\underset{OH}{\underset{|}{C}H}—R(H)$ 结构的醇也可以发生卤仿反应，所以利用碘仿反应还可以鉴别此类的醇。

$$CH_3—\underset{OH}{\underset{|}{CH}}—R(H) \xrightarrow{NaOI} CH_3—\underset{O}{\underset{\|}{C}}—R(H) \xrightarrow[H_2O]{NaOI} R—\underset{O}{\underset{\|}{C}}—O^- + CHI_3\downarrow$$

思考题 11-3　下列化合物中，哪些能发生碘仿反应？（　　）

A. $C_6H_5\overset{O}{\overset{\|}{C}}CH_3$　　B. ICH_2CHO　　C. CH_3CH_2OH　　D. $CH_3CH_2CH_2OH$

E. $(CH_3)_3COH$　　F. $C_6H_5\overset{O}{\overset{\|}{C}}CH(CH_3)_2$

2. 缩合反应

两分子结合失去一个小分子（如水等）而生成一个较大分子的反应称为缩合反应。

1）羟醛缩合反应

在稀碱或稀酸催化下，含 α-氢的醛可发生分子间的加成反应，生成 β-羟基醛，这类反应称为羟醛缩合（aldol condensation）反应。例如：

$$CH_3—\overset{O}{\overset{\|}{C}}—H + H—CH_2—\overset{O}{\overset{\|}{C}}—H \xrightleftharpoons{\text{稀 }OH^-} CH_3\overset{OH}{\overset{|}{C}H}—CH_2CHO$$

β-羟基醛在加热下很容易脱水生成 α,β-不饱和醛：

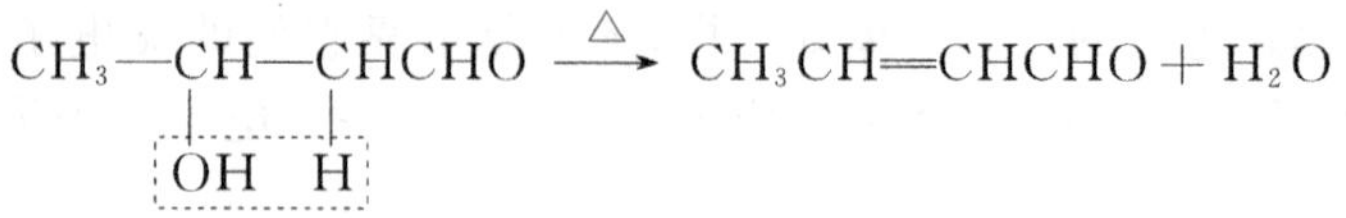

反应起始于碱夺取醛的 α-氢形成碳负离子：

$$OH^- + H—CH_2—CHO \rightleftharpoons \overset{-}{C}H_2—CHO + H_2O$$

碳负离子作为亲核试剂进攻另一分子醛的羰基碳原子，发生亲核加成反应生成 β-羟基醛：

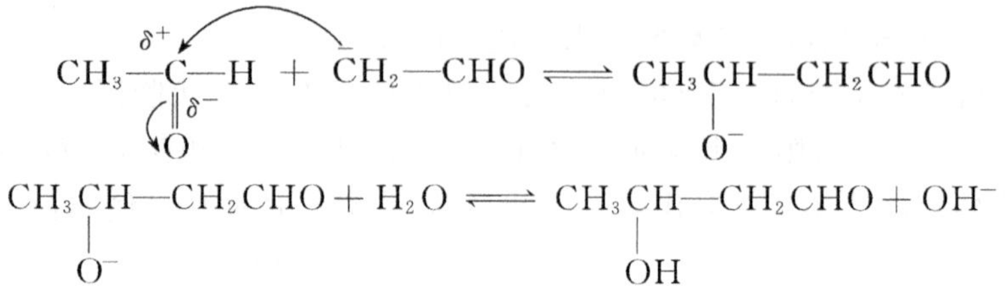

关于羟醛缩合反应的几点说明。

① 不含 α-氢的醛，如甲醛、苯甲醛、2,2-二甲基丙醛等不发生羟醛缩合反应。

② 如果使用两种不同的含有 α-氢的醛，则可得到四种羟醛缩合产物的混合物，不易分离，无制备意义。

③ 如果一个含 α-氢的醛或酮和另一个不含 α-氢的醛在碱性条件下发生反应，失水后可得到收率较高的 α,β-不饱和醛，这一反应称为交叉羟醛缩合反应。例如：

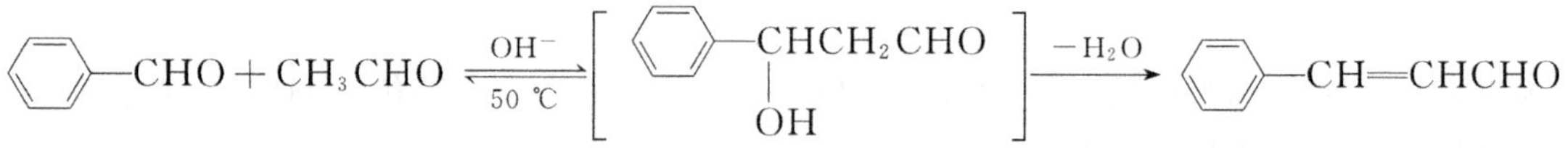

④ 两分子酮进行缩合时，由于电子效应和空间效应的影响，在同样的条件下只能得到少量缩合产物。例如：

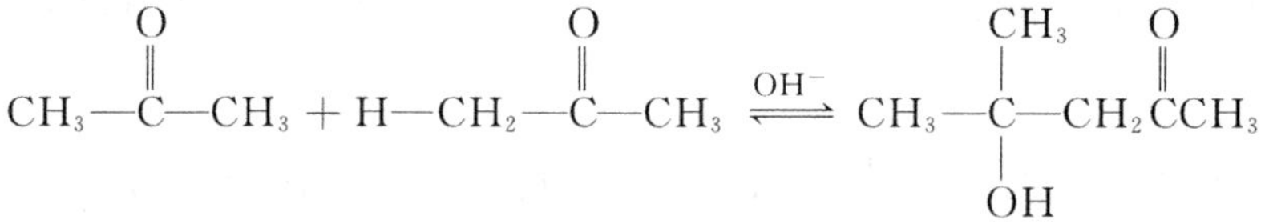

如果采用特殊装置将产物不断由平衡体系中移去，则可使酮大部分转化为 β-羟基酮。

羟醛缩合反应是增长碳链常用的方法。在生物体内也有类似于羟醛缩合的反应，如磷酸二羟丙酮与磷酸甘油醛在酶催化下进行交叉缩合，生成 1,6-二磷酸果糖。

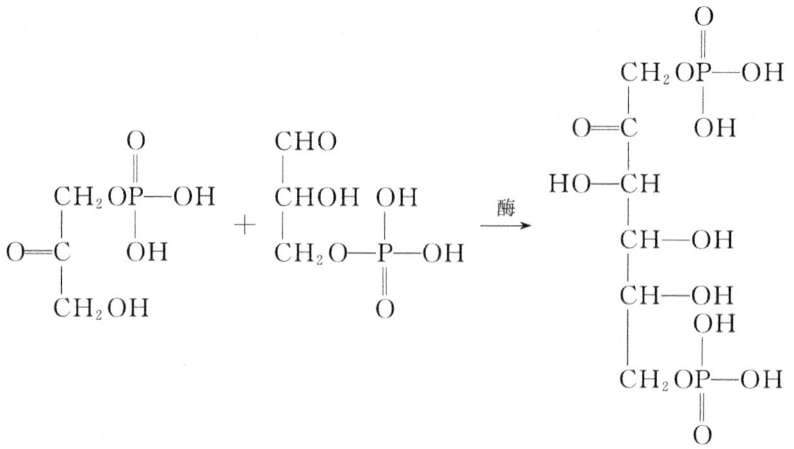

思考题 11-4　下列化合物中能发生羟醛缩合反应的是(　　)。

A. 乙醛　　B. 丙酮　　C. 苯甲醛　　D. 戊-2-酮

2) 醛、酮其他缩合反应

(1) 柏琴(Perkin)反应。芳香醛与脂肪族酸酐在相应羧酸的碱金属盐存在下共热，发生缩合反应，称为柏琴反应。当酸酐包含两个 α-氢原子时，通常生成 α,β-不饱和酸。这是制备 α,β-不饱和酸的一种方法。例如：

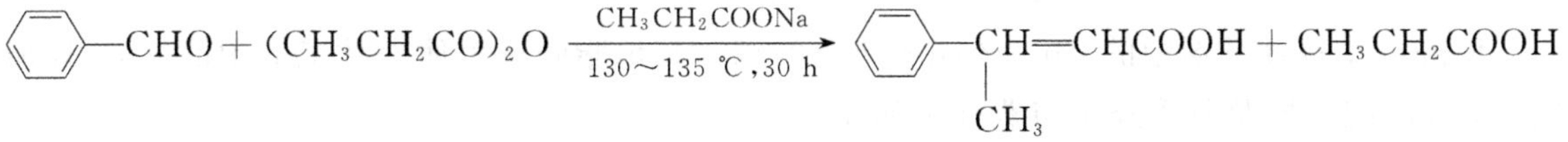

此反应是碱催化缩合反应，其中酰氧负离子(羧酸根负离子)是碱。某些情况下，也可以用三乙胺或碳酸钾作为碱。脂肪醛不易发生柏琴反应。

(2) 曼尼希(Mannich)反应。含有 α-氢原子的化合物(如醛、酮等)，与醛和氨(或伯、仲胺)之间发生的缩合反应，称为曼尼希反应。例如：

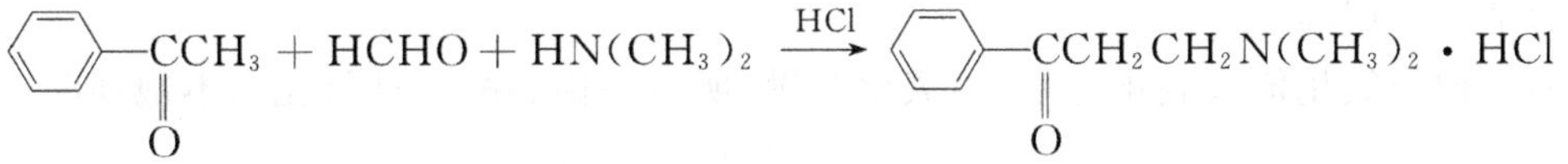

此反应产物是 β-氨基酮，常称为曼尼希碱(Mannich base)，容易分解为氨(或胺)和不饱和酮，所以曼尼希反应提供了一个间接合成 α,β-不饱和酮的方法。例如：

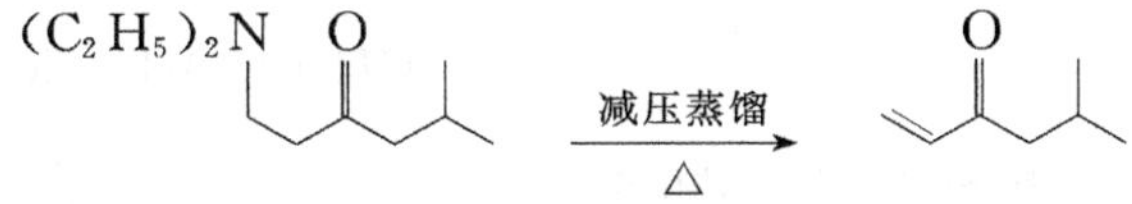

曼尼希反应通常在酸性溶液中进行(碱催化亦可)。除醛、酮外，其他含有活泼 α-氢原子的化合物如酯、腈等也可以发生该反应。

11.4.4　氧化-还原反应

1. 氧化反应

醛羰基碳上连有氢原子，所以醛很容易被氧化为相应的羧酸，甚至空气中的氧都可将醛氧化。酮一般不被氧化，在强氧化剂作用下则碳碳键断裂生成小分子的羧酸，无制备意义。只有环酮的氧化常用来制备二元羧酸，例如：

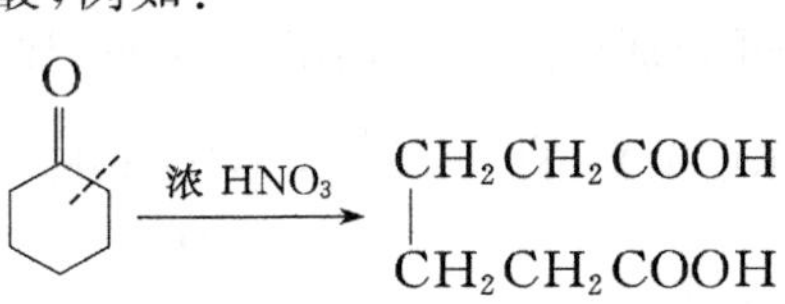

若使用弱氧化剂，则醛能被氧化而酮不被氧化，这是实验室区别醛、酮的方法。常用的氧化剂有下列几种。

1) 托伦(Tollens)试剂

托伦试剂即是硝酸银的氨溶液。将醛和托伦试剂共热，醛被氧化为羧酸，银离子被还原为金属银附着在试管壁上形成明亮的银镜，所以这个反应又称为银镜反应。

$$RCHO+2Ag(NH_3)_2^+ +2OH^- \longrightarrow RCOO^-NH_4^+ +2Ag\downarrow +H_2O+3NH_3$$

要想得到银镜试管壁必须干净，否则出现黑色悬浮的金属银。

托伦试剂既可氧化脂肪醛，又可氧化芳香醛。在同样的条件下酮不发生反应。

2）费林(Fehling)试剂

费林试剂由A、B两种溶液组成，A为硫酸铜溶液，B为酒石酸钾钠和氢氧化钠溶液，使用时等量混合。其中酒石酸钾钠的作用是使铜离子形成配合物而不致在碱性溶液中生成氢氧化铜沉淀。

脂肪醛与费林试剂反应，生成氧化亚铜砖红色沉淀。

$$RCHO + Cu^{2+} \xrightarrow{OH^-} RCOO^- + Cu_2O\downarrow$$

甲醛可使费林试剂中的 Cu^{2+} 还原成单质的铜。其他脂肪醛可使费林试剂中的 Cu^{2+} 还原成 Cu_2O 沉淀。酮及芳香醛不与费林试剂反应。

3）本尼地(Benedict)试剂

本尼地试剂是由硫酸铜、碳酸钠和柠檬酸钠组成的混合液。该试剂稳定，可以事先配制存放。

本尼地试剂应用范围基本上与费林试剂相同，但甲醛不能还原本尼地试剂。试剂中起氧化作用的是二价铜离子。

上述三种弱氧化剂只氧化醛基，不氧化双键，所以不饱和醛可被氧化为不饱和酸。例如：

$$CH_3—CH═CHCHO \xrightarrow[\text{或 } Ag(NH_3)_2^+]{Cu^{2+}/OH^-} CH_3—CH═CHCOO^-$$

$$CH_3—CH═CHCHO \xrightarrow{KMnO_4/H^+} CH_3COOH + CO_2\uparrow + H_2O$$

思考题 11-5　下列化合物中，哪些能与费林试剂反应？(　　)

A. 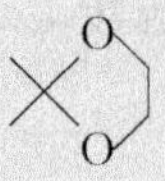　B. $CH_3CH_2CH_2CHO$　C. $C_6H_5\overset{O}{\overset{\|}{C}}CH_3$　D. 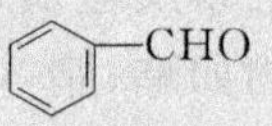

E. 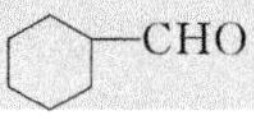　F. 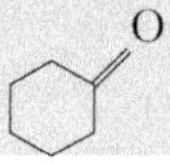

2. 还原反应

醛、酮可以发生还原反应，在不同的条件下还原的产物不同。

1）羰基还原为羟基

用催化氢化的方法，醛、酮可分别被还原为伯醇或仲醇，常用的催化剂是镍、钯、铂。

$$RCHO + H_2 \xrightarrow{Ni} RCH_2OH$$

$$\underset{R_1}{\overset{R}{>}}C═O + H_2 \xrightarrow{Ni} \underset{R_1}{\overset{R}{>}}CHOH$$

催化氢化的选择性不强，分子中同时存在的不饱和键也同时会被还原。例如：

$$CH_3CH═CH—CHO + H_2 \xrightarrow{Ni} CH_3CH_2CH_2CH_2OH$$

某些金属氢化物如硼氢化钠($NaBH_4$)、异丙醇铝($Al[OCH(CH_3)_2]_3$)及氢化铝锂($LiAlH_4$)有较高的选择性，它们只还原羰基，不还原分子中的不饱和键。例如：

$$CH_3CH═CH—CHO \xrightarrow{NaBH_4} CH_3CH═CHCH_2OH$$

2）羰基还原为亚甲基

用锌汞齐与浓盐酸可将羰基直接还原为亚甲基，这个方法称为克莱门森(Clemmensen)还原法。

$$>C{=}O \xrightarrow[\text{浓 HCl}]{\text{Zn-Hg}} >CH_2$$

该方法是在浓盐酸介质中进行的，分子中若有对酸敏感的其他基团如醇羟基、碳碳双键等不能用这个方法还原。

用伍尔夫-吉日聂尔(L. Wolff-N. M. Kishner)-黄鸣龙还原法也可将羰基还原为亚甲基。伍尔夫-吉日聂尔的方法是将羰基化合物与无水肼反应生成腙，然后在强碱作用下加热、加压，使腙分解放出氮气而生成烷烃。

$$>C{=}O + NH_2NH_2(\text{无水}) \longrightarrow >C{=}NNH_2 \xrightarrow[\text{加热、加压}]{\text{KOH}} >CH_2 + N_2\uparrow$$

这个反应广泛用于天然产物的研究中，但条件要求高，操作不便。1946 年，我国化学家黄鸣龙改进了这个方法。他采用水合肼、氢氧化钠和一种高沸点溶剂与羰基化合物回流生成腙，再将水及过量肼蒸出，然后升温至 200 ℃回流 3～4 h 使腙分解得到烷烃。改进后的方法提高了产率，应用更加广泛。

该反应是在碱性介质中进行的，不适用于对碱敏感的分子。

伍尔夫-吉日聂尔-黄鸣龙还原法可与克莱门森还原法互相补充。

通过芳烃酰基化反应制得芳香酮，经克莱门森还原法或黄鸣龙还原法将羰基还原为亚甲基，是在芳环上引入直链烷基的一种间接方法。例如：

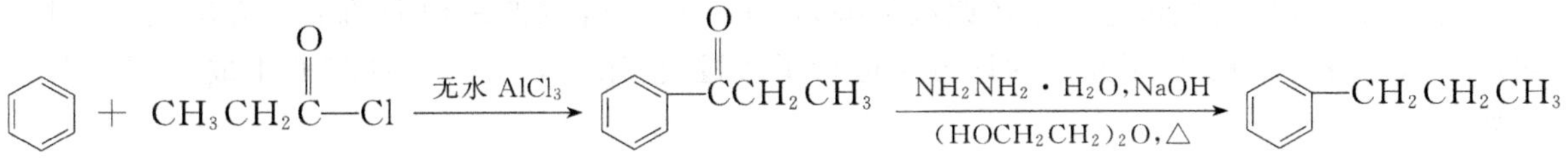

3. 歧化反应

不含 α-氢的醛，如 HCHO、R_3CCHO 等，与浓碱共热发生自身的氧化-还原反应，一分子醛被氧化成羧酸，另一分子醛被还原为醇，这个反应称为歧化反应，也称为坎尼扎罗(Cannizzaro)反应。例如：

$$2HCHO \xrightarrow{\text{浓 NaOH}} HCOONa + CH_3OH$$

两种无 α-氢的醛进行交叉歧化反应的产物复杂，不易分离，因此无实际意义。但如果用甲醛与另一种无 α-氢的醛进行交叉歧化反应，甲醛总是被氧化为甲酸，另一种醛被还原为醇。例如：

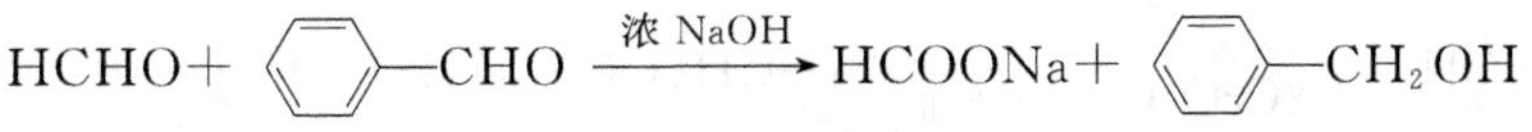

思考题 11-6　下列化合物中能发生 Cannizzaro 反应的是(　　)。

A. 乙醛　　B. 丙酮　　C. 苯甲醛　　D. 戊-2-酮

11.5　醛、酮的制备方法

11.5.1　醛、酮的工业合成

1. 低级伯醇和仲醇的氧化和脱氢

工业上常用催化脱氢的方法将伯醇氧化成醛，或将仲醇氧化成酮。该过程为催化氢化反应的逆过程，常用的催化剂为铜、银或镍等。例如：

$$CH_3CH_2OH \underset{275\sim300\ ℃}{\overset{Cu}{\rightleftharpoons}} CH_3CHO + H_2\uparrow$$

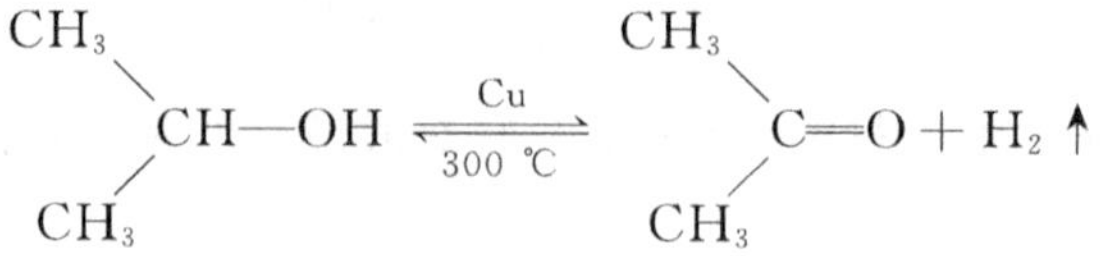

由醇脱氢得到的产品纯度高，但由于反应是吸热的，所以在生产中常通入一定量的空气，使反应生成的氢气与空气中的氧气结合生成水，水的生成热可直接供给脱氢反应，此方法又称为氧化脱氢法。

2. 羰基合成

烯烃与一氧化碳和氢气在催化剂作用下可生成比原烯烃多一个碳原子的醛。该合成法称为羰基合成，也称为烯烃的氢甲酰化。常用的催化剂是八羰基二钴$[Co(CO)_4]_2$，反应在加热、加压下进行。例如：

$$CH_3CH{=}CH_2 + CO + H_2 \xrightarrow[130\sim175\ ℃,20\sim30\ MPa]{[Co(CO)_4]_2} \begin{cases} CH_3CH_2CH_2CHO & \text{正丁醛 } 75\% \\ CH_3CH(CH_3)CHO & \text{异丁醛 } 25\% \end{cases}$$

利用该法合成的醛可进一步还原成伯醇，这是工业上合成低级伯醇的重要方法之一。其缺点是对设备要求较高，近年来对该方法进行了改进，使用途较大的正构醛的生成比例较大。例如：

$$CH_3CH{=}CH_2 + CO + H_2 \xrightarrow[160\ ℃,5\sim6\ MPa]{Co(CO)_6[P(n\text{-}C_4H_9)_3]_2} \underset{5}{CH_3CH_2CH_2CHO} + \underset{1}{CH_3CH(CH_3)CHO}$$

（正丁醛∶异丁醛 = 5 ∶ 1）

3. 烷基苯的氧化

工业上常用烷基苯氧化制取芳香醛和芳香酮。例如甲苯用空气催化氧化、铬酰氯或铬酐氧化可得到苯甲醛：

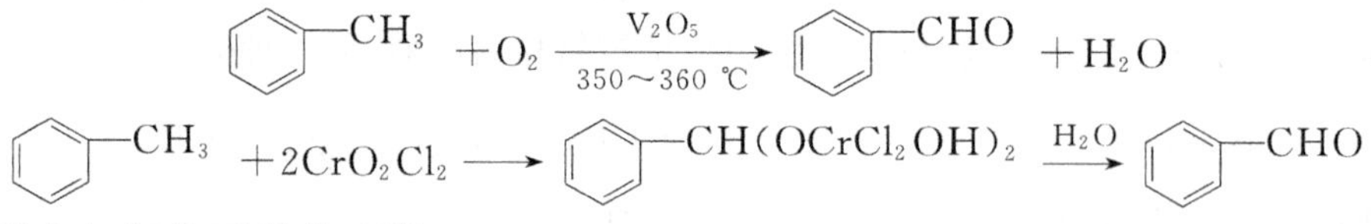

乙苯用空气氧化可得苯乙酮：

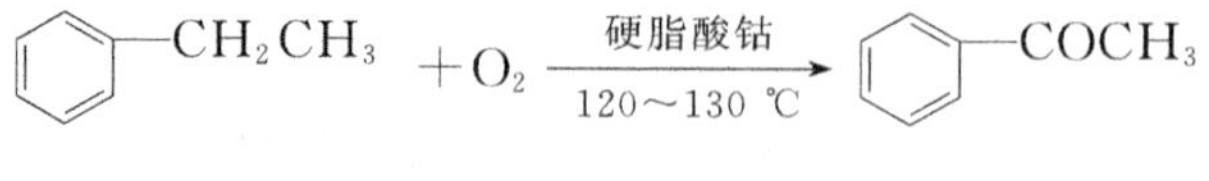

11.5.2 醛、酮的实验室合成

1. 伯醇和仲醇的氧化

制备醛、酮常用的方法是醇的氧化或者脱氢。例如：

$$(CH_3)_2CHCH_2OH \xrightarrow[\triangle,80\%]{K_2Cr_2O_7\text{-稀 }H_2SO_4} (CH_3)_2CHCHO$$

此外，伯醇或仲醇可经欧芬脑尔氧化生成相应的醛、酮。该反应是在碱(如异丙醇铝等)存在下使用过量的丙酮作氧化剂可逆进行的，且具有较强的选择性，可用于氧化不饱和醇。例如：

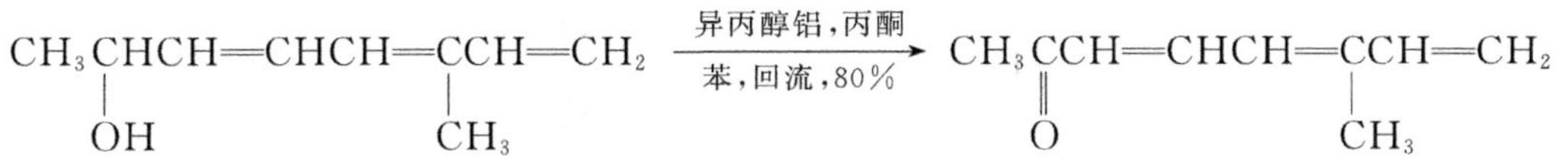

2. 羧酸衍生物的还原

酰氯及酯等衍生物可控制还原生成相应的醛，常用的还原方法有金属氢化物还原及催化氢化还原[又叫罗森蒙德(Rosenmund)还原]等。例如：

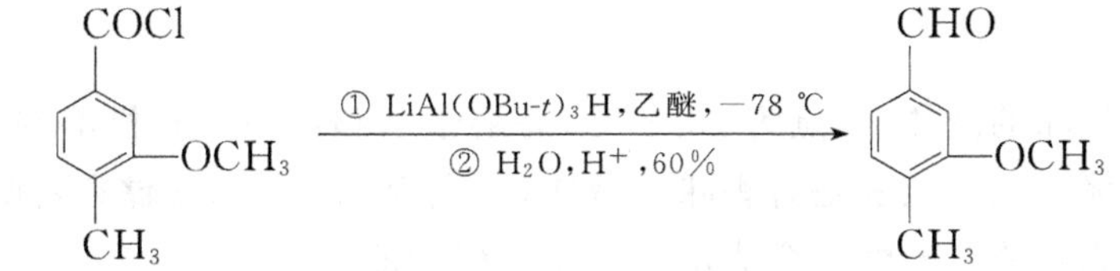

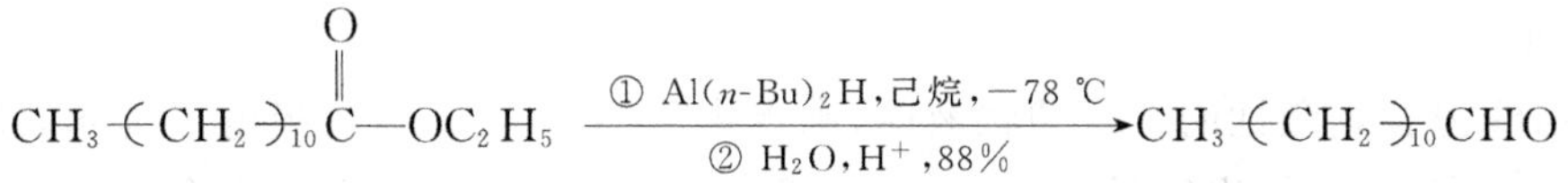

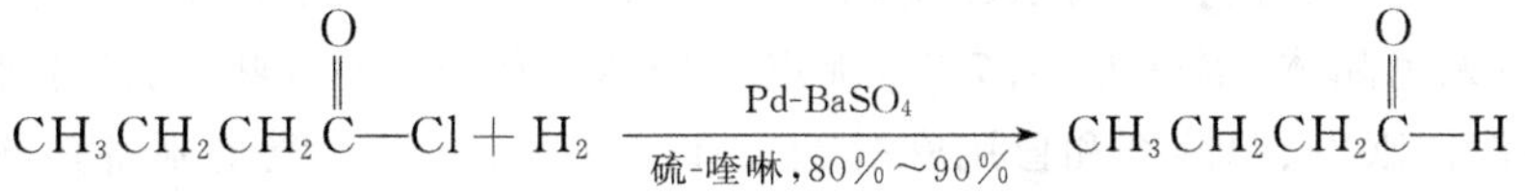

3. 芳环的酰基化

芳烃进行傅-克酰基化反应，是合成芳酮的重要方法。例如：

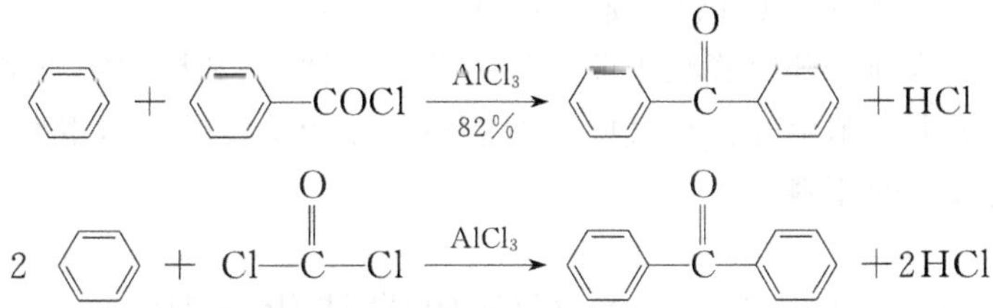

在路易斯酸的催化下，用一氧化碳和氯化氢与芳烃作用生成芳香醛，此反应称为加特曼-科赫(Gattermann-Koch)反应。它可以看成是傅-克反应的一种特殊的形式，相当于甲酰基化反应，适用于烷基苯的甲酰化。例如：

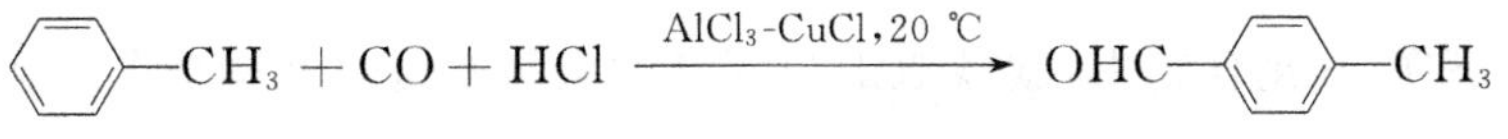

11.6　重要的醛、酮

1. 甲醛

甲醛在常温下是无色、对黏膜有刺激性的气体，易溶于水。甲醛有凝固蛋白质的作用，因而有杀菌和防腐的作用。40%的甲醛水溶液是医学和农业上常用的消毒剂福尔马林(formalin)。

甲醛在水溶液中能以水合甲醛的形式存在。甲醛容易聚合，如甲醛的浓溶液经长期放置便能出现多聚甲醛固体,多聚甲醛是优良的工程塑料。福尔马林中加入少量甲醇可以防止甲醛聚合。三分子甲醛可以聚合成环状的三聚甲醛,三聚甲醛经加热可以分解为甲醛。

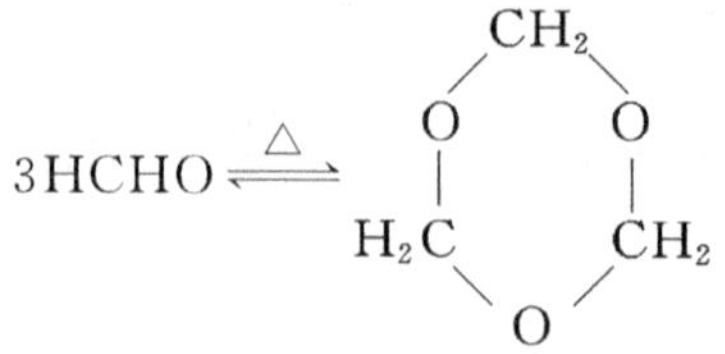

甲醛还可以和氨作用生成六亚甲基四胺,俗称乌洛托品(Urotropine),它可用作橡胶硫化的促进剂和纺织品的防缩剂,在医药上常用作利尿剂和尿道消毒剂,也可作为特殊燃料。

此外,甲醛还是合成酚醛树脂和脲醛树脂必不可少的原料。

2. 乙醛

乙醛是有刺激气味的液体,沸点为 20.8 ℃,易溶于水和乙醇等有机溶剂。乙醛能聚合成环状三聚体或四聚体。三聚乙醛是有香味的液体,沸点为 97.8 ℃,是储存乙醛的最好形态,加稀酸蒸馏时即解聚为乙醛。乙醛是合成水合三氯乙醛的原料。

3. 三氯乙醛

三氯乙醛为有刺激性的无色油状液体,沸点为 98 ℃。由于氯的吸电子诱导效应使得羰基碳上的电子云密度降低,很容易与水加成,形成稳定的水合三氯乙醛。水合三氯乙醛的商品名为水合氯醛,为无色晶体,熔点为 51.7 ℃,沸点为 98 ℃,有刺激性气味,易溶于水和有机溶剂。水合氯醛可用作催眠剂、镇静剂和兽用麻醉剂。在工业上,三氯乙醛是制备药物、农药等的重要原料。

4. 苯甲醛

苯甲醛是芳香醛的代表,具有杏仁香味的无色液体,沸点为 179 ℃,微溶于水,易溶于乙醇、乙醚、氯仿等有机溶剂。苯甲醛在工业上称为苦杏仁油,它和糖类物质结合存在于杏仁、桃仁等许多果实的种子中。苯甲醛在空气中放置能被氧化为苯甲酸。苯甲醛多用于制造香料及制备其他芳香族化合物的原料。

11.7 α,β-不饱和羰基化合物

11.7.1 α,β-不饱和羰基化合物的结构特点

在 α,β-不饱和羰基化合物中,碳碳双键与羰基的碳氧双键之间构成共轭体系:

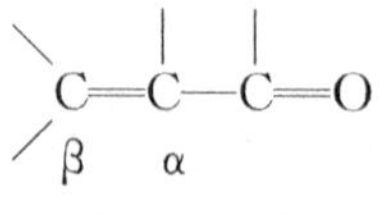

这种共轭对 α,β-不饱和羰基化合物的物理性质和化学性质均有重大影响。

这类化合物不仅具有两种官能团各自的性质,还具有其相互影响的独特性质。

11.7.2 α,β-不饱和羰基化合物的制备及应用

由于碳碳双键与羰基共轭使 α,β-不饱和羰基化合物能够发生 1,2-加成或 1,4-加成(共轭加成)。例如:

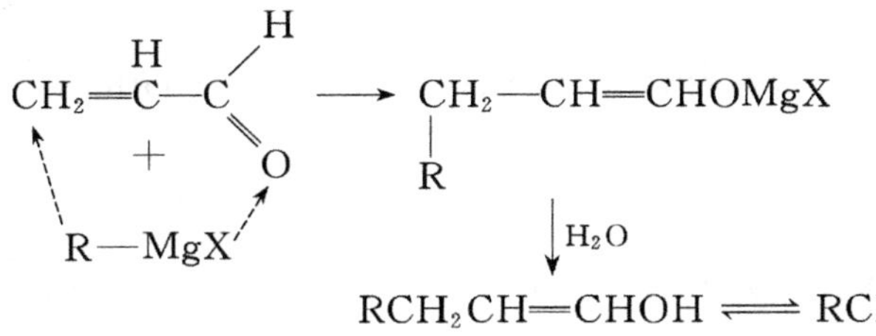

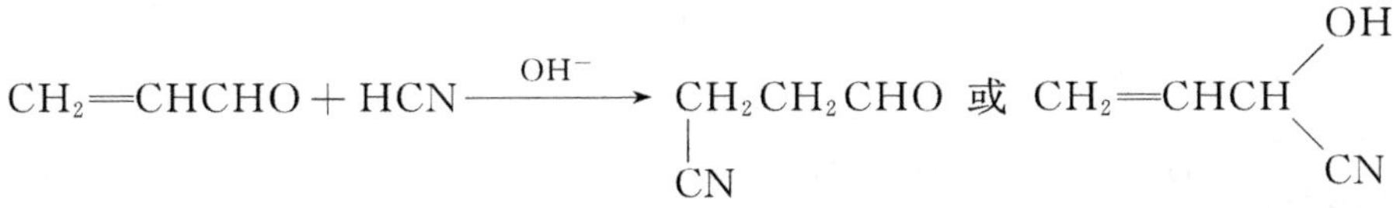

在这里，亲核试剂已能对碳碳双键起加成反应，足见羰基对碳碳双键发生了重大的影响。

通常把碳负离子对 α，β-不饱和醛、酮、羧酸、酯、腈、硝基化合物的共轭加成反应称为麦克尔（Michael）反应，其通式是：

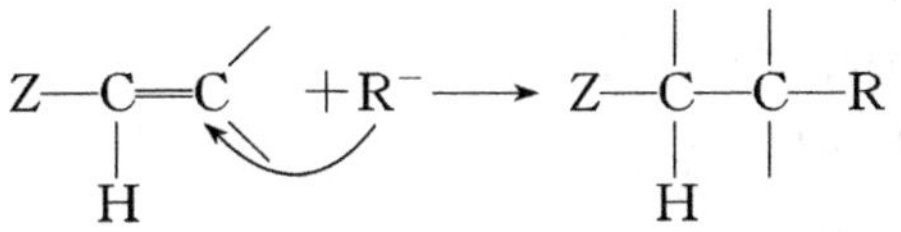

（Z 代表和碳碳双键共轭的基团）

这类反应可以增长碳链。

丙烯醛是一种 α，β-不饱和醛，沸点为 52 ℃，相对密度为 0.841，常温下为无色液体，具有强烈刺激性气味，微溶于水，其蒸气能刺激人眼流泪。

工业上采用下列方法生产丙烯醛。

1）甲醛和乙醛在酸催化下直接缩合

$$HCHO + CH_3CHO \xrightarrow[-HOH]{H^+} CH_2{=}CHCHO$$

2）丙烯的催化氧化

$$CH_2{=}CH{-}CH_3 + O_2 \xrightarrow[370\ ℃]{Cu_2O} CH_2{=}CHCHO$$

丙三醇脱水也生成丙烯醛：

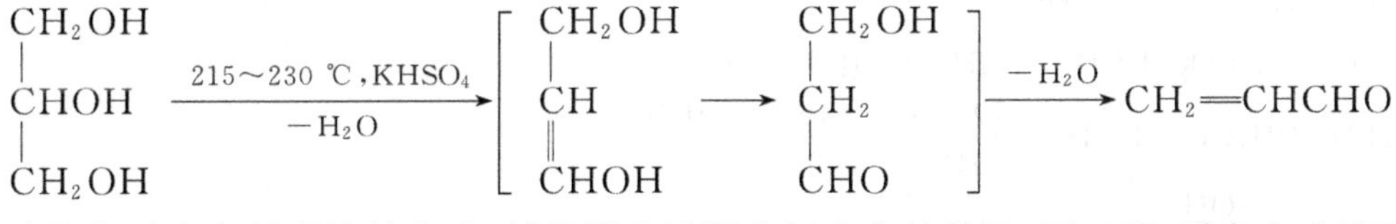

油脂烧焦时产生刺激性的臭味，就是因为油脂分解出来的甘油（丙三醇）脱水生成了丙烯醛。

丙烯醛很容易聚合，生成丙烯醛树脂。由聚丙烯醛树脂还原，可得聚丙烯醇树脂，氧化则得聚丙烯酸树脂。聚丙烯酸树脂是一种水溶性的离子交换树脂。

习　　题

1. 写出下列化合物的结构式。

（1）三甲基乙醛　（2）乙二醛　（3）水合三氯乙醛　（4）邻羟基苯甲醛

（5）苯乙酮　（6）乙醛缩乙二醇　（7）丙酮肟　（8）α-溴代丙醛

（9）2-甲基环戊酮　（10）肉桂醛

2. 命名下列化合物。

(1) 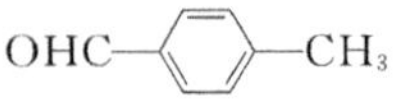　(2) $(CH_3)_2CHCHO$　(3) 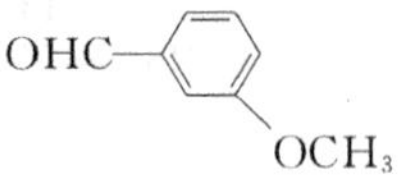

(4) $(CH_3)_2CHCOCH_2CH_3$　(5) 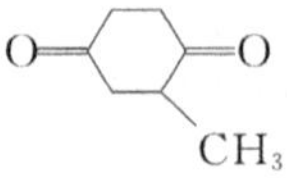　(6) 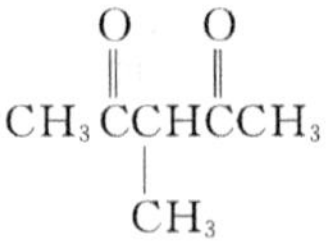

(7) 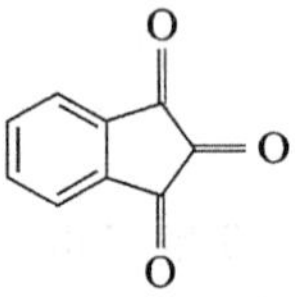　(8) $CH_3CH_2CH{=}N{-}OH$　(9) 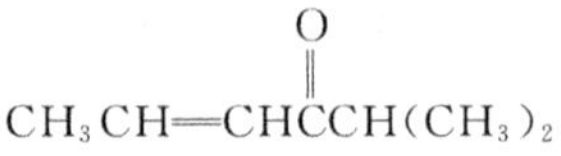

3. 写出下列反应的主要产物。

(1) $CH_3CH_2COCH_3 + CH_3CH_2MgBr \xrightarrow{\text{无水乙醚}} \xrightarrow{H_2O}$

(2) $(CH_3)_3CCHO + HCHO \xrightarrow{\text{浓 NaOH}}$

(3) 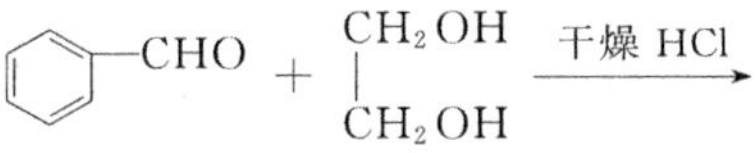

(4) 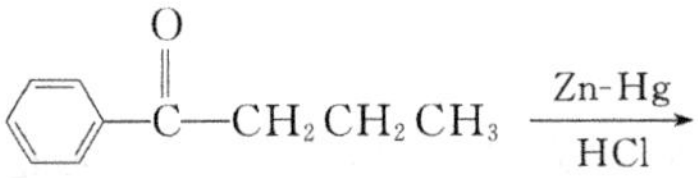

(5) 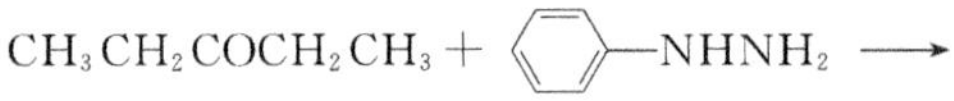

(6) $2(CH_3)_2CHCH_2CHO \xrightarrow[\triangle]{\text{稀 NaOH}}$

(7) 

(8) 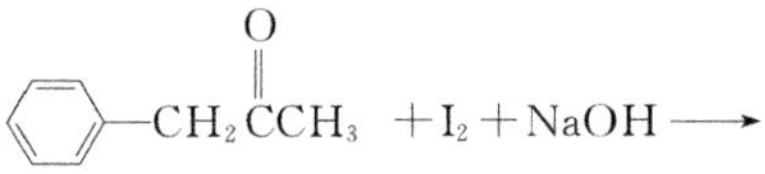

(9) 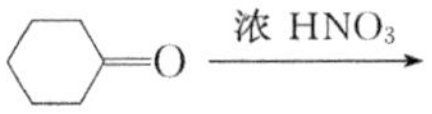

(10) 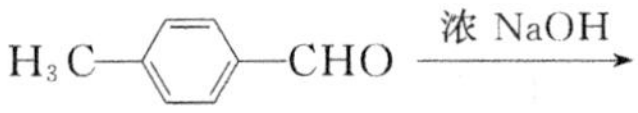

(11) $CH_3COCH_2CH_3 + NaHSO_3$(饱和)$\longrightarrow$

(12) 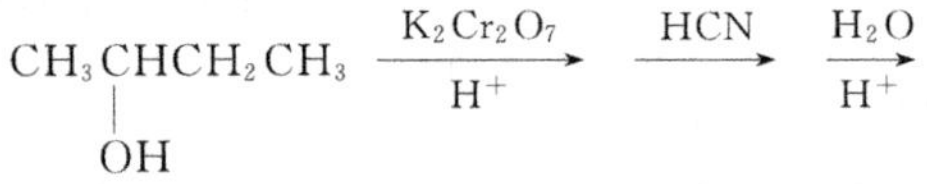

4. 用简单化学方法鉴别下列各组化合物。

(1) 乙醛,甲醛,苯甲醛

(2) 丙醛,丙酮,丙醇,异丙醇

(3) 戊醛,戊-2-酮,环戊酮,苯甲醛

(4) 苯甲醇,苯甲醛,苯酚,苯乙酮

5. 将下面两组化合物按沸点高低顺序排列。

(1) 正丁醛,丁醚,正丁醇

(2) 苯甲醇,乙苯,苯甲醛,苯甲醚

6. 比较下列化合物中羰基对氢氰酸加成反应的活性大小。

(1) 乙醛,一氯乙醛,三氯乙醛,苯乙酮,二苯甲酮

(2) 甲醛,三氯乙醛,丙酮,乙醛

(3) 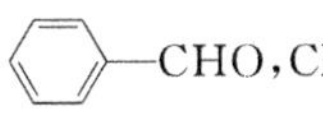, $ClCH_2CH_2CHO$, $CH_3\underset{\underset{Cl}{|}}{C}HCHO$, 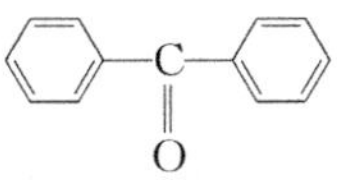, 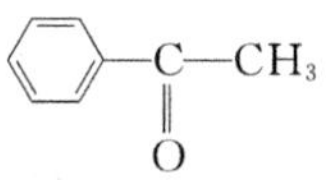,

CH_3CH_2CHO

7. 下列化合物哪些能发生碘仿反应？哪些能与饱和 $NaHSO_3$ 反应？哪些能与 2,4-二硝基苯肼反应？

(1) 丁酮　　(2) 异丙醇　　(3) 正丁醇

(4) 戊-3-酮　　(5) 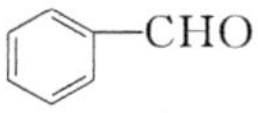　　(6) 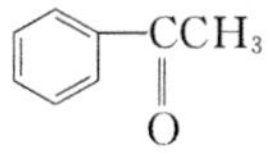

(7) $CH_3\overset{\overset{O}{\|}}{C}CH_2\overset{\overset{O}{\|}}{C}CH_3$　　(8) $(CH_3)_3COH$　　(9) 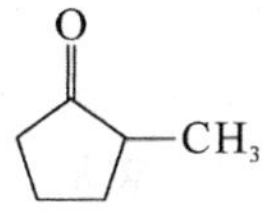

(10) $CH_3\underset{\underset{OH}{|}}{C}HCH_2CH_3$　　(11) $CH_3CH_2CH_2CHO$　　(12) $C_6H_5CH_2OH$

8. 下列各化合物可由何种醛酮转变得来？写出其反应式。

(1) 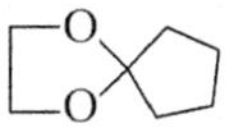　　(2) 　　(3) $CH_3CH{=}CHCH_2CH(OH)CH_3$

(4) $CH_3CH_2CH_2CH(OH)CN$　　(5) $CH_3CH_2—\overset{\overset{OH}{|}}{\underset{\underset{CH_3}{|}}{C}}—SO_3Na$

(6) 

9. 完成下列转化，并写出反应式。

(1) $CH_3CH_2CHO \longrightarrow CH_3CH_2\underset{\underset{O}{\|}}{C}CH_3$

(2) $CH_3CH{=}CHCHO \longrightarrow CH_3\underset{\underset{OH}{|}}{C}H—\underset{\underset{OH}{|}}{C}HCHO$

(3) $CH_3COCH_3 \longrightarrow CH_2{=}\underset{\underset{CH_3}{|}}{C}COOCH_3$

(4) 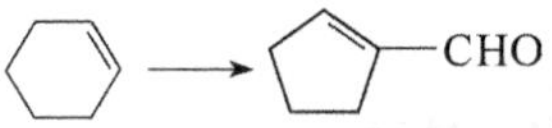

10. 某化合物 A 的分子式为 $C_5H_{12}O$，有旋光性，用酸性 $KMnO_4$ 氧化后得分子式为 $C_5H_{10}O$ 的化合物 B，B 无旋光性。B 与正丙基溴化镁作用后水解生成 C，C 能拆分出两个对映体。试写出化合物 A、B、C 的结构式。

11. 某化合物分子式为 $C_6H_{12}O$，能与羟胺作用生成肟，但不发生银镜反应，在铂的催化下加氢得到一种醇。此醇经过脱水、臭氧化还原水解等反应后得到两种液体，其中之一能发生银镜反应但不发生碘仿反应，另一种能发生碘仿反应但不能使费林试剂还原。试写出该化合物的结构式。

12. 某化合物 A 的分子式为 $C_8H_{14}O$，可以很快地使溴水褪色，可以和苯肼发生反应，氧化后得到一分子丙酮及另一化合物 B。B 具有酸性，和次碘酸钠反应生产碘仿和一分子羧酸，其结构是 $HOOCCH_2CH_2COOH$。写出 A、B 的结构式。

13. 某化合物 A 的分子式为 $C_{10}H_{12}O_2$，不溶于氢氧化钠溶液，能与羟氨作用生成白色沉淀，但不与托伦试剂反应。A 经 $LiAlH_4$ 还原得到 B，分子式为 $C_{10}H_{14}O_2$。A 与 B 都能发生碘仿反应。A 与浓氢碘酸共热生成 C，C 的分子式为 $C_9H_{10}O_2$。C 能溶于氢氧化钠，经克莱门森还原生成化合物 D，分子式为 $C_9H_{12}O$。A 经高锰酸钾氧化生成对甲氧基苯甲酸。试写出 A、B、C、D 的结构式和有关反应式。

第 12 章　羧酸及其衍生物

12.1　羧　　酸

羧酸及其衍生物是自然界存在种类最多的化合物。分子结构中含有羧基的化合物称为羧酸(carboxylic acid)。羧基(—COOH)是羧酸的官能团,羧酸的通式一般表示为 RCOOH 或 ArCOOH。

12.1.1　分类和命名

1. 分类

羧酸如同其他类别化合物一样,由于实际需要有多种分类方法。

1）按与羧基直接相连的烃基结构分类

按与羧基直接相连的烃基结构,可分为脂肪族羧酸和芳香族羧酸。脂肪族羧酸是指羧基不直接与芳香环连接的化合物,而羧基直接与芳香环相连接的则称为芳香族羧酸。

芳香族羧酸　　　　脂肪族羧酸

这种分类方法是因为芳香族羧酸的酸性一般都较脂肪族羧酸酸性强,此外羧基对芳香环的影响也较大,导致明显的性质差异。

2）按照羧基的个数分类

按照羧基的个数,含一个羧基称为一元羧酸,两个羧基称为二元羧酸,三个羧基以上一般称为多元羧酸。无论是芳香族羧酸还是脂肪族羧酸均为一元羧酸,而在分析化学中使用过的草酸是二元羧酸,柠檬酸则属于多元羧酸。

二元羧酸　　　　多元羧酸

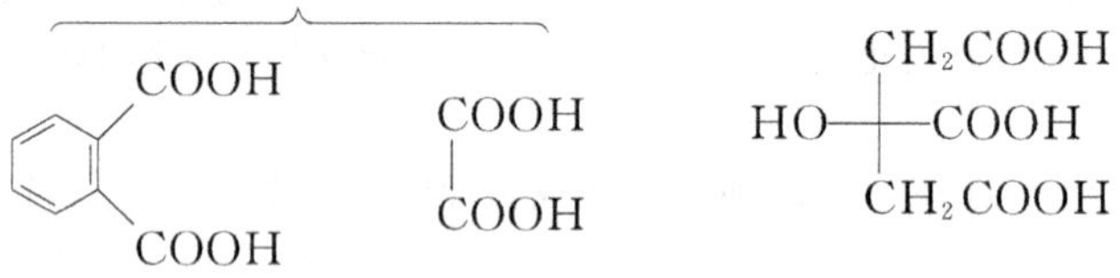

邻苯二甲酸　　草酸　　柠檬酸

对于脂肪族羧酸,还可以根据其烃基的性质进行进一步的分类,比如烃基中含有不饱和键的称为不饱和羧酸,没有不饱和键的称为饱和羧酸。

此外,人们还可以根据一些特殊的需要把一些特殊结构的类型羧酸归为一类名称,比如氨基酸、羟基酸等,以便根据简单的名称就可以了解该类羧酸的结构特征。

2. 命名

羧酸的名称如同其他类别化合物一样有多种名称来源,包括俗名、衍生物命名、习惯命名以及系统命名。

1）俗名

由于自然界最早发现的有机化合物许多都是羧酸，因此很多羧酸都有俗名，比如蚁酸、醋酸、苹果酸、马来酸、琥珀酸、安息香酸等。

2）衍生物命名

羧酸的衍生物命名是以醋酸（或称乙酸）为母体，其他结构都看作是醋酸的衍生物，如三甲基醋酸、乙基乙酸等，衍生物命名在羧酸系统里出现得相对较少。

3）系统命名

直链脂肪族羧酸的系统命名法与醛基本相同，首先选取包含羧基的最长碳链作为主链，由于羧基在有机化合物的命名系统中地位是最高的，所以主链编号从羧基碳原子开始。如果结构中同时含有双键、三键等其他官能团，也是以羧基为母体进行命名。

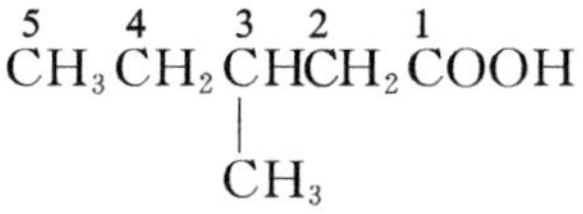
3-甲基戊酸
3-methylpentanoic acid

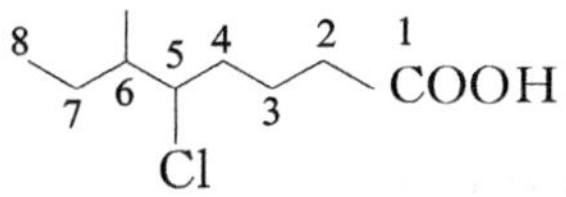
5-氯-6-甲基辛酸
5-chloro-6-methyloctanoic acid

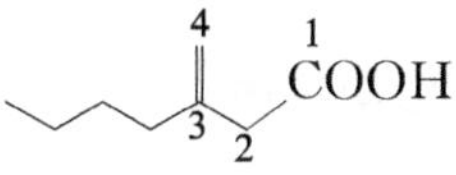
3-甲亚基庚酸
3-methyleneheptanoic acid

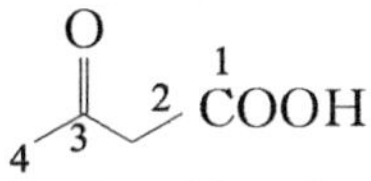
3-氧亚基丁酸
3-oxobutanoic acid

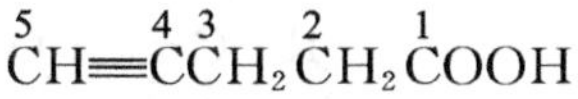
戊-4-炔酸
pent-4-ynoic acid

对于脂环以及芳香族羧酸，则完全类同于醛、酮的命名，将羧基所连的环碳原子编号为 1。

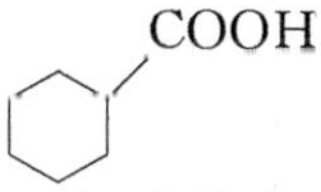
环己烷甲酸
cyclohexane carboxylic acid

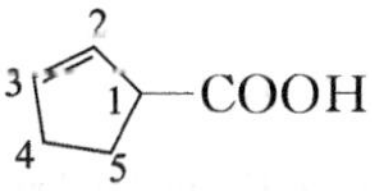
环戊-2-烯甲酸
cyclopent-2-ene-carboxylic acid

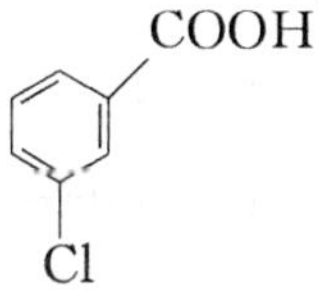
3-氯苯甲酸
（间氯苯甲酸、*m*-氯苯甲酸）
3-chlorobenzoic acid
（*m*-chlorobenzoic acid）

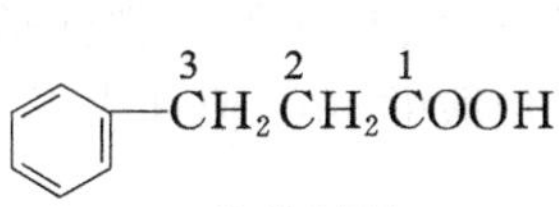
3-苯基丙酸
3-phenylpropanoic acid

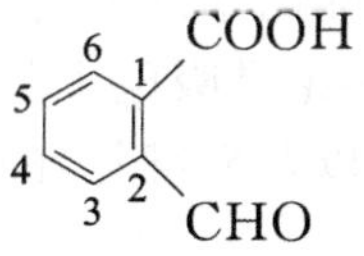
2-甲酰基苯甲酸
2-formylbenzoic acid

二元羧酸以及多元羧酸的命名与醛的命名相似，命名时尽可能地将它们以二元羧酸命名。

乙二酸（俗名：草酸）
oxalic acid

丙二酸
malonic acid

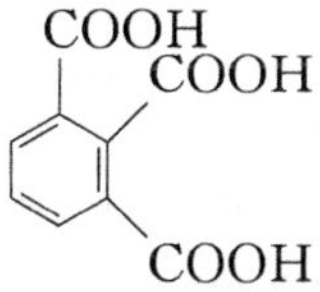
苯-1,2,3-三甲酸
benzene-1,2,3-tricarboxylic acid

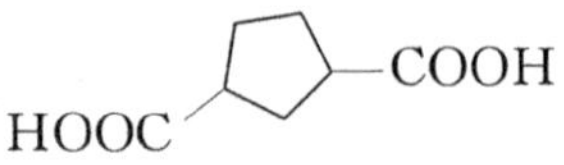

环戊-1,3-二甲酸
cyclopentane-1,3-dicarboxylic acid

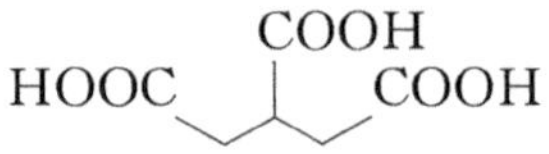

丙烷-1,2,3-三羧酸
propane-1,2,3-tricarboxylic acid

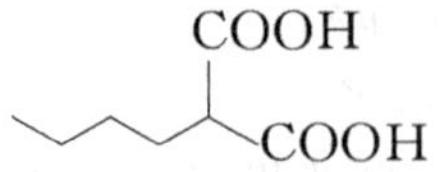

2-丁基丙二酸
2-butylmalonic acid

12.1.2　物理性质

甲酸、乙酸、丙酸等低级脂肪酸都是具有刺激性气味的液体，含 4～9 个碳原子的饱和一元脂肪羧酸是具有腐败恶臭气味的油状液体，而含 10 个碳原子以上的饱和一元脂肪羧酸为无味石蜡状固体。脂肪族二元羧酸和芳香族羧酸都是结晶型固体。羧酸的沸点比相对分子质量相近的醇要高，这是由于羧酸分子间可以形成两个氢键而缔合成较稳定的二聚体。羧酸分子可与水形成氢键，所以低级羧酸能与水混溶，随着相对分子质量的增加，非极性的烃基越来越大，使羧酸的溶解度逐渐减小，因此 6 个碳原子以上的羧酸都难溶于水而易溶于有机溶剂。

12.1.3　化学性质

羧酸的化学反应类型及反应部位如下。

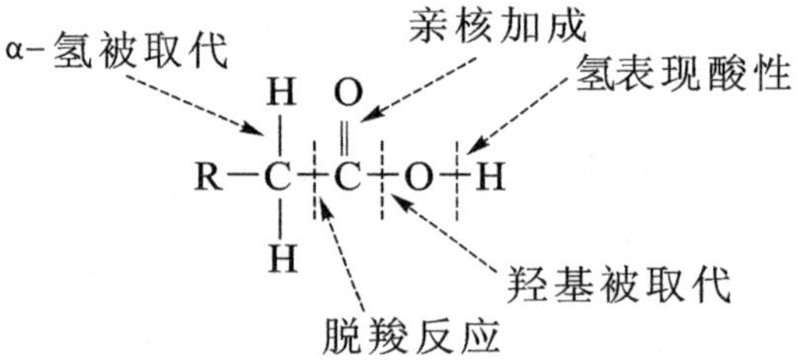

1. 酸性

羧酸羟基上的氧氢键有较强的极性，因此具有一定的酸性，在水溶液中可以解离出 H^+。

$$RCOOH + H_2O \overset{K_a}{\rightleftharpoons} RCOO^- + H_3O^+ \qquad K_a = \frac{[RCOO^-][H_3O^+]}{[RCOOH]}$$

羧酸的酸性比醇强，但与盐酸、碳酸等相比仍为弱酸，羧酸的 pK_a 一般为 4～5。

受 R 基团以及 R 基团上一些取代基的诱导效应和共轭效应影响，羧酸的酸性会发生一些明显的变化。烷基等供电子基会使羧酸的酸性减弱，而卤素、硝基、氰基、烷氧基等吸电子基却增加羧酸的酸性。与羧基共轭的苯环上的其他取代基也会对羧基的酸性有影响，尤其以邻对位较明显。取代基在邻位，不论是吸电子基还是给电子基(氨基除外)，都使酸性增强，这是邻位效应(电性效应、空间效应以及氢键等)的结果。一些羧酸的 pK_a 值如表 12-1 所示。

表 12-1　一些羧酸的 pK_a 值

羧　酸	pK_a	羧　酸	pK_a	羧　酸	pK_a
HCOOH	3.8	$(CH_3)_3CCOOH$	5.0	$CH_2{=}CHCOOH$	4.3
CH_3COOH	4.8	Cl_3CCOOH	0.6	C_6H_5COOH	4.2
CH_3CH_2COOH	4.9	$Cl_2CHCOOH$	1.3	o-$CH_3C_6H_4COOH$	3.9
$CH_3CH_2CH_2COOH$	4.8	$ClCH_2COOH$	2.9	m-$CH_3C_6H_4COOH$	4.3
$CH_3CH_2CHClCOOH$	2.8	FCH_2COOH	2.6	p-$CH_3C_6H_4COOH$	4.4
$CH_3CHClCH_2COOH$	4.0	CH_3OCH_2COOH	3.6	p-$CH_3OC_6H_4COOH$	4.5
$CH_2ClCH_2CH_2COOH$	4.5	O_2NCH_2COOH	1.7	p-$O_2NC_6H_4COOH$	3.4

羧酸的酸性表现在与碱及一些活泼金属的反应。

$$RCOOH + NaOH \longrightarrow RCOONa + H_2O$$

$$RCOOH + NaHCO_3 \longrightarrow RCOONa + H_2CO_3$$

$$H_2CO_3 \longrightarrow CO_2\uparrow + H_2O$$

$$RCOOH + NH_3 \longrightarrow RCOONH_4$$

羧酸与碳酸氢钠溶液反应经常用于区别羧酸与不和碳酸氢钠反应的酚类。利用羧酸的酸性还可进行羧酸的分离与提纯。

思考题 12-1　比较羧酸 HCOOH(Ⅰ)、CH_3COOH(Ⅱ)、$(CH_3)_2CHCOOH$(Ⅲ)、$(CH_3)_3CCOOH$(Ⅳ)的酸性大小：(　　)。

A. Ⅳ>Ⅲ>Ⅱ>Ⅰ　　B. Ⅰ>Ⅱ>Ⅲ>Ⅳ

C. Ⅱ>Ⅲ>Ⅳ>Ⅰ　　D. Ⅰ>Ⅳ>Ⅲ>Ⅱ

2. 羧基中的羟基被取代

羧基中的羟基可以被卤素原子(—X)、酰氧基(—OOCR)、烷氧基(—OR)、氨基(—NH_2)取代反应生成相应的羧酸衍生物，这是制备羧酸衍生物的重要方法。

1）酰卤的生成

羧酸与三氯化磷、五氯化磷、氯化亚砜(亚硫酰氯)等作用，生成酰氯化合物。

$$RCOOH + SOCl_2(\text{或 } PCl_3, PCl_5) \longrightarrow RCOCl + SO_2 + HCl$$

卤化试剂中效果最好的是氯化亚砜，反应后生成的 SO_2 和 HCl 不溶于有机溶剂。羧酸也可以与其他的三卤化磷试剂如三溴化磷、三碘化磷等反应生成相应的酰卤化合物，但这些酰卤一般都不稳定，所以较少使用。

2）酸酐的生成

两分子羧酸在强脱水剂如五氧化二磷、浓硫酸的作用下，加热可以发生脱水反应，生成酸酐。

$$2RCOOH \xrightarrow{P_2O_5} (RCO)_2O$$

羧酸脱水生成酸酐的反应多用于制备简单的对称酸酐(也称为单酐)，如醋酸酐、丙酸酐、邻苯二甲酸酐等。

3）酯化反应

羧酸与醇在酸的催化作用下生成酯的反应称为酯化反应。酯化反应是可逆反应，为了提高酯的产率多采用增加醇的物质的量比率，或将生成水除去的办法，这是制备简单伯醇酯的常用方法。如果用仲醇甚至叔醇，那么在酸催化下消去反应将增加，副产物增多，甚至得不到产物。

$$RCOOH + R'OH \overset{H^+}{\rightleftharpoons} RCOOR' + H_2O$$

4）酰胺的生成

羧酸与氨或胺反应，首先生成羧酸铵盐，如果加热升高到一定温度，羧酸铵脱去一分子水生成相应的酰胺。

$$RCOOH + NH_3 \rightleftharpoons RCOONH_4 \xrightarrow{\triangle} RCONH_2 + H_2O$$

3. α-氢被取代

羧基含有羰基，而且具有较强的吸电子特性，所以受其影响羧基 α-碳上的氢原子有较强的活性,在红磷的作用下可以发生取代反应生成 α-卤代羧酸。

$$RCH_2COOH+Cl_2 \xrightarrow{P} RCH(Cl)COCl \xrightarrow{RCH_2COOH} RCH(Cl)COOH + RCH_2C(=O)—Cl$$

反应的机理是卤素先和磷反应,生成活性的三卤化磷,而后三卤化磷与羧酸反应,先生成酰卤,然后再转变成 α-卤代酰卤。α-卤代酰卤与羧酸作用就得到了 α-卤代酸和酰卤。

4. 还原反应

羧基是十分稳定的官能团,一般还原剂或催化氢化难以还原。但如果在无水乙醚、四氢呋喃的溶液里使用强还原剂氢化铝锂,则可以将羧基一步还原到伯醇,而且由于氢化铝锂是负氢还原,所以不影响结构中的双键或三键,具有较好的选择性。

$$RCH{=}CHCOOH \xrightarrow[LiAlH_4]{无水乙醚} RCH{=}CHCH_2OH$$

5. 脱羧反应

羧酸的羧基在一般情况下很稳定,在强碱、加热条件下羧基易脱落,释放出一分子二氧化碳,生成相应的烃。但如果在羧基邻近位置有强吸电子基团,例如低级羧酸的钠盐及芳香族羧酸的钠盐在碱石灰存在下加热,可脱羧生成烃。这是实验室用来制取甲烷的常用方法。

$$CH_3COONa \xrightarrow{NaOH(CaO)} CH_4+Na_2CO_3$$

如果在羧基的 α 或 β 位有羰基、硝基这样的强吸电子基,脱羧就比较容易了。

$$Cl_3CCOOH \xrightarrow{\triangle} CHCl_3+CO_2$$

$$CH_3COCH_2COOH \xrightarrow{\triangle} CH_3COCH_3+CO_2$$

6. 二元羧酸的受热分解反应

二元羧酸对热较敏感,当单独加热或与脱水剂(如乙酸酐、乙酰氯、三氯氧磷等)共热时,随着两个羧基间距离的不同而发生特征型的脱水或脱羧反应。

1) 乙二酸及丙二酸的脱羧反应

乙二酸小心加热到 150 ℃时可以升华,温度再升高,则脱羧生成甲酸和二氧化碳。

$$HOOC{-}COOH \xrightarrow{\triangle} HCOOH+CO_2$$

丙二酸加热到熔点以上则脱羧生成乙酸。

$$HOOC{-}CH_2{-}COOH \xrightarrow{\triangle} CH_3COOH+CO_2$$

这是由于羧基是吸电子的基团,使两个羧基直接相连的草酸受热后很容易脱羧,而两个羧基连在同一个碳原子上的丙二酸也有类似的反应。

2) 丁二酸及戊二酸的脱水反应

丁二酸及戊二酸与脱水剂(如乙酸酐)共热时,则脱水生成环状酸酐(内酐)。

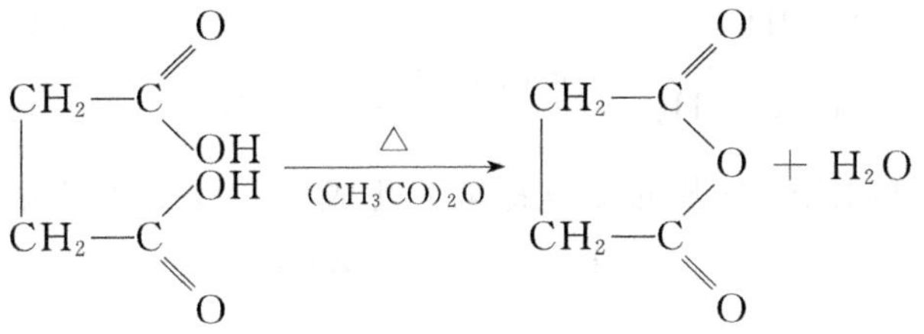

丁二酸酐(琥珀酸酐)

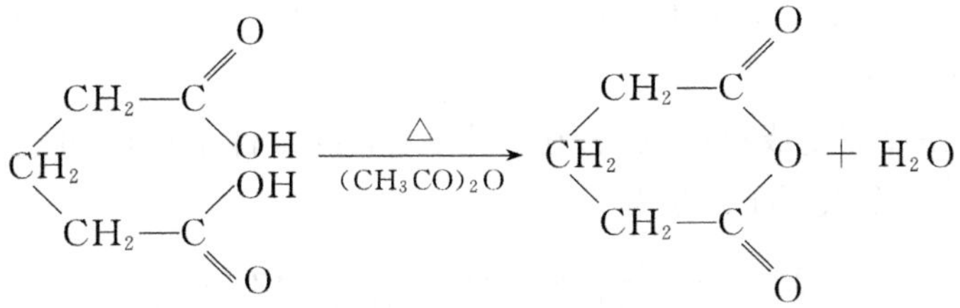

戊二酸酐

芳香邻二元酸加热时也生成环酐。

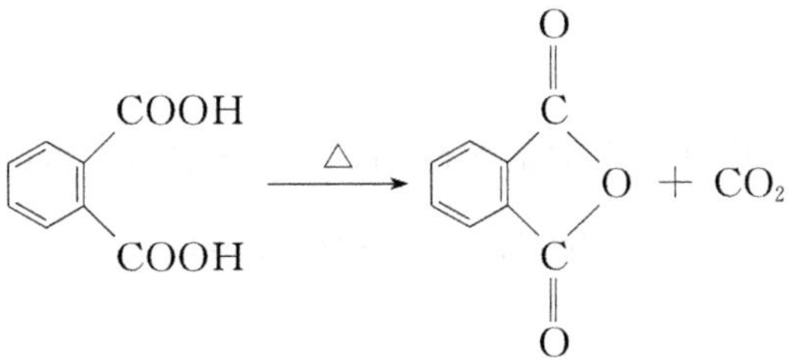

3) 己二酸和庚二酸的脱水和脱羧反应

己二酸及庚二酸与氢氧化钡共热,既脱水又脱羧而生成环酮。

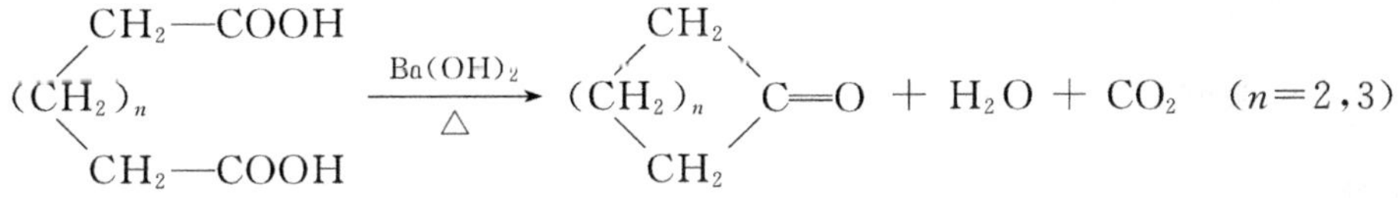

庚二酸以上的二元羧酸,在高温时发生分子间的脱水作用,生成高分子的酸酐,不生成大于六元的环酮。以上事实说明,在有可能生成环状化合物的条件下,总是倾向于生成张力较小的五元环或六元环。

思考题 12-2 如何鉴别邻苯二甲酸与水杨酸?( )

A. 加 Na 放出 H_2 B. 与 $FeCl_3$ 发生颜色反应

C. 加热放出 CO_2 D. 用 $LiAlH_4$ 还原

12.1.4 羧酸的制备

1. 氧化法

烷烃通常是十分稳定、不易氧化的,但在工业上可以将高级脂肪烃(如石蜡)加热至 120~150 ℃,使用强烈的催化剂,用空气氧化生成多种脂肪酸的混合物,然后通过如精馏或其他手段分离得到纯品。

羧酸的实验室制法最常用的就是从伯醇或者醛氧化成酸,常用的氧化剂是高锰酸钾和重铬酸钾,在酸性条件下可以得到较高的收率。例如:

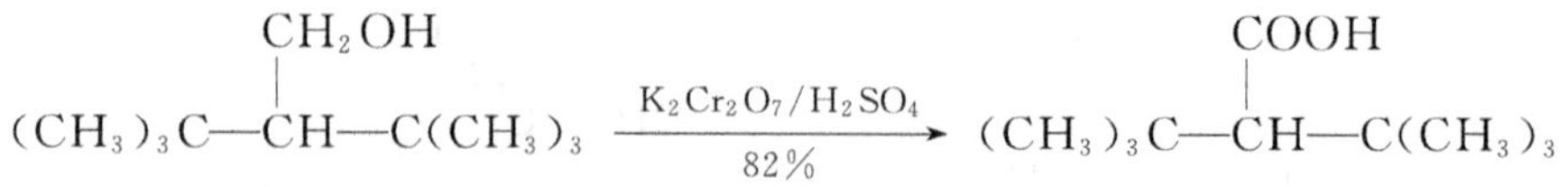

芳香族羧酸则可以利用烃基苯的支链易被氧化成酸的特点来制备。

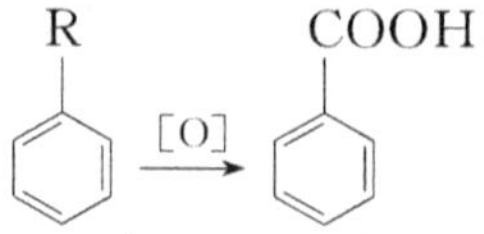

(R 可为—CHR$'_2$，—CH═CHR′，—C≡CR′，—CHO，—COR′，—CH$_2$OH)

2. 格氏试剂合成法

卤代烃与金属镁反应生成格氏试剂，在无水、无氧的条件下可以和 CO_2 发生加成、水解反应，最后生成增加了一个碳原子的羧酸。

$$RX \xrightarrow[\text{无水乙醚}]{Mg} RMgX \xrightarrow[\text{②}H_3O^+]{\text{①}CO_2} RCOOH$$

由于格氏试剂的敏感性，R 结构中不可以含带活性氢的基团如羟基、羧基、含氢氨基、巯基等，也不可以含有可以与格氏试剂反应的官能团如醛基、酮基、羧基等。

3. 水解法

1）氰基水解

在酸或碱的催化下，氰基可以水解成羧酸，这是实验室制备羧酸的一个比较重要的方法。

$$RCN \xrightarrow[\text{酸}]{H_2O} RCOOH$$

2）羧酸衍生物水解

一般情况下，羧酸衍生物多是从羧酸制备而来的。但自然界也有较多的羧酸衍生物如酯和酰胺可以用来制备羧酸，例如许多高级脂肪酸都是从动植物的油脂水解得到的。此外，三卤甲基也可以水解得到羧酸。

12.1.5 重要的羧酸

1. 甲酸

甲酸俗称蚁酸，是具有刺激性气味的无色液体，有腐蚀性，可溶于水、乙醇和甘油。甲酸的结构比较特殊，分子中羧基和氢原子直接相连，既有羧基结构又具有醛基结构，因此它既有羧酸的性质又具有醛类的性质，如能与托伦试剂、费林试剂反应分别生成银镜和砖红色的沉淀，也能被高锰酸钾氧化，经常用作还原剂。

2. 乙酸

乙酸俗称醋酸，是食醋的主要成分，一般食醋中含乙酸 6%～8%。乙酸为无色具有刺激性气味的液体。当室温低于其熔点时，无水乙酸可以凝结成冰状固体，故常把无水乙酸称为冰醋酸。乙酸能与水按任何比例混溶，也可溶于乙醇、乙醚和其他有机溶剂。

3. 苯甲酸

苯甲酸俗名安息香酸，无色晶体，微溶于水。苯甲酸钠常用作食品的防腐剂。

4. 乙二酸

乙二酸俗称草酸，无色晶体，通常含有两分子的结晶水，可溶于水和乙醇，不溶于乙醚。草酸具有还原性，容易被高锰酸钾溶液氧化，在有机化学中经常用作还原剂，在分析化学中又经常用作基准物质来标定碱性试剂。

12.2　羧酸衍生物

通常说的羧酸衍生物一般是指酰卤、酸酐、酯和酰胺四大类化合物，由于它们都可以比较容易从羧酸转化而来，所以称之为羧酸衍生物。

12.2.1　羧酸衍生物的分类和命名

羧酸衍生物的分类除了依据官能团分为酰卤、酸酐、酯和酰胺四类外，同时跟羧酸一样可根据烃基进一步分成比如芳香族酰卤、酸酐、酯和酰胺，以及饱和、不饱和等羧酸衍生物。

酰卤的命名与羧酸相似，把羧酸名称的“酸”字改成“酰卤”就可以了，如果是氯就称“酰氯”，如果是溴就称“酰溴”。

酸酐的名称主要以其来源命名。同种酸脱水得到的酸酐(单酐)直接称“某”酸酐，如醋酸酐、丙酸酐、邻苯二甲酸酐、丁二酸酐等；两种不同的羧酸脱水缩合而成的酸酐(混酐)则称为“某某”酸酐，如甲乙酸酐、乙丙酸酐。

酯的命名也是以其来源，称为某酸某(醇)酯，如甲酸乙酯、乙酸甲酯、苯甲酸丁酯。

酰胺衍生物命名类似于酰卤。将“酰卤”改为“酰胺”即可。但对于氨基上有烃基的酰胺用 *N*-表示其取代基位置，如 *N*,*N*-二甲基甲酰胺、*N*-甲基苯甲酰胺等。

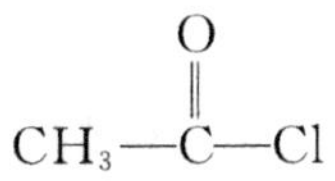
乙酰氯
acetyl chloride

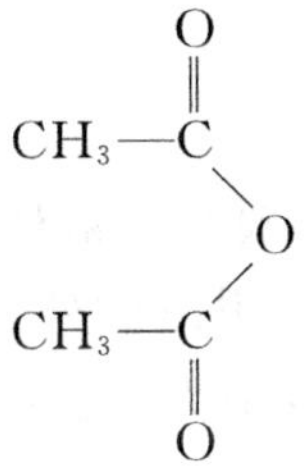
乙酸酐(俗名：醋酐)
acetic anhydride

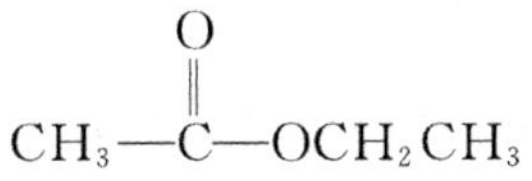
乙酸乙酯
ethyl acetate

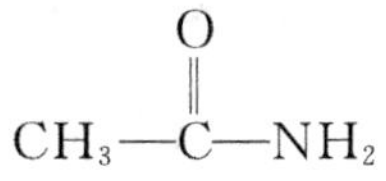
乙酰胺
acetamide

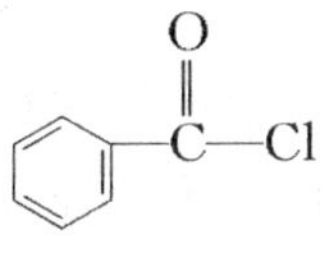
苯甲酰氯
benzoyl chloride

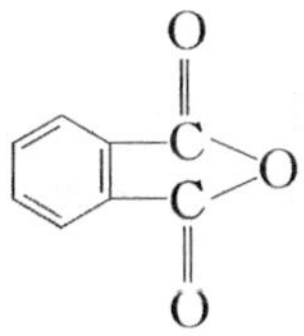
邻苯二甲酸酐
(俗名：苯酐)
o-phthalic anhydride

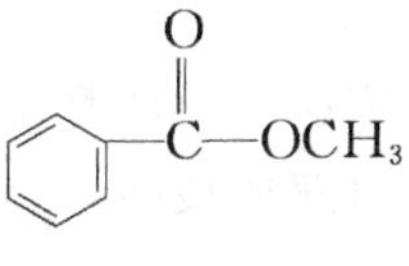
苯甲酸甲酯
methyl benzoate

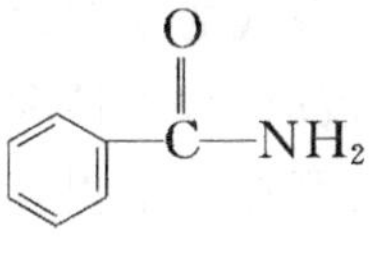
苯甲酰胺
benzamide

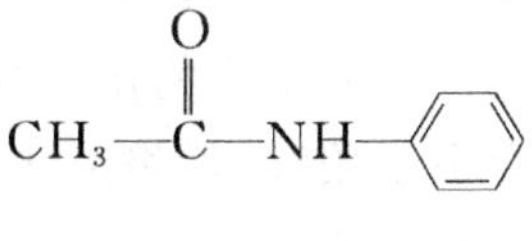
N-苯基乙酰胺
(乙酰苯胺)
N-phenylacetamide

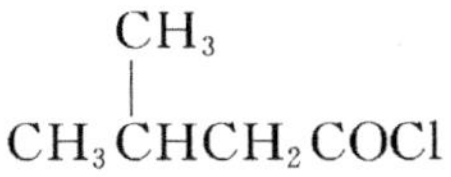
3-甲基丁酰氯
3-methylbutanoyl chloride

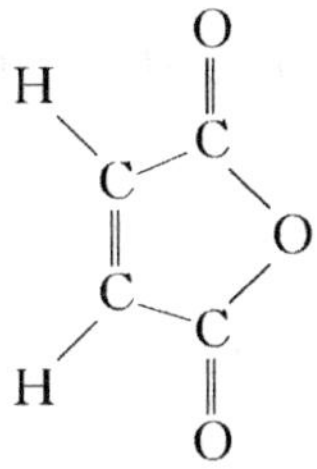
顺-丁烯二酸酐
(俗名：顺酐)
furan-2,5-dione

丁酸苯酯
phenyl butyrate

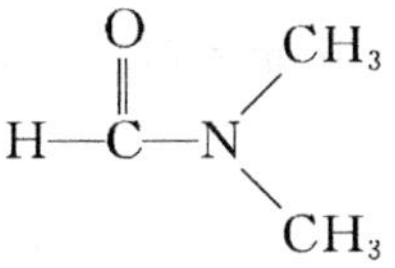
N,*N*-二甲基甲酰胺
(DMF)
N,*N*-dimethylformamide

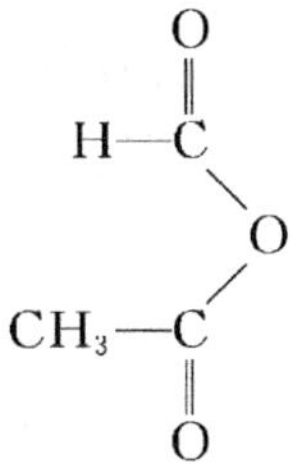
甲乙酸酐
acetic formic anhydride

$CH_3CH{=}CHCOBr$
巴豆酸酰溴
but-2-enoyl bromide

$CH_3COOCH_2\underset{}{\overset{CH_3}{\overset{|}{C}}}HCH_3$
乙酸异丁酯
isobutyl acetate

PhCONHPh
苯甲酰苯胺
benzoylaniline

PhCOOOCPh
苯甲酸酐
benzonic anhydride

$\begin{array}{l} COOCH_2CH_3 \\ | \\ COOCH_2CH_3 \end{array}$
草酸二乙酯
diethyl oxalate

$CH_3CH_2OOCCH_2COOCH_2CH_3$
丙二酸二乙酯
diethyl malonate

3-甲基戊酸苄酯
benzyl 3-methylpentanoate

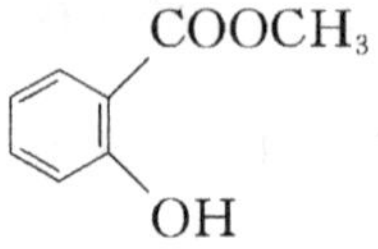
水杨酸甲酯
（邻羟基苯甲酸甲酯）
methyl 2-hydroxybenzoate

羧酸衍生物中还有称之为内酯、内酰胺的环状化合物，以五元环和六元环为多见，习惯以希腊字母排序编号，也可以用数字编号，例如：

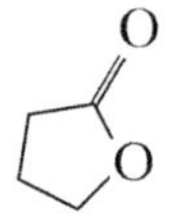
丁-4-内酯
butano-4-lactone

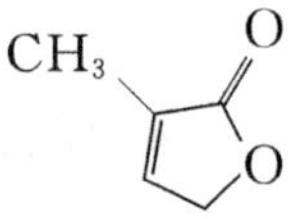
2-甲基丁-2-烯-4-内酯
2-methylbut-2-ene-4-lactone

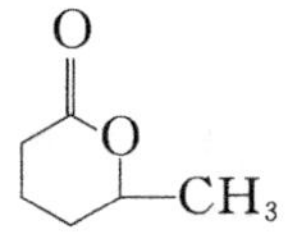
己-1,5-内酯
hexan-1,5-olide

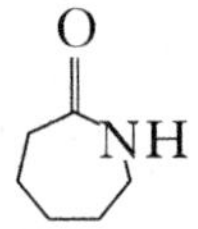
己-6-内酰胺
hexano-6-lactam

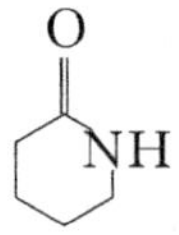
戊-5-内酰胺
pentano-5-lactam

12.2.2　羧酸衍生物的物理性质

14 个碳以下的羧酸甲酯和乙酯以及酰氯在室温下一般都是液体。少于 11 个碳的酸酐绝大多数在室温下也是液体。由于分子间氢键的原因，除了甲酰胺外其他的酰胺常温下均是固体。当氮原子上的氢被烷基取代后，由于氢键能力减弱或消失，酰胺的沸点和熔点一般都低于没有被取代的酰胺。

低级酸酐和酰氯具有一定的刺激性气味，但酯类却有令人愉快的香味，低级挥发性的酯在酒类和醋类中都有存在，是香气的来源之一。

羧酸衍生物由于羧基被取代，极性和形成能力一般都小于相应的羧酸，所以在水中的溶解度小于羧酸，低级酰氯和酸酐在水中很容易水解成羧酸，一般均能溶于乙醇、乙醚、氯仿苯等常用有机溶剂。

12.2.3　羧酸衍生物的化学性质

1．衍生物的亲核取代反应

羧酸衍生物易被含有孤对电子的亲核试剂如 H_2O、HOR、NH_3、NHR_2 等取代，生成相应的酸、酯、酰胺等。其通式可以表示为：

$$R-\overset{\overset{\large O}{\|}}{C}-W \xrightarrow{:Nu} R-\overset{\overset{\large O}{\|}}{C}-Nu$$

1）水解

四种羧酸衍生物化学性质相近，它们都可以与水发生水解反应生成相应的羧酸。

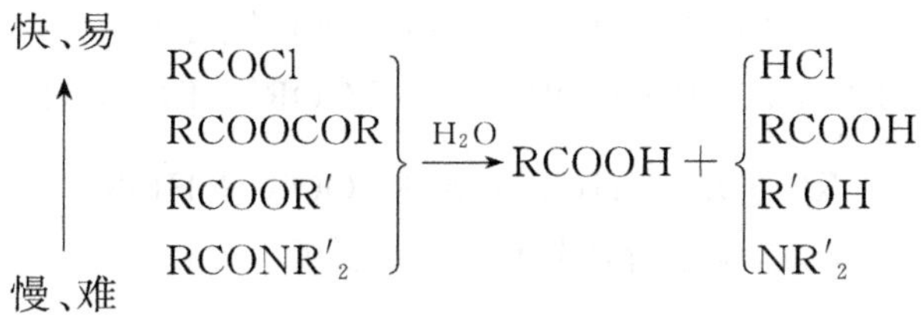

由于该反应是发生在羰基碳上的亲核取代反应，所以反应速率的快慢主要受与羰基直接相接的—Cl、—OOCR、—OR′和—NR′$_2$ 等离去基团的影响。因为它们含有孤对电子，电负性又大于碳，与碳原子之间既有共轭效应又有诱导效应。氯的诱导效应强，共轭效应弱，—Cl 离去能力最强；而氧的共轭效应较氯强，诱导效应较氯弱，—OOCR、—RO 离去能力比氯弱。酰胺中的氮原子与羰基碳共轭效应较好，共价键极性较弱，—NH$_2$离去能力是最弱的。所以，酰胺水解一般都需要有强酸或者强酸的催化。

强酸或强碱都可以催化酯和酰胺的水解，尤其以碱催化更快一些。

水解、醇解和氨解的反应机理类似，都属于加成-消去机理，或称之为四面体机理。其反应通式如下：

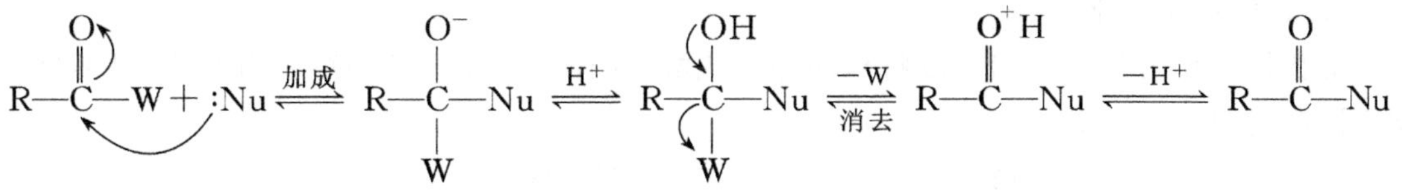

四面体中间体

由于酯、酰胺在中性水溶液中即便加热回流水解也是非常慢，通常都需用酸或碱催化反应。酸或碱催化的具体水解机理与此通式稍有差异。酸催化是催化剂的质子首先加在底物的羰基氧上，造成底物的羰基碳原子正电性增加(多数文献认为直接生成碳正离子)，水分子可以直接作为亲核试剂进攻羰基加成，而碱催化进攻底物的则是氢氧根离子。以酸催化酯水解为例，具体机理如下：

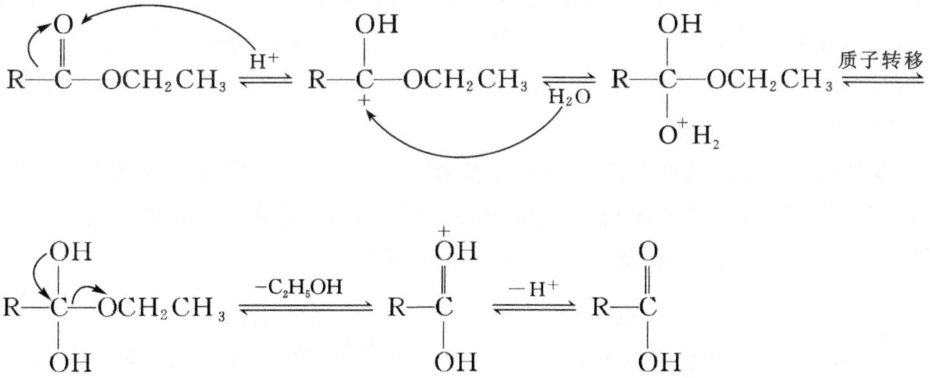

2）醇解

酰氯、酸酐和酯都可以与醇发生类似于水解的醇解反应，反应速率的快慢顺序与水解反应相同。

醇与酯的反应称之为酯交换反应，从形式上是试剂醇将酯结构中的醇组分置换出来。该反应是可逆平衡反应，而且通常需要酸催化帮助。为了提高产率，通常使试剂醇 HOR′大大过量或者将新产生的醇除去，也可以设法将产物新酯转移走。酯交换反应在油脂工业中有很多应用。

$$RCOCl + HOR' \longrightarrow RCOOR' + HCl$$

$$RCOOCOR + HOR' \longrightarrow RCOOR' + RCOOH$$

$$RCOOR' + HOR'' \overset{H^+}{\rightleftharpoons} RCOOR'' + HOR'$$

酰胺也可以发生醇解生成酯,但应用价值较低,很少使用。

3) 氨解

由于氨的亲核性比水和醇大,所以氨解反应一般都要比水解和醇解反应快。

$$RCOCl + NH_3 \longrightarrow RCONH_2 + HCl$$

$$RCOOCOR + NH_3 \longrightarrow RCONH_2 + RCOOH$$

$$RCOOR' + NH_3 \longrightarrow RCONH_2 + HOR'$$

伯胺、仲胺可发生氨解。叔胺由于没有氢,不发生氨解。苯胺类的芳香胺由于亲核性较差,通常很少从羧酸生成酰胺,多是经过酰氯、酸酐,甚至先生成酯再转化成酰胺。

思考题 12-3 下列哪种条件下可以得到叔醇的酯?( )

A. 羧酸+叔醇 B. 酸酐+叔醇 C. 酯交换 D. 酰胺+叔醇

2. 氢化铝锂还原

氢化铝锂作为强还原剂可以将羧酸还原成醇,同样也可还原各种羧酸衍生物,只不过衍生物不同产物也就不同。

$$\left.\begin{matrix} RCOCl \\ RCOOCOR \\ RCOOR' \\ RCONH_2 \end{matrix}\right\} + LiAlH_4 \longrightarrow \left\{\begin{matrix} RCH_2OH \\ 2RCH_2OH \\ RCH_2OH + R'OH \\ RCH_2NH_2 \end{matrix}\right.$$

跟还原羧酸一样,氢化铝锂还原反应通常都是在经过干燥处理的乙醚或四氢呋喃中进行的,而且氢化铝锂通常要过量多倍以上,以保证反应的完全进行。反应完毕后,还需要加水或酸性水溶液使未反应完的氢化铝锂及中间体水解后才能释放出产物。用氢化铝锂还原酯和各种氮取代的酰胺是较为常用的反应,因为先用胺与羧酸反应生成酰胺,再进行还原生成相应的伯胺或仲胺是避免生成多取代伯胺、仲胺的一个好方法。

3. 与格氏试剂反应

理论上及实际中,格氏试剂与四种羧酸衍生物及羧酸都可以发生加成反应。但由于羧酸和酰胺通常都有活性氢,如果要进行加成反应必须用过量的试剂先将活性氢消耗掉。所以在制备应用中,用格氏试剂与酰氯、酸酐和酯反应通常较多。

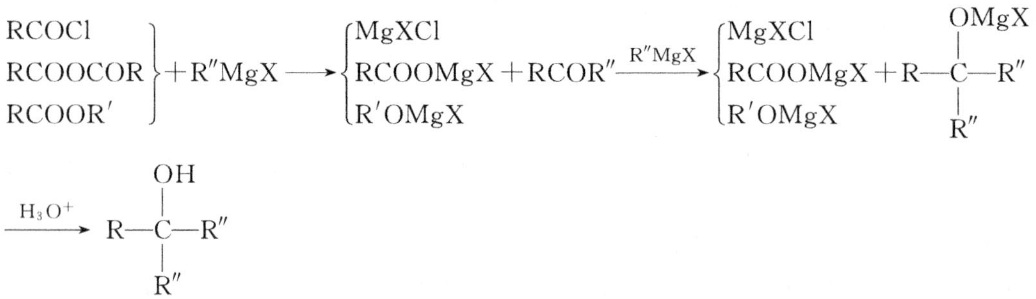

由于酮与格氏试剂更易作用,所以反应很难控制在中间体的酮阶段,一般都用来制备叔醇。

4. 霍夫曼(Hofmann)降解反应

在加热条件下氮原子上未取代的酰胺用卤素的碱溶液处理,会脱去羰基得到少一个碳原子的伯胺。此类反应通常称为霍夫曼降解反应,这也是制取伯胺常用的方法。

$$RCONH_2 \xrightarrow[H_2O,\triangle]{X_2/NaOH} RNH_2$$

思考题 12-4　酰氯在什么条件下生成酮?(　　)

A. 格氏试剂　　B. Lindlar 催化剂 + H_2

C. 与醇反应　　D. 与氨反应

思考题 12-5　酰氯在什么条件下生成芳酮?(　　)

A. 与酚反应　　B. 与苯胺反应

C. 傅克反应(Fridel-Crafts)　　D. 罗森蒙德(Rosenmund)反应

思考题 12-6　酰氯在什么条件下生成醛?(　　)

A. 格氏试剂　　B. Lindlar 催化剂 + H_2

C. 与醇反应　　D. 与氨反应

12.2.4　羧酸衍生物的制备

1. 酰氯的制备

酰氯是由羧酸与亚硫酰氯、三氯化磷甚至五氯化磷反应制备得到的,由于酰溴或者酰碘不稳定,所以很少使用。

2. 酸酐的制备

对称的酸酐,如醋酸酐、苯甲酸酐类多是从羧酸脱水制备得到的。对于不对称的酸酐,则需要先将一种羧酸制备成酰氯,然后再与另一种羧酸或者羧酸盐反应生成不对称的酸酐。

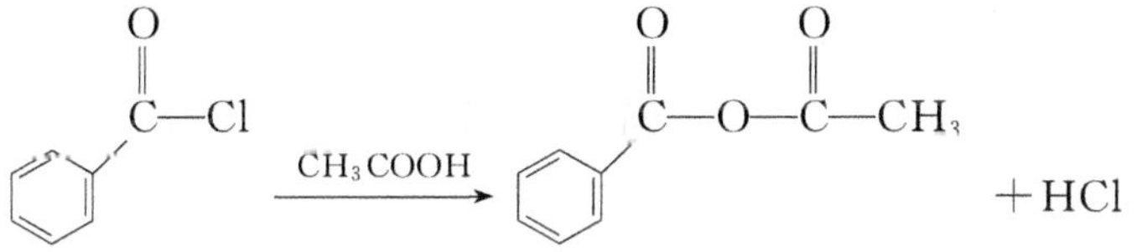

3. 酯的制备

简单脂肪酸酯可以用羧酸与醇直接用加热催化脱水的方法制备,但对于一些特殊的酸酯比如乙酸苯酯,由于苯酚不能直接与醋酸脱水生成酯,因此往往将酸先转化为酸酐或酰氯,然后再与苯酚反应。

羧酸与醇反应成酯,一般需要酸作催化剂,常用硫酸和磷酸。其反应机理如下:

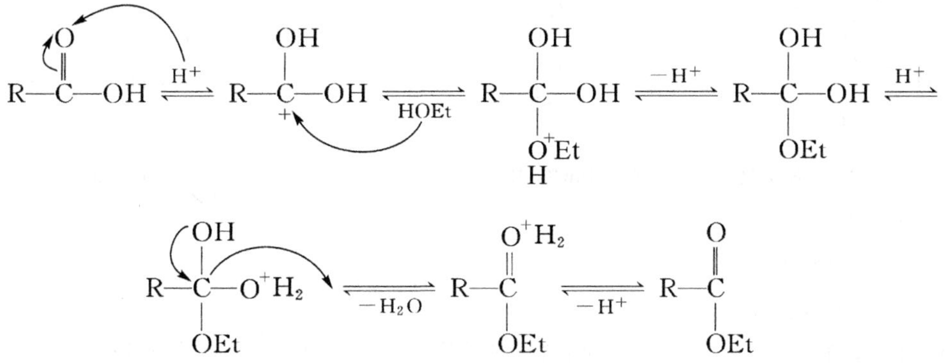

4. 酰胺的制备

酰胺的制备与酯类似,只有少部分的酰胺可以直接由羧酸与胺反应制得,然后加热脱水生成酰胺。大部分酰胺则是由羧酸先转换成酰氯或酸酐然后再与胺反应生成酰胺而制得的,虽然这样似乎多了一步反应,但很多情况下酰氯不必分离出来,可直接将胺加入反应。

12.2.5 重要的羧酸衍生物

1. 乙酰氯

乙酰氯是一种在空气中发烟的无色液体,有窒息性的刺鼻气味,能与乙醚、氯仿、冰醋酸、苯和汽油等混溶,是有机合成中常用的酰化试剂。

2. 乙酐

乙酐又名醋(酸)酐,为无色有极强醋酸气味的液体,溶于乙醚、苯和氯仿,与乙酰氯一样经常作为酰化试剂保护如氨基、羟基等官能团。

3. 顺-丁烯二酸酐

顺-丁烯二酸酐又称马来酸酐和失水苹果酸酐,是较重要的化工原料,为无色结晶性粉末,有强烈的刺激性气味,易升华,溶于乙醇、乙醚和丙酮,难溶于石油醚和四氯化碳。

4. 乙酸乙酯

乙酸乙酯是无色可燃性的液体,有水果香味,微溶于水,溶于乙醇、乙醚和氯仿等有机溶剂,是醋、酒中香气的主要来源,常用作有机合成的溶剂、淋洗剂等。

5. 甲基丙烯酸甲酯

甲基丙烯酸甲酯为无色液体,在引发剂存在下聚合成无色透明的化合物,是有机玻璃的主要成分。

习　　题

1. 命名下列化合物。

(1) 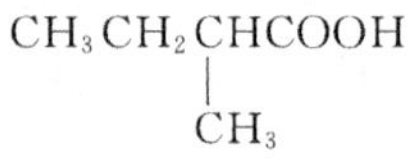

(2) 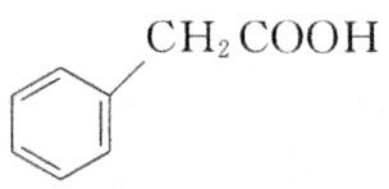

(3) $CH_3CONHPh$

(4) 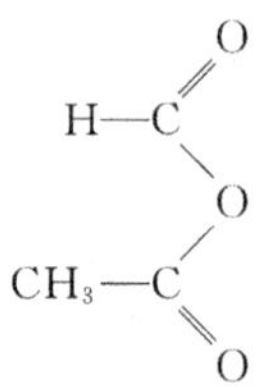

(5) 

(6) 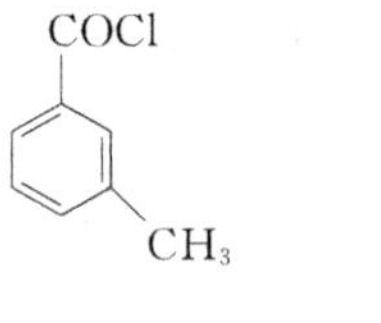

(7) 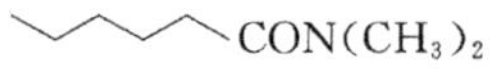

(8) PhCOOPh

(9) 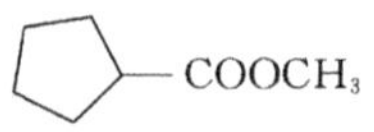

(10) 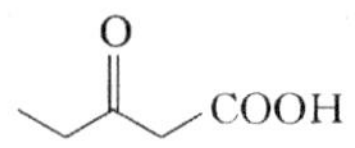

2. 写出下列化合物的结构式。

(1) 丙二酸二乙酯　(2) 3-羟基苯甲酸苯酯　(3) 邻苯二甲酰亚胺

(4) *N*,*N*-二甲基甲酰胺　(5) 丁二酸单酰氯　(6) 3-苯基丁酸异戊酯

（7）邻苯二甲酸酐　　（8）丙烯酸叔丁酯　　（9）2-氯-3-羟基己酸

3. 用化学方法区别各组化合物。

（1）乙醇，乙酸，乙醛，乙酸乙酯

（2）苯甲酰氯，苯甲酸酐，氯苯，苯甲醇

（3）草酸，甲酸，乙酸，丙烯酸

4. 将下列化合物按酸性由大到小的顺序排列。

（1）乙醇，乙酸，苯酚，苯甲酸

（2）苯甲酸，对甲基苯甲酸，对硝基苯甲酸，对甲氧基苯甲酸

（3）丙酸，三氯乙酸，氯乙酸，3-氯丙酸

（4）丙炔酸，丙烯酸，丁酸，氰基乙酸

5. 完成下列反应。

（1） 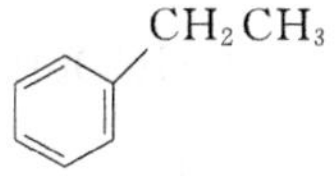

$\xrightarrow{KMnO_4/H_2SO_4}$ ______ $\xrightarrow{SOCl_2}$ ______ $\xrightarrow{CH_3CH_2OH}$ ______

（2）$CH_3CH_2Br \xrightarrow{NaCN}$ ______ $\xrightarrow[\triangle]{H_2SO_4}$ ______ $\xrightarrow[\triangle]{NH_3} CH_3CH_2CONH_2 \xrightarrow{Br_2/NaOH}$ ______

（3） 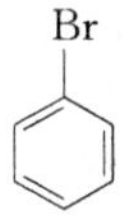

$\xrightarrow[\text{②}CO_2\ \text{③}H_2O]{\text{①}Mg/\text{无水乙醚}}$ ______ $\xrightarrow{PCl_3}$ ______ $\xrightarrow{PhNH_2}$ ______

6. 完成下列转变的反应式。

（1）$CH_3CH_2COOH \longrightarrow CH_3CH_2CH_2COOH$

（2） 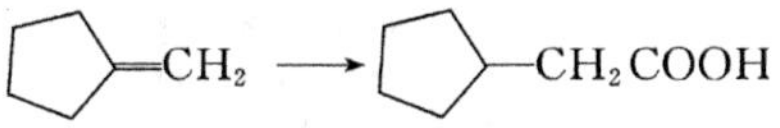

（3）$CH_3CH_2COOEt \longrightarrow CH_3CH_2CHO$

（4）$PhCOOH \longrightarrow PhNH_2$

7. 用三个碳及三个碳以内的一卤代烷、醇、醛、酮、苯和苯酚合成下列化合物。

（1）丁酸乙酯　　（2）苯甲酸苯酯　　（3）氯乙酰氯

（4）邻苯二甲酸　　（5）2-羟基丙酸

8. 化合物 A 的分子式 $C_5H_6O_3$，能与乙醇作用得到两个互为异构体的化合物 B 和 C，B 和 C 分别与亚硫酰氯作用后再加入乙醇，则二者都生成同一化合物 D，试推测化合物 A、B、C、D 的结构式。

第 13 章　取 代 羧 酸

羧酸分子中烃基上的氢原子被其他原子或基团取代而成的化合物称为取代羧酸。根据取代基的种类，取代羧酸可分为卤代酸、羟基酸、羰基酸和氨基酸等。根据功能基的结合状态不同，羟基酸又可分为醇酸和酚酸，羰基酸又可分为醛酸和酮酸。取代酸的系统命名法是以羧酸为母体，卤素、羟基、氨基或氧原子等为作为取代基。取代基的位置可用阿拉伯数字或希腊字母表示。羰基酸也可用酮酸或醛酸为母体命名。一些从天然界得到的取代酸也常用俗名。

$ClCH_2CH_2CH_2COOH$

4-氯丁酸
（γ-氯丁酸）
4-chlorobutanoic acid

$$\begin{array}{l} CH(OH)COOH \\ | \\ CH(OH)COOH \end{array}$$

2,3-二羟基丁二酸
（酒石酸）
2,3-dihydroxybutanedioic acid

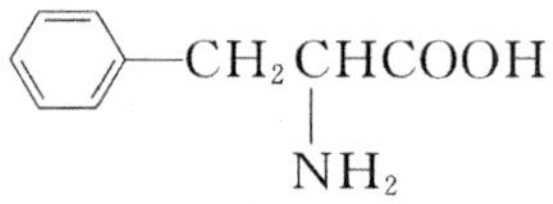

α-氨基-β-苯基丙酸
（苯丙氨酸）
α-amino-β-phenylpropionic acid

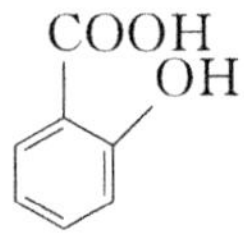

邻-羟基苯甲酸
（水杨酸）
o-hydroxybenzoic acid

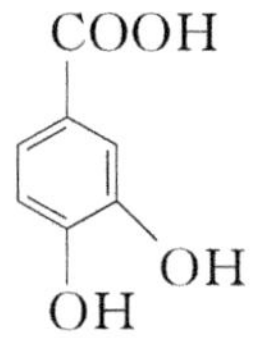

3,4-二羟基苯甲酸
（原儿茶酸）
3,4-dihydroxybenzoic acid

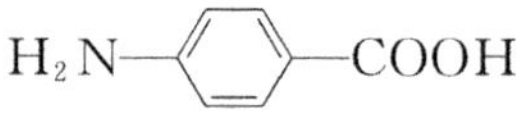

4-氨基苯甲酸
（对氨基苯甲酸）
4-aminobenzoic acid

$$H-\overset{\overset{O}{\|}}{C}-CH_2COOH$$

丙醛酸
3-氧亚基丙酸
3-oxopropanoic acid

$$CH_3-\overset{\overset{O}{\|}}{C}-COOH$$

丙酮酸
2-氧亚基丙酸
pyroracemic acid

$$CH_3-\overset{\overset{O}{\|}}{C}-CH_2COOH$$

丁-3-酮酸
（β-丁酮酸）
3-oxobutanoic acid

各官能团既保留其本身的特征反应，又由于不同的官能团之间的相互影响而产生一些特殊性质，如前面已述的各取代基对羧酸酸性的影响及某些取代羧酸的脱羧反应。这里主要介绍卤代酸、羟基酸和羰基酸一些比较典型和重要的性质。氨基酸将在 17 章中介绍。

思考题 13-1　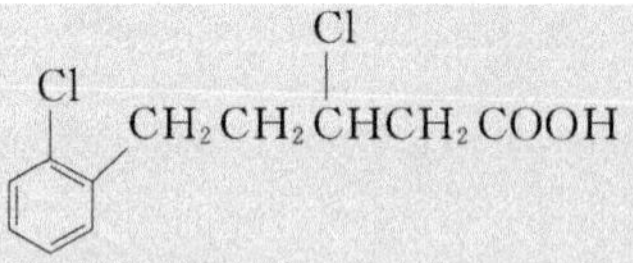 的名称为（　　）。

A. 5-邻氯苯基-3-氯戊酸　　B. 3-邻氯苯基-5-氯戊酸　　C. 3-氯-5-(2-氯苯基)戊酸

思考题 13-2　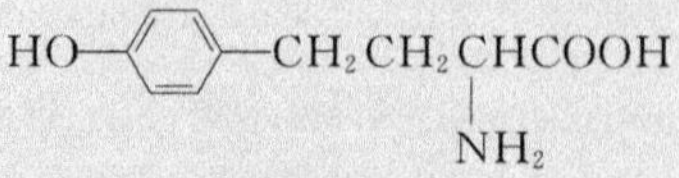 的名称为（　　）。

A. 4-(4-羟基苯基)-2-氨基丁酸

B. 2-氨基-4-(4-羟基苯基)丁酸

C. 3-氨基-1-(4-羟基苯基)丁酸

13.1　卤　代　酸

13.1.1　卤代酸的化学特性

在稀碱溶液中，卤代酸上的卤素原子可发生亲核取代反应也可发生消除反应，发生何种类型的反应主要取决于卤素原子与羧基的相对位置和产物的稳定性。

β-卤代酸在稀碱条件下很易发生消除反应，生成 α，β-不饱和酸，这与 α-氢原子比较活泼以及产物中可形成较稳定的 π-π 共轭体系有关。此过程为动力学和热力学双重控制的单向消除过程。

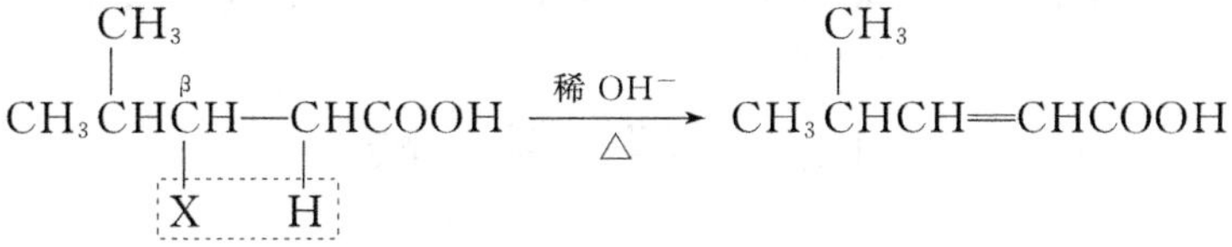

γ-或 δ-卤代酸在等物质量的碱作用下则生成五元或六元环内酯(lactone)。

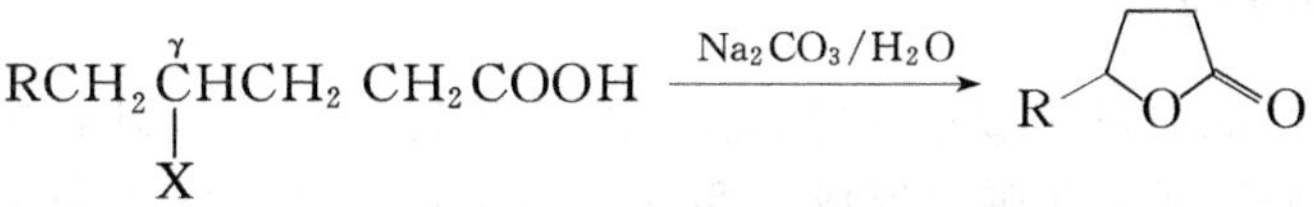

α-卤代酸中的卤素原子由于受羧基的影响活性增强，极易发生水解，水解速度比卤代烷快，可用于制备 α-羟基酸。它能与多种亲核试剂反应生成不同的产物。例如：

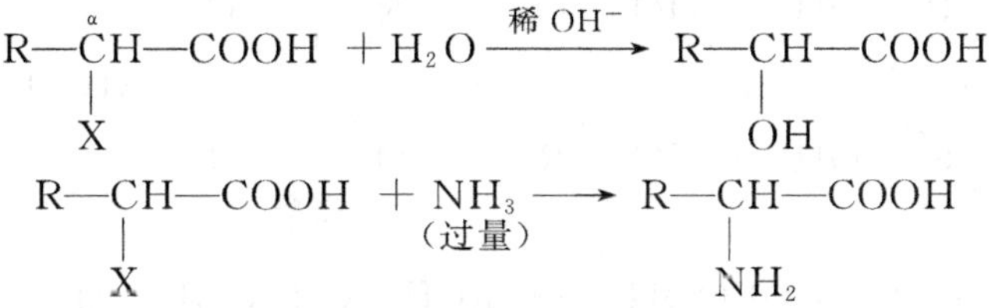

α-卤代酸还可用于制备化学医药工业中的重要原料丙二酸。

$$BrCH_2COOH \xrightarrow[-H_2O]{NaOH} BrCH_2COONa \xrightarrow[-NaBr]{NaCN} NC—CH_2COONa$$

$$NC—CH_2COONa \xrightarrow[\triangle]{H_3O^+} HOOCCH_2COOH$$

α-卤代酸有光学活性，在不同条件下可得到不同构型的产物。如(*S*)-2-溴丙酸在 NaOH 溶液中发生 S_N2 反应，手性碳的构型翻转，得到(*R*)-乳酸。

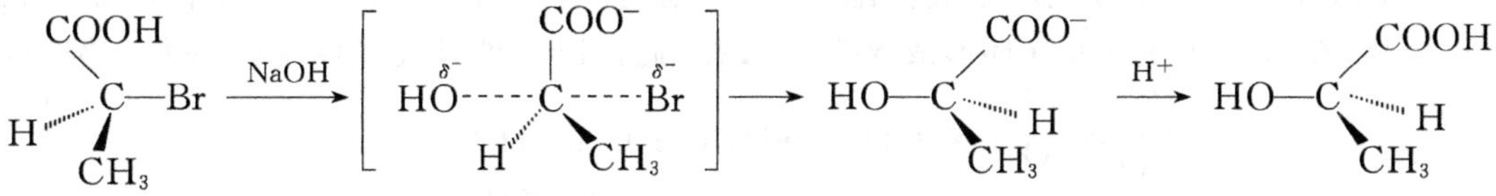

(*S*)-2-溴丙酸　　(*R*)-乳酸

(*S*)-2-溴丙酸在稀 NaOH 溶液和 Ag_2O 存在下反应得构型保持的(*S*)-乳酸。

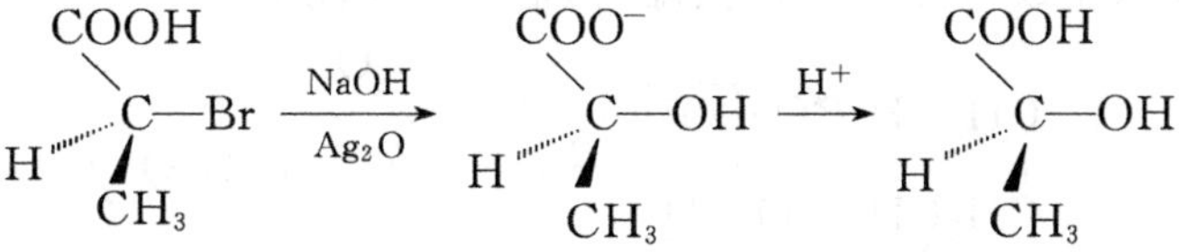

(*S*)-2-溴丙酸　　(*S*)-乳酸

13.1.2 卤代酸的制备

卤素原子与羧基的相对位置不同,可采用不同的方法制备:α-卤代酸可由羧酸 α-氢的直接卤代得到;β-卤代酸由 α,β-不饱和酸与卤化氢共轭加成制得。

$$RCH{=}CHCOOH + HX \longrightarrow \underset{\displaystyle X}{\underset{|}{RCH}}CH_2COOH$$

γ-、δ-或卤素离羧基更远的卤代酸的制备可由相应的二元酸单酯经汉斯狄克(Hunsdiecker)反应制得,如 δ-卤代酸由己二酸单甲酯合成。

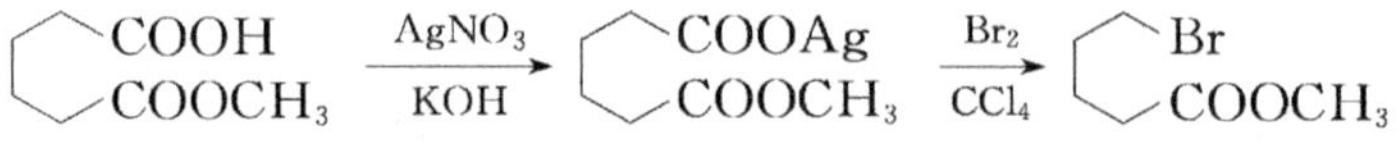

13.2 羟 基 酸

13.2.1 羟基酸的化学特性

羟基酸(hydroxy acid)对热敏感,受热易脱水,产物因羟基与羧基相对位置不同而异。受热时,α-羟基酸两个分子间交叉脱水形成交酯(lactide);β-羟基酸发生分子内脱水生成 α,β-不饱和酸;γ-或 δ-羟基酸发生分子内脱水生成 γ-或 δ-内酯。

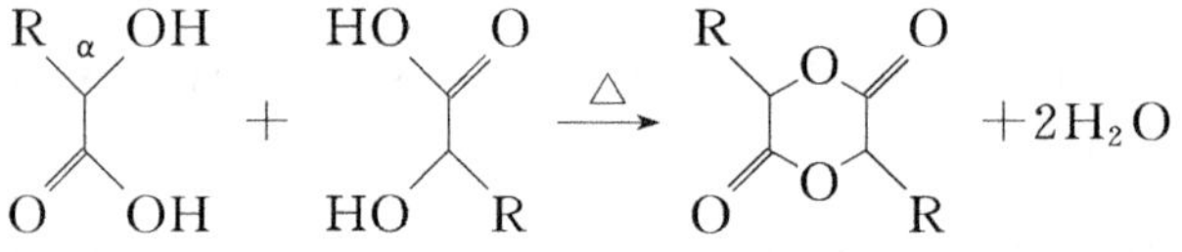

交酯

$$\underset{\displaystyle OH}{\underset{|}{R\overset{\beta}{C}H}}—\underset{\displaystyle H}{\underset{|}{CH}}COOH \xrightarrow{\triangle} RCH{=}CHCOOH + H_2O$$

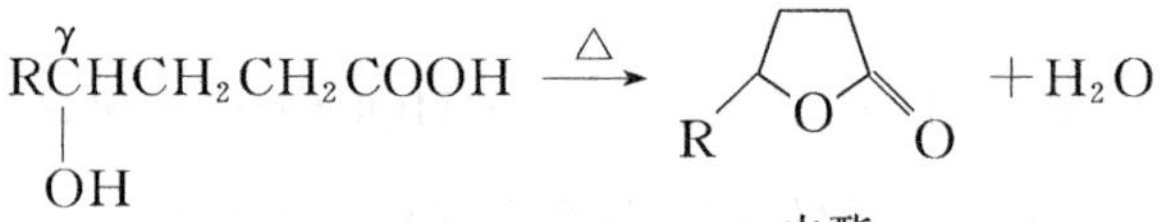

γ-内酯

γ-羟基酸在室温下即可脱水生成内酯,所以不易得到游离的 γ-羟基酸。γ-内酯是稳定的中性化合物,在碱性条件下可开环形成 γ-羟基酸盐,通常以这种形式保存 γ-羟基酸。例如:

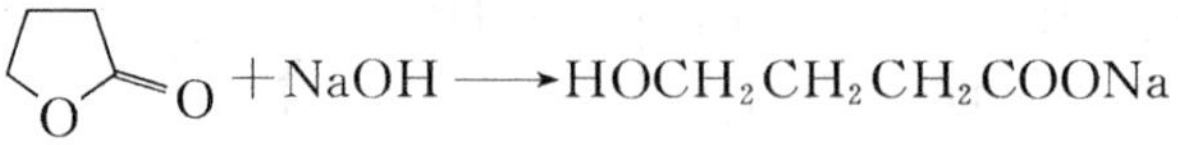

γ-羟基丁酸钠

γ-羟基丁酸钠有麻醉作用,它具有使术后病人苏醒快的优点。

δ-羟基酸也能脱水生成六元环的 δ-内酯,但需加热才能形成。

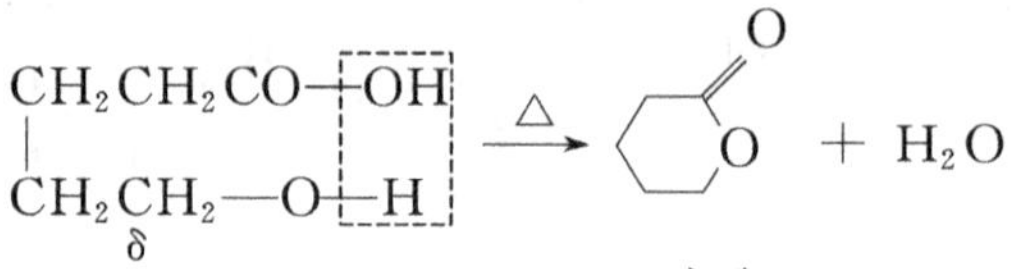

δ-内酯

δ-内酯易开环，在室温时即可分解而显酸性。

许多内酯存在于自然界，有些是天然香精的主要成分，例如：

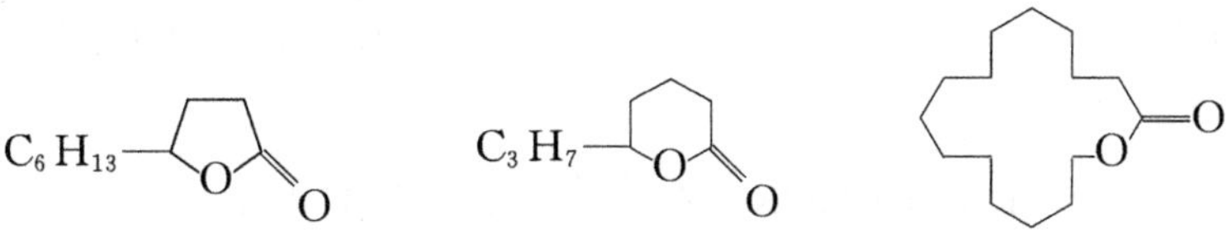

γ-癸内酯　　δ-辛内酯　　十五内酯(黄蜀葵素)

一些中药的有效成分中常含有内酯的结构，如穿心莲内酯。具有内酯结构的药物常因水解开环而失效或减弱，例如治疗青光眼的硝酸毛果云香碱滴眼剂，在 pH 为 4～5 时最稳定，偏碱性时内酯环易水解而失效。例如：

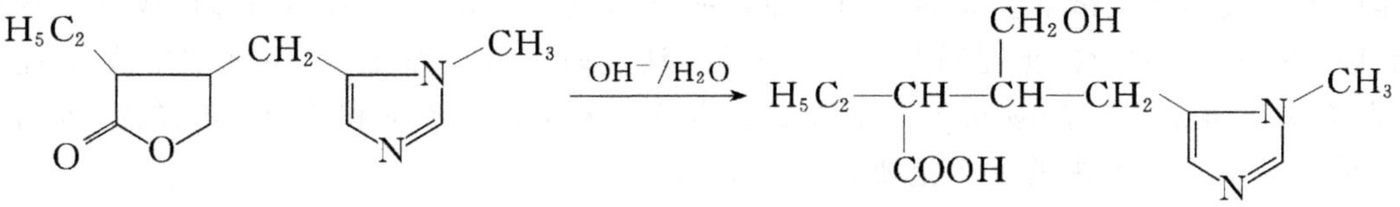

当羟基和羧基相距四个以上碳原子时难以发生分子内脱水，在加热条件下可发生分子间脱水生成链状聚酯。

思考题 13-3 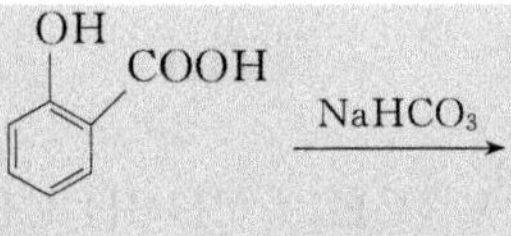 的主产物是（　　）。

A. 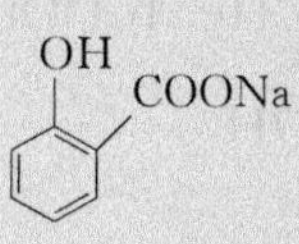　　B. 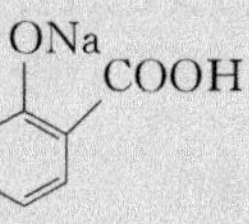

思考题 13-4 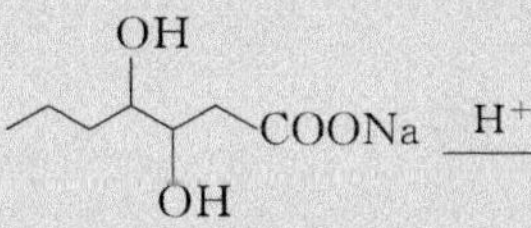 的主产物是（　　）。

A. 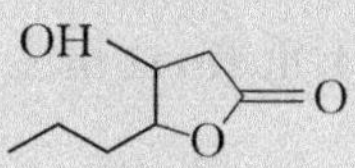　　B. 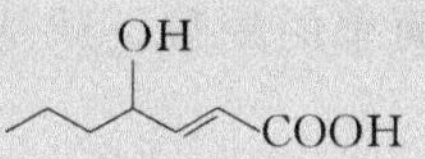　　C. 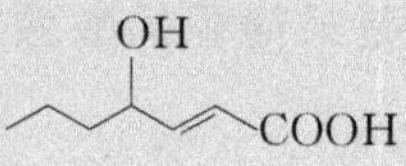

13.2.2 羟基酸的制备

1. 水解法

α-卤代酸水解得 α-羟基酸。羟基腈在酸性溶液中水解也可得相应的羟基酸。例如：

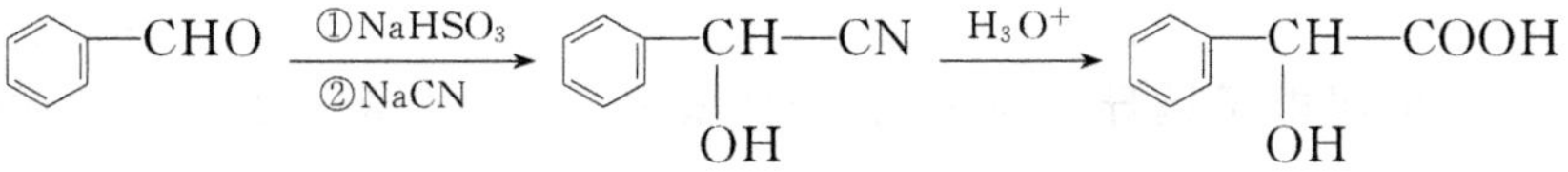

α-羟基苯乙酸(扁桃酸)

2. 雷福尔马茨基(Reformatsky)反应

使 α-卤代酸酯与醛或酮的混合物在乙醚溶剂中与锌粉反应，产物水解得 β-羟基酸酯，此反应称为雷福尔马茨基反应。

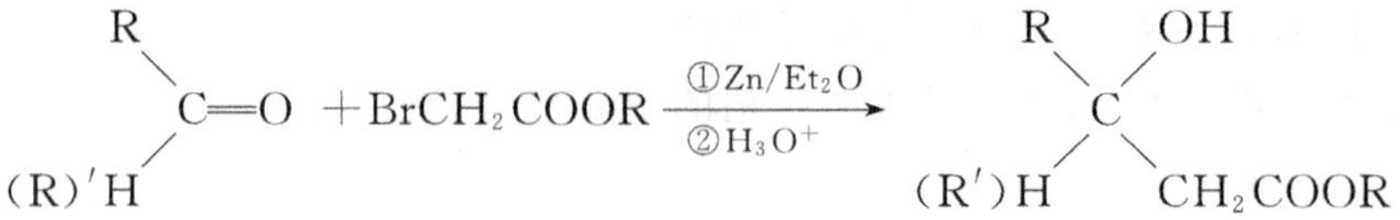

其反应机理如下：

$$BrCH_2COOR + Zn \xrightarrow{Et_2O} BrZnCH_2COOR$$

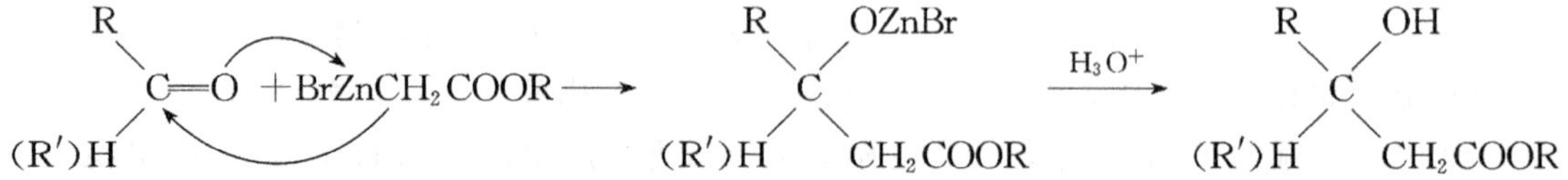

该反应类似格氏试剂与羰基化合物的加成反应。此处不用镁与卤代酸酯反应生成格氏试剂，是因为生成的格氏试剂会立即与用作原料的酯加成。而 α-卤代酸酯与锌形成有机锌化合物活性较低，不与酯反应，但是可与醛、酮分子中活性较大的羰基加成，再水解生成 β-羟基酸酯。此方法可避免 β-羟基酸或 β-羟基酸酯受热易脱水成 α,β-不饱和酸或酯的缺点，因而收率较高，是合成 β-羟基酸酯的一个重要方法。例如：

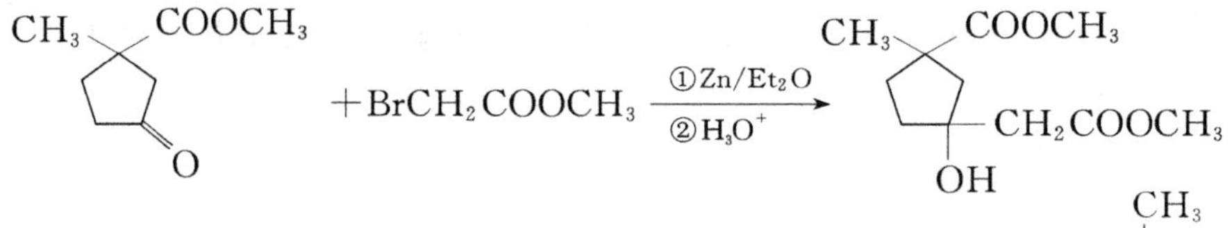

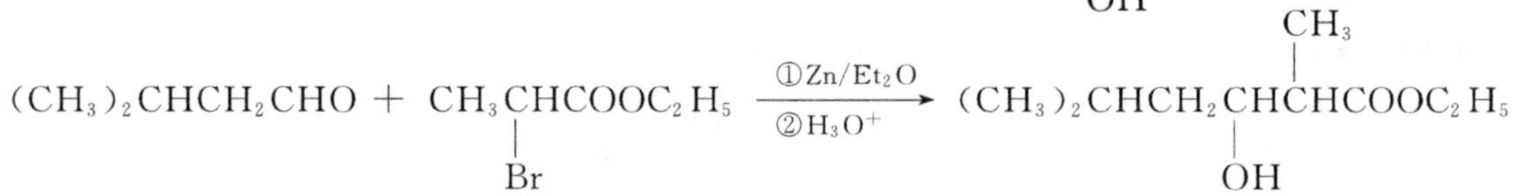

β-羟基酸酯经水解可得 β-羟基酸。

13.3 羰 基 酸

乙醛酸是最简单的醛酸，丙酮酸是最简单的酮酸。羰基酸中醛酸并不重要，这里主要介绍酮酸。

酮酸是氧代酸的一种，在生物体内酮酸是糖、脂肪和蛋白质代谢的中间产物，这些中间产物可在酶的作用下发生一系列化学反应，为生命活动提供物质基础。因此，酮酸是一类与医药密切相关的重要化合物。

13.3.1 羰基酸的化学特性

1. 酸性

酮酸由于羰基的吸电子诱导效应影响，酸性增强。如丙酮酸($pK_a=2.5$)的酸性比丙酸($pK_a=4.87$)要强得多。

2. 脱羧反应

由于酮基的影响酮酸较易发生脱羧反应。α-酮酸与稀硫酸共热，或被弱氧化剂(如托伦试剂)氧化，均可失去二氧化碳生成少一个碳的醛或羧酸。

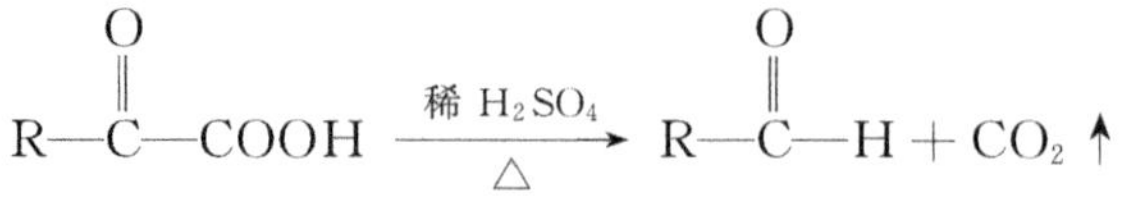

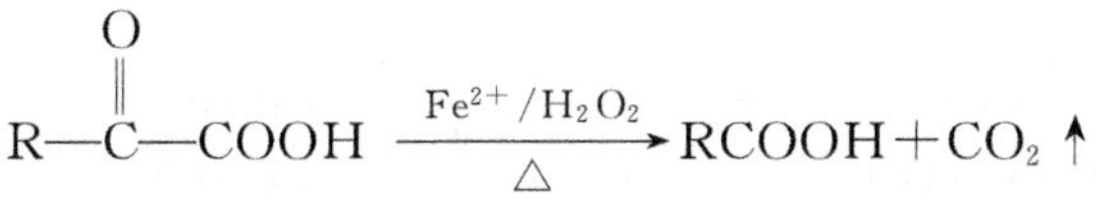

生物体内的丙酮酸在缺氧的情况下发生脱羧反应生成乙醛，进而还原成乙醇，水果开始腐烂或制作发酵饲料时常常产生酒味就是这个原因。

β-酮酸只有在低温下稳定，受热时易脱羧，这是β-酮酸的共性。生物体内在脱羧酶的催化下也能发生类似的脱羧反应。

β-酮酸与浓碱共热时，α，β-碳原子间的 σ 键断裂，生成两分子羧酸盐，称为β-酮酸的酸式分解。

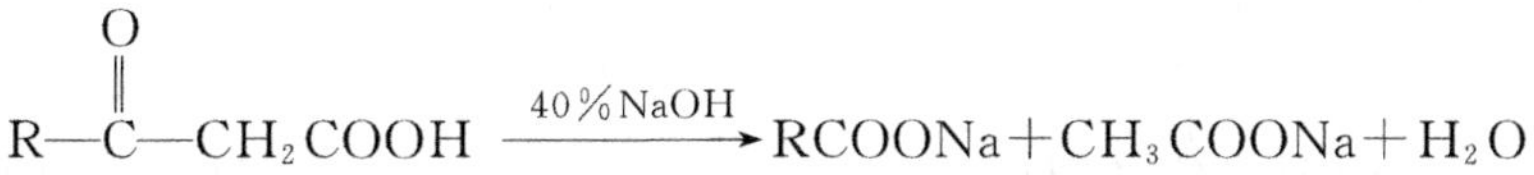

丙酮、β-丁酮酸和β-羟基丁酸总称为酮体。酮体存在于糖尿病患者的小便和血液中，并能引起患者的昏迷和死亡。所以临床上对于进入昏迷状态的糖尿病患者，除检查小便中葡萄糖的含量外，还需要检查是否有超量酮体的存在。

3. 氨基化反应

α-酮酸与氨在催化剂作用下可生成 α-氨基酸，称为 α-酮酸的氨基化反应。

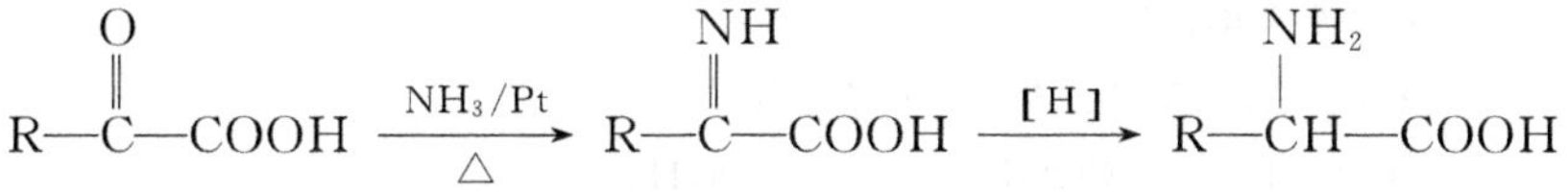

生物体内 α-酮酸与 α-氨基酸在转氨酶的作用下可相互转换，产生新的 α-酮酸和 α-氨基酸，该反应称为氨基转移反应。例如：

α-氧亚基戊二酸　　丙氨酸　　谷氨酸　　丙酮酸

13.3.2　羰基酸的制备

α-酮酸是贝采利乌斯(Berzelius)于 1835 年首次由酒石酸与硫酸氢钾蒸馏制得的。

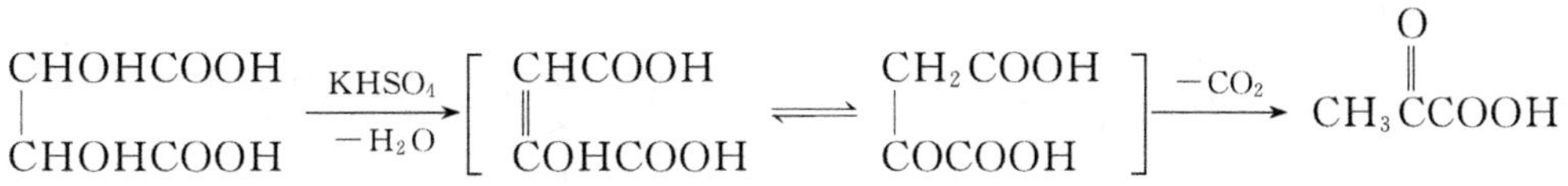

这一方法至今仍然是制备丙酮酸的最好方法。

其他 α-酮酸也可以由酰氰(acyl cyanide)水解制得，酰氰可由酰氯和氰化物反应获得。

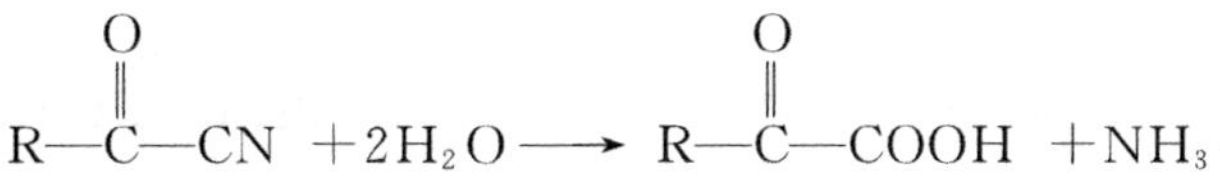

酰氰醇解则得 α-酮酸酯。例如：

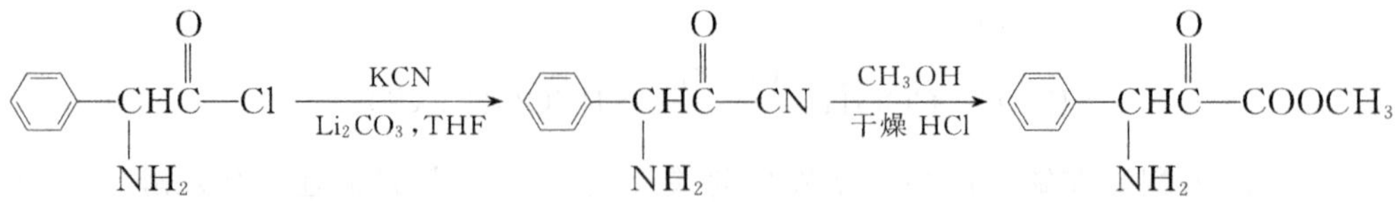

β-酮酸可由酯的缩合反应制得。

习　　题

1. 写出下列化合物的系统化学名。

(1) 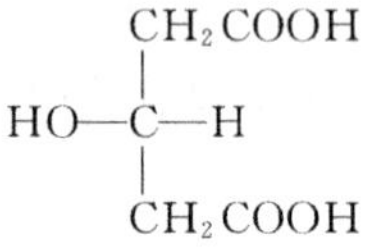　(2) 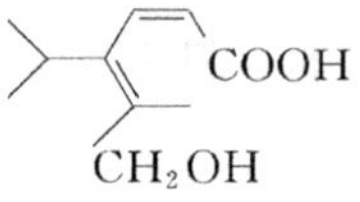　(3) 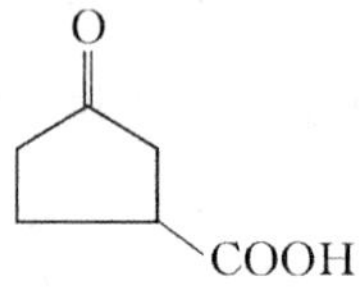

(4) 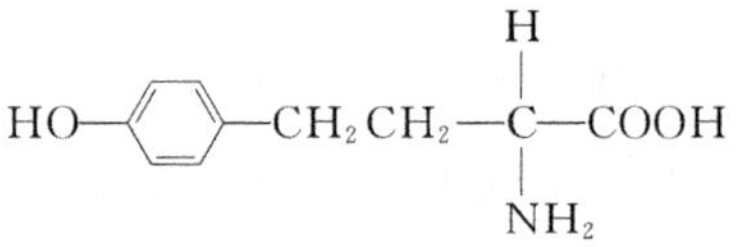　(5) 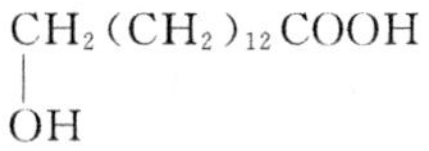

2. 写出下列化合物的结构式。

(1) 2,4-二氯苯氧基乙酸　(2) (2*R*,3*S*)-2-苯基-3-羟基丁酸

(3) 5-甲基-双环[3.3.2]-壬-1-烷甲酸　(4) 反-4-羟基环己烷甲酸(优势构象)

(5) 柠檬酸　(6) 乳酸　(7) 水杨酸　(8) 酒石酸

3. 将下列各组化合物按酸性大小排序。

(1) 丁酸,顺丁烯二酸,丁二酸,丁炔二酸,反丁烯二酸

(2) 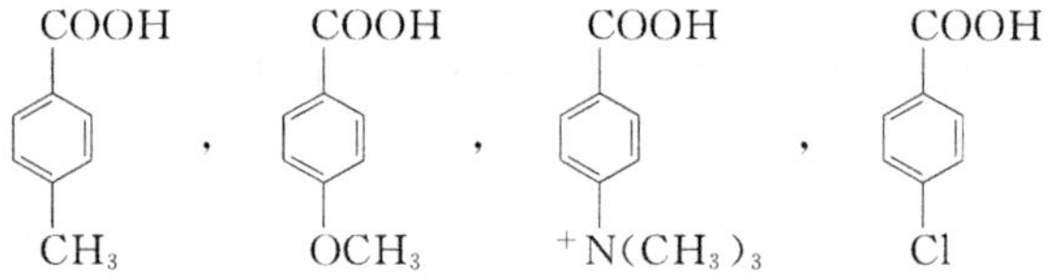

(3) 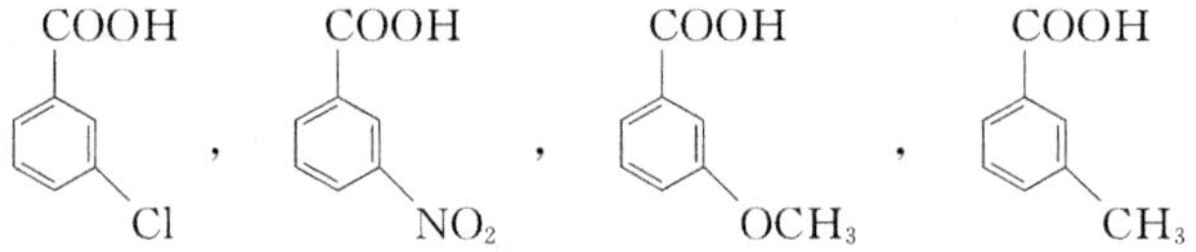

4. 将下列各组负离子按碱性大小排序。

(1) $CH_3CH_2CCl_2COO^-$, $CH_3CH_2CHClCOO^-$, $CH_3CH_2CH(CH_3)COO^-$

(2) 

5. 完成下列反应式。

(1) 　(2) 

(3) $H_2NCH_2C\equiv CCH_2COOH \xrightarrow{H_2/Pd,BaSO_4}$

(4) 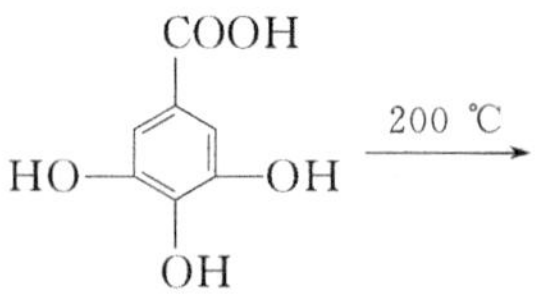　(5) 

(6) 

(7) 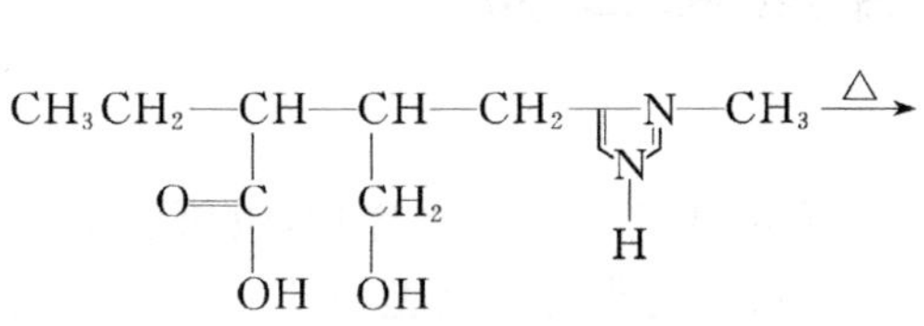

(毛果云香酸)

(8) 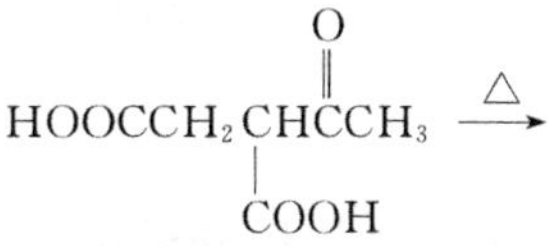

(9) 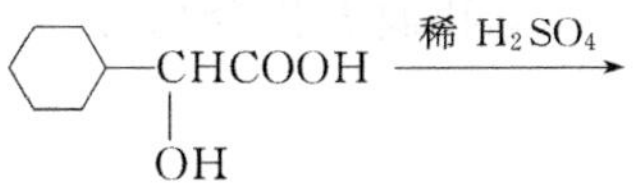

(10) 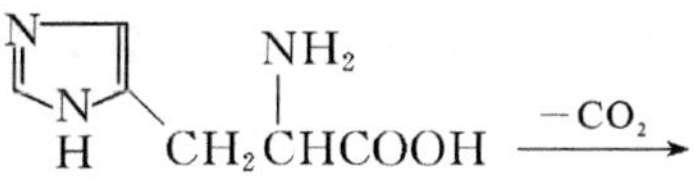

6. 用简明的方法区别下列各组化合物。

(1) α-羟基苯乙酸，邻羟基苯甲酸，对乙酰基苯甲酸

(2) α-氨基丙酸，乙酸铵，苯甲酸

(3) 邻羟基苯甲醛，邻羟基苯甲酸

7. 完成下列转化反应式。

(1) $CH_3\overset{O}{\overset{\|}{C}}CH_2CH_2CH_2CHO \longrightarrow HOOCCH_2CH_2CH_2COOH$

(2) $CH_3COCH_2CH_2COOH \longrightarrow CH_3CH(OH)CH_2CH_2COOH$ 和 $CH_3CH(OH)CH_2CH_2CH_2OH$

(3) 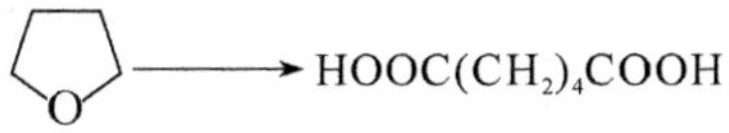

(4) 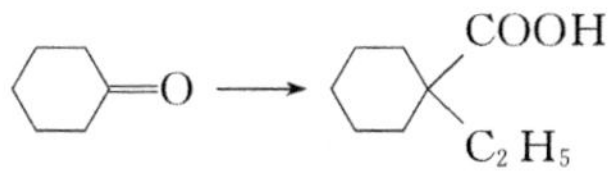

8. 从白花蛇草提取出来的一种化合物 $C_9H_8O_3$，能溶于氢氧化钠溶液和碳酸氢钠溶液，与三氯化铁溶液作用呈红色，能使溴的四氯化碳溶液褪色，用高锰酸钾氧化得对羟基苯甲酸和草酸，试推测其结构式。

9. 化合物 A 能溶于水，但不溶于乙醚，元素分析含碳、氢、氧、氮。A 加热失去一分子水得化合物 B。B 与氢氧化钠的水溶液共热放出一种有气味的气体。残留物酸化后得一不含氮的酸性物质 C。C 与氢化铝锂反应的产物用浓硫酸处理得一气体烯烃 D，其相对分子质量为 56。该烯烃经臭氧化后分离得一个醛和酮。试推测 A、B、C、D 的结构式。

10. 某二元酸 A($C_8H_{14}O_4$)受热时转变成中性化合物 B($C_7H_{12}O$)；B 用浓硝酸氧化生成二元酸 C($C_7H_{12}O_4$)；C 受热脱水成酸酐 D($C_7H_{10}O_3$)；A 用氢化铝锂还原得 E($C_8H_{18}O_2$)；E 能脱水生成 3,4-二甲基-己-1,5-二烯。试推测 A、B、C、D、E 的结构式。

第 14 章　含氮化合物

有机含氮化合物是指分子中氮原子和碳原子直接相连的有机化合物，也可看成是烃分子中的一个或几个氢原子被含氮官能团所取代的衍生物。这类化合物范围广，种类多，与生物的生命活动和人类的日常生活关系非常密切。前面有关章节已经学习了多种含氮有机化合物如酰胺、亚胺、腙、肟、缩氨脲等，本章主要讨论硝基化合物、胺类、重氮和偶氮化合物等。

14.1　硝基化合物

14.1.1　硝基化合物的结构和分类

烃分子中的氢原子被硝基取代的化合物称为硝基化合物(nitro compound)。自然界中发现的硝基化合物较少，大量的硝基化合物是用人工方法合成的。根据硝基的数目可分为一硝基化合物和多硝基化合物；根据与硝基相连碳原子的类型可分为伯、仲、叔硝基化合物；根据硝基所连烃基的种类又可分为脂肪族硝基化合物(R—NO_2)和芳香族硝基化合物(Ar—NO_2)。

硝基化合物与亚硝酸酯属于官能团异构：

硝基化合物　　　　亚硝酸酯

用物理方法测得的有关硝基化合物结构表明，硝基中的两个氮氧键的键长相等，均为 0.122 nm，说明两个氮氧键是等同的。杂化轨道理论认为，这是由于硝基中的氮原子为 sp^2 不等性杂化，三个杂化轨道分别与其他原子形成的三个 σ 键(其中一个为 N→O 配位键)在同一平面上，官能团呈平面结构(四原子共面)，氮原子中未参加杂化的 p 轨道与两个氧原子上的 p 轨道彼此侧面重叠，形成三中心四电子的离域大 π 键。由于离域大 π 键的存在，硝基的定域结构式可用多种方式表达(图 14-1)。

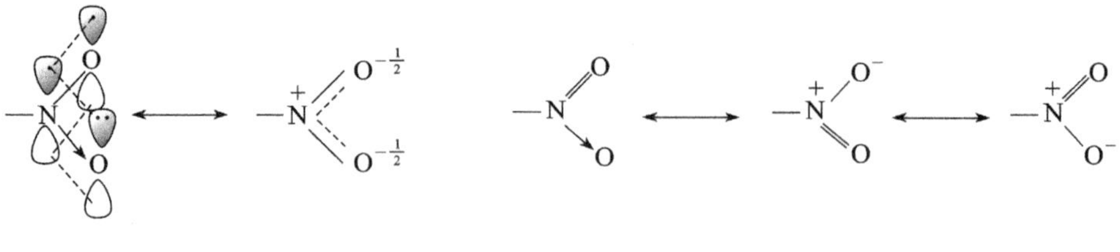

(a) 硝基的离域结构　　　　(b) 硝基的定域结构

图 14-1　硝基的结构

14.1.2　硝基化合物的物理性质

脂肪族硝基化合物一般是无色、具香味的液体；芳香族硝基化合物多为淡黄色固体，具苦杏仁味。硝基化合物相对密度都大于 1，一般难溶于水，易溶于有机溶剂，并能溶于浓硫酸中，这是由于形成了鎓盐。常见硝基化合物的物理常数如表 14-1 所示。

表 14-1　常见硝基化合物的物理常数

名　称	熔　点/℃	沸　点*/℃	密度/(g/mL)
硝基甲烷	−28.5	100.8	1.381
硝基乙烷	−90	114.8(761)	1.004(25 ℃)
1-硝基丙烷	−108	131.4	1.0221
2-硝基丙烷	−93	120.3	1.024(0 ℃)
硝基苯	5.7	210.8	1.203
邻二硝基苯	118	319(744)	1.565(17 ℃)
间二硝基苯	89.8	303(770)	1.571(0 ℃)
对二硝基苯	174	299(777)	1.625
1,3,5-三硝基苯	122	分解	1.688
邻硝基甲苯	−9.3(α)，−4(β)	222	1.163
间硝基甲苯	16	231	1.157
对硝基甲苯	52	238.5	1.286
2,4-二硝基甲苯	70	300	1.521(15 ℃)
α-硝基甲苯	61	300.4	1.32

* 沸点一栏括号内的数据为压力，单位为 mmHg，760 mmHg=101 325 Pa。

因硝基极性大，所以硝基化合物的沸点和熔点都较高。在分子中引入硝基可使化合物沸点或熔点显著增高。多硝基化合物受热易分解爆炸，使用时要特别小心，2，4，6-三硝基甲苯(TNT)就是一种猛烈的黄色炸药。有的芳香族多硝基化合物有类似于天然麝香的香气，可用作香水、香皂和化妆品的定香剂。

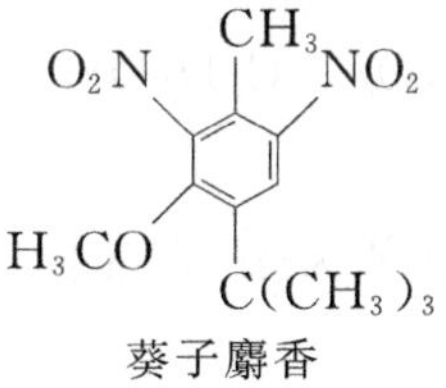
葵子麝香

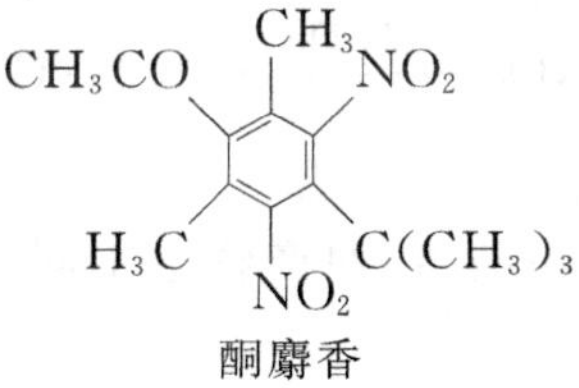
酮麝香

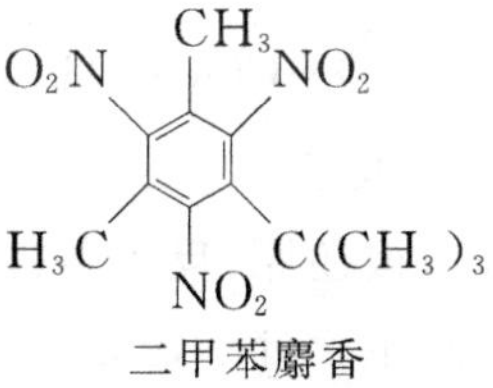
二甲苯麝香

硝基化合物有毒性，能透过皮肤而被吸收，使肝、肾、血液及中枢神经中毒，严重时可以致死，使用时应注意防护。液态硝基化合物因沸点高、化学稳定性较好，且对很多有机化合物和无机盐具有良好的溶解性，常被用作化学反应的溶剂。无水三氯化铝能溶于硝基苯，这是因为二者可以形成复合物，所以某些以三氯化铝为催化剂的反应中可使用硝基苯作为溶剂。

14.1.3　硝基化合物的化学性质

因氮原子的电负性大于碳，所以无论连在饱和碳上还是不饱和碳上，硝基都会产生吸电子诱导效应，连在不饱和碳上的硝基除了产生吸电子共轭效应外，还会产生吸电子共轭效应。所以硝基是强吸电子基，可使脂肪族硝基化合物的 α-氢酸性增强，使芳香族硝基化合物的芳环电子云密度下降，从而使亲电取代反应活性减弱而亲核取代反应活性增强。另外，因为硝基是不饱和基团，所以能被还原。

1. α-氢的反应

受硝基强吸电性的影响，脂肪族伯、仲单硝基化合物的 α-氢具有与酚类相近的弱酸性，能与强碱溶液作用生成盐。

$$R—CH_2—NO_2 + NaOH \longrightarrow [R—CH—NO_2]^- Na^+$$

α-氢的酸性又引起硝基化合物存在下列互变异构现象：

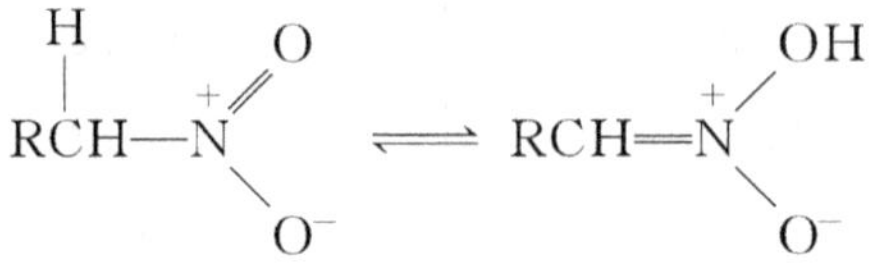

硝基式　　　　假酸式

具有 α-氢的硝基化合物主要是以假酸式与碱中和生成盐，该盐酸化后又可得到原来的硝基化合物。利用这一性质可分离提纯具有 α-氢的伯、仲硝基化合物。

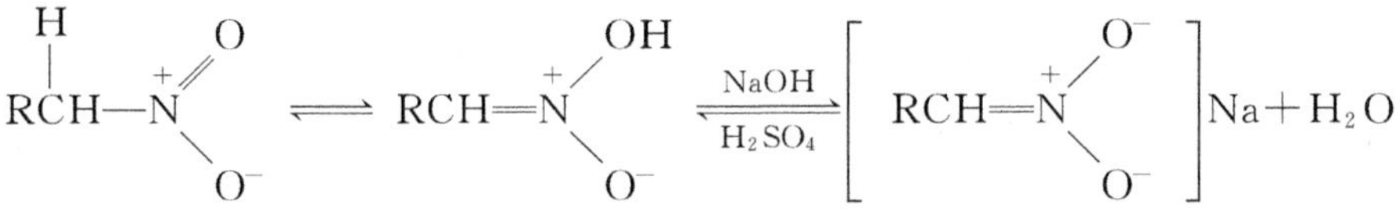

假酸式具有烯醇式的特征，如与 $FeCl_3$ 溶液有显色反应，也能与 Br_2/CCl_4 溶液发生加成反应。通常硝基化合物中的假酸式含量很少，例如 p-$O_2NC_6H_4CH_2NO_2$ 在乙醇中假酸式的含量只有 0.18%。加碱可促使平衡向假酸式方向移动。

与羟醛缩合和克莱森缩合反应类似，有 α-氢的硝基化合物在碱性介质中可作为含碳亲核试剂，与羰基化合物发生缩合反应，这在有机合成中很有用处。其反应如下：

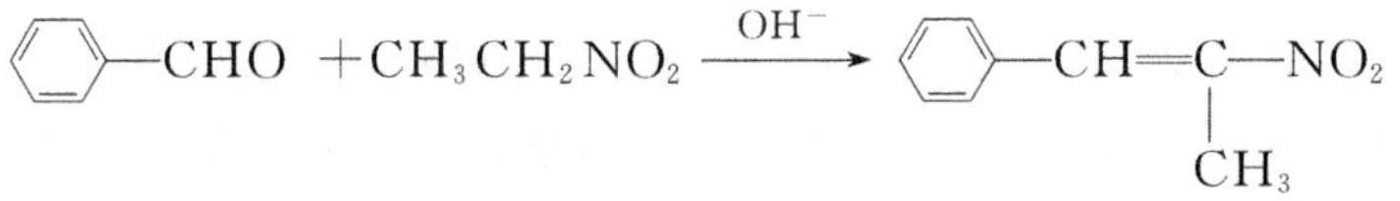

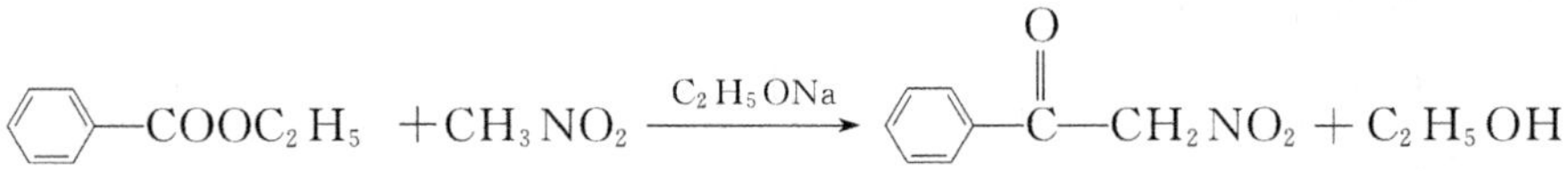

2. 还原反应

硝基易被还原，反应条件及介质不同，还原产物也不同。以硝基苯为例，在酸性或中性条件下主要发生单分子还原。

在酸性介质中，以金属(如 Fe、Zn、Sn)或 $SnCl_2$ 为还原剂，硝基苯被还原为苯胺：

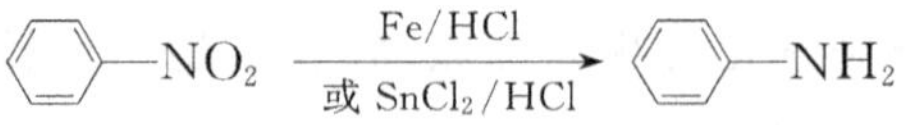

若以 $SnCl_2$ 为还原剂还可选择性还原硝基，避免醛基被还原，例如：

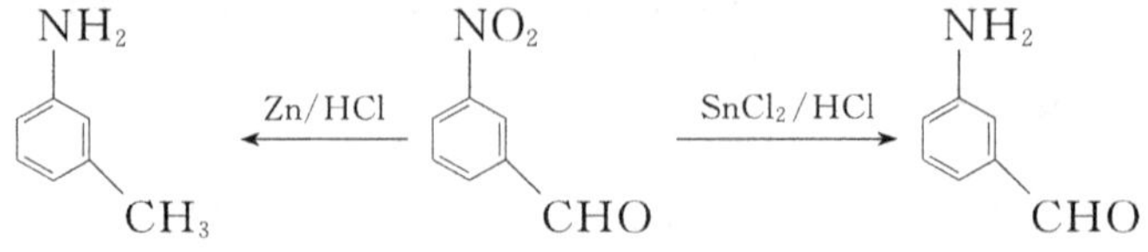

另外，催化氢化(如 H_2/Ni)或用 $LiAlH_4$ 作还原剂也可将硝基苯还原为苯胺。

在中性介质中，硝基苯被还原为苯基羟胺。

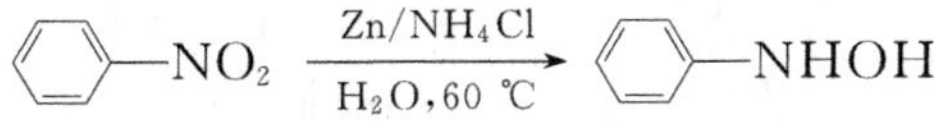

在碱性介质中，硝基苯一般发生双分子还原。还原剂不同，还原产物有很大的差异，但这些还原产物经酸性还原剂处理仍可最终形成苯胺。例如：

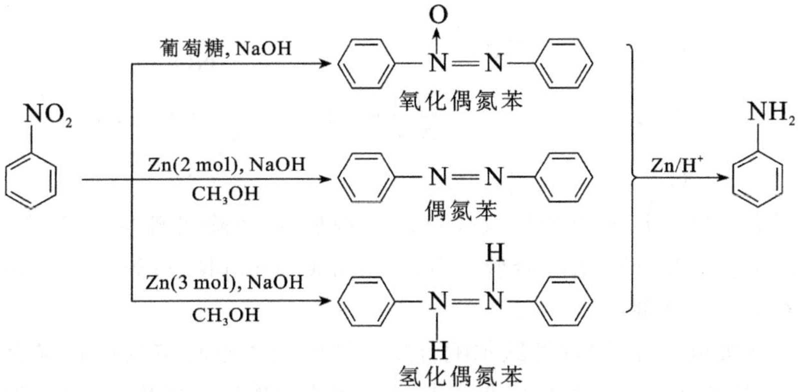

氢化偶氮苯在酸性介质中可以发生重排，得到联苯胺，称为联苯胺重排（benzidine rearrangement）。

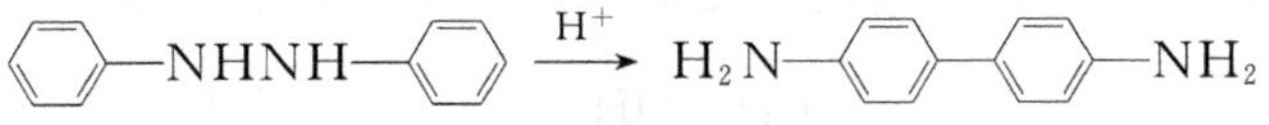

多硝基苯在 NaS_x、NH_4HS、$(NH_4)_2S_x$ 等硫化物还原剂作用下可发生部分还原，即还原一个硝基为氨基。不过，这种部分还原无法预测还原哪一个硝基，只有通过实验确定。

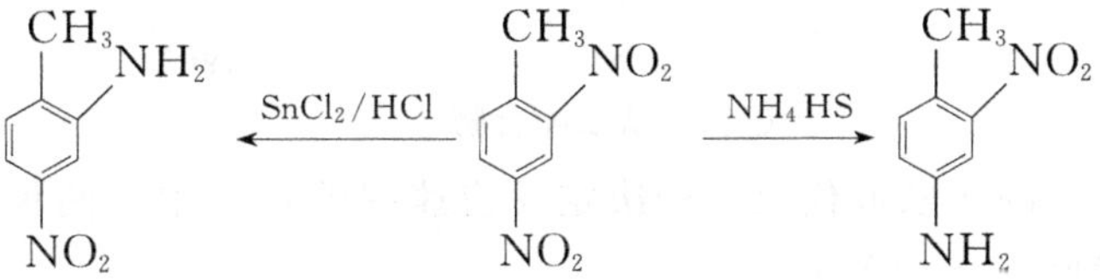

3. 硝基对苯环上其他取代基的影响

硝基是强吸电子基，使苯环碳原子电子云密度下降，尤其对其邻、对位影响最为显著。其影响主要表现在：使芳环对亲电取代反应活性大大降低；使其邻、对位上的羟基和羧基酸性增强，氨基的碱性减弱；使其邻、对位卤素原子的亲核取代反应活性增大；使其邻、对位上的甲基上的氢原子活性增加。硝基越多，影响越大。

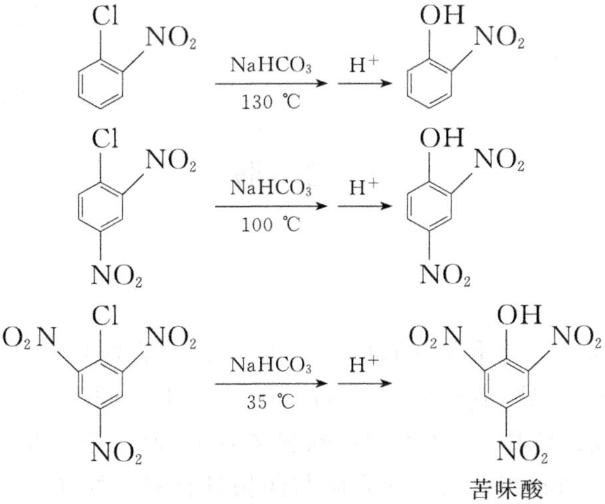

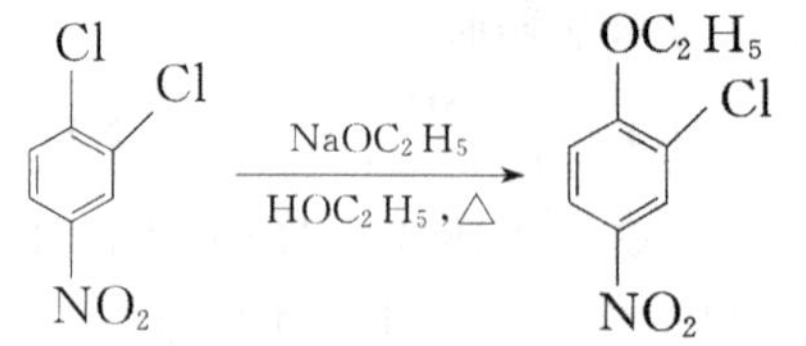

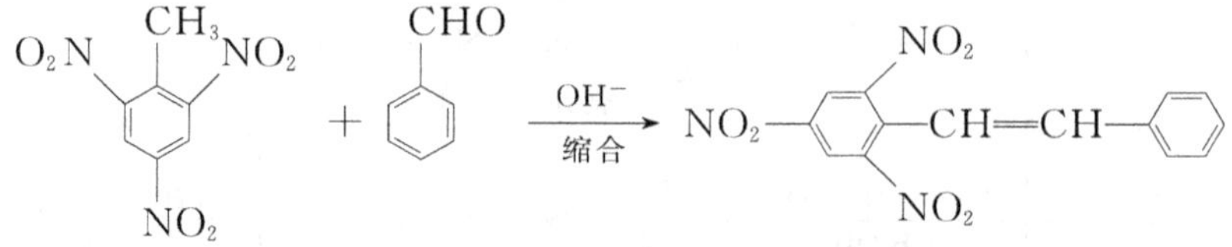

有证据表明上述氯硝基苯的亲核取代反应是按加成-消除机理进行的：第一步是亲核加成，形成活性中间体迈森海默尔配合物(Meisenheimer complex)；第二步是卤素的离去(消除)，结果是卤素被亲核试剂取代。

第一步反应是决速步骤，迈森海默尔配合物活性中间体越稳定反应就越容易。位于卤素原子邻、对位的硝基的强吸电子作用降低了与卤素相连的碳原子的电子密度，使其容易受到亲核试剂的进攻，同时硝基使中间体的负电荷得以分散，稳定性增强，反应速率加快。硝基越多，这种亲核取代越容易进行。1-氯-4-硝基苯在稀 $NaHCO_3$ 溶液中温热即可水解成 4-硝基苯酚。

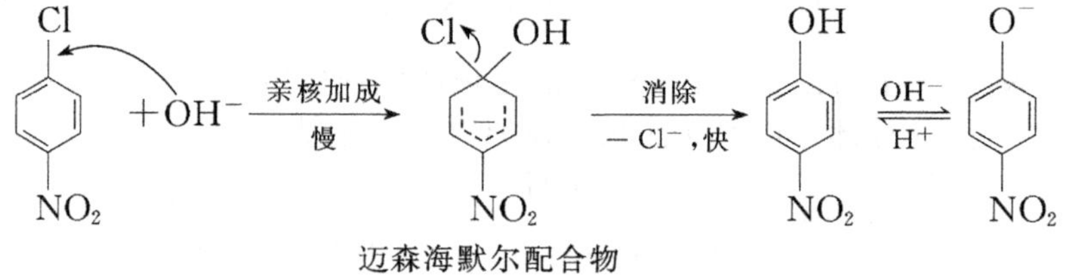

由于在这个芳核上的亲核取代反应中决定反应速率的步骤中有两种分子参与，所以称为双分子芳香亲核取代反应(S_N2Ar)。

此外，由于硝基的存在还使苯环上的羧基容易脱羧。如爆炸性比 TNT 更强烈的烈性炸药 1,3,5-三硝基苯(TNB)就是通过下列反应制造的：

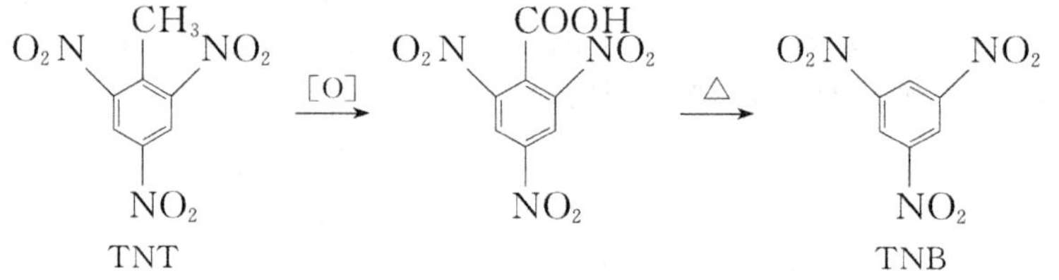

14.2 胺

14.2.1 胺的概念

胺(amine)类化合物是一类重要的有机含氮化合物，可看作是氨分子中的氢原子部分或全部被烃基取代后的一类化合物，其通式为 RNH_2 或 $ArNH_2$。胺类化合物广泛分布于动、植物界，如三甲胺存在于动物组织中，与鱼类的特殊腥味有关，而奎宁是从鸦片中提取得到的具有解热镇痛作用的胺类化合物，因此胺类化合物与药物具有密切的联系，许多药物分子中含有氨

(胺)基或取代氨(胺)基。

根据氮原子所连烃基的数目，胺类可分为伯胺(1°胺，一级胺，primary amine)、仲胺(2°胺，二级胺，secondary amine)和叔胺(3°胺，三级胺，tertiary amine)，其通式分别为

RNH_2	R_2NH	R_3N
伯胺	仲胺	叔胺

值得注意的是，胺类的伯、仲、叔的含义与其在卤代烃或醇中的含义是不同的。胺的伯、仲、叔是指氮原子连接的烃基的数目，与烃基本身的结构无关，而在卤代烃和醇中则是指卤素和羟基所连接的碳原子的类型。如：

异丙醇(仲醇)　　异丙胺(伯胺)

根据直接与氮原子连接的烃基种类，胺类化合物可分为脂肪胺、芳香胺和芳脂胺。

脂肪胺　　芳香胺　　芳脂胺

根据分子中氨基的数目，胺类化合物又可分为一元胺、二元胺、三元胺等。

14.2.2　胺的结构和命名

1. 结构

胺的结构与氨相似，分子中的氮原子也是不等性 sp^3 杂化，并以三个 sp^3 杂化轨道与氢原子或碳原子形成三个 σ 键，未共用电子对则占据第四个 sp^3 杂化轨道，分子呈棱锥形结构(图 14-2)。

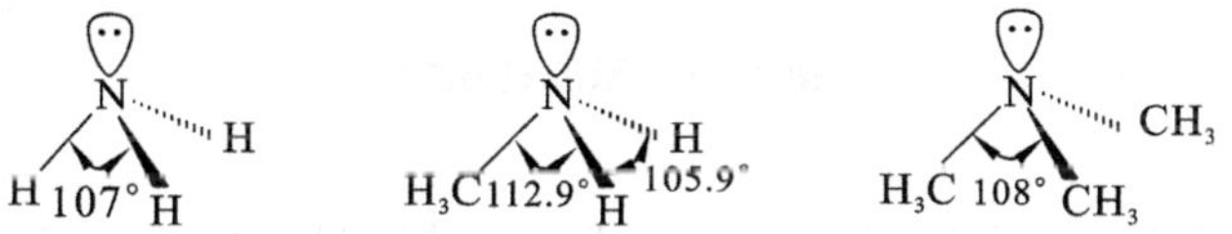

图 14-2　氨和胺的分子结构

若把孤对电子当作第四个基团，整个分子仍为四面体结构。当氮原子上连接三个不同基团时，氮原子似乎为手性中心，应该存在对映异构体，但互为镜像的对映体至今未能拆分成功。其原因是氮上孤对电子所处的 sp^3 轨道可发生轴向翻转，使所连的三个基团从氮的一侧翻转到另一侧，成为原构型的对映体(图 14-3，1 和 3 互为对映异构体)。这种构型的翻转所需能量很低，通常只需要 25～37.6 kJ/mol。两个对映体在室温下很容易通过构型翻转而相互转化(外消旋化)，因此无法拆分。根据构型异构和构象异构的概念，图 14-3 中简单脂肪族手性胺 1 和 3 不属于构型对映体，实际上是一对构象对映体。

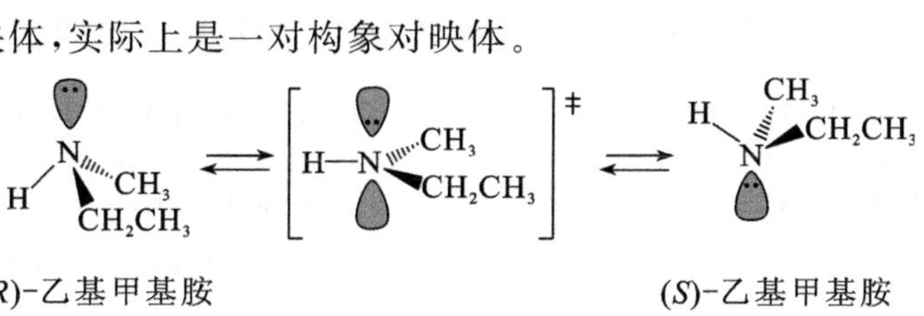

(*R*)-乙基甲基胺　　(*S*)-乙基甲基胺

1　　2　　3

图 14-3　手性胺对映体的外消旋化

不过当氮原子处在桥环内的桥头时,氮原子上取代基的翻转受环的刚性限制,自动外消旋化在室温下不可能发生。这些桥环叔胺类可拆分出稳定的构型对映体,如朝格尔(Tröger)碱等。

在季铵盐中,氮上的四个 sp^3 轨道都用于成键,不能发生构型的翻转。如果氮上的四个基团不同就存在手性异构体(图 14-4)。

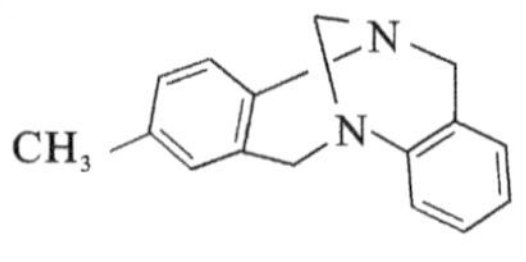

朝格尔碱

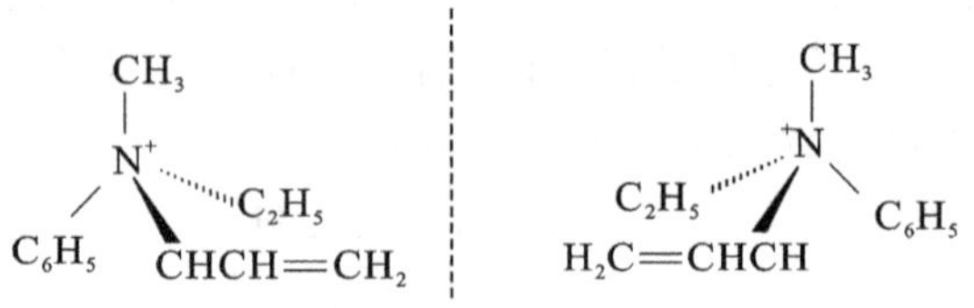

图 14-4　季铵盐的一对对映异构体

在苯胺分子中,氮原子的杂化状态在 sp^3 和 sp^2 间变化,其结构如图 14-5 所示。苯胺分子H—N—H键角为 114°。这两种杂化异构体中,氮上的未共用电子对都能与苯环的大 π 键发生斥电子的共轭效应,但 sp^2 杂化异构体中氮的未共用电子对在 p 轨道上,对苯环的共轭效应强于 sp^3 杂化异构体,是苯胺的主要存在形态。苯胺及其他芳香胺均可视为这种杂化异构体的平衡混合物。

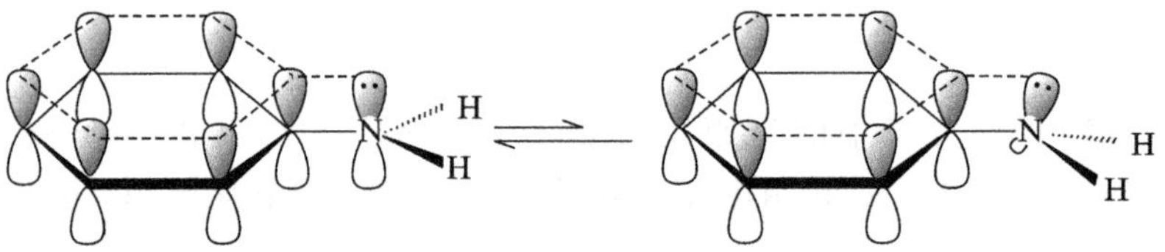

sp^2杂化　　　　sp^3杂化

图 14-5　苯胺的结构

2. 命名

简单胺是以烃基名称加"胺"命名。烃基相同时,其数目"二"或"三"写在名称前面;烃基不同时,则按照基团的英文名称首字母顺序先后列出。英文名称以词尾"amine"写在烃基名称后面,烃基也按第一个字母顺序先后列出。例如:

CH_3NH_2	$(CH_3CH_2)_2NH$	$(CH_3)_3N$	$CH_3CH_2CH_2N(CH_3)CH_2CH_3$
甲胺	二乙胺	三甲胺	乙基(甲基)丙基胺
methanamine	diethylamine	trimethylamine	ethyl(methyl)propylamine

对于结构复杂的胺类化合物,可选择氮原子所连碳在内的最长碳链作主链,按主链上碳原子的数目称为某胺。氮原子上的其他烃基作取代基,用 *N* 定位。例如:

$(CH_3)_3N$	$H_2NCH_2CH_2NHCH_3$
N,*N*-二甲基甲胺	*N*-甲基乙烷-1,2-二胺
N,*N*-dimethylmethanamine	*N*-methylethane-1,2-diamine
$CH_3CH_2CH_2N(CH_3)CH_2CH_3$	$CH_3CH(CH_3)CH_2CH(NHCH_3)CH_3$
N-乙基-*N*-甲基丙烷-1-胺	*N*-甲基-4-甲基戊烷-2-胺
N-ethyl-*N*-methylpropane-1-amine	*N*-methyl-4-methylpentane-2-amine

芳胺则以苯胺作母体，脂肪烃基作取代基。例如：

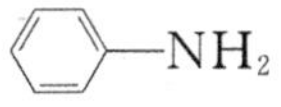

苯胺
aniline

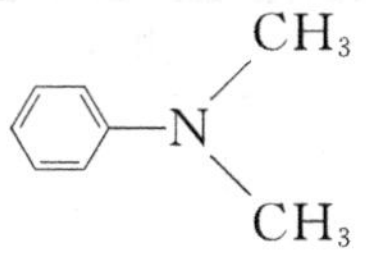

N，*N*-二甲基苯胺
N，*N*-dimethylaniline

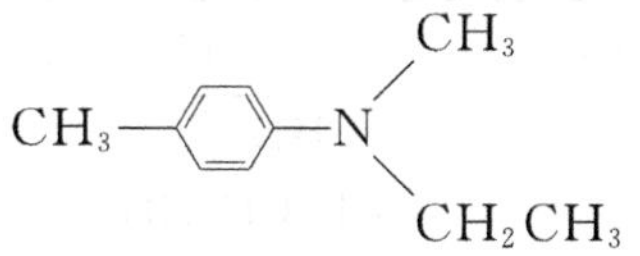

N-乙基-*N*，4-二甲基苯胺
N-ethyl-*N*，4-dimethylaniline

氮原子与四个相同或不同的烃基相连的化合物称为季铵化合物，其中 $R_4N^+X^-$ 称为季铵盐（四级铵盐），$R_4N^+OH^-$ 称为季铵碱。命名季铵盐和季铵碱时，常将负离子和烃基名称放在“铵”字之前。例如：

$C_6H_5CH_2\overset{+}{N}(CH_2CH_3)_2Br^-$（N 上连有 CH_3）

溴化苄基二乙基甲铵
benzyl(diethyl)(methyl) ammonium bromide

$HOCH_2CH_2\overset{+}{N}(CH_3)_3OH^-$

氢氧化-2-羟乙基三甲基铵
2-ethoxyl(trimethyl) ammonium dydroxide

$(CH_3)_4N^+Cl^-$

氯化四甲铵
tetramethyl ammonium chloride

伯、仲、叔胺的盐也称为“铵”。如 $CH_3N^+H_3Cl^-$ 称为氯化甲铵，若写成 $CH_3NH_2 \cdot HCl$ 形式时则称为甲铵盐酸盐。需要提醒的是，氯化甲铵不是季铵盐。

在胺类化合物中，氨、胺、铵三字用法常易混淆，通常的用法是：作为取代基时称为“氨基”，如—$NHCH_3$ 称为甲氨基；作为官能团时称为“胺”，如 CH_3NH_2 称为甲胺；氮上带有正电荷时称为“铵”，如 $(CH_3)_4N^+I^-$ 称为碘化四甲铵。

14.2.3　胺的物理性质

低级脂肪胺在常温下是气体或液体，十二胺以上为固体。低级胺气味与氨相似，有的有鱼腥味（如三甲胺）。有的二元胺有动物尸体腐烂后的特殊气味，如丁-1，4-二胺称为腐胺，戊-1，5-二胺称为尸胺，均有毒而且恶臭，它们是动物蛋白中的鸟氨酸和赖氨酸在腐烂过程中分别脱羧生成的。

胺在水中的溶解度和气味都随相对分子质量的增加而减小，低级胺均易溶于水，高级胺为无臭固体，不溶于水。伯胺、仲胺分子间都可经氢键缔合，沸点比相对分子质量相近的烷烃高，但比相应的醇低；叔胺因不能形成分子间氢键，其沸点与相对分子质量相近的烷烃差不多。

芳香胺是无色液体或固体，有特殊气味，毒性较大，如果空气中苯胺浓度达到 1 μg/L，人在此环境中逗留 12 h 后会中毒；若食入 0.25 mg 苯胺就会严重中毒。β-萘胺与联苯胺均有强烈的致癌作用。芳香胺不仅其蒸气能被人吸收，液体也能透过皮肤而被吸收，使用时应注意保护，避免与皮肤接触或吸入其蒸气。简单的芳胺微溶于水，复杂的芳胺难溶于水，易溶于有机溶剂。芳胺常能随水蒸气挥发，可用水蒸气蒸馏法分离提纯。常见胺的物理常数如表 14-2 所示。

表 14-2　常见胺的物理常数

名　　称	结构简式	熔点/℃	沸点/℃	溶解度/[g/(100 mL 水)]	pK_a
氨	NH_3	−78	33	∞	9.25
甲胺	CH_3NH_2	−92.5	−6	易溶	10.65
二甲胺	$(CH_3)_2NH$	−93	7	易溶	10.73

续表

名　　称	结 构 简 式	熔点/℃	沸点/℃	溶解度/[g/(100 mL 水)]	pK_a
三甲胺	$(CH_3)_3N$	−117	3	91	9.78
乙胺	$CH_3CH_2NH_2$	−81	17	∞	10.71
二乙胺	$(CH_3CH_2)_2NH$	−48	56	易溶	11.0
三乙胺	$(CH_3CH_2)_3N$	−114	89	14	10.65
丙胺	$CH_3CH_2CH_2NH_2$	−83	49	易溶	10.61
二丙胺	$(CH_3CH_2CH_2)_2NH$	−40	110	易溶	10.91
三丙胺	$(CH_3CH_2CH_2)_3N$	−93	156	易溶	10.65
苯胺	$C_6H_5NH_2$	−6	184	3.7	4.62
N-甲基苯胺	$C_6H_5NHCH_3$	−57	196	微溶	4.85
N,*N*-二甲基苯胺	$C_6H_5N(CH_3)_2$	3	194	微溶	5.06
邻甲基苯胺	*o*-$CH_3C_6H_4NH_2$	−28	200	1.7	4.39
间甲基苯胺	*m*-$CH_3C_6H_4NH_2$	−30	203	微溶	4.96
对甲基苯胺	*p*-$CH_3C_6H_4NH_2$	44	200	0.7	5.12
邻硝基苯胺	*o*-$O_2NC_6H_4NH_2$	71	284	0.1	−0.3
间硝基苯胺	*m*-$O_2NC_6H_4NH_2$	114	307(分解)	0.1	3.48
对硝基苯胺	*p*-$O_2NC_6H_4NH_2$	148	331.7	0.05	1.2
二苯胺	$(C_6H_5)_2NH$	53	302	不溶	0.8
三苯胺	$(C_6H_5)_3N$	127	305	不溶	−5.0

14.2.4　胺的化学性质

1．碱性

1）胺的成盐反应

胺分子中氮上有一对未共用电子对，易与质子结合，所以胺的水溶液呈碱性，存在如下解离平衡：

$$RNH_2 + H_2O \overset{K_b}{\rightleftharpoons} R\overset{+}{N}H_3 + OH^-$$

碱　　　　　　共轭酸

胺类可被强无机酸中和生成铵盐，碱性较强的脂肪胺甚至可与醋酸作用生成铵盐。例如：

$$(CH_3)_2NH + CH_3COOH \rightleftharpoons CH_3CO\overset{-}{O}\overset{+}{N}H_2(CH_3)_2$$

乙酸二甲铵

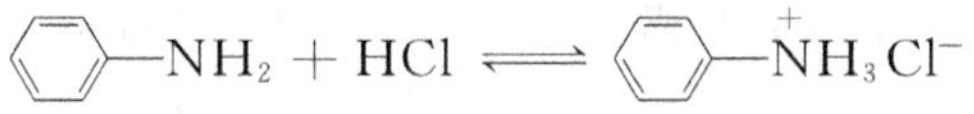

苯铵盐酸盐(盐酸苯铵)

胺虽有碱性但仍为弱碱，可使石蕊试液变蓝但不能使酚酞试液变色，所以其铵盐属于强酸弱碱盐，遇强碱又可游离出原来的胺。

$$R\overset{+}{N}H_3Cl^- + NaOH \longrightarrow RNH_2 + NaCl$$

铵盐是离子型化合物，为结晶固体，有明确的熔点，在水中溶解度较大，可利用这一性质将胺与其他水溶性不好的中性化合物分离开来，也可利用铵盐较稳定且水溶性较好的特点将难溶于水的胺类药物制成相应的铵盐来使用。

例如，局部麻醉药盐酸普鲁卡因(procaine hydrochloride)即是普鲁卡因的盐酸盐，其水溶液可用于肌肉注射。

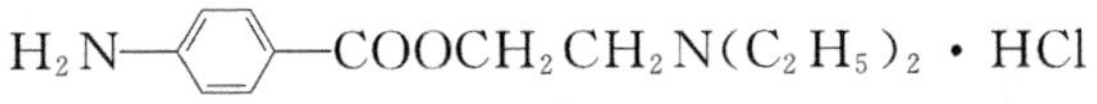

盐酸普鲁卡因

2) 胺的碱性

胺的碱性强度可用胺的水溶液的碱解离常数 K_b 或其对数的负值 pK_b 表示，也可用共轭酸 RNH_3^+ 的酸解离常数 K_a 或其对数的负值 pK_a 表示。胺的 pK_b 值越小或 pK_a 值越大，碱性越强。

胺的碱性强弱与其结构有关，通常氮上电子云密度越高接受质子能力越强。凡能使氮上电子云密度升高的因素都将增强胺的碱性，反之碱性就将减弱。

(1) 脂肪胺的碱性。

由于烷基的供电子作用，脂肪胺的碱性都大于氨。在非水溶液或气相中，碱性顺序仅与取代基的电子效应有关，其碱性由强到弱顺序通常是叔胺＞仲胺＞伯胺＞氨。

在水溶液中仲胺碱性最强，而伯胺与叔胺的碱性都比仲胺弱，但它们都比氨的碱性强。例如，当烷基相同时，以仲胺的碱性最强，伯胺和叔胺次之：

$$(CH_3)_2NH > CH_3NH_2 > (CH_3)_3N > NH_3$$

pK_a	10.73	10.65	9.78	9.24

这是因为在水溶液中，除了电子诱导效应起主要作用外，溶剂化效应也很重要。当胺与质子成盐后，铵正离子氮上氢越多，与水形成氢键的机会就越多，溶剂化程度也就越大，铵正离子越稳定，胺的碱性就越强。溶剂化效应的大小导致胺的碱性由强到弱的顺序为伯胺＞仲胺＞叔胺。

综上所述，由于电子效应和溶剂化效应两种因素的影响，胺在水溶液中碱性强弱的实际顺序大体是

仲胺＞伯胺＞叔胺＞氨

(2) 芳香胺的碱性。

芳香胺在水溶液中的碱性比氨弱，其强度顺序为

$$NH_3 > PhNH_2 > Ph_2NH > Ph_3N$$

pK_a	9.24	4.62	0.8	−5.0

芳香胺碱性减弱是因为芳香烃基与氮原子相连，通过共轭效应使氮上的电子云离域到苯环上，降低了氮原子与质子的结合能力，氮上连的芳香烃基越多这种影响越大，相应胺的碱性也就越弱。苯环的增加同时也使氮原子与质子结合的空间阻碍增大。三苯胺近于中性，不能与浓盐酸等成盐；二苯胺虽能与浓盐酸等成盐，但遇水立即分解；苯胺与稀或浓的强酸均可成盐，但不能和弱酸(如醋酸)成盐。

当苯环上有其他取代基时，芳胺的碱性会随取代基类型及其取代基位置的不同而有所变化。其规律大体如下：

① 无论是给电子基还是吸电子基，绝大多数取代基在邻位时都使碱性减弱(邻位效应)。

② 绝大多数取代基在间位和对位时，给电子基团(如羟基、甲基)使碱性增强，而吸电子基团(如硝基、卤素)使碱性减弱。例如：

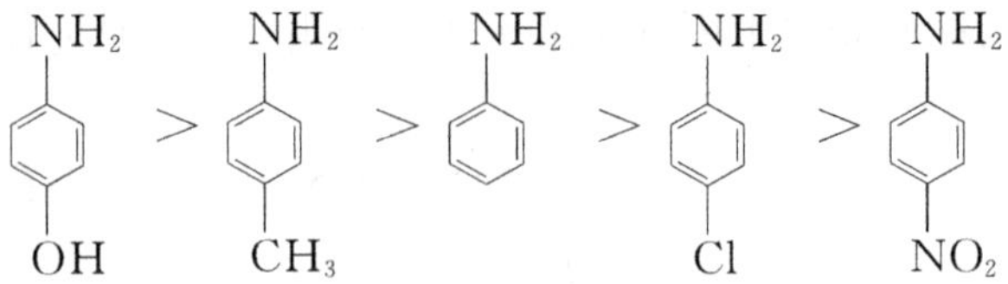

pK_a	5.50	5.12	4.62	4.00	1.20

（3）芳脂胺的碱性。

芳香胺氮原子上的氢被烷基取代后，烷基的＋I效应使氮原子上电子云密度略有增加，碱性有所增强，但因氮原子上未共用电子对依然与苯环维系着 p-π 共轭，芳脂胺的碱性仍属芳香胺范畴，远弱于脂肪胺。

	$PhNH_2$	$PhNHCH_3$	$PhN(CH_3)_2$
pK_a	4.62	4.85	5.06

综上所述，一些含氮化合物的碱性顺序大致为

胍＞脂肪胺＞氨＞芳脂胺＞芳香胺＞酰胺＞磺酰胺≈酰亚胺

思考题 14-1　把下列各胺，按在水溶液中碱性强弱排列成序：

a. CH_3NH_2　b. 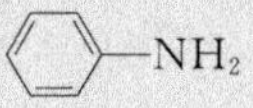　c. 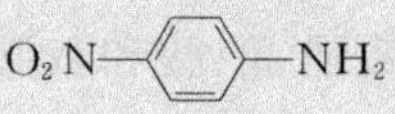　d. 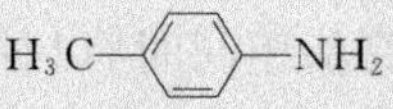

e. 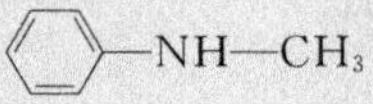　f. $(CH_3)_3N$　g. NH_3

思考题 14-2　下列化合物中，碱性最弱的是（　　）。

A. 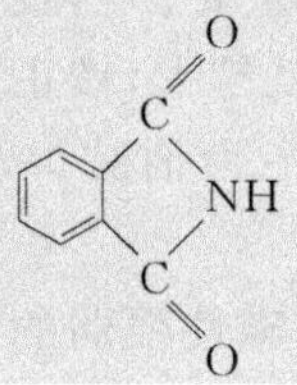　B. 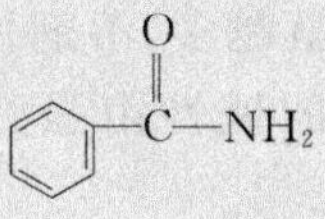　C. 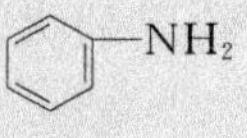　D. 

2. 胺的烃化反应

氨或胺与脂肪族卤代烃反应可能生成胺，但往往得到的是各种胺的混合物，分离和纯化有一定的困难，使这一方法受到很大的限制。

卤代芳烃的氨解比卤代烷要困难得多，但当卤素邻、对位有强吸电子基团（如硝基）存在时反应变得容易许多。

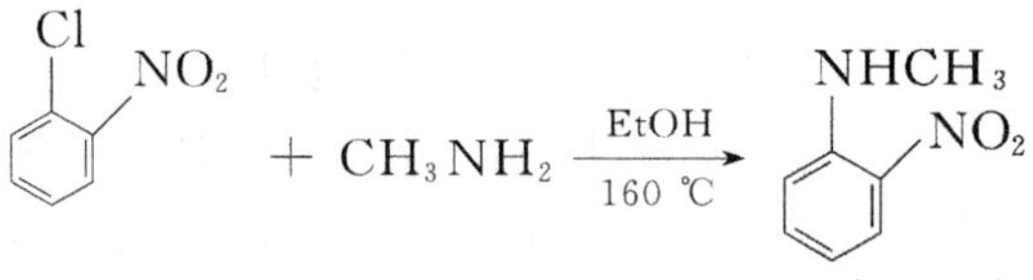

68%～70%

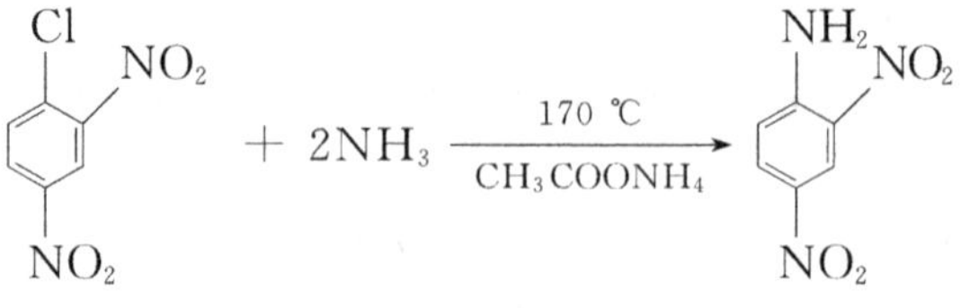

某些情况下，可用醇或酚代替卤代烷作为烃基化试剂。

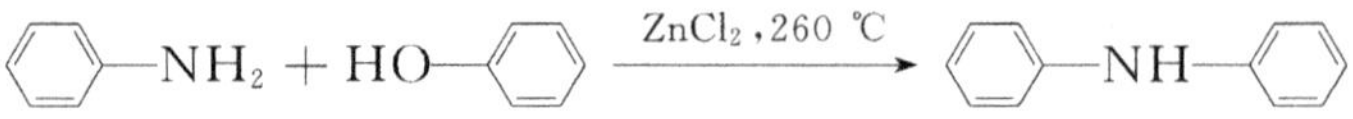

3. 胺的酰基化和磺酰化反应

1）酰基化反应

胺作为亲核试剂可与酰卤、酸酐甚至酯等羧酸衍生物发生亲核取代反应，生成 N-取代酰胺和 N,N-二取代酰胺，叔胺无此反应。用酯或羧酸作酰化剂时反应较慢。芳胺亲核性较弱，一般需用酰卤或酸酐进行酰化。例如：

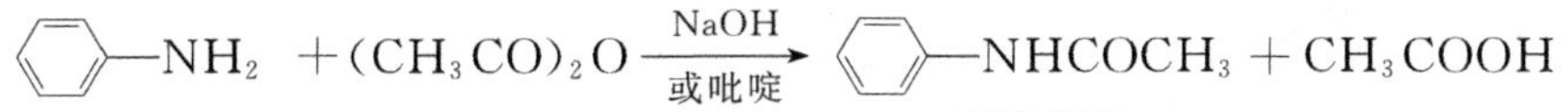

乙酰苯胺

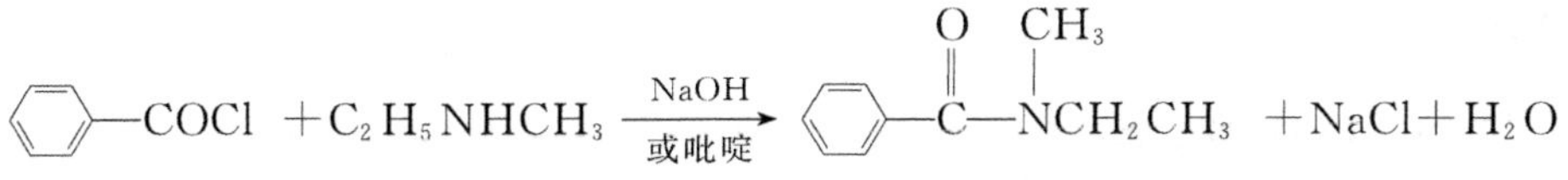

N-乙基-N-甲基苯甲酰胺

用酰卤或酸酐作酰化剂时，常常需要加入一种碱（又称缚酸剂），这种反应称为肖登-鲍曼（Schotten-Baumann）反应。常用的碱是氢氧化钠、三乙胺和吡啶（pyridine，简写为 Py）。

叔胺氮原子上没有氢原子，故不发生酰化反应。因酰胺绝大多数为固体，因此可利用此反应将叔胺与伯胺、仲胺分离。

胺易被氧化，但酰胺对氧化剂是稳定的，而且酰胺在酸或碱催化下加热水解可去掉酰基，重新游离成胺，因此酰化反应的另一个重要用途是在有机合成中保护氨基。例如，由对甲基苯胺制备普鲁卡因的中间体对氨基苯甲酸就需要通过酰化反应来保护氨基。

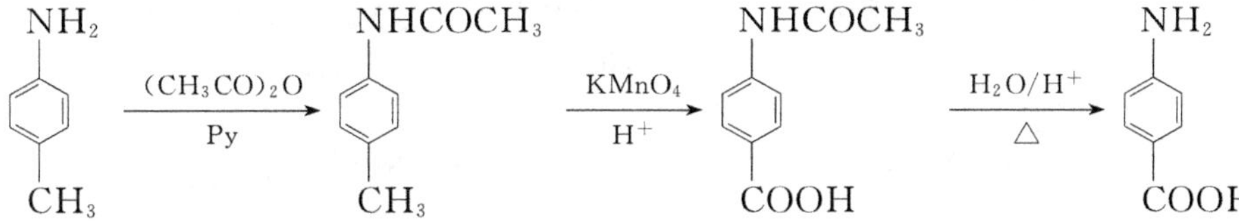

另外，酰胺为中性物质，且都是具有敏锐熔点的晶体，因此酰基化反应可用于伯、仲胺的鉴别和鉴定。

在含有氨基的药物中引入酰基常可增加药物的脂溶性，促进人体更好地吸收，从而提高或延长药物的疗效，同时还能降低药物本身的毒性并增加其稳定性。

2）磺酰化反应

伯胺和仲胺还能与磺酰化试剂（如苯磺酰氯、对甲苯磺酰氯等）作用生成磺酰胺，磺酰胺一般不溶于水。

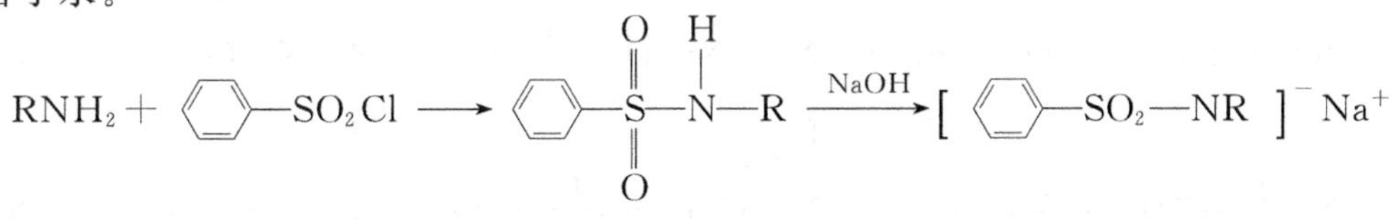

N-烷基苯磺酰胺（白色固体）　　水溶性盐，加酸析出固体

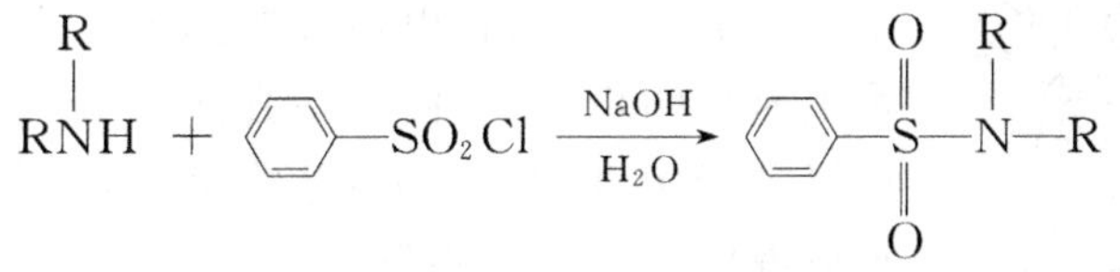

N,N-二烷基苯磺酰胺（白色固体，不溶于碱或酸）

由伯胺生成的磺酰胺，其氮上的氢因受磺酰基吸电子效应的影响而显弱酸性，可与氢氧化

钠作用生成盐而溶于氢氧化钠水溶液，将此溶液酸化又会生成不溶于水的磺酰胺；仲胺的磺酰胺氮上无氢，不溶于氢氧化钠水溶液，向此溶液中加入酸没有明显反应发生；而叔胺因无可以离去的氢原子，所以不能被磺酰化，加碱溶液无变化，但加酸后由于叔胺转化为铵盐而溶于酸溶液。由此可以看出，三种不同类型的胺在上述反应中有不同的反应现象，所以利用这个反应可以鉴别和分离伯、仲、叔胺。此反应被称为兴斯堡(Hinsberg)反应。

思考题 14-3　完成下列反应：

(1) 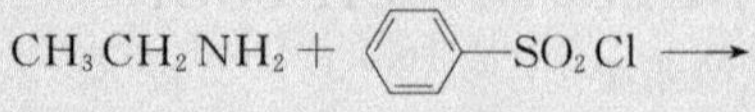

(2) 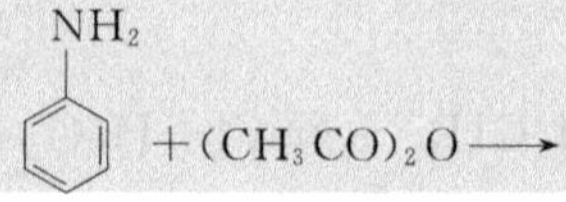

4. 与亚硝酸的反应

胺类化合物都可以和亚硝酸发生反应，但是不同类型的胺与亚硝酸反应的产物和现象有很大的不同，这取决于胺是伯胺、仲胺还是叔胺，是脂肪胺还是芳香胺。

1) 伯胺

伯胺与亚硝酸在低温下反应生成重氮盐(arenediazonium salt)，故又称为重氮化反应(diazotization)。芳香重氮盐在低温下较稳定，受热则分解放出氮气，生成酚类。若向芳香重氮盐中加入β-萘酚的碱溶液，将得到橙红色固体化合物，此反应可用于鉴别芳香伯胺。

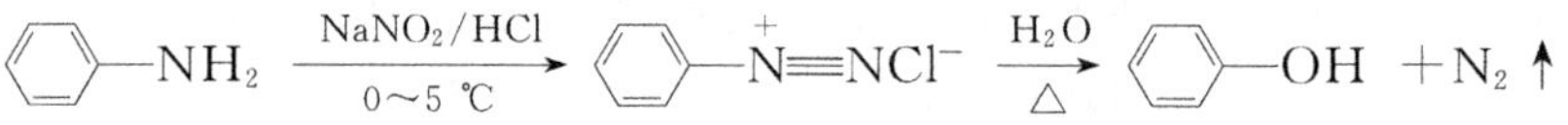

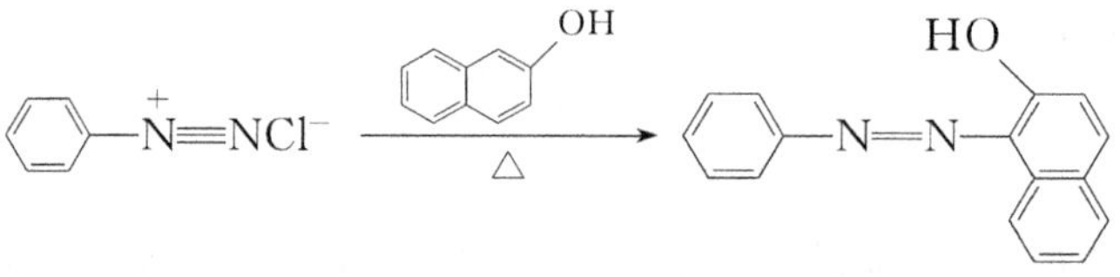

橙红色晶体

亚硝酸不稳定，通常由亚硝酸钠与盐酸或硫酸反应产生，然后再与胺反应生成重氮盐。这一系列变化可表示如下：

$$NaNO_2 + HCl \longrightarrow HONO + H_2O$$

$$HO\ddot{N}O + H_3O^+ \rightleftharpoons H_2O^+{-}\ddot{N}O + H_2O \rightleftharpoons \overset{+}{N}{=}O + 2H_2O$$

$$Ar{-}\ddot{N}H_2 + \overset{+}{N}{=}O \longrightarrow Ar{-}N^+H_2{-}\ddot{N}{=}O \xrightarrow{-H^+} Ar{-}NH{-}\ddot{N}{=}O \xrightarrow{-H^+}$$

$$Ar{-}\ddot{N}{=}\ddot{N}{-}OH \xrightarrow{+H^+} Ar{-}\ddot{N}{=}\ddot{N}{-}\overset{+}{O}H_2 \xrightleftharpoons{-H_2O} Ar{-}\overset{+}{N}{\equiv}N \rightleftharpoons Ar{-}\ddot{N}{=}\overset{+}{\ddot{N}}$$

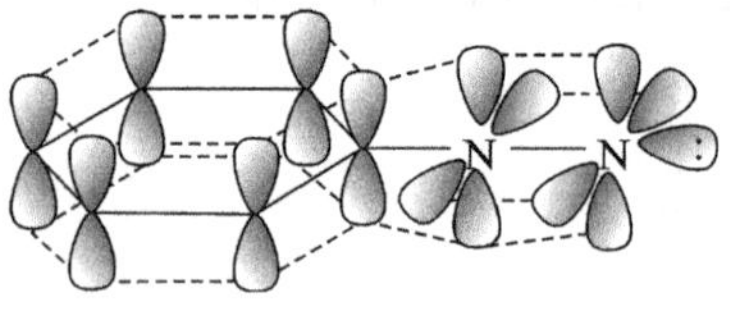

图 14-6　苯基重氮离子的结构

苯基重氮离子的结构如图 14-6 所示，重氮离子的 π 键与苯环大 π 键共轭，正电荷分散到苯环上，电子的离域增强了芳香重氮盐的稳定性，使其在强酸、低温下可短时保存。干燥的重氮盐稳定性很差，易发生爆炸，故一般重氮盐制备后直接在水溶液中进行下一步反应。

脂肪伯胺同样能够与亚硝酸进行重氮化反应，但是脂肪族重氮盐极不稳定，即使在很低的温度下也会很快分解放出氮气，生成高度活泼的碳正离子。

$$R{-}NH_2 \xrightarrow[HCl,H_2O]{NaNO_2} \left[R{-}\overset{+}{N}{\equiv}NX^- \right] + NaX + 2H_2O$$
$$\left[R{-}\overset{+}{N}{\equiv}NX^- \right] \longrightarrow R^+ + X^-$$

该碳正离子会进一步发生一系列取代消除和重排等反应，得到各种产物的混合物，因此该反应在合成上很少有实际用途。例如：

$$CH_3CH_2CH_2CH_2NH_2 \xrightarrow[0\sim5\ ℃]{NaNO_2/HCl} \begin{cases} CH_3CH_2CH_2CH_2OH + CH_3CH_2CH_2CH_2Cl + CH_3CH_2\underset{\displaystyle OH}{\underset{|}{C}}HCH_3 \\ CH_3CH_2\underset{\displaystyle Cl}{\underset{|}{C}}HCH_3 + CH_3CH_2CH{=}CH_2 + CH_3CH{=}CHCH_3 \end{cases}$$

不过该反应可以定量放出氮气，根据氮气的生成量可以测定—NH_2的量，适用于脂肪族伯胺的定性和定量分析。

脂肪族伯胺与亚硝酸的一个较有制备价值的反应是环状 β-氨基醇的扩环反应(ring-expansion reaction)，可用于制备五元至九元的脂环酮。该反应又称为蒂芬尼奥-迪姆亚诺夫(Tiffeneau-Demjanov)重排反应。

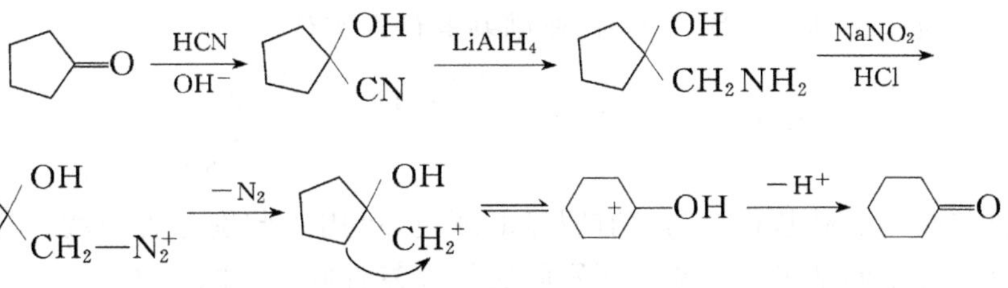

2）仲胺

仲胺与亚硝酸反应生成难溶于水的黄色油状或固态的 *N*-亚硝基胺(*N*-nitrosamine)。

$$(CH_3)_2NH + HCl + NaNO_2 \longrightarrow (CH_3)_2\ddot{N}{-}\ddot{N}{=}O$$

N-亚硝基二甲胺
（黄色油状物）

芳香仲胺生成的 *N*-亚硝基化合物，在酸性反应介质中将发生重排，生成蓝绿色的对亚硝基化合物，用碱中和回滴后又呈现亚硝氨的黄色，以此可区分脂肪族仲胺和芳香族仲胺。

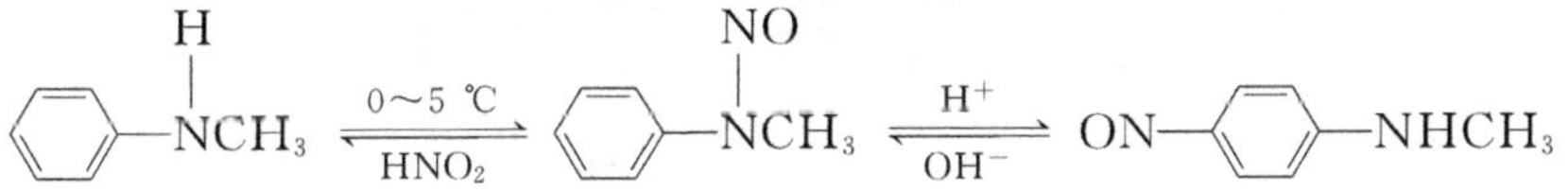

N-甲基-*N*-亚硝基苯胺（黄色）　　对亚硝基-*N*-甲基苯胺（蓝绿色）

N-亚硝基胺几乎没有合成价值或商业价值，不过近年来引起了人们的密切关注，因为它们中有些是致癌物质，例如：

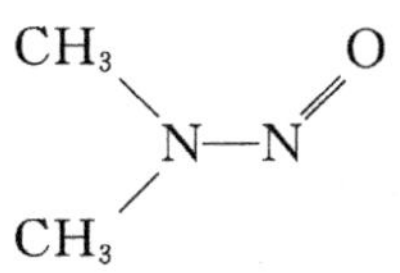

皮革制作过程中可形成，也存在于啤酒和除草剂中

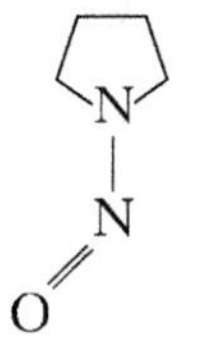

用亚硝酸钠处理的熏肉油炸过程中可形成

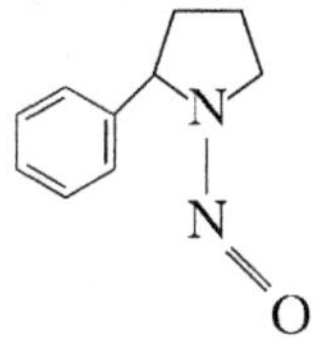

抽烟过程中可形成

人体在一定的条件下也能生成亚硝胺，一般位于胃、口腔、肺和膀胱中。食品中作为着色剂和防腐剂的亚硝酸盐以及天然存在的硝酸盐被还原成亚硝酸盐后，在胃肠道中与仲胺作用生成亚硝基胺，其是饮食生活中潜在的危险因素。

3）叔胺

脂肪叔胺与亚硝酸反应，生成不稳定的亚硝酸盐而溶解：

$$R_3N + HNO_2 \rightleftharpoons R_3NH^+ NO_2^-$$

由于烷氨基的强致活作用，芳香叔胺与亚硝酸反应只会在苯环上发生亲电取代反应，称为亚硝基化反应(nitrosation)。亚硝基一般进入氨基的对位。由于反应在强酸条件下进行，初始产物为橘黄色的醌式重排产物，用碱中和回滴后才显出翠绿色。

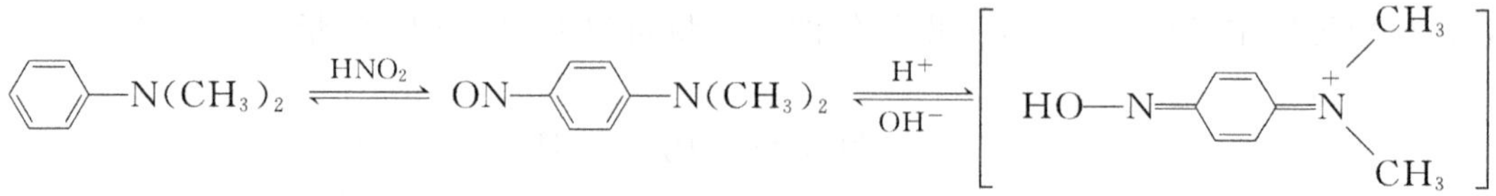

对亚硝基-*N*,*N*-二甲基苯胺（翠绿色）　　（橘黄色）

当芳香叔胺对位被其他基团占据时，亚硝基取代在邻位。

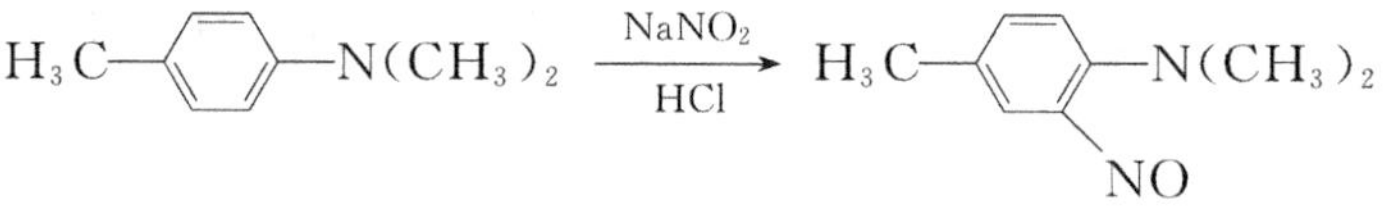

许多芳香叔胺的亚硝基化合物都有明显的颜色，可用于鉴别芳香叔胺。利用上述不同胺类与亚硝酸反应的不同结果和现象可区别脂肪族及芳香族伯、仲、叔胺。

5. 芳胺的亲电取代反应

芳香胺中的氨基是强邻、对位定位基，它使芳胺的邻、对位很容易发生亲电取代反应。

1）卤代反应

苯胺与溴水反应十分迅速，反应不停留在一溴代或二溴代阶段，会立即生成 2,4,6-三溴苯胺。该反应能定量完成，得到不溶于水的白色沉淀，可用于苯胺的定性和定量分析。

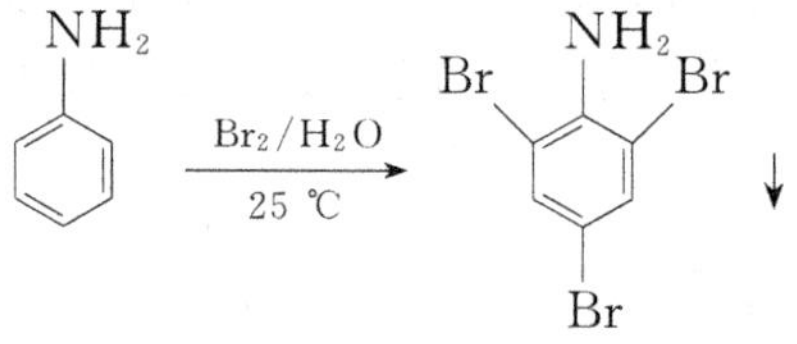

100%(白色)

即使苯环上有致钝基团，仍较容易发生卤代反应，例如：

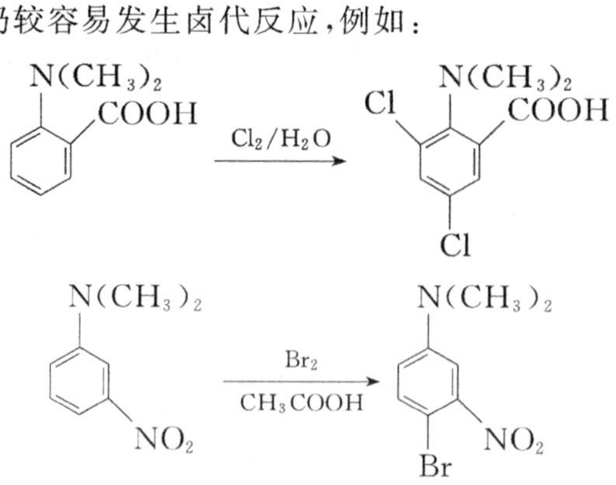

制备单卤代苯胺的方法是先将氨基酰化，以降低氨基对苯环的致活作用，再卤代，然后水解除去酰基。因为位阻的原因，几乎只得到对位产物。例如：

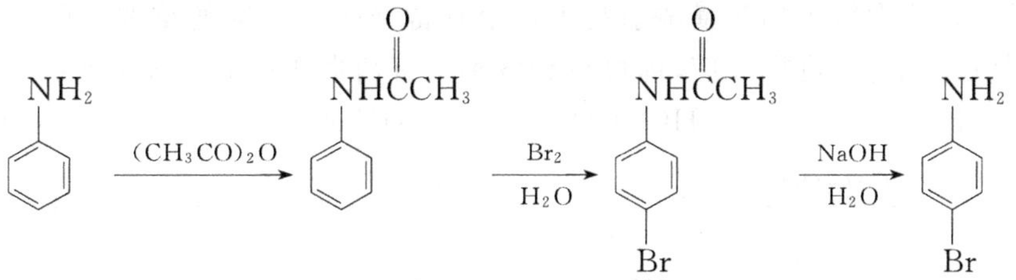

另一种制备单卤代芳烃的方法是先用酸将氨基质子化，使之成为间位定位基后再卤代，主要生成间位卤代芳烃。

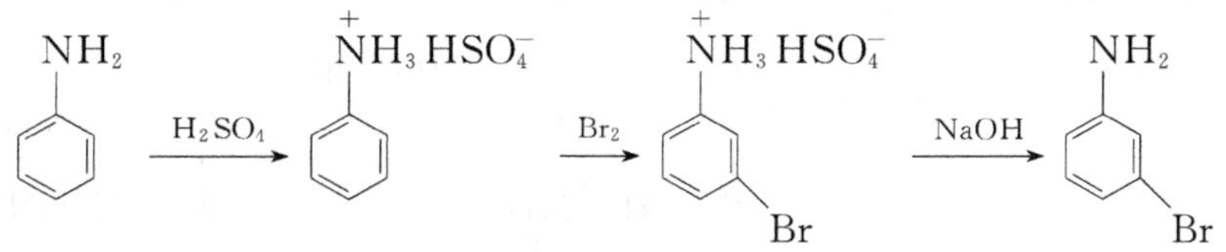

碘的活性较低，苯胺碘代主要得到对碘苯胺。

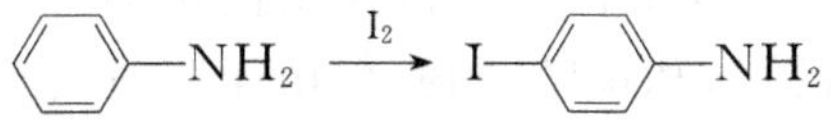

2）硝化反应

硝酸是强氧化剂，而芳胺又极易被氧化，因此硝化时要将氨基先保护起来。如果氨基先酰化后硝化，硝基将主要进入氨基的邻位或对位；如果用混酸直接硝化，因强酸先使氨基成盐，$—NH_3^+$ 的 −I 效应将使硝基进入氨基的间位。

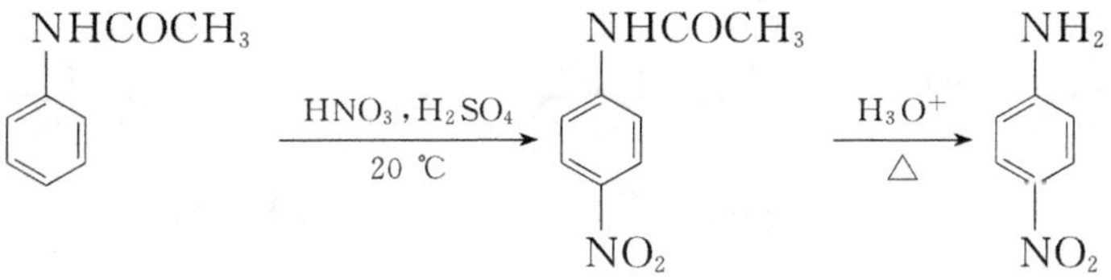

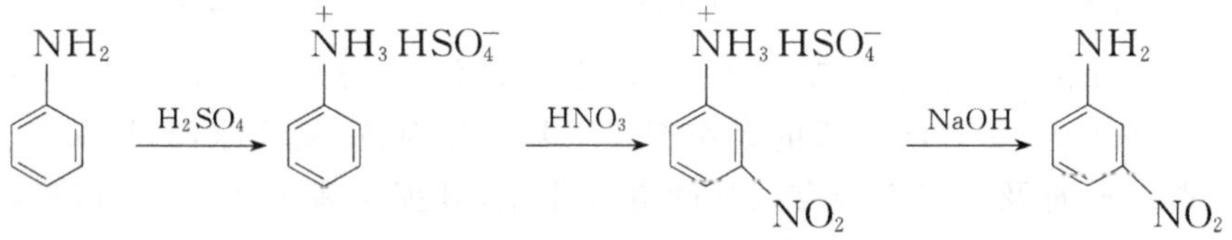

如果采用非质子性硝化剂硝乙酐(CH_3COONO_2)在 20 ℃时与苯胺反应，主要生成邻位硝基取代芳胺（详见第 15 章）。

3）磺化反应

苯胺磺化是先将苯胺溶于浓硫酸，生成苯胺硫酸盐，然后加热到 180～200 ℃，失去一分子水，重排成对氨基苯磺酸。

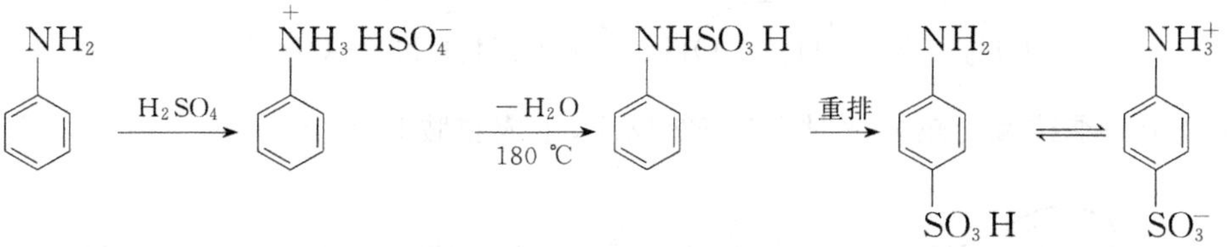

对氨基苯磺酸为白色晶体，以内盐形式存在。内盐是两性离子，熔点较高，水溶性小，可溶

于碱液，不易溶于有机溶剂。对氨基苯磺酸是重要的染料中间体。

苯胺也能够与氯磺酸发生氯磺化反应，不过一般是先将氨基进行保护，以避免在氨基上首先进行磺化反应。依次得到的苯磺酰氯是工业上制备磺胺类药物的重要中间体，由此中间体出发与一系列胺类化合物进行反应，即可得到各种具有消炎作用的磺胺类药物。

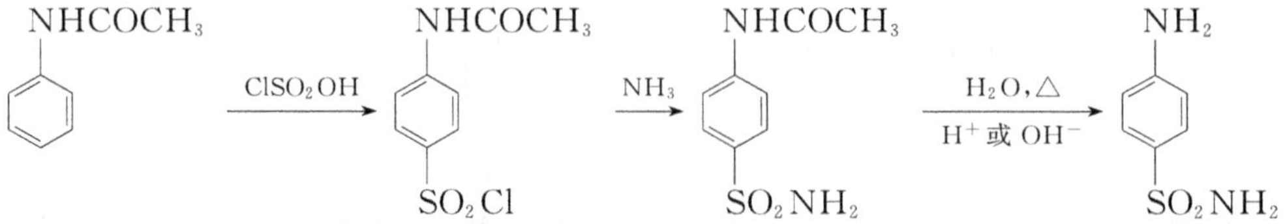

磺胺（SN）

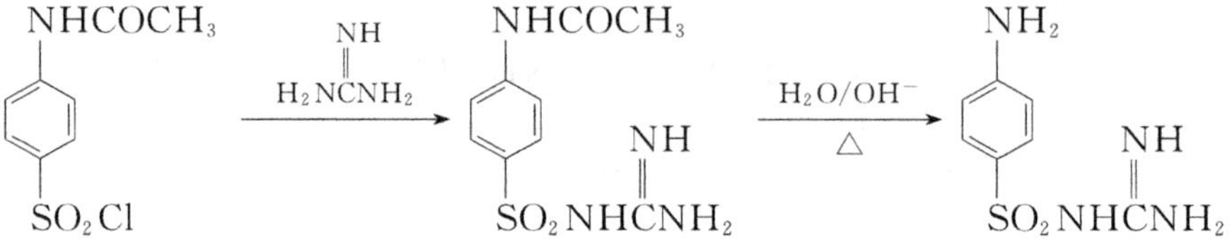

磺胺胍（SG）

目前很多胺类正应用于临床，其中包括严格控制使用的毒品类药物，如吗啡（morphine）、可待因（codeine）。吗啡是强效镇痛和镇咳药物，但由于吗啡有较强的依赖性，容易成瘾，所以通常只为解除或缓解晚期癌症患者的痛苦而使用。可待因主要用于镇咳，其镇痛作用较小，成瘾性也较小。海洛因（heroin）是吗啡的衍生物，即二醋酸吗啡，自然界中不存在，由吗啡合成得到。海洛因的成瘾性是吗啡的 35 倍，从不作药用，是纯粹的毒品。

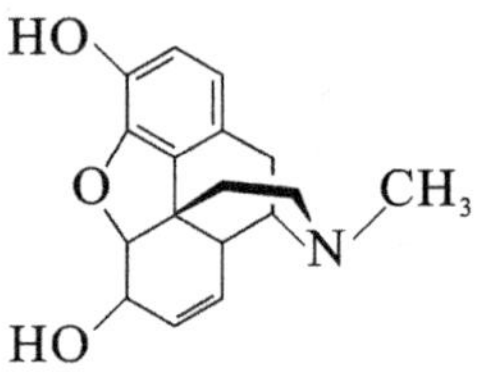

吗啡

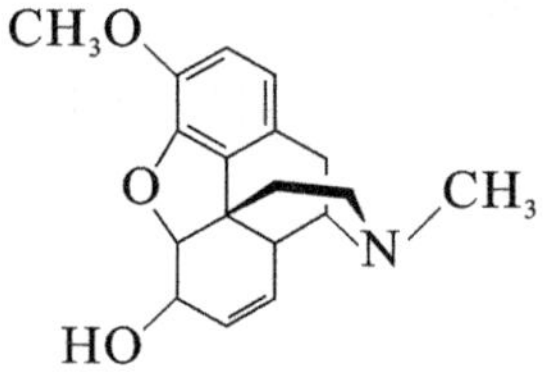

可待因

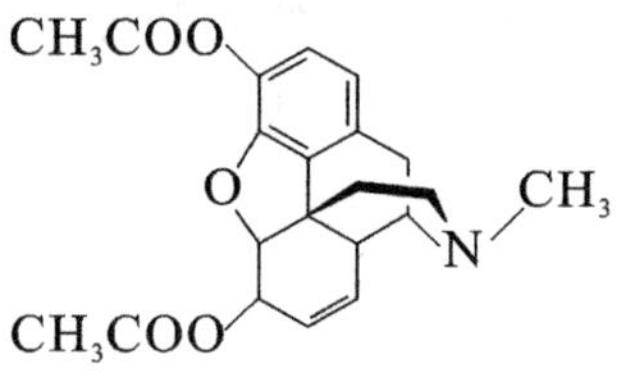

海洛因

另一类属于毒品的药物是苯丙胺类，其药效作用类似于麻黄素类的苯异丙胺（benzedrine），是于 1886 年首次合成的兴奋剂。甲基苯异丙胺（又称冰毒）是国际、国内严禁的毒品，它对心、肺、肝、肾及神经系统有很强的毒害作用，其损害程度也大于海洛因，吸、食或注射0.2 g即可导致死亡。近几年出现的“摇头丸”“蓝精灵”“忘我”等也属于甲基苯丙胺类毒品。

6. 霍夫曼热消除反应

1）季铵碱的热消除反应

不含 β-氢原子对季铵碱热分解时，发生 S_N2 反应，生成叔胺和甲醇：

$$(CH_3)_4N^+OH^- \xrightarrow{\triangle} (CH_3)_3N + CH_3OH$$

$$(CH_3)_3\overset{+}{N}—CH_3 \quad OH^- \xrightarrow[S_N2]{\triangle} (CH_3)_3N\!: + CH_3OH$$

含有 β-氢原子的季铵碱受热分解时发生 E2 反应，生成叔胺和烯烃：

$$(CH_3)_3\overset{+}{N}—CH_2—\overset{H}{\overset{|}{C}}H_2 \quad OH^- \xrightarrow[E2]{\triangle} (CH_3)_3N\!: + CH_2═CH_2 + H_2O$$

这一反应由德国化学家霍夫曼(August Wilhelm von Hofmann)于 1851 年发现,因此该消除反应称为霍夫曼热消除反应。

2）季铵碱消除反应的方向和立体化学

当季铵碱分子中含有两种或两种以上不同的 β-氢原子供消除时,反应主要生成双键碳原子上取代基较少的烯烃,这一规律称为 Hofmann 规则。这与卤代烷和醇发生消除反应时所遵循的 Saytzeff 规则即生成多取代烯烃的情况正好相反。例如:

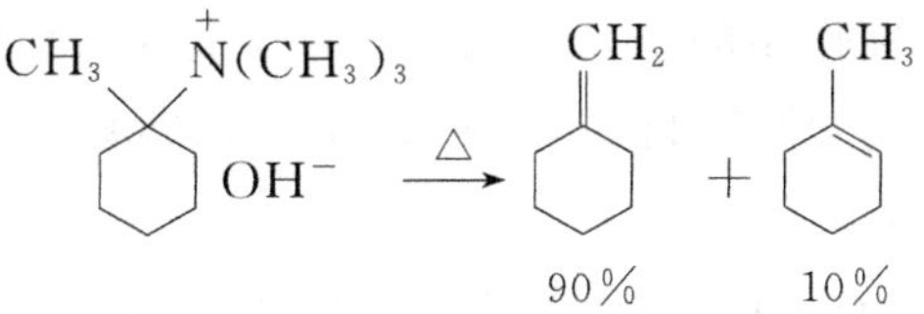

季铵碱的消除服从 Hofmann 规则,可从以下两个方面来解释。

(1) 从 β-氢的酸性分析,在季铵碱的 E2 消除中 β-氢和 R_3N^+ 的离去几乎是同步的,但因 R_3N^+ 离去能力较差,而 β-氢因受强吸电子基 R_3N^+ 的影响酸性增强,离去倾向更大一些(R_3N^+ 的离去稍稍滞后一点),使过渡态具有部分碳负离子的特征,因此 β-碳上连有给电子烷基越多,过渡态越不稳定,这个 β-氢就越不容易消除。所以强碱更容易进攻含 β-氢较多、酸性较强且空间位阻较小的那个 β-碳上的氢,从而导致生成符合 Hofmann 规则的产物。

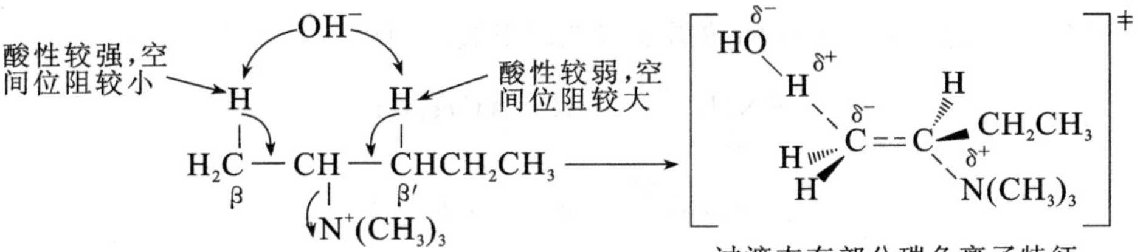

过渡态有部分碳负离子特征

(2) 从 E2 消除的立体化学构象分析,也是以 Hofmann 消除取向为主要产物。以下面的季铵碱(A)为例:

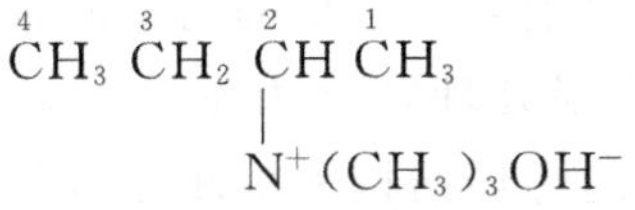

(A)

E2 消除反应要求被消除的氢和离去基团处于反式共平面的位置。在季铵碱的热消除反应中,能与氨基形成对位交叉式的氢越多,与氨基处于邻位交叉式的基团体积越小,越有利于消除反应的发生。季铵碱(A)中围绕 1 位碳和 2 位碳间的 σ 键旋转,1 位碳上的三个氢都可以与 $N^+(CH_3)_3$ 处于对位交叉式构象,即处于反式共平面位置[图 14-7(a)]的三个氢都有消除机会,因此消除容易发生。此消除产物正是 Hofmann 消除产物。

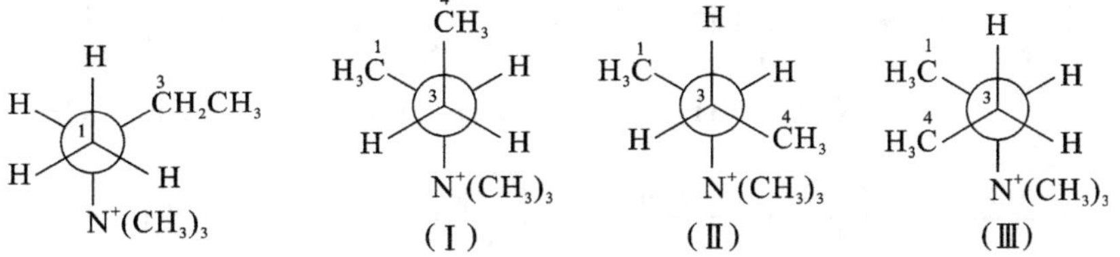

(Ⅰ)　(Ⅱ)　(Ⅲ)

(a) C_1—C_2构象　(b) C_2—C_3构象

图 14-7　季铵碱的交叉构象

若围绕 2 位碳和 3 位碳间的 σ 键旋转，可以有三种交叉式构象[图 14-7(b)]。其中最稳定的是(Ⅰ)，但此构象中没有与离去基团处于反式共平面的氢原子，不易发生消除反应；构象(Ⅱ)和(Ⅲ)中虽有与离去基团处于反式共平面的氢原子，但两种构象都有较大的基团处于邻位的非键张力，使其能量较高，不稳定，存在的机会较少，因此相应的消除产物不易得到。由上述分析可知，按 Hofmann 规则，消除 1 位碳上的氢所得产物应是主要产物。

Hofmann 规则适用于烷基连在 β-碳上的季铵碱的消除。当 β-碳上连有吸电子基团如苯基、乙烯基、羰基等可产生共轭作用的基团时，这个 β-碳上的氢酸性增强易于消除，从而优先生成具有共轭体系的消除产物，反应可能不服从 Hofmann 规则。

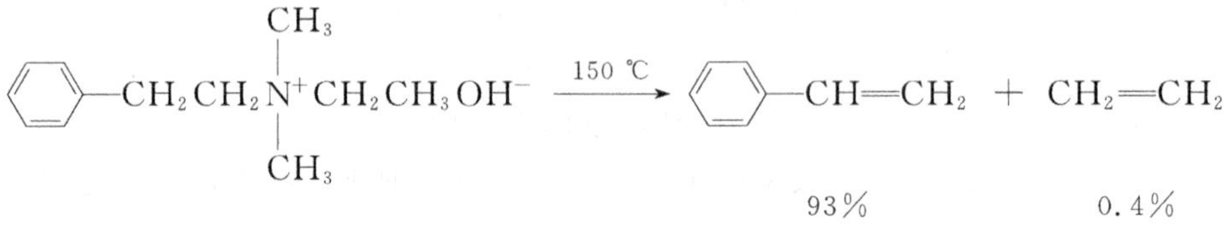

3) 季铵碱消除反应的应用

季铵碱的 Hofmann 消除反应可用于推断胺类的结构。在测定胺的结构时，通过以下两个步骤进行。

(1) 用足够量的碘甲烷与胺作用，使氮原子上的氢均被甲基取代，生成季铵盐，这称为 Hofmann 彻底甲基化。种类不同的胺需要消耗碘甲烷的物质的量之比如下：

$$\underset{1°\text{胺}}{RNH_2} \xrightarrow{3CH_3I} RN^+(CH_3)_3I^-$$

$$\underset{2°\text{胺}}{R_2NH} \xrightarrow{2CH_3I} R_2N^+(CH_3)_2I^-$$

$$\underset{3°\text{胺}}{R_3N} \xrightarrow{CH_3I} R_3N^+CH_3I^-$$

因此可根据 Hofmann 彻底甲基化时消耗碘甲烷的物质的量来推测胺的类型。

(2) 所得到的季铵盐用湿氧化银处理转化为季铵碱，季铵碱再受热分解成叔胺和烯烃。由此可根据 Hofmann 消除中得到的烯烃结构来推测原胺分子中的烃基结构。例如，某胺依次经历彻底甲基化、成碱、Hofmann 消除的过程最后得到戊-1,4-二烯和三甲胺，已知在第一次彻底甲基化时消耗 2 mol CH_3I，那么此胺的可能结构有两种：

这两种胺对应的反应过程分别是：

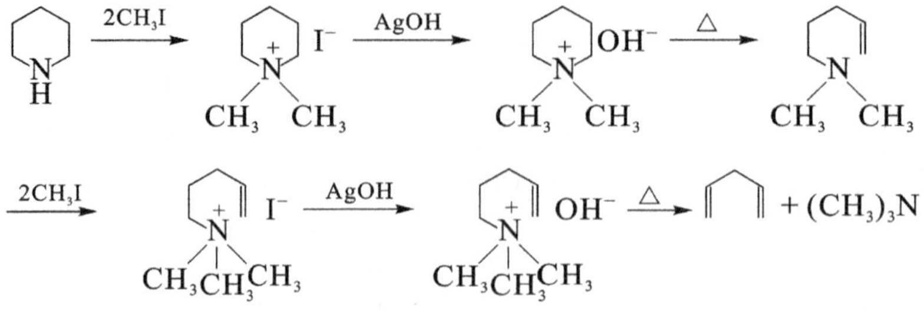

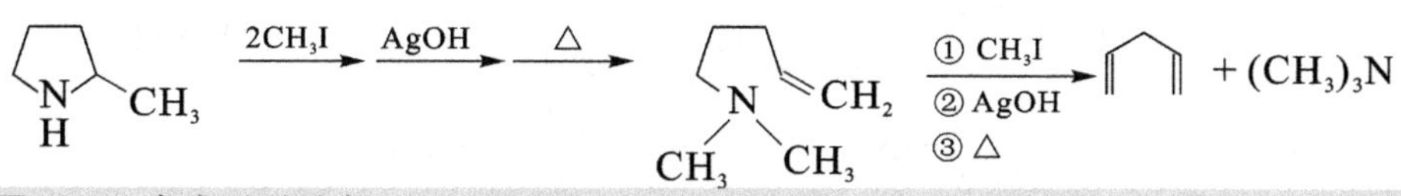

思考题 14-4　完成下列反应：

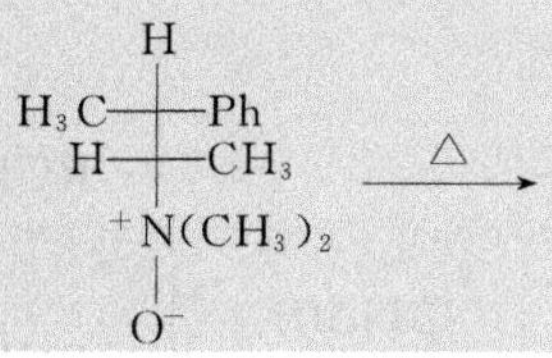

14.2.5　胺的制备及重要的胺

1. 胺的制备

1）氨或胺的烃基化

氨或胺与脂肪族卤代烃反应可能生成胺，但是往往得到的是各种胺的混合物，分离、纯化有一定的困难，因此这一方法受到很大的限制。不过采用大大过量的氨或胺时，可以避免反应的多烷基化（见本章胺的烃基化反应）。

2）硝基化合物的还原

硝基化合物的还原是制备伯胺常用的方法，硝基可被多种还原剂还原，最常用的方法是催化氢化法。

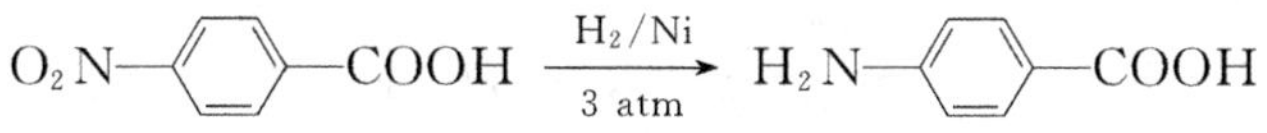

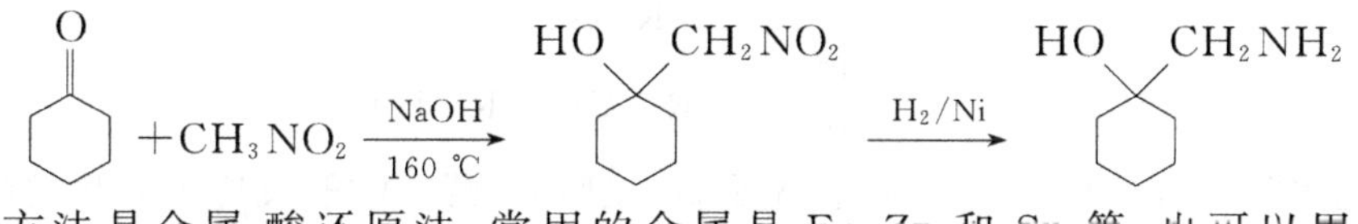

另一种方法是金属酸还原法，常用的金属是 Fe、Zn 和 Sn 等，也可以用 $SnCl_2$，而且 $SnCl_2$-HCl 还原剂可以避免醛基等被还原。工业上曾大量应用最便宜的铁粉加盐酸，但产生的大量铁泥不易处理，因此现已逐渐少用，被催化氢化法取代。

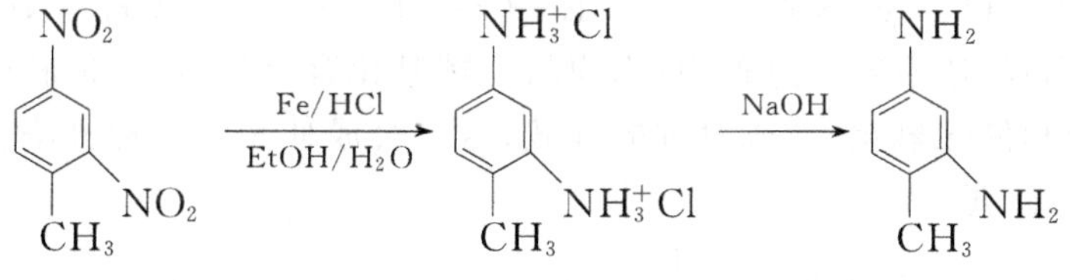

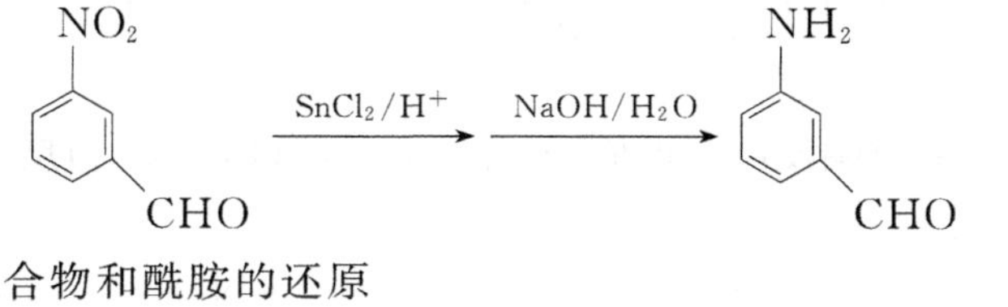

3）腈、肟、叠氮化合物和酰胺的还原

腈、肟和叠氮化合物经还原得到的都是伯胺，而酰胺的还原产物则根据氮原子上有无取代基或取代基的数目可以是伯胺、仲胺或叔胺。这些化合物都可以有多种还原方法，最常用的方法是催化氢化法和化学试剂还原法，最常用的还原剂是氢化铝锂。

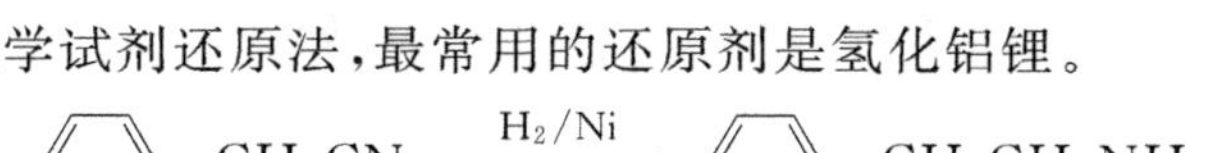

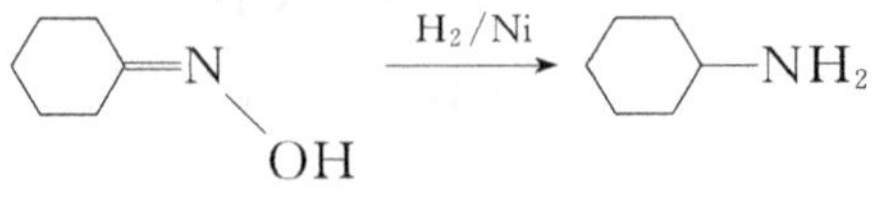

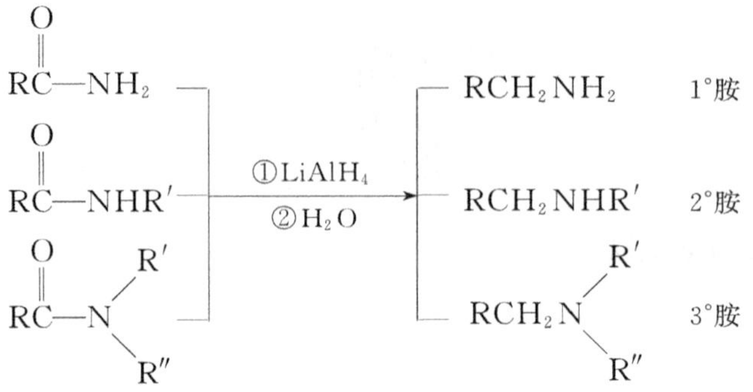

4) 还原氨化

在还原剂存在下，醛或酮与氨和胺反应得到相应的伯胺、仲胺或叔胺的方法称为还原氨化(reductive amination)。

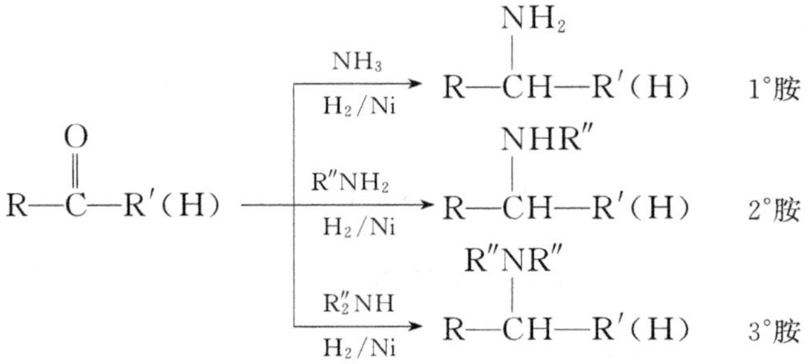

还原氨化实际上包含有两步反应，首先是氨(或胺)与醛(或酮)反应得亚胺或烯胺，然后将该产物加氢还原为胺。以伯胺为例，其反应过程表示如下：

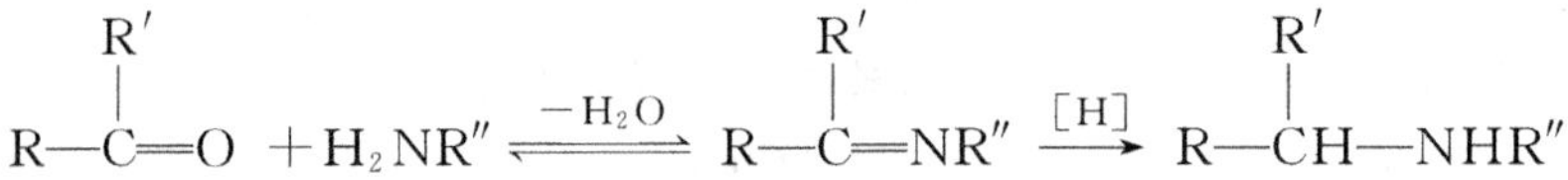

在氨与醛(或酮)的还原氨化过程中，当原料中羰基化合物过量时，伯胺产物可进一步和羰基化合物发生缩合和催化氢化，形成对称的仲胺，这是合成仲胺的一种方法。若用此法制取伯胺，应使原料中的氨过量。

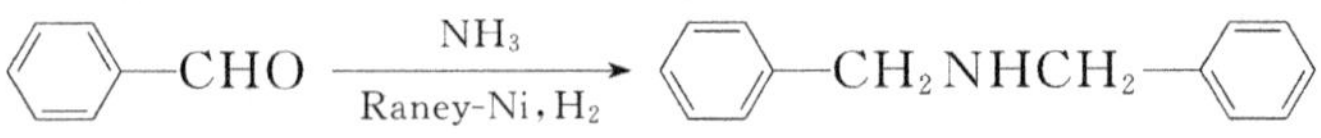

67%

甲酸铵在高温下与醛或酮反应可得伯胺，称为刘卡特(Leuckart)反应。在该反应中，甲酸铵既提供氨，同时也是还原剂。

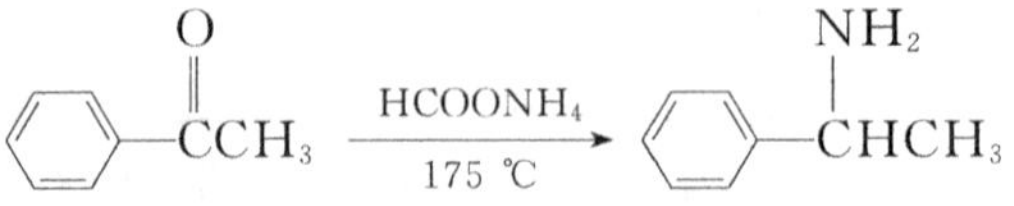

66%

5) Hofmann 降解

将酰胺用次卤酸钠处理，通过 Hofmann 降解失去羰基，可生成少一个碳原子的伯胺。这个反应需在过量碱的存在下进行，一般情况下收率都相当好。

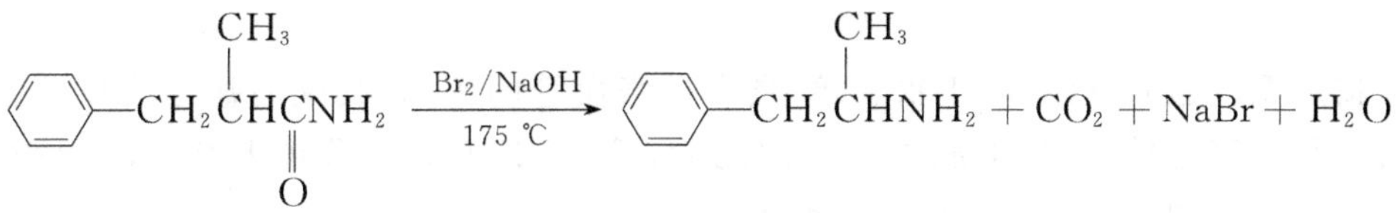

6）Gabriel 合成法

盖布瑞尔(Gabriel)合成法是制备纯净脂肪族伯胺的一种方法。首先在强碱性条件下邻苯二甲酰亚胺转化为邻苯二甲酰亚胺的负离子，该负离子与卤代烷进行烷基化，再进行水解，从而得到较纯净的伯胺。

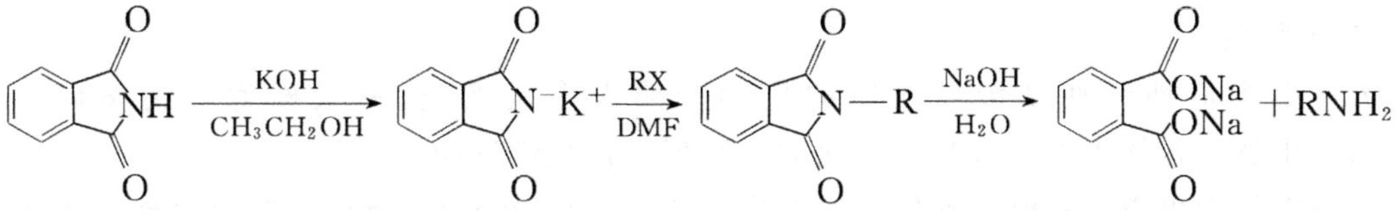

N-烃基化产物的水解需较强烈的条件，在碱或酸中水解较慢，产率较低，现多用肼代替进行肼解。

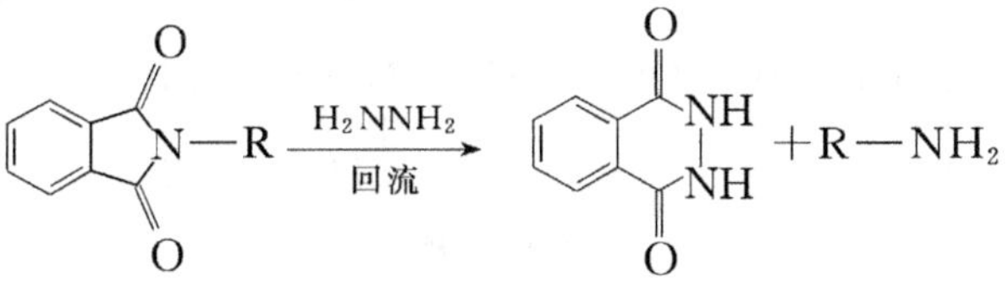

Gabriel 反应中的亲核取代属于 S_N2 机理，如果卤代烷中与离去基团相连的是手性碳原子，其构型会发生翻转。除了卤代烷之外，醇的磺酸酯也是一种很好的反应试剂，它可以由醇与苯磺酰氯反应得到。

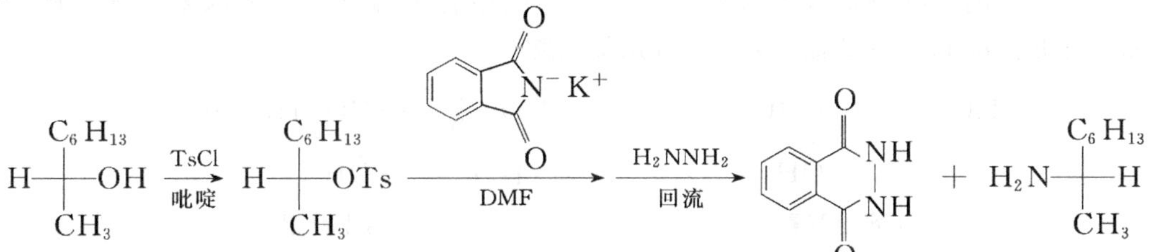

(*R*)　　(*R*)　　(*S*)

7）胺甲基化反应

通过 Mannich 反应可以在醛、酮的 α-碳上引入胺甲基。

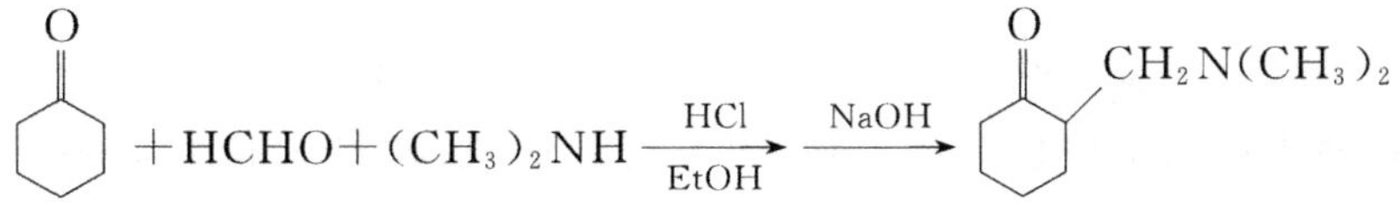

85%

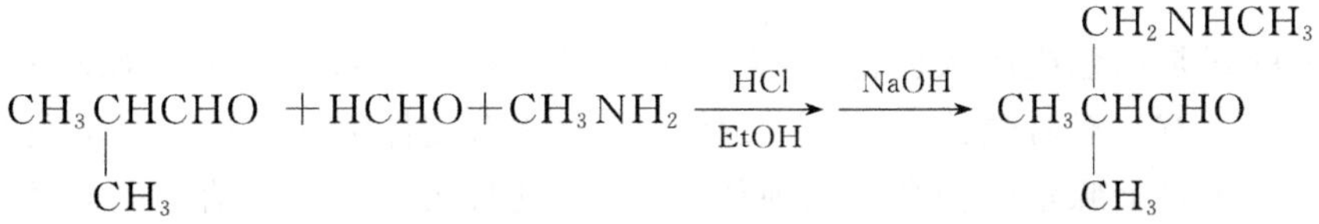

70%

2. 重要的胺

1）乙二胺

乙二胺是无色透明液体，溶于水和醇，具有扩张血管的作用，其戊酸盐是治疗动脉硬化的药物。乙二胺与氯乙酸作用，生成乙二胺四乙酸，简称 EDTA，在分析上有广泛的用途，在医疗上可作血液抗凝剂以及治疗某些放射性疾病。

2）苯胺

苯胺为无色或微黄色液体，沸点为 184 ℃，微溶于水，能与醇或醚混溶。苯胺有毒，中毒症状是头晕、皮肤苍白、身体无力，原因是苯胺能使血红蛋白变性。苯胺或其他芳胺久存易氧化，应避光密闭保存。

3）生物胺

人体中担负神经冲动传导作用的化学介质大多是胺类，一般称为生物胺（biogenic amine）。生物胺在体内的合成是酶催化的一系列有机化学反应。

胆碱在体内可以由乙酰胆碱经酶水解生成或由卵磷脂水解得到，是副交感神经系统中传递神经冲动的生物胺。

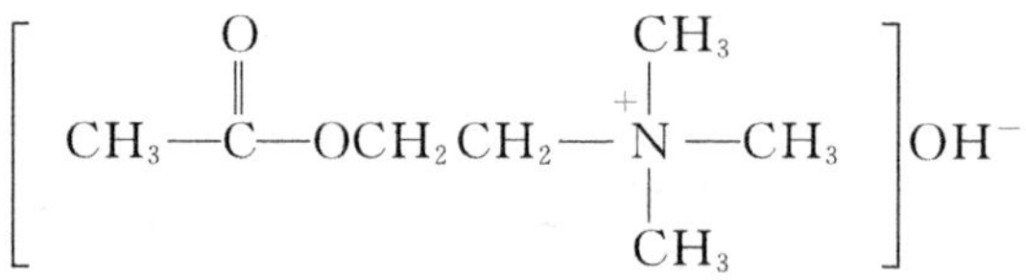

乙酰胆碱

乙酰胆碱具有抑制心血管系统，收缩支气管、胃肠道、子宫等的平滑肌，收缩瞳孔，增加消化腺、支气管腺、汗腺的分泌等作用。

在交感神经系统中的生物胺是去甲肾上腺素，与肾上腺髓质分泌的肾上腺素结构相似；在中枢神经系统中的生物胺是多巴胺和 5-羟色胺。去甲肾上腺素与肾上腺素及多巴胺由于结构中都含有儿茶酚和 β-萘乙胺，故统称为儿茶酚胺。

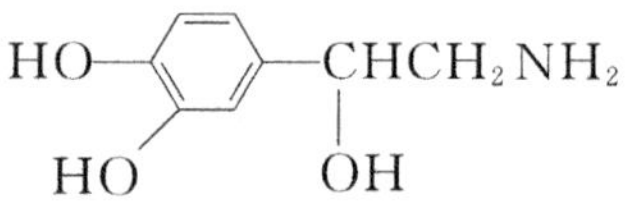

去甲肾上腺素

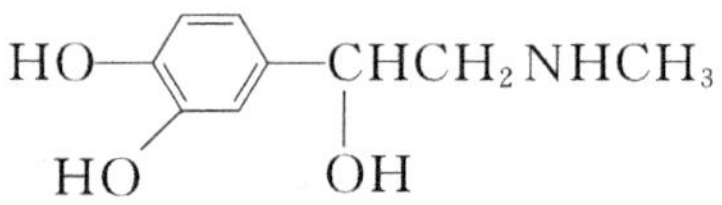

肾上腺素

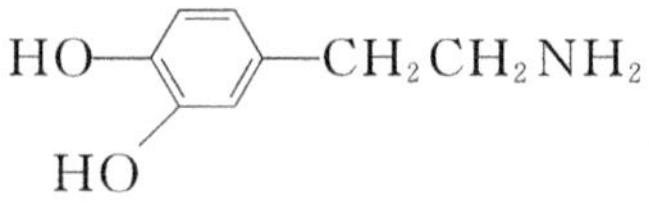

多巴胺

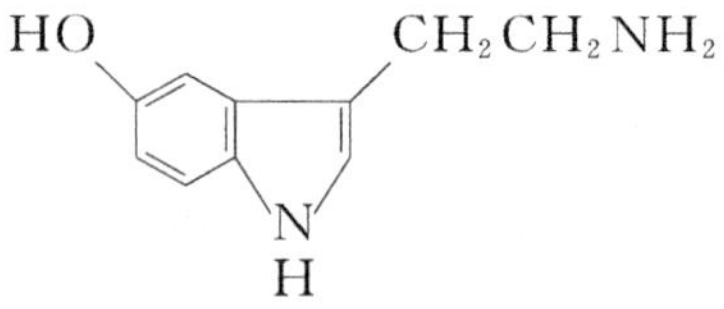

5-羟色胺

人工合成的肾上腺素是白色的结晶粉末，不溶于水，临床上常用其盐酸盐治疗过敏性休克、支气管哮喘和心搏骤停的急救。其有一对对映体，其中左旋体的效力比右旋体大 15 倍，但易氧化失效。

去甲肾上腺素是白色或浅灰色粉末，临床上其酒石酸盐常被用于周围循环功能不全时低血压的急救。其也有一对对映体，其中左旋体的效力比右旋体大 27 倍，也易氧化失效。

多巴胺是去甲肾上腺素生物合成的前体，临床上其盐酸盐被用于治疗失血性、心源性和感染性休克以及急性肾功能衰竭等。

14.2.6　重氮和偶氮化合物

1. 重氮化合物和偶氮化合物的概念

重氮化合物(diazo compound)和偶氮化合物(azo compound)中都含有—N_2—官能团。官能团只有一端和烃基相连的化合物称为重氮化合物，官能团两端均与烃基相连的化合物则称为偶氮化合物。例如：

CH_2N_2

氯化苯重氮盐 benzenediazonium chloride　硫酸苯重氮盐 benzenediazonium sulfate　四氟硼酸苯重氮盐 benzenediazonium tetrafluoroborate　重氮甲烷 diazomethane

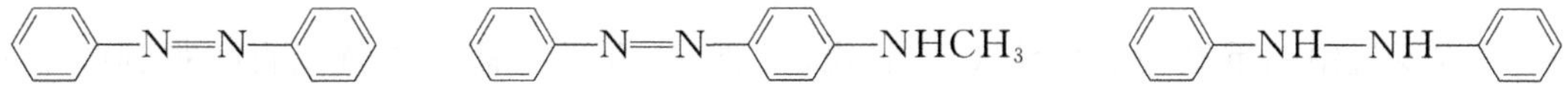

偶氮苯 azobenzene　对甲氨基偶氮苯 *p*-methylaminoazobenzene　氢化偶氮苯 hydrazobenzene

重氮化合物和偶氮化合物在自然界中是不存在的，只能通过合成得到。其中芳香族的重氮化合物和偶氮化合物尤为重要，前者在有机合成和分析上有着广泛的用途，后者是重要的精细化工产品如染料、药物、色素、指示剂、分析试剂等的主要成分。本节主要介绍芳香族等重氮盐和偶氮化合物。

2. 芳香族重氮盐的制备、性质及用途

1) 芳香族重氮盐的制备

在低温和强酸性水溶液中，芳香族伯胺与亚硝酸发生重氮化反应，得到芳香重氮盐。例如：

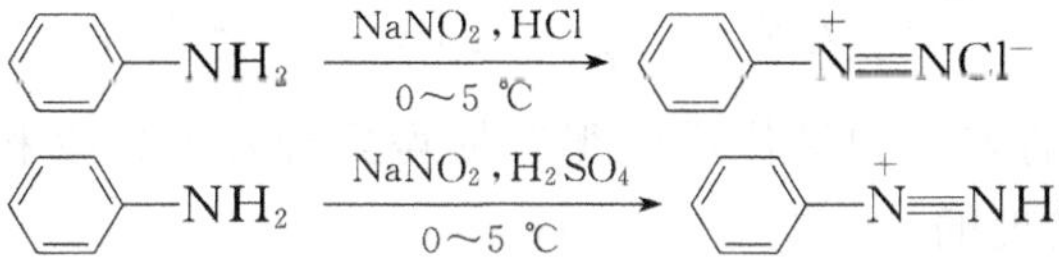

在重氮盐正离子中，C—N—N键是线形结构，重氮基中的 π 键与芳环形成共轭体系，重氮基的正电荷得到分散，其结构通常用 $ArN^+{\equiv}NX^-$ 或 $ArN_2^+X^-$ 表示。重氮盐具有盐的性质，易溶于水，不溶于有机溶剂，干燥时非常不稳定，易发生爆炸，故反应过程中通常不将其分离出来，而是直接用于下一步反应。

2) 芳香族重氮盐的性质

重氮盐化学性质很活泼，能发生许多反应，在合成上有广泛用途。重氮盐的主要反应大体可归为两类，一类是失去氮的取代反应，另一类是保留氮的偶合及还原反应。

(1) 失去氮的取代反应。

取代反应是指重氮基被其他原子或基团(如卤素、氰基、硝基、羟基、氢等)取代，同时放出氮气的反应。

① 被卤素、氰基取代。

重氮盐在氯化亚铜、溴化亚铜或氰化亚铜催化下，分别在盐酸、氢溴酸和氰化钾溶液中加热，重氮基被氯原子、溴原子和氰基取代，生成相应的卤代芳烃和氰代芳烃。此反应称为桑德迈尔(Sandmeyer)反应。例如：

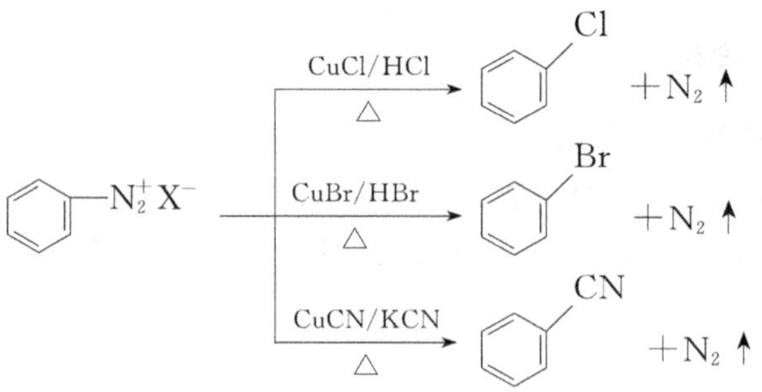

用铜粉代替亚铜盐进行上述反应,同样可以得到卤代芳烃和氰代芳烃,这样的反应称为伽特曼(Gattermann)反应。该反应操作较简单,铜粉用量很少,但产率比 Sandmeyer 反应要低。

$$ArN_2^+X^- \xrightarrow[\triangle]{Cu} ArX + N_2\uparrow$$

芳香重氮盐中的重氮基很容易被 I^- 取代,只要 KI 和重氮盐共热就能直接得到收率良好的产物。此法适用于芳香碘代物的合成。例如:

氟代反应需将冷的氟硼酸(HBF_4)或氟硼酸钠加到重氮盐溶液中,生成氟硼酸重氮盐沉淀。该盐干燥后比较稳定,经干燥后小心加热使其分解,可得到芳香氟代产物。此反应称席曼(Schiemann)反应。例如:

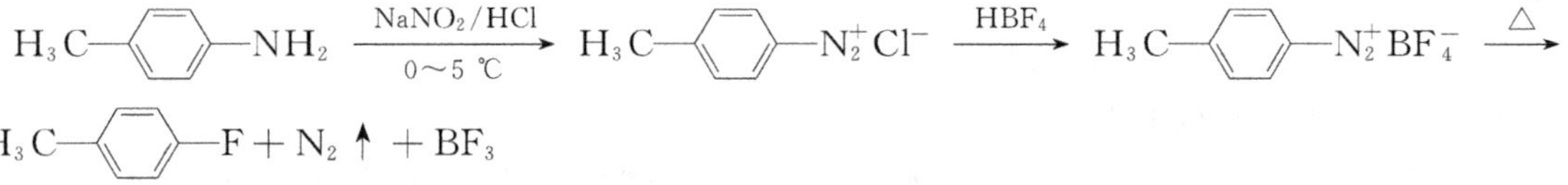

也可由芳胺与亚硝酸钠和氟硼酸直接制备氟硼酸重氮盐,然后再氟代:

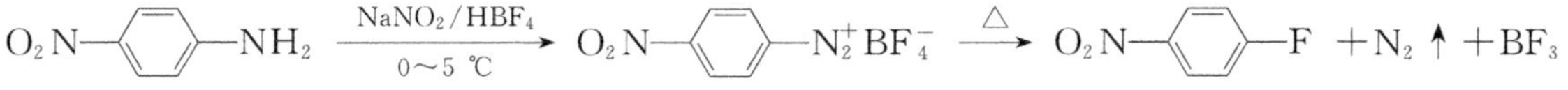

可见,通过芳香重氮盐的碘代和氟代反应很容易得到芳香碘代物和芳香氟代物,而芳烃的直接碘代和氟代却是难以实现的。

② 被硝基、磺酸基和硫氰基取代。

氟硼酸重氮盐在铜粉催化下与亚硝酸钠、亚硫酸钠、硫氰酸钠反应,可制得芳香硝基化合物、芳香磺酸化合物和芳香硫氰化合物:

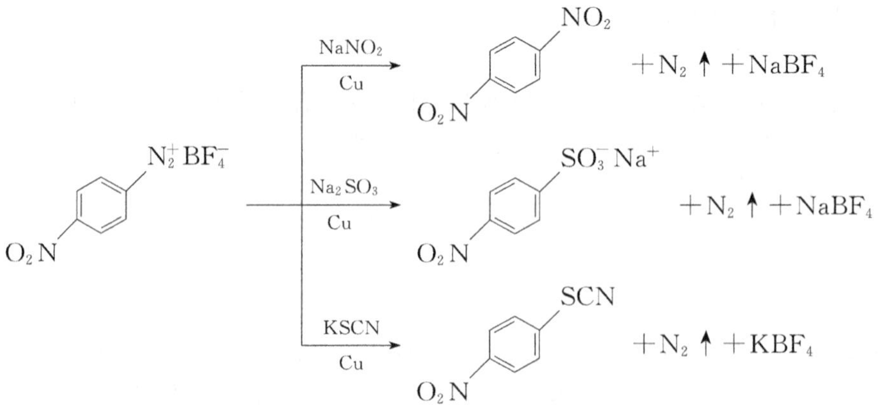

上述取代反应可看作芳环在特殊结构环境下发生的亲核取代,利用这些取代反应可以获得由

芳环亲电取代反应难以直接制得的化合物(如对二硝基苯等)。

③ 被羟基取代。

将硫酸重氮盐的酸性水溶液加热煮沸,重氮基即被羟基取代生成酚。该反应称为重氮盐的水解反应。例如:

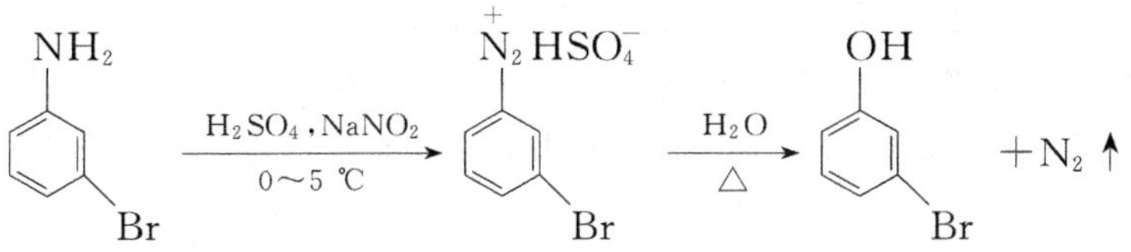

重氮盐若是在盐酸或氢溴酸等条件下产生,由于 Cl^- 或 Br^- 有较强的亲核性,会与芳基正离子结合生成副产物;若使用硫酸,由于 HSO_4^- 亲核性较水弱,可主要得到酚类产物。

水解生成酚时,强酸性条件是必需的,因为在中性条件下生成的酚会与未反应的重氮盐发生偶合生成偶氮化合物。

④ 被氢原子取代。

芳香重氮盐若与次磷酸水溶液反应,重氮基可被氢原子取代。由于重氮基来自氨基,该反应可间接将芳环上的氨基去掉,所以又称为去氨基还原反应。还原剂也可以用乙醇和碱性甲醇水溶液。例如:

$$ArN_2^+Cl^- + H_3PO_2 + H_2O \longrightarrow Ar{-}H + H_3PO_3 + N_2\uparrow + HCl$$

$$ArN_2^+HSO_4^- + C_2H_5OH \longrightarrow Ar{-}H + CH_3CHO + N_2\uparrow + HCl$$

在去氨基反应中,用乙醇作还原剂的产率一般在 50%～60%;而用次磷酸还原的效果比前者好,产率可达 80%左右。

巧妙地利用该反应,结合氨基的定位作用可以合成直接取代不能得到的产物,例如,3,5-二溴甲苯的合成:

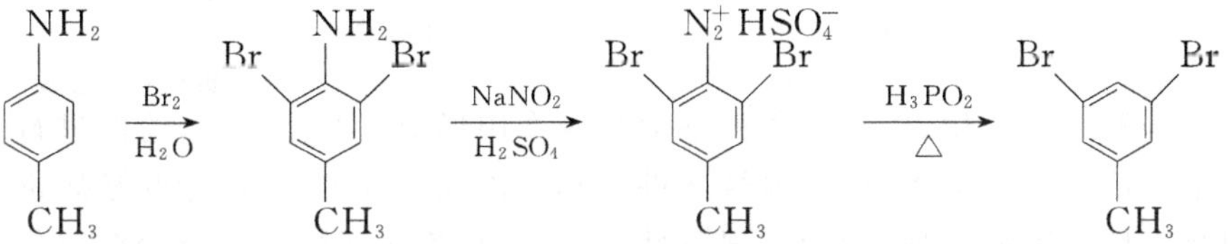

(2) 还原反应。

芳香重氮盐在 $SnCl_2$、Zn、Na_2SO_3 等还原剂的作用下发生保留氮的还原反应(留氮反应),生成相应的芳肼。例如:

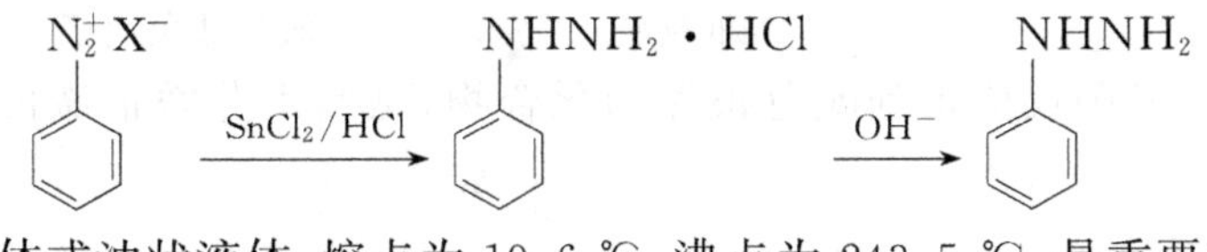

苯肼是无色晶体或油状液体,熔点为 19.6 ℃,沸点为 243.5 ℃,是重要的有机试剂,工业上常用于制备染料、药物、显影剂等,在实验室中常用作鉴定醛、酮和糖类化合物。苯肼具有还原性,在空气中尤其是在光照射下能变成棕色。苯肼有毒,使用时要注意安全。

若以较强还原剂与重氮盐作用,重氮盐将被还原成苯胺。

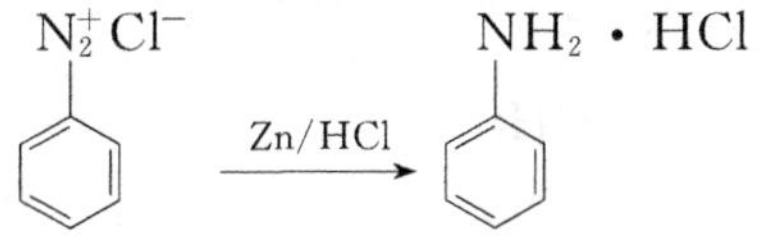

(3) 偶合反应。

如图 14-8 所示，重氮盐正离子实际上是两种杂化异构体(Ⅰ)和(Ⅱ)的平衡混合物。其中，(Ⅰ)式为直线形 sp 杂化，正电荷主要集中在与苯环直接相连的氮上；(Ⅱ)式为角型 sp^2 杂化，正电荷主要集中在末端氮的 sp^2 空轨道上，具有接受电子对的能力，因此重氮盐又是一种弱亲电试剂。在适当的 pH 条件下，重氮盐正离子(Ⅱ)可与连有强供电子基的酚或芳胺发生亲电取代反应，生成两个芳环通过偶氮基(—N═N—)相连的偶氮化合物。通常将这种芳香亲电取代反应称为偶合反应(diazonium coupling reaction)，也称偶联反应。

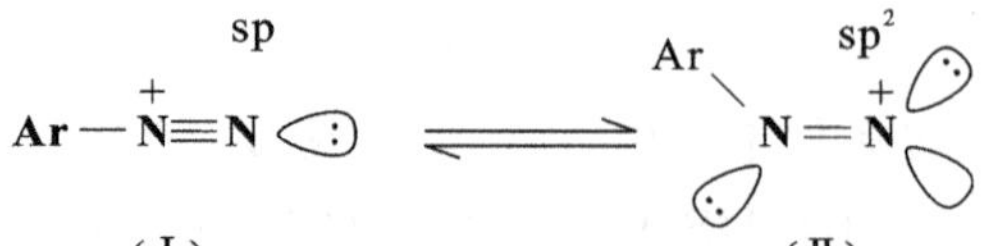

(Ⅰ)　　(Ⅱ)

图 14-8　重氮正离子的两种杂化异构体

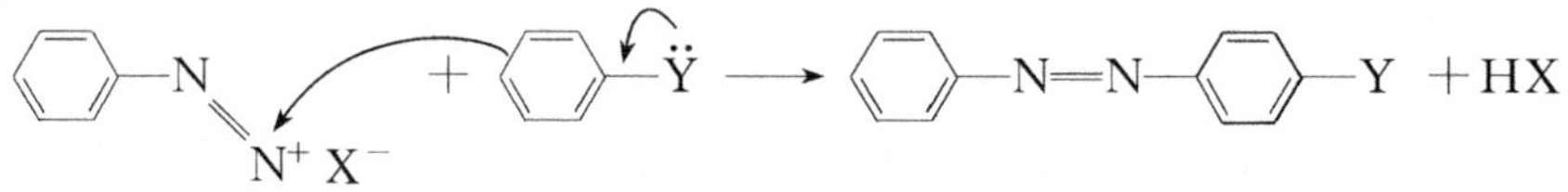

Y=OH，NHR，NR₂　　偶氮化合物

① 与酚的偶合反应。

芳香重氮盐与酚类的偶合需要在弱碱性(pH＝8～10)条件下进行。偶合反应主要发生在酚羟基的对位，当对位有取代基时则得邻位偶合产物。

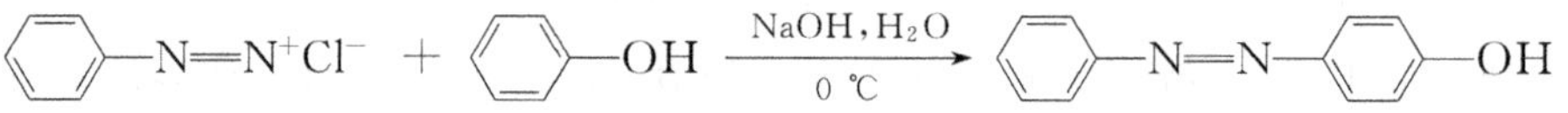

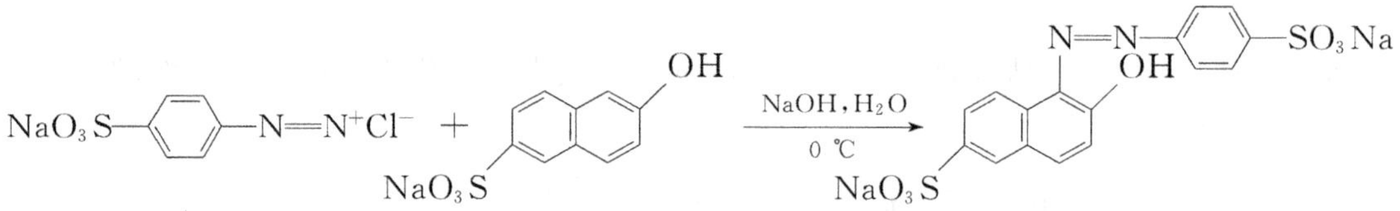

日落黄(食用色素)

由于酚是弱酸性化合物，在碱性条件下酚与碱作用形成酚盐 ArO^-，酚盐进行亲电取代反应时其反应活性比相应的酚大，所以碱性条件有利于酚与亲电试剂芳香重氮盐正离子发生偶合反应。但是碱性也不能太强，因为在强碱性(pH＞10)条件下芳香重氮盐会与氢氧根离子反应，生成失去亲电能力的重氮酸或重氮酸盐负离子，导致偶合反应速率降低或反应终止。

$$ArN{\equiv}\overset{+}{N} \underset{H^+}{\overset{OH^-}{\rightleftharpoons}} ArN{=}N{-}OH \underset{H^+}{\overset{OH^-}{\rightleftharpoons}} ArN{=}N{-}O^-$$

重氮酸　　重氮酸盐负离子

芳香重氮盐与β-萘酚反应得到颜色很深的化合物，是鉴别芳香伯胺的特征反应，见本章第二节。

② 与胺的偶合反应。

芳香重氮盐与芳香叔胺在弱酸性(pH＝5～7)条件下迅速发生偶合。偶合反应一般发生在氨基的对位，当对位有取代基时才在邻位发生偶合。

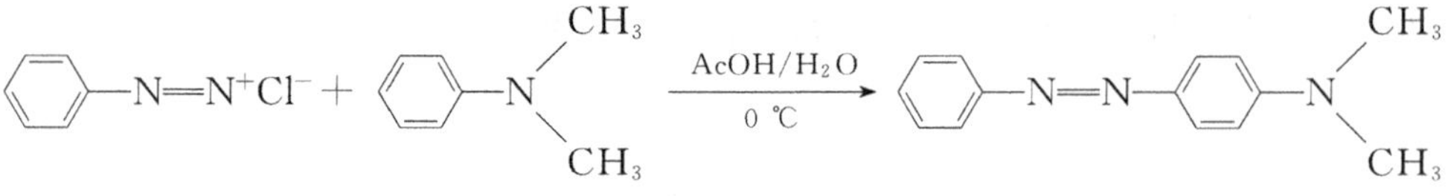

对-N，N-二甲氨基偶氮苯

与胺的偶合之所以需要在弱酸性条件下进行，是因为芳香重氮盐正离子在酸性条件下的浓度最高，对偶合反应（亲电取代反应）有利。另一方面，芳香叔胺在水中溶解度不大，在弱酸性条件下芳香叔胺可形成铵盐而增大溶解度，但芳香胺又并未全部转化为铵盐，随着偶合反应中芳香胺的消耗，芳香铵盐会逐渐转化成芳香胺以满足反应的需要。但反应体系的酸性不能太强，当溶液的 pH<5 时会因大量形成铵盐而使芳香胺的浓度降低，导致偶合反应变慢甚至终止。

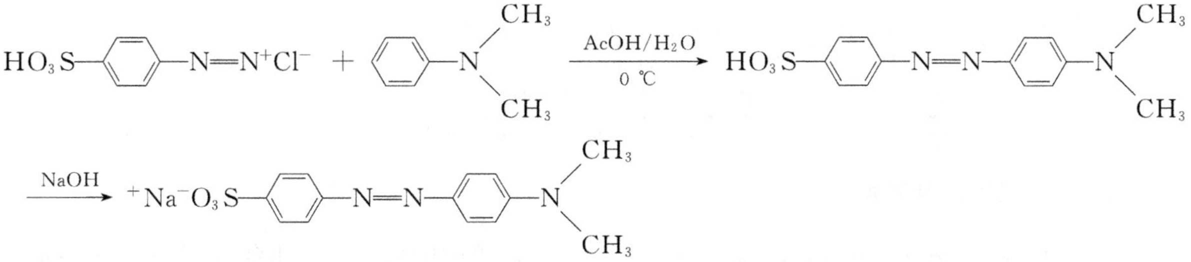

甲基橙

在冷的弱酸性溶液中，芳伯胺和芳仲胺也可以和芳香重氮盐发生偶合反应。由于氮上还留有活泼氢原子，偶合反应首先发生在氮原子上，偶合产物为重氮氨基化合物。因为芳伯胺生成的重氮氨基苯的氮原子上还有一个氢原子，可发生互变异构。

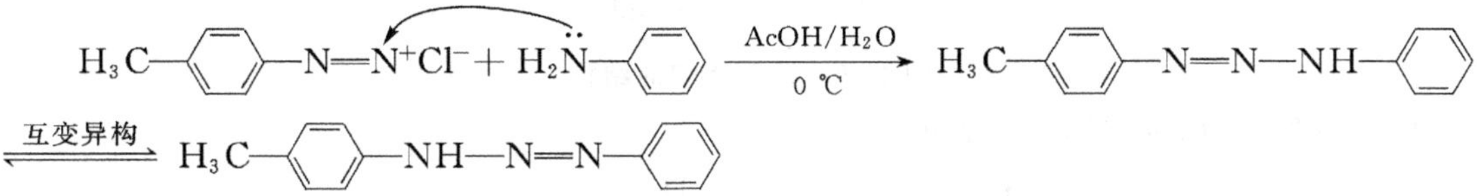

重氮氨基化合物在酸性介质中加热，可重排成偶氮化合物。

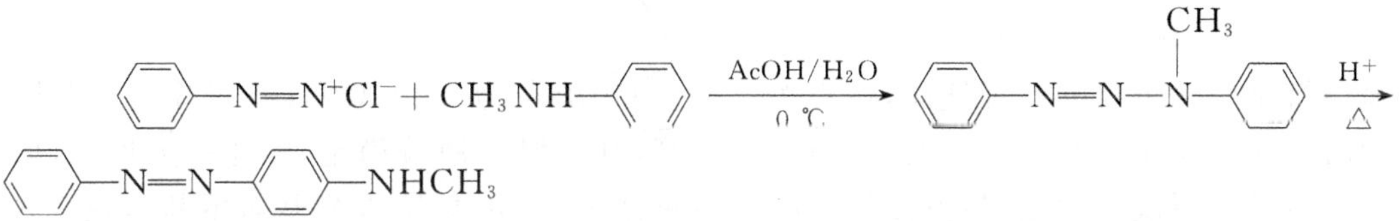

3. 偶氮化合物的组成及用途

偶氮化合物都是有颜色的化合物，故大多数被用作染料或指示剂。据统计，目前世界上偶氮染料占合成染料的 60%以上。

偶氮化合物中的氮原子采取 sp^2 杂化，氮氮双键类似于碳碳双键，分子呈平面。例如，偶氮苯就有两种几何异构体，反式比顺式稳定，两种异构体在光照或加热条件下可相互转换。

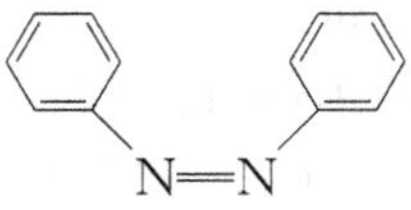

顺式（熔点为 71.4 ℃）

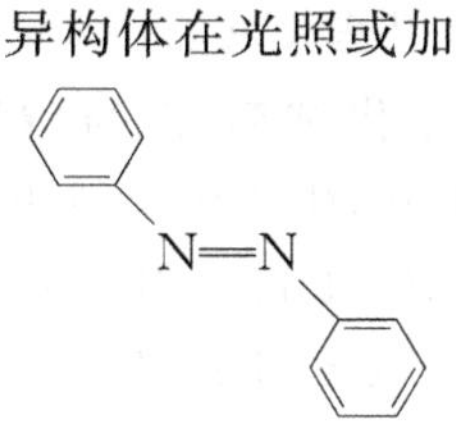

反式（熔点为 68 ℃）

偶氮化合物除了常用作染料或指示剂外还有很多其他重要的应用，如可作为一种新型信息存储材料或聚合反应的引发剂等。

偶氮苯在碱性介质中可被锌粉还原成氢化偶氮苯，在酸性介质中则被还原成苯胺：

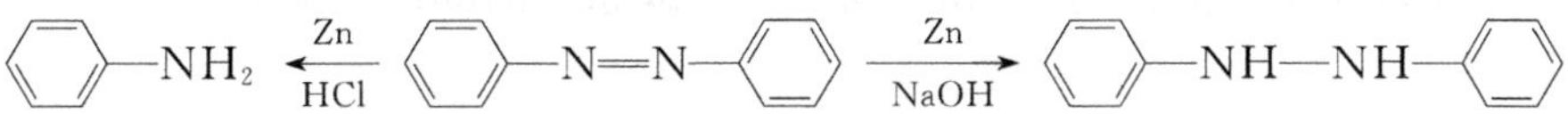

芳香重氮盐在酸性介质中也可与 $SnCl_2$、$NaHSO_3$ 等还原剂作用，发生留氮还原反应，生成相应的苯肼。例如：

纯的苯肼在实验室中常用作鉴定醛、酮和糖类化合物的试剂。

思考题 14-5　完成下列反应方程式。

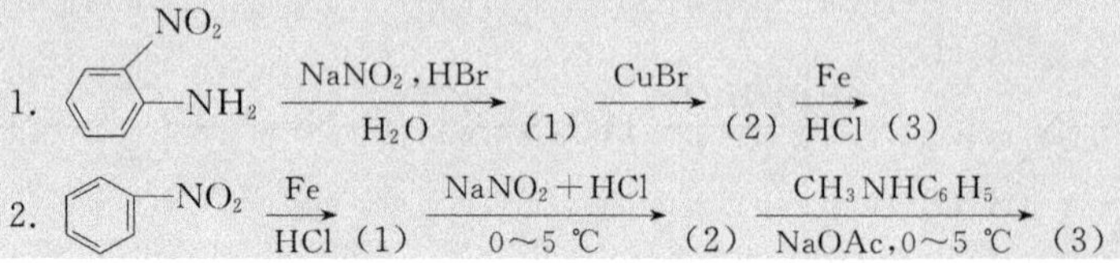

14.2.7　重氮甲烷及其反应

重氮甲烷(diazomethane，分子式为 CH_2N_2)是最简单的脂肪族重氮化合物，它是一个线形分子，其轨道结构如图 14-9 所示。

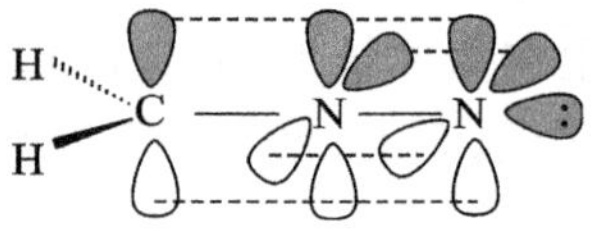

图 14-9　重氮甲烷的结构

重氮甲烷的结构也可用下式表示：

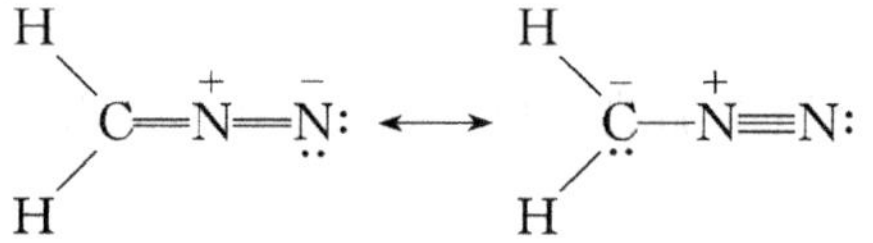

重氮甲烷是一种黄色的有毒气体，熔点为 −145 ℃，沸点为 −23 ℃，具有爆炸性，因此制备及使用时要注意安全。它易溶于乙醚、四氢呋喃等，其乙醚溶液较稳定，因此一般使用其乙醚溶液。制备重氮甲烷最常用、最方便的方法是用碱分解 *N*-甲基-*N*-亚硝基对甲基苯磺酰胺。

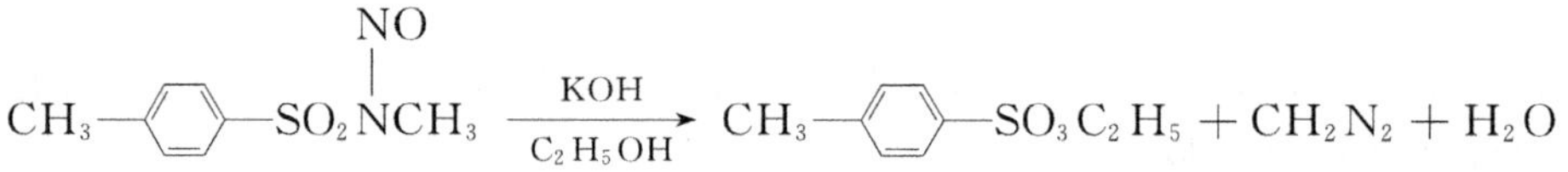

重氮甲烷非常活泼，能发生多种化学反应，是一种重要的有机合成试剂。

1. 与活泼氢化合物的甲基化反应

重氮甲烷是重要的甲基化试剂，能与羧酸、酚、β-二酮、β-酮酸酯等含酸性氢的化合物反应，使活泼氢原子转变成甲基，生成甲酯或甲醚。例如：

$$RCOOH + CH_2N_2 \longrightarrow RCOOCH_3 + N_2\uparrow$$

$$ArOH + CH_2N_2 \longrightarrow ArOCH_3 + N_2\uparrow$$

$$CH_3\overset{\overset{O}{\|}}{C}CH_2COC_2H_5 + CH_2N_2 \longrightarrow CH_3\overset{\overset{OCH_3}{|}}{C}{=}CH\overset{\overset{O}{\|}}{C}OC_2H_5 + N_2\uparrow$$

2. 与醛、酮反应

重氮甲烷与醛、酮反应能得到比原醛、酮多一个碳原子的酮。反应如下：

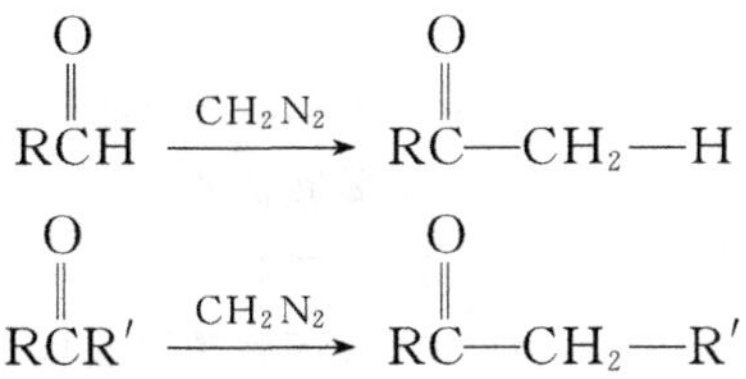

反应过程中首先由重氮甲烷与羰基加成，然后发生亲核性脱氮重排。

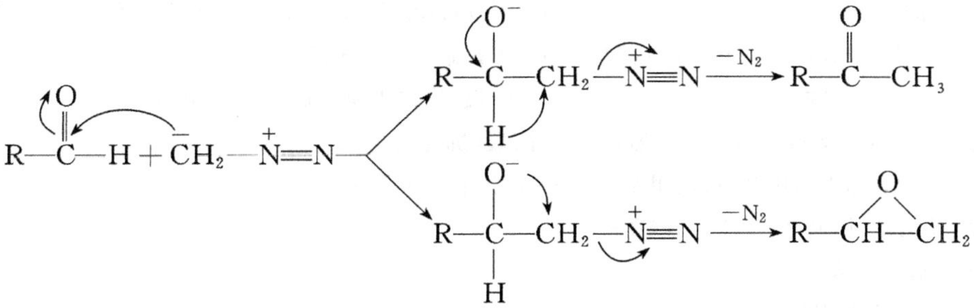

此反应可视为亚甲基（—CH_2—）插入羰基与邻近键合原子之间的反应。此法可用于环酮的扩大，同时会有少量环氧化合物生成。例如：

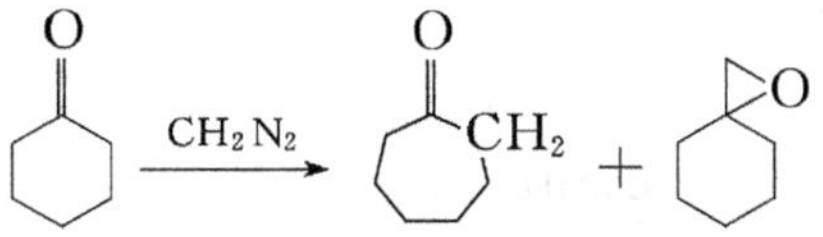

一般重氮甲烷的—CH_2—插入羰基与邻近键合原子之间的难易次序由大到小为—H＞—Ar＞—R，即醛＞芳香酮＞脂肪酮。

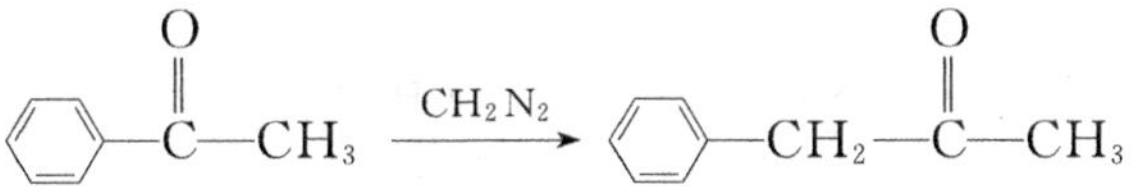

3．分解成卡宾的反应

在光照、加热或铜催化的条件下，重氮甲烷能够脱氮分解成最简单的卡宾（:CH_2）。

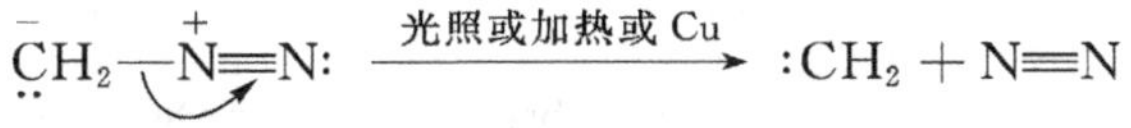

习　题

1．命名下列化合物。

(1) $CH_3CH_2NHCH(CH_3)_2$

(2) $CH_3CH_2\underset{NH_2}{\underset{|}{C}H}CH_2CH_2\underset{CH_3}{\underset{|}{C}H}CH_3$

(3) 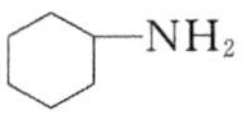

(4) 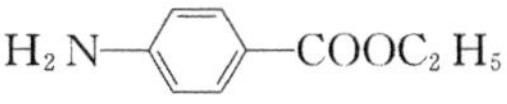

(5) 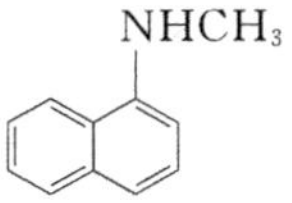

(6) 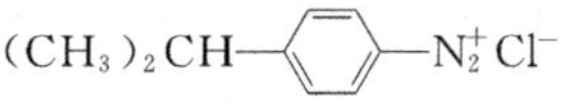

(7) $C_6H_5CH_2\overset{+}{N}(CH_3)_3OH^-$

(8) 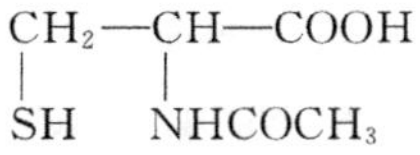

2. 写出下列化合物的结构式。

(1) TNT(炸药)　　(2) 2,4,6-三硝基-5-叔丁基-1,3-二甲苯

(3) 仲丁胺　　(4) 苯胺盐酸盐

(5) 二乙胺　　(6) 乙二胺

(7) 双(2-氯乙基)胺　　(8) 异丙胺苯甲酸盐

(9) 2-氨基-乙醇　　(10) *N*-乙基-*N*-甲基环己胺

(11) *p*-氨基苄胺　　(12) 反-4-氨甲基环己烷甲酸(优势构象)

(13) (S)-2-氨基-3-(3,4-二羟基苯基)丙酸　　(14) *p*-硝基氯化苯重氮盐

(15) 5-硝基-1,2-苯二胺　　(16) 反-4′-二甲氨基偶氮苯-2-甲酸

(17) 3-对[双(2-氯乙基)氨基]-2-甲酰氨基-苯基丙酸(抗肿瘤药)

(18) 乙基二甲基(邻溴苯甲基)铵对甲基苯磺酸盐(抗心律失常药)

(19) 苄基(炔丙基)甲基胺(优降宁,降压药)

(20) 氯化丁基三甲基铵

3. 写出下列反应的主要产物。

(1) $CH_3NO_2 + HCHO \xrightarrow{OH^-}$

(2) 

(3) $BrCH_2CH_2Br \xrightarrow{KCN} \quad \xrightarrow[②H_2O]{①LiAlH_4}$

(4) 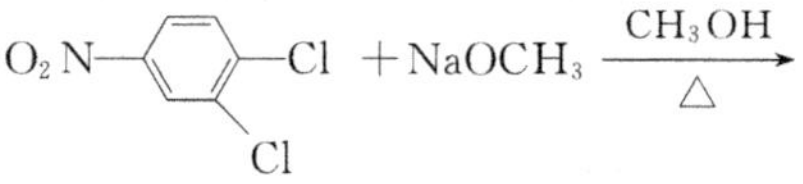

(5) 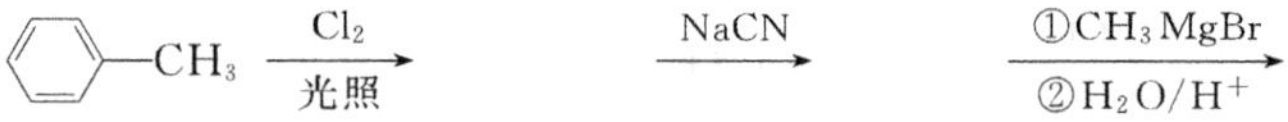

(6) 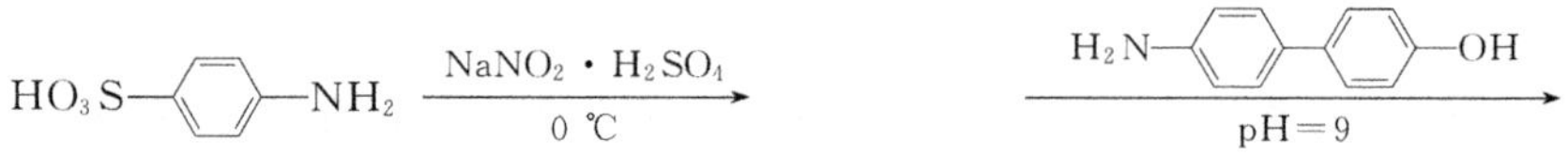

(7) 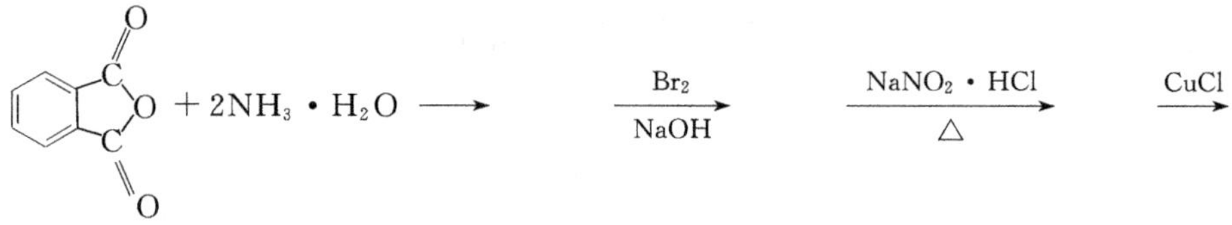

(8) 

(9) 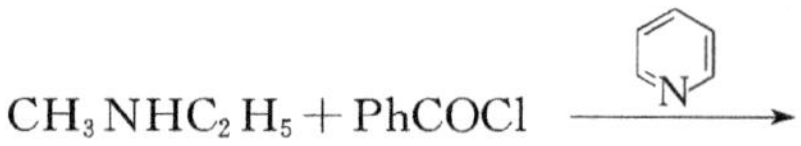

(10) 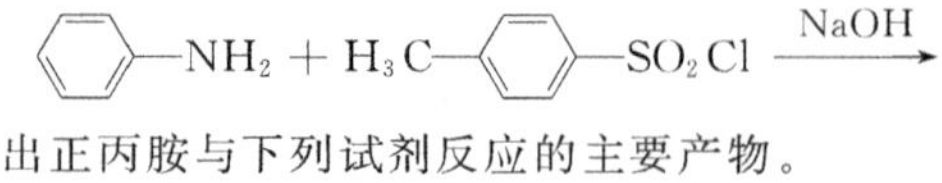

4. 试写出正丙胺与下列试剂反应的主要产物。

(1) 稀 HCl　　(2) 乙酰氯　　(3) 氯乙烷　　(4) 苄基溴

(5) 邻苯二甲酸酐　　(6) NaOH+HCl(低温)　　(7) 丙酮,H_2+Ni

(8) 苯磺酰氯，KOH(水溶液)　(9) 对硝基苯甲酰氯＋吡啶

(10) 1-氯-2,4,6-三硝基苯　(11) 过量碘甲烷，之后 Ag_2O，加热

5. 试写出氯化对甲苯重氮盐与下列试剂反应的主要产物。

(1) H_3PO_2　(2) KI　(3) HBr/CuBr

(4) HBF_4，加热　(5) CuCl　(6) C_6H_5OH(弱碱性溶液)

(7) 苯胺　(8) 对甲基苯酚　(9) *N*,*N*-二甲基苯胺

(10) CuCN，加热

6. 填写下列反应中的试剂、条件或产物。

(1) $CH_3CH{=}CH_2 \xrightarrow{(\quad)} ClCH_2CH{=}CH_2 \xrightarrow{(\quad)} ClCH_2CHClCH_2Cl \xrightarrow{(\quad)} ClCH_2CCl{=}CH_2 \xrightarrow{(\quad)} CH_2{=}CClCH_2\overset{+}{N}(CH_3)_3\overset{-}{Cl}$

(2) 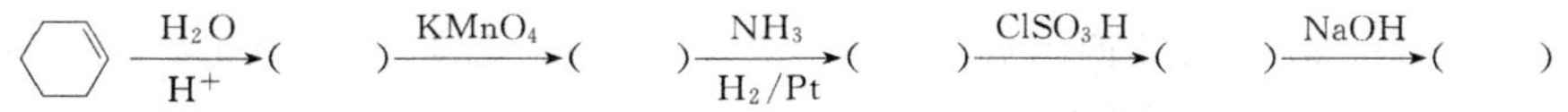

7. 用化学方法鉴别下列各组化合物。

(1) 苯胺，苯酚，环己胺，环己醇

(2) 对乙基苯胺，*N*-乙基苯胺，*N*,*N*-二乙基苯胺

(3) 间硝基甲苯，α-硝基甲苯

(4) 乙胺，二乙胺，三乙胺

(5) 硝基环己烷，硝基苯，苯胺

8. 设计简便的化学方法分离下列各组混合物，以流程图表示。

(1) 苯胺，苯酚，硝基苯

(2) 环己醇，环己酮，环己胺

(3) 乙酰苯胺，苯胺

9. 完成下列转化的反应式。

(1) 丙烯⟶异丙胺　(2) 乙烯⟶丁-1,4-二胺

(3) 苯⟶对溴苯胺　(4) 环己烷羧酸⟶环己胺

(5) 乙醇、异丙醇⟶乙基异丙基胺　(6) 苯、乙醇⟶α-乙氨基乙苯

(7) 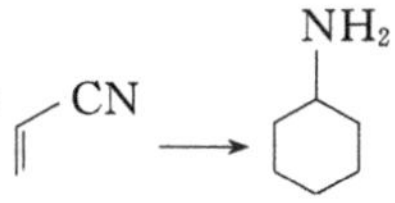

(8) 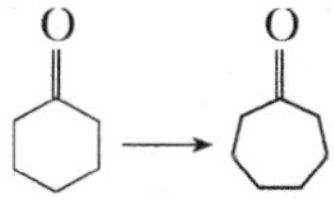

(9) 3-甲基丁-1-醇⟶$(CH_3)_2CHCH_2CH_2NH_2$、$(CH_3)_2CHCH_2CH_2CH_2CH_2NH_2$、$(CH_3)_2CHCH_2NH_2$

10. 比较下列分子中氯原子在碱性条件下的水解反应活性并排列成序。

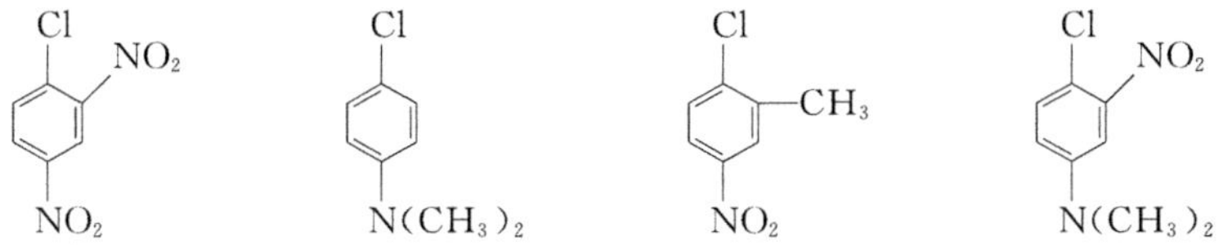

11. 将下列各组化合物按其在水溶液中的碱性强弱排列成序。

(1) 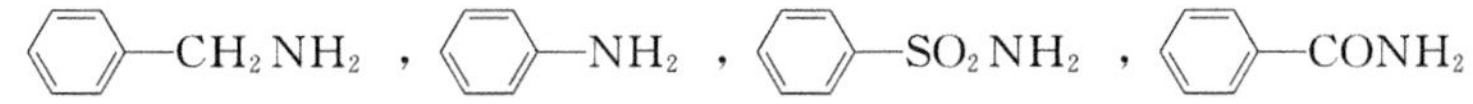

(2) 乙酰胺，二乙胺，丁二酰亚胺，氢氧化四甲铵

(3) 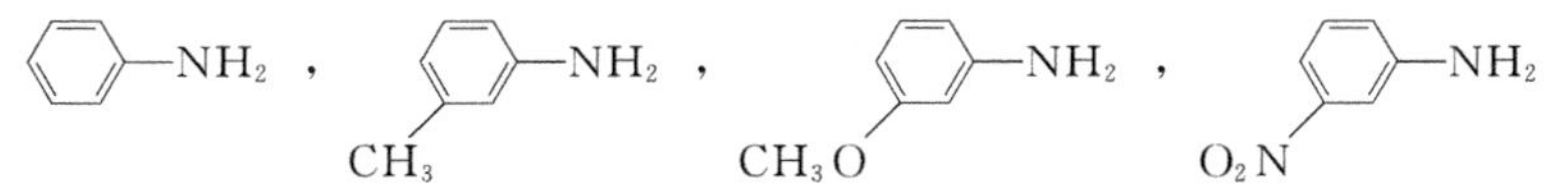

12. 下列胺的分子式都为 $C_5H_{13}N$，试从霍夫曼彻底甲基化产物推导原胺可能的结构式。

(1) 消耗一分子碘甲烷，最终生成丙烯

(2) 消耗两分子碘甲烷，最终生成乙烯和一个叔胺

(3) 消耗三分子碘甲烷，原胺有旋光性

13. 化合物 A 的分子式为 $C_9H_{17}N$，不含双键。经霍夫曼彻底甲基化三个循环后得到一分子三甲胺和一分子烯烃。已知每一个霍夫曼彻底甲基化循环只能吸收一分子碘甲烷，最后生成的烯烃经臭氧化反应后生成两分子甲醛、一分子丙二醛和一分子丁二醛。试写出 A 的结构式。

14. 某碱性化合物 A（C_4H_9N）经臭氧化反应后生成的产物中有一分子甲醛。A 与过量的碘甲烷作用生成 B（$C_7H_{16}IN$），B 与潮湿氧化银反应再加热分解得 C（C_4H_6），C 与丁炔二酸二甲酯反应得 D（$C_{10}H_{12}O_4$），D 在钯存在下脱氢生成邻苯二甲酸二甲酯。试推断 A 的结构式，并写出有关反应。

15. 某芳烃分子式为 $C_6H_3BrClNO_2$，经 Fe/HCl 还原，再重氮化，所得重氮盐与次磷酸溶液反应得对氯溴苯。原芳烃经碱水解得分子式为 $C_6H_4ClNO_3$ 的化合物。试推断该芳烃的结构式。

16. 毒芹碱（coniine，分子式为 $C_8H_{17}N$）是毒芹中的有毒成分，其核磁共振谱没有双峰。毒芹碱与 2 mol CH_3I 反应，再与湿 Ag_2O 反应，热解产生中间体 $C_{10}H_{21}N$，后者进一步甲基化转变为氢氧化物，再热解生成三甲胺、辛-1,5-二烯和辛-1,4-二烯。试推测毒芹碱和中间体的结构式。

第15章 杂环化合物

杂环化合物(heterocyclic compound)是指成环原子中除了碳原子之外还含有其他原子的一类环状化合物。这些参与成环的非碳原子称为杂原子,一般二价以上的原子都可以成为杂原子,常见的杂原子是氧、硫、氮。

杂环化合物的种类繁多,数量庞大,是有机化合物中数目最大的一类。据统计,在已发现的几百万种有机化合物中杂环化合物占总数的65%以上。这类化合物广泛存在于自然界中,许多天然的杂环化合物在生物体内起着极其重要的生理作用。植物中的叶绿素和其他植物色素、动物血液中的血红素、遗传因子DNA和RNA中的含氮碱基、蛋白质中的色氨酸与组氨酸、中草药中的有效成分如生物碱、生物酶和辅酶中起催化生化反应的活性部位等都是含氮杂环化合物。除了天然的杂环化合物以外,合成的杂环化合物的数量也在不断增加,许多合成药物中也含有杂环,如抗生素、维生素、抗肿瘤类药物等,可以说绝大多数药物和半数以上的有机化合物都为杂环化合物。可见,杂环化合物在有机化学领域尤其是生命科学中占有极其重要的地位。

前面章节曾学过的环醚、环酸酐、内酯、交酯、内酰胺等化合物也是杂环化合物,但是它们的环容易形成也容易开环,在性质上与同类的开链化合物相似,虽属于广义的杂环化合物,但通常不把它们列入杂环化合物的范围,而是放入相应的脂肪族化合物中讨论。

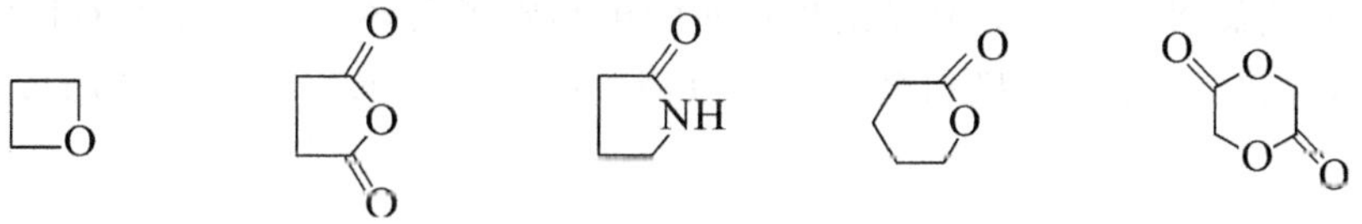

1,3-环氧丙烷　　丁二酸酐　　γ-丁内酰胺　　δ-戊内酯　　乙交酯

本章将着重讨论一些基本的、环系比较稳定的、具有一定芳香性的杂环化合物,其中以五元杂环、六元杂环以及稠杂环化合物为重点。这类化合物具有芳香化合物的特点,因此可以通称为芳(香)杂环化合物(aromatic heterocycle)。

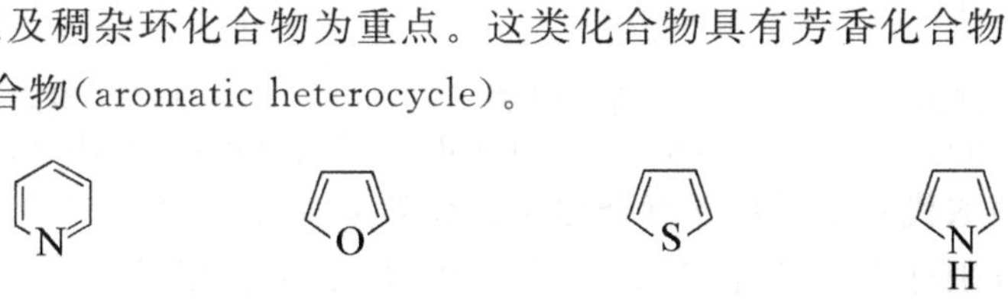

吡啶　　呋喃　　噻吩　　吡咯

15.1 杂环化合物的分类和命名

15.1.1 杂环化合物的分类

因为杂环化合物种类繁多、数目庞大,所以分类方法也较多。常见的分类方法有:

(1) 根据是否有芳香性可将杂环化合物分为芳香性杂环和非芳香性杂环(简称芳杂环和脂杂环)两大类。前面章节所学的杂环化合物大多为脂杂环化合物。本章重点讨论的是具有

$4n+2$ 个 π 电子的环状平面型共轭体系的芳杂环类化合物。

(2) 根据环的大小可将杂环化合物分为五元杂环和六元杂环两大类。

(3) 按照杂环中杂原子数目的多少可将杂环化合物分为单杂原子杂环、双杂原子杂环和多杂原子杂环。

(4) 根据环的数目可将杂环化合物分为单(环)杂环和稠(环)杂环。

(5) 根据所含杂原子的种类可将杂环化合物分为氮杂环、氧杂环和硫杂环等。

(6) 根据杂环上环碳原子的电子密度分类可将杂环化合物分为多(富)π 电子芳杂环(通常是五元芳杂环)和缺 π 电子芳杂环(通常是六元芳杂环)。

综合考虑各类杂环化合物的性质和分子结构因素,还可以将杂环化合物分为单杂环、稠杂环、巨杂环、螺杂环、桥杂环和杂环多面体等。

思考题 15-1　下列不属于芳香杂环化合物的是(　　)。

A. 吡咯　　B. 嘧啶　　C. 吡喃　　D. 吡啶

15.1.2　杂环化合物的命名

杂环化合物的命名比较复杂,现广泛应用的是音译法,是在 IUPAC(2013)命名原则基础上保留了特定的 45 个杂环化合物的俗名或半俗名,中文对这些具有特定名称的杂环母核的命名,选用同音汉字左边加"口"旁,用来表示环状化合物,如 furan 译成呋喃,pyridine 译成吡啶。常见的具有特定名称的杂环母核的命名如表 15-1 所示。

1. 有特定名称的杂环及其衍生物的命名规则

1) 单杂原子杂环

从杂原子开始编号(表 15-1 中五元和六元的单杂原子杂环部分),环上有取代基时使其位次尽可能较小,并将其位次、数目和名称依次以词头或词尾的形式加在杂环母核名称之前或之后。例如:

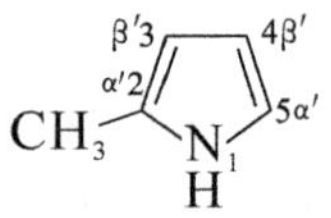

2-甲基吡咯
2-methylpyrrole

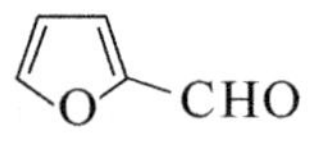

呋喃-2-甲醛
furan-2-carbaldehyde

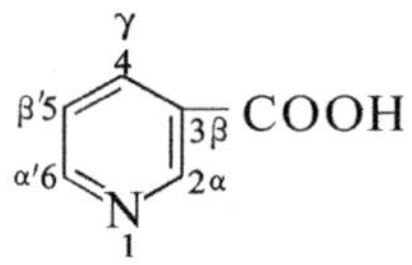

吡啶-3-甲酸
pyridine-3-carboxylic acid

单杂原子杂环的取代基也可从邻近杂原子的位置开始用 α、β、γ 等希腊字母编号,如上面列举的化合物又可分别称为 α-甲基吡咯、呋喃-α-甲醛、吡啶-β-甲酸。

2) 双杂原子杂环

命名时应使杂原子的编号尽可能低。杂原子不同时按 O、S、—NH、—N═的先后顺序编号(表 15-1 中五元和六元的双杂原子杂环部分)。例如:

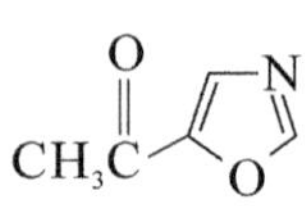

噁唑-5-乙酮
1-(oxazole-5-yl)ethanone

噻唑-2-乙酰胺
thiazole-2-acetamide

表 15-1　常见杂环化合物母环结构、分类、名称和编号

杂环分类		碳环母核	杂环母核				
五元杂环	单杂原子杂环	 环戊二烯 (茂)	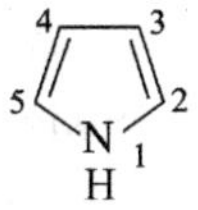 吡咯 pyrrole	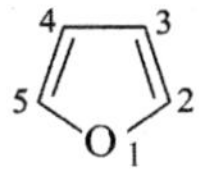 呋喃 furan	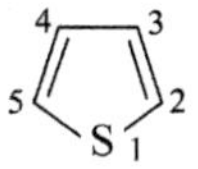 噻吩 thiophene		
	双杂原子杂环		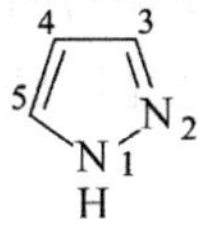 吡唑 prazole	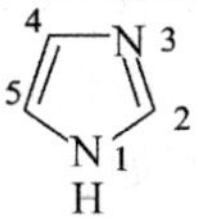 咪唑 imidazole	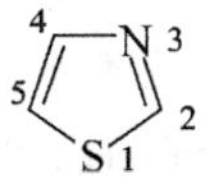 噻唑 thiazole	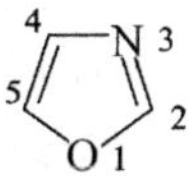 噁唑 oxazole	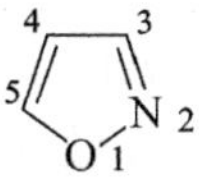 异噁唑 isoxazole
六元杂环	单杂原子杂环	 苯	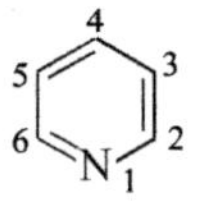 吡啶 pyridine	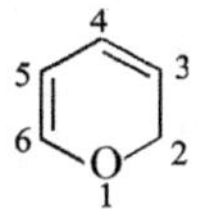 2*H*-吡喃 2*H*-pyran	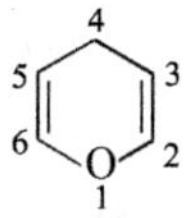 4*H*-吡喃 4*H*-pyran		
	双杂原子杂环		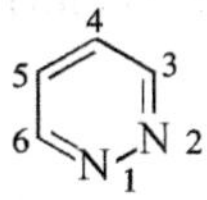 哒嗪 pyridazine	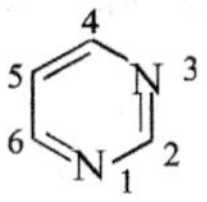 嘧啶 pyrimidine	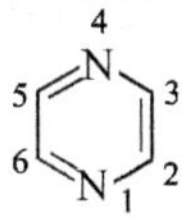 吡嗪 pyrazine		
稠杂环		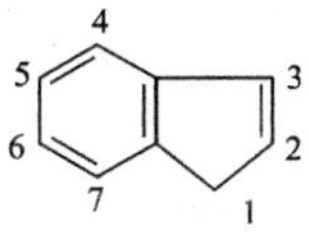 茚	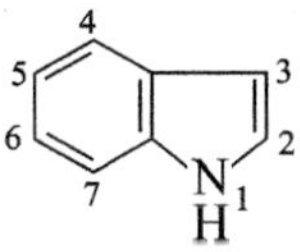 吲哚 indole	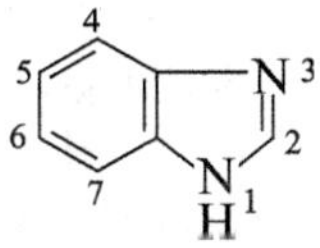 苯并咪唑 benzimidazole	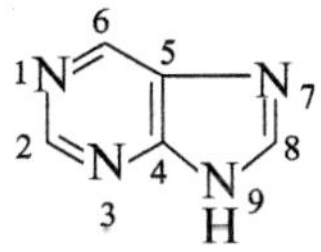 嘌呤 purine		
		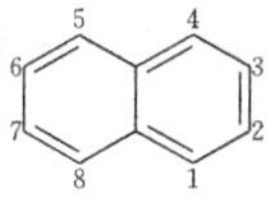 萘	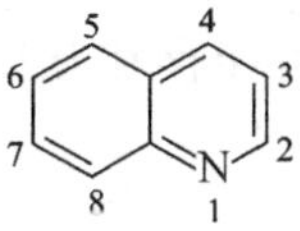 喹啉 quinoline	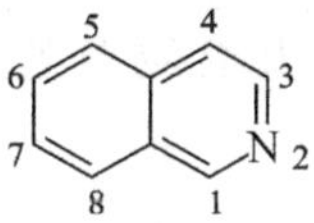 异喹啉 isoquinoline	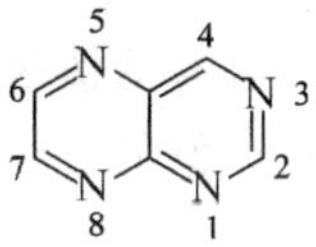 蝶啶 pteridine		
		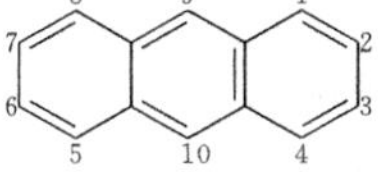 蒽	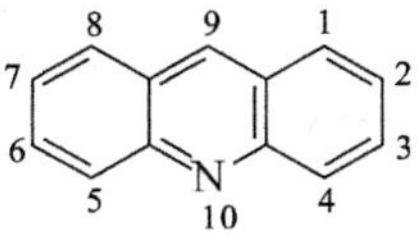 吖啶 acridine	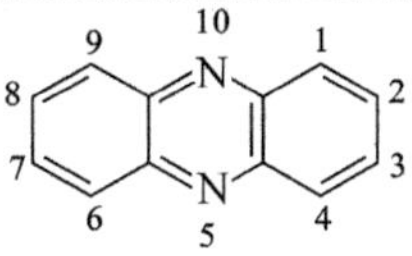 吩嗪 phenazine			

3）稠杂环

稠杂环大多按照相应稠芳烃碳环母核编号，但少数稠杂环如嘌呤、吩嗪等有特殊规定的编号（表 15-1 中稠杂环部分）。例如：

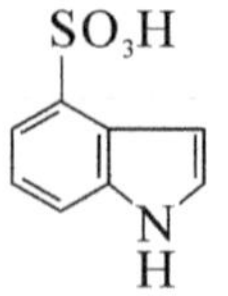

吲哚-4-磺酸

indole-4-sulfonic acid

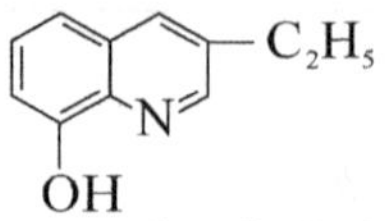

3-乙基-8-羟基喹啉

3-ethyl-8-hydroxyquinoline

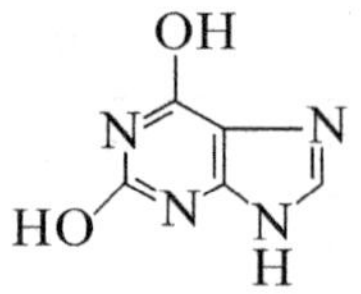

2,6-二羟基嘌呤

2,6-dihydroxypurine

4)标氢

标氢又称指示氢,是指当环上已经含有最多数目的非累积双键时成环的饱和原子所连接的氢原子。当杂环母核上连有标氢时,应使标氢的编号尽可能低,且将标氢用位次加 *H*(斜体大写)的形式写在母体名称的前面。例如:

1*H*-吡咯(简称吡咯)

1*H*-pyrrole(pyrrole)

2*H*-吡咯

2*H*-pyrrole

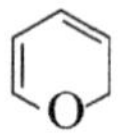

2*H*-吡喃

2*H*-pyran

4*H*-吡喃

4*H*-pyran

5)外加氢

额外氢又称外加氢,是指当环上不含有最多数目的非累积双键时多出的氢原子。当杂环母核上连有额外氢时,要标明其位次和数目,全饱和时位次可略。例如:

2,5-二氢呋喃

2,5-dihydrofuran

四氢呋喃

terahydrofuran(THF)

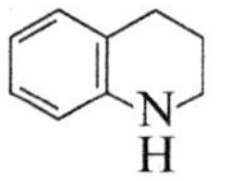

1,2,3,4-四氢喹啉

1,2,3,4-tetrahydroruinoline

六氢吡啶(又称哌啶)

hexahydropyridine

6)互变异构

含有活泼氢的杂环化合物及其衍生物可能存在互变异构体,命名时需标明其两种可能的位号。例如:

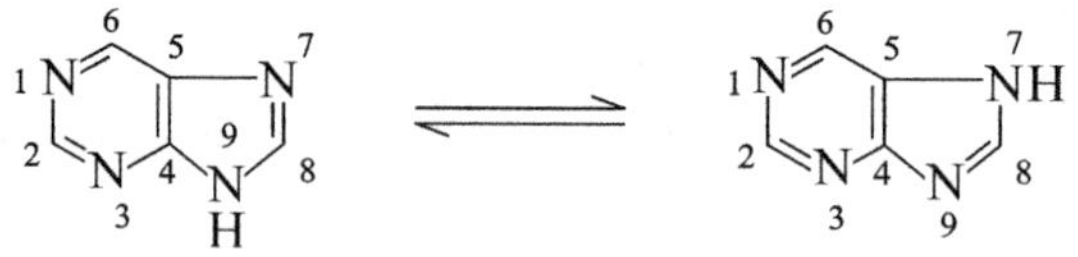

9*H*-嘌呤(简称嘌呤)　　7*H*-嘌呤

9*H*-purine(purine)　　7*H*-purine

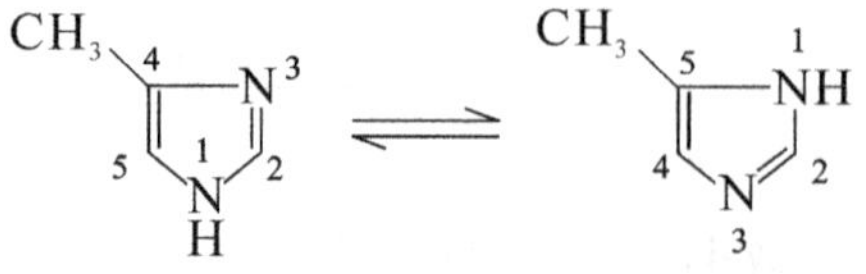

4-甲基咪唑　　5-甲基咪唑

4(5)-甲基咪唑

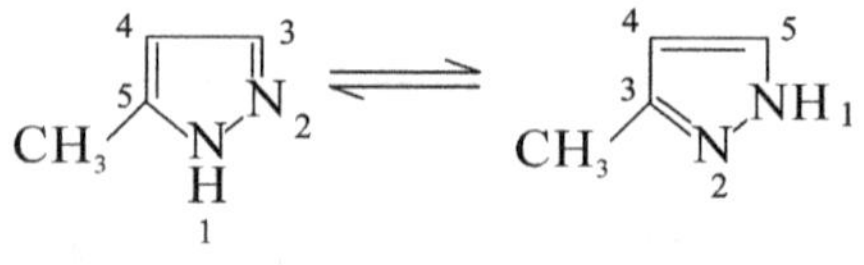

5-甲基吡唑　　3-甲基吡唑

3(5)-甲基吡唑

2. 无特定名称的稠杂环母环的命名规则

无特定名称的稠杂环的命名比较复杂，通常将稠杂环看作两个单杂环（或一个芳碳环和一个单杂环）并合在一起的化合物。一个环选定为基本环（或称母体），将它的名称作为词尾；另一个环则作为附加环（或称取代环），将它的名称作为词头。命名时，附加环名称在前，基本环名称在后，二者中间用“并”字连接。“并”字后的方括号内，用阿拉伯数字表示附加环稠合原子的编号位次，用英文字母表示基本环的稠合边，阿拉伯数字在前，英文字母在后，二者之间用短横线“-”隔开。例如：

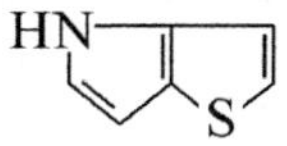

噻吩并[3，2-b]吡咯

thieno[3，2-b]pyrrole

附加环　附加环编号　基本环编号　基本环

1）基本环的选择原则

（1）芳碳环和杂环组成的稠杂环，选择杂环为基本环，例如：

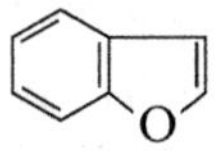

苯并呋喃

benzofuran

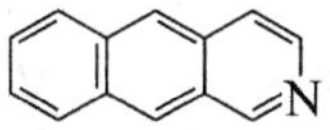

苯并[g]异喹啉（不称萘并吡啶）

benzo[g]isoquinoline

（2）大小不同的两个杂环组成的稠杂环，选择大的杂环为基本环，例如：

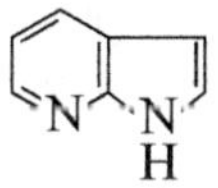

吡咯并[2，3-b]吡啶

pyrro[2，3-b]pyridine

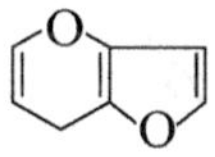

呋喃并[3，2-b]吡喃

furo[3，2-b]pyran

（3）大小相同而两杂原子种类不同的两个杂环组成的稠杂环，按氮、氧、硫的顺序选择基本环，例如：

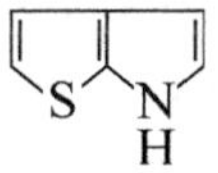

噻吩并[2，3-b]吡咯

thieno[2，3-b]pyrrole

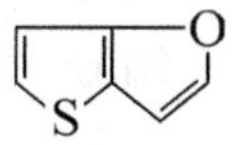

噻吩并[3，2-b]呋喃

thieno[3，2-b]furan

（4）大小相同而杂原子数目不同的两个杂环组成的稠杂环，选择含杂原子数目多的杂环为基本环，例如：

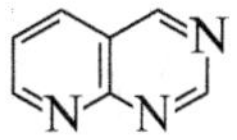

吡啶并[2，3-d]嘧啶

pyrido[2，3-d]pyrimidine

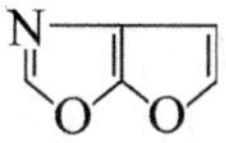

呋喃并[2，3-d]噁唑

furo[2，3-d]oxazole

(5) 大小及杂原子数目相同但杂原子种类不同的两个杂环组成的稠杂环,选择含杂原子种类多的杂环为基本环,例如:

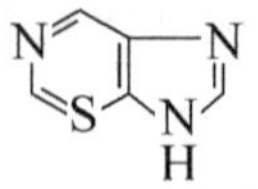

咪唑并[4,5-e]噻嗪

imidazo[4,5-e][1,3]thiazine

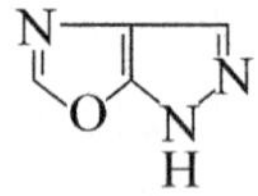

吡唑并[4,5-d]噁唑

pyrazolo[4,5-d]oxazole

(6) 大小及杂原子种类、数目均相同的两个杂环组成的稠杂环,选择稠合前杂原子编号较小的杂环为基本环,例如:

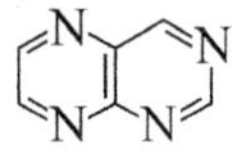

吡嗪并[2,3-d]嘧啶

pyrazino[2,3-d]pyrimidine

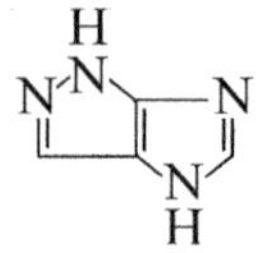

咪唑并[4,5-c]吡唑

imidazo[4,5-c]pyrazole

2) 稠和边的表示方法

稠杂环的稠和边(即共用边)是用附加环和基本环两组分的位号来表示。基本环从 1 位原子开始用英文字母 a,b,c,…依次表示各边的编号,附加环用阿拉伯数字 1,2,3,…依次表示各原子的编号。当有选择时,应使稠和边位号尽可能小。阿拉伯数字的书写要与英文字母的排序方向一致,顺序相同时数字从小到大,顺序相反时数字从大到小。芳碳环不用编号。例如:

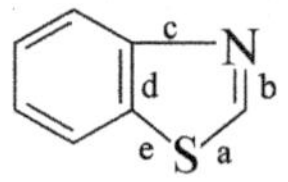

苯并[d]噻唑

benzo[d]thiazole

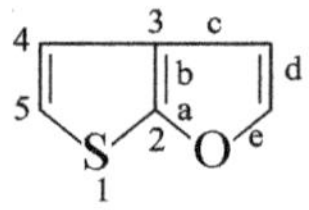

噻吩并[2,3-b]呋喃

thieno[2,3-b]furan

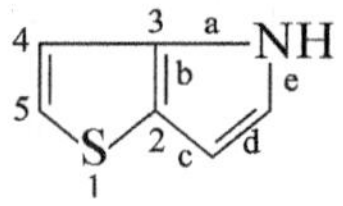

噻吩并[3,2-b]吡咯

thieno[3,2-b]pyrrole

3) 周边编号方法

当稠杂环上连有取代基或标氢、额外氢时,需对整个环系进行编号,以标明它们所在的位置,命名时将其位次和名称放在附加环名称前。周边编号原则基本遵循芳稠环和前述杂环的命名规则,共用的碳原子不编号,共用的杂原子要编号。例如:

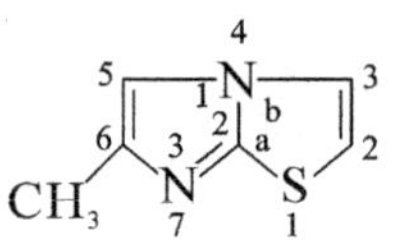

6-甲基咪唑并[2,1-b]噻唑

6-methylimidazolo[2,1-b]thiazole

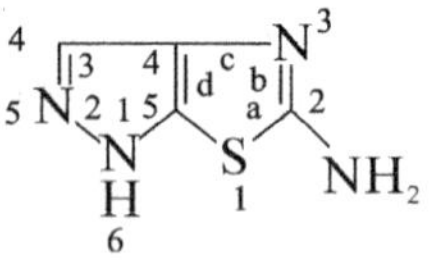

2-氨基-6*H*-吡唑并[4,5-d]噻唑

2-amino-6*H*-pyrazolo[4,5-d]thiazole

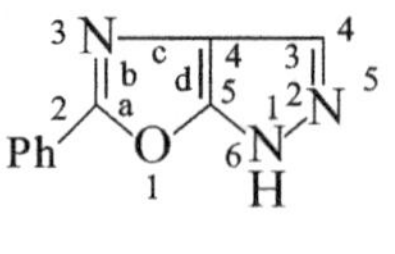

2-苯基-6*H*-吡唑并[4,5-d]噁唑

2-phenyl-6*H*-pyrazolo[4,5-d]oxazole

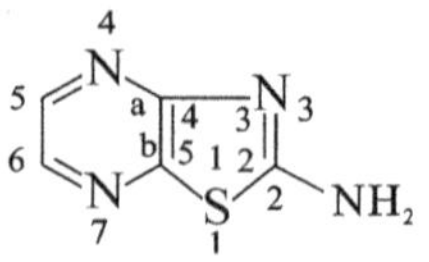

2-氨基噻唑并[4,5-b]吡嗪

2-aminothiazolo[4,5-b]pyrazine

15.2　六元杂环化合物

六元杂环化合物是杂环化合物最重要的部分，尤其是含氮六元杂环如吡啶、嘧啶等，它们的衍生物广泛存在于自然界中，不少合成药物也含有吡啶环或嘧啶环。表 15-2 列举了含一个氮原子的六元杂环以及它们的物理常数。

表 15-2 中列举的四个芳杂环中最重要的是吡啶，其他三个化合物是吡啶与苯以不同方式形成的稠合物。下面重点讨论吡啶，然后再讨论有关的稠杂环。

表 15-2　六元杂环化合物及其物理常数

结构式 名称	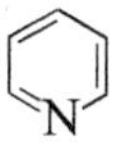 吡啶	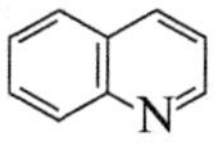 喹啉	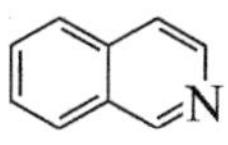 异喹啉	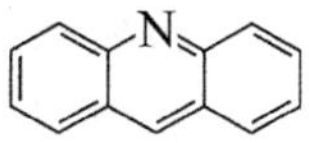 吖啶
相对分子质量	79.10	129.16	129.16	179.22
沸点/℃	115.5	238	242.2	346
熔点/℃	−42	−15.6	26.5	111
相对密度 d_4^{20}	0.981 8	1.092 9	1.098 6	1.092 9
pK_a	5.19	4.94	5.42	5.58

15.2.1　吡啶

吡啶是含有一个氮原子的六元杂环化合物，最早是从蒸馏骨焦油的过程中得到的（Anderson，1849），是具有特殊气味的无色液体。吡啶分子本身在自然界中并不存在，主要以衍生物的形式存在于天然药物、染料、维生素和生物碱中。

1. 电子结构及芳香性

吡啶是典型的芳香杂环化合物，其结构与苯环极为相似，也是平面六边形分子，五个碳原子和一个氮原子均以 sp^2 杂化轨道形成 σ 键构成环，六个原子各提供一个与环平面垂直的 p 电子，侧面重叠构成芳香 π_6^6 离域大 π 键（图 15-1）。在氮原子上还有一对未共用电子，它们在 sp^2 轨道中与环系离域大 π 键呈垂直关系，与大 π 键不发生共轭作用（图 15-2）。

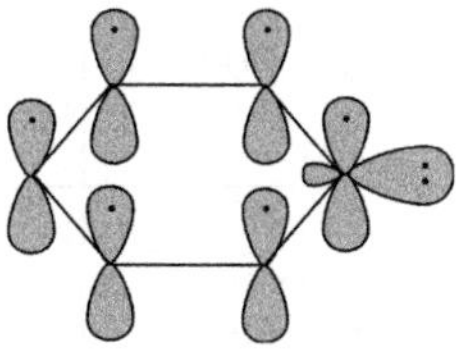

图 15-1　吡啶分子的轨道示意图

图 15-2　吡啶分子中氮原子的杂化轨道

由近代物理方法测定，吡啶中碳碳键的键长与苯环中碳碳键的键长相近，碳氮键键长（134 pm）也介于一般的碳氮单键（147 pm）和碳氮双键（128 pm）之间。键长的平均化数据表明吡啶具有芳香性，但其共轭能仅为 31.9 kJ/mol，比苯低，说明环上键的平均化程度并不完全。

吡啶分子中的 π 电子云并不是完全平均分布的，由于氮原子的 −I 和 −C 效应使环系 π 电子云向氮原子发生转移,使氮带部分负电荷,而环上碳原子的 π 电子密度总的来说有所下降。此类杂环也称为缺 π 芳杂环。缺 π 芳杂环的化学性质与硝基苯相似,即亲电取代反应变得困难,亲核取代反应变得容易,氧化变难,还原变易。

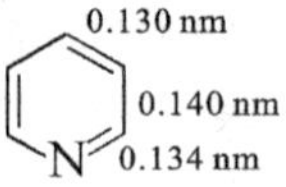

吡啶环各共价键键长

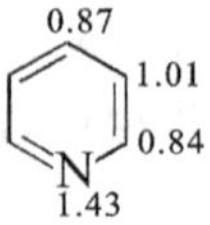

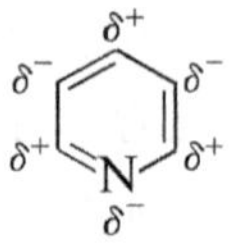

π 电子密度:氮原子>β-碳原子>γ-碳原子>α-碳原子

由于氮原子的−I 和−C 效应的综合作用,环上的 π 电子密度呈现波浪式的交替极化现象,且 π 电子密度按氮原子→β-碳原子→γ-碳原子→α-碳原子次序递降。此外,吡啶氮原子上的未共用电子对由于不能与环系大 π 键形成共轭体系,因此可以与质子结合而显示碱性。

2. 物理性质

1)偶极矩

吡啶分子为极性分子,偶极矩比哌啶大。

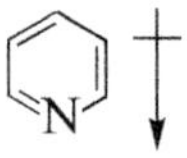

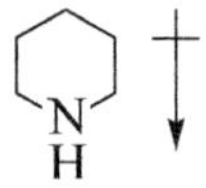

$\mu=7.41\times10^{-30}$ C·m　　　　$\mu=3.90\times10^{-30}$ C·m

因为哌啶是饱和分子(椅式构象),氮原子只有−I 效应,而吡啶是平面分子,既有−I 效应又有−C 效应,且方向一致,故偶极矩较大。

2)溶解性

吡啶是一个良好的溶剂,能溶解很多有机化合物,也能与水混溶,甚至能溶解某些无机盐类。这是因为氮原子上的未共用电子对不仅能与水形成氢键,还能与一些金属离子配位络合。

如果在吡啶环上引入了—OH 或—NH_2基团之后,水溶性反而会降低,引入的这一类基团越多,水溶性降低得越多。其原因是引入这一类基团后增强了溶质分子间的氢键缔合,阻碍了溶质分子与水分子间的缔合。这一点也可从熔点数据得到证明(表 15-3)。

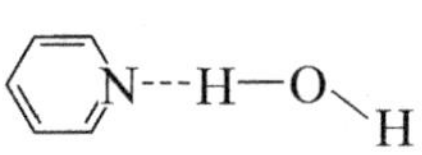

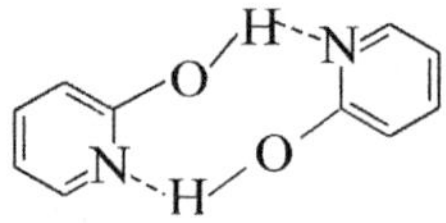

表 15-3　吡啶及其羟基、氨基取代物的水溶度和熔点

吡啶及取代物		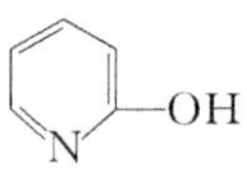	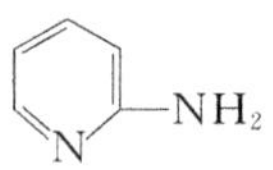	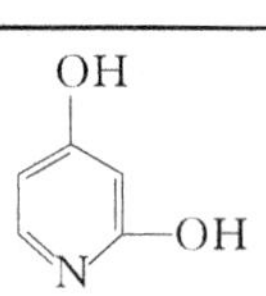
水溶度	∞	1∶1	1∶1	溶解
熔点/℃	−42	106.7	59～60	263

3. 化学性质

1)弱碱性与成盐反应

吡啶环上存在着独立的未共用电子对,可以给出电子或接受 H^+,表现出一定的碱性($pK_a=5.19$),但其碱性较弱,不能与弱酸形成盐,只能与强酸形成盐,可用作碱性溶剂或脱酸剂。例如:

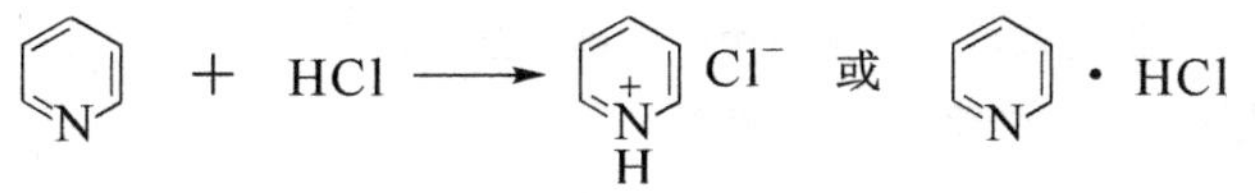

吡啶也可与路易斯酸成盐。例如：

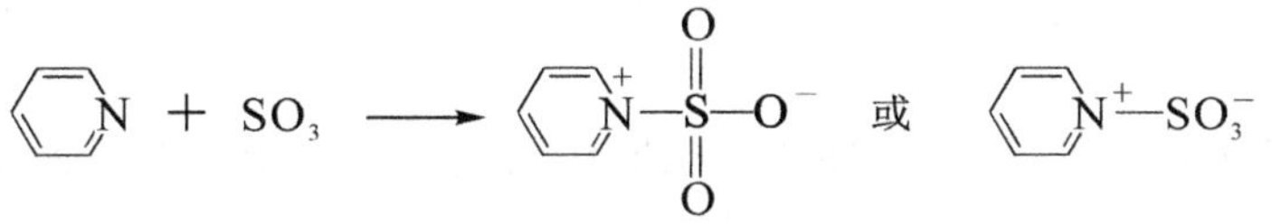

N-磺酸吡啶

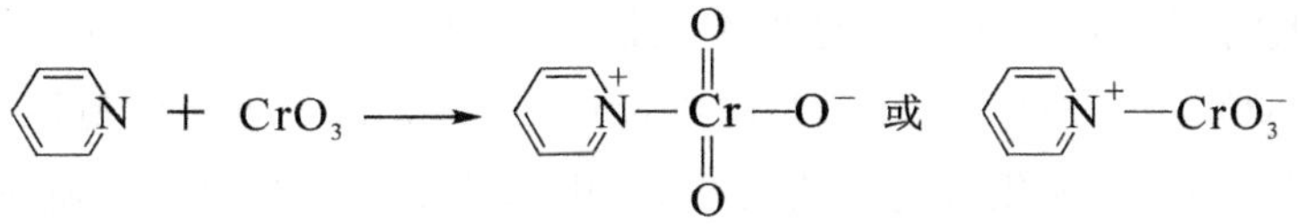

N-铬酸吡啶（PCC）

吡啶-三氧化铬是一种温和的非质子性氧化剂，可用来氧化那些对强酸不稳定的化合物。吡啶-三氧化硫也是一种温和的非质子性磺化剂，可用来磺化那些对强酸不稳定的化合物，如呋喃等。

吡啶环上的取代基对其碱性是有影响的，其影响的基本规律同取代基对苯胺的影响。

吡啶的碱性比氨（$pK_a=9.2$）和脂肪族叔胺［$N(CH_3)_3$，$pK_a=9.8$］的碱性要弱，但比芳香胺如苯胺（$pK_a=4.62$）要强。含氮化合物的碱性既与氮原子上所连取代基的性质有关，也与未共用电子对所处的杂化轨道类型直接相关。一般所处轨道的伸展半径越大，越容易给出电子对与 H^+ 结合，即按 $sp \rightarrow sp^2 \rightarrow sp^3$ 次序碱性依次递增，氨和脂肪胺中氮原子的未共用电子对处于 sp^3 轨道，而吡啶氮原子的未共用电子对处于 sp^2 轨道，故后者碱性弱于前者；芳香胺中氮原子的未共用电子对主要处于 p 轨道，凡未共用电子对处于 p 轨道的氮原子必然和含有 π 键或大 π 键的基团直接相连（如芳胺氮和酰胺氮），由于 p-π 共轭的原因，氮原子 p 轨道上的未共用电子对将分散于共轭体系，使碱性下降，因此吡啶的碱性强于芳香胺。几种含氮化合物的碱性由小到大的顺序是：

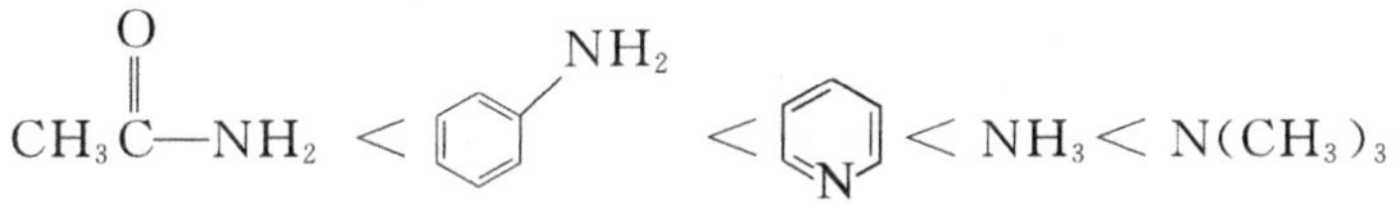

pK_a　近中性　4.62　5.2　9.2　9.8

2）氮原子的烃基化、酰基化反应

吡啶类似叔胺，能与卤代烷作用生成类似于季铵盐的吡啶鎓盐：

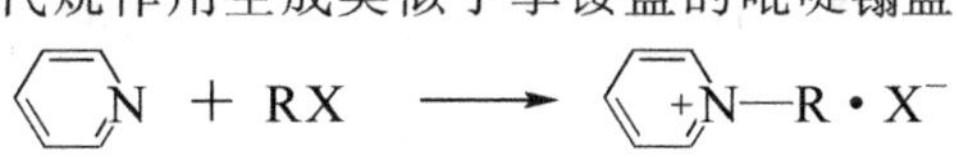

如果 R 是高级烷基，产物即是阳离子表面活性剂。

吡啶与酰卤反应，也生成鎓盐。因带正电荷的氮有强烈的 −I 效应，使羰基碳的电正性显著提高，故酰基吡啶鎓盐是良好的酰化试剂。在用酸酐、酰卤（包括磺酰氯）作酰化剂的反应中，加入吡啶催化剂可以加速酰化反应（肖登-鲍曼反应条件），而且反应后吡啶还能显示脱酸剂的作用。例如：

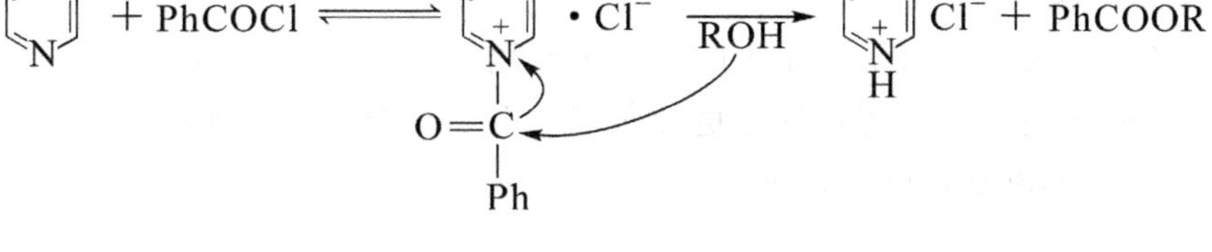

思考题 15-2　下列化合物的碱性强弱排列次序正确的是(　　)。

a. 甲胺　　b. 二甲胺　　c. 吡啶　　d. 苯胺

A. a>b>c>d　　B. b>a>c>d

C. c>b>a>d　　D. d>b>c>a

3）亲电取代反应

吡啶是缺π芳杂环，可以发生芳环的亲电取代反应。但由于环上氮原子具有与间位定位基—NO_2相仿的电子效应，它的钝化作用使吡啶的亲电取代反应的活性比苯低，与硝基苯相当。反应温度一般需要200～350 ℃，且收率偏低，取代基多进入β位。另一方面，作为亲电试剂的正离子(X^+、NO_2^+或介质中的H^+)与吡啶反应时，常先进攻吡啶的氮原子形成吡啶盐，吡啶成盐后带上了正电荷，其钝化效应更为突出，亲电取代反应更难进行。吡啶也不能发生环碳原子上的傅-克反应(类似于硝基苯)。

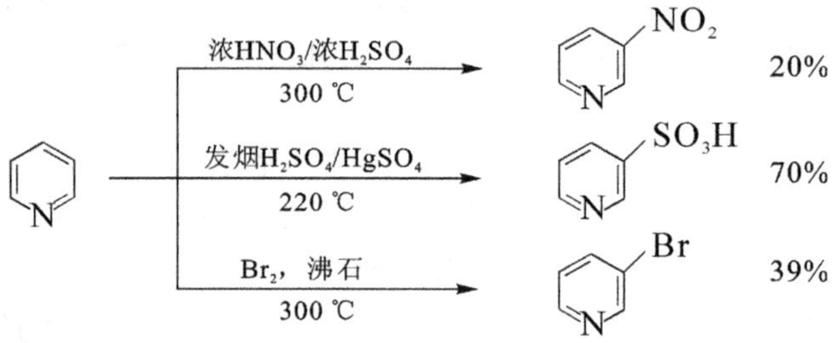

4）亲核取代反应

与硝基苯及其衍生物相似，吡啶的亲电取代反应被钝化，相应的亲核取代反应却被促进。当吡啶的2位(4位)有优良的离去基团(如—X)时，由较弱的亲核试剂(如NH_3，—OH，—CN^-等)就可以发生反应。而用强碱性的亲核试剂(如$NaNH_2$，RLi)等则可直接取代环碳原子上的氢原子，受氮原子诱导效应的影响，取代反应主要发生在α位。

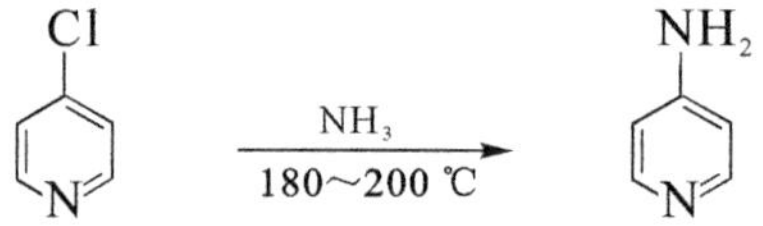

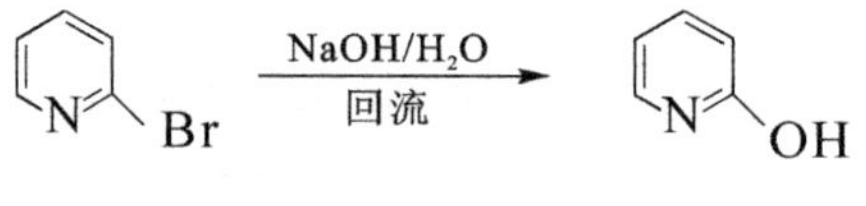

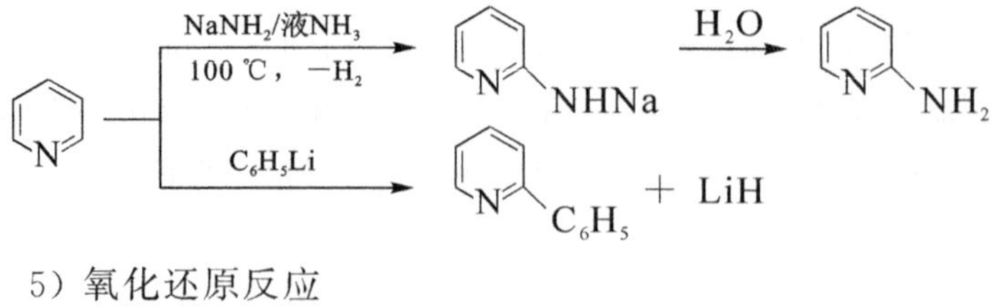

齐齐巴宾（Chichibabin）反应

5）氧化还原反应

吡啶环上的电子云密度由于氮原子的吸电子作用而降低，较难失去电子而被氧化，尤其是在酸的存在下氮原子的质子化使吡啶环更加难以氧化。当环上存在侧链时，容易发生侧链的氧化反应，生成相应的吡啶甲酸。例如：

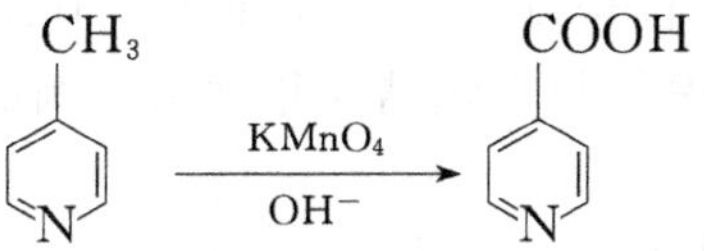

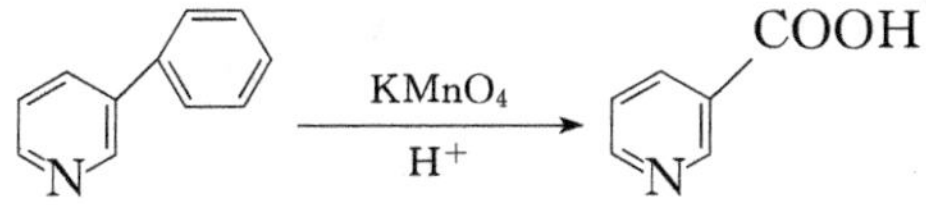

当使用 RCO_3H 或 H_2O_2 时，吡啶可以被氧化成 *N*-氧化物。

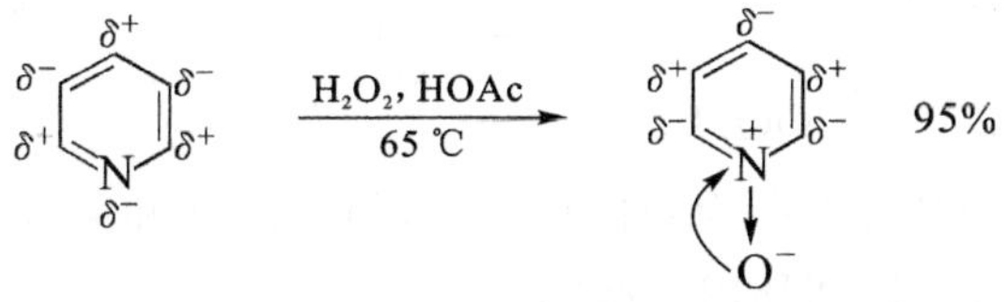

N-氧化吡啶环上的亲电取代反应活性远远大于吡啶。*N*-氧化吡啶分子中氧原子 +C 效应产生的交替极化结果使 α 位和 γ 位碳原子上 π 电子密度显著升高，与吡啶相比 *N*-氧化吡啶环上碳原子的极性发生了“反转”。亲电取代反应主要发生在 4 位，反应完成之后氮原子上的氧原子又很容易被除去，因此，利用 *N*-氧化吡啶为合成 4-吡啶衍生物提供了新的合成途径。

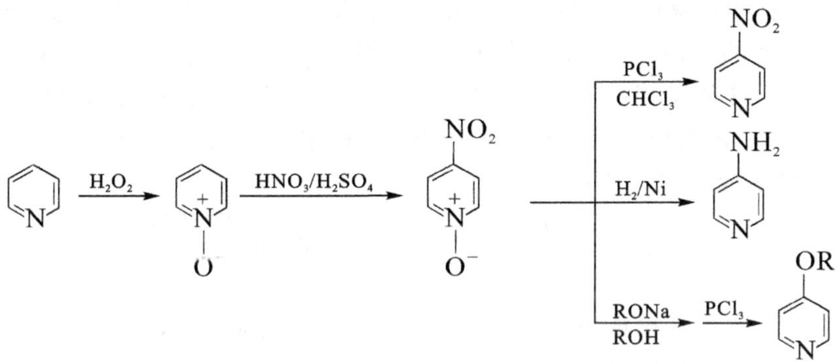

吡啶因为环碳电子密度较低，比苯容易加氢还原，经催化氢化或用 Na/C_2H_5OH 还原，可得六氢吡啶：

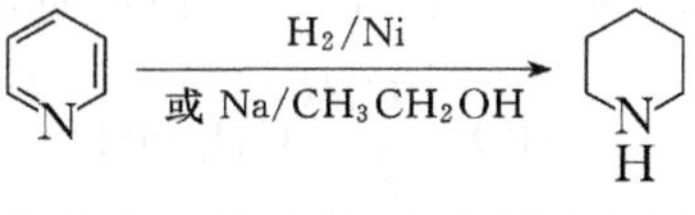

六氢吡啶(哌啶)可以看作脂肪仲胺，具有比吡啶更强的碱性($pK_a=11.2$)。它是无色、有胡椒味的液体，无芳香性，可用作碱性催化剂。许多天然产物中含有六氢吡啶，主要存在于生物碱中。

6) 环上取代基与母环的相互影响

吡啶母环上取代基的性质对吡啶环的反应性能有影响。总的说来，环上的供电子基团可以促进吡啶环上的亲电取代反应，抑制亲核取代反应，提高环氮原子的碱性并降低环对氧化剂的稳定性。吸电子基团则相反。

反过来，吡啶母环对环上取代基也存在着相互影响，其影响主要来自环氮原子对环系产生的 −I 和 −C 效应。具体而言，α-及 γ-卤素原子易发生亲核取代反应；α-及 γ-甲基具有较强的活性,可以与羰基化合物脱水缩合;α-及 γ-位羧基易受热脱羧等。但这也是一般情况,影响因素不能简单地对待,具体问题需要全面考虑并与实践结果相联系。例如:

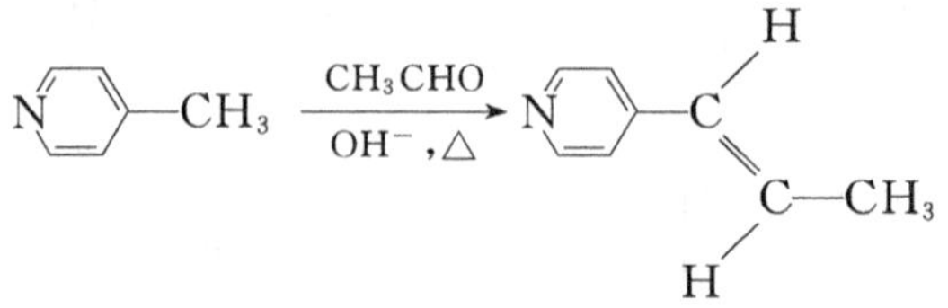

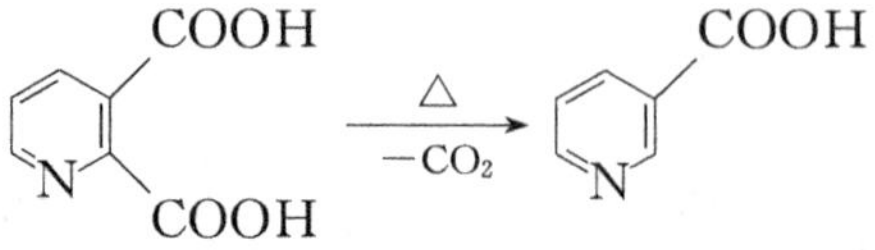

从结构分析,α-及 γ-羟基吡啶应为两性化合物,但其酸性和碱性均极弱,这是因为互变异构平衡偏向酮型(酮型具有不饱和环内酰胺结构)。

4. 吡啶衍生物

吡啶在医药工业上有重要的用途,吡啶及其同系物是合成纤维、离子交换树脂、染料和农药的原料。在医药上比较重要的吡啶衍生物有以下几种。

维生素 PP 包括两种物质:β-吡啶甲酸(烟酸,尼古丁酸)和 β-吡啶甲酰胺(烟酰胺)。维生素 PP 是维生素 B 族的一种,能促进人体细胞的新陈代谢,缺乏时会得癞皮病(糙皮病),所以也叫抗癞皮维生素。β-吡啶甲酸和 β-吡啶甲酰胺的生理作用相同,都是白色的结晶,能溶于热水和乙醇,能耐热。β-吡啶甲酰胺多存在于肉类、谷物、花生和酵母中,动物体内的色氨酸在一定酶的作用下能转变成 β-吡啶甲酸。

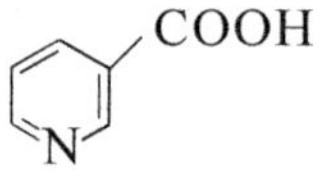

β-吡啶甲酸
熔点为 234～237 ℃

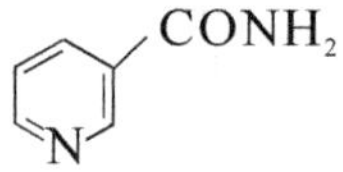

β-吡啶甲酰胺
熔点为 122 ℃

维生素 B_6 存在于肉类、豆类、酵母和禾本植物的种子中。动物体内若缺乏维生素 B_6,蛋白质及脂肪就不能进行正常的代谢。维生素 B_6 包括三种物质:

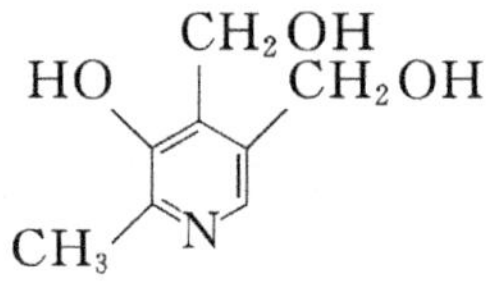

吡哆醇

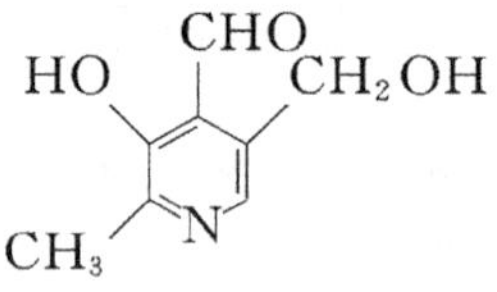

吡哆醛

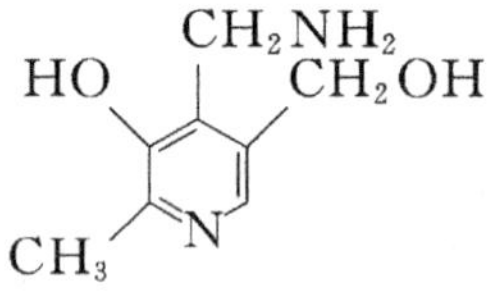

吡哆胺

药用维生素 B_6 是吡哆醇的盐酸盐。

异烟肼(雷米封)

尼可刹米(可拉明)

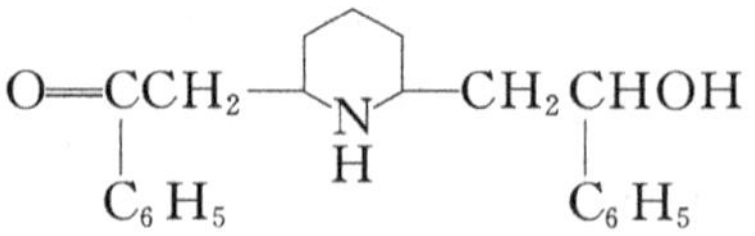

山梗菜碱

异烟肼又称为雷米封,是由异烟酸与水合肼作用得到的。异烟肼是白色的针状结晶或粉末，熔点为 167～173 ℃，无臭，味微苦，是治疗结核病的良好药物。尼可刹米为中枢兴奋药，用于中枢性呼吸和循环衰竭，对吗啡中毒所引起的呼吸抑制的效果较好。山梗菜碱(lobeline)是中药半边莲中含有的一种成分，其结构中含有六氢吡啶环。山梗菜碱也是一种中枢神经兴奋剂，临床上用于呼吸衰竭病人的抢救，使用的是其盐酸盐。

思考题 15-3　2，4-二氯吡啶与 $NaNH_2$ 发生反应的主要产物是(　　)。

A. 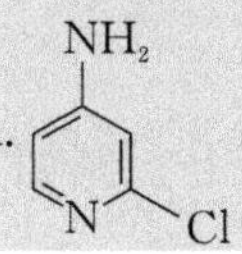

B. 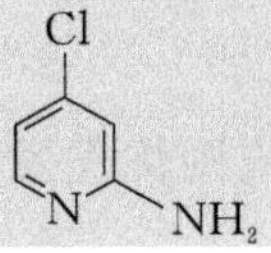

C. 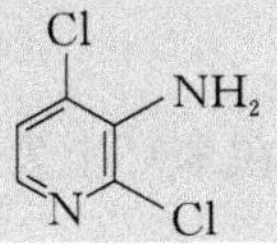

D. 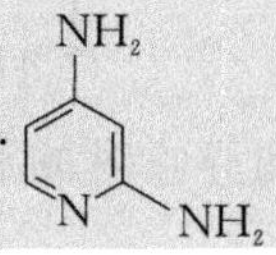

15.2.2　喹啉和异喹啉

1. 结构与物理性质

喹啉、异喹啉均为吡啶与苯环稠合的稠杂环，存在于煤焦油或骨焦油中，可以看作是萘环和蒽的含氮类似物，氮原子的孤对电子所在的 sp^2 轨道与吡啶中的氮原子类似，不参与环上的共轭体系。

喹啉在常温时是无色油状液体，沸点为 238 ℃；异喹啉的熔点为 26 ℃，沸点为 243 ℃。它们都难溶于水，易溶于有机溶剂。与吡啶相似，它们都有弱碱性(喹啉 $pK_a=4.9$，异喹啉 $pK_a=5.4$)。

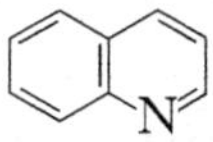

喹啉

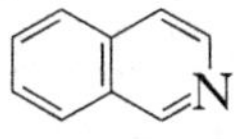

异喹啉

2. 化学性质

喹啉、异喹啉分子中的氮原子均可与 CH_3I 作用生成季铵盐。由于分子中存在电子密度相对较高的苯环，亲电取代反应比吡啶容易发生，而且它们的化学反应存在明显的环选择性。一般亲电取代反应主要发生在苯环上(喹啉主要发生在 5 位或 8 位，异喹啉主要发生在 5 位)，而亲核取代反应则发生在吡啶环上(喹啉主要发生在 2 位或 4 位，异喹啉主要发生在 1 位)。

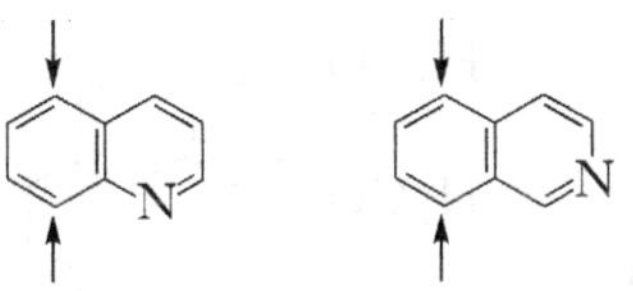

亲电取代位置图示

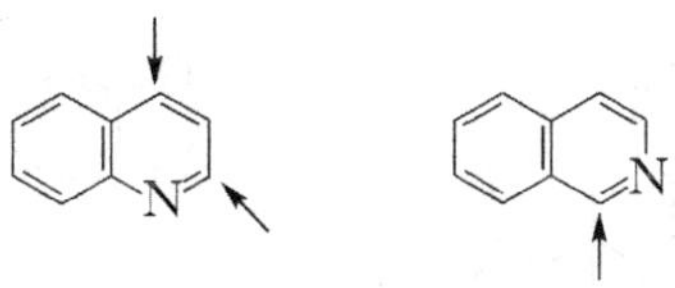

亲核取代位置图示

例如：

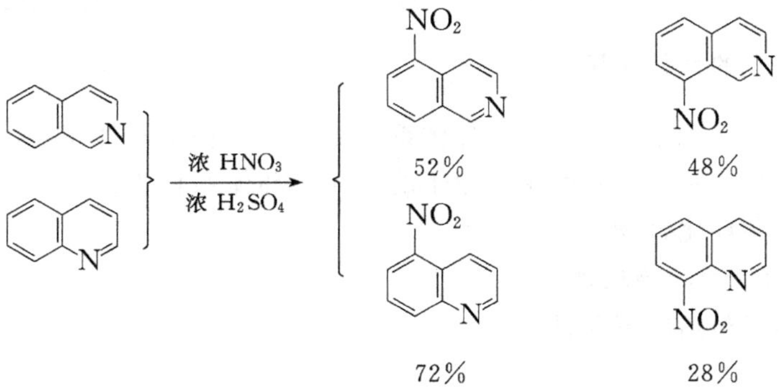

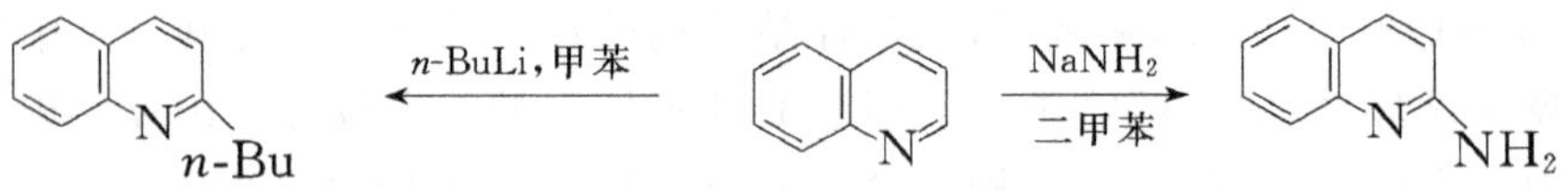

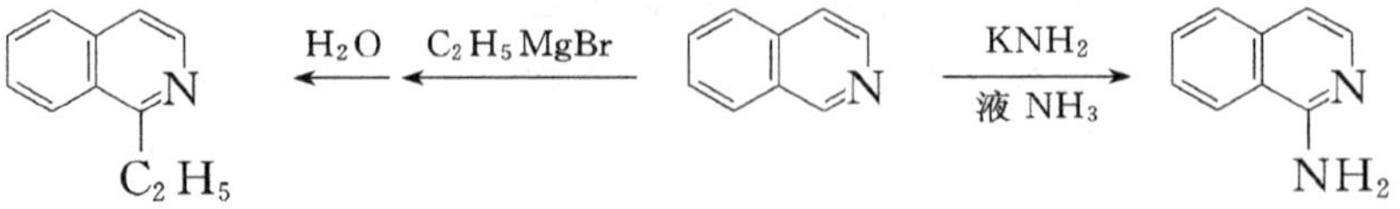

喹啉和异喹啉的氧化反应易在苯环上发生,还原反应则优先发生在吡啶环上。例如:

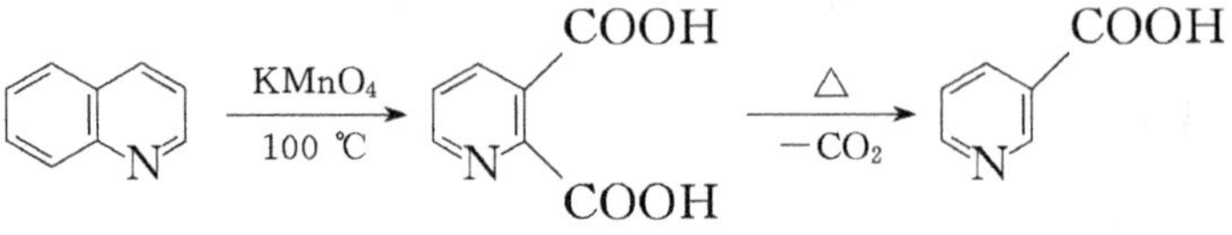

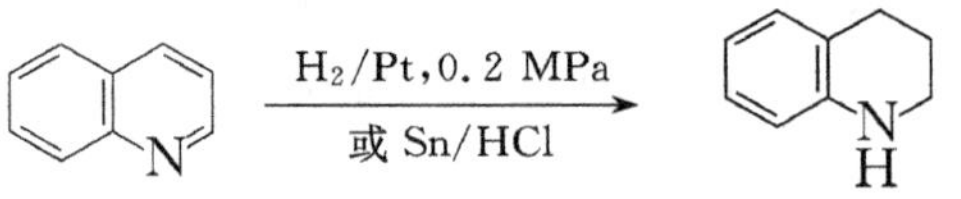

1,2,3,4-四氢喹啉

喹啉和异喹啉的衍生物在医药上有重要的意义,许多天然或合成药物中都含有这些结构。如金鸡纳树皮中含有的金鸡纳碱(也称为奎宁,抗疟药),合成药物氯喹啉(抗疟药)、吡喹酮(抗血吸虫药),生物碱中的吗啡,黄连素(又称小檗碱,抗菌药)等。

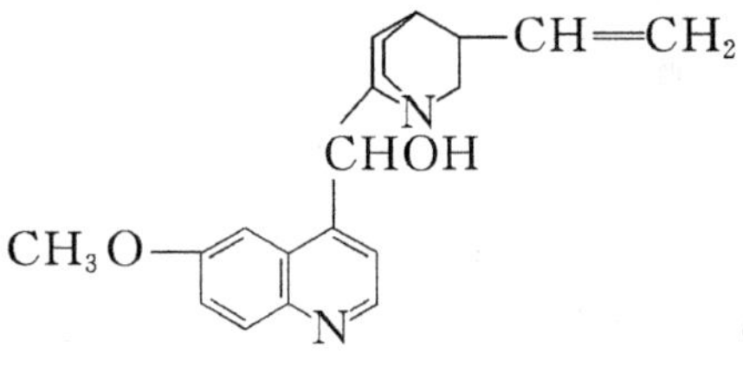

奎宁

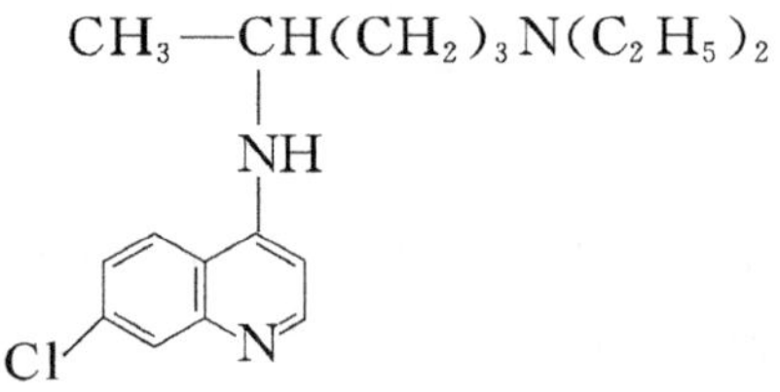

氯喹啉

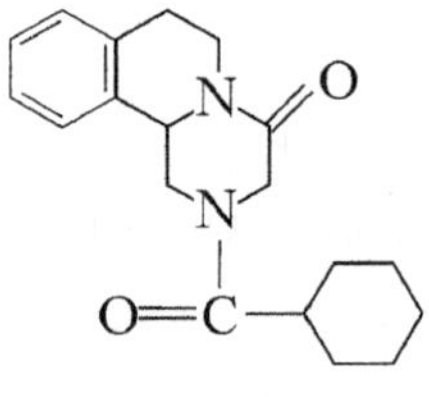

吡喹酮

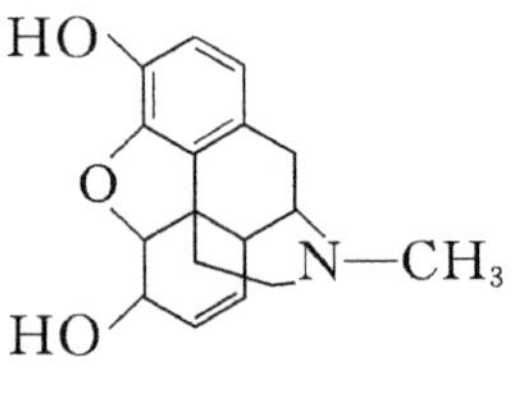

吗啡

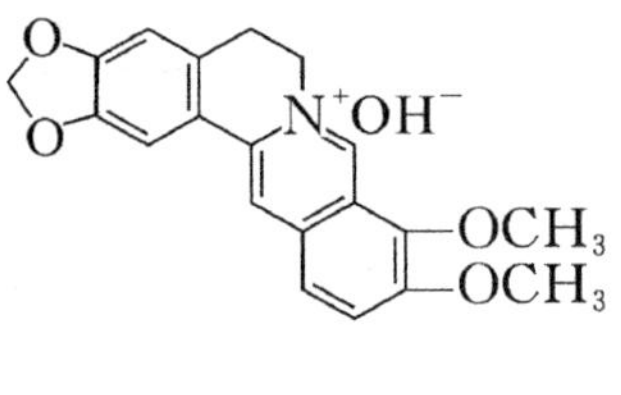

黄连素(小檗碱)

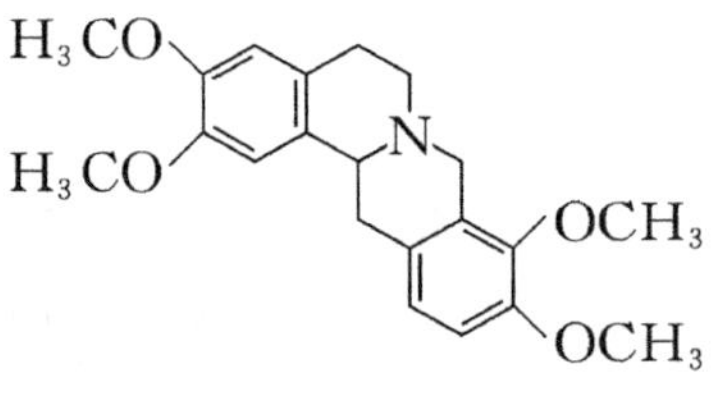

延胡素乙酸

15.2.3 含两个氮原子的六元杂环

含有两个氮原子的六元杂环有单环杂环体系和苯并六元稠杂环体系,本章只介绍有两个氮原子的六元单环杂环体系。含有两个氮原子的六元杂环体系称为二嗪类,"嗪"表示含有多于一个氮原子的六元杂环化合物。

1. 二嗪类杂环的结构和物理性质

二嗪类化合物主要包括以下几种:

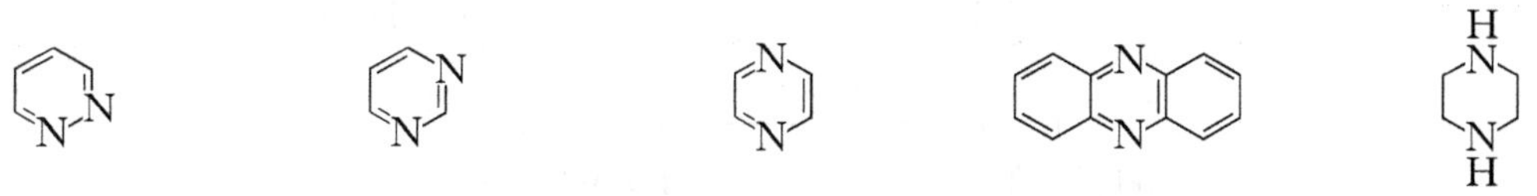

哒嗪　　嘧啶　　吡嗪　　吩嗪　　哌嗪

这五种杂环中，哌嗪是吡嗪的氢化产物，属于脂杂环。而前面四种是平面型的芳杂环化合物，分子中的氮原子都与吡啶类似。由于两个氮原子的强吸电子作用，这四种化合物都属于缺 π 芳杂环，这类杂环也称为二氮嗪。

二嗪类化合物的极性次序为哒嗪＞嘧啶＞吡嗪＝吩嗪。这也可以根据环上两个氮原子的相对位置判断。哒嗪和嘧啶属于极性化合物，吡嗪和吩嗪则属于偶极矩为零的对称分子。

由于二嗪类分子中都存在两个吡啶型氮原子，能与水经氢键缔合而有一定的水溶度。不过水溶度大小还与分子的极性有关：哒嗪和嘧啶分子极性较大，都能与水混溶；吡嗪为非极性分子，水溶度略减小；吩嗪由于含两个疏水的苯环而不溶于水。三种单环二嗪类化合物的物理常数如表 15-4 所示。

表 15-4　单环二嗪类化合物的物理常数

名　称	哒　嗪	嘧　啶	吡　嗪
偶极矩/(C·m)	13.1×10^{-30}	6.99×10^{-30}	0
熔点/℃	−6.4	22.5	54
沸点/℃	207	124	121
pK_a	2.33	1.30	0.65

从化学性质来看，表 15-4 中的三种单环二嗪类化合物由于两个氮原子的相互作用，使之难以发生亲电取代反应而容易发生亲核取代反应，也难以被氧化。下面以在生理上和药理上都较为重要的嘧啶为例介绍单环二嗪类的化学性质。

2. 化学性质

1）碱性与亲核性

二嗪类化合物尽管含有两个碱性的氮原子，但均为一元碱，而且其碱性远远小于吡啶。当一个氮原子与酸成盐变成正氮离子后，它的吸电性进一步增强，使另一个氮原子电子云密度大大降低，以致不能再接受质子，故为一元碱。哒嗪、嘧啶和吡嗪的碱性强弱与分子的极性大小是一致的。

嘧啶对冷的碱溶液比较稳定，在沸腾的 NaOH 溶液中会慢慢分解。嘧啶可与一分子 CH_3I反应生成单季铵盐。

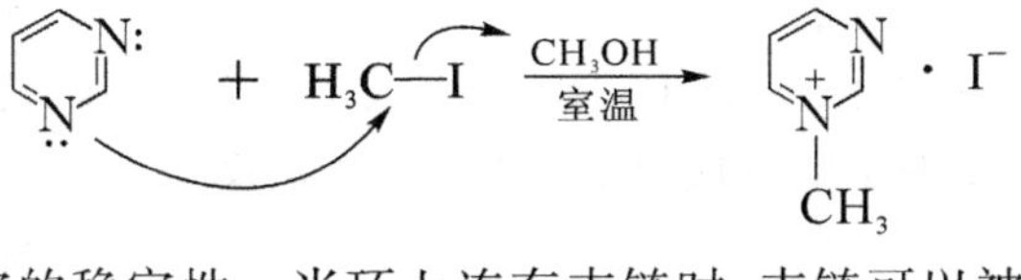

嘧啶对氧化剂有一定的稳定性。当环上连有支链时，支链可以被氧化。

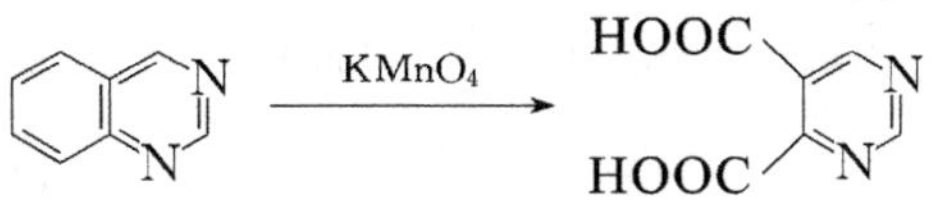

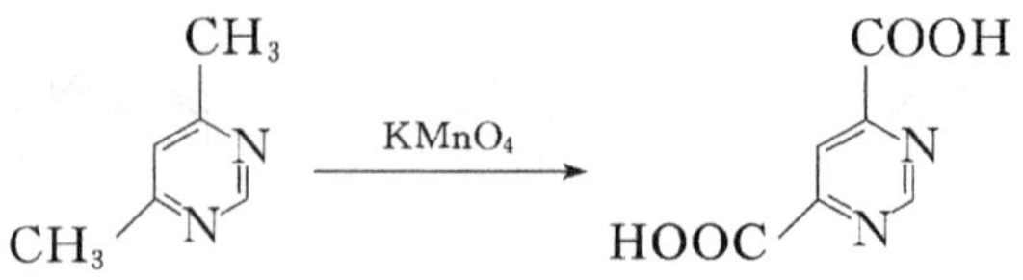

2）亲电取代和亲核取代反应

嘧啶比吡啶更难以发生亲电取代反应，唯一可能发生亲电取代的位置是 5 位。即使在很剧烈的条件下，磺化、硝化反应也难进行。

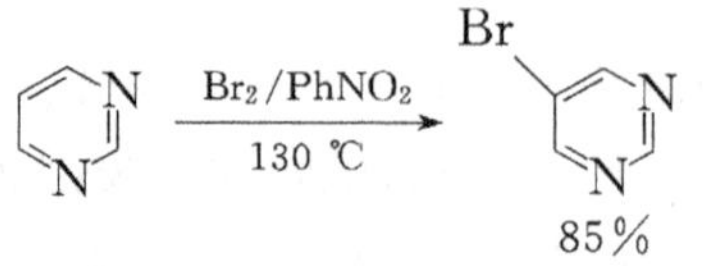

当嘧啶环上的 2、4、6 位连有强活化基团如—OH、—NH_2 等时，则硝化、磺化甚至重氮偶合等亲电反应都可以进行。例如：

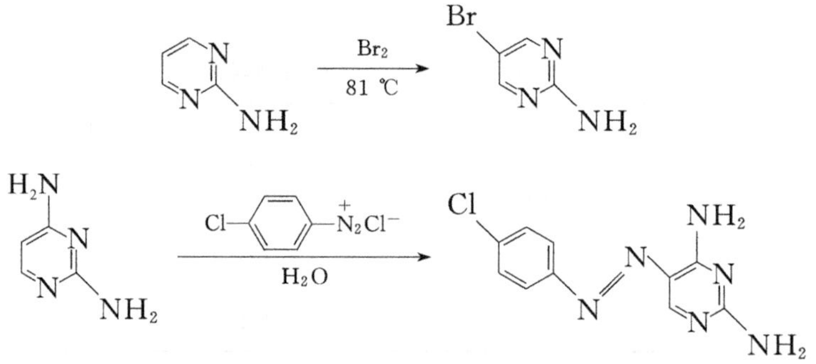

二嗪类化合物比吡啶更易发生亲核取代，如嘧啶的 2、4、6 位是嘧啶氮原子的邻、对位，受双重吸电子作用，电子云密度较低，易发生亲核取代反应。当这些位置为卤素时，亲核取代反应更容易进行。例如：

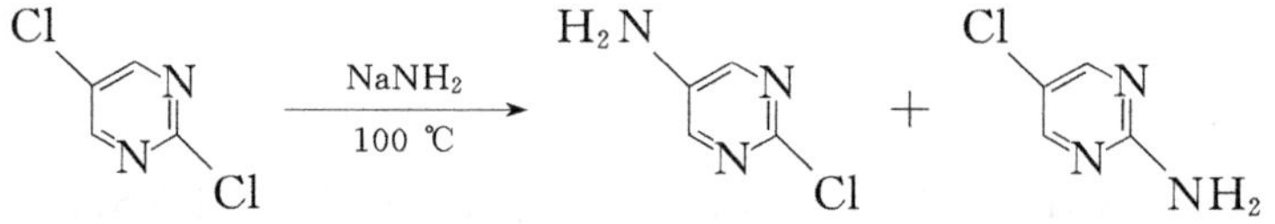

3）氧化和 α-氢的反应

二嗪类不易被氧化，苯并二嗪及其衍生物氧化时，苯环作为邻位取代基易被破坏，变成二羧酸：

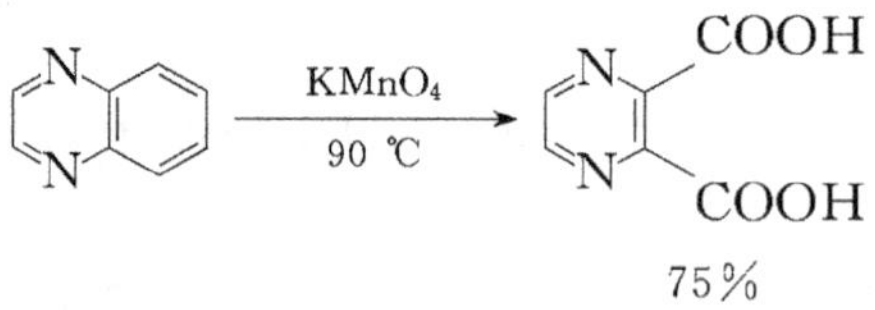

和吡啶类似，二嗪类与过氧酸或 H_2O_2 反应，生成二嗪的单 *N*-氧化物。此 *N*-氧化物与报道的 *N*-氧化物类似，容易发生亲电反应，也容易发生亲核反应：

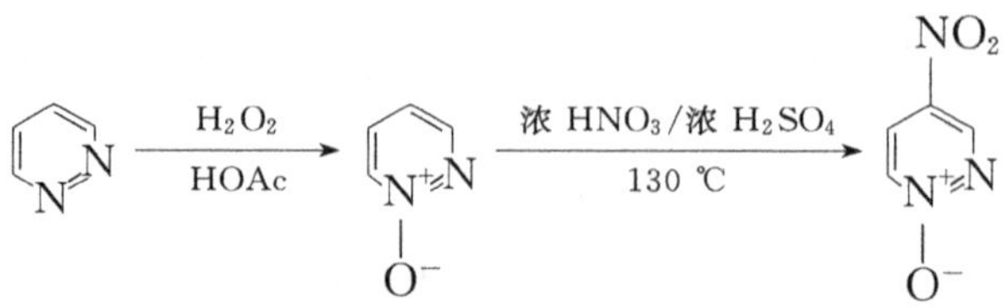

除 5-烷基嘧啶外，其他烷基二嗪类侧链上的 α-氢均很活泼，都能进行类似醇醛缩合单反应、烷基化反应等。例如：

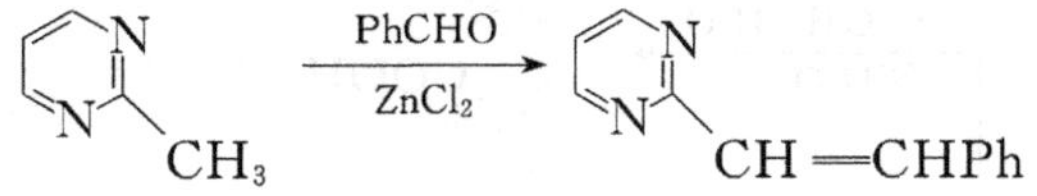

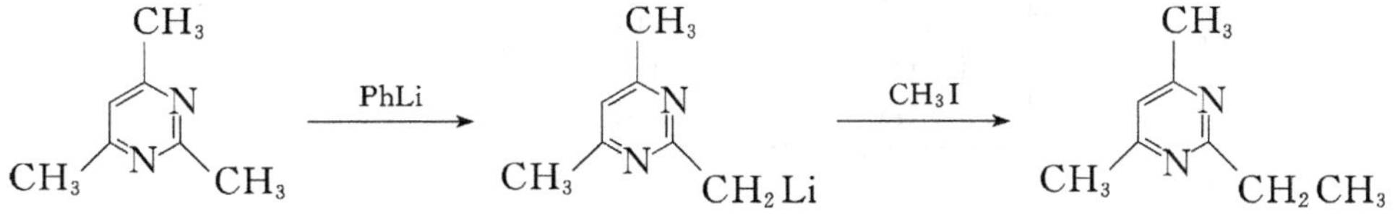

核酸中构成其碱基的都是杂环化合物，属于嘧啶衍生物的主要有以下三种：

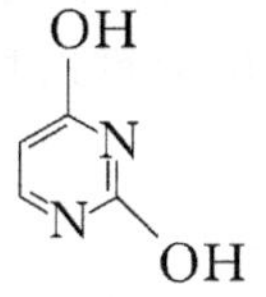

尿嘧啶(U)

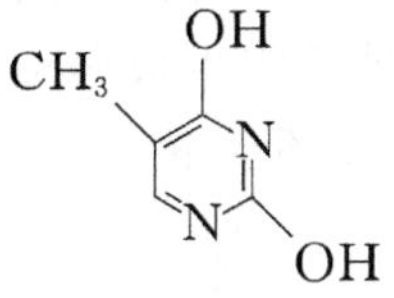

胸腺嘧啶(T)

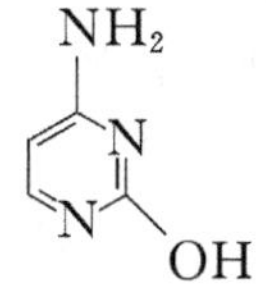

胞嘧啶(C)

巴比妥酸和巴比妥类药物均属于嘧啶衍生物，巴比妥类药物具有镇静、催眠、抗癫痫等功效。巴比妥酸又称为 2,4,6-三羟基嘧啶，存在酮式-烯醇式互变异构体现象：

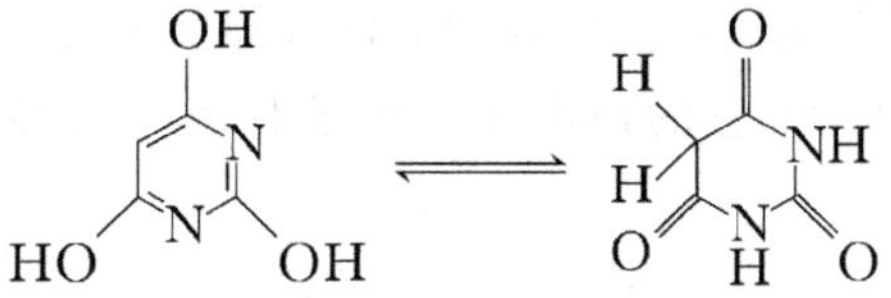

15.2.4　含氧原子的六元杂环

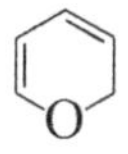

α-吡喃

2*H*-吡喃

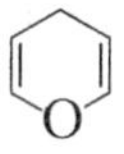

γ-吡喃

4*H*-吡喃

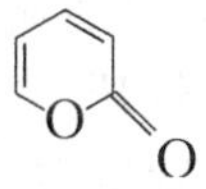

α-吡喃酮

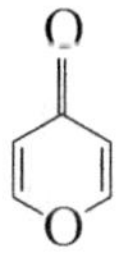

γ-吡喃酮

最简单的含氧六元杂环是吡喃。吡喃是由一个氧原子和五个碳原子构成的六元杂环化合物，分子中的碳原子有四个是 sp^2 杂化，一个是 sp^3 杂化，环中不含有 $4n+2$ 电子的大 π 键，不存在闭合的共轭体系。所以吡喃及其衍生物没有芳香性，属于烯醚结构的杂环化合物，本身很不稳定。由于它的环上有两个双键，根据双键在分子中所处的位置不同，有 α 和 γ 两种位置异构体，其中 α-吡喃又称为 2*H*-吡喃，γ-吡喃又称为 4*H*-吡喃。未取代的吡喃在自然界至今尚未发现，但 4*H*-吡喃已合成得到。自然界中常见的是 4*H*-吡喃的羰基衍生物，称为吡喃酮。

γ-吡喃酮是相当稳定的晶型化合物，而 α-吡喃酮则不稳定，放置后可慢慢自身聚合。吡喃酮与苯环的稠合产物——香豆素及色酮环系出现在多种天然或合成药物成分的结构中。

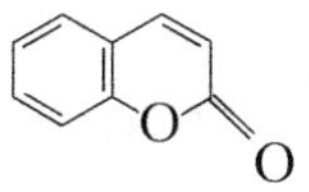

香豆素

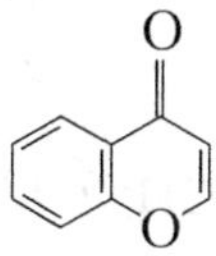

色原酮

α-吡喃酮是具有香味的无色油状液体,属于环状不饱和内酯,因此具有内酯和共轭二烯烃的典型性质。例如:

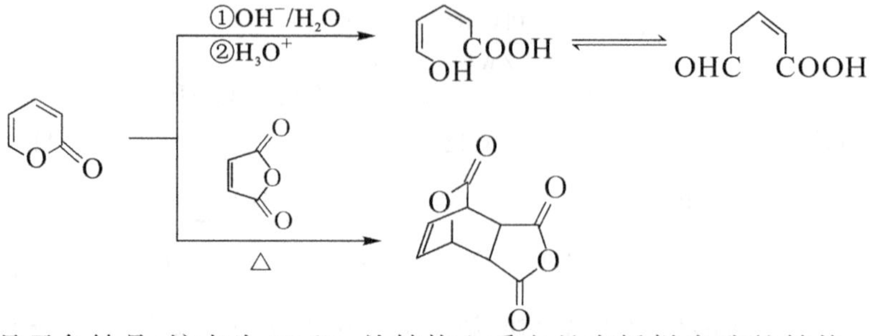

γ-吡喃酮是无色结晶,熔点为 32 ℃,从结构上看它具有插烯内酯的结构。它没有一般羰基化合物的典型性质,如不与羟胺、苯肼反应生成肟或腙,也无一般碳碳双键的性质。γ-吡喃酮在碱性水溶液中不稳定,很容易发生开环水解:

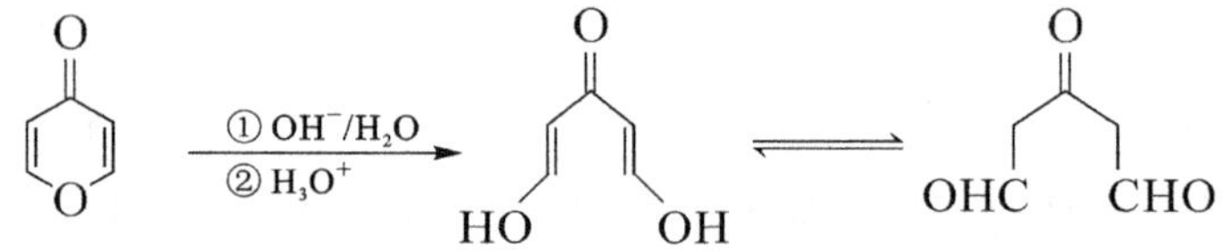

但 γ-吡喃酮在酸性条件下却相当稳定,它能与无机酸或路易斯酸作用生成晶形鎓盐。通常醚的鎓盐是不稳定的,遇水即行分解,而 γ-吡喃酮的鎓盐却非常稳定,这是因为 γ-吡喃酮环成盐后变为一个芳香体系,因而增加了它的稳定性。实际上,γ-吡喃酮是如下两种互变异构体的平衡混合物:

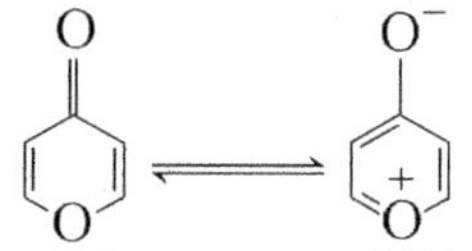

(Ⅰ)　　(Ⅱ)

(Ⅰ)式是插烯内酯的结构,(Ⅱ)式是芳香吡喃鎓盐的结构。因(Ⅱ)式比(Ⅰ)式稳定,因而 γ-吡喃酮基本失去了羰基和烯键原有的性质。

γ-吡喃酮与酸的成盐反应不是发生在环内氧原子上,而是发生在环外氧原子上:

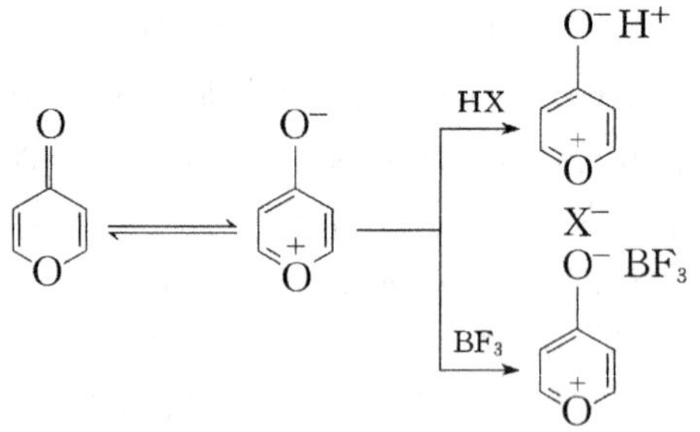

成盐后的结构类似于苯酚及其衍生物,故可发生类似苯酚的反应,如烷基化反应:

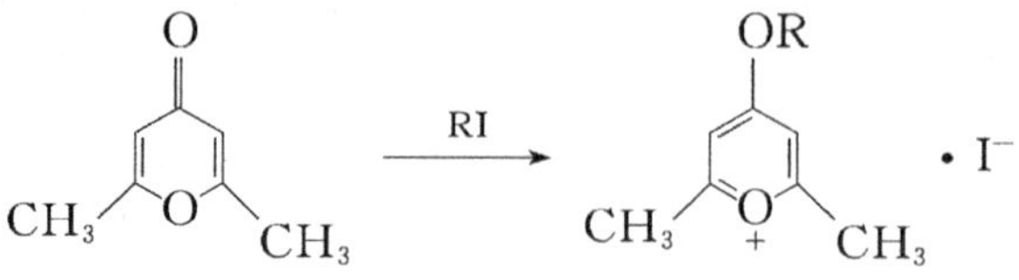

15.3　五元杂环化合物

五元杂环化合物中有含一个杂原子的化合物，如呋喃、吡咯、噻吩和吲哚等；有含两个杂原子的化合物，如吡唑、噻唑和咪唑等；也有含多个杂原子的化合物。

15.3.1　含一个杂原子的五元单杂环

1. 电子结构和物理性质

含一个杂原子的五元单杂环化合物中最常见的有呋喃、吡咯和噻吩，它们分别存在于煤焦油、木焦油和骨焦油中。五元杂环化合物的重要性在于它们存在种类繁多的衍生物，有些是主要的工业原料，有些具有重要的生理作用。部分五元杂环化合物及其物理性质如表 15-5 所示。

表 15-5　部分五元杂环化合物及物理性质

结构式	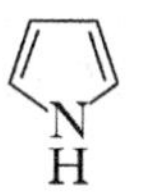			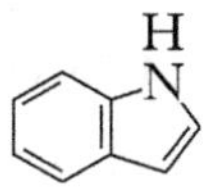	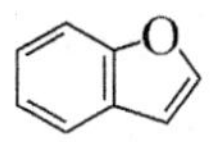	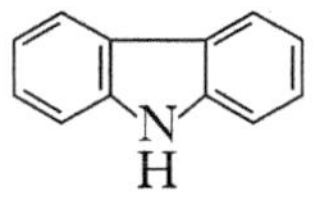
名称	吡咯	呋喃	噻吩	吲哚	苯并呋喃	咔唑
沸点/℃	130～131	31.4	84.4	254	174	355
熔点/℃	23.4	−85.6	−38.2	52.2	<−18	247～248
相对密度 d_4^{20}	0.969 1	0.951 4	1.064 9	1.22	1.091 3	1.100

利用近代物理方法测知，噻吩、吡咯、呋喃都是平面型分子，环中的四个碳原子与杂原子都是 sp^2 杂化，每个原子以 sp^2 杂化轨道形成三个 σ 键，所有的原子都处于同一个平面内。每个原子都还剩下一个未参与成键的 p 轨道，这五个 p 轨道都垂直于环所在的平面，相互平行，并在侧面相重叠形成一个类似苯环的环状大 π 键。不同的是，碳原子的 p 轨道中只含有一个单电子，而杂原子的 p 轨道中却含有两个电子，这样形成了一个环状 π_5^6 离域体系，如图 15-3 所示。

图 15-3　呋喃、吡咯的共轭体系图

从图中可以看出，这类化合物的电子结构类似环戊二烯负离子，且都有六个 π 电子，符合休克尔的 $4n+2$ 规则，因此它们都具有芳香性。

噻吩、吡咯、呋喃分子中各单、双键的键长与上列键长相比都有不同程度的平均化，但平均化程度不如苯环，所以芳香性比苯要差一些（表 15-6）。经测定，呋喃、吡咯和噻吩的离域能分别为 67 kJ/mol、88 kJ/mol 和 117 kJ/mol，比苯的离域能（150 kJ/mol）低，但比大多数共轭二烯的离域能（12～28 kJ/mol）要大得多。从键长平均化程度和离域能的大小可知，芳香性按苯、噻吩、吡咯、呋喃的次序递减。

表 15-6　已知典型的键长与五元杂环化合物中 C—Z 键长的比较

化学键	C—S	C═S	噻吩	C—N	C═N	吡咯	C—O	C═O	呋喃
键长/nm	0.182	0.160	0.172	0.147	0.128	0.138	0.143	0.122	0.137

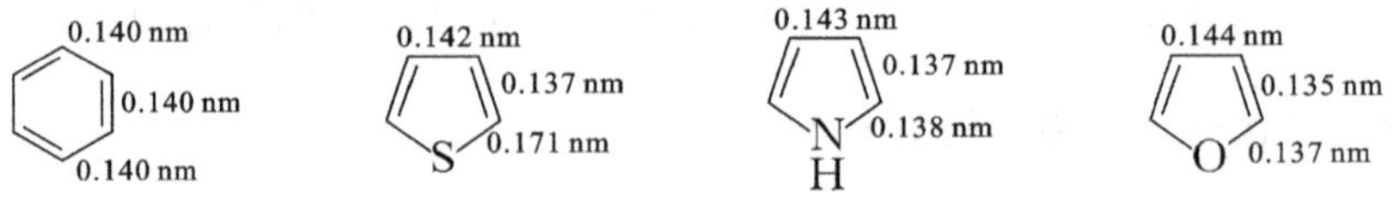

芳香性：	苯	>	噻吩	>	吡咯	>	呋喃
杂原子电负性：	2.55(C)		2.58(S)		3.04(N)		3.50(O)

比较杂原子电负性也可以看出其规律，即电负性越小的杂原子其五元杂环的芳香性越强。芳香及饱和五元杂环的偶极矩方向及数据如下：

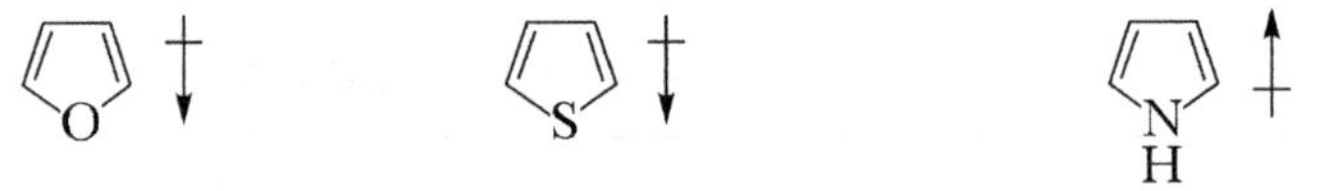

2.33×10^{-30} C · m　　1.70×10^{-30} C · m　　6.03×10^{-30} C · m

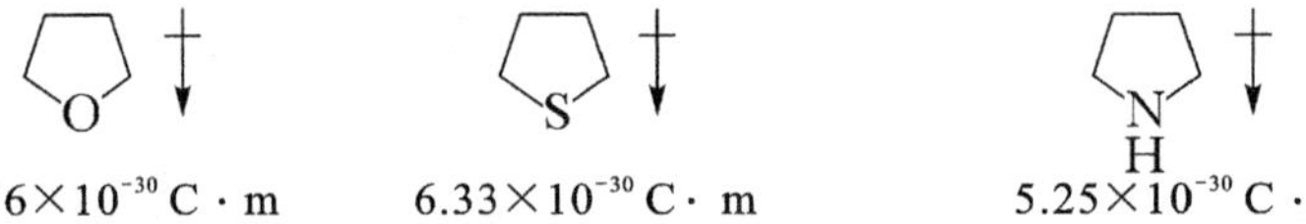

5.76×10^{-30} C · m　　6.33×10^{-30} C · m　　5.25×10^{-30} C · m

非芳香体系(饱和)五元杂环中，由于杂原子的−I 效应，偶极矩都是负极在杂原子一端。五元芳杂环的偶极矩由两种电性效应控制，即杂原子的−I 效应和+C 效应，二者作用方向相反。与饱和五元杂环相比，呋喃、噻吩偶极矩数值变小，而在吡咯中氮原子对环系的+C 效应明显大于其−I 效应，以致偶极矩的方向发生了逆转。

呋喃、噻吩和吡咯中杂原子的未共用电子对都参与形成大 π 键，失去或降低了与水分子形成氢键的可能，因此都难溶于水。它们的水溶性由大到小的顺序如下：

吡咯	>	呋喃	>	噻吩
1∶17		1∶35		1∶700

思考题 15-4　下列杂环化合物哪些具有芳香性？在具有芳香性的杂环中，指出参与 π 体系的未共用电子对。

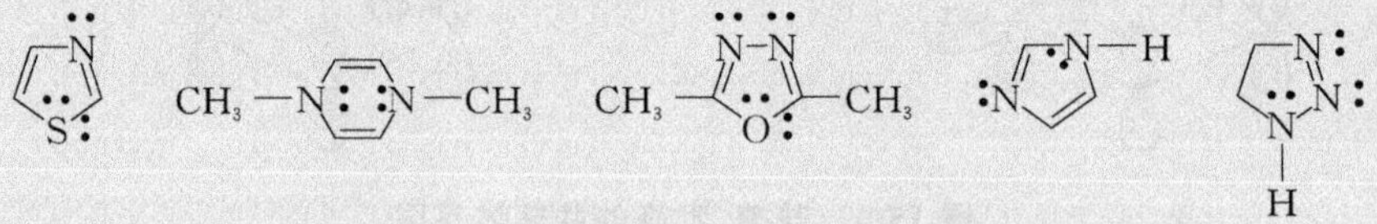

2. 化学性质

由于五元单杂原子杂环中杂原子上参与共轭的是一对电子，p-π 共轭带来的+C 效应使环上碳原子的 π 电子密度总的来说有所增加，因此这类五元芳杂环也称多 π(或富 π)芳杂环。其化学性质也与苯酚、苯胺相似，比苯更容易发生亲电取代反应。亲电取代反应一般发生在 α 位(2 位或 5 位)，若 α 位被占据，反应则在 β 位上进行。其反应活性由大到小的顺序如下：

吡咯　>　呋喃　>　噻吩　≫　苯

1）酸碱性及对酸和氧化剂的不稳定性

吡咯虽具有仲胺的结构，但由于未共用电子对参与形成共轭体系，故其亲和质子的能力大大下降，因此吡咯的碱性极弱（$pK_a=0.4$），比一般的脂肪仲胺（$pK_a=10$）弱得多，不能形成稳定的盐。同时 N—H 因此显示出一定的酸性（$pK_a=17.5$），可以看作是类似于醇的弱酸，所以吡咯能与强碱如金属钾及固体 KOH 共热成盐。

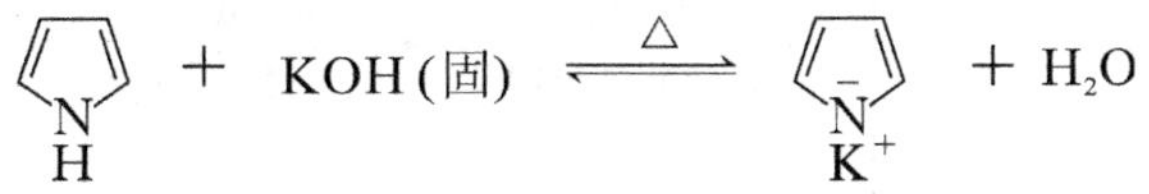

生成的吡咯钾盐不稳定，相对容易水解，在非质子性环境中可以与许多试剂反应，生成一系列氮取代产物：

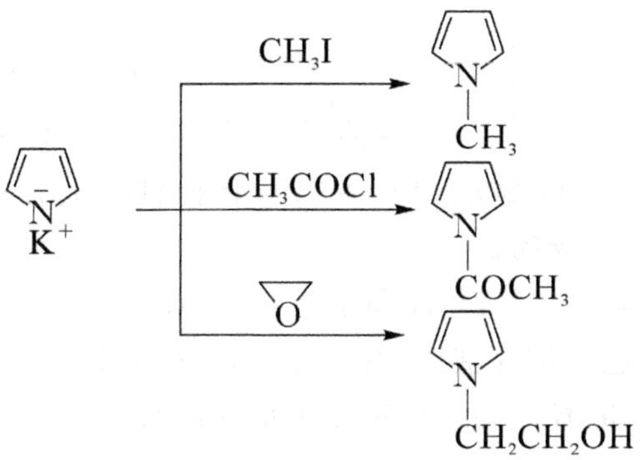

呋喃中的氧也因为参与形成芳香大 π 键而不具备一般醚的弱碱性。

这三种五元杂环对氧化剂、酸性介质也很敏感，特别是吡咯和呋喃，遇强酸时杂原子将不同程度地被质子化，因而破坏了原来稳定的芳香大 π 键，呈现出共轭二烯的性质，容易发生聚合、氧化、开环等副反应（表 15-7）。

表 15-7　试剂对五元杂环环系稳定性的影响

化合物	噻吩	吡咯	呋喃
氧化剂	稳定	不稳定	不稳定
碱	稳定	稳定	稳定
酸	稳定	不稳定	极不稳定

吡咯与浓酸作用会生成树脂状物。呋喃对酸很不稳定，稀酸就可以破坏环，生成不稳定的二醛，并聚合成树脂状物。

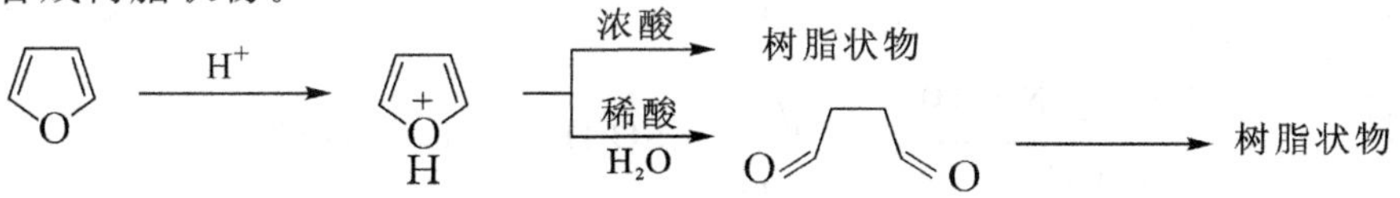

以上反应均表现出呋喃、吡咯对酸及氧化剂的不稳定性，而噻吩相对来说比较稳定。

2）亲电取代反应

呋喃、吡咯和噻吩的亲电取代反应速率比苯环要快，取代反应主要发生在 α 位，其反应活性由大到小的顺序如下：

吡咯　＞　呋喃　＞　噻吩　≫　苯

由于这三种五元杂环对酸和氧化剂的不稳定性，因此一般不能直接采用强酸条件下进行磺化、硝化等反应，需要控制在非酸性条件下或加入脱酸剂进行反应，通常采用较温和的非质子性试剂。

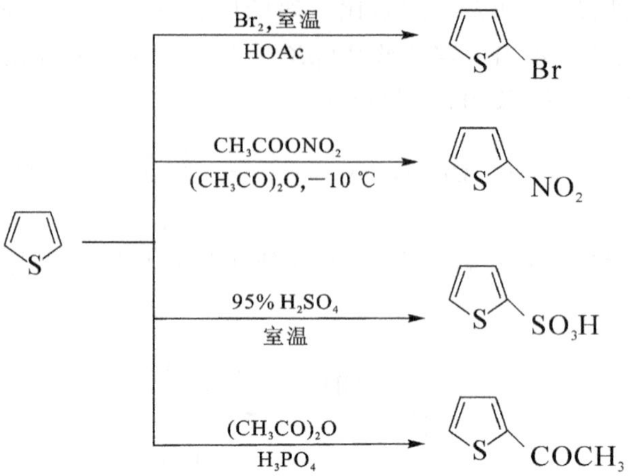

由于噻吩在室温下可与浓 H_2SO_4 反应,生成溶于浓 H_2SO_4 的 α-噻吩磺酸,因此可用此法除去粗苯或石油馏分中的少量噻吩。

呋喃、吡咯磺化所用的吡啶-三氧化硫和硝化所用的硝乙酐均为温和的非质子性磺化剂和硝化剂。其中,硝乙酐为无色发烟性液体,有爆炸性,所以要临用现制。其方法是:把要硝化的物质溶于乙酸酐中,充分冷却,控制在一定温度下加入硝酸,则按下式生成硝乙酐,并立即发生硝化反应。

$$(CH_3CO)_2O + HNO_3 \longrightarrow CH_3COONO_2 + CH_3COOH$$

吡咯是五元单杂环中亲电取代反应活性最大的,在卤代反应中常生成多卤代产物。吡咯还能与较弱的亲电试剂如重氮盐等发生偶合反应,生成有色的偶氮化合物。吡咯进行酰基化时可以不用催化剂。

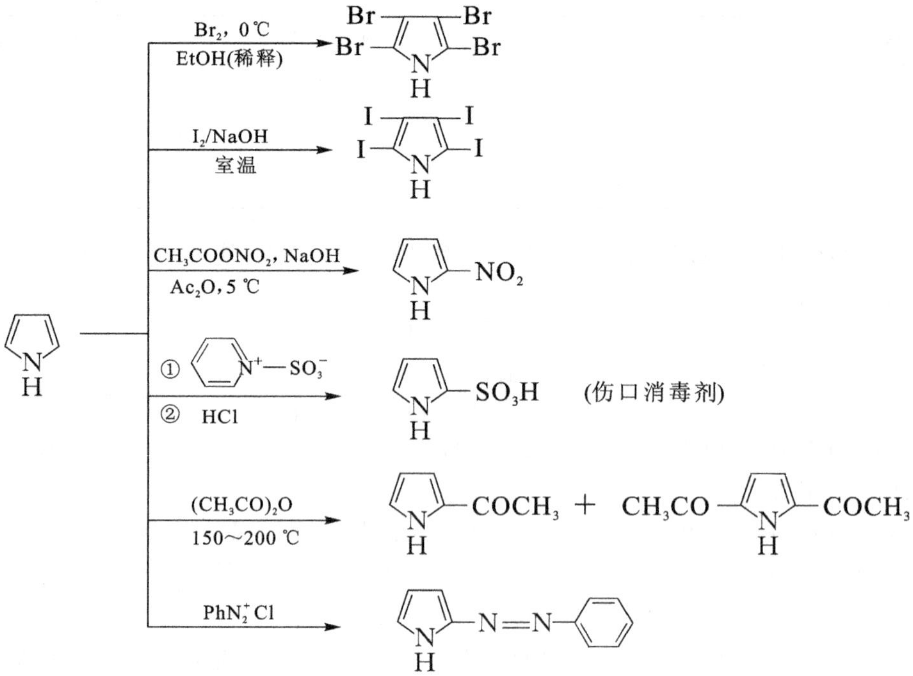

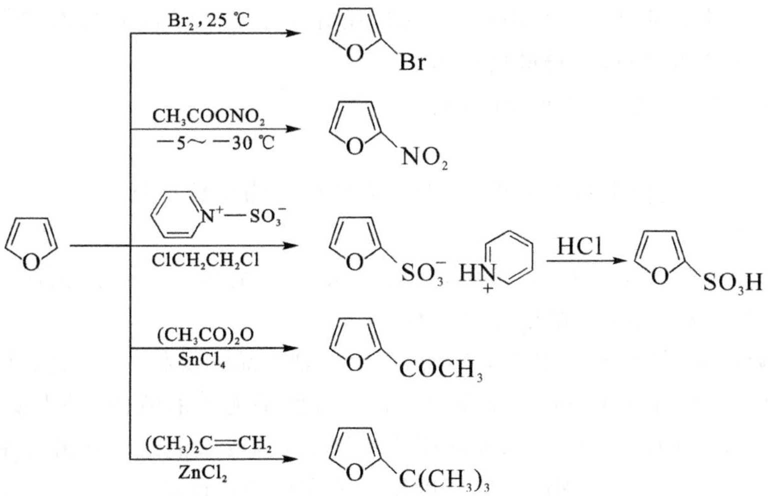

3. 加成反应

五元单杂环均有一定的双键特性，在加热、加压下可催化加氢。例如：

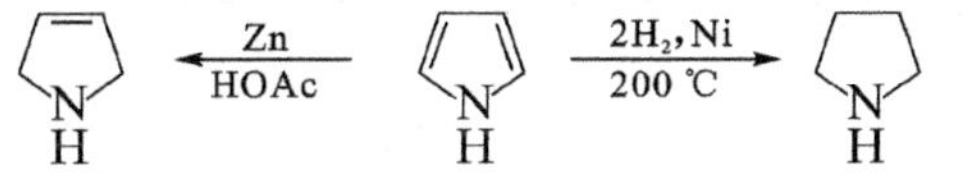

2,5-二氢吡咯　　四氢吡咯

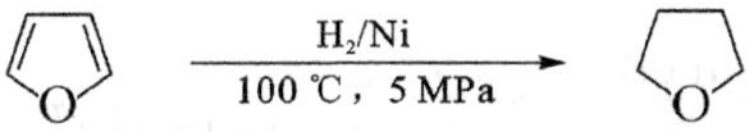

THF

当吡咯被氢化还原后，生成饱和的四氢吡咯（吡咯烷），芳香性消失，变成了典型的脂环族仲胺，其未共用电子对在独立的 sp^3 杂化轨道上，所以碱性大大增强。

	四氢吡咯	吡咯	二乙胺
pK_a	11.3	0.4	11.0

四氢呋喃（THF）是一个五元环醚，它是一种优良的溶剂和重要的化工原料。

用瑞尼（Raney）镍催化氢化噻吩，镍可以把硫从噻吩分子中除去，主要产物是正丁烷。该反应在有机合成上有重要应用，如先制备 2,5-二取代噻吩，然后催化氢化脱硫，可获得增长四个碳原子的高级碳链化合物。

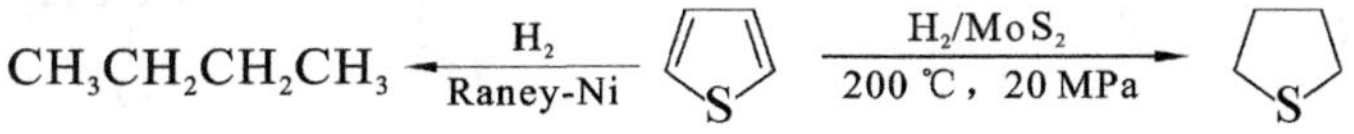

四氢噻吩
（沸点为 118～119 ℃）

呋喃的双键特性最明显，它具有共轭双键的反应，很容易与顺丁烯二酸酐发生双烯加成反应（Diels-Alder 反应），而且产率较高。

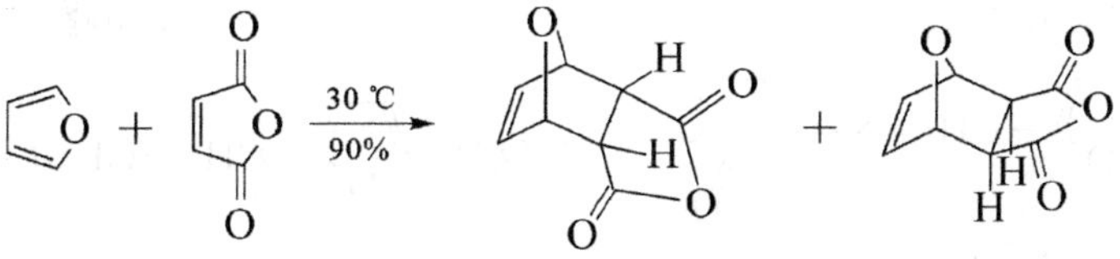

内型（endo）　　外型（exo）

根据以上化学性质可以作一个粗略的比拟：在五元杂环化学性质方面，吡咯与苯胺相像，呋喃介于烷基苯和二烯之间，噻吩最接近苯。

思考题 15-5 如何除去混在苯中的少量噻吩？

4. 衍生物

呋喃、吡咯和噻吩它们本身并不重要，但它们的衍生物比较重要。

1) 呋喃衍生物

呋喃存在于松木焦油中，为无色液体，沸点是 32 ℃。它的蒸气遇到被盐酸浸泡过的松木片时呈现绿色反应，这是鉴定呋喃的定性反应。

糠醛(2-呋喃甲醛)是呋喃的重要衍生物，可由农副产品如麦秆、棉子壳、甘蔗渣、玉米芯和花生壳等经过稀酸(如 HCl，H_2SO_4)处理而得到。糠醛是无色的液体，是重要的化工原料，也是良好的溶剂，在空气中易变成黑色，能溶于水，并能与醇或醚混溶。糠醛在醋酸作用下与苯胺反应，生成鲜红色物质，这个颜色反应可以用来鉴定糠醛或戊糖。

糠醛具有一般醛类的化学性质，也具有芳香性，与苯甲醛的化学性质相似。例如，能发生银镜反应，氧化得到糠酸，还原得到糠醇，也可以发生坎尼扎罗反应、克莱森-施密特反应，以及与胺的衍生物反应等。

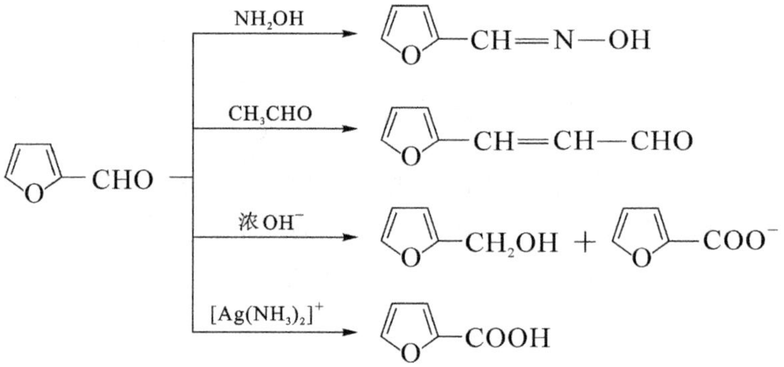

近年发现不少天然存在的呋喃或氢化呋喃衍生物具有明显的生物活性或药用价值，从感染黑斑病的薯类植物块根中分离出的多种呋喃衍生物如 3-呋喃甲酸、巴他酸(bacatic acid)、番薯酮等，都是生物体自身防御性的抗毒素。一些药物如抗菌药呋喃西林(消毒防腐)、呋喃坦啶(治疗膀胱炎和肾盂肾炎)、呋喃唑酮(又称痢特灵)、呋喃丙胺(抗血吸虫药)等都是呋喃衍生物。

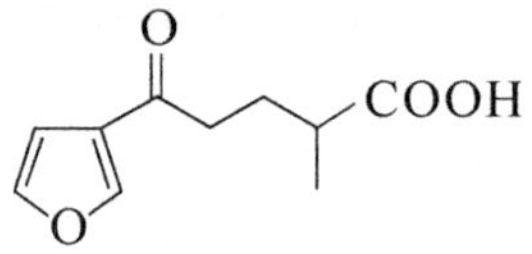

巴他酸

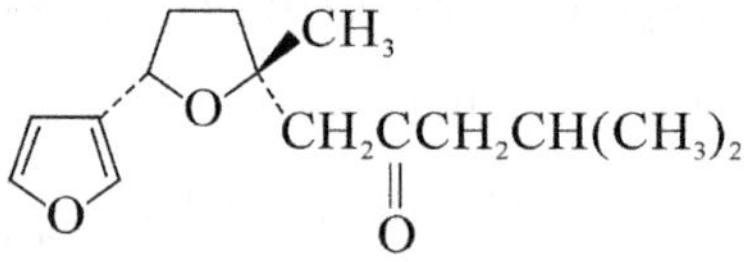

番薯酮

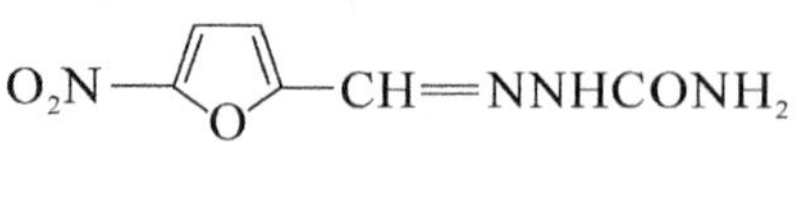

呋喃西林

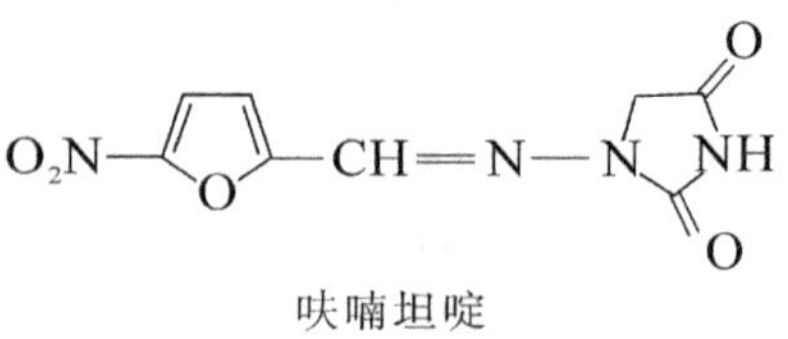

呋喃坦啶

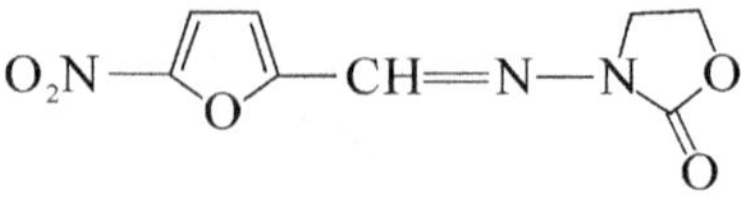

痢特灵

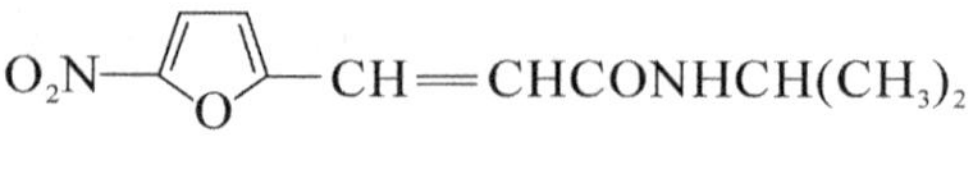

呋喃丙胺

2）噻吩衍生物

噻吩在浓硫酸存在下与靛红共热显蓝色，反应极其灵敏，是噻吩的定性反应。

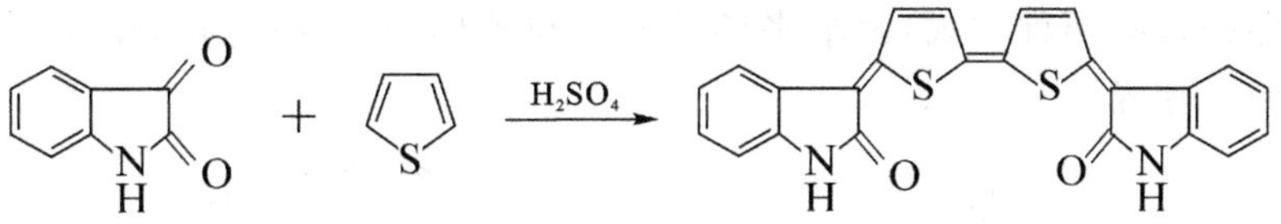

靛红　　　　　　　　　　靛吩咛

噻吩的某些衍生物存在于治疗皮肤病的药物鱼石脂中，这种药物是沥青、油质岩干馏产物加工处理所得的复杂混合物。

头孢噻吩是半合成头孢菌素类抗生素，其结构中含有噻吩环，抗菌活性优于天然头孢菌素。

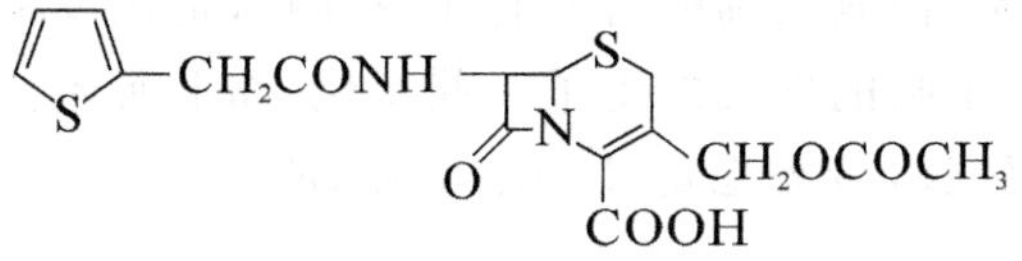

头孢噻吩

3）吡咯衍生物

吡咯存在于煤焦油和骨焦油中，是无色的液体，沸点为 131 ℃，不溶于水而溶于有机溶剂。

在自然界中，吡咯的衍生物在动植物生理活动中起着重要作用。如灵菌红素是从土壤中分离出来的一种红色抗菌素；卟吩胆色素原（porphobilinogen）是迄今为止人类所知道的最重要的单吡咯衍生物，在生物体内通过特定酶的作用可转变成卟吩、叶绿素和维生素 B_{12} 等重要生物活性物质。

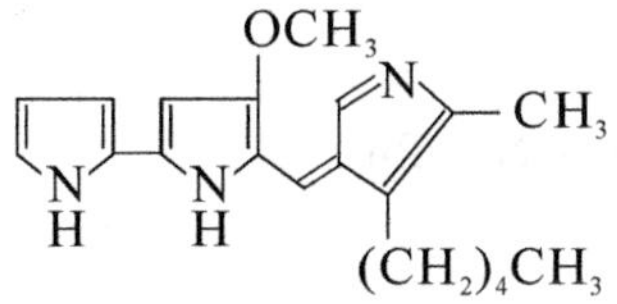

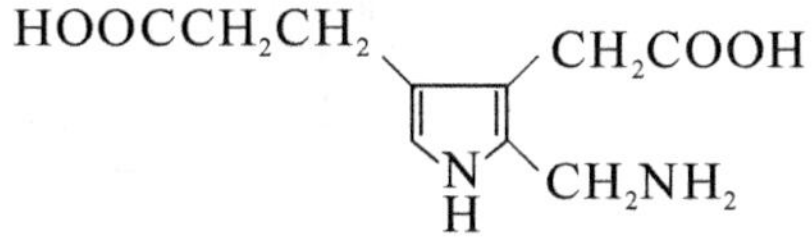

灵菌红素　　　　　　　　卟吩胆色素原

叶绿素和血红素的基本骨架相同，都含有一个由四个吡咯环和四个次甲基（—CH═）交替相连组成的平面型大环共轭体系，称为卟吩（porphine，旧称卟核），其取代物则称为卟啉。卟吩本身在自然界并不存在，但卟啉环系却广泛存在，如许多天然产物蛋白质、生物碱、叶绿素、血红素、维生素 B_{12} 等分子中都有卟啉环系。具有生理活性的卟啉类化合物一般是和金属形成配合物，如在叶绿素中配合的金属原子是镁，在血红素中是铁，在维生素 B_{12} 中则是钴，如图 15-4 所示。

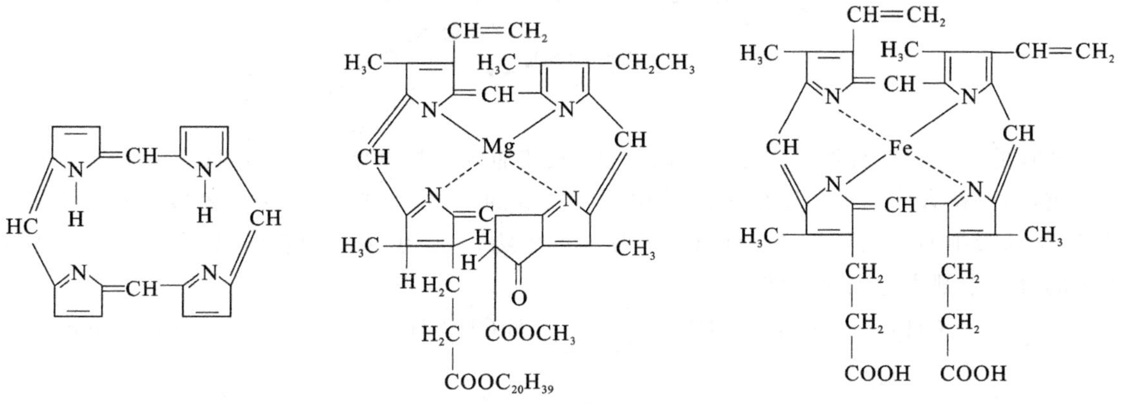

卟吩（卟核）　　　　叶绿素a　　　　血红素

图 15-4　卟吩及卟吩衍生物的结构

15.3.2　吲哚及其衍生物

苯与吡咯环稠合有两种方式:由吡咯环的 b 边与苯环稠合的称为吲哚,由吡咯环的 c 边与苯环稠合的称为异吲哚。

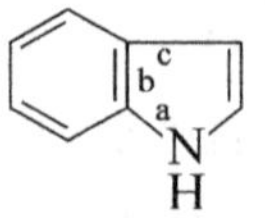

吲哚

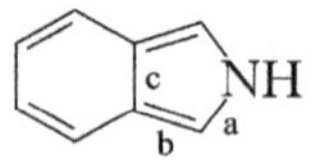

异吲哚

吲哚少量存在于煤焦油中,是无色的片状晶体,熔点为 52 ℃,沸点为 254 ℃,可溶于热水、乙醇及乙醚。吲哚气味极臭,但其极稀的溶液有花香气味,是化妆品中常用的香料。

苯环与吡咯稠合之后,吡咯的性质发生了一些变化,如下所述。

(1) 分子中共轭体系延长,芳香稳定性随之增强,所以吲哚对酸、碱和氧化剂都有较强的稳定性。

(2) 由于氮原子上的一对 p 电子被更大的共轭体系分散,吲哚的碱性($pK_a=-3.5$)比吡咯($pK_a=0.4$)更弱,而 N—H 的酸性($pK_a=17.0$)则比吡咯($pK_a=17.5$)略有增强。

(3) 吲哚的亲电取代反应主要发生在富电子的吡咯环上,取代基一般进入 3 位,当 3 位被占据,反应就发生在 2 位。当这两个位置都被占据时,反应就发生在苯环上。

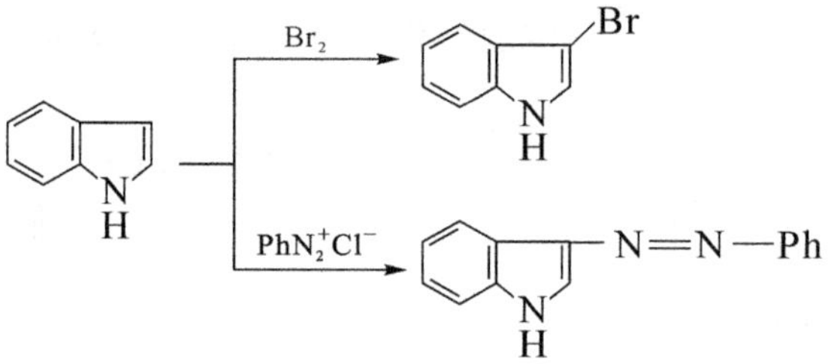

(4) 在低温下,若以苯甲酰硝酸进行硝化,得到的是 3 位的取代产物;但若以混酸为硝化剂,则在 0 ℃时得到 5 位的取代产物。这是因为在混酸的作用下杂环氮原子被质子化,吡咯环上的电子密度下降,亲电试剂容易进攻苯环而不是吡咯环。

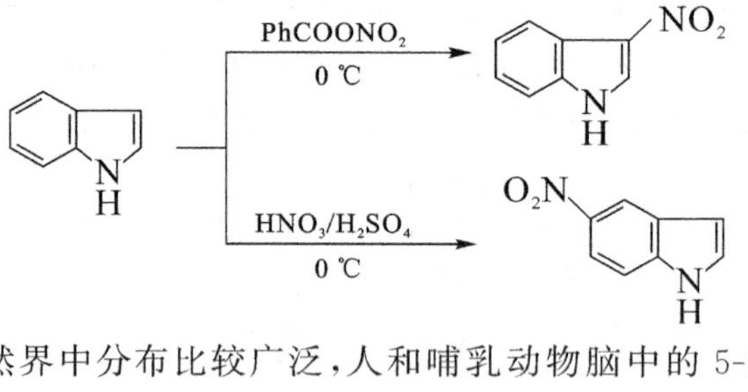

吲哚的衍生物在自然界中分布比较广泛,人和哺乳动物脑中的 5-羟色胺是一种重要的神经介质,是保持人体精神和思维正常活动不可缺少的物质。3-吲哚乙酸是典型的植物生长促进剂;氨基酸中的色氨酸也是一种重要的吲哚衍生物;一些生物碱如麦角碱、马钱子碱及利血平等的分子中都含有吲哚的结构。

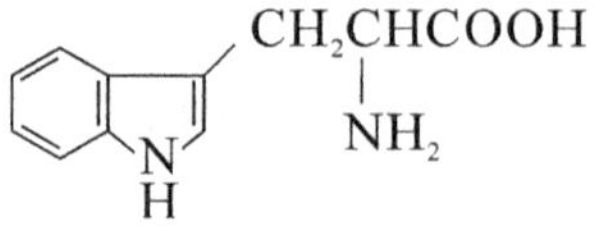

色氨酸

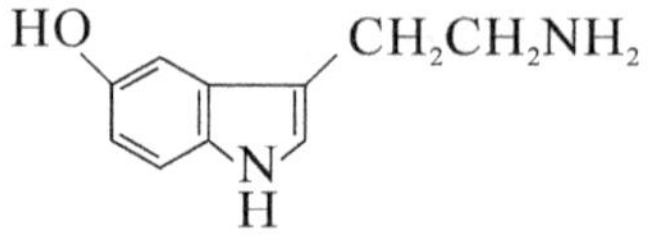

5-羟色胺

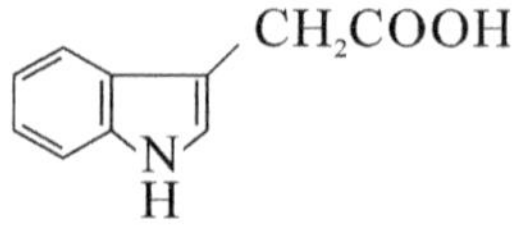

3-吲哚乙酸

15.3.3　含两个杂原子的五元杂环

含有两个杂原子且其中一个是氮原子的五元杂环化合物都称为唑类化合物，可以看作是吡咯、呋喃、噻吩的氮取代衍生物。根据环中两个杂原子的相对位置不同可以分为 1,2-二唑和 1,3-二唑两类。常见的有：

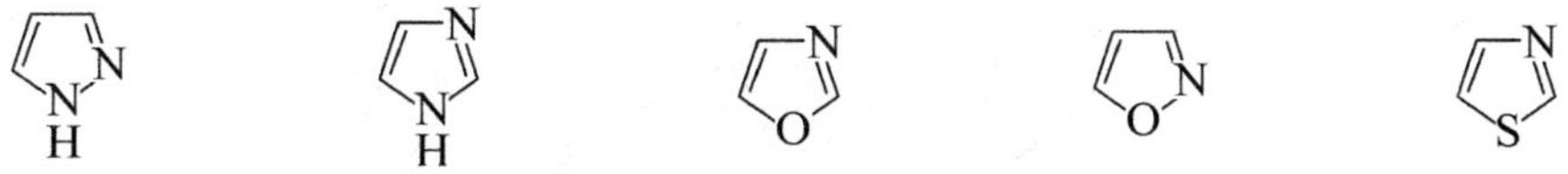

	吡唑	咪唑	噁唑	异噁唑	噻唑
pK_a	2.5	7.0	0.8	−2.03	2.4

唑类分子都是平面型的分子，可以看作是吡咯、呋喃和噻吩在 2 位或 3 位上的═CH—基团被═N—所替代形成的化合物。这个氮原子的杂化状态与吡啶的氮原子相同，以一个 p 电子参与环状共轭体系，并有一对孤对电子处于 sp^2 杂化轨道中，伸展于分子平面之外，为叔氮原子独有；分子中都存在环状 π_5^6 共轭体系，属于芳杂环。

一些常见唑类化合物的物理常数如表 15-8 所示。

表 15-8　常见唑类化合物的物理常数

化合物	吡　唑	咪　唑	噁　唑	异噁唑	噻　唑
pK_a	2.5	7.0	0.8	−2.03	2.4
沸点/℃	186～188	257	69～70	95～96	116.8
熔点/℃	69～70	90～91	−87～−84	67	−33

由于唑类化合物分子中存在一个吡啶型氮原子，可以与水分子形成氢键，故有较大的水溶度，如吡唑在 20 ℃时的水溶度为 1∶1，异噁唑为 1∶6。

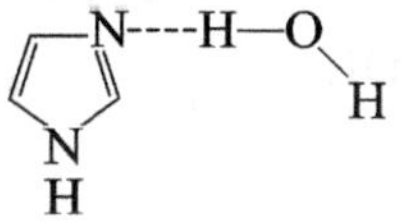

吡唑、咪唑和噻唑的碱性都比吡咯强，其碱性中心是分子中的吡啶型氮原子。1,3-唑类比 1,2-唑类的碱性相对较强，是因为 1,3-唑类中杂原子的＋C 效应能有效传递到间位的吡啶型氮原子，而 1,2-唑类中两个电负性较大的杂原子直接相连接，−I 效应比较显著，反而使碱性下降。咪唑的碱性强于吡啶，是因为咪唑中的吡咯型氮原子的＋C 效应远比硫和氧原子强。含氧的唑类碱性较弱，含氮的唑类碱性较强，也是由于吡啶型氮原子的存在，吡唑和咪唑的 N—H 酸性也比吡咯强，它们的 pK_a 值分别为 14 和 14.2。因此，吡唑和咪唑可在 NaOH 水溶液中成盐。

由于环上增加了一个电负性较强的吡啶型氮原子，唑类化合物环上电子密度下降；另外，唑类分子中显碱性的氮原子成盐后，并不破坏环的芳香性，因而增强了唑类化合物抗酸和抗氧化剂的能力。

当存在侧链取代基团时，氧化剂可以把侧链氧化，唑环则不受影响。例如：

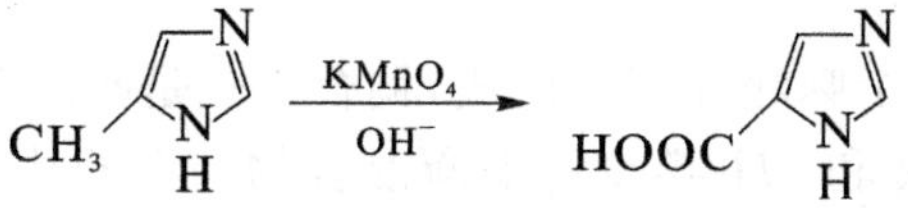

吡唑、咪唑和噻唑的亲电取代反应比吡啶容易，但比呋喃、吡咯和噻吩要困难，所需要的条

件也比较强烈。唑类的亲电取代反应主要进入具有＋C效应的杂原子邻位（5位），而远离具有－C效应的吡啶型氮原子，这是杂环化合物取代反应的基本规律。三种化合物的亲电取代反应难易程度不一样，咪唑最为容易，其反应活性次序由大到小是：咪唑＞吡唑＞噻唑。

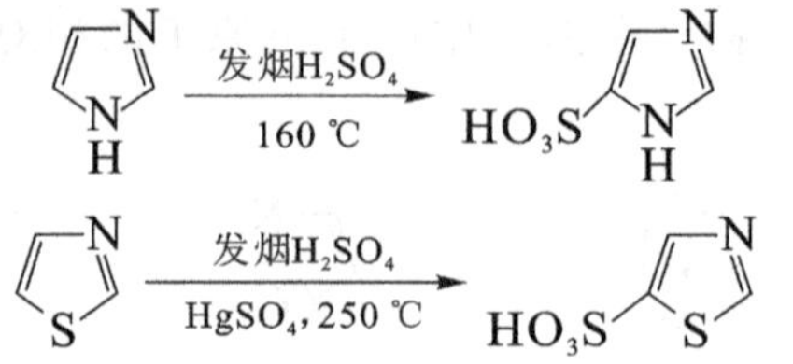

吡唑和咪唑还存在互变异构现象。由于氮原子上的氢原子可以在两个氮原子之间迅速地移动，当存在取代基团时就会产生互变异构体。例如，在吡唑中3位和5位是相同的，而在咪唑中4位和5位是相同的。当氮原子上的氢原子被其他基团所取代时，就不会产生互变异构现象。

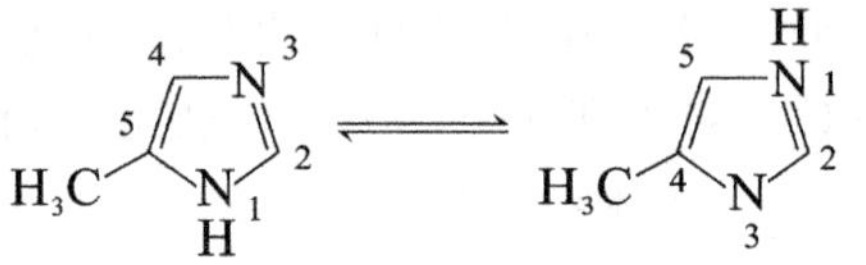

5-甲基咪唑　　4-甲基咪唑

4（5）-甲基吡唑

5-羟基吡唑的互变异构体称为5-吡唑酮。它的一些衍生物如安替比林、安乃近、保泰松等是一大类解热镇痛药物，称为吡唑酮类药物。

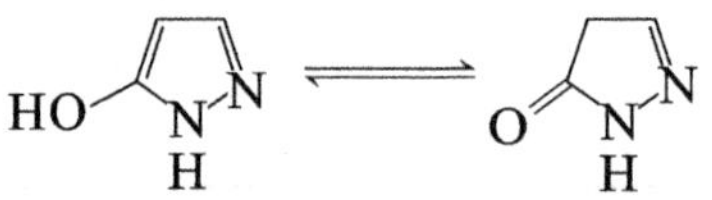

5-吡唑酮

咪唑的重要衍生物组氨酸，是蛋白质的水解产物之一，经过细菌的腐败作用在人体内分解，可以发生脱羧作用，产生组织胺。人体中的组织胺过多会导致过敏反应。

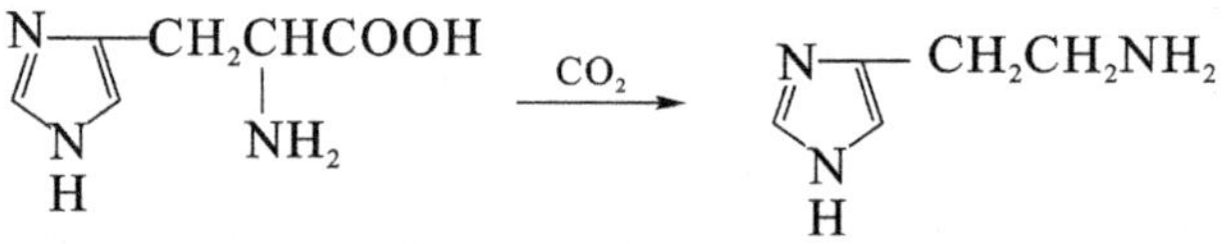

组织胺

维生素 B_1（又称为硫胺素）分子中包含噻唑环结构。维生素 B_1 存在于米糠、麦麸和酵母中。青霉素G分子骨架中含有四氢噻唑环。

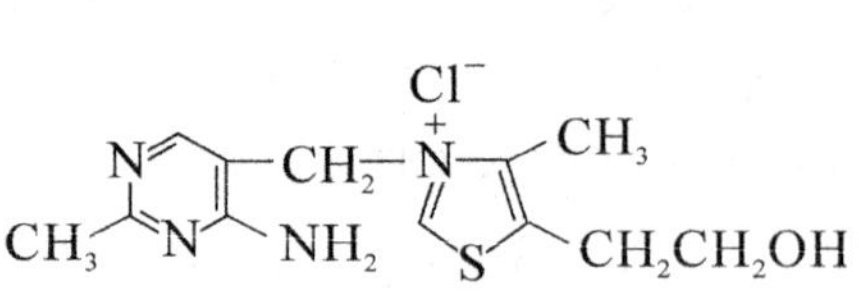

维生素 B_1

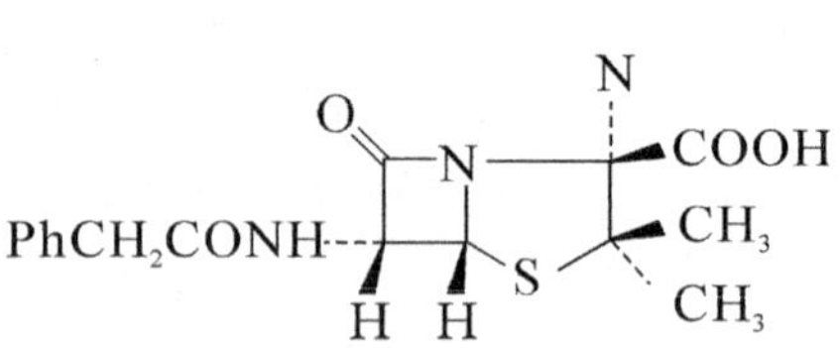

青霉素 G

15.3.4　嘌呤及其衍生物

嘌呤由一个嘧啶环和一个咪唑环稠合而成，稠合方式是咪唑并[4,5-d]嘧啶。由于存在互变异构现象，嘌呤是7*H*-嘌呤和9*H*-嘌呤的平衡混合物。在药物中以7*H*-嘌呤式的衍生物较常用，在有机化学中则多采用9*H*-嘌呤式：

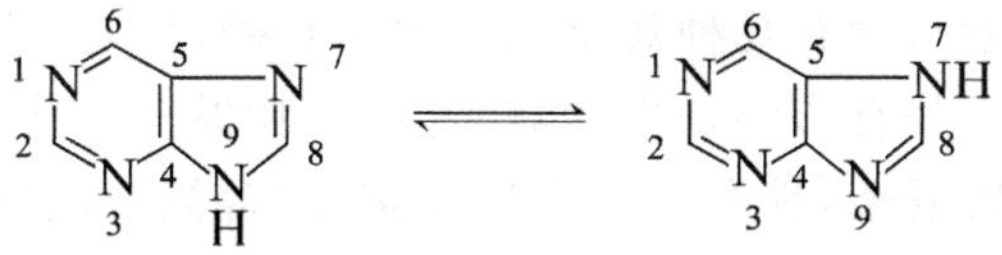

9H-嘌呤　　　　7H-嘌呤

嘌呤环系的编号规律比较特殊，自 1884 年作出规定后沿用至今。当初是把嘌呤按照嘧啶衍生物来规定编号方式的。

嘌呤分子中有三个吡啶型氮原子，所以易溶于水也溶于醇，难溶于非极性溶剂。嘌呤是两性化合物，因为吸电子嘧啶环的存在，使 N—H 酸性增强（$pK_a=8.9$），酸性远远大于吡咯和咪唑，比酚的酸性还要强，所以可以在 NaOH 水溶液中成盐。同样，因为吸电子嘧啶环的存在，使嘌呤的氮碱性下降（$pK_a=2.3$），远比咪唑和吡啶弱，但比嘧啶（$pK_a=1.30$）要强。

嘌呤分子的 π 电子数符合 $4n+2$ 规则，存在封闭的共轭体系，因而具有一定的芳香性。由于含有多个具吸电子性质的吡啶型氮原子，大大减弱了环碳原子的电子云密度，所以嘌呤很难发生亲电取代反应。

嘌呤本身并不存在于自然界中，但其衍生物却在生物体中广泛分布。例如，核酸与核苷酸中重要的碱性母核腺嘌呤（A）、鸟嘌呤（G），对代谢有重要作用的辅酶 A 以及生物代谢产物尿酸都含有嘌呤结构。嘌呤还是具有兴奋作用的生物碱如咖啡因、茶碱等的基本骨架。从香菇中分离得到的香菇嘌呤以及从冬虫夏草中分离得到的虫草素也可以看作是腺嘌呤的衍生物，前者具有降血脂、降胆固醇的作用，后者具有抗病毒、抗菌、抗肿瘤的活性。

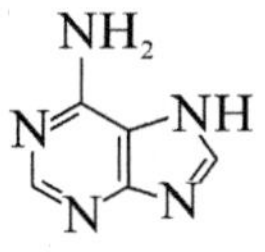

腺嘌呤（A）

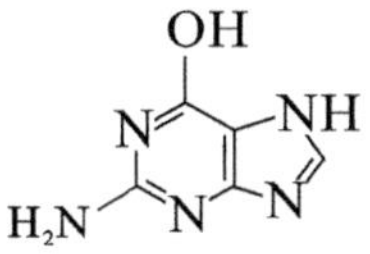

鸟嘌呤（G）

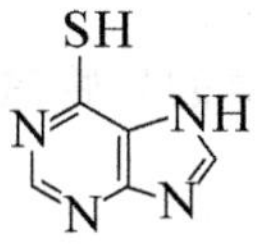

巯嘌呤

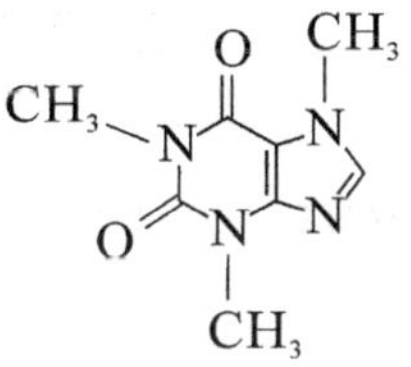

咖啡因

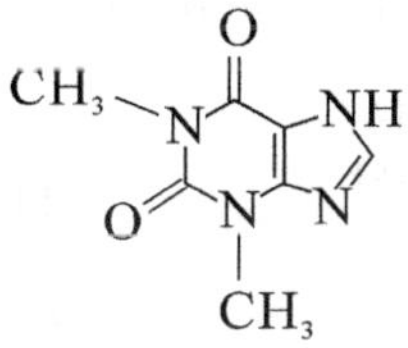

茶碱

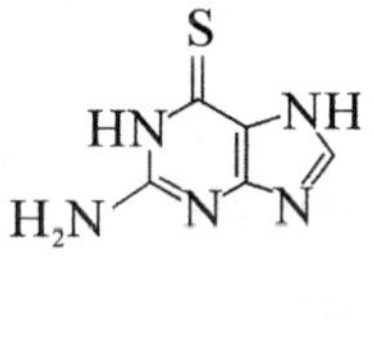

硫鸟嘌呤

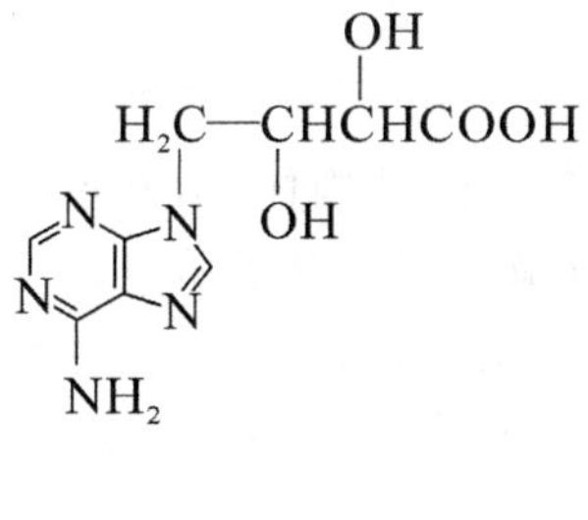

香菇嘌呤

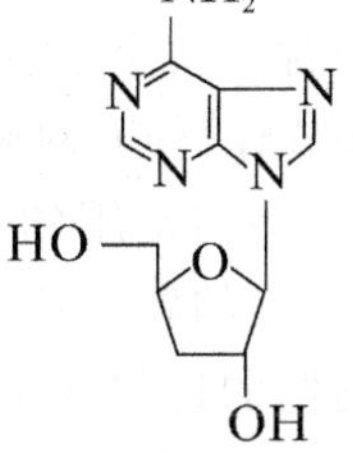

虫草素

15.4　生　物　碱

生物碱（alkaloid）是存在于生物（主要是植物）体内对人和动物有强烈生理作用的含氮碱

性有机化合物。植物中一般都含有几种甚至几十种生物碱,但是含量比较低。中草药如麻黄、当归、贝母、黄连等的有效成分有许多是生物碱,这些生物碱对人体有着强烈的生理活性。

生物碱的结构一般比较复杂,具有开链或环状胺(或含氮杂环)的结构,多数是仲胺、叔胺、季铵,很少有伯胺。生物碱一般以所含有的杂环进行分类,目前由于不少的生物碱的结构还未完全确定,同时新的生物碱不断出现,所以其分类还很不完善。生物碱的命名则大多根据其来源的植物,例如烟碱来自烟草中,麻黄碱来自麻黄中。

生物碱在植物体内是由氨基酸转化而来的,常与有机酸如苹果酸、柠檬酸、草酸、琥珀酸等结合成盐存在。同科植物中含有的生物碱的结构一般是类似的。

15.4.1　生物碱的一般性质

游离的生物碱一般是无色结晶固体,有色的物质较少,液体的也较少。大多分子中含有手性碳原子,因此具有光学活性。自然界中的生物碱一般以左旋体存在。生物碱难溶于水,能溶于氯仿、乙醚、丙酮、苯等有机溶剂。生物碱能与酸成盐而易溶于水,这些性质可用于生物碱的提取和精制。

生物碱的中性或酸性水溶液能与某些试剂作用,生成沉淀并产生颜色反应,这些试剂称为生物碱试剂。常用的生物碱试剂有:浓碘酸,浓硝酸,碘化汞钾(K_2HgI_4),碘化铋钾($KBiI_4$),碘-碘化钾(I_2-KI),10%苦味酸,磷钨酸($H_3PO_4\cdot 12WO_3\cdot 2H_2O$),硅钨酸($12WO_3\cdot SiO_2\cdot 4H_2O$),鞣酸-三氯化金盐酸溶液等。利用这种沉淀反应可以检验药物中是否含有生物碱。

15.4.2　几种重要的生物碱

1. 麻黄碱

麻黄碱是存在于中药麻黄中的主要生物碱,其结构与肾上腺素相似,属于非杂环苯乙胺衍生物,熔点为 38 ℃,可溶于水、乙醚、乙醇和氯仿中。

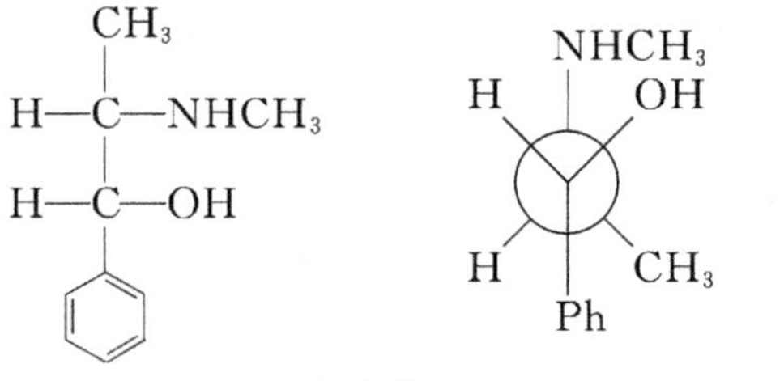

(−)-麻黄碱

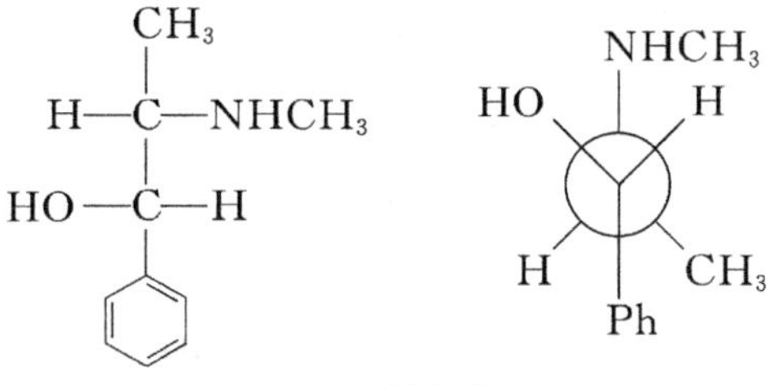

(+)-伪麻黄碱

麻黄碱分子中含有两个手性碳原子,应该有四个手性异构体,但在麻黄中只存在(−)-麻黄碱和(+)-伪麻黄碱两种非对映手性异构体。麻黄碱的相对分子质量较小,和一般的生物碱的性质不太相同,不易与常用的生物碱试剂发生沉淀反应。(−)-麻黄碱和(+)-伪麻黄碱在性质上也不相同,前者的碱性比后者的要弱一点,前者在水中的溶解度大而后者难溶于水。这些不同主要是由它们的优势构象不同引起的。

(−)-麻黄碱具有兴奋中枢神经、收缩血管、扩张支气管的作用,临床上用盐酸麻黄碱治疗哮喘、过敏性反应及低血压等疾病。它的差向手性异构体(+)-伪麻黄碱没有药效,且还有干扰(−)-麻黄碱的作用。

2. 烟碱

烟草中约含有十二种生物碱,其中烟碱是最主要的一种,又称为尼古丁,一般以苹果酸盐或柠檬酸盐的形式存在。烟碱是无色的液体，沸点为 246.1 ℃，有剧毒，量少时有兴奋中枢神经、增高血压的作用，量大时则会抑制中枢神经，使心脏麻痹以至死亡。烟碱也曾用作剧毒农药杀虫剂。

3. 黄连素

黄连素（又称小檗碱）是喹啉类生物碱，存在于黄连、黄柏和三颗针等植物中。黄连素是黄色的结晶，熔点为 145 ℃，味苦，可溶于水，难溶于有机溶剂。黄连素具有抑制痢疾杆菌、链球菌及葡萄糖球菌的作用，另外还有镇静、降压和健胃作用，临床上用于治疗痢疾和胃肠炎等病症。

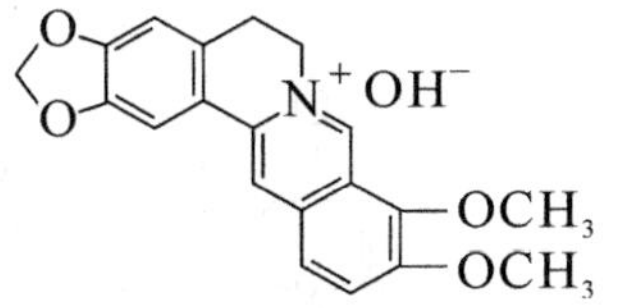

黄连素

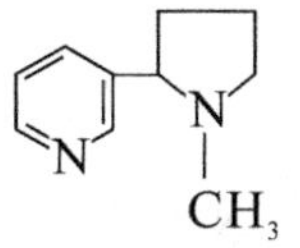

烟碱（尼古丁）

4. 喜树碱

喜树碱存在于生长在我国西南和中南地区的喜树中，熔点为 265～267 ℃。喜树碱具有显著的抗癌作用，临床上用于治疗肠癌、胃癌、直肠癌和白血病等，但毒性比较大。

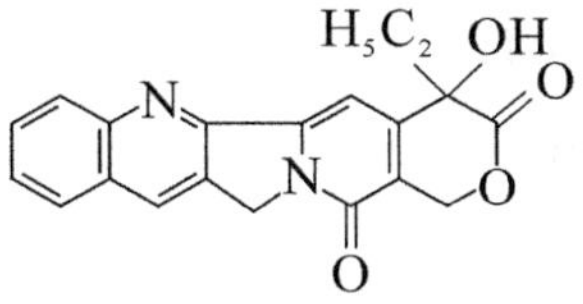

喜树碱

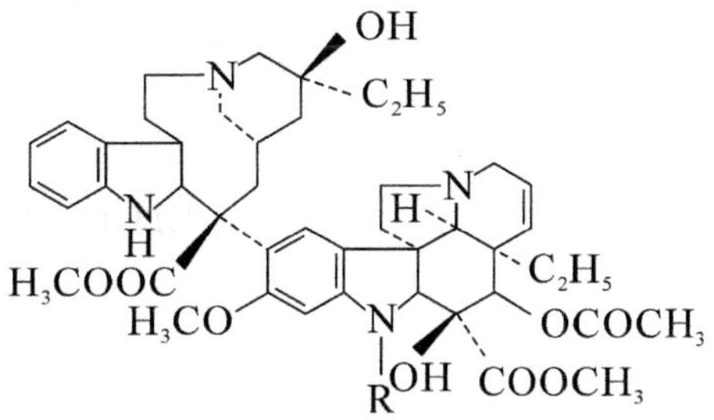

长春碱（$R=CH_3$），长春新碱（$R=CHO$）

5. 长春碱

长春碱（vinblastine）和长春新碱（vincristine）属于吲哚类生物碱，具有抗癌作用。它们是从夹竹桃科植物长春花中提取出来的。

6. 莨菪碱

莨菪碱存在于茄科植物如颠茄、莨菪、曼陀罗、洋金花、天仙子等中，分子一般为左旋，在提取的过程中会发生外消旋化，形成外消旋的莨菪碱，即阿托品。阿托品是白色结晶，熔点为 118 ℃，易溶于乙醇、氯仿，难溶于水。阿托品具有解痉镇痛的作用，临床上用作抗胆碱药，能抑制汗腺、唾液腺、泪腺、胃液等的分泌，并能扩散瞳孔，用于平滑肌痉挛、胃和十二指肠溃疡，也可用作有机磷和锑剂中毒的解毒剂。近年来发现阿托品还具有改善血液微循环的特殊作用。

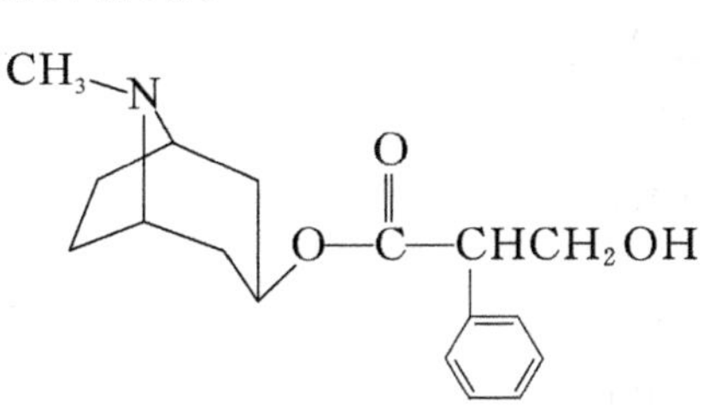

莨菪碱

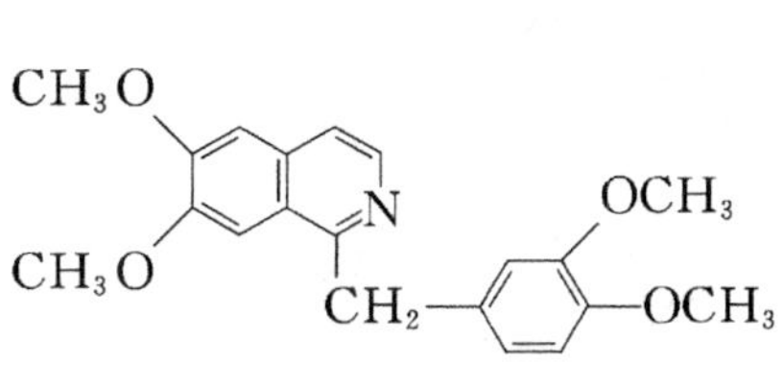

罂粟碱

7. 罂粟碱

罂粟碱存在于鸦片中,鸦片是罂粟果流出的液汁经干燥后所得的物质。鸦片中含有 20 多种生物碱,其中最主要的一种就是罂粟碱,其分子中含有异喹啉的结构。罂粟碱有抑制痉挛的作用。

8. 常山碱

中药常山中含有多种生物碱,其中的常山碱及异常山碱均有抗疟作用,分子结构中主要含有喹唑啉及哌啶环。

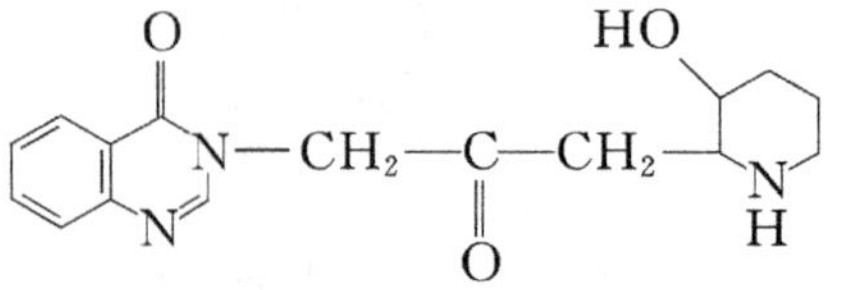

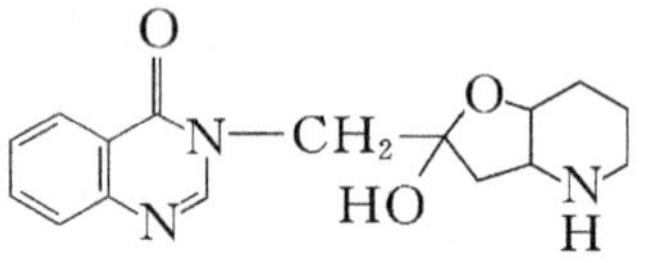

9. 利血平

利血平又称蛇根草素,是从萝芙藤中提取的生物碱,属于吲哚类生物碱,具有降低血压的作用。利血平的全合成已于 1956 年由美国化学家伍德沃德(R. B. Wordward)完成。

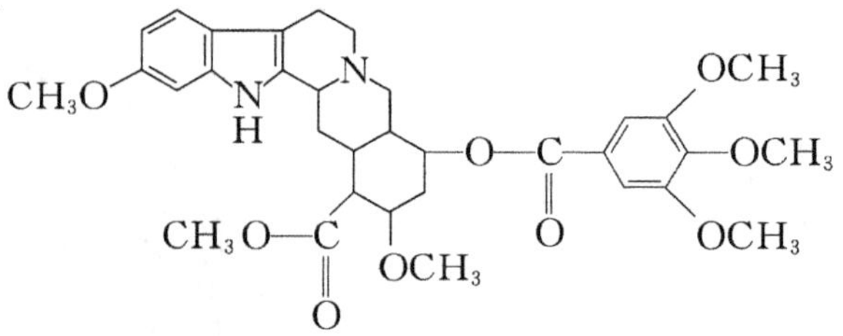

利血平

习　　题

1. 命名下列化合物。

(1) 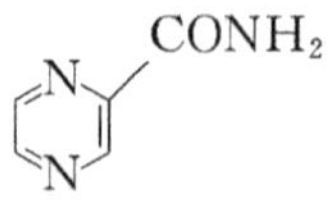

(2) 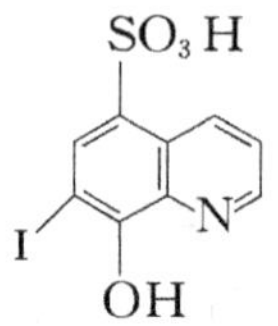

(3) 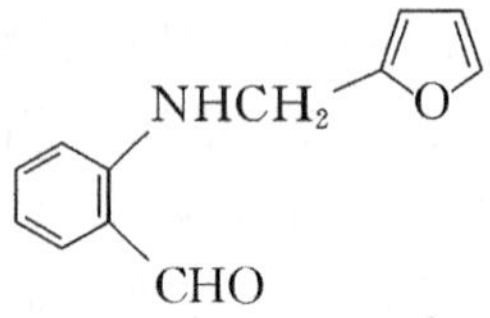

(4) 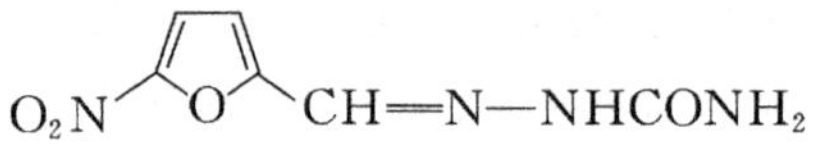

(5) 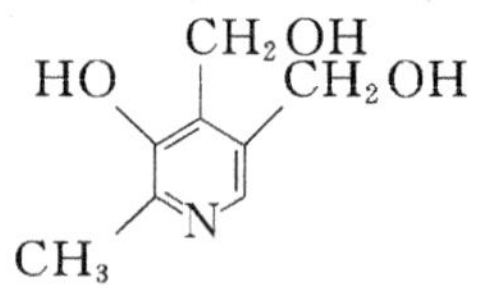

(6) 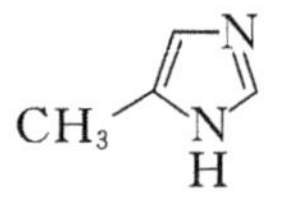

(7) 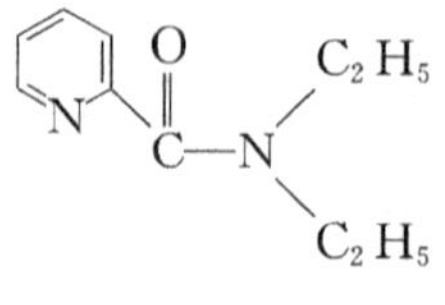

(8) 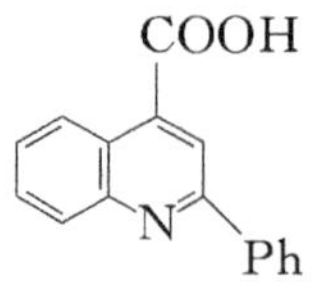

(9) 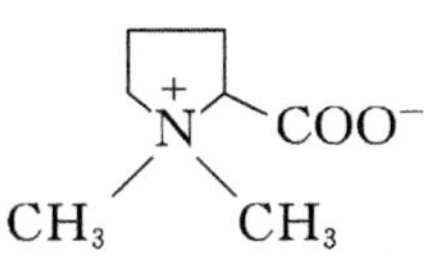

(10) 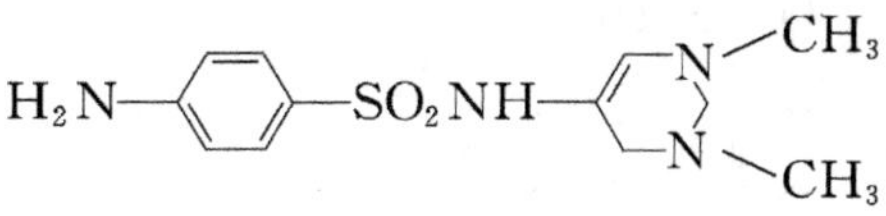

2. 写出下列化合物的结构式。

(1) 2,4,6-三羟基嘧啶

(2) 8-溴异喹啉

(3) 吲哚-3-乙酸

(4) 5-苯基-2-甲基吡嗪

(5) 4,6-二甲基吡喃-2-酮

(6) *N*,*N*-二乙基吡啶-3-甲酰胺

(7) 5-氟-4-羟基嘧啶

(8) 4-氯代噻吩-2-羧酸

(9) 6-氨基-7-甲基嘌呤

(10) *N*-甲基-8-氮-双环[3.2.1]辛-3-醇

3. 比较下列各组化合物的碱性。

(1) 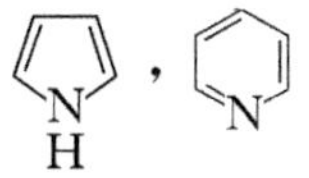

(2) 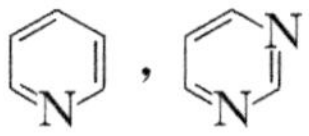

(3) 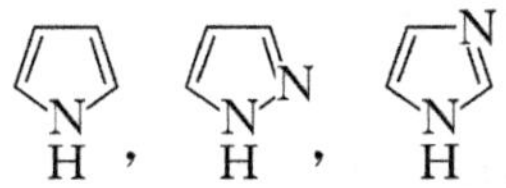

(4) 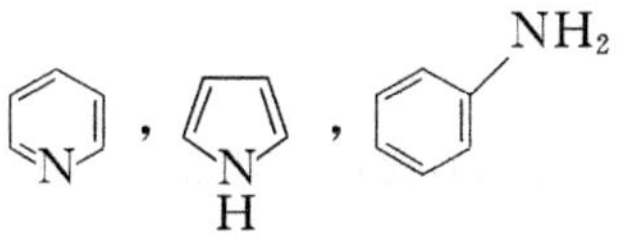

(5) 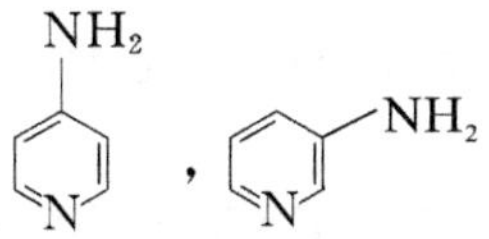

(6) 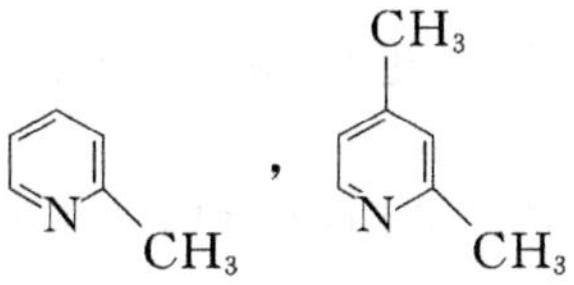

(7) 吡啶,乙酰胺,季铵碱,乙二胺,氨,吡啶,吡咯。

4. 将下列化合物中各个氮原子按碱性顺序排列(从大到小)。

(1) 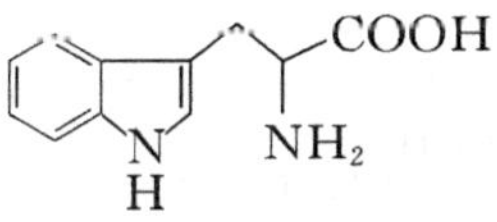

(2) 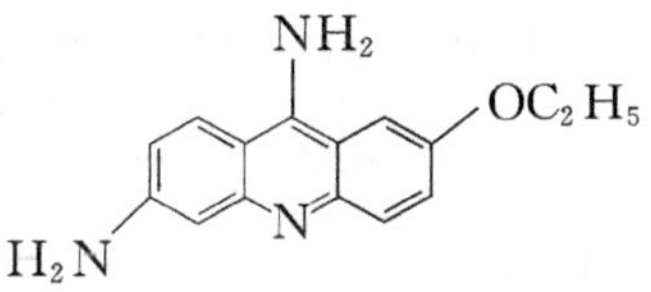

(3) 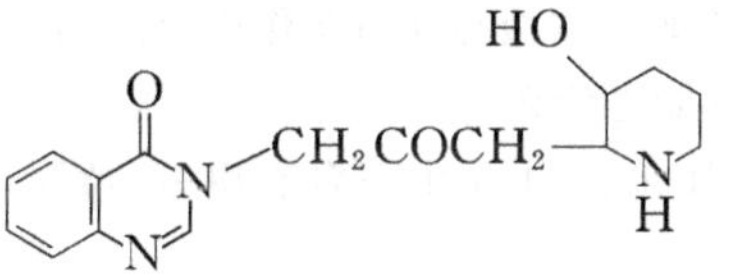

(4) 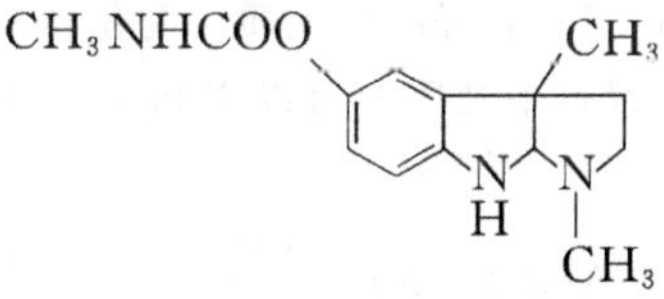

(5) 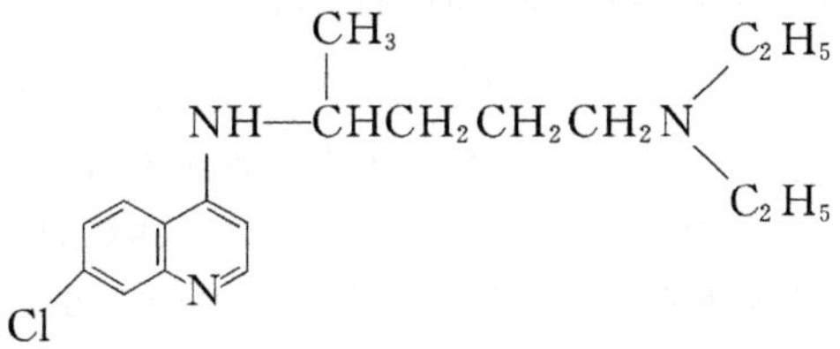

5. 写出喹啉与下列试剂反应的主要产物。

(1) Br_2/Ag_2SO_4-H_2SO_4,加热

(2) HNO_3/H_2SO_4,0 ℃

(3) 发烟 H_2SO_4,80～90 ℃

(4) Sn/HCl

(5) $H_2/Pt/CH_3COOH$,40 ℃

(6) $NaNH_2$/二甲苯

(7) $KMnO_4/H^+$,加热

6. 完成下列化学反应式。

(1) 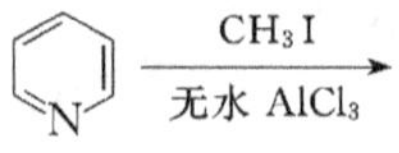

(2) 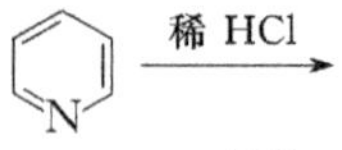

(3) 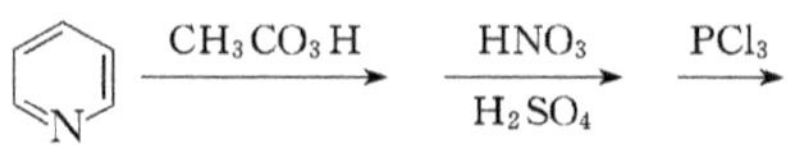

(4) 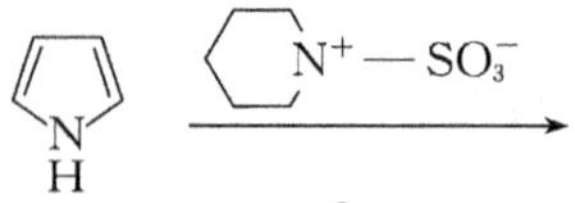

(5) 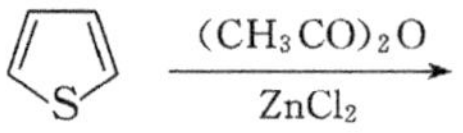

(6) 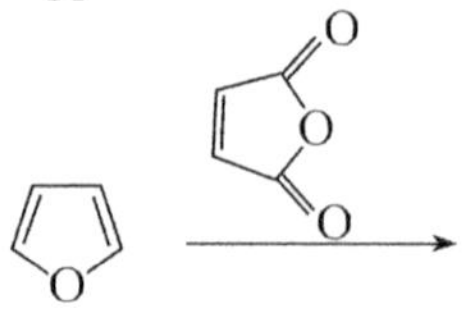

(7) 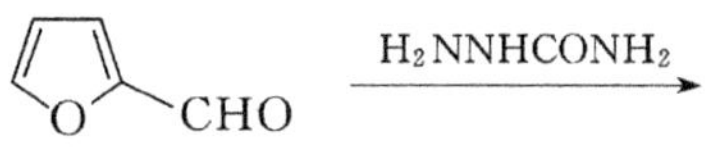

(8) 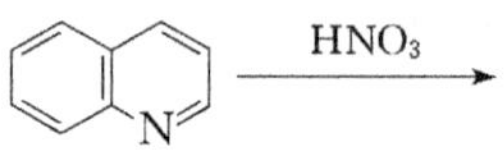

(9) 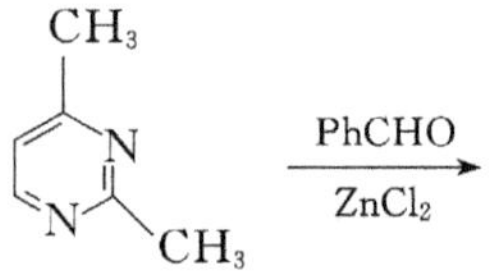

(10) 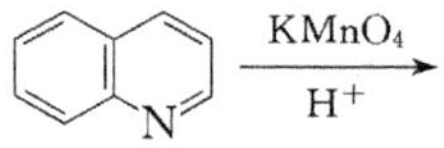

7. 3-羟基吡啶的水溶度为 1∶30，比吡啶小得多。前者的熔点是 129 ℃，而后者的熔点是 −42 ℃，这是为什么？

8. 一种甲基喹啉，经过 $KMnO_4$ 氧化得到吡啶三羧酸，后者可脱水得到两种酸酐的混合物。试写出这种物质可能的结构式。

9. 某杂环化合物 C_6H_6OS，能反应生成肟，但不发生银镜反应，它与次溴酸钠反应生成噻吩-2-甲酸，试写出它的结构式。

10. 吡咯能被 Zn/CH_3COOH 还原为二氢吡咯(C_4H_7N)，请回答：

(1) 这个二氢吡咯可能具有怎样的结构？

(2) 根据以下的实验证明，此二氢吡咯应为哪种结构？

$$\text{二氢吡咯} \xrightarrow{O_3} \xrightarrow{H_2O} \text{化合物 A}(C_4H_7NO_4)$$

$$ClCH_2COOH \xrightarrow{NH_3} \text{化合物 B}(C_2H_5NO_2) \xrightarrow{ClCH_2COOH} \text{化合物 A}$$

11. 某杂环化合物 $C_5H_4O_2$，经过氧化后生成羧酸 $C_5H_4O_3$。把此羧酸的钠盐与碱石灰作用，转变成 C_4H_4O，此物质不与钠反应，也不具有醛酮的性质。此化合物的结构式可能是什么？

12. 某含氮杂环化合物经过下列反应可以得到辛-1,3,7-三烯，已知化合物 A 中不含有甲基，请写出 A、B、C 的结构式。

$$\text{化合物 A}(C_8H_{15}N) \xrightarrow{CH_3I} \xrightarrow{Ag_2O} \xrightarrow{\triangle} \text{化合物 B}(C_9H_{17}N) \xrightarrow{CH_3I}$$

$$\xrightarrow{Ag_2O} \xrightarrow{\triangle} \text{化合物 C}(C_{10}H_{19}N) \xrightarrow{CH_3I} \xrightarrow{Ag_2O} \xrightarrow{\triangle} \text{辛-1,3,7-三烯}$$

13. 古液碱 A($C_8H_{15}NO$)是一种生物碱，存在于古柯植物中。它不溶于氢氧化钠水溶液，但溶于盐酸；不与苯酰氯作用，但与苯肼作用生成相应的苯腙。A 与 NaIO 作用生成黄色沉淀和一个羧酸 B($C_7H_{13}NO_2$)。B 用 CrO_3 强烈氧化转变成古液酸($C_6H_{11}NO_2$)，即 *N*-甲基吡咯烷-2-甲酸。写出 A 和 B 的结构式。

14. 邻氨基苯甲酸在盐酸中于 0 ℃时用亚硝酸钠处理，加入氯化亚铜，再把溶液加热，得到化合物 A。A 与硝酸和硫酸的混合物共热生成 B，后者与苯胺作用得 C($C_{13}H_{10}N_2O_4$)，用锡和盐酸处理 C 得到 D。分离出 D 后，将其溶于盐酸并冷却，先加入亚硝酸钠，然后再加次磷酸(H_3PO_2)并加热，得产物 E($C_{13}H_{11}NO_2$)。E 与浓硫酸共热得 F($C_{13}H_9NO_2$)。F 与锌粉作用得到 G($C_{13}H_9N$)。写出有关反应式和化合物 A～G 的结构式。

第 16 章　糖　　类

糖类(saccharide)在自然界分布最为广泛,从细菌到高等动物都含有糖类,而植物是糖类最重要的来源和储存形式,植物干重的 80%～90%是糖类。糖类是人类和动植物的三大能源物质(脂肪、蛋白质、糖类)之一,它在人体内代谢最终生成二氧化碳和水,同时提供体内进行的各种生物合成和转变所必需的能量。常见的糖类化合物有葡萄糖、果糖、蔗糖、麦芽糖、淀粉、纤维素等。

中草药中普遍含有糖类化合物,有些糖类甚至是主要活性成分。一些具有营养、强壮作用的药物,如人参、灵芝、黄芪、香菇等都含有大量的糖类,同时也是其各自的有效成分。

含有糖类的农作物还是制备许多工业产品的原料,是一项极为丰富的自然资源。对玉米芯、高粱杆等农作物所含的聚戊糖进行适当处理,可以制得大量的顺丁烯二酸酐、呋喃甲醛和四氢呋喃等重要工业原料。

糖类化合物过去曾被称为碳水化合物(carbohydrate),是因为最初人们发现这类化合物都是由碳、氢、氧三种元素组成的,且都符合 $C_n(H_2O)_m$ 的通式,如葡萄糖和蔗糖的分子式分别为 $C_6(H_2O)_6$ 和 $C_{12}(H_2O)_{11}$。但有的糖不符合碳水化合物的比例,例如鼠李糖和脱氧核糖的分子式分别为 $C_5H_{12}O_5$ 和 $C_5H_{10}O_4$;有些化合物的组成符合碳水化合物的比例,但不是糖,例如甲酸(CH_2O)、乙酸($C_2H_4O_2$)、乳酸($C_3H_6O_3$)等。因此,碳水化合物一词并不能准确反映糖的结构,不过仍然沿用至今。从结构上看,糖类化合物是多羟基醛(酮)及其缩聚物和它们的衍生物。

16.1　糖 的 分 类

根据糖类水解情况,可将糖分为三类:单糖、低聚糖和多糖。

1. 单糖

单糖(monosaccharide)是最简单的糖,是组成低聚糖和多糖的基本结构单位,不能再水解成更小的糖分子。根据分子中所含碳原子的数目,单糖可分为丙糖、丁糖、戊糖、己糖等;根据分子中所含的官能团,单糖可分为醛糖(aldose)和酮糖(ketose)。存在于自然界中的单糖主要是戊糖和己糖,如核糖属戊醛糖,葡萄糖属己醛糖,果糖属己酮糖。单糖中相对应的醛糖和酮糖是同分异构体。例如:

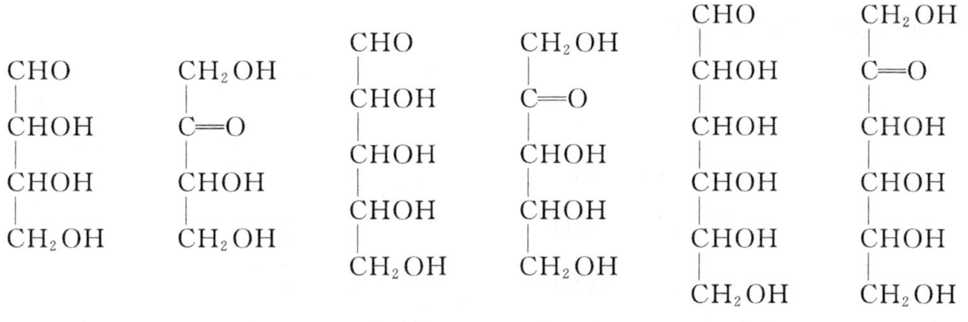

丁醛糖　　丁酮糖　　戊醛糖　　戊酮糖　　己醛糖　　己酮糖

2. 低聚糖

低聚糖(oligosaccharide)也称寡糖，能水解成 2～10 个单糖单位。根据水解后所得到的单糖的数目，低聚糖又可分为双糖、三糖等，其中以双糖最为重要，如蔗糖、麦芽糖、乳糖等都是双糖。

3. 多糖

多糖(polysaccharide)是指水解能生成 10 个以上单糖的化合物，例如淀粉和纤维素等。

糖类为多官能团化合物，它既具有单个官能团的性质，也有官能团之间互相影响的特征。糖分子中含有多个手性碳原子，必然具有旋光性和旋光异构体。因此，研究糖的性质，就要运用前面所学过的官能团反应和立体化学等基本知识。

16.2 单　　糖

16.2.1 单糖的结构

1. 己碳糖的开链结构

己醛糖中最重要的是葡萄糖(glucose)，己酮糖中最重要的是果糖(fructose)。现以葡萄糖和果糖为代表来讨论己碳糖的结构。

经元素分析和相对分子质量测定，确认葡萄糖的分子式为 $C_6H_{12}O_6$。通过下列多步化学反应，确定了葡萄糖具有五羟基醛的结构：

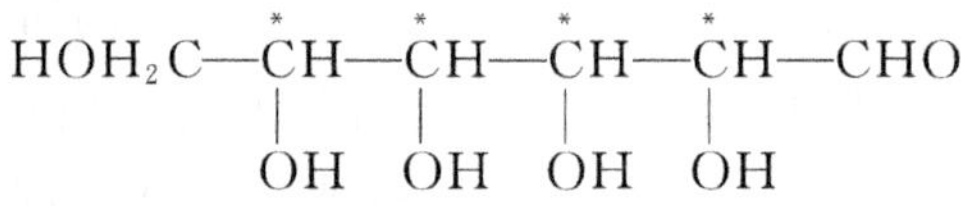

葡萄糖有四个手性碳原子，因此，它有 $2^4=16$ 个旋光异构体。所以，只测定糖的结构式是不够的，还必须确定它的构型。20 世纪初，德国化学家费歇尔首先对糖进行了系统的研究，确定了葡萄糖的构型如下：

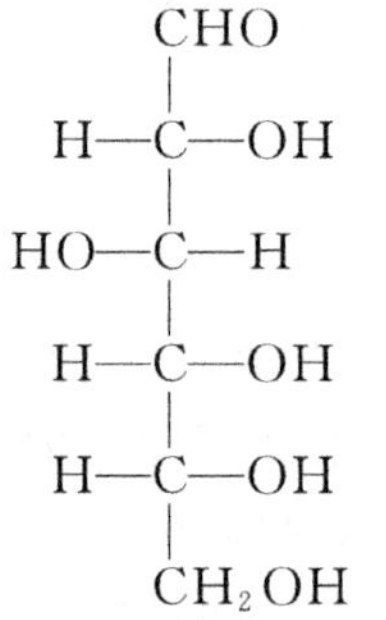

或

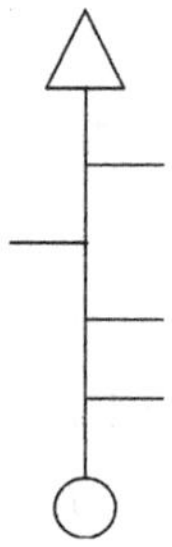

右边的表示法是以“△”代表—CHO，用“○”表示—CH_2OH，羟基以“—”表示，氢原子则不写出。

果糖的构型也是由费歇尔确定的：

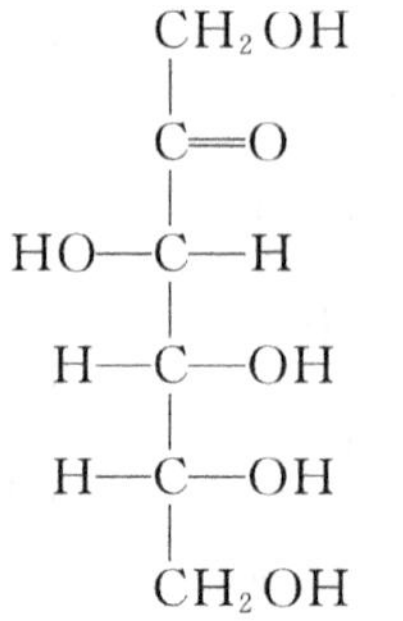

或

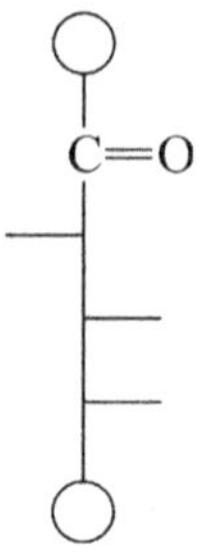

单糖的构型是以甘油醛为标准进行比较确定的。葡萄糖和果糖的空间构型是以手性碳原子 C_5 上的—OH 在空间的排列与甘油醛的手性碳原子上的—OH 在空间的排列相比较而确定的，若与 D-甘油醛相同则为 D 型，若与 L-甘油醛相同则为 L 型。因此，通常把单糖中编号最大的手性碳作为决定构型的手性碳。

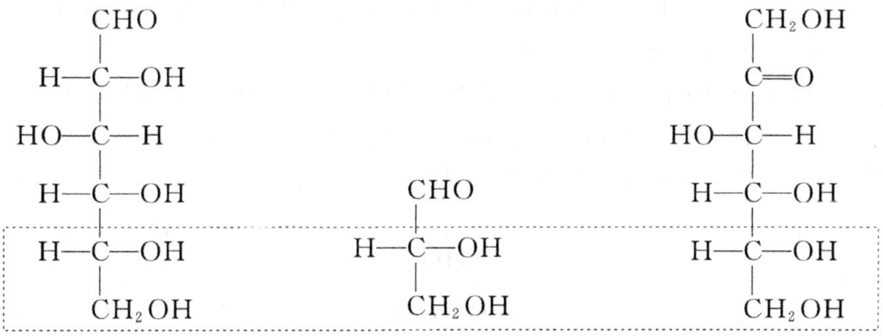

D-(＋)-葡萄糖　　　　D-(－)-甘油醛　　　　D-(－)-果糖

己醛糖的 16 种旋光异构体都已经得到，其中只有三种是天然存在的，即 D-(＋)-葡萄糖、D-(＋)-半乳糖和 D-(＋)-甘露糖，其他 13 种只能用人工的方法制得。以下是 D型己醛糖的费歇尔投影式，它们的对映体均为 L 型糖。

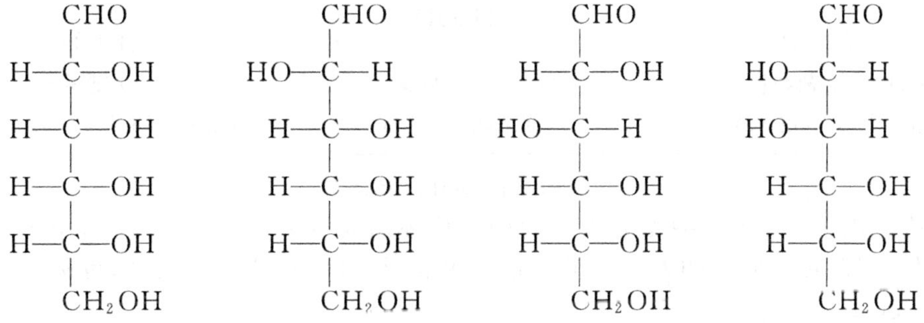

D-(＋)-阿洛糖　　D-(＋)-阿卓糖　　D-(＋)-葡萄糖　　D-(＋)-甘露糖

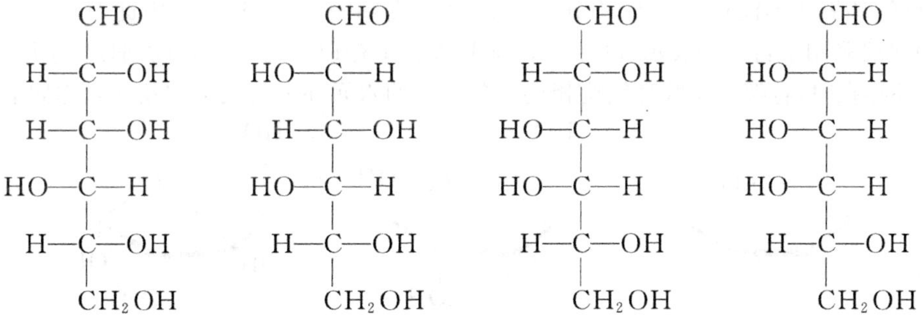

D-(－)-古罗糖　　D-(－)-艾杜糖　　D-(＋)-半乳糖　　D-(＋)-塔罗糖

2. 己碳糖的环氧式结构

经研究证明，单糖不仅以开链结构存在，还可以环状结构形式存在。虽然大多数单糖的特性可用开链结构来说明，但当深入一步探讨单糖的性质时，开链结构却无法给予正确的解释。

(1) D-(＋)-葡萄糖在不同条件下精制可以得到比旋光度不同的两种异构体，前者为＋112°，后者为＋18.7°。把二者分别配成水溶液，放置一定时间后，比旋光度都各有改变，前者降低，后者升高，最后都变为＋52.7°。这种把上述单糖水溶液放置后，比旋光度发生自行改变，并最后达到恒定数值的现象称作变旋光现象(mutarotation)。

(2) 葡萄糖的醛基不同于普通的醛基,它和醇类化合物发生反应时仅消耗一分子醇就能生成类似于缩醛结构的稳定化合物,而且葡萄糖的醛基也不能像普通羰基那样与亚硫酸氢钠发生加成反应。

(3) 固体 D-(+)-葡萄糖在红外光谱中不出现羰基的伸缩振动峰,在核磁共振谱中也不显示醛基中氢原子(—CHO)的特征吸收峰。

通过进一步研究,证明了游离的葡萄糖基本以环氧式结构存在,即 C_5 上的羟基与醛基发生加成反应生成了环状半缩醛,故没有独立醛基的结构特征。当半缩醛羟基(也称苷羟基)与决定构型的羟基在同侧时,称为 α-异构体;在异侧时,则称为 β-异构体。

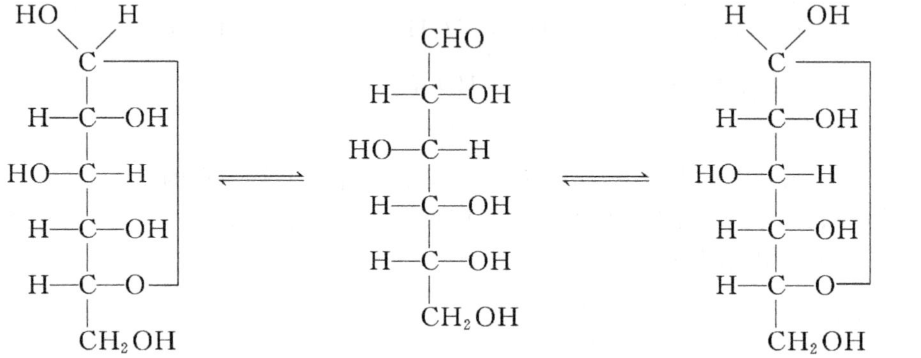

β-D-(+)-葡萄糖　$[\alpha]_D=+112°$,占 36%
D-(+)-葡萄糖　开链结构<0.1%
α-D-(+)-葡萄糖　$[\alpha]_D=+18.7°$,占 64%

平衡混合物$[\alpha]_D=+52.7°$

前面提到的 D-(+)-葡萄糖分子的两种异构体就是 α-D-(+)-葡萄糖和 β-D-(+)-葡萄糖,为一对非对映体。它们的差别在于 C_1 的构型相反,互为 C_1 差向异构体,也称为端基差向异构体(anomer)。

3. *己碳糖的平台式结构*

葡萄糖的环氧式不能恰当地反映分子中各原子或基团的空间关系,因此英国化学家哈沃斯(Haworth)建议采用平台式来表示,也称 Haworth 式。单糖以六元环存在时,骨架与吡喃环结构相近;以五元环存在时,骨架与呋喃环结构相近。葡萄糖的六元环平台式结构及其名称如下所示:

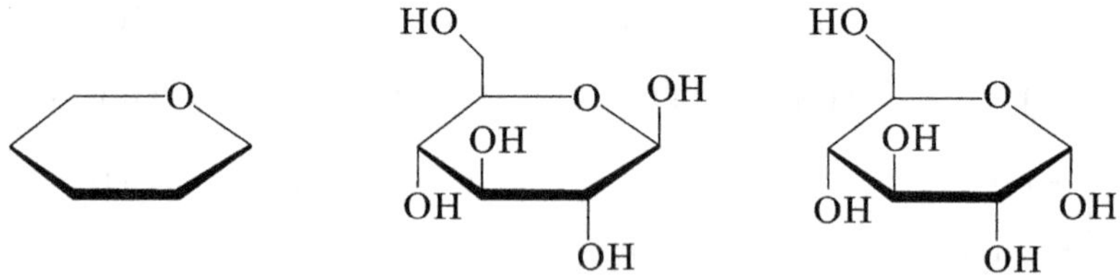

四氢吡喃　β-D-(+)-吡喃葡萄糖　α-D-(+)-吡喃葡萄糖

果糖在游离状态下通常以六元环形式存在,结合成多糖时则多以五元环形式存在,例如在蔗糖中果糖就以呋喃环形式存在。果糖的吡喃和呋喃环结构及名称如下:

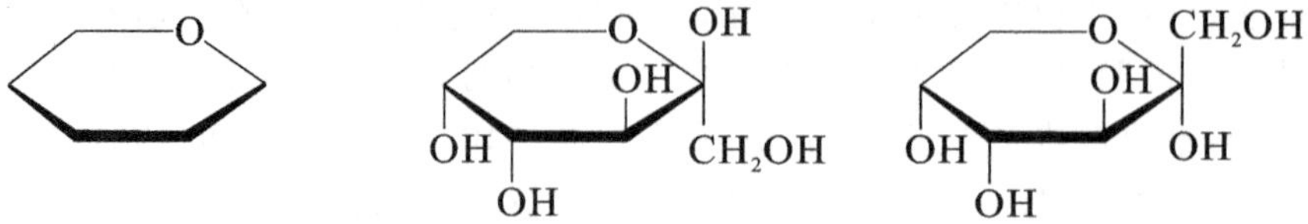

四氢吡喃　β-D-(−)-吡喃果糖　α-D-(−)-吡喃果糖

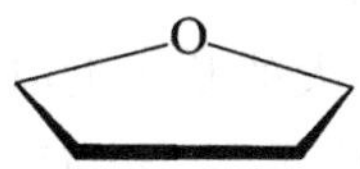

四氢呋喃

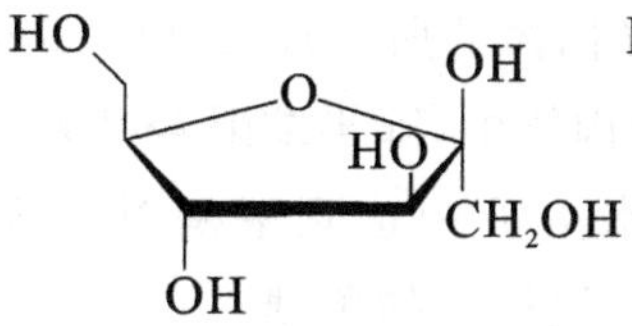

β-D-(−)-呋喃果糖

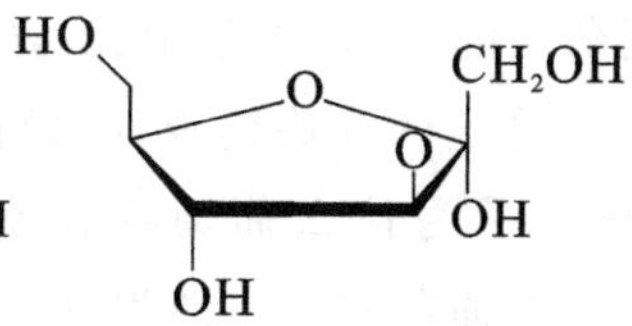

α-D-(−)-呋喃果糖

为了建立单糖的开链结构与平台式结构之间的联系，下面简单介绍一下将开链结构转换成平台式结构的改写过程：将单糖竖直的费歇尔投影式按顺时针方向旋转 90°成水平，醛基在右；把 C_4 和 C_1 向后弯曲成环，C_2—C_3 边在前面；旋转 C_4—C_5 键，使羟基靠近醛基，发生加成反应生成了环状半缩醛。

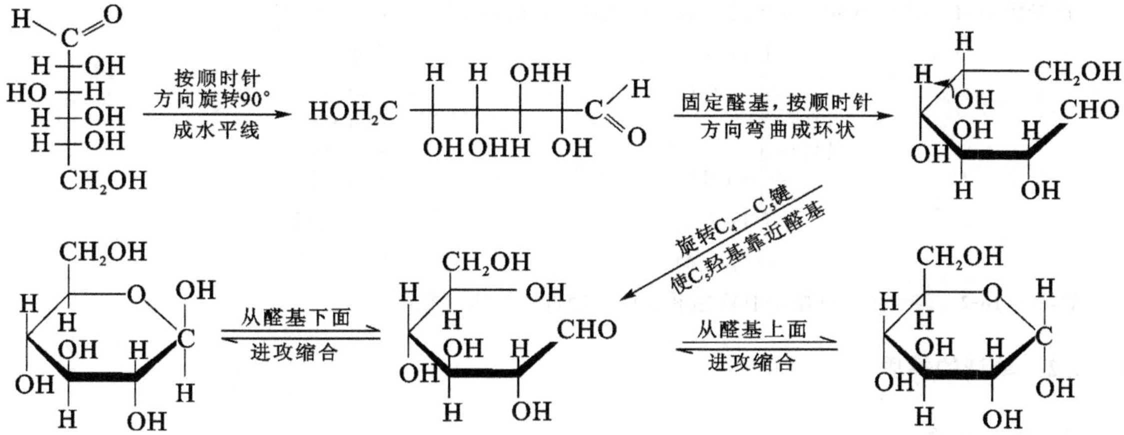

从单糖的改写过程可以看出，凡在费歇尔投影式中处于左侧的基团，将位于平台式的环上；处于右侧的基团，将位于平台式的环下。因 D 系列单糖的费歇尔投影式中决定构型的羟基在右侧，所以参与成环后其羟甲基总是向上的，β-异构体的苷羟基也是向上的，但 α-异构体的苷羟基是向下的。在 L 系列单糖中情况刚好相反。

4. 己碳糖的构象

Haworth 式将糖的环状结构描绘成一个平面，实际上吡喃糖的构象颇似椅式环己烷，其椅式构象有 $^4C_1$ 和 $^1C_4$ 两种形式：

$^4C_1$ 是指 C_4 在环平面上方，C_1 在环平面下方；$^1C_4$ 是指 C_1 在环平面上方，C_4 在环平面下方。一个单糖究竟以哪种椅式构象存在与各碳原子上所连的取代基有关。D-葡萄糖采取的是 $^4C_1$ 式构象。

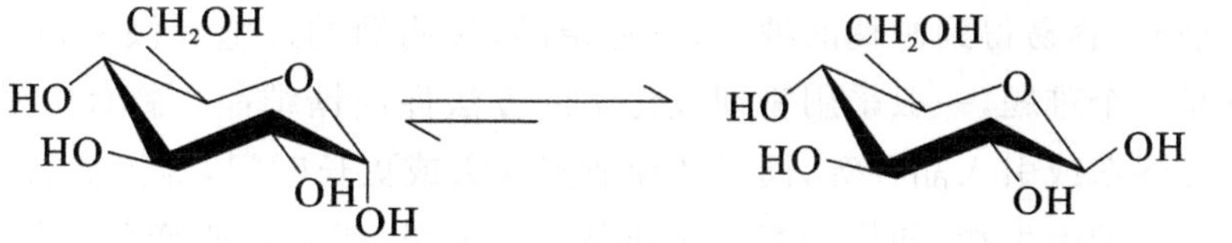

α-D-(+)-葡萄糖(36%)　　β-D-(+)-葡萄糖(64%)

在D-葡萄糖的$^4C_1$式构象中,β-异构体的所有较大基团都处在平伏键e上,空间障碍比较小,是一种非常稳定的优势构象;α-异构体中,除半缩醛羟基外,其他大的基团也都处在平伏键e上。这就解释了为什么葡萄糖在水溶液中达到平衡时β-异构体占64%,而α-异构体占36%。β-D-(+)-葡萄糖是自然界最广泛存在的单糖。

除D-葡萄糖外,其他D型吡喃糖较稳定的构象也是体积最大的基团(羟甲基)处在平伏键e上,如半乳糖、甘露糖等。也有例外,如艾杜糖的较优构象就是羟甲基处在直立键a上。

以上讨论了单糖的三种表示方法,虽然平台式和构象式更接近分子的真实形象,但在讨论单糖的某些化学性质——尤其是醛基或酮羰基性质时,费歇尔投影式书写更为方便。工作中可根据情况任意采用,但要熟悉单糖结构三种表示法的相互关系。

思考题16-1 用Haworth透视式表示β-D-吡喃半乳糖和α-D-吡喃阿洛糖的结构。

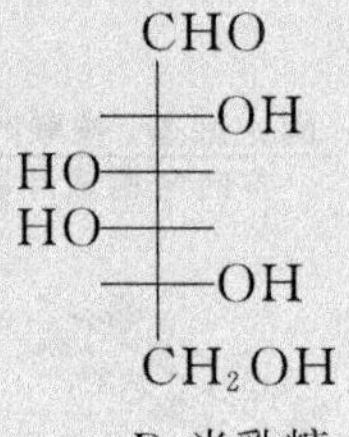

D-半乳糖

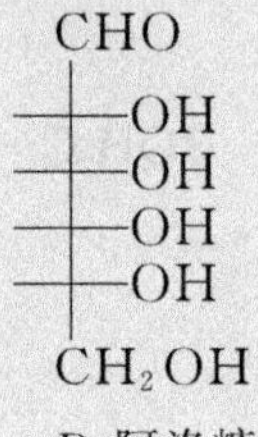

D-阿洛糖

思考题16-2 表示出α-D-吡喃甘露糖和β-D-吡喃古罗糖的构象式。

16.2.2 单糖的性质

1. 物理性质

纯的单糖都是无色结晶,有甜味,易溶于水,不溶于弱极性或非极性溶剂。因单糖溶于水后存在开链式与环状结构之间的互变,所以新配制的单糖溶液可观察到变旋光现象。表16-1列出了一些常见糖的比旋光度和变旋后的平衡值。

表16-1 常见糖的比旋光度$[\alpha]_D^{20}$

名　　称	α-异构体	β-异构体	平　衡　值
D-葡萄糖	+112°	+18.7°	+52.7°
D-果糖	−12°	−113°	−92°
D-半乳糖	+151°	+53°	+84°
D-甘露糖	+29.9°	−17°	+14.6°
D-乳糖	+90°	+35°	+55°
D-麦芽糖	+168°	+112°	+136°

糖溶液浓缩时,容易得到黏稠的糖浆,不易结晶,说明糖的过饱和倾向很大,难析出结晶。糖的结晶问题是一个难题,一般采用物理或化学的方法促使糖结晶。物理方法是通过改变溶剂、冷冻、摩擦容器壁或引入晶种等,同时还要放置几天或更长时间,等待结晶长大。化学方法是将糖转变成合适的衍生物,如将羟基酰化或制备成缩醛(酮)等,改变分子结构,增大相对分子质量,以利于结晶析出。

2. 化学性质

单糖是多羟基醛或酮，它们具有羟基和羰基的固有性质；同时，多个官能团同处于一个分子内，由于相互影响又会表现出某些特殊性质。以下主要讨论有关单糖的特殊化学性质和某些重要的化学反应。

1）差向异构化

用稀碱处理单糖时，α-氢被催化剂碱夺去而形成碳负离子，并通过烯醇式中间体发生重排，一部分转化成酮糖，另一部分成为一对差向异构体，这个过程称为差向异构化(epimerization)。例如，用稀碱处理D-葡萄糖时得到D-葡萄糖、D-甘露糖和D-果糖三种物质的平衡混合物。如果以果糖或甘露糖代替葡萄糖，也可以得到相同的平衡混合物。

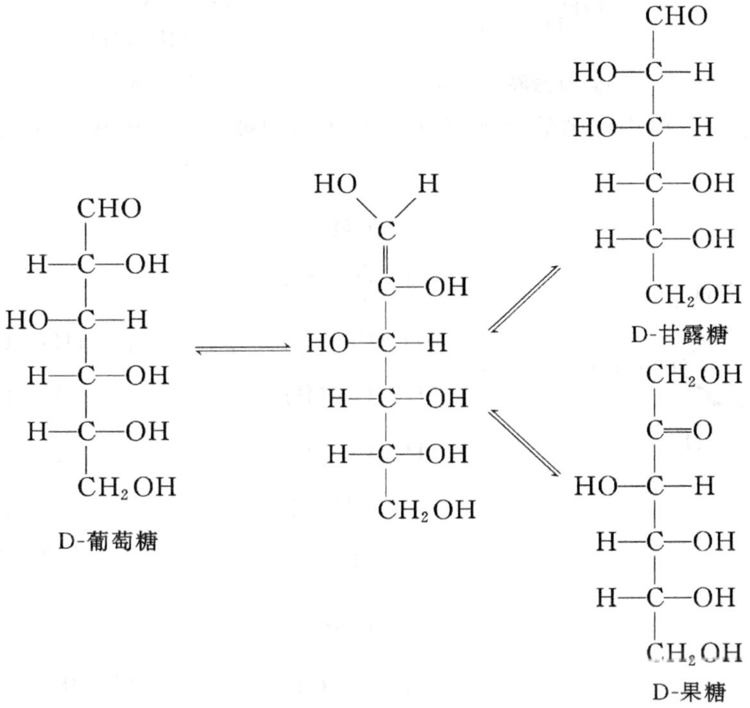

生物体内，在异构酶的催化下葡萄糖和果糖也会相互转化。现代食品工业中常利用淀粉通过生化过程生产果葡糖浆，即是醛糖转化为酮糖的应用实例。

2）氧化反应

（1）托伦试剂、费林试剂氧化：醛糖或酮糖与碱性弱氧化剂托伦试剂和费林试剂均能发生反应，与托伦试剂作用产生银镜，与费林试剂作用生成砖红色的氧化亚铜沉淀。酮糖能与托伦试剂或费林试剂发生氧化反应是由于在碱性条件下发生了差向异构化。

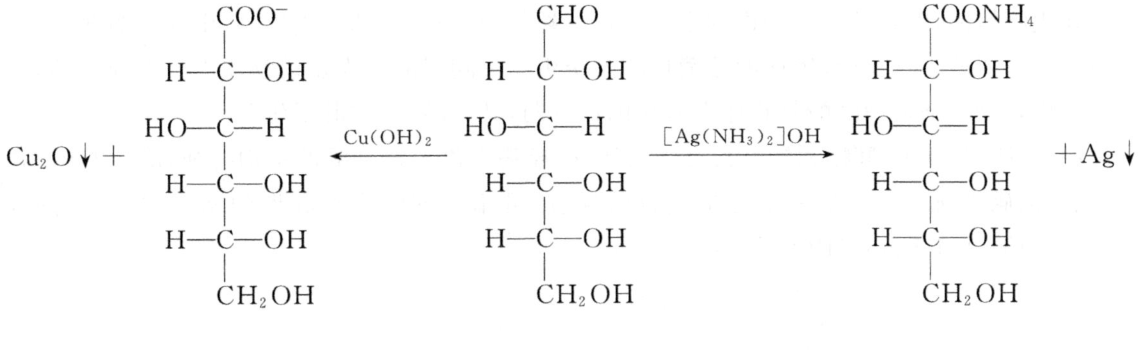

这种能还原托伦试剂或费林试剂的糖称为还原糖(reducing sugar),反之则称为非还原糖(nonreducing sugar)。此反应简单且灵敏,常用于单糖的定性检验。

(2) 溴水氧化:在弱酸性条件下,醛糖中的醛基可选择性地被溴水氧化成糖酸,然后糖酸又很快生成内酯。反应的实际过程比较复杂,与半缩醛羟基有关。在弱酸性条件下酮糖不发生差向异构化,因此酮糖不能被溴水氧化,故用溴水为试剂可以区别醛糖和酮糖。

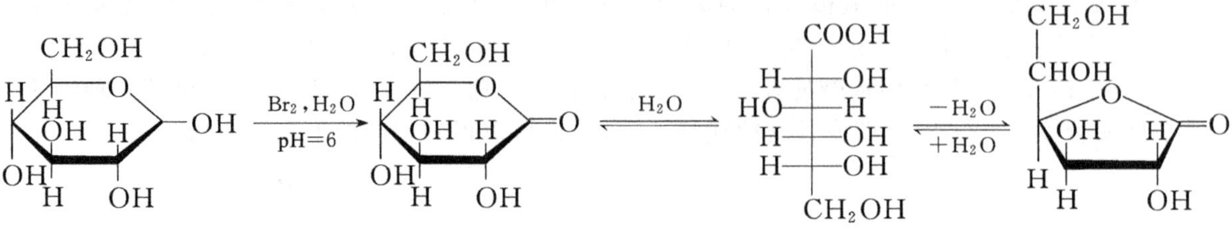

D-葡萄糖酸-δ-内酯　　D-葡萄糖酸　　D-葡萄糖酸-γ-内酯

(3) 硝酸氧化:醛糖用稀硝酸氧化,醛基和羟甲基均被氧化成羧基,形成糖二酸;酮糖用稀硝酸氧化则发生碳链断裂。

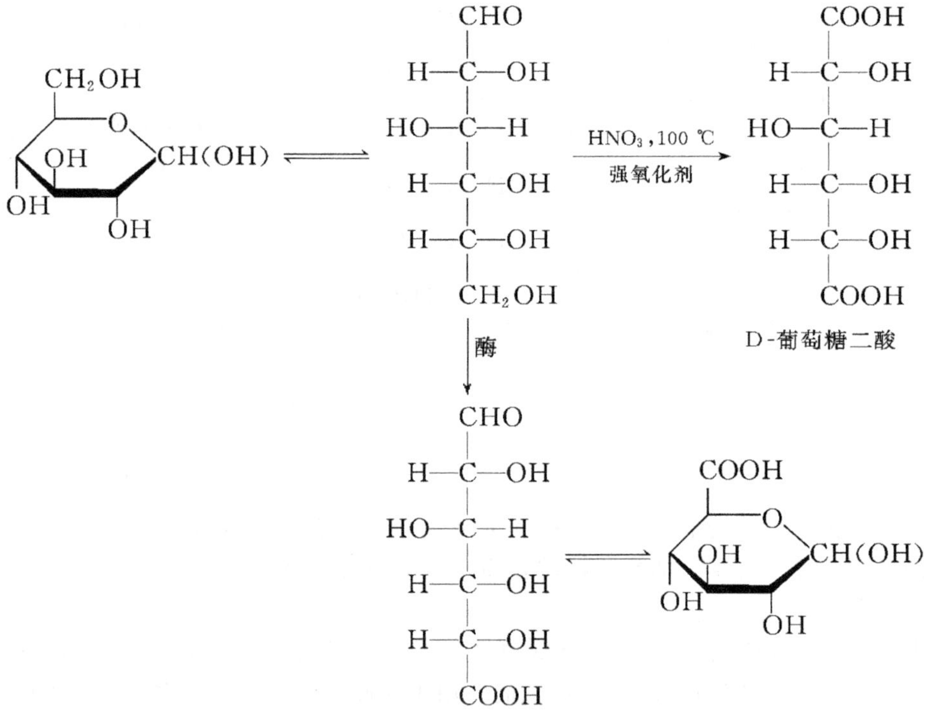

D-葡萄糖二酸

D-葡萄糖醛酸

在生物体内,葡萄糖在酶的作用下只氧化末端的羟甲基,醛基不受影响,生成葡萄糖醛酸。这是一个重要的生化反应,生成的葡萄糖醛酸衍生物可随尿液从人及动物体内排出,起到解毒排毒作用,因此,葡萄糖醛酸是临床上常用的保肝药,其商品名为“肝泰乐”。

(4) 高碘酸氧化:醛糖和酮糖具有邻二醇、α-羟基醛和 α-羟基酮的结构特征,能被 HIO_4 氧化,发生碳碳键断裂。这是一个定量进行的反应,可用于糖的降解和糖的结构测定。例如,1 mol葡萄糖可与 5 mol HIO_4 反应:

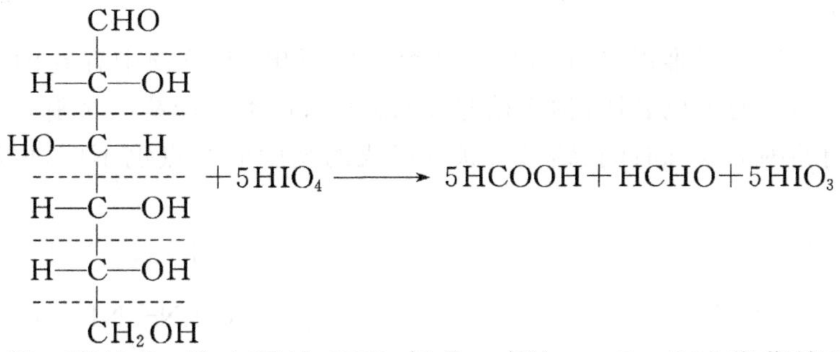

糖苷中存在邻二醇结构，故也可被 HIO_4 氧化。例如，α-D-吡喃葡萄糖甲苷氧化时消耗 2 mol HIO_4，生成 1 mol 甲酸和 1 mol 二醛，从后者的结构可以得知糖苷分子中的成环情况及三个相邻羟基的存在：

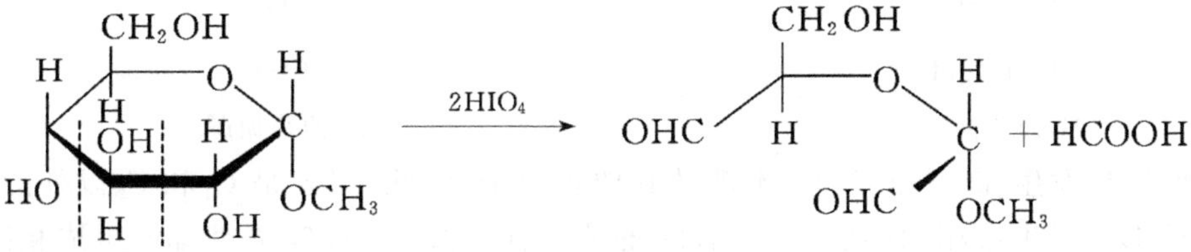

3）还原反应

糖分子中的羰基可被还原成羟基，实验室中可使用 $NaBH_4$ 等作为还原剂，工业上则采用催化加氢的方法将羰基还原。例如，D-葡萄糖还原生成 D-山梨醇，L-古罗糖还原也生成 D-山梨醇。

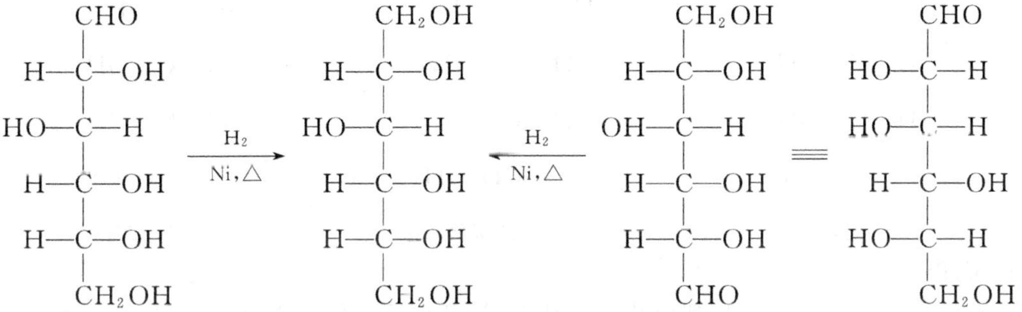

D-葡萄糖　　D-山梨醇　　L-古罗糖

D-甘露糖还原为 D-甘露醇，而 D-果糖被还原后具有新的手性中心，生成一对非对映体 D-甘露醇和 D-山梨醇。山梨醇、甘露醇等多元醇存在于植物中。山梨醇无毒，有轻微的甜味和吸湿性，用于化妆品和药物中。

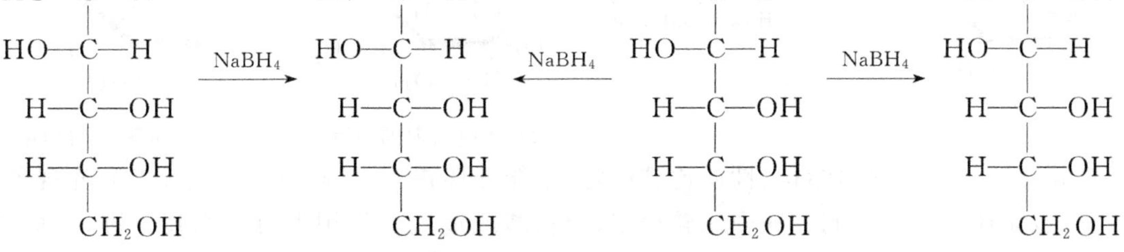

D-甘露糖　　D-甘露醇　　D-果糖　　D-山梨醇

4）成脎反应

单糖常常为浆状物，很难以良好的晶体从溶液中析出，但单糖中存在的羰基能与苯肼反应，生成具有特殊形状的黄色晶体，称作糖脎(osazone)，这类反应称为成脎反应。糖脎是不溶于水的晶体，不同的糖的成脎时间、结晶形状及形成的糖脎的熔点也不同，可用于糖的鉴别和分离。

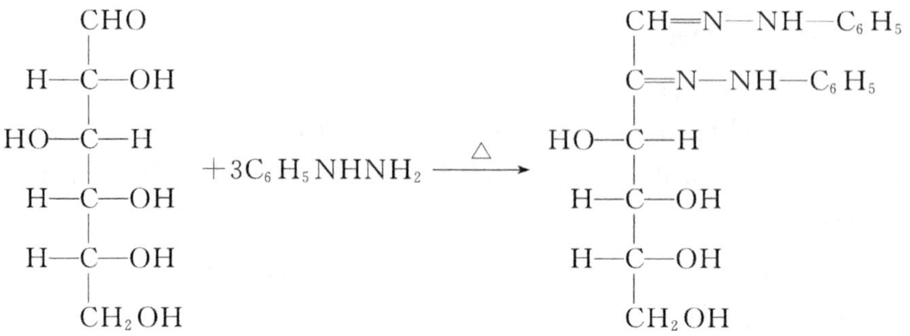

D-葡萄糖　　D-葡萄糖脎

成脎反应只发生在 C_1 和 C_2 上，不涉及其他碳原子，因此，只要是 C_1 和 C_2 以外的碳原子构型相同的糖都可以生成相同的脎。例如，D-葡萄糖、D-甘露糖和 D-果糖都能生成相同的脎，这对测定糖的构型很有价值。

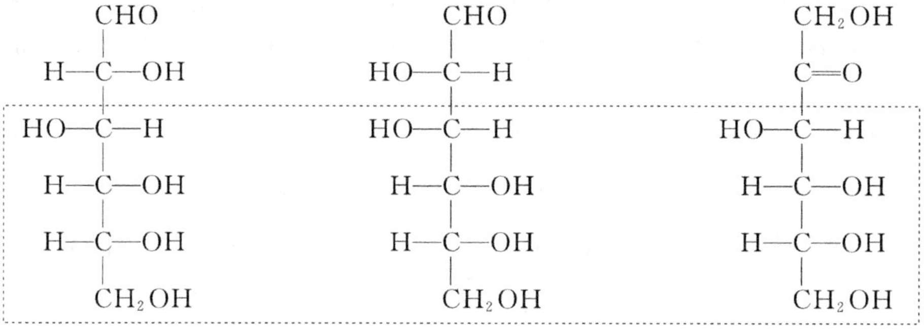

D-葡萄糖　　D-甘露糖　　D-果糖

5）成苷反应

单糖的半缩醛(酮)羟基与其他几个羟基不同，可与另一化合物分子中的羟基、氨基或巯基等脱去一分子水生成缩醛(酮)，此化合物称为糖苷(glycoside)，又称配糖体或苷，形成的化学键称为苷键，糖分子中的半缩醛(酮)羟基称为苷羟基。糖苷由糖和非糖两部分组成，其中非糖部分称为苷元(aglycone)或配基。

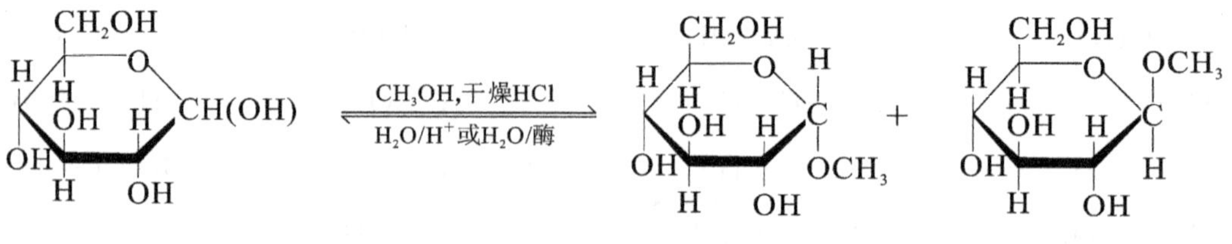

α-D-吡喃葡萄糖甲苷　　β-D-吡喃葡萄糖甲苷

糖苷是一种缩醛(酮)结构，性质比较稳定，不能开环转变成链式结构，故无变旋光现象，不能成脎，也无还原性。它们在碱中比较稳定，但在酸或适宜酶作用下可以断裂苷键，生成原来的糖和苷元而再次表现出单糖的性质。酶水解苷是有选择性的，如 α 型葡萄糖苷只能用麦芽糖酶水解，β 型葡萄糖苷只能用苦杏仁苷酶水解。酸催化下的糖苷水解无选择性。

苷在自然界分布很广，其中很多具有生物活性。在糖苷中，糖分子的存在可增加其溶解度，因此，在现代药物研究中常在某些难溶于水的药物分子中连上糖以提高其溶解度。

根据苷键所连的原子不同对苷进行分类，可分为氧苷、硫苷、氮苷和碳苷，较常见的是氧苷。

6）甲基化和酯化反应

单糖的环状结构中存在苷羟基和醇羟基，因此单糖与适当的试剂反应可以得到单糖的醚或酯。例如，D-葡萄糖与硫酸二甲酯在碱存在下反应或与碘甲烷及氧化银反应，苷羟基和醇羟基全部甲基化，生成 D-五甲基葡萄糖：

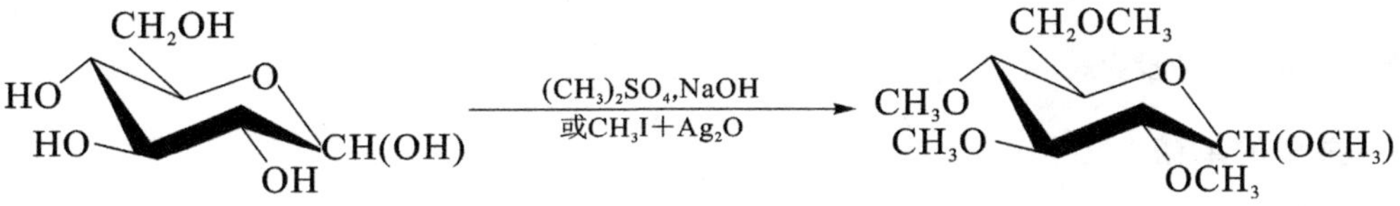

D-葡萄糖　　D-五甲基葡萄糖

D-葡萄糖与乙酸酐发生酯化反应，生成 D-五乙酸葡萄糖酯，又称 D-五乙酰基葡萄糖：

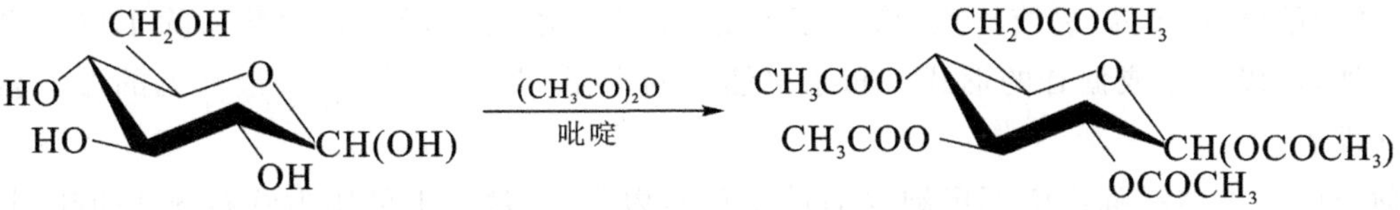

D-葡萄糖　　D-五乙酸葡萄糖酯

单糖还可以生成硝酸酯、硫酸酯和磷酸酯，其中磷酸酯在生物体的生命活动中具有特殊的重要性，是许多代谢过程的中间体，如：

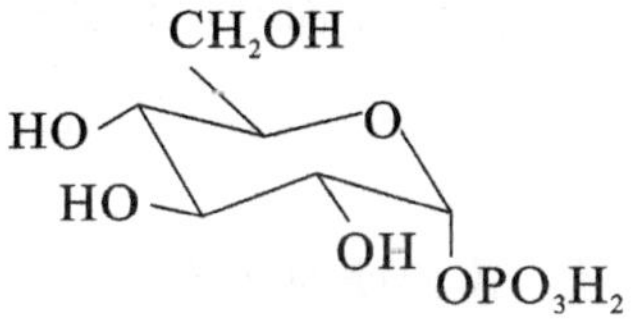

α-D-1-磷酸葡萄糖酯

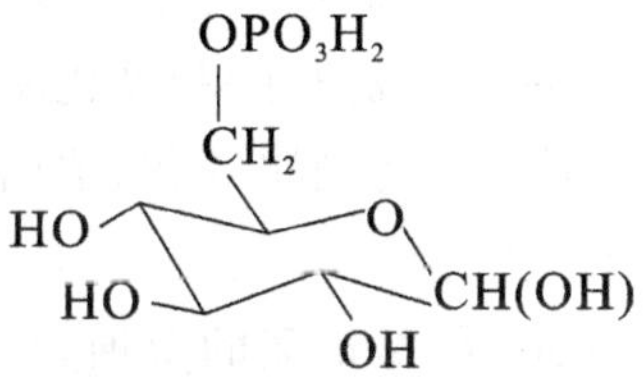

D-6-磷酸葡萄糖酯

7）单糖的脱水和显色反应

在强酸（硫酸或盐酸）作用下，戊糖或己糖经过多步脱水，分别生成糠醛或糠醛衍生物。多糖经过酸水解，也可发生此反应：

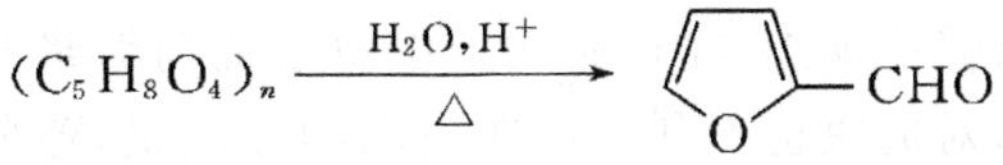

戊糖及多缩戊糖　　糠醛

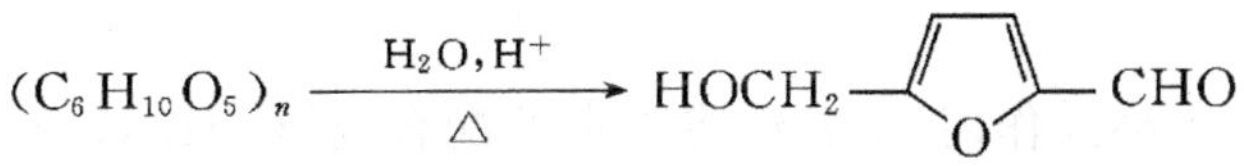

己糖及多缩己糖　　5-羟甲基糠醛

反应生成的糠醛及其衍生物可与酚类或芳胺类缩合，生成有色化合物，故常利用该性质进行糖的鉴别。经常使用的有莫立许（Molish）反应和西里瓦诺夫（Seliwanoff）反应。

莫立许（Molish）反应是用浓硫酸作脱水剂，使单糖或多糖脱水后再与 α-萘酚反应，生成紫色缩合物。该反应简单灵敏，常用于糖类的检验。西里瓦诺夫反应是用浓盐酸作脱水剂，生成糠醛及其衍生物，再与间苯二酚反应，生成鲜红色缩合物。由于酮糖的反应速率明显快于醛糖，故该反应常用于酮糖和醛糖的鉴别。

思考题 16-3 将葡萄糖还原得到单一的葡萄糖醇 A，而将果糖还原，除得到 A 外还得到另一糖醇 B，为什么？A 与 B 是什么关系？

思考题 16-4 哪些 D 型己醛糖用 HNO_3 氧化时可生成内消旋糖二酸？

思考题 16-5 三个单糖和过量苯肼作用后，得到同样晶型的脎，其中一个单糖的投影式为 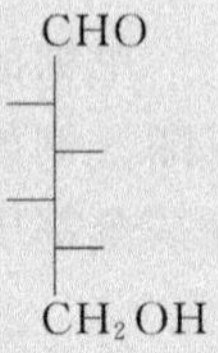，写出其他两个异构体的投影式。

16.2.3 重要的单糖

1. *葡萄糖*

葡萄糖(glucose)是自然界中分布最广的己醛糖，天然产物为右旋体，无色或白色结晶粉末，甜度为蔗糖的 70%，易溶于水，微溶于乙醇，不溶于乙醚和烃类。葡萄糖除了以游离的形式存在外，常以多糖或糖苷的形式广布于自然界的水果、花草及种子中，最常见的形式就是淀粉和纤维素。

葡萄糖是人体新陈代谢不可缺少的重要营养物质，在食品中可作为营养剂和甜味剂，常以葡萄糖浆的形式用于点心、糖果的加工中；在医药上作为营养剂，并具有强心、利尿、解毒等功效，用于病重、病危患者的静脉注射。此外，葡萄糖还是葡萄糖酸钙(锌)、维生素 C、山梨糖醇的生产原料，在印染、制革、镀银工业中常用作还原剂。

工业上用淀粉在淀粉酶和糖化酶的作用下水解、脱色、浓缩、结晶而制得葡萄糖；如果要用于食品加工，通常是将糖浆纯化、浓缩后直接使用。

2. *果糖*

果糖(fructose)是最甜的单糖，其甜度约为蔗糖的 1.5 倍、葡萄糖的 2 倍。

天然果糖为左旋体，广泛存在于水果、蜂蜜和菊粉中。纯品的果糖是由菊粉水解制得的，菊粉是菊科植物根部储存的碳水化合物，是果糖的高聚物。目前工业用菊粉主要来自菊科植物菊芋(洋姜)。

果糖是白色晶体或结晶粉末，易溶于水，可溶于乙醇和乙醚中，熔点为 102 ℃(分解)。

果糖主要用于甜味剂和营养添加剂，在食品加工中由于葡萄糖浆的甜度不够常要加入大量的蔗糖，这不仅增加了成本，对健康也不利。现在采取的办法是，葡萄糖浆通过一种转化酶的催化作用发生互变异构，使部分葡萄糖转化为果糖，糖浆的甜度就明显提高了，这种转化的糖浆就称为果葡糖浆。

果糖与 $Ca(OH)_2$ 水溶液作用，生成难溶于水的配合物[$C_6H_{12}O_6 \cdot Ca(OH)_2 \cdot H_2O$]；果糖还能与间苯二酚的稀盐酸溶液作用发生颜色反应，呈红色。这两个反应都可用于果糖的定性鉴别和定量分析。

3. *五碳糖*

五碳糖中较重要的是 D-核糖(ribose)和 D-脱氧核糖(deoxyribose)，它们都是戊醛糖，也

有 α 和 β 两种异构体，也存在还原性和变旋光现象等，其化学结构分别如下：

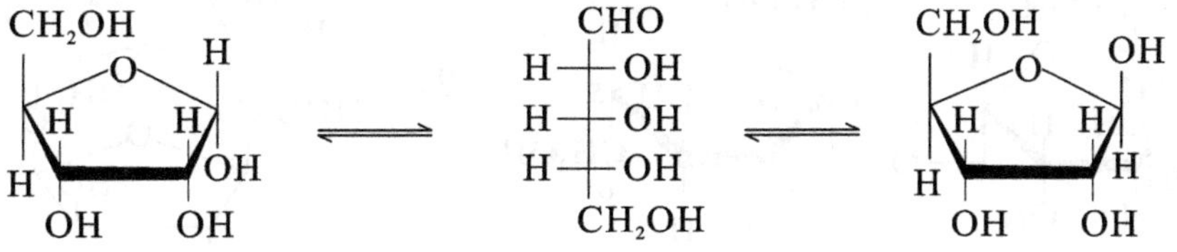

α-D-呋喃核糖　　　　D-核糖　　　　β-D-呋喃核糖

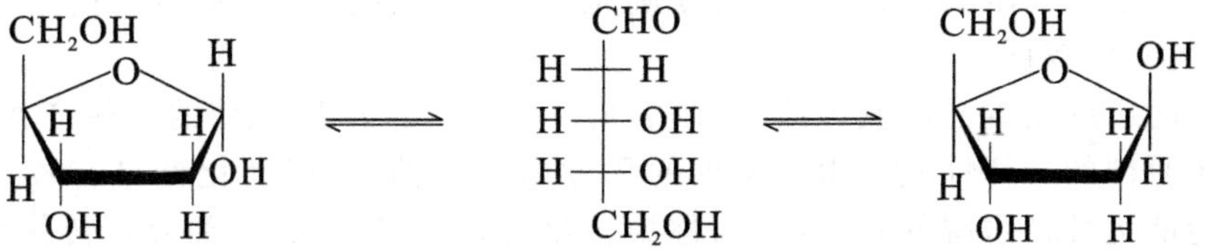

α-D-2-脱氧核糖　　　　D-2-脱氧核糖　　　　β-D-2-脱氧核糖

它们在自然界不以游离状态存在，多数结合成苷类，如巴豆中含有巴豆苷，水解后释放出核糖。核糖是核糖核酸(RNA)的组成部分，脱氧核糖是脱氧核糖核酸(DNA)的组成成分，它们在生命活动中起着非常重要的作用。

4. 氨基葡萄糖

糖分子中除苷羟基外的其他羟基被氨基取代后的化合物称为氨基糖。多数天然氨基糖是己糖分子中 C_2 上的羟基被氨基取代的产物，如 2-氨基-D-葡萄糖和 2-氨基-D-半乳糖，它们是很多糖和蛋白质的组成部分，广泛存在于自然界，具有重要的生理作用。2-乙酰氨基-D-葡萄糖是甲壳质的组成单元，甲壳质存在于虾、蟹和某些昆虫的甲壳以及低等动物如真菌、藻类的细胞壁中，其天然产量仅次于纤维素，有巨大的开发价值。

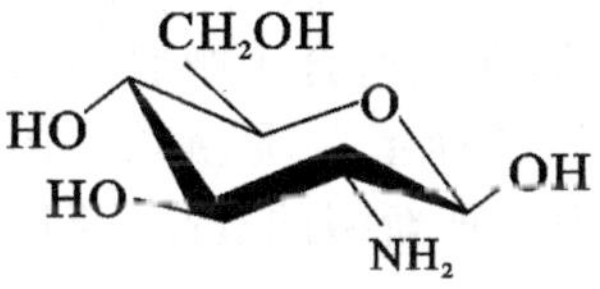

2-氨基-D-葡萄糖

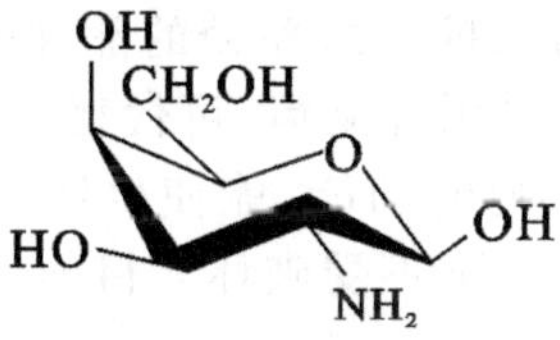

2-氨基 D-半乳糖

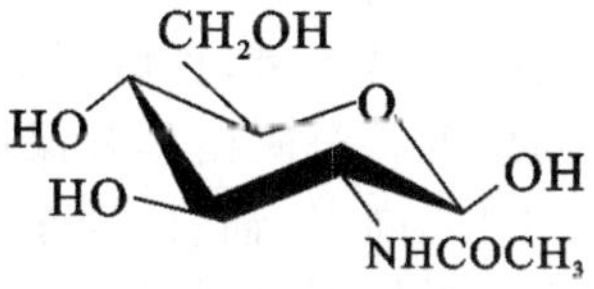

2-乙酰氨基-D-葡萄糖

16.3　低　聚　糖

低聚糖中最常见、最重要的是双糖，如麦芽糖、蔗糖、乳糖等，环糊精也是近年来药学研究领域中备受关注的一种低聚糖。本节主要讨论双糖和环糊精。

16.3.1　非还原性双糖

形成双糖的苷键若是由两个单糖分子的苷羟基脱水缩合而成的，则这种双糖就不再有苷羟基，在水溶液中不能通过开环转化成开链式结构，故无还原性，不能成脎，无变旋光现象。将这种结构的双糖称为非还原性双糖，如蔗糖和海藻糖等。

1. 蔗糖

(+)-蔗糖(sucrose)是自然界中分布最广的双糖，尤其在甘蔗和甜菜中含量最多，故有蔗糖和甜菜糖之称。蔗糖是由 α-D-吡喃葡萄糖的苷羟基与 β-D-呋喃果糖的苷羟基之间脱去一分子水形成的，全名为 α-D-吡喃葡萄糖基-β-D-呋喃果糖苷，其结构如下：

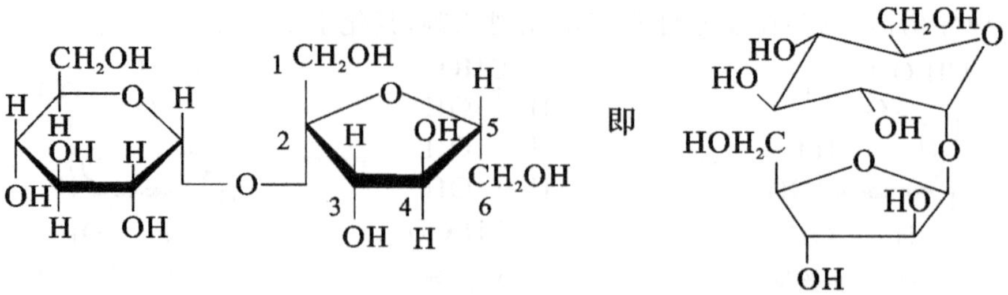

蔗糖分子中不存在游离的苷羟基,无变旋光现象,不能成脎,不能还原托伦试剂和费林试剂,因此是非还原性双糖。

由于水解前后蔗糖旋光度发生改变(由右旋变为左旋),所以蔗糖的水解产物称为转化糖,转化糖具有还原糖的一切性质。由于果糖的甜度高于蔗糖,所以转化糖具有较大的甜味。蜜蜂体内含有能催化蔗糖水解的酶,这些酶称为转化酶,所以蜂蜜中大部分是转化糖。

2. 海藻糖

(+)-海藻糖(fucose)又称酵母糖,在酵母中含量丰富。海藻糖是由两个 α-D-吡喃葡萄糖的苷羟基之间脱去一分子水形成的非还原性双糖,全名为 α-D-吡喃葡萄糖基-α-D-吡喃葡萄糖苷。

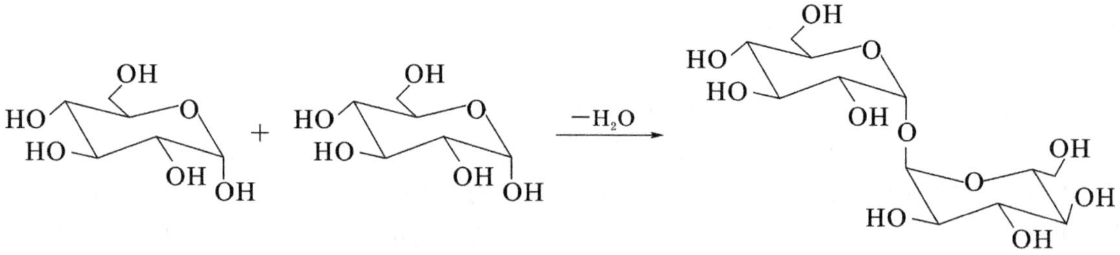

海藻糖

海藻糖是一种极具开发价值的二糖。海藻糖的甜味只有蔗糖的 45%,味淡,但与蔗糖相比甜味容易渗透,食后不留后味,不易引起龋齿,可代替高热量的蔗糖,尤其适合于肥胖症和糖尿病患者。海藻糖具有保护生物细胞的功能,能使生物活性物质(如各种蛋白质、酶等)在脱水、干旱、高温、辐射、冷冻等胁迫环境下不受破坏。目前,海藻糖作为一种新型的食品、药物和化妆品添加剂得到了广泛的应用。

16.3.2 还原性双糖

若双糖是由一分子糖的苷羟基与另一分子糖的普通羟基脱水缩合而成的,则这种糖的分子中仍保留有苷羟基,在水溶液中依然存在氧环式与开链式的互变平衡,因而具有变旋光现象,能够成脎,仍具有还原性。这种结构的双糖称为还原性双糖,如麦芽糖、纤维二糖、乳糖等。

1. 麦芽糖

(+)-麦芽糖(maltose)是食用饴糖的主要成分,淀粉在稀酸中部分水解时可得到(+)-麦芽糖。麦芽糖是由两分子 D-吡喃葡萄糖通过 α-1,4-苷键结合而成的双糖,全名为 4-*O*-(α-D-吡喃葡萄糖基)-D-吡喃葡萄糖,其结构如下:

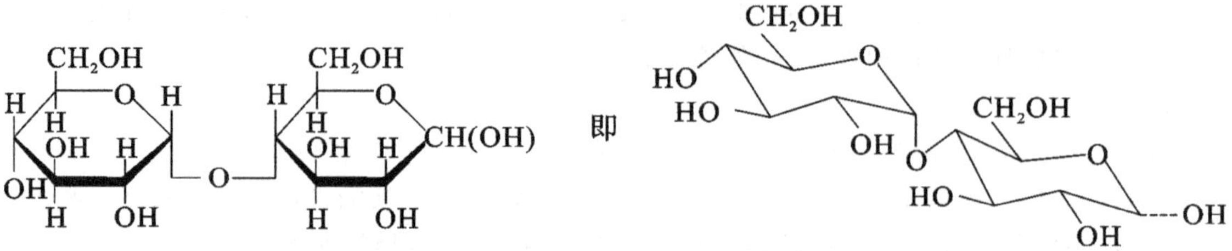

由于在麦芽糖中还存在苷羟基，因此麦芽糖有变旋光现象，能够成脎，可以还原托伦试剂和费林试剂，是还原性双糖。在水溶液中，麦芽糖存在着 α 和 β 两种异构体的平衡，故 C_1 的构型可不标出。麦芽糖除了可被酸水解外，还可被麦芽糖酶水解。麦芽糖酶是专一性水解 α-苷键的酶，对 β-苷键不起作用。

2. 纤维二糖

(＋)-纤维二糖(cellobiose)是纤维素经一定的方法处理后部分水解的产物，其化学性质与麦芽糖相似，有变旋光现象和还原性。纤维二糖是麦芽糖的同分异构体，其差别是纤维二糖为 β-1,4-苷键，麦芽糖为 α-1,4-苷键。纤维二糖的全名为 4-*O*-(β-D-吡喃葡萄糖基)-D-吡喃葡萄糖，其结构如下：

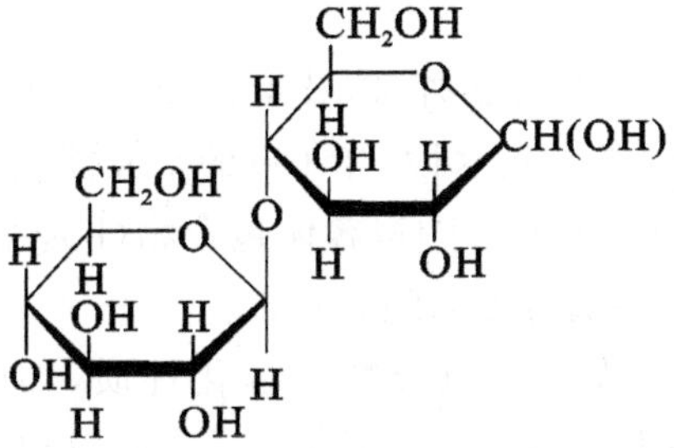

即

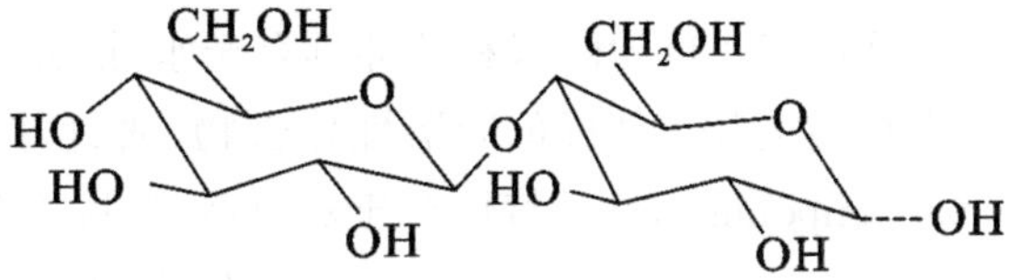

纤维二糖与麦芽糖虽然只是苷键的构型不同，但在生理活性上却有很大差别，麦芽糖具有甜味，可在人体内分解消化，而纤维二糖无甜味，也不能被人体消化吸收。草食动物体内含有水解 β-苷键的酶，因而以纤维性植物为饲料。

3. 乳糖

(＋)-乳糖(lactose)存在于哺乳动物的奶汁中，在人乳中占 5%～8%，牛奶中占有 4%～6%。乳糖也是还原性双糖，有变旋光现象。乳糖是由 β-D-吡喃半乳糖的半缩醛羟基与 D-吡喃葡萄糖的 C_4 羟基以 β-1,4-苷键相连形成的，全名为 4-*O*-(β-D-吡喃半乳糖基)-D-吡喃葡萄糖，其结构如下：

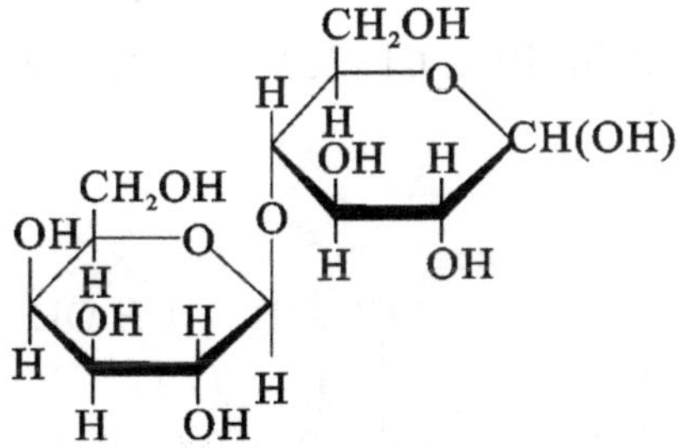

即

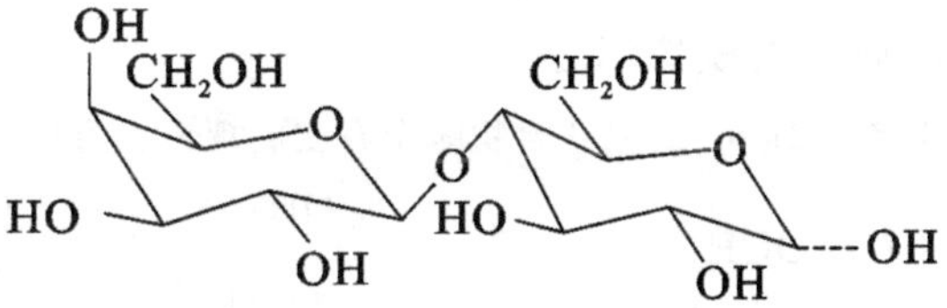

乳糖也有甜味，但甜度不如蔗糖。乳糖在人体内经乳糖酶作用水解为能被人体吸收利用的半乳糖和葡萄糖。乳糖在乳酸杆菌作用下可氧化成乳酸，牛奶变酸就是由于所含的乳糖变成了乳酸。由于乳糖稳定、不易吸湿，故可用作片剂、胶囊剂或冲剂等的赋形剂。

16.3.3 环糊精

环糊精(cyclodextrin)简称 CD，是由 6～8 个 D-吡喃葡萄糖通过 α-1,4-苷键形成的一类环状低聚糖。根据成环的葡萄糖数目，分别称为 α-、β-和 γ-环糊精，简称 α-、β-和 γ-CD。作为一种新型的药物载体，环糊精应用极其广泛，尤其以 β-CD 的应用最为普遍。β-CD 是由 7 个葡萄糖通过 α-1,4-苷键形成的筒状化合物，其结构如下：

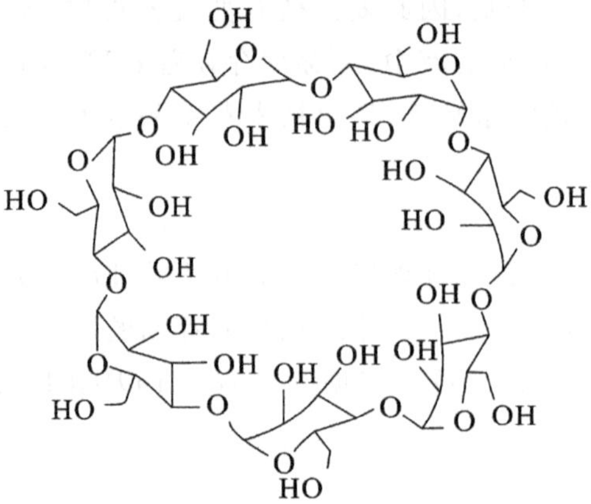

β-CD 的分子结构比较特殊，葡萄糖的羟基分布于筒的两端并在外部，苷键氧原子位于筒的中部并在筒内，β-CD 的两端和外部具有亲水性，而筒的内部具有疏水性。β-CD 的空腔能选择性地包合多种结构与其匹配的脂溶性化合物，通过分子间作用力形成主体-客体包合物(host-guest inclusion compound)，这一特性对于药物制剂、配合催化、模拟酶等方面颇有意义。

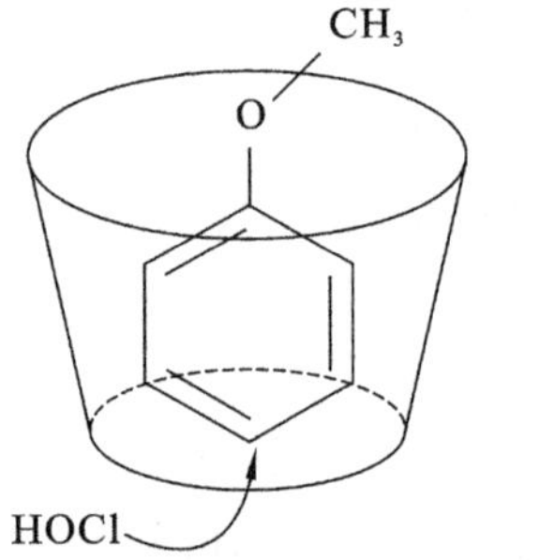

图 16-1　苯甲醚在 β-CD 催化下的氯化反应示意图

因形成包合物后能够改变被包合物的理化性质，如能降低包合物的挥发性、提高水溶性和化学稳定性等，所以包合技术在医药、农药、食品、化工及有机合成和催化方面等多有应用。中药挥发油易于挥发，难溶于水，给制剂加工和储存带来诸多不便，将其制成 CD 包合物后上述缺陷可得到明显的改善。在有机合成方面，加入 CD 往往可以提高反应速率和反应选择性。如苯甲醚在次氯酸作用下的氯化反应，无 CD 存在时一般生成 33% 的邻氯产物和 67% 的对氯产物，但当加入 β-CD 后，进入 CD 空腔的苯环只有对位不受 CD 屏蔽(图 16-1)，因而反应可选择性地发生在对位，生成 96% 的对氯苯甲醚。

CD 与被包合物的主体-客体关系非常像酶与底物的作用，因此 CD 及其衍生物已成为目前广泛研究的模拟酶之一。

思考题 16-6　下列化合物哪个有变旋现象？为什么？

a. 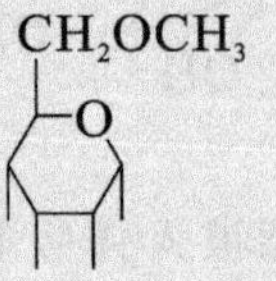　b. 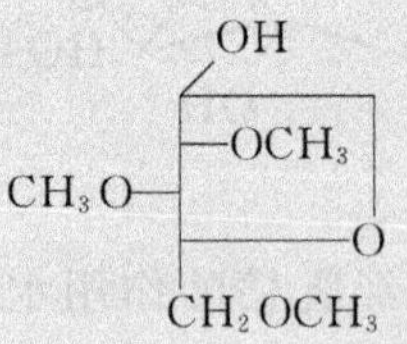　c. 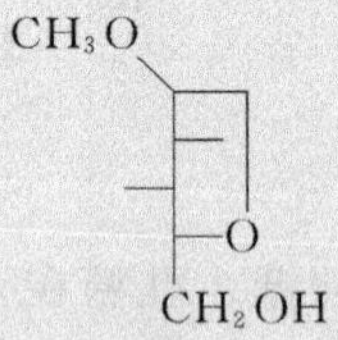　d. 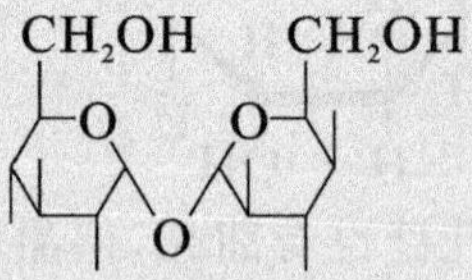

e. 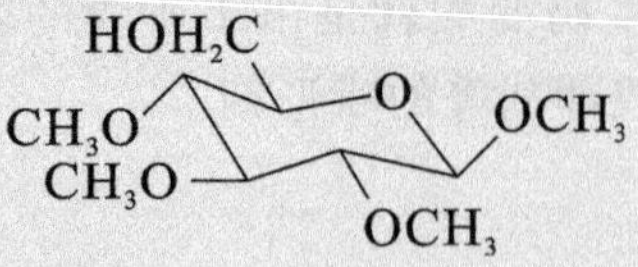　f. 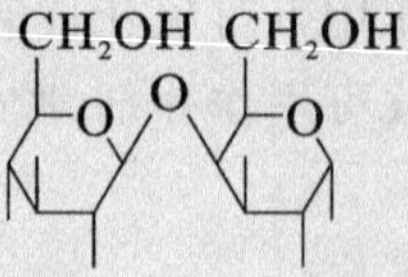

思考题 16-7　下列糖类化合物中不能被费林试剂氧化的是(　　)。

A. 葡萄糖　B. 果糖　C. 甘露糖　D. 蔗糖　E. 麦芽糖　F. 海藻糖

G. 纤维二糖

16.4　多　　糖

多糖(polysaccharide)是由几百乃至几千个单糖通过苷键连接而成的天然高分子化合物,相对分子质量在几万以上,其最终水解产物是单糖。多糖的性质与单糖、双糖完全不同,多糖一般无变旋光现象,无还原性,也不具有甜味,大多难溶于水,有的能和水形成胶体溶液。多糖中最重要的是淀粉和纤维素。

16.4.1　淀粉

淀粉(starch)存在于植物的根、茎、叶和种子中,尤以种子、果实和块根中含量较高。淀粉是白色、无臭、无味的粉末状物质,不溶于冷水,在热水中呈糊状。淀粉在酸或酶催化下水解,可逐步生成分子较小的多糖,最后水解成葡萄糖:

$$淀粉\xrightarrow{水解}糊精\xrightarrow{水解}麦芽糖\xrightarrow{水解}葡萄糖$$

所以,淀粉可看作是葡萄糖的聚合物,也可看成是麦芽糖的聚合物,其中的苷键为 α 型。淀粉分为直链淀粉(10%～20%)和支链淀粉(80%～90%)两类。

直链淀粉(amylose)一般由 250～300 个 D-吡喃葡萄糖以 α-1,4-苷键连接而成,其结构如下:

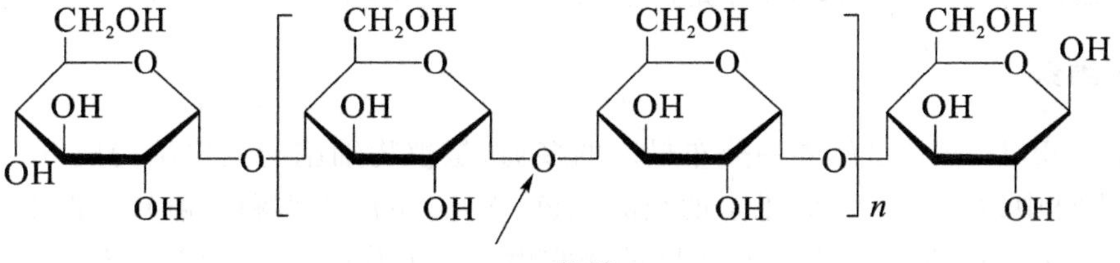

直链淀粉的分子通常卷曲成螺旋形(图 16-2),每个螺旋距间有六个葡萄糖单位。直链淀粉的螺旋通道适合碘分子插入,并通过范德华力吸引在一起,形成蓝色淀粉-碘包合物,所以直链淀粉遇碘显蓝色。

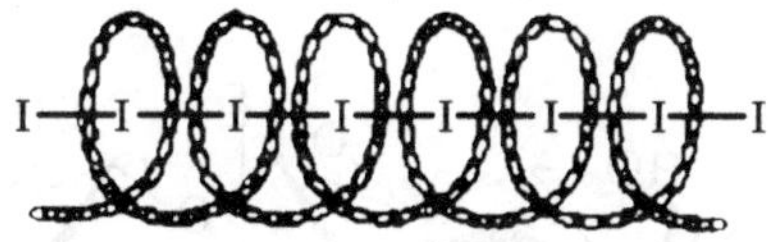

图 16-2　直链淀粉的螺旋示意图

支链淀粉(amylopectin)的链上连有许多分支(图 16-3),相对分子质量比直链淀粉大,通常有 6 000 个以上葡萄糖单位。支链淀粉分子中,主链由 α-1,4-苷键连接,分支处为 α-1,6-苷键,其结构如下:

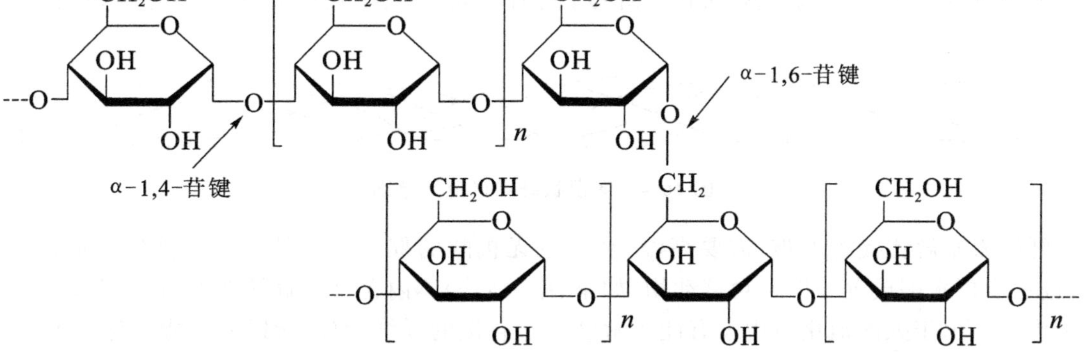

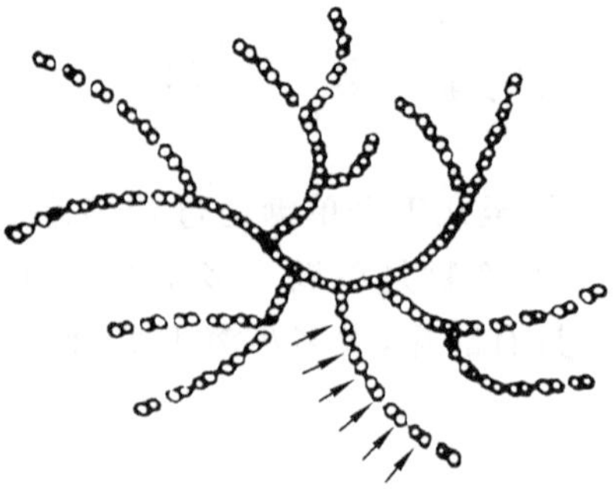

图 16-3　支链淀粉结构示意图

16.4.2　糖原

糖原(glycogen)是人和动物体内的葡萄糖经过一系列酶促反应组合而成的一种多糖，是生物体内葡萄糖的一种储存形式。糖原大量储存在肌肉里，以供随时水解和新陈代谢所用，其余的糖原储存在肝脏内，可分解成葡萄糖，以分泌物的形式进入血液系统，使剧烈运动后“恢复正常呼吸”。

从结构上看，糖原和支链淀粉很相似，但分支更密，每隔 8～10 个葡萄糖单位就出现一个 α-1,6-苷键相连的分支。分支可增加溶解度，较多的分支会带来较多的还原性末端，它们是糖原合成或分解时与酶的作用部位，对提高糖原的合成与降解速率至关重要。

16.4.3　纤维素

纤维素(cellulose)是自然界中分布最广的多糖，是植物细胞的主要结构成分，如棉花中含 90%以上，木材中约含 50%。纤维素的纯品无色、无味，不溶于水和一般有机溶剂。纤维素的基本结构单元也是葡萄糖，但与淀粉不同的是它由 β-1,4-苷键连接而成，相对分子质量也更高(约 200 万)。其结构可表示如下：

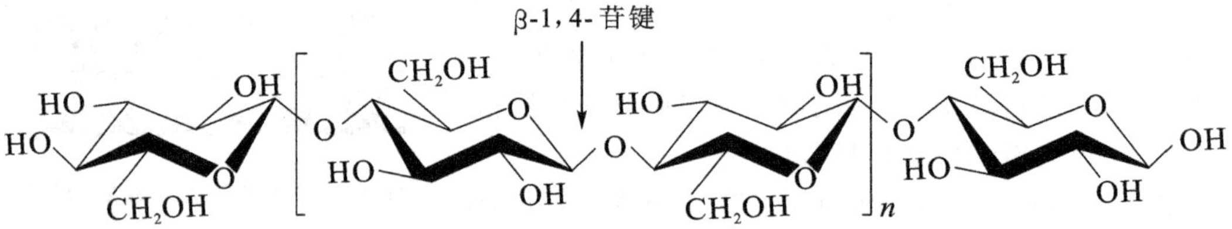

纤维素分子是一条卷曲的长链，每条长链中相邻葡萄糖单元相互扭转 180°。这些长链通过分子间的氢键结合成纤维束，若干纤维束捻在一起扭转曲折成绳索状结构。这些绳索状结构的链再排列起来形成肉眼所见到的纤维，具有一定的机械强度和化学稳定性，如图 16-4 所示。

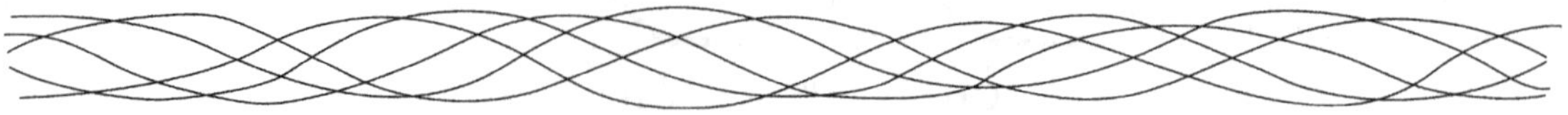

图 16-4　绳索状纤维素链示意图

纤维素水解比淀粉困难，需要高温、高压及无机酸的催化等条件。水解首先生成纤维二糖，进一步再水解成葡萄糖。食草动物(如羊、牛、马等)体内含有分解纤维素的酶，因此可以纤维素为食。由于人的消化道中没有能水解 β-1,4-苷键的纤维素酶，所以人不能消化纤维素。

纤维素及其衍生物的用途很广，如乙酸纤维素、硝化纤维素、羧甲基纤维素可制成人造丝、油漆、塑料和造纸等。

16.4.4　甲壳质和壳糖胺

1. 甲壳质

甲壳质(chitin)也叫甲壳素或几丁质，是甲壳类动物外壳、节肢动物表皮、低等动物细胞膜、高等植物细胞壁等生物组织中广泛存在的一种天然动物纤维，是继淀粉、纤维素之后正在开发的第三大生物资源，自然界每年的生物合成量达 1 000 亿吨之多。甲壳质是由 2-乙酰氨基葡萄糖通过 β-1,4-苷键连接而成的直链多糖，其结构如下：

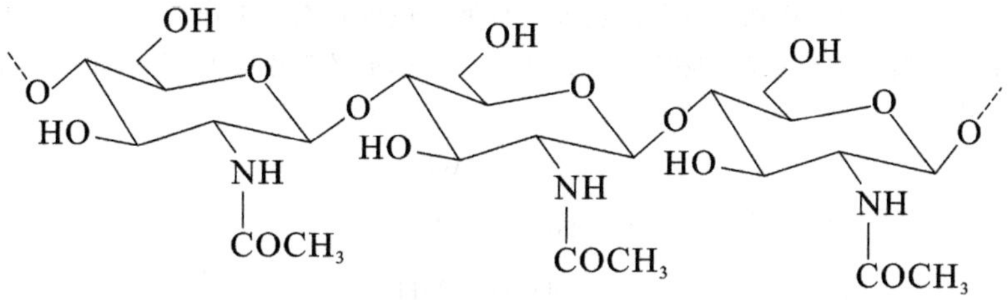

甲壳质在医药领域有着广阔的应用前景，目前已证明甲壳质具有抗菌、抗感染、降脂、防止动脉硬化和抗病毒等作用，小分子甲壳质还具有抗癌作用。

2. 壳糖胺

甲壳质脱乙酰基后生成的产物称为壳糖胺(chitosan)，与纤维素相比，二者的差别仅在于壳糖胺只是把纤维素中葡萄糖的 C_2 羟基换为 C_2 氨基。壳糖胺是由 2-氨基葡萄糖通过 β-1,4-苷键连接而形成的动物性纤维素，其结构如下：

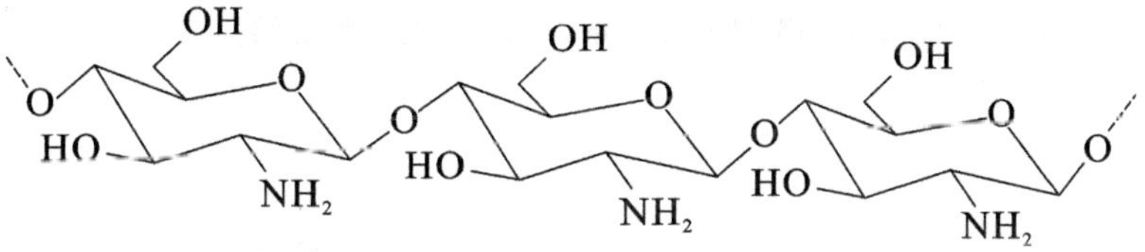

现代药理学研究表明，壳糖胺具有调节人体生理生化功能的作用，能增强人体的免疫力，抑制肿瘤，降低血糖、血脂和胆固醇，促进伤口愈合和断骨再生，并具有解毒、排毒等功能。壳糖胺的水解产物是人体细胞或组织必需的生物活性物质，与人体组织有良好的生物相容性。目前对于它们的研究和开发利用已经成为多糖研究的一个热点。

思考题 16-8　纤维素用下列试剂处理时，将发生什么反应？写出产物的结构式或部分结构式。

a. 过量稀硫酸加热　　b. 热水　　c. 热碳酸钠水溶液　　d. 过量硫酸二甲酯及氢氧化钠

习　　题

1. 举例解释下列名词。

(1) 变旋光现象　　(2) 端基异构体　　(3) 差向异构化

(4) 糖苷　　(5) 还原性糖　　(6) 非还原性糖

2. 写出下列化合物的 Haworth 式及稳定构象。

(1) α-D-吡喃葡萄糖的对映体　　(2) β-D-吡喃葡萄糖

(3) α-D-吡喃半乳糖　　(4) β-D-吡喃甘露糖甲苷

3. 写出 D-(+)-甘露糖与下列试剂反应的产物。

(1) H_2NOH　　(2) $C_6H_5NHNH_2$(3 mol)　　(3) Br_2/H_2O

(4) HNO_3　　(5) ①CH_3OH/HCl　②$(CH_3)_2SO_4/NaOH$

(6) HIO_4　　(7) $NaBH_4$　　(8) ①CN^-　②H_3O^+

(9) H_2/Ni　　(10) $(CH_3CO)_2O$

4. 用简单的化学方法区别下列各组化合物。

(1) 葡萄糖和果糖　　(2) 葡萄糖和蔗糖　　(3) 麦芽糖和蔗糖

(4) 蔗糖和淀粉　　(5) 淀粉和纤维素

5. 下列糖分别用稀硝酸氧化,其产物有无旋光性?

(1) D-葡萄糖　　(2) D-甘露糖　　(3) D-半乳糖　　(4) D-核糖

6. D-半乳糖用碱处理,得到什么产物?这些产物能用成脎反应区别么?为什么?

7. 三个单糖和过量的苯肼作用生成晶型相同的脎,其中一个单糖的费歇尔投影式如下。写出另外两个异构体的费歇尔投影式。

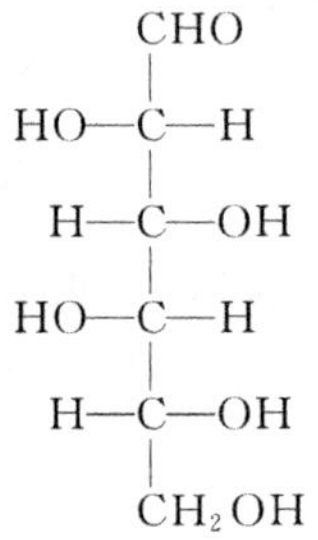

8. 有两个 D-四碳醛糖 A 和 B 可生成同样的糖脎,但是将 A 和 B 用硝酸氧化时,A 生成旋光性的四碳二元羧酸,B 生成无旋光性的四碳二元羧酸,试写出 A 和 B 的结构式。

9. 某糖是一种非还原性二糖,没有变旋光现象,不能用溴水氧化成糖酸,用酸水解只生成 D-葡萄糖。它可以被 α-葡萄糖苷酶水解,但不能被 β-葡萄糖苷酶水解。试推导此二糖的结构式。

第 17 章　氨基酸、蛋白质、酶和核酸

17.1　氨　基　酸

17.1.1　氨基酸的结构特点和命名

氨基酸是羧酸分子中烃基上的氢原子被氨基（—NH_2）取代后的衍生物，根据分子中氨基与羧基的位置可分为 α-氨基酸、β-氨基酸，γ-氨基酸等。天然存在的氨基酸约有 300 种，在蛋白质中常见的氨基酸有 20 余种，其中除脯氨酸外都是 α-氨基酸，其结构可用下列通式表示：

这些 α-氨基酸中除甘氨酸外都含有手性碳原子，有旋光性，其构型一般都是 L 型，某些细菌代谢中产生极少量 D-氨基酸。

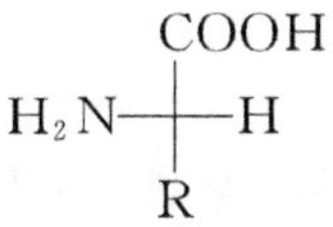

L-氨基酸

氨基酸的构型通常用 D、L 法表示，也可用 *R*、*S* 标记法表示。

天然氨基酸的命名通常根据其来源或性质等采用俗名，如丝氨酸是因为最早来源于蚕丝而得名。在使用中为了方便起见，常用英文名称缩写符号（通常为前三个字母）或用中文代号表示，如甘氨酸可用 Gly 或 G 或“甘”字来表示。

常见氨基酸的分类、名称、缩写及结构式如表 17-1 所示。

表 17-1　蛋白质中常见氨基酸

分类	氨基酸名称	缩写符号	中文代号	系 统 命 名	结 构 式
中性氨基酸	甘氨酸 (Glycine)	Gly	甘	氨基乙酸	$H_2N—CH_2—C(=O)—OH$
	丙氨酸 (Alanine)	Ala	丙	2-氨基丙酸	$H_2N—CH(CH_3)—C(=O)—OH$
	丝氨酸 (Serine)	Ser	丝	2-氨基-3-羟基丙酸	$H_2N—CH(CH_2OH)—C(=O)—OH$
	半胱氨酸 (Cysteine)	Cys	半胱	2-氨基-3-巯基丙酸	$H_2N—CH(CH_2SH)—C(=O)—OH$

续表

分类	氨基酸名称	缩写符号	中文代号	系统命名	结构式
中性氨基酸	缬氨酸* (Valine)	Val	缬	2-氨基-3-甲基丁酸	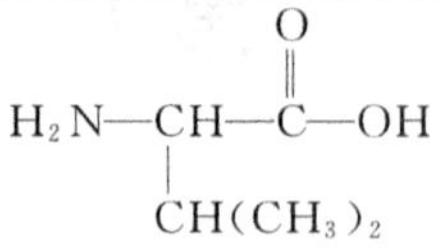
	苏氨酸* (Tyrosine)	Thr	苏	2-氨基-3-羟基丁酸	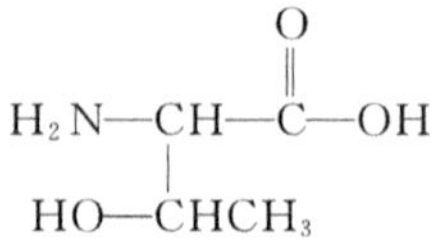
	蛋氨酸* (甲硫氨酸) (Methionine)	Met	蛋	2-氨基-4-甲硫基丁酸	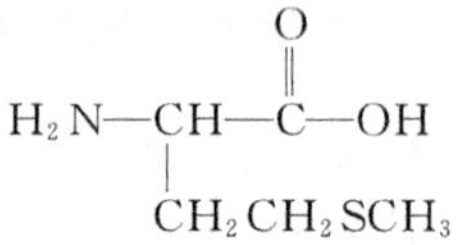
	亮氨酸* (Leucine)	Leu	亮	2-氨基-4-甲基戊酸	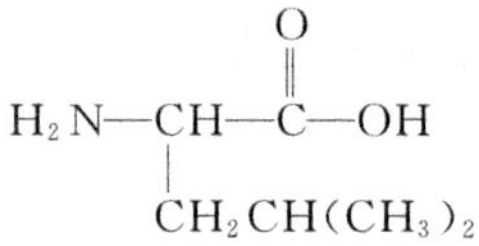
	异亮氨酸* (Isoleucine)	Ile	异亮	2-氨基-3-甲基戊酸	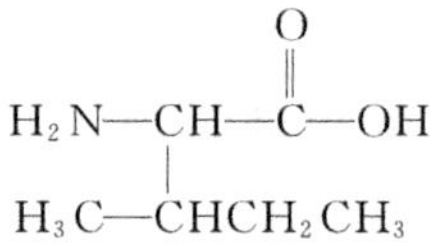
	胱氨酸 (Cystine)	Cys-Cys	胱	双-3-硫代-2-氨基丙酸	$SCH_2CH(NH_2)COOH$ | $SCH_2CH(NH_2)COOH$
	苯丙氨酸* (Phenylalanine)	Phe	苯丙	2-氨基-3-苯基丙酸	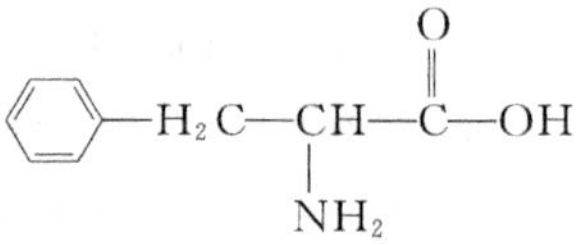
	酪氨酸 (Tyrosine)	Tyr	酪	2-氨基-3-(对羟苯基)丙酸	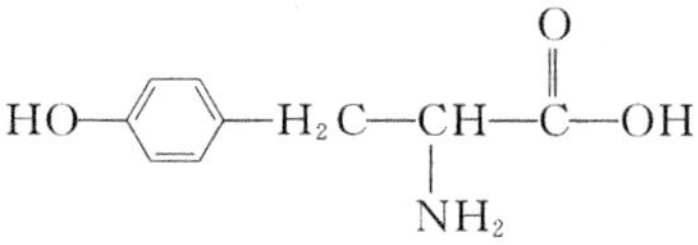
	脯氨酸 (Proline)	Pro	脯	吡咯啶-2-甲酸	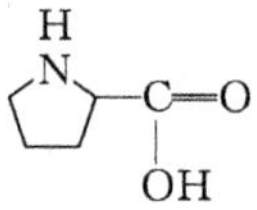
	羟脯氨酸 (Hydroxyproline)	Hyp	羟脯	4-羟基吡咯啶-2-甲酸	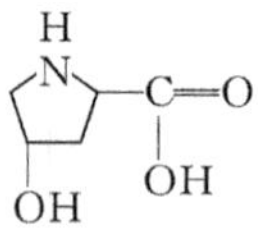
	色氨酸* (Tryptophan)	Try	色	2-氨基-3-(β-吲哚)丙酸	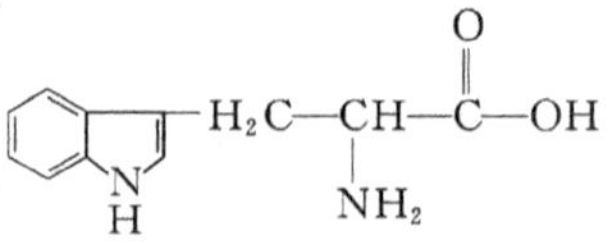
	天冬酰胺 (Asparagine)	Asn	天酰	2-氨基-3-(氨基甲酰基)丙酸	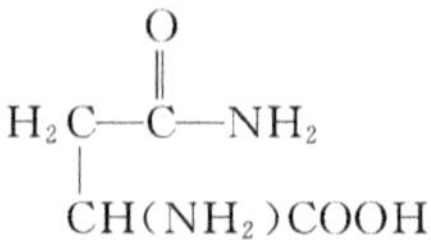

续表

分类	氨基酸名称	缩写符号	中文代号	系统命名	结构式
中性氨基酸	谷氨酰胺 (Glutamine)	Gln	谷酰	2-氨基-4-(氨基甲酰基)丁酸	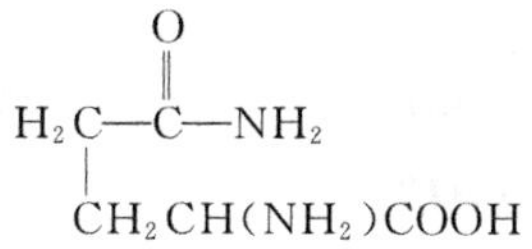
酸性氨基酸	天冬氨酸 (Aspartic acid)	Asp	天冬	2-氨基丁二酸	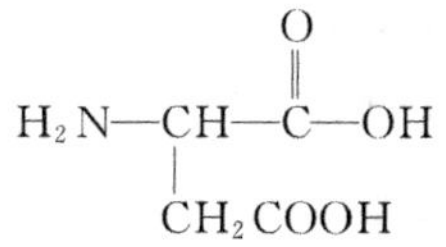
	谷氨酸 (Glutamic acid)	Glu	谷	2-氨基戊二酸	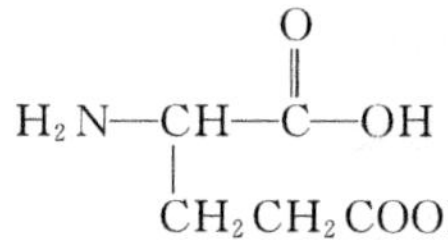
碱性氨基酸	精氨酸 (Arginine)	Arg	精	2-氨基-5-胍基戊酸	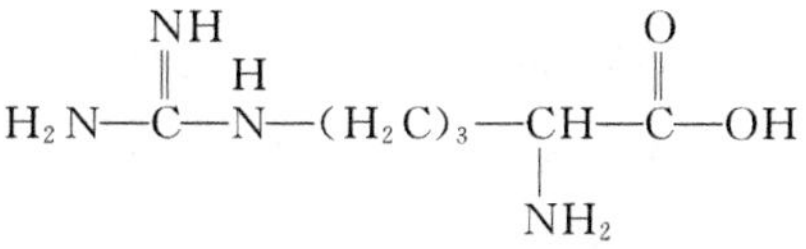
	赖氨酸* (Lysine)	Lys	赖	2,6-二氨基己酸	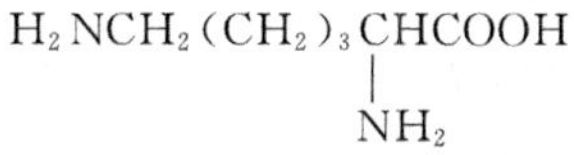
	组氨酸 (Histidine)	His	组	2-氨基-3-(5′-咪唑)丙酸	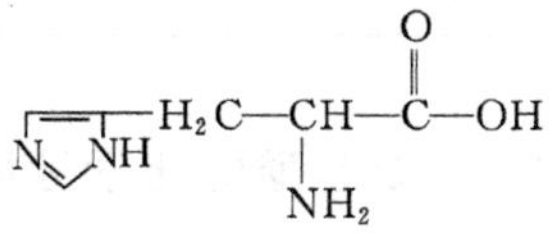

表中标有“*”者为必需氨基酸。组成蛋白质的氨基酸中有八种动物自身不能合成，必须从食物中获取，缺乏时会引起疾病，它们被称为必需氨基酸。

17.1.2　α-氨基酸的物理性质

α-氨基酸一般为无色晶体，熔点比相应的羧酸或胺类要高，一般为 200～300 ℃(许多氨基酸在接近熔点时分解)。除甘氨酸外，其他的 α-氨基酸都有旋光性。大多数氨基酸易溶于水而不溶于有机溶剂。常见氨基酸的物理常数如表 17-2 所示。

表 17-2　常见氨基酸的物理常数及等电点

氨　基　酸	熔(分解)点/℃	溶解度/[g/(100 g 水)]	比旋光度$[\alpha]_D^{25}$	等电点 pI
甘氨酸	233	25	—	5.97
丙氨酸	297	16.7	+1.8	6.02
缬氨酸	315	8.9	+5.6	5.97
亮氨酸	293	2.4	−10.8	5.98
异亮氨酸	284	4.1	+11.3	6.02
丝氨酸	228	33	−6.8	5.68
苏氨酸	225	20	−28.3	6.53
天冬氨酸	270	0.54	+5.0	2.97

续表

氨　基　酸	熔(分解)点/℃	溶解度/[g/(100 g 水)]	比旋光度$[\alpha]_D^{25}$	等电点 pI
天冬酰胺	234	3.5	−5.4	5.41
谷氨酸	247	0.86	+12.0	3.22
谷氨酰胺	185	3.7	+6.1	5.65
精氨酸	244	3.5	+12.5	10.76
赖氨酸	225	易溶	+14.6	9.74
组氨酸	187	4.2	−39.7	7.59
半胱氨酸	—	溶	−16.5	5.02
甲硫氨酸	280	3.4	−8.2	5.75
苯丙氨酸	283	3.0	−35.1	5.48
酪氨酸	342	0.04	−10.6	5.66
色氨酸	289	1.1	−31.5	5.89
脯氨酸	220	162	−85.0	6.30
羟脯氨酸	274	易溶	−75.2	5.83

17.1.3　α-氨基酸的化学性质

1. 氨基酸的两性性质和等电点

氨基酸分子中含有羧基和氨基，不仅能与强碱或强酸反应生成盐，而且还可在分子内形成内盐：

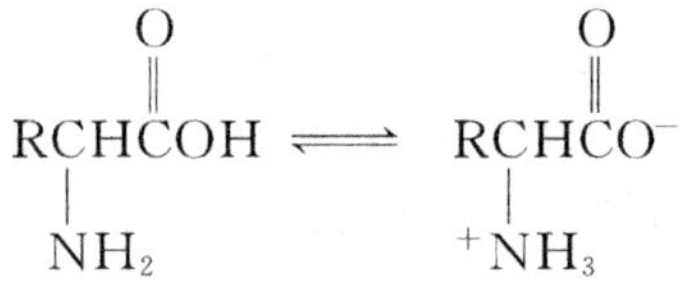

内盐(偶极离子)

氨基酸内盐分子是既带正电荷又带负电荷的离子，称为两性离子或偶极离子。固体氨基酸以偶极离子形式存在，静电引力大，具有很高的熔点，溶于水而难溶于有机溶剂。

氨基酸分子是偶极离子，在酸性溶液中其羧基负离子可接受质子，发生碱式解离而带正电荷；在碱性溶液中其铵根正离子给出质子，发生酸式解离而带负电荷。偶极离子加酸和加碱时引起的变化可用下式表示：

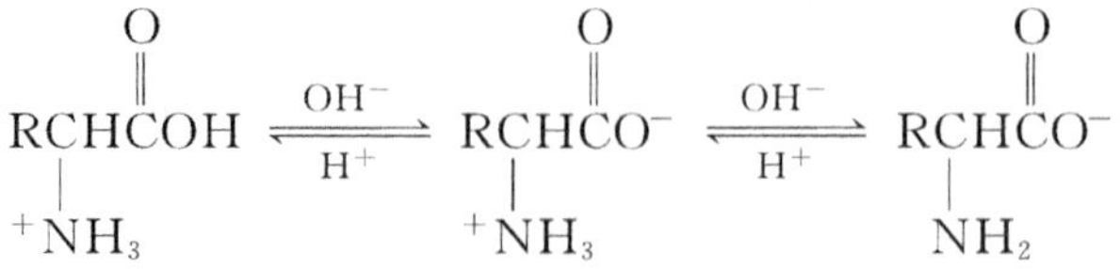

正离子　　偶极离子　　负离子

pH<pI　　pI　　pH>pI

因此，在不同的 pH 条件下氨基酸能以正离子、负离子及偶极离子三种不同形式存在。如果把氨基酸溶液置于电场中，它的正离子会向阴极移动，负离子会向阳极移动。当调节溶液的 pH 值使氨基酸以偶极离子形式存在时，它在电场中既不向阴极移动也不向阳极移动，此时溶液的 pH 值称为该氨基酸的等电点，通常用符号 pI 表示。当调节溶液的 pH 值大于某氨基酸的等电点时，该氨基酸主要以负离子形式存在，在电场中移向阳极；当调节溶液的 pH 值小于某氨基酸的等电点时，该氨基酸主要以正离子形式存在，在电场中移向阴极。

对于中性氨基酸，由于羧基解离度略大于氨基，因此需要加入适当的酸抑制羧基的解离并促使氨基解离，使氨基酸主要以偶极离子的形式存在。所以中性氨基酸的等电点都小于 7，一般在 3～5 之间。酸性氨基酸的羧基多于氨基，必须加入较多的酸才能达到其等电点，因此酸性氨基酸的等电点一般在 2～2.8 之间。同理，要使碱性氨基酸达到其等电点必须加入适量碱，因此碱性氨基酸的等电点都大于 7，一般在 7.6～10.8 之间。常见氨基酸的等电点如表 17-2所示。

氨基酸在等电点时溶解度最小，最容易沉淀，因此可以通过调节溶液的 pH 值以达到等电点来分离氨基酸混合物。也可以利用在同一 pH 值的溶液中各种氨基酸所带净电荷不同，它们在电场中移动的状况不同和对离子交换剂的吸附作用不同的特点，通过电泳法或离子交换层析法从混合物中分离各种氨基酸。

2. 氨基酸与水合茚三酮的反应

α-氨基酸与水合茚三酮的弱酸性溶液共热会发生氧化脱氨、脱羧等一系列复杂反应，生成氨和还原型茚三酮，产物再与水合茚三酮进一步反应，生成蓝紫色物质。这个反应非常灵敏，可用于 α-氨基酸的定性及定量测定。其反应如下：

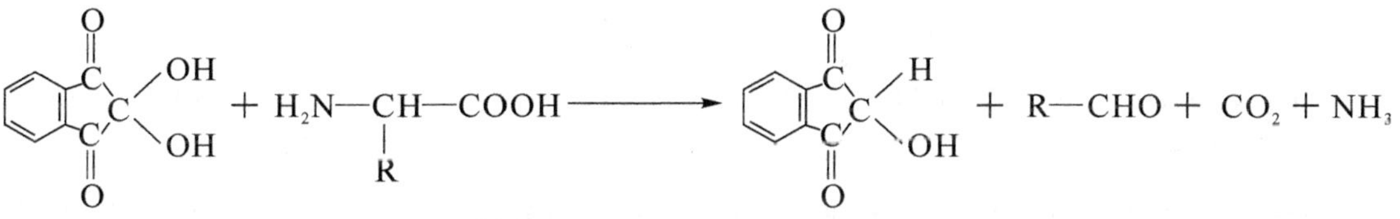

还原型茚三酮

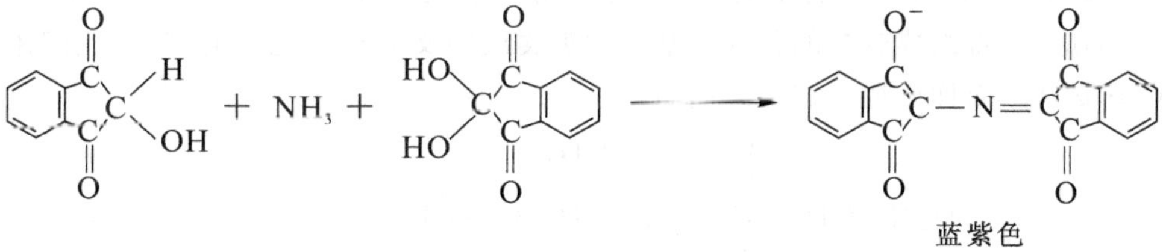

蓝紫色

多肽和蛋白质也有此反应，但脯氨酸和羟脯氨酸与水合茚三酮反应时生成黄色化合物。

思考题 17-1　写出下列氨基酸分别与过量盐酸或过量氢氧化钠水溶液作用的产物。

a. 脯氨酸　　b. 酪氨酸　　c. 丝氨酸　　d. 天冬氨酸

思考题 17-2　写出下列氨基酸在指定的 pH 条件下的主要存在形式。

a. 缬氨酸在 pH=8 时　　b. 赖氨酸在 pH=10 时

c. 丝氨酸在 pH=1 时　　d. 谷氨酸在 pH=3 时

17.1.4　α-氨基酸的合成

大部分氨基酸一般可以用微生物发酵法制备。人工合成的氨基酸均是消旋体，可以用醛与氢氰酸和氨或与氰化铵发生作用,再经水解,生成(±)-氨基酸。

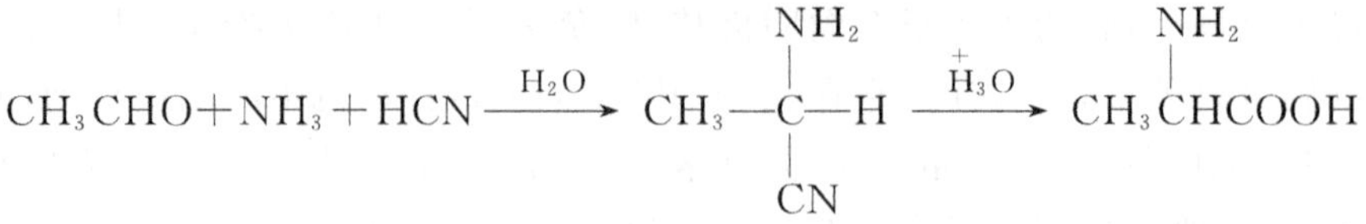

α-氨基丙腈　　D,L-氨基酸(60%)

17.2 多　肽

17.2.1 多肽的命名

一个氨基酸的氨基与另一个氨基酸的羧基之间失水形成的酰胺键称为肽键,所形成的化合物称为肽。

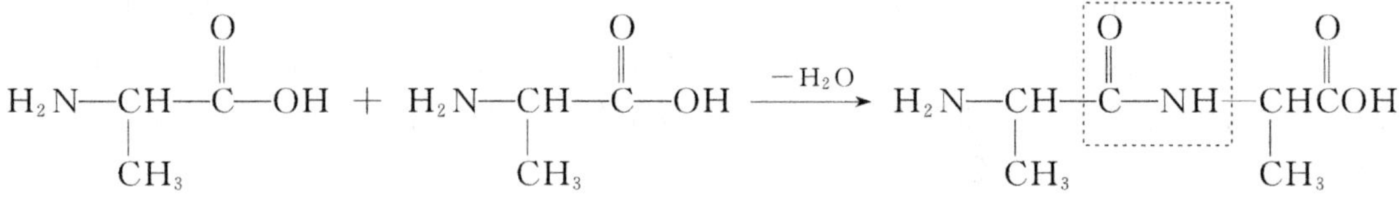

肽键

由两个氨基酸缩合形成的肽称为二肽,由三个氨基酸缩合形成的肽称为三肽,由多个氨基酸缩合形成的肽称为多肽。肽链中氨基酸通常称为氨基酸残基。肽链一端含有 α-氨基的氨基酸残基称为 N-端,含有游离羧基的氨基酸残基称为 C-端。例如:

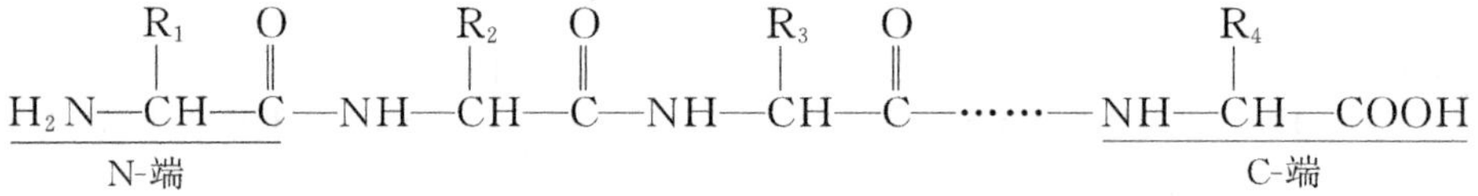

肽的命名是以 C-端氨基酸为母体,肽链中其他氨基酸名称中的"酸"字改为"酰"字,称为"某氨酰",并从 N-端开始依次写在母体名称之前,之间用"-"连接。肽链通常用简称表示,即按从 N-端到 C-端的顺序,将组成肽链的各种氨基酸的英文或中文简称写在一起,简称之间用"-"连接,并在 C-端氨基酸简称后加"肽"字。例如:

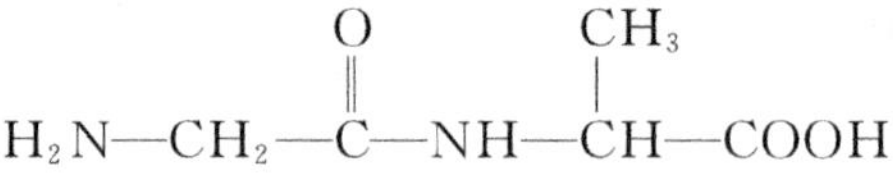

甘氨酰-丙氨酸
(甘-丙肽,Gly-Ala)

17.2.2 多肽的结构

肽键实质上是一种酰胺键,由于酰胺键中氮原子上的孤对电子与酰基形成 p-π 共轭体系,使碳氮键具有一定程度的双键性质。X 射线衍射证明,肽链中酰胺部分在一个平面上(肽链中的这种平面称为肽平面或酰胺平面),与羰基及氨基相连的两个基团处于反式位置;酰胺碳氮键长(0.132 nm)比一般的碳氮单键键长(0.147 nm)短一些,这些都表明酰胺碳氮键具有部分双键的性质。因此,肽键中碳氮键的自由旋转受到阻碍,但与肽键中氮和碳原子相连接的两个基团可以自由旋转(即相邻肽平面可以旋转),从而表现出不同的构象(图 17-1)。

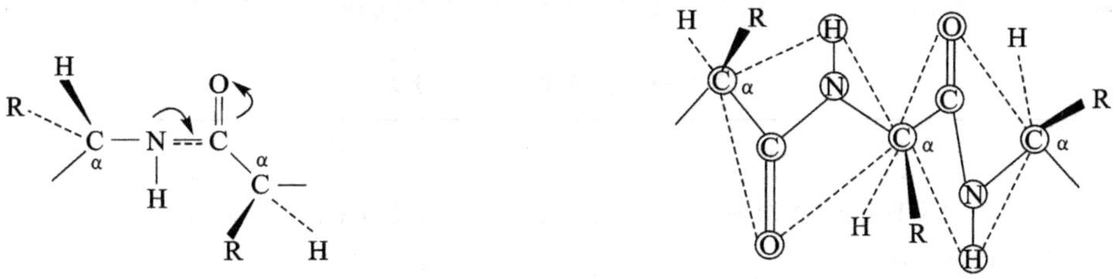

相邻酰胺平面可以绕α-碳旋转

图 17-1　酰胺分子平面示意图

思考题 17-3　下面的化合物是二肽、三肽还是四肽？指出其 N-端及 C-端氨基酸，此肽可被认为是酸性的、碱性的还是中性的？

$$(CH_3)_2CHCH_2\underset{\displaystyle NH_2}{\underset{|}{C}}HCONH\underset{\displaystyle CH_2CH_2SCH_3}{\underset{|}{C}}HCONHCH_2CO_2H$$

思考题 17-4　命名下列肽，并给出简写名称。

a. $$H_2N\underset{\displaystyle CH_2OH}{\underset{|}{C}}HCONHCH_2CONH\underset{\displaystyle CH_2CH(CH_3)_2}{\underset{|}{C}}HCO_2H$$

b. $$HOOCCH_2CH_2\underset{\displaystyle NH_2}{\underset{|}{C}}HCONH\underset{\displaystyle CH_2C_6H_5}{\underset{|}{C}}HCONH\overset{\displaystyle CH(OH)CH_3}{\overset{|}{C}}HCOOH$$

17.3　蛋　白　质

17.3.1　蛋白质的组成与分类

蛋白质是由多种 α-氨基酸组成的一类天然高分子化合物，相对分子质量一般可由一万到几百万，有的甚至可达几千万。蛋白质的元素组成比较简单，主要含有碳、氢、氮、氧、硫，有些蛋白质还有磷、铁、镁、碘、铜、锌等。一般蛋白质的元素组成如表 17-3 所示。

表 17-3　蛋白质中各种元素的平均含量

元　素	C	H	O	N	S	P	Fe
平均含量/(%) (按干物质计)	50～55	6.0～7.0	19～24	15～17	0.0～0.4	0.0～0.8	0.0～0.4

各种蛋白质的含氮量很接近，平均为 16%，即每克氮相当于 6.25 g 蛋白质。生物体中的氮元素绝大部分都以蛋白质形式存在，因此常用定氮法先测出农副产品样品中的含氮量，然后计算出蛋白质的近似含量，称为粗蛋白含量。

$$W_{粗蛋白}=W_{氮}\times 6.25$$

蛋白质种类繁多，结构复杂，目前只能根据蛋白质的形状、溶解性及化学组成粗略分类。蛋白质根据其形状可分为球状蛋白质(如卵清蛋白)和纤维蛋白质(如角蛋白)，根据化学组成可分简单蛋白质和结合蛋白质。仅由氨基酸组成的蛋白质称为简单蛋白质，简单蛋白质根据溶解性差异可分为七类(表 17-4)。由简单蛋白质与非蛋白质成分(称为辅基)结合而成的复杂蛋白质称为结合蛋白质,结合蛋白质又可根据其辅基不同进行分类(表 17-5)。

表 17-4 简单蛋白质的分类

分类	溶解性	举例	存在
清蛋白	溶于水和稀中性盐溶液,不溶于饱和硫酸铵溶液	血清蛋白、乳清蛋白、卵清蛋白、豆清蛋白、麦清蛋白	动、植物体中
球蛋白	不溶于水但溶于稀中性盐溶液,不溶于 50%饱和度硫酸铵溶液	血清球蛋白、植物种子球蛋白	动、植物体中
组蛋白	溶于水及稀酸,不溶于稀氨水	小牛胸腺组蛋白	动物体中
精蛋白	溶于水及稀酸,不溶于稀氨水	鱼精蛋白	动物体中
谷蛋白	不溶于水、中性盐及乙醇溶液,溶于稀酸及稀碱	米谷蛋白、麦谷蛋白	谷物种子
醇溶谷蛋白	不溶于水及无水乙醇,但溶于 70%~80%乙醇	玉米醇溶蛋白、麦溶蛋白	谷物种子
硬蛋白	不溶于水、盐、稀酸、稀碱	角蛋白、弹性蛋白、胶原	动物毛发、角、爪等组织

表 17-5 结合蛋白质的分类

分类	辅基	举例	存在
核蛋白	核酸	脱氧核糖核酸蛋白、核糖体、烟草花叶病毒	构成细胞质、细胞核
糖蛋白	糖类	卵清蛋白、γ-球蛋白、血清黏蛋白	动物细胞
脂蛋白	脂肪及类脂	低密度脂蛋白、高密度脂蛋白	动、植物细胞
磷蛋白	磷酸	酪蛋白、卵黄蛋白、胃蛋白酶	动、植物细胞及体液
色蛋白	色素	血红蛋白、肌红蛋白、叶绿素蛋白	动、植物细胞及体液
金属蛋白	金属离子	固氮酶、铁氧还蛋白、超氧化物歧化酶	动、植物细胞

17.3.2 蛋白质的结构

蛋白质分子是由 α-氨基酸经首尾相连形成的多肽链,在三维空间具有特定的复杂而精细的结构。这种结构不仅决定蛋白质的理化性质,而且是其生物学功能的基础。蛋白质的结构通常分为一级结构、二级结构、三级结构和四级结构四个层次,蛋白质的二级、三级、四级结构又统称为蛋白质的空间结构或高级结构。

1. 蛋白质的一级结构

蛋白质的一级结构是指组成蛋白质的多肽链数目、组成蛋白质分子的氨基酸排列顺序及多肽链内或链间二硫键的数目和位置。其中最重要的是多肽链的氨基酸顺序,它是蛋白质生物功能的基础。

2. 蛋白质分子的空间结构

蛋白质分子中多肽链通过氢键等各种副键以一定方式盘旋、折叠,形成蛋白质分子特有的稳定空间构象。蛋白质的空间结构一般用二级结构、三级结构和四级结构表示。

1）蛋白质的二级结构

蛋白质分子的二级结构是指肽链的主链在空间的排列或规则的几何走向、旋转及折叠，只涉及肽链主链的构象及链内或链间形成的氢键，主要有 α-螺旋、β-折叠、β-转角。

蛋白质分子中的一条肽链通过一个酰胺键中的酰基氧原子与相隔不远的另一个酰胺键中的氨基氢原子形成氢键而绕成螺旋状的空间构象，称为 α-螺旋。

α-螺旋具有如下的特征：多肽主链围绕同一中心轴以螺旋方式伸展，平均 3.6 个氨基酸残基构成一个螺旋圈（18 个氨基酸残基盘绕 5 圈），递升 0.54 nm，每个残基沿轴上升 0.15 nm。每个氨基酸残基的—NH 与前面相隔三个氨基酸残基的 C═O 形成氢键，氢键的方向大致与螺旋轴平行。氢键是维持 α-螺旋稳定结构的作用力。天然蛋白质的 α-螺旋绝大多数是右手螺旋，如图 17-2 所示。

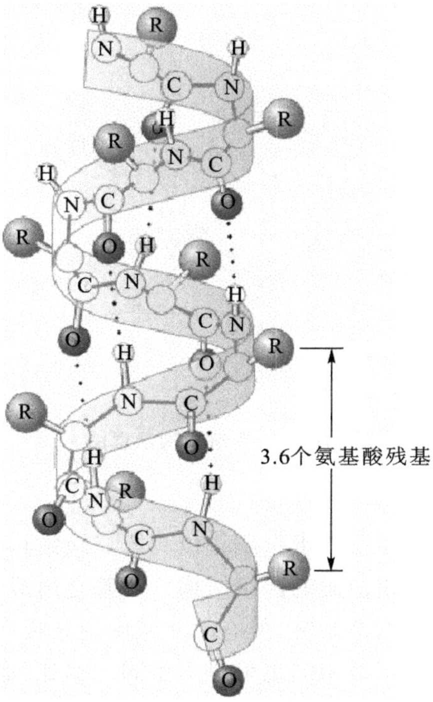

图 17-2　右手 α-螺旋示意图

β-折叠是由两条或多条几乎完全伸展的肽链按同向或反向聚集而成，且相邻多肽主链上的—NH 和 C═O 之间形成氢键的一种多肽构象。β-折叠中氢键与多肽链伸展方向接近垂直，氨基酸残基的侧链基团交替地位于折叠面上下，且与片层相互垂直。β-折叠中反平行的构象比较稳定（图 17-3）。

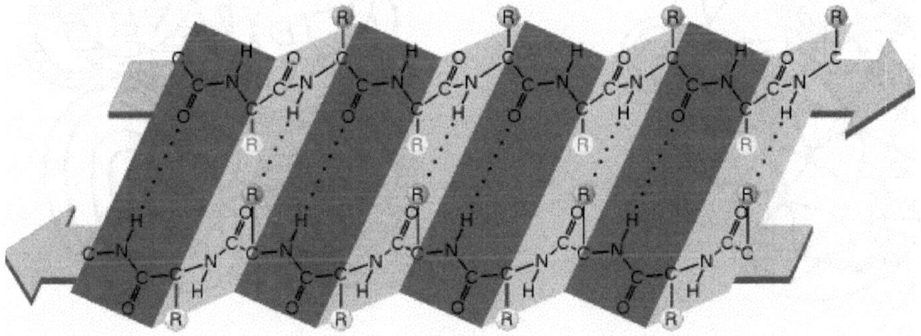

图 17-3　β-折叠结构示意图

另外，在球状蛋白中还发现一种二级结构为 β-转角，它是肽链形成 180°回折后，弯曲处的第一个氨基酸残基 C═O 与第四个氨基酸残基的—NH 之间形成氢键的构象（图 17-4）。

2）蛋白质的三级结构和四级结构

蛋白质的三级结构是由具有二级结构的多肽链通过相隔较远的氨基酸以氢键、范德华力、疏水相互作用、盐键和二硫键等各种副键（或称次级键，图 17-5）等分子内的相互作用盘旋、折叠形成的最稳定的空间构象。因此，肽链氨基酸的顺序（一级结构）决定蛋白质的三级结构。例如，肌红蛋白是由一条含 153 个氨基酸残基、具有 α-螺旋二级结构的肽链，通过链内的作用力（副键）盘旋和折叠形成一个不对称的近似球状的结构（图 17-6）。

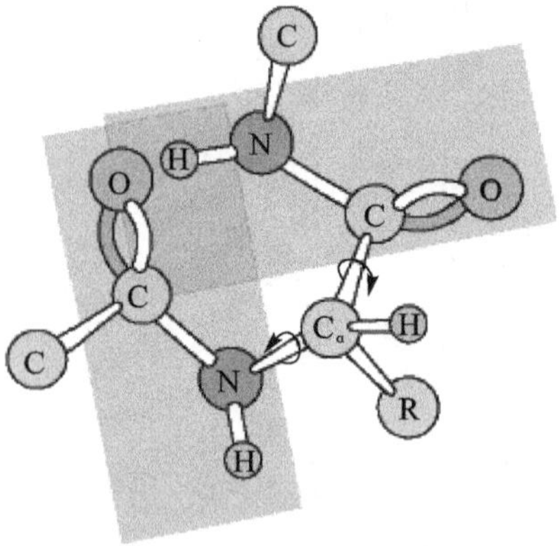

图 17-4 β-转角结构示意图

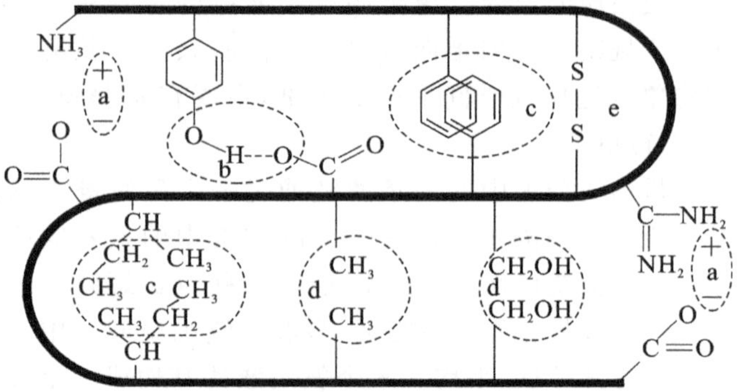

图 17-5 维持蛋白质三级结构的各种作用力

a. 盐键；b. 氢键；c. 疏水相互作用；d. 范德华力；e. 二硫键

很多蛋白质是以具有三级结构的亚基彼此通过非共价键缔合在一起的，这样的聚集体称为蛋白质的四级结构。亚基是组成蛋白质分子的最小共价单位，一般只含有一条具有三级结构的多肽链，但有的亚基由两条或多条多肽链组成，链间以二硫键相连接。在四级结构中，亚基可以相同也可以不相同。例如，血红蛋白即是由两个 α 亚基和两个 β 亚基组成，其中每个 α 亚基(实质上是一条多肽链)由 141 个氨基酸残基组成，而每个 β 亚基由 146 个氨基酸残基组成。虽然这两个亚基的一级结构相差较大，但三级结构均类似于肌红蛋白(图 17-7)。

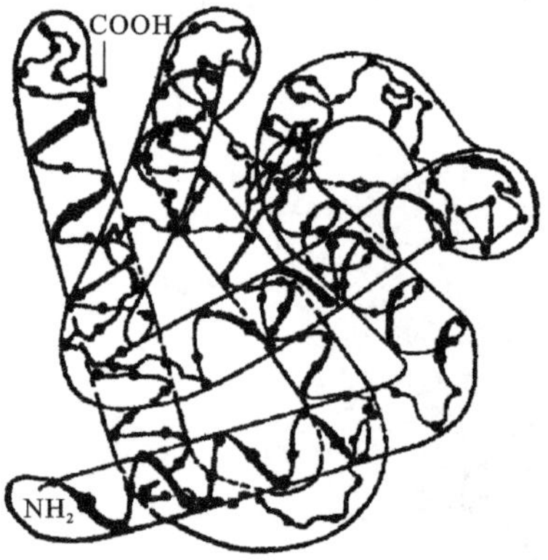

图 17-6 肌红蛋白的三级结构图

图 17-7 血红蛋白的四级结构示意图

必须指出，所有蛋白质都具有一级、二级、三级结构，但并不是所有的蛋白质都具有四级结构。

17.3.3 蛋白质的理化性质

1. 蛋白质的两性和等电点

蛋白质多肽链的 N-端有氨基，C-端有羧基，其侧链上也常含有碱性基团和酸性基团，因此蛋白质与氨基酸相似，也具有两性性质和等电点。蛋白质溶液在某一 pH 值时，其分子所带的正、负电荷相等，即成为净电荷为零的偶极离子，此时溶液的 pH 值称为该蛋白质的等电点(pI)。蛋白质溶液在不同 pH 值的溶液中以不同的形式存在，其平衡体系如下：

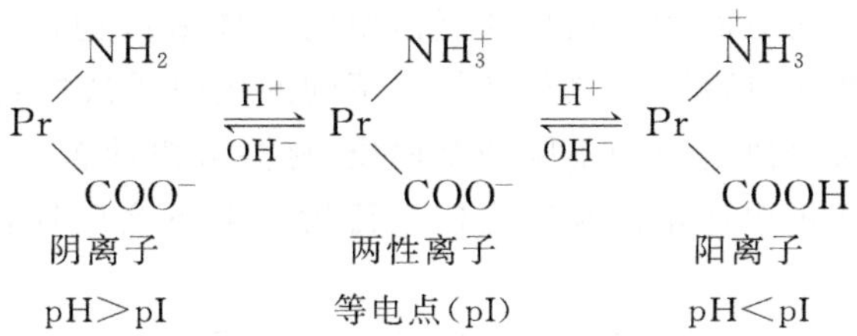

式中，H_2N—Pr—COOH 表示蛋白质分子，羧基代表分子中所有的酸性基团，氨基代表所有的碱性基团，Pr 代表其余部分。不同的蛋白质具有不同的等电点(表 17-6)。

表 17-6　几种蛋白质的等电点

蛋　白　质	pI	蛋　白　质	pI	蛋　白　质	pI
胃蛋白酶	2.5	麻仁球蛋白	5.5	马肌红蛋白	7.0
鸡卵清蛋白	4.9	麦胶蛋白	6.5	核糖核酸酶	9.4
胰岛素	5.3	血红蛋白	6.7	细胞色素 C	10.8

蛋白质在等电点时溶解度最小，导电性、黏度和渗透压等也最低，利用这些性质可以分离、纯化蛋白质。也可通过调节蛋白质溶液的 pH 值，使其颗粒带上某种净电荷，利用电泳分离或纯化蛋白质。

由于蛋白质具有两性，所以在生物组织中它们既对外来酸、碱具有一定的抵抗能力，又能对生物体内代谢所产生的酸、碱性物质起缓冲作用，使生物组织液维持在一定 pH 值范围，这在生理上有着重要的意义。

2. 蛋白质的胶体性质

蛋白质是大分子化合物，其分子大小一般在 1～100 nm 之间，在胶体分散相质点范围内，所以蛋白质分散在水中，其水溶液具有胶体溶液的一般特性，例如具有丁铎尔(Tyndall)现象、布朗(Brown)运动、不能透过半透膜以及具有较强的吸附作用等。

蛋白质能够形成稳定亲水胶体溶液，主要有两方面的原因。

(1) 形成保护性水化膜。蛋白质分子表面有许多诸如羧基、氨基、亚氨基、羟基、羰基、巯基等极性的亲水基团，能与水分子形成氢键而发生水化作用，在蛋白质表面形成一层水化膜，使蛋白质粒子不易因聚集而沉降。

(2) 粒子带有同性电荷。在非等电点 pH 值的溶液中，蛋白质粒子表面会带有同性电荷，相互产生排斥作用，使其不易聚沉。

3. 蛋白质的沉淀

蛋白质溶液的稳定性是相对的、有条件的，如果改变这种相对稳定的条件，如除去蛋白质外层的水膜或者电荷，蛋白质分子就会因凝集而沉淀。蛋白质的沉淀分为可逆沉淀和不可逆沉淀。

(1) 可逆沉淀。可逆沉淀是指蛋白质分子的内部结构仅发生了微小改变或基本保持不变，仍然保持原有的生理活性。只要消除了沉淀的因素，已沉淀的蛋白质又会重新溶解。

盐析就是一种可逆沉淀蛋白质的方法。在蛋白质溶液中加入足量的中性盐类，从而使蛋白质发生沉淀的现象，称为蛋白质的盐析。一方面，盐类在水中解离形成离子，其水化能力比蛋白质强，破坏了蛋白质表面的水化膜；另一方面，盐类离子所带的电荷也会中和或削弱蛋白质粒子表面所带的电荷。两方面的作用均使蛋白质的胶体溶液稳定性降低，进而相互凝聚沉降。盐析常用的盐有硫酸铵、硫酸钠、氯化钠等。不同的蛋白质盐析时，所需盐的浓度不同，因此可用控制盐浓度的方法分离溶液中不同的蛋白质，称为分段盐析。例如，鸡蛋清可用不同浓度的硫酸铵溶液分段沉淀析出球蛋白和卵蛋白。盐析一般不会破坏蛋白质的结构，当加水或透析时沉淀又能重新溶解。

(2) 不可逆沉淀。蛋白质在沉淀时空间构象发生了很大的变化甚至被破坏，失去了原有的生物活性，即使消除了沉淀因素也不能重新溶解，称为不可逆沉淀。不可逆沉淀的方法有以下几种。

① 水溶性有机溶剂沉淀法。向蛋白质中加入适量的水溶性有机溶剂如乙醇、丙酮等，由于它们对水的亲和力大于蛋白质，使蛋白质粒子脱去水化膜而沉淀。这种作用在短时间内和低温时沉淀是可逆的，但若时间较长或温度较高时则为不可逆沉淀。

② 化学试剂沉淀法。Hg^{2+}、Pb^{2+}、Cu^{2+}、Ag^{+} 等重金属阳离子能与蛋白质阴离子结合产生不可逆沉淀。

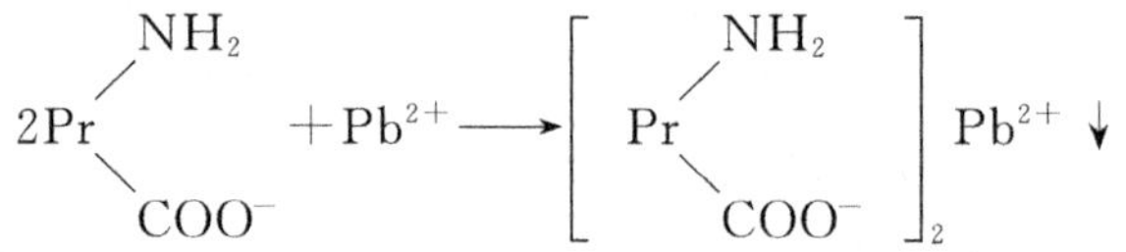

③ 生物碱试剂沉淀法。苦味酸、三氯乙酸、鞣酸、磷钨酸、磷钼酸等生物碱沉淀剂能与蛋白质阳离子结合，使蛋白质产生不可逆沉淀。

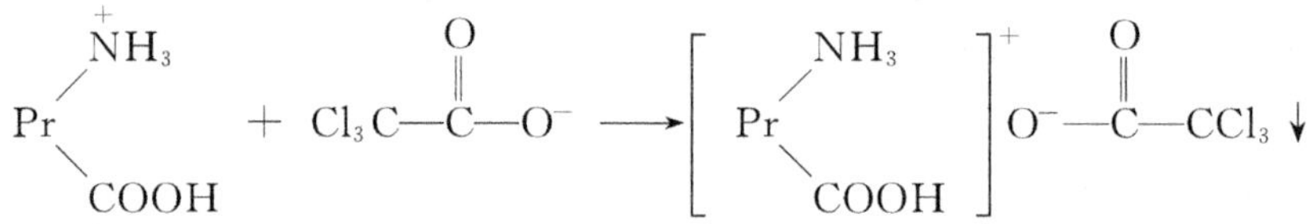

此外，强酸或强碱、加热、紫外线或 X 射线照射等因素都可导致蛋白质的某些副键被破坏，引起构象发生很大改变，使疏水基外露，引起蛋白质沉淀，从而失去生物活性。这类沉淀也是不可逆的。

4. 蛋白质的变性

由于物理或化学因素的影响，蛋白质分子的内部结构发生了变化，导致理化性质改变，生理活性丧失，称为蛋白质的变性。变性后的蛋白质称为变性蛋白质。

引起蛋白质变性的因素很多，物理因素有加热、高压、剧烈振荡、超声波、紫外线或 X 射线照射等；化学因素有强酸、强碱、重金属离子、生物碱试剂和有机溶剂等。蛋白质变性的原因，一方面是维持复杂而精细空间结构的副键被破坏，原有的空间结构改变，疏水基外露；另一方面是蛋白质分子中的某些活泼基团如—NH_2、—COOH、—OH 等与化学试剂发生了反应。

蛋白质的变性分为可逆变性和不可逆变性。若仅改变了蛋白质的三级结构，可能只引起可逆变性；若破坏了二级结构，则会引起不可逆变性。蛋白质的变性不会引起其一级结构的改变。蛋白质变性一般产生不可逆沉淀，但蛋白质的沉淀不一定变性(如蛋白质的盐析)。反之，变性也不一定沉淀，例如有时蛋白质受强酸或强碱的作用变性后，常由于带同性电荷而不会产生沉淀现象。然而，产生不可逆沉淀一定会使蛋白质变性。

变性蛋白质与天然蛋白质有明显的差异，主要表现为以下几个方面。

(1) 物理性质的改变。蛋白质变性后多肽链松散伸展，导致黏度增大；侧链疏水基外露，导致溶解度降低而沉淀等。

（2）化学性质的改变。蛋白质变性后结构松散，生物化学性质改变，易被酶水解；侧链上的某些基团外露，易发生化学反应。

（3）生理活性的丧失。蛋白质变性后会失去原有的生物活性，例如，酶变性后失去催化功能；激素变性后失去相应的生理调节功能；血红蛋白变性后失去输送氧的功能等。

蛋白质的变性作用对工农业生产、科学研究都具有十分广泛的意义。例如，通常采用加热、紫外线照射、喷洒酒精和杀菌剂等方式杀菌消毒，其结果就是使细菌体内的蛋白质变性。菌种、生物制剂的失效，种子失去发芽能力等均与蛋白质的变性有关。

5. 水解作用

蛋白质在酸、碱或酶的作用下可以发生水解作用。水解的实质是肽键的断裂，但酸、碱催化的蛋白质水解会造成某些氨基酸的分解，例如，酸性水解会引起色氨酸等的分解，碱性水解会引起半胱氨酸等的分解。

蛋白质水解经过一系列中间产物后最终生成 α-氨基酸。其水解过程为

蛋白质→蛋白脲→蛋白胨→多肽→二肽→α-氨基酸

蛋白质的水解反应对研究蛋白质及其在生物体中的代谢都具有十分重要的意义。

6. 蛋白质的颜色反应

氨基酸、肽、蛋白质可与许多化学试剂反应而显出一定的颜色，常用于定性及定量分析。例如，茚三酮反应是检验 α-氨基酸、多肽、蛋白质最通用的反应之一；二缩脲反应中肽键越多，颜色越深。这两个反应可用于蛋白质的定性和定量测定，也可用于检测蛋白质的水解程度(表 17-7)。

表 17-7　蛋白质的重要颜色反应

反应名称	试　剂	现　象	反应基团	使用范围
茚三酮反应	水合茚三酮试剂	蓝紫	游离氨基	氨基酸，蛋白质，多肽
二缩脲反应	稀碱，稀硫酸铜溶液	粉红～蓝紫	两个以上肽键	多肽，蛋白质
黄蛋白反应	浓硝酸，加热，稀 NaOH	黄～橙黄	苯基	含苯基结构的多肽及蛋白质
米隆反应	米隆试剂*，加热	白～肉红	酚基	含酚基的多肽及蛋白质
乙醛酸反应	乙醛酸试剂，浓硫酸	紫色环	吲哚基	含吲哚基的多肽及蛋白质

* 米隆试剂是硝酸汞、亚硝酸汞、硝酸、亚硝酸的混合溶液。

思考题 17-5　解释下列各种因素可以使蛋白质变性的原因：
(1)Pb^{2+}，Ag^{+}；(2)强酸，强碱；(3)乙醇；(4)尿素；(5)加热；(6)剧烈反应。

17.4　酶

酶是一类由生物细胞产生的以蛋白质为主要成分、具有催化活性的生物催化剂。酶的催化作用有以下特点。

（1）酶是由生物细胞在基因指导下合成的，其主要成分是蛋白质。

（2）酶催化反应都是在比较温和的条件下进行的。例如，在人体中的各种酶促反应一般是在体温 37 ℃和 pH 值约为 7 的血液中进行的，这与其特定结构有关。因此酶对周围环境的变化比较敏感，若遇到高温、强酸、强碱、重金属离子、配位体或紫外线照射等因素的影响，易失

去催化活性。

(3) 酶具有高度的专一性,即一种酶仅对一类物质甚至只对某一种物质的特定反应起催化作用。如脲酶只能催化尿素水解生成 NH_3 和 CO_2,而对尿素的衍生物和其他物质都不具有催化水解的作用,也不能使尿素发生其他反应。

(4) 酶促反应所需要的活化能低,而且催化效率非常高。例如,H_2O_2 分解为 H_2O 和 O_2 所需的活化能是 75.3 kJ/mol;用胶态铂作催化剂,活化能降为 49 kJ/mol;用过氧化氢酶催化时的活化能仅为约 8 kJ/mol,并且 H_2O_2 分解的效率可提高 10^9 倍。

酶从化学组成来看,可分成单纯酶和结合酶两大类。单纯酶的分子组成全为蛋白质,不含非蛋白质的小分子物质,如脲酶、蛋白酶、淀粉酶、脂肪酶、核糖核酸酶等都属于单纯酶。结合酶的分子组成除蛋白质外还含有对热稳定的非蛋白质的小分子物质,这种非蛋白质部分称为辅助因子。酶蛋白与辅助因子结合后所形成的复合物或配合物称为全酶。辅助因子是这类酶起催化作用的必要条件,缺少了它们酶的催化作用即消失,酶蛋白、辅助因子各自单独存在时都无催化作用。酶的辅助因子可以是金属离子[如 Cu(Ⅱ),Zn(Ⅱ),Fe(Ⅲ),Mg(Ⅱ),Mn(Ⅱ)等]的配合物(如血红素、叶绿素等),也可以是复杂的有机化合物。

人体对食物的消化、吸收,通过食物获取能量,以及生物体内复杂的代谢过程都包含许多生化反应,必须有各种不同的酶参与作用。这些专一性的酶组成一系列酶的催化体系,维持生物体内各种代谢过程有规律地进行。

17.5 核　　酸

核酸是储存、复制及表达遗传信息的生物高分子化合物,任何有机体包括病毒、细菌、植物和动物,都无一例外地含有核酸。核酸可分为核糖核酸(RNA)和脱氧核糖核酸(DNA)两类。RNA 主要存在于细胞质中,控制生物体内蛋白质的合成;DNA 主要存在于细胞核中,决定生物体的繁殖、遗传及变异。"种瓜得瓜,种豆得豆"是劳动人民对核酸中的遗传信息子孙相传的最早认识。核酸化学是分子生物学和分子遗传学的基础。现在已知某些核酸也有酶的作用。

17.5.1 核酸的组成

核酸仅由碳、氢、氧、氮、磷五种元素组成,其中磷的含量变化不大,平均为 9.5%,即每克磷相当于 10.5 g 的核酸,因此,通过测定核酸的含磷量就可计算出核酸的大约含量。

$$m_{\text{粗核酸}} = m_{\text{磷}} \times 10.5$$

核酸在酸、碱或酶的作用下可以逐步水解。核酸完全水解后得到磷酸、戊糖、含氮碱三类化合物。

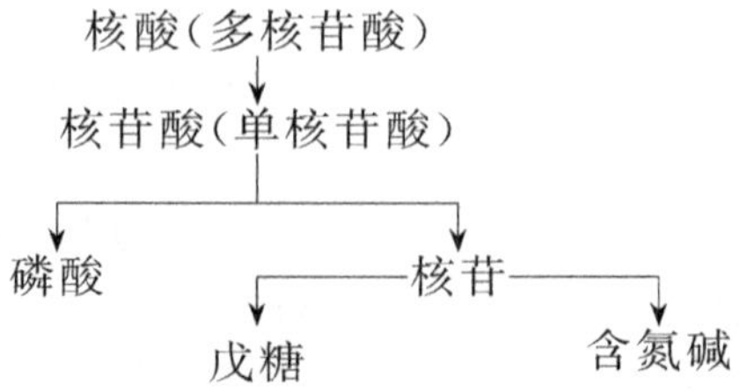

核酸中的戊糖分为 D-核糖(D-ribose)和 D-2-脱氧核糖(D-2-deoxyribose)两类。核酸的

分类通常是根据戊糖种类不同进行的。核酸中的碱基可分为嘌呤碱及嘧啶碱两类，两种核酸在碱基组成上也有差异。两种核酸均含有磷酸，二者的化学组成比较如表 17-8 所示。

表 17-8　RNA 与 DNA 在化学组成上的异同

类　别		RNA	DNA
戊　糖		β-D-核糖	β-D-2-脱氧核糖
含氮碱	嘧啶碱	尿嘧啶　胞嘧啶	胸腺嘧啶　胞嘧啶
	嘌呤碱	腺嘌呤　鸟嘌呤	腺嘌呤　鸟嘌呤
磷　酸		H_3PO_4	H_3PO_4

17.5.2　(单)核苷酸

核酸是由单核苷酸连接而成的高分子化合物，而单核苷酸又是由核苷和磷酸结合而成的磷酸酯。

1. 核苷

核苷是由 D-核糖或 D-2-脱氧核糖 1 位碳上的 β-羟基与嘧啶碱的 1 位氮上或嘌呤碱 9 位氮上的氢原子脱水而成的氮糖苷。两种核苷的结构以腺苷及脱氧胞苷为例表示如下，其他核苷只需用相应碱基进行置换即得。

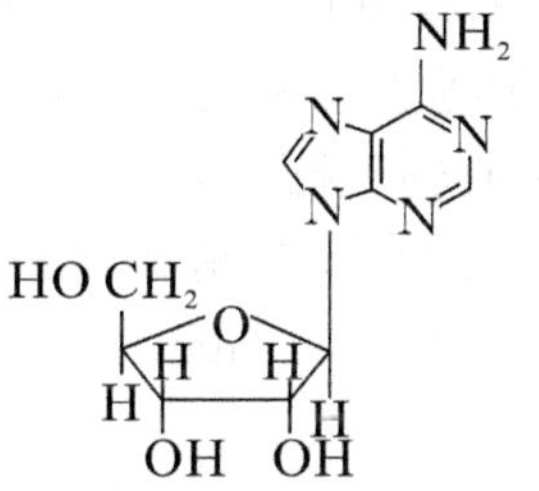

腺嘌呤核苷（腺苷）

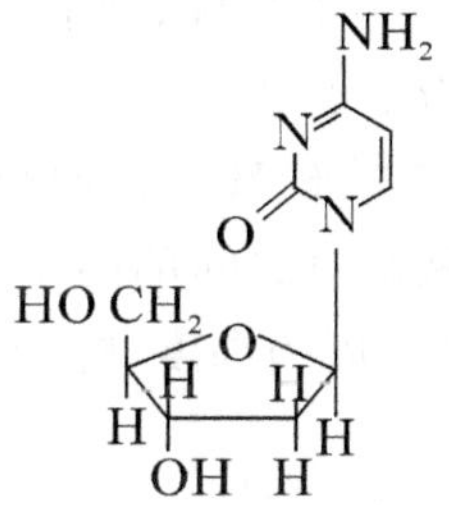

胞嘧啶脱氧核苷（脱氧胞苷）

为了区别碱基和糖中原子的位置，戊糖中碳原子编号用带撇的数码表示，其名称与缩写如表 17-9 所示。

表 17-9　核苷的名称及缩写

RNA 中的核糖核苷		DNA 中的脱氧核糖核苷	
名　称	缩　写	名　称	缩　写
腺嘌呤核苷	A(腺苷)	腺嘌呤脱氧核苷	dA(脱氧腺苷)
鸟嘌呤核苷	G(鸟苷)	鸟嘌呤脱氧核苷	dG(脱氧鸟苷)
胞嘧啶核苷	C(胞苷)	胞嘧啶脱氧核苷	dC(脱氧胞苷)
尿嘧啶核苷	U(尿苷)	胸腺嘧啶脱氧核苷	dT(脱氧胸苷)

2. (单)核苷酸

(单)核苷酸是核苷中戊糖上的 $C_{5'}$ 或 $C_{3'}$ 位上的羟基与磷酸缩合而成的酯。例如：

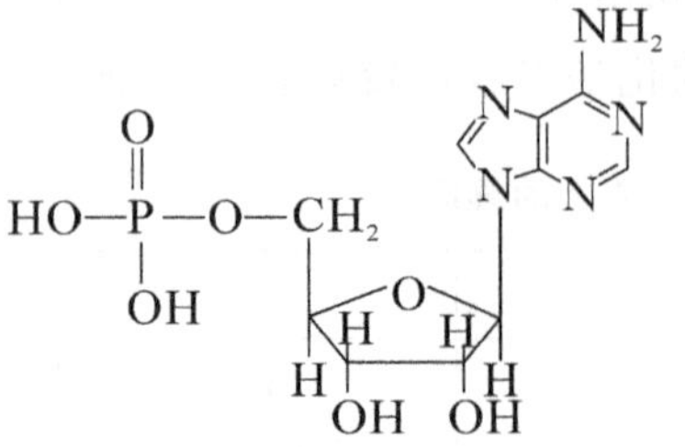

5′-腺苷酸(腺苷-5′-磷酸)

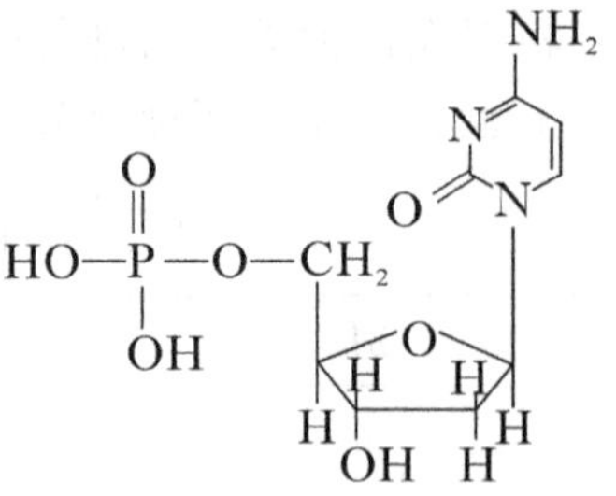

5′-脱氧胞苷酸(脱氧胞苷-5′-磷酸)

17.5.3 核酸的结构

1. 核酸的一级结构

核酸的一级结构是指组成核酸的各种单核苷酸按照一定比例和顺序通过磷酸二酯键连接而成的核苷酸长链。

2. DNA 的双螺旋结构

1953 年沃森(Waston)和克里克(Crick)通过对 DNA 分子的 X 衍射的研究和碱基性质的分析,提出了 DNA 的二级结构为双螺旋结构,被认为是 20 世纪自然科学的重大突破之一。DNA 双螺旋结构(图 17-8)的要点包括以下几方面。

(1) DNA 分子由两条走向相反的多核苷酸链组成,绕同一中心轴相互平行盘旋成双螺旋体结构。两条链均为右手螺旋,即 DNA 主链走向为右手双螺旋体。

(2) 碱基的环为平面结构,处于螺旋内侧,并与中心轴垂直。磷酸与 2-脱氧核糖处于螺旋外侧,彼此通过 3′-或 5′-磷酸二酯键相连。糖环平面与中心轴平行。

(3) 两个相邻碱基对之间的距离(碱基堆积距离)为 0.34 nm。螺旋每旋一圈包含 10 个单核苷酸,即每旋转一周的高度(螺距)为 3.4 nm。螺旋直径为 2.0 nm。

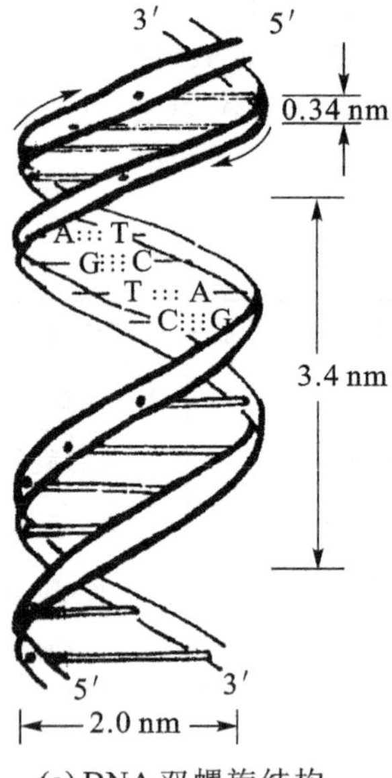

(a) DNA 双螺旋结构

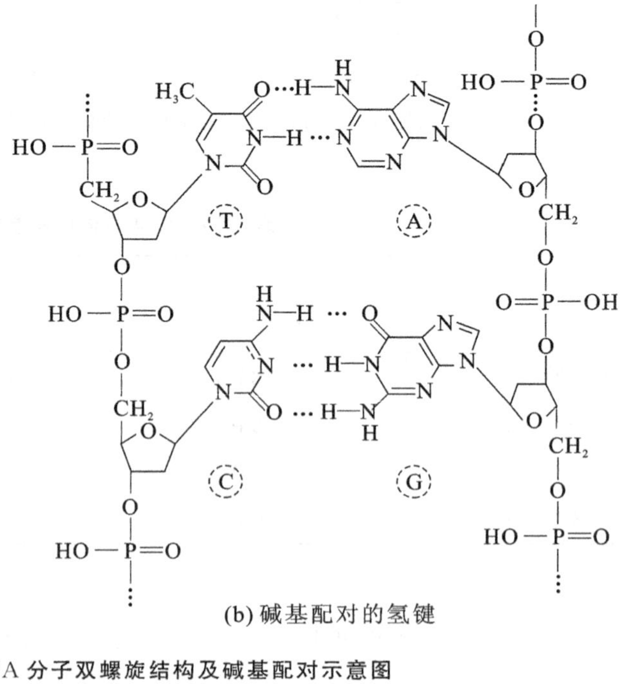

(b) 碱基配对的氢键

图 17-8 DNA 分子双螺旋结构及碱基配对示意图

(4) 两条核苷酸链之间的碱基以特定的方式配对并形成氢键连接在一起。配对的碱基处于同一平面上，与上下的碱基平面堆积在一起。成对碱基之间的纵向作用力称为碱基堆积力，是使两条核苷酸链结合并维持双螺旋空间结构的重要作用力。

DNA 两条链之间碱基配对的规则是一条链上的嘌呤碱基与另一条链上的嘧啶碱基配对。一方面，螺旋圈的直径恰好能容纳一个嘌呤碱和一个嘧啶碱配对。若两个嘌呤碱互相配对，则体积太大无法容纳；若两个嘧啶碱互相配对，则由于两链之间距离太远，不能形成氢键。另一方面，以 A—T、G—C 配对可形成五个氢键，而以 A—C、G—T 配对只能形成四个氢键。氢键的数目越多越有利于双螺旋结构的稳定，因此在 DNA 双螺旋结构中只有 A 与 T 之间或 G 与 C 之间才能配对。在 DNA 双螺旋结构中，这种 A—T 或 C—G 配对并以氢键相连接的规律称为碱基配对规则或碱基互补规则。

由于碱基配对的互补性，一条螺旋的单核苷酸的次序（碱基次序）取决于另一条链的单核苷酸的碱基次序，这决定了 DNA 复制的特殊规律及其在遗传学中具有重要意义。

思考题 17-6　DNA 和 RNA 在结构上有什么区别？

习　题

1. 写出下列物质的结构式，并用 R、S 法标记氨基酸的构型。

   (1) L-丙氨酸　(2) L-半胱氨酸　(3) L-丝氨酸　(4) L-赖氨酸

2. 丙氨酸、谷氨酸、精氨酸混合液的 pH 值为 6.02，将此混合液置于电场中，试判断它们各自向电极移动的情况。

3. 酸性氨基酸的水溶液 pH＜7，那么中性氨基酸的水溶液 pH＝7 吗？为什么？某氨基酸能完全溶于 pH＝7 的纯水中，而所得氨基酸溶液的 pH＝6，试问该氨基酸的等电点在什么范围内？是大于 6，还是等于 6？

4. 甘氨酸在 pH 为 3、5.97 和 9 的水溶液中分别主要以何种形式存在？在电场中向哪一极移动？

5. 如果一条 DNA 双螺旋多核苷酸链某一片段中碱基的次序为 C—G—C—A—T，写出另一条对应的多核苷酸的碱基次序。

第 18 章　类脂化合物

油脂和类脂化合物统称为脂类化合物，它们作为能量的储存形式及生物膜的主要成分广泛存在于生物体中。在生物体内，脂类化合物不仅是重要的组成物质，而且具有重要的生理功能，是维持生物体生命活动不可缺少的物质。油脂通常是指牛油、猪油、菜油、花生油、茶油等动植物油，它们大都不溶于水而易溶于非极性或弱极性的有机溶剂中。类脂化合物通常是指磷脂、蜡和甾体化合物等，虽然它们在化学组成和结构上有较大差别，但由于这些物质在物态及物理性质方面与油脂类似，因此称为类脂化合物。

18.1　油脂、磷脂和蜡

18.1.1　油脂

1. 油脂的存在和生理作用

油脂是动植物体内重要的储存物质之一，普遍存在于高等动物的脂肪组织及植物的根、茎、叶、花、果实和种子之中。在室温下呈液态的称为油，如菜油、豆油等；在室温下呈半固态或固态的称为脂肪，如猪油、牛油等。

植物油脂大部分存在于果实的种子中，根、茎、叶中含量较少。部分油料作物的种子含油量如表 18-1 所示。

表 18-1　几种主要油料作物种子的含油量

作物名称	含油量/(%)	作物名称	含油量/(%)
大豆	12～25	棉籽	50～61
花生	40～61	油茶	30～35
油菜	33～47	油桐	40～69
芝麻	50～61	椰子	65～70

在人和动物体内，油脂主要存在于皮下组织和网膜组织中。人体内的油脂一般不超过 20%。

油脂在生物体中有重要的生理功能。对高等动物和人而言，油脂是三大营养物质之一，是生物体进行生命活动所需能量的主要来源。人体摄取油脂后转化成储存脂肪和内脏的组织脂肪。在动物体内，1 g 油脂在生物氧化的过程中可产生 38.9 kJ 的热量，比糖类(17.6 kJ)和蛋白质(16.7 kJ)高得多。油脂可以为高等动物提供正常生长发育所需要的脂肪酸，特别是自身不能合成的必需脂肪酸(如亚油酸、亚麻酸)。油脂又是油溶性维生素(如维生素 A、D、E、K)的吸收媒介，机体摄取油脂的同时摄取到一定量的脂溶性维生素(如鱼肝油含有丰富的维生素 A、D)，这对调节和促进脂溶性维生素的吸收具有重要的作用。此外，油脂在机体内还可构成柔软组织，有保护身体避免遭受外部撞击和内部摩擦的作用。油脂还可防止体内的热量过分外散，保持体温，调节体内水分的蒸发。储存在植物种子和果实中的油脂在种子发芽时可转化为营养物质供芽生长。

2. 油脂的组成和结构

从化学结构来看，油脂是酯类化合物，是高级脂肪酸与甘油所形成的高级脂肪酸甘油三酯。

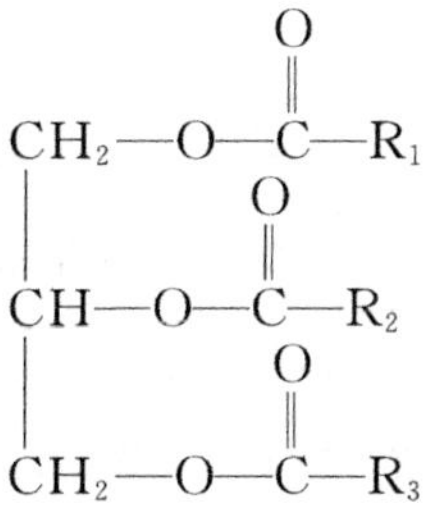

组成油脂的高级脂肪酸的种类很多，绝大多数都是含偶数碳原子的直链羧酸，这些高级脂肪酸有饱和的也有不饱和的。组成油脂的脂肪酸常使用俗名。油脂中常见的高级脂肪酸如表 18-2 所示。

表 18-2　油脂中常见的高级脂肪酸

俗　名	系 统 命 名	结　构　式
月桂酸 (lauric acid)	十二酸	$CH_3(CH_2)_{10}COOH$
肉豆蔻酸 (myristic acid)	十四酸	$CH_3(CH_2)_{12}COOH$
软脂酸 (palmitic acid)	十六酸	$CH_3(CH_2)_{14}COOH$
硬脂酸 (stearic acid)	十八酸	$CH_3(CH_2)_{16}COOH$
花生酸 (arachidic acid)	二十酸	$CH_3(CH_2)_{18}COOH$
油酸 (oleic acid)	(9*Z*)-十八碳-9-烯酸	$CH_3(CH_2)_7CH{=}CH(CH_2)_7COOH$
亚油酸 (linoleic acid)	(9*Z*,12*Z*)-十八碳-9,12-二烯酸	$CH_3(CH_2)_4CH{=}CHCH_2CH{=}CH(CH_2)_7COOH$
亚麻酸 (linolenic acid)	(9*Z*,12*Z*,15*Z*)-十八碳-9,12,15-三烯酸	$CH_3(CH_2CH{=}CH)_3(CH_2)_7COOH$
桐油酸 (eleostearic acid)	(9*Z*,11*E*,13*E*)-十八碳-9,11,13-三烯酸	$CH_3(CH_2)_3(CH{=}CH)_3(CH_2)_7COOH$
蓖麻油酸 (ricinoleic acid)	(9*Z*)-12-羟基十八碳-9-烯酸	$CH_3(CH_2)_5CH(OH)CH_2CH{=}CH(CH_2)_7COOH$
花生四烯酸 (arachidonic acid)	(5*Z*,8*Z*,11*Z*,14*Z*)-二十碳-5,8,11,14-四烯酸	$CH_3(CH_2)_4(CH{=}CHCH_2)_4(CH_2)_2COOH$
芥酸 (erucic acid)	(13*Z*)-二十二碳-13-烯酸	$CH_3(CH_2)_7CH{=}CH(CH_2)_{11}COOH$

组成油脂的饱和脂肪酸中分布最广的是软脂酸、月桂酸、肉豆蔻酸和硬脂酸，其中软脂酸几乎在所有的油脂中都存在，月桂酸在椰子油中含量可高达 50%，硬脂酸在动物脂肪中含量较高，奶油中含有丁酸、己酸等低级脂肪酸，它们在其他油脂中是很少见的。

组成油脂的不饱和脂肪酸以油酸和亚油酸分布最广，含量也最丰富。不饱和脂肪酸的分子中都含有一个或多个碳碳双键，碳碳双键的构型绝大多数是 Z 构型，个别的分子中还带有羟基，例如：

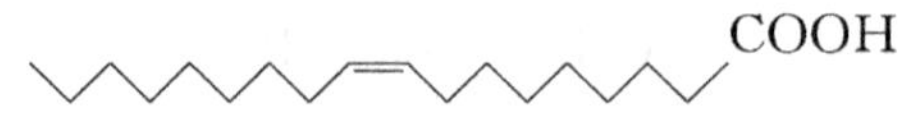

油酸(顺-十八碳-9-烯酸)

亚油酸[(9Z,12Z)-十八碳-9,12-二烯酸]

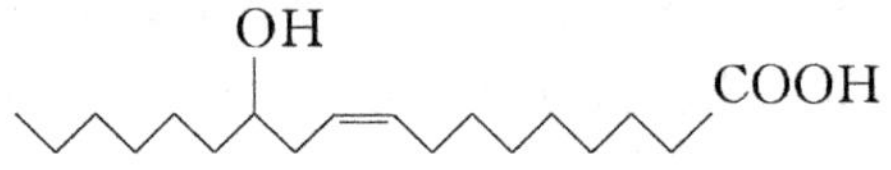

蓖麻酸[(9Z)-12-羟基十八碳-9-烯酸]

组成油脂的三个脂肪酸可以相同也可以不同。如果三个脂肪酸是相同的，则称为简单甘油酯，如：

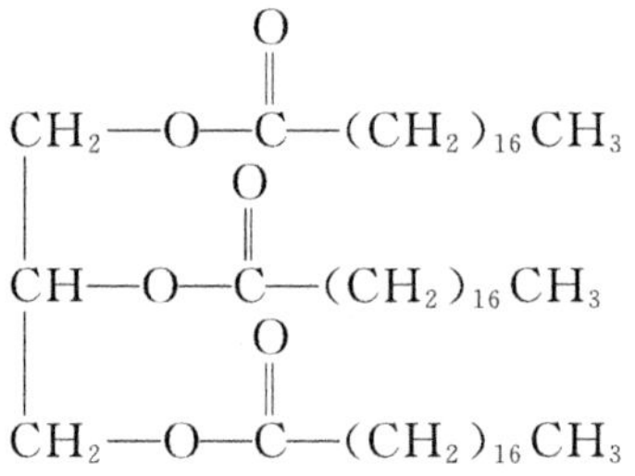

三-O-十八烷酰基甘油

(俗名：三硬脂酸甘油酯)

tri-O-octadecanoylglycerol

如果三个脂肪酸不完全相同，则称为混合甘油酯，如：

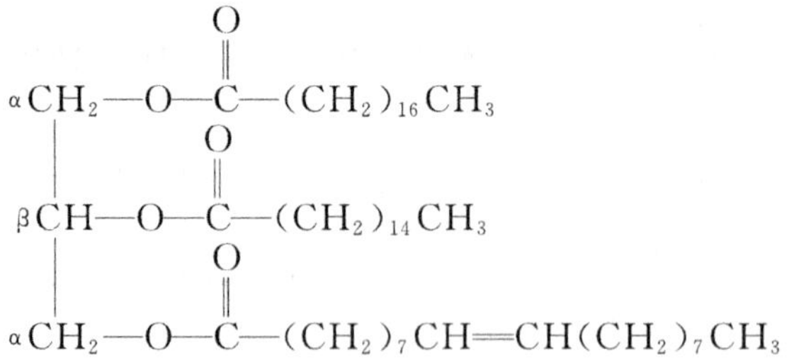

2-O-十六烷酰基-1-O-十八烷酰基-3-O-(9Z)-十八碳-9-烯酰基甘油

(俗名：α-硬脂酸-β-软脂酸-α-油酸甘油酯)

2-O-hexadecanoyl-1-O-octadecanoyl-3-O-(9Z)-octadec-9-enoate

天然油脂中的甘油酯绝大多数是混合甘油酯。天然油脂除主要含高级脂肪酸甘油三酯外，还含有少量的高级脂肪酸、醇、维生素和色素等。

3. 油脂的性质

1）物理性质

纯净的油脂是无色、无味的物质。天然油脂因含有脂溶性色素和其他杂质而有一定的色泽和气味。由于油脂是混合物，所以没有固定的熔点和沸点，但有一定的凝固温度范围，如猪油为 36～46 ℃，花生油则为 0～3 ℃。

不饱和脂肪酸分子的碳碳双键大多为顺式构型，使得整个分子占有较大体积，不能紧密排列，分子间的吸引力较小。因此，从油脂的脂肪酸组成来看，不饱和脂肪酸含量较高的油脂其熔点往往较低，室温下常为液体；而含饱和脂肪酸较多的油脂在室温下往往呈固态或半固态。各种油脂都有比较固定的折光率，可用来鉴定油脂的纯度。

油脂比水轻，植物油脂的相对密度一般为 0.90～0.95，而动物油脂常为 0.86 左右。油脂不溶于水，易溶于乙醚、石油醚、氯仿、丙酮、苯和四氯化碳等有机溶剂。

2）化学性质

由于油脂的主要成分是高级脂肪酸甘油三酯，而且具有不同程度的不饱和性，所以油脂可以发生水解、加成、氧化、聚合等反应。

（1）水解反应。油脂在酸、碱、酶作用下水解成甘油和高级脂肪酸，在酸性条件下的水解反应是可逆的：

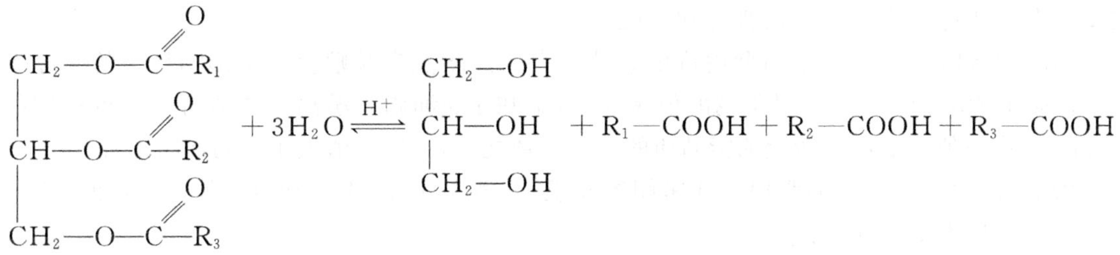

在碱的催化下，由于能使脂肪酸生成盐，所以油脂的水解能进行彻底，反应是不可逆的：

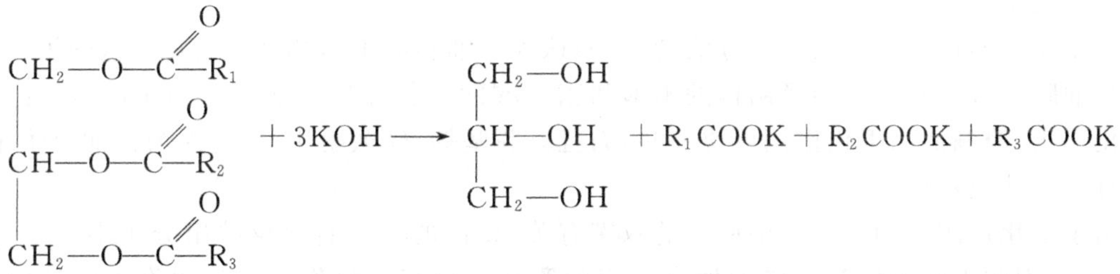

油脂用氢氧化钠或氢氧化钾水解，生成的高级脂肪酸钠盐或钾盐是肥皂的主要成分，因此将油脂在碱性溶液中的水解称为皂化。

1 g 油脂完全皂化所需氢氧化钾的质量（mg）称为皂化值。各种油脂都有一定的皂化值。由皂化值可以检验油脂的纯度，还可以算出油脂的平均相对分子质量。皂化值越大，油脂的平均相对分子质量越小。

$$\text{平均相对分子质量}=\frac{3\times 56\times 1\,000}{\text{皂化值}}$$

（2）加成反应。油脂中的不饱和脂肪酸的双键具有烯烃的性质，与氢及卤素能发生加成反应。如在催化剂（Ni、Pt、Pd）作用下，油脂中的不饱和脂肪酸能加氢生成饱和脂肪酸：

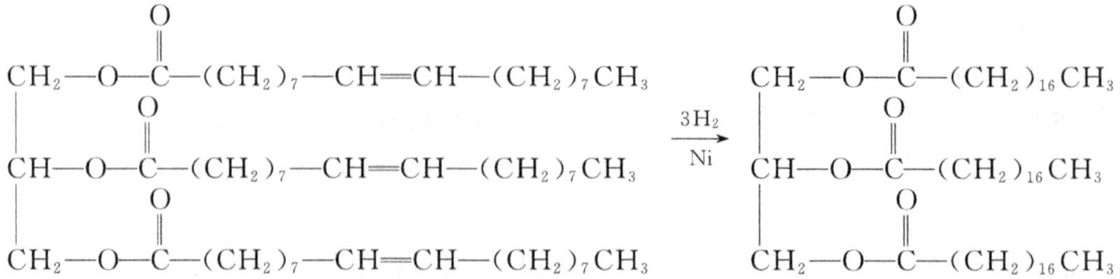

利用这个原理,可将液态的植物油转化为固体脂肪。

不饱和脂肪酸与碘发生加成反应,常用来测定不饱和脂肪酸的不饱和度。100 g 油脂所能吸收的碘的质量(g)称为碘值。碘值越大,表示油脂中不饱和脂肪酸的含量越高。由于碘的加成速率较慢,常采用氯化碘(ICl)或溴化碘(IBr)代替以提高加成速率。反应完毕后根据卤化碘的量换算成碘,即得碘值。

(3) 酸败作用。油脂长期储存,受到光、热、空气中的氧气和微生物的作用,会逐渐产生一种令人不愉快的气味,其酸度也明显增大,这种现象称为油脂的酸败作用。油脂酸败的化学过程比较复杂,引起酸败的原因主要有两点:一是由于油脂组成中的不饱和脂肪酸的碳碳双键被空气中的氧所氧化,生成相对分子质量较低的醛和羧酸等复杂混合物,光和热可加速这一反应的进行;二是由于微生物的作用,温度较高、湿度较大和通风不良的环境利于微生物繁殖,它们分泌的酶使油脂发生水解,产生脂肪酸并发生进一步的反应。油脂酸败所产生的不愉快气味主要来自上述过程中产生的低级醛和羧酸。

油脂的酸败降低了油脂的食用价值。种子中的油脂发生酸败会严重影响种子的发芽率。

油脂中游离脂肪酸的含量常用酸值来表示,中和 1 g 油脂中游离脂肪酸所需氢氧化钾的质量(mg)叫作酸值。酸值是衡量油脂品质的主要参数之一,一般酸值大于 6 的油脂不宜食用。

为了防止酸败,应将油脂保存在密闭容器里,并置于阴凉、干燥和避光处,或者加入少量抗氧化剂如维生素 E、芝麻酚等。

(4) 干化作用。某些油在空气中放置能逐渐形成一层干燥而有韧性的膜,这种现象叫作油脂的干化作用。

干化作用的化学本质还不十分清楚,一般认为与油脂的不饱和度及由氧引起的聚合有关,尤其是油脂中含有共轭多烯烃结构的不饱和脂肪酸的干化作用更显著。如桐油、亚麻油都具有干化作用,但桐油的干化作用更快一些,而且薄膜坚韧、经久耐用,就是因为桐油分子中的桐酸含有三个共轭双键。

由于干化作用与油脂分子中所含的双键有关,碘值的大小直接反映出分子中所含双键数目的多少,因此干化作用与油脂碘值有一定的联系。具有干化作用的油叫作干性油(碘值在 130 以上,如桐油);没有干化作用的油叫作非干性油(碘值在 100 以下,如花生油、猪油);介于二者之间的油叫作半干性油(碘值在 100～130 之间,如棉籽油)。

思考题 18-1　2-油酰-1,3-二硬脂酰甘油水解后将得到什么脂肪酸?什么三酰甘油水解后,能得到与 2-油酰-1,3-二硬脂酰甘油水解后相同的脂肪酸?

18.1.2　蜡

蜡广泛存在于动、植物中,其主要成分是高级脂肪酸与高级饱和一元醇形成的酯。天然蜡还含有少量游离高级脂肪酸、高级醇和烷烃等。组成蜡的脂肪酸和醇都是直链分子,含 16 个以上碳原子,且碳原子为偶数。常见的酸是软脂酸和二十六酸,常见的醇是十六醇、二十六醇和三十醇。

蜡在常温下是固体，难溶于水，易溶于乙醚、苯、氯仿等有机溶剂，比油脂硬而脆；化学性质稳定，不易酸败，不易皂化，在空气中不易氧化变质，不易被微生物侵蚀；在动物体内不能被消化吸收，因而不能像油脂那样作为人和动物的养料。

根据蜡的不同来源可分为植物蜡和动物蜡两类。植物蜡的熔点较动物蜡高。

植物蜡多呈一薄层覆盖在植物的茎、叶、树干和果实的表面，植物的细胞也存在着蜡质。植物表层蜡的主要作用是防止水分入侵、微生物侵蚀及减少植物体内水分蒸发。试验证明，若将果皮表层蜡除去，果实很快就会腐败。

动物蜡覆盖在昆虫的表皮上，具有防止体内水分向外蒸发和外界水分入侵的功能。昆虫表皮的蜡层一旦遭受破坏就会因失水而死亡。

鉴于植物及昆虫的体表都覆盖有一层蜡，因此施用农药时必须加入某些表面活性剂，以利于药物在植物及昆虫体表更好展开并充分发挥药效。

现介绍几种重要的蜡。

棕榈蜡是一种植物蜡，是棕榈科植物叶面上分泌的物质，其主要成分是二十六酸二十六酯（$C_{25}H_{51}COOC_{26}H_{53}$）和二十六酸三十酯（$C_{25}H_{51}COOC_{30}H_{61}$），呈黄绿色，熔点为 85～90 ℃。

动物蜡多存在于动物分泌腺中，也存在于体表。我国四川等地特产的虫蜡（又名白蜡）是寄生在女贞树及水蜡树上的白蜡虫的分泌物，主要成分是二十六酸二十六酯。蜂蜡是工蜂腹部的蜡腺分泌物，是建造蜂窝的主要物质，主要成分是十六酸三十酯。鲸蜡是从抹香鲸脑中获得的，主要成分是十六酸十六酯。

在工业上，蜡一般用作上光剂、鞋油、蜡纸、防水剂、绝缘材料、药膏等的基质。

值得注意的是，蜡和石蜡不能混淆。石蜡是从石油中得到的直链烷烃（含有 26～30 个碳原子）混合物。它们的物态、物性相近，但化学成分完全不同。

18.1.3　磷脂

磷脂是指含磷酸的类脂化合物，广泛存在于植物种子以及动物的脑、卵、肝和微生物体中。根据磷脂的组成和结构可将它分为磷酸甘油酯和神经磷酯两类。磷酸甘油酯的种类很多，最重要的有卵磷脂和脑磷脂。

1. 卵磷脂和脑磷脂

卵磷脂是由甘油的两个羟基与高级脂肪酸结合，另一个羟基与磷酸结合，磷酸又通过酯键与胆碱结合而成的。

根据磷酸与甘油羟基的结合位置，卵磷脂可分为 α 型和 β 型。当磷酸与甘油中的伯醇基相结合时，称为 α-卵磷脂；若与甘油中的仲醇基相结合时，称为 β-卵磷脂。卵磷脂分子内含有手性碳原子，又有 D 型和 L 型之分。自然界中存在的卵磷脂是 L-α-卵磷脂。

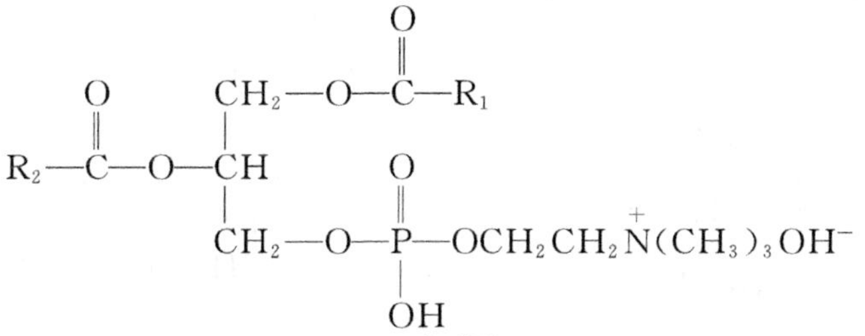

L-α-卵磷脂

L-α-lecithin

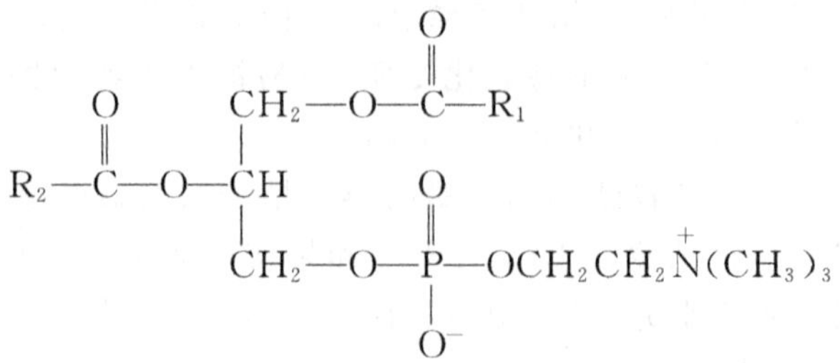

L-α-卵磷脂内盐

L-α-lecithin innersalt

卵磷脂分子中,磷酸部分还有一个可解离的氢,而胆碱为碱性基团,因此可以形成内盐。

卵磷脂在酸、碱或酶催化下可以发生水解,生成一分子甘油、两分子高级脂肪酸、一分子磷酸和一分子胆碱。

卵磷脂存在于动、植物组织器官中,因在卵黄中的含量高达8%～10%而得名。它是吸水性很强的白色蜡状固体,分子内不饱和脂肪酸易被氧化,因此在空气中颜色逐渐变黄,久则变褐。卵磷脂能溶于乙醚和乙醇,但不能溶于丙酮。

脑磷脂结构与卵磷脂类似,主要区别在于脑磷脂的磷酸与胆胺成酯。脑磷脂也有α-异构体和β-异构体,自然界存在的是L-α-脑磷脂。

脑磷脂存在于动、植物体组织和器官中,以动物脑中含量最多,故名脑磷脂。它也是吸水性很强的白色蜡状固体,在空气中易氧化变为棕褐色。脑磷脂能溶于乙醚,但不溶于乙醇和丙酮。脑磷脂在酸、碱或酶作用下完全水解,也能形成内盐。

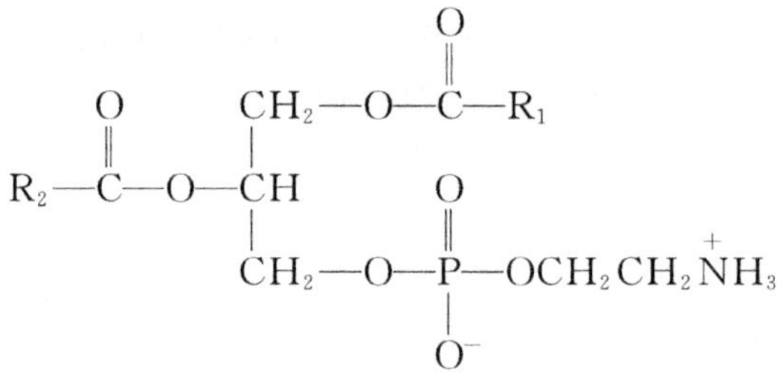

L-α-脑磷脂

L-α-cephalin

2. 神经磷脂

神经磷脂简称鞘磷脂,存在于脑、神经组织和红细胞膜中。它是由磷酸、胆碱、脂肪酸和鞘氨醇组成的。

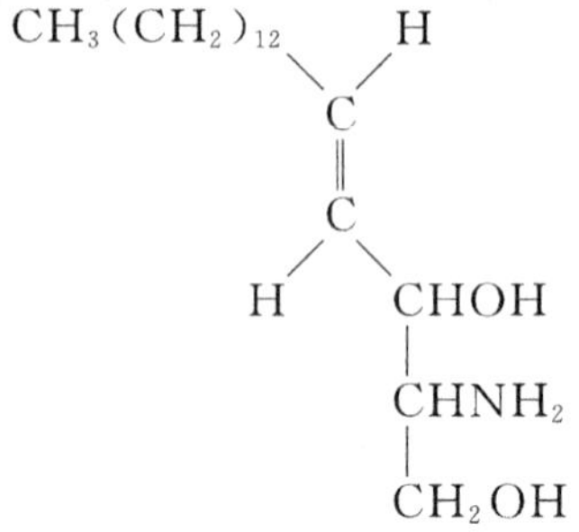

鞘氨醇

sphingosine

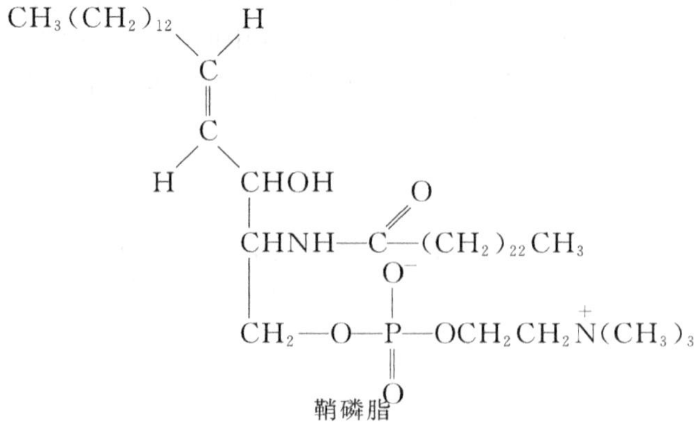

鞘磷脂

sphingomyelin

磷脂分子内同时存在疏水基(脂肪烃基)和亲水基(偶极离子),因此是良好的乳化剂,在细胞膜中起重要的生理作用。磷脂可溶于水及某些有机溶剂,但不溶于丙酮,利用此性质可把它与其他脂分开。

思考题 18-2　油脂、蜡和磷脂在结构上的主要区别是什么?

18.2　萜类化合物

萜类化合物是广泛分布于植物、昆虫及微生物等生物体中的一大类天然有机化合物,如松节油中的蒎烯、香樟中的樟脑、鱼肝油中的维生素 A 等。萜类化合物在生物体内的含量虽然远不及糖和蛋白质,但它们却有重要的生理作用。

18.2.1　异戊二烯规律和萜的分类

对大量萜类分子式及其结构测定表明,这类化合物在组成上的共同点是分子中的碳原子数都是 5 的整数倍,可以看作是由若干个异戊二烯单位以不同的方式相连而成的,这种结构特点称为萜类化合物的异戊二烯规律。

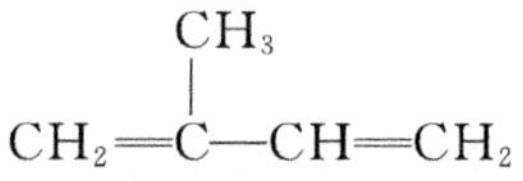

异戊二烯

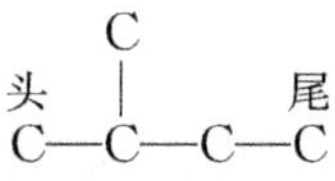

异戊二烯单位

例如,存在于月桂油中的月桂烯,可以看作是由两个异戊二烯单位构成的:

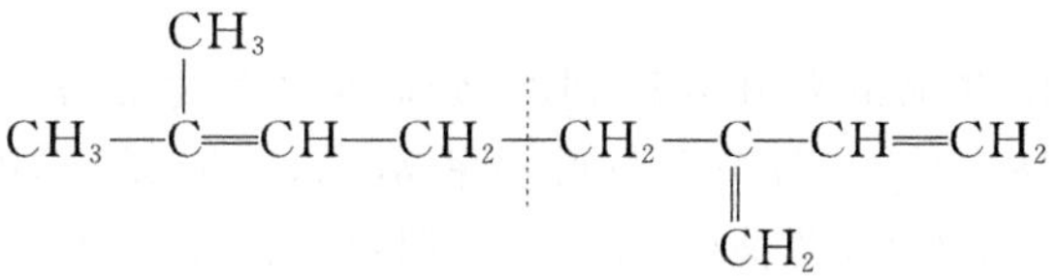

月桂烯
myrcene

根据分子中所含异戊二烯单位的多少可将萜类化合物分类(表 18-3)。

表 18-3　萜的分类

分　类	碳 原 子 数	异戊二烯单位数	代表化合物
单萜	10	2	柠檬烯、樟脑
倍半萜	15	3	昆虫保幼激素
二萜	20	4	维生素 A
三萜	30	6	角鲨烯
四萜	40	8	胡萝卜素

思考题 18-3　下列化合物分别属于几萜类化合物?试用虚线分开其结构中的异戊二烯单元。

(1) 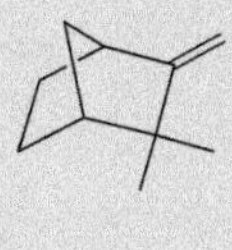

莰烯

(2) 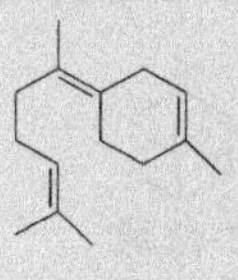

红没药烯

(3) 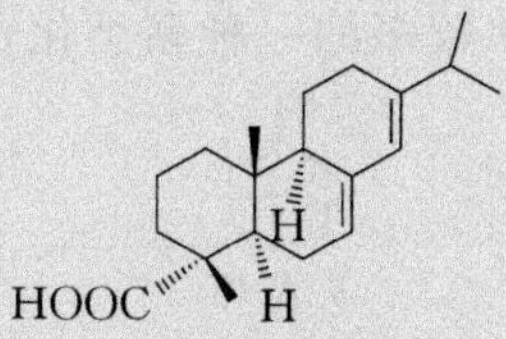

松香酸

18.2.2　萜类化合物简介

萜类化合物通常结构复杂,命名时多用俗名,结构一般写简式。

1. 单萜

1) 开链单萜

开链单萜是由两个异戊二烯单位构成的链状化合物。重要的开链单萜如香叶醇和橙花醇,它们互为几何异构体,在自然界共存于多种香精油中。香叶醇具有显著的玫瑰香气,在香茅油中含量达60%以上,在玫瑰油中约含50%。橙花醇香气比较温和,在香料制造中更有价值。这两个醇氧化后分别生成香叶醛和橙花醛,它们的混合物叫柠檬醛,存在于柠檬油、橘子油中,在工业上是制造香料和合成维生素 A 的重要原料。

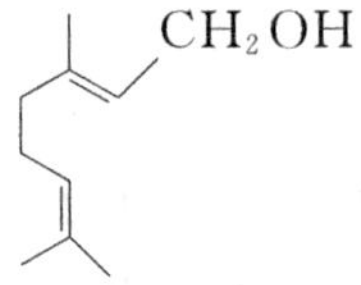

香叶醇
geraniol

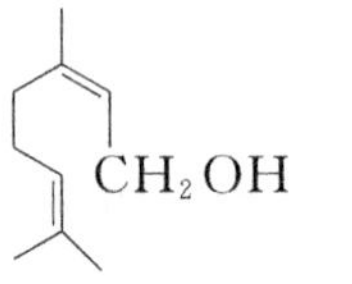

橙花醇
nerol

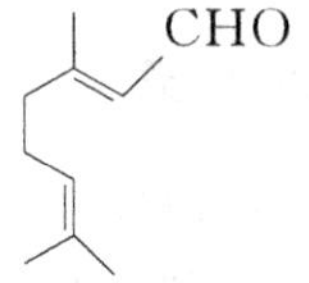

香叶醛(*E*-柠檬醛)
geranial(*E*-citral)

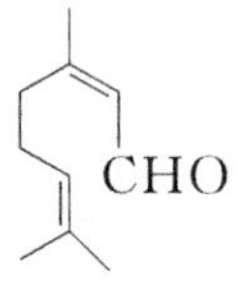

橙花醛(*Z*-柠檬醛)
neral(*Z*-citral)

2) 单环单萜

单环单萜是由两个异戊二烯单位构成的具有一个六元环的化合物。柠檬烯和薄荷醇是自然界中存在的最重要的单环单萜。

柠檬烯广泛存在于松节油、柠檬油、橘皮油等多种香精油中,在工业上用于配制香料及用作溶剂和合成橡胶的原料。

薄荷醇俗称薄荷脑,是由薄荷的茎和叶得到的薄荷油的主要成分。它在薄荷油中的含量因薄荷的产地而异,最高可达90%。薄荷醇气味芳香清凉,又有杀菌功效,大量用于化妆品、香烟、牙膏、口香糖等中。在医药上,薄荷醇用作兴奋剂及防治皮肤病和鼻炎等的药物。

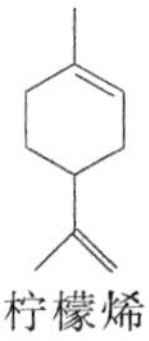
柠檬烯
limonene

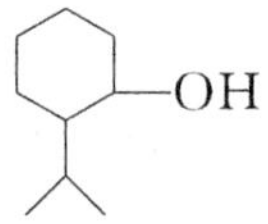

薄荷醇
menthol

3) 双环单萜

双环单萜分子中两个环的连接方式有多种,其中常见的两种分别称为蒎和莰。

蒎
pinane

莰
bornane

蒎族中最重要的是蒎烯,有 α 和 β 两种异构体,都存在于松节油中。α-蒎烯是松节油的主要成分,也是自然界中存在较多的一种萜类化合物。α-蒎烯是合成冰片和樟脑的原料。

α-蒎烯
α-pinene

β-蒎烯
β-pinene

莰族中最重要的是樟脑(2-莰酮)和龙脑(2-莰醇、冰片)。

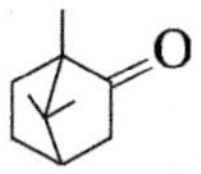

樟脑

camphor

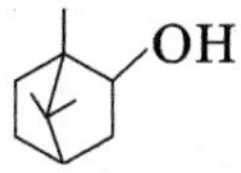

龙脑

borneol

樟脑是我国特产,在自然界中主要存在于樟树的干、枝和叶中。它有特异的芳香味和清凉感,并有强心效能,是医药和化妆品工业的重要原料。

龙脑存在于多种植物油中,有清凉气味,并具有发汗、镇疼等作用,是人丹、冰硼散、牙疼药水等药物的主要成分。

2. 倍半萜

倍半萜是由三个异戊二烯单位构成的,如金合欢醇和昆虫保幼激素等。

金合欢醇原是从玫瑰花油中分离出来的芳香精油,1961 年从黄粉蛱的粪便里也分离得到了它,并发现它有昆虫保幼激素活性。

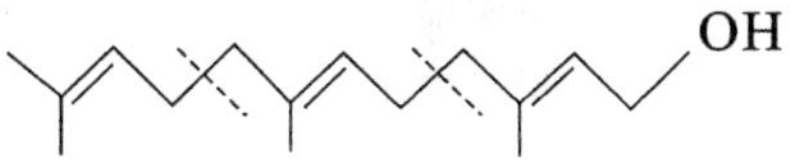

金合欢醇

farnesol

20 世纪 60 年代从天蚕中分离出昆虫保幼激素(juvenile hormone,简称 JH),并证实其结构如下:

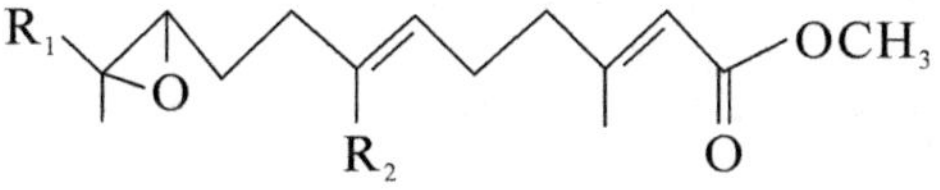

(JH_1:R_1、R_2 为—CH_2CH_3;JH_2:R_1 为—CH_2CH_3,R_2 为 CH_3;JH_3:R_1、R_2 为—CH_3)

JH_3的碳骨架就是倍半萜,JH_1和 JH_2可以看作是倍半萜的衍生物。昆虫保幼激素具有保持昆虫幼年时期特征的生理活性,如过量可使昆虫不能正常发育,导致其不育或死亡。昆虫保幼激素是有效的杀虫剂,现已合成了不少昆虫保幼激素类似物,活性比天然的要高。

3. 二萜

二萜是由四个异戊二烯单位构成的,如维生素 A、叶绿醇等。

维生素 A 存在于动物的肝、奶油、蛋黄和鱼肝油中。它可以分为两种:维生素 A_1和维生素 A_2。其结构式如下:

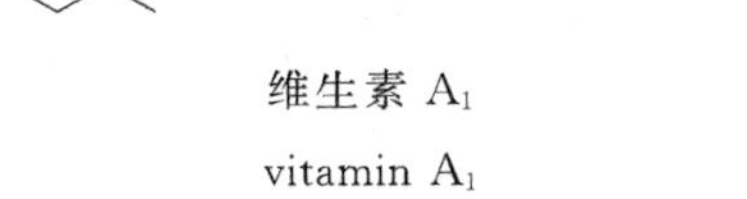

维生素 A_1

vitamin A_1

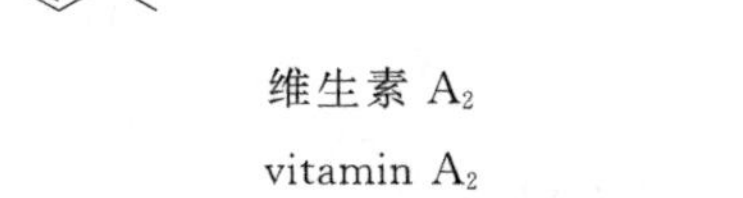

维生素 A_2

vitamin A_2

维生素 A_1 可被氧化剂或酶氧化成视黄醛。视黄醛在视觉过程中起重要作用,在体内经代谢而被消耗,需要时能及时氧化维生素 A_1得到补充。当体内缺乏维生素 A_1时,会导致眼膜和眼角膜硬化症和夜盲症。

叶绿醇(植醇)是叶绿素分子的组成部分,在工业上是合成维生素 E 和维生素 K_1 的原料。其结构式如下:

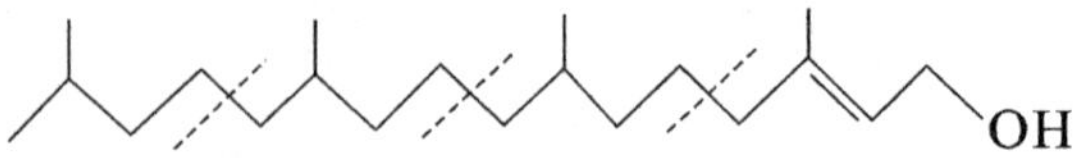

叶绿醇
phytol

4. 三萜

角鲨烯是一种链状三萜类化合物,存在于鲨鱼肝油中,现已能人工合成出与天然角鲨烯完全相同的物质。角鲨烯为具有香味的油状物,是胆甾醇生物合成的中间体,在工业上用于合成药物、表面活性剂、有机色素等。

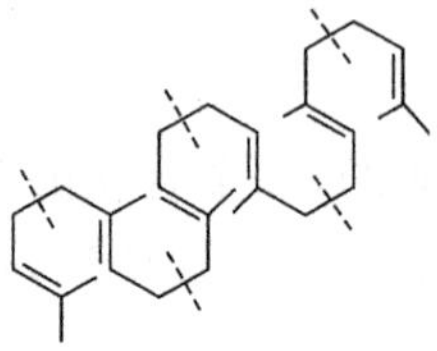

角鲨烯
squalene

5. 四萜

胡萝卜素是由八个异戊二烯单位构成的四萜类化合物,广泛存在于植物的叶、茎和果实中,最早是从胡萝卜中分离得到的。胡萝卜素有 α、β、γ 三种异构体,其中最主要的是 β-胡萝卜素,它在动物体内转化成维生素 A,所以能治疗夜盲症。

胡萝卜中有 85% 的 β-胡萝卜素,其结构式为:

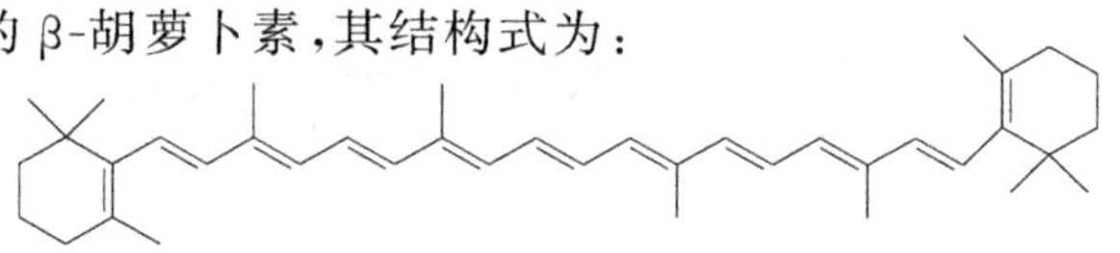

β-胡萝卜素
β-carotene

思考题 18-4 下列化合物均存在于天然植物中,可从天然精油中分离得到,很多亦可人工合成,是重要的萜类香料,可用来配制香精。它们均有俗名,试用系统命名法命名之,并分别指出它们属于几萜类化合物。

(1) 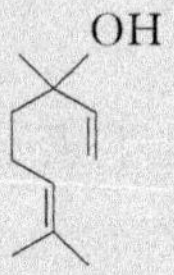

芳樟醇

(2) 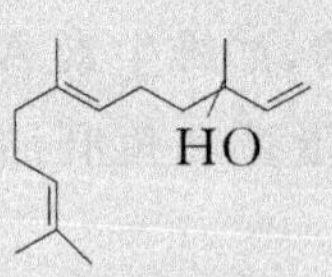

橙花叔醇

(3) 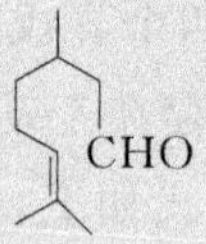

香茅醛

(4) 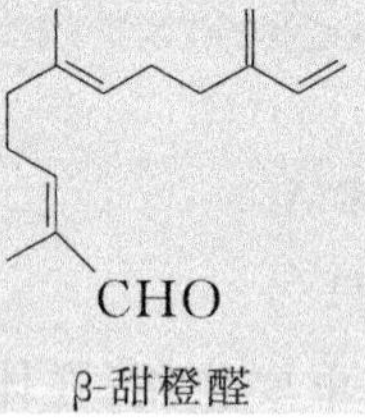

β-甜橙醛

(5) 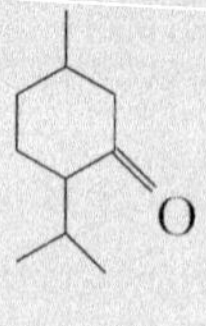

薄荷酮

(6) 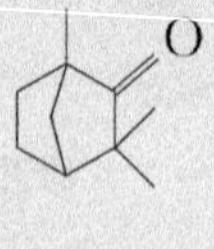

d-葑酮

18.3　甾体化合物

18.3.1　甾体化合物的结构

甾体化合物又称为类固醇，广泛存在于动、植物体内，并在动、植物的生命活动中起着调节作用，是一类重要的天然类脂化合物。从化学结构上看，甾体化合物分子中都含有氢化程度不同的环戊烷并多氢菲结构，该结构是甾体化合物的母核，四个环常用 A、B、C、D 分别表示，环上的碳原子按如下顺序编号：

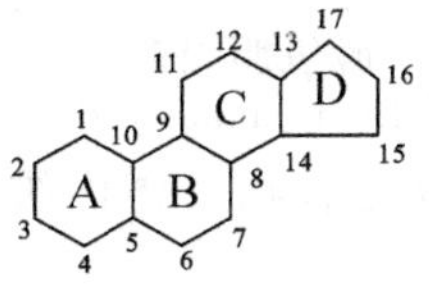

环戊烷并多氢菲(甾环)

甾体化合物除了都具有环戊烷并多氢菲母核外，几乎所有此类化合物在 C_{10} 和 C_{13} 处都有一个甲基，称为角甲基，另外在 C_{17} 上还有一些不同的取代基。

甾体化合物都含有四个环，它们两两之间都可以在顺位或反位相稠合。自然界中的甾体化合物，其 B 环与 C 环都是反式稠合的，C 环与 D 环也是反式稠合的，A 环和 B 环可以是顺式或反式稠合。若 A、B 环反式稠合则称作异系，顺式稠合则称作正系。

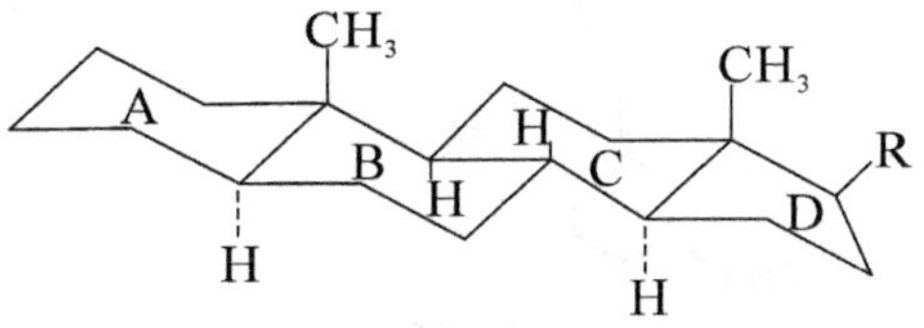

A、B反式（异系）

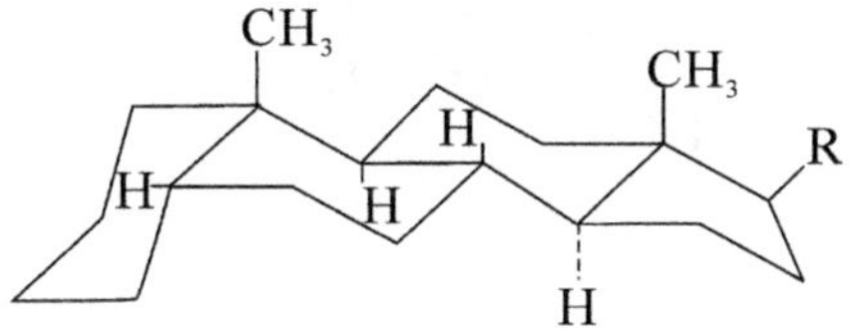

A、B顺式（正系）

如果用平面结构式表示时，以 A、B 环之间的角甲基作为标准，把它安排在环平面的前面，并用楔形线与环相连。凡是与这个甲基在环平面同一边的都用楔形线与环相连，不在同一边的取代基则用虚线与环相连，例如：

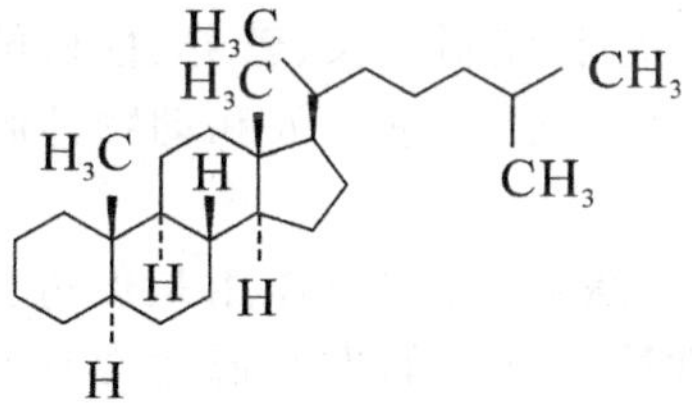

胆甾烷（异系）
cholestane

18.3.2　重要的甾体化合物

1. 胆甾醇

胆甾醇是脊椎动物细胞的重要组成部分，在脑和神经组织中特别多。人体内发现的胆石几乎全都由胆甾醇构成，故俗称胆固醇。

胆甾醇是无色蜡状固体，不溶于水，易溶于有机溶剂。其结构中含有双键，能与氢和碘加成。在氯仿溶液中胆甾醇与乙酸酐和硫酸作用生成蓝绿色，颜色深浅与胆甾醇的浓度成正比，因此可用比色法来测定胆甾醇的含量。所有其他不饱和甾醇都有此反应。在人体中,胆固醇代谢障碍会导致血液中的胆固醇增加,这是引起动脉硬化的原因之一。

胆甾醇在酶催化下氧化成7-脱氢胆甾醇,它的B环中有共轭双键。7-脱氢胆甾醇存在于皮肤组织中,在日光照射下发生化学反应,转化为维生素 D_3。

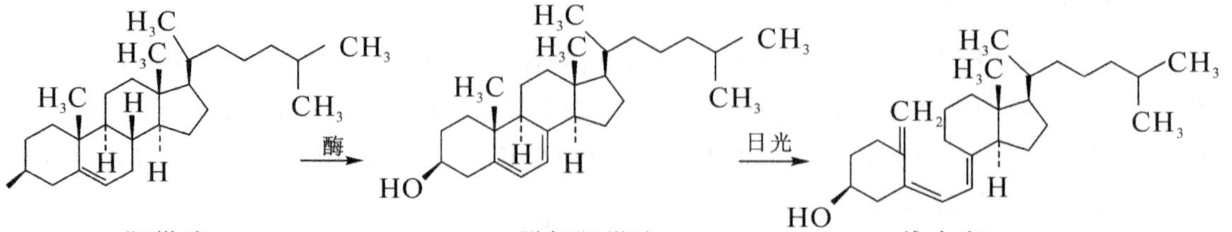

胆甾醇 cholesterol　　7-脱氢胆甾醇 7-dehydrocholesterol　　维生素 D_3 vitamin D_3

维生素 D_3 是小肠吸收 Ca^{2+} 的关键化合物。体内维生素 D_3 的浓度太低会引起 Ca^{2+} 缺乏,不足以维持骨骼的正常生长而导致软骨病。

2. 麦角甾醇

麦角甾醇存在于酵母、麦角之中,是一种重要的植物甾醇。在紫外线照射下,麦角甾醇经过一系列中间产物最后生成维生素 D_2。

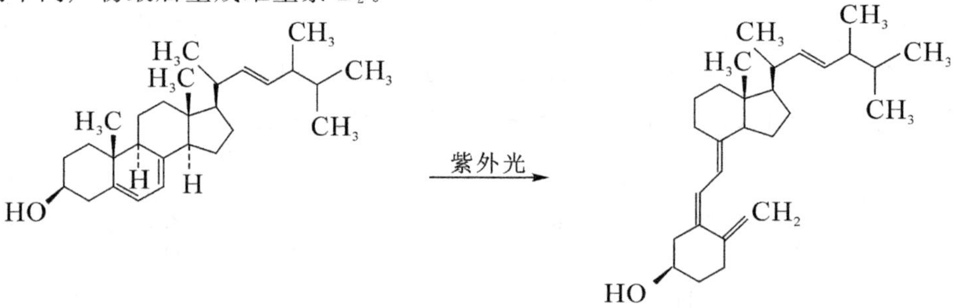

麦角甾醇 ergosterol　　维生素 D_2 vitamin D_2

维生素 D_2 同维生素 D_3 一样,也能抗软骨病,因此,可将麦角甾醇用紫外线照射后加入牛奶或其他食品中,以保证儿童能摄取到足够的维生素D。

3. 甾体激素

激素是动物体内分泌的物质,它能控制生长、营养、性机能,其中具有甾体结构的激素称为甾体激素。性激素是重要的甾体激素之一,它是人和动物性腺的分泌物,分为雄性激素和雌性激素两种。

睾丸酮是睾丸分泌的一种雄性激素,其主要作用是促进男性器官的形成及副性器官的发育。雌二醇为卵巢分泌物,对雌性第二性征的发育起主要作用。孕甾酮是卵巢排卵后形成的黄体分泌物,故称黄体酮,它的生理作用是抑制排卵,并使受精卵在子宫里发育,促进乳腺发育,医药上常被用于防止流产等。

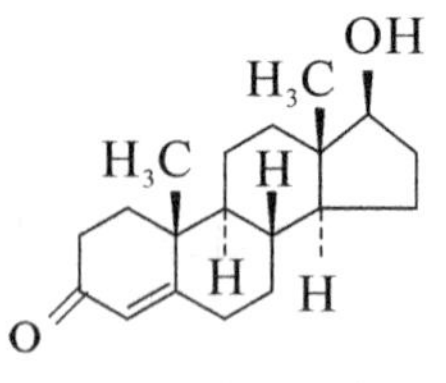

睾丸酮 testosterone

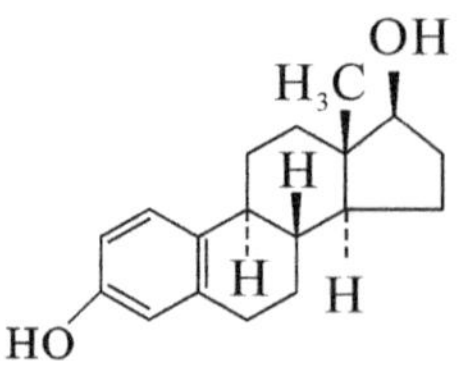

雌二醇 estradiol

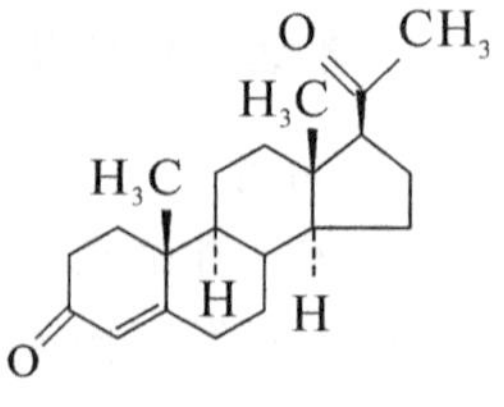

孕甾酮 progesterone

4. 昆虫蜕皮激素

昆虫蜕皮激素是由昆虫的前胸腺分泌出来的一种激素，它可以控制昆虫蜕皮。昆虫的一生要经历多次蜕变和变态，这些蜕变和变态是由蜕皮激素和保幼激素协调控制的，在昆虫生理上十分重要。

昆虫蜕皮激素不但可以从昆虫中得到，从甲壳动物甚至从植物中也得到了数十种具有同样生理活性的物质。人工也合成了许多与昆虫蜕皮激素有类似结构和功能的化合物。例如：

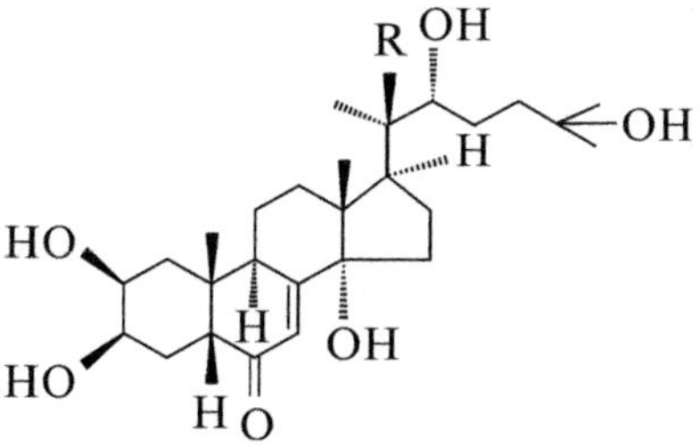

蜕皮激素(ecdysone)：R＝H

蜕皮甾酮(ecdysterone)：R＝OH

蜕皮激素对害虫的防治作用大致可分为两种：一种是通过使用蜕皮激素使昆虫体内激素平衡失调，导致其生理障碍或发育不全而死亡；另一种是蜕皮激素使害虫不能正常发育，以达到控制害虫生长的目的。

在家蚕的饲料中加入适量的蜕皮激素可以促进上簇和结茧整齐，达到增产的目的。

习　　题

1. 写出下列化合物的结构。
   (1) 三乙酸甘油酯　　(2) 硬脂酸
   (3) 亚油酸　　(4) (5*Z*,8*Z*,11*Z*,14*Z*)-二十碳-5,8,11,14-四烯酸
2. 完成下列反应方程式。

(1)
$$\begin{array}{l} CH_2-O-\overset{\overset{O}{\|}}{C}-(CH_2)_7CH=CH(CH_2)_7CH_3 \\ | \\ CH-O-\overset{\overset{O}{\|}}{C}-(CH_2)_{14}CH_3 \\ | \\ CH_2-O-\overset{\overset{O}{\|}}{C}-(CH_2)_{16}CH_3 \end{array} \xrightarrow{3NaOH}$$

(2)
$$\begin{array}{l} CH_2-O-\overset{\overset{O}{\|}}{C}-(CH_2)_7CH=CH(CH_2)_7CH_3 \\ | \\ CH-O-\overset{\overset{O}{\|}}{C}-(CH_2)_{14}CH_3 \\ | \\ CH_2-O-\overset{\overset{O}{\|}}{C}-(CH_2)_{16}CH_3 \end{array} \xrightarrow[Ni]{H_2}$$

(3)
$$\begin{array}{l} CH_2-O-\overset{\overset{O}{\|}}{C}-R_1 \\ | \\ CH-O-\overset{\overset{O}{\|}}{C}-R_2 \\ | \qquad\qquad O^- \\ CH-O-\underset{\underset{O}{\|}}{\overset{|}{P}}-OCH_2CH_2N^+(CH_3)_3 \end{array} \xrightarrow{\text{彻底水解}}$$

3. 用化学方法鉴别下列各组化合物。

(1) 三硬脂酸甘油酯,三油酸甘油酯　(2) 蜡,石蜡

4. 2 g 油脂完全皂化,消耗 0.5 mol/mL KOH 15 mL,试计算该油脂的皂化值。

5. 表面活性剂往往具有怎样的结构特点?为什么能去油污?

6. 某化合物 A 的分子式为 $C_{53}H_{100}O_6$,有旋光性,能水解生成甘油和一分子脂肪酸 B 及两分子脂肪酸 C。B 能使溴的四氯化碳溶液褪色,经氧化剂氧化可得壬酸和壬-1,9-二酸。C 不发生上述反应。试推测 A、B、C 的结构式,并写出有关反应式。

思考题解答

1-1 解答:①是亲电试剂　②是亲核试剂　③两者都是　④是亲电试剂

1-2 解答:具有极性共价键的分子不一定是极性分子。这是因为分子的极性是由分子的偶极矩表示的,而分子的偶极矩是分子中所有共价键偶极矩的矢量和。因此如果分子如具有对称性,即使在分子中具有极性共价键,分子的偶极矩也有可能为零,也就是说分子为非极性分子。例如四氯化碳分子中具有四个碳氯极性键,但分子中具有对称面,因此分子仍为非极性分子。

2-1 解答:

庚烷

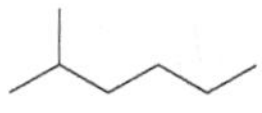
2-甲基己烷

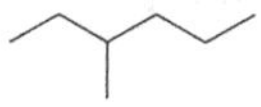
3-甲基己烷

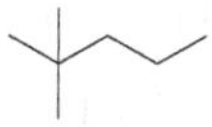
2,2-二甲基戊烷

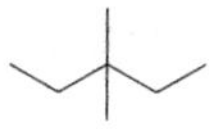
3,3-二甲基戊烷

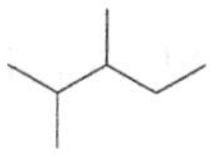
2,3-二甲基戊烷

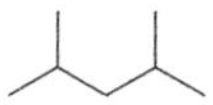
2,4-二甲基戊烷

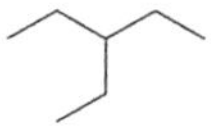
3-乙基戊烷

2,2,3-三甲基丁烷

2-2 解答:烷烃分子中的每个碳原子都是 sp^3 杂化的,各个碳原子上所连的四个原子或原子团不完全相同,其键角稍有变化,但仍接近于 109°28′。以每一个碳原子为中心,都呈四面体构型,同时由于氢原子之间存在排斥力,必须要距离尽量远,所以,烷烃的碳链排列一般为锯齿形。

2-3 解答:

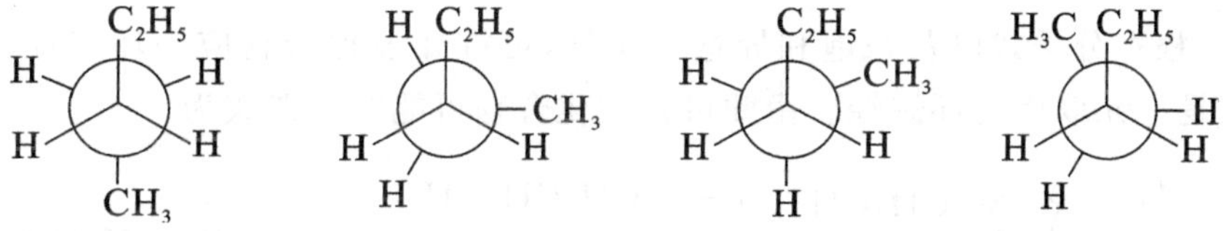

2-4 解答:④>③>②>①

3-1 解答:

(1)

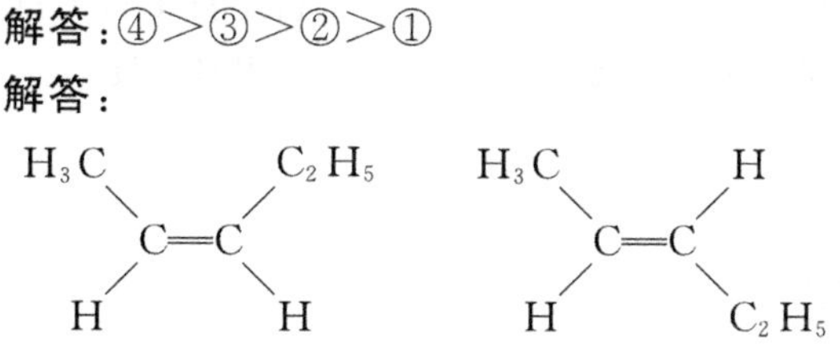

(2)

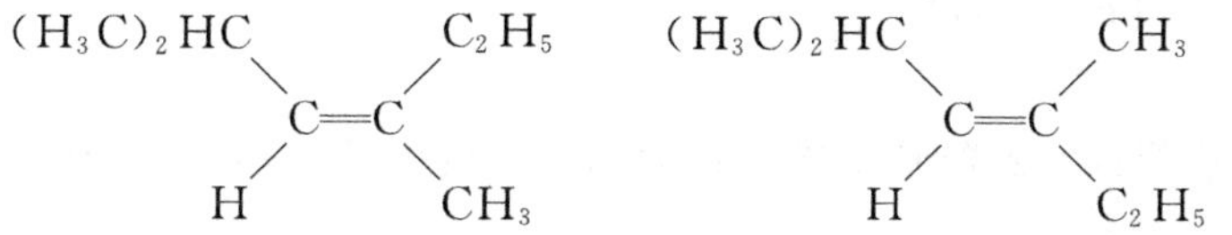

3-2 解答:(1)(*Z*)-3-甲基己-3-烯　(2)(*E*)-2,2,4,7-四甲基辛-3-烯

3-3 解答：a>c>b

3-4 解答： 。异丁烯较快，因为中间体为叔碳正离子。

3-5 解答：(1) 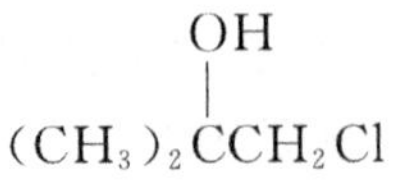 ；(2)$(CH_3)_3COH$；(3)$(CH_3)_2CHCH_2Br$；

(4)$(CH_3)_2CHCH_2OH$；(5) 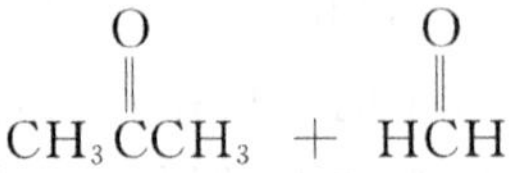

4-1 解答：$HC{\equiv}CCH_2CH_2CH_3$　　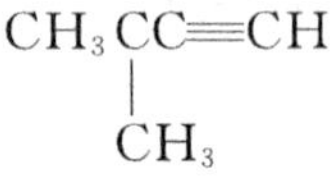　　$CH_3CH_2C{\equiv}CCH_3$

4-2 解答：(1)丁-1-烯-3-炔；(2)4-甲基己-4-烯-1-炔；(3)4-甲亚基庚-2-炔

4-3 解答：(1)$CH_3CH_2CH{=}CH_2$ 或 $CH_3CH_2C{\equiv}CH$ ；(2)$CH_3CH{=}CH(CH_3)_2$

4-4 解答：都不能反应，因为丙炔酸性比 H_2O 和 C_2H_5OH 小。

4-5 解答：加 $Ag(NH_3)_2NO_3$，有白色沉淀产生的为丙炔；加溴的四氯化碳溶液，褪色的为丙烯，无变化的为丙烷。

4-6 解答：

$$CH_3C{\equiv}CH \xrightarrow{NaNH_2/\text{液氨}} CH_3C{\equiv}CNa \xrightarrow{CH_3CH_2CH_2CH_2Br} CH_3C{\equiv}CCH_2CH_2CH_2CH_3$$

4-7 解答：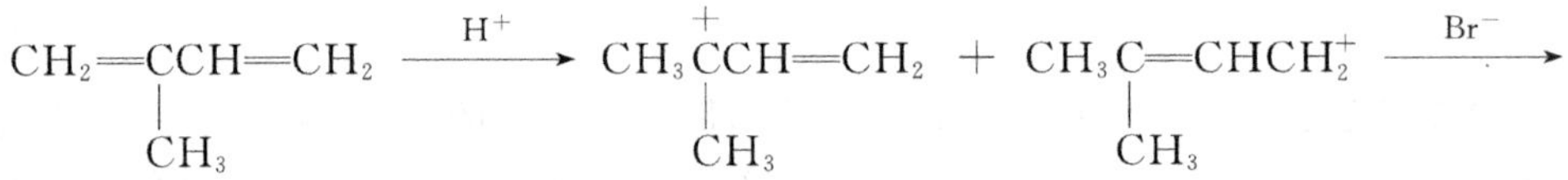

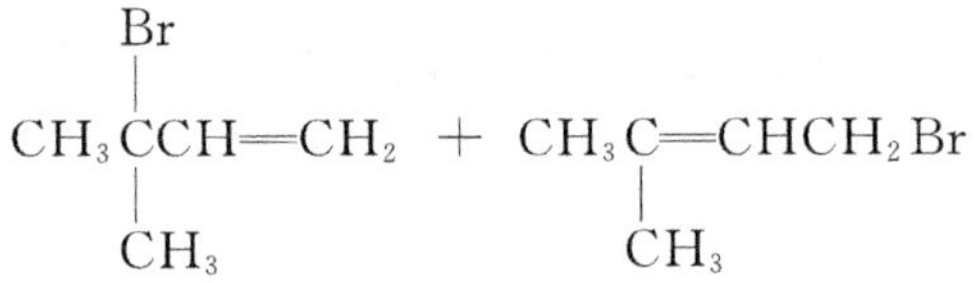

5-1 解答：根据分子式以及是饱和烃这一条件，可推知该化合物应为环烷烃；而只有一个甲基，则只能是一元取代的环烷烃。由此可知该化合物可能的构造式为

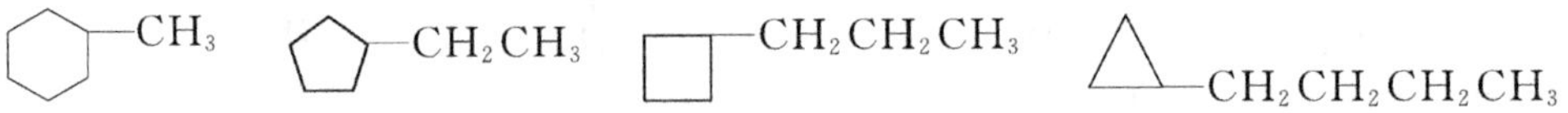

甲基环己烷　　乙基环戊烷　　正丙基环丁烷　　正丁基环丙烷

5-2 解答：C

5-3 解答：A

5-4 解答：丙烷、甲基环丙烷 $\xrightarrow{\text{溴水}}$ 丙烷：溴水不褪色；甲基环丙烷：溴水褪色

5-5 解答：D

6-1 解答：(1)对/4-溴硝基苯；(2)2-羟基苯磺酸；(3)2,5-二氯甲苯；(4)对/4-溴苯胺

6-2 解答：4 种，如下：

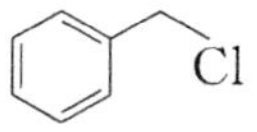
(1)氯甲苯

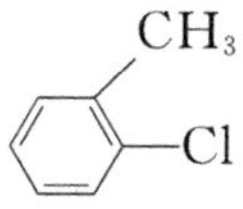
(2)邻氯甲苯

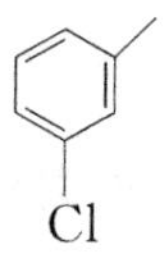
(3)间氯甲苯

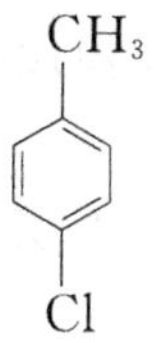
(4)对氯甲苯

6-3 解答:氯甲苯和苯在无水 $AlCl_3$ 的催化下经过傅-克反应生成了二苯甲基,反应式如下:

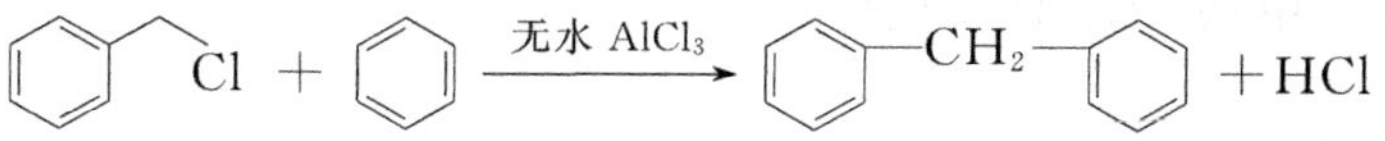

6-4 解答:C

6-5 解答:A

6-6 解答:D

6-7 解答: 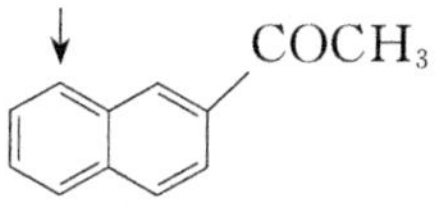 , 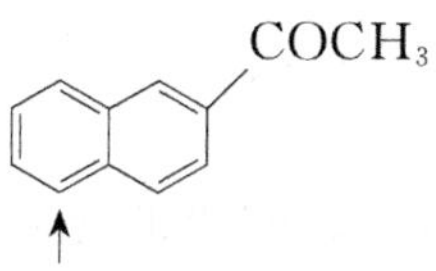

6-8 解答: 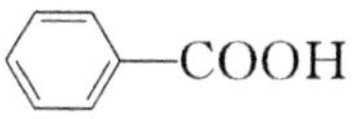

7-1 解答:A、E、F 有手性,因为它们不能和其镜像重合。

7-2 解答:D

7-3 解答:A

7-4 解答:B

7-5 解答:D

7-6 解答:A

8-1 解答:A

8-2 解答:B

8-3 解答:丙酮在 1 715 cm^{-1} 处有强 C═O 吸收;而丙烯醇在 3 500 cm^{-1} 处有—OH 吸收,在 1 660 cm^{-1} 处有 C═C 吸收。

8-4 解答:A

8-5 解答:2-氯丙烯的乙烯基中 H 不等价,故在 2-氯丙烯中有 3 种不同化学环境的质子,导致在 ^{1}H-NMR 谱中有 3 种氢的信号。

8-6 解答:A. 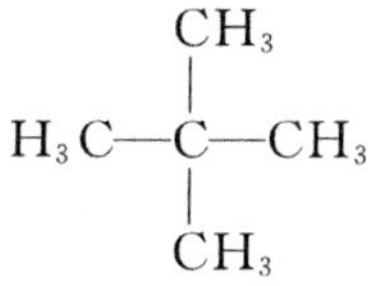 B. 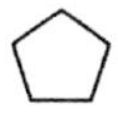 C. 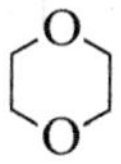

9-1 解答:

1-溴戊烷,伯卤代烃

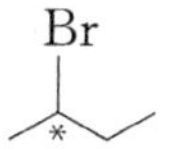
2-溴戊烷,仲卤代烃

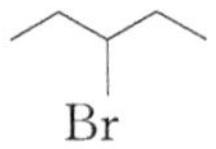 3-溴戊烷，仲卤代烃

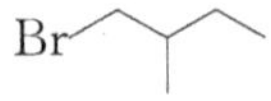 1-溴-2-甲基丁烷，伯卤代烃

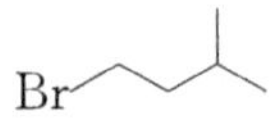 1-溴-3-甲基丁烷，伯卤代烃

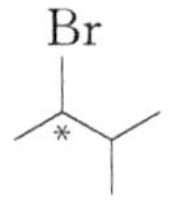 2-溴-3-甲基丁烷，仲卤代烃

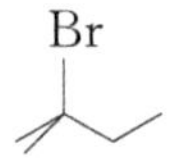 2-溴-2-甲基丁烷，叔卤代烃

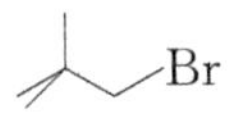 1-溴-2，2-二甲基丙烷，伯卤代烃

9-2 解答：向三种化合物的溶液中加入硝酸银的醇溶液，生成黄色沉淀最快的是 2-碘丙烷，其次得到沉淀的是 2-溴丙烷，最慢的是 2-氯丙烷。

9-3 解答：从高到低的次序为（1）＞（3）＞（2）。

9-4 解答：（1）1-溴丁烷＞1-溴-3-甲基丁烷＞1-溴-2-甲基丁烷＞1-溴-2，2-二甲基丁烷

（2）1-溴-2，2-二甲基丁烷＞1-溴-2-甲基丁烷＞1-溴-3-甲基丁烷＞1-溴丁烷

9-5 解答：氯甲烷的水解为 S_N2 反应历程。I^- 无论作为亲核试剂还是作为离去基团都表现出很高的活性，所以在加入 NaI 或 KI 后，I^- 作为强亲核试剂，很快会取代 Cl^-，而后 I^- 又作为离去基团，很快被 OH^- 所取代，所以反应会加快很多。

10-1 解答：

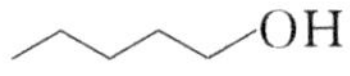 戊-1-醇　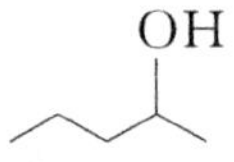 戊-2-醇　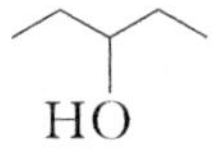 戊-3-醇

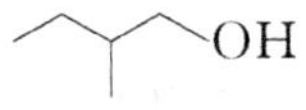 2-甲基丁-1-醇　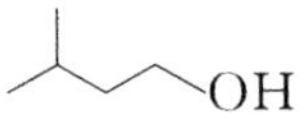 3-甲基丁-1-醇

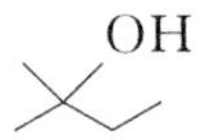 2-甲基丁-2-醇　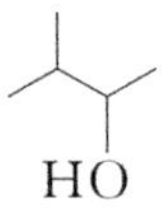 3-甲基丁-2-醇

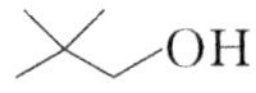 2，2-二甲基丙-1-醇

10-2 解答：沸点由高到低为正辛醇＞正己醇＞己-3-醇＞2-甲基戊-2-醇＞正己烷。

10-3 解答：三种醇与金属钠反应的活性次序由大到小为丁-1-醇＞丁-2-醇＞2-甲基丙-2-醇。

三种醇钠的碱性由大到小为 2-甲基丙-2-醇钠＞丁-2-醇钠＞丁-1-醇钠。

10-4 解答：（1）$CH_3CHO+HCHO$

（2）CH_3COCH_3

10-5 解答:酸性由大到小:间硝基苯酚＞间溴苯酚＞苯酚＞间甲苯酚。

10-6 解答:检验醚中是否有过氧化物,可用淀粉-碘化钾试纸,若试纸变蓝,则说明有过氧化物存在;或用硫酸亚铁和硫氰化钾混合物与醚振荡,若有过氧化物存在,则溶液显红色。

11-1 解答:B

11-2 解答:ACE

11-3 解答:ABC

11-4 解答:ABD

11-5 解答:BE

11-6 解答:C

12-1 解答:B

12-2 解答:B

12-3 解答:B

12-4 解答:A

12-5 解答:C

12-6 解答:B

13-1 解答:C

13-2 解答:B

13-3 解答:A

13-4 解答:A

14-1 解答:a＞f＞g＞e＞d＞b＞c

14-2 解答:A

14-3 解答:(1)    (1) 

14-4 解答: 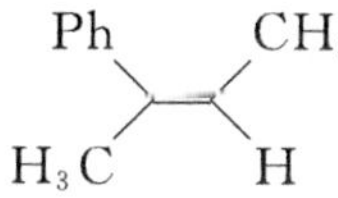 $+(CH_3)_2NOH$

14-5 解答:1.(1) 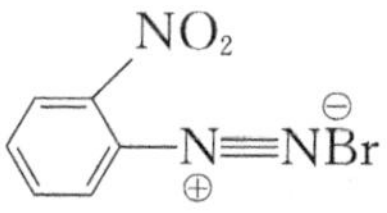 (2) 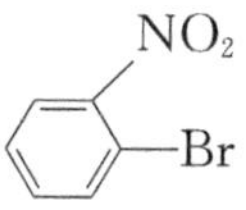 (3) 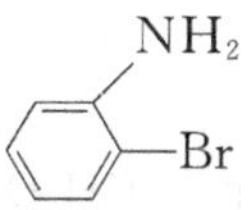

2.(1) 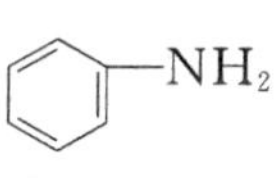 (2) 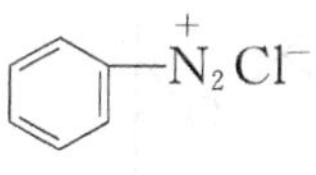 (3) 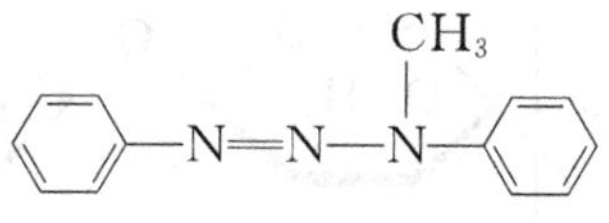

15-1 解答:C

15-2 解答:B

15-3 解答:D

15-4 解答:有芳香性的是下列化合物,参与 π 体系的未共用电子对如结构式所示。

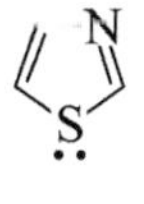 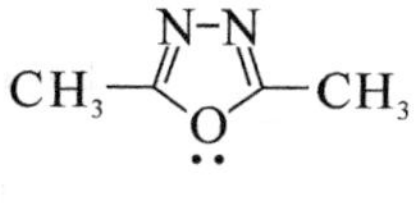 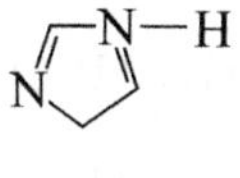

15-5 解答:噻吩的亲电取代反应比苯容易进行,在室温时与浓硫酸作用即可磺化,生成 α-噻吩磺酸,后者能溶于浓硫酸;而苯在室温下较难磺化,利用该特性,可除去苯中少量的噻吩。

16-1 解答:

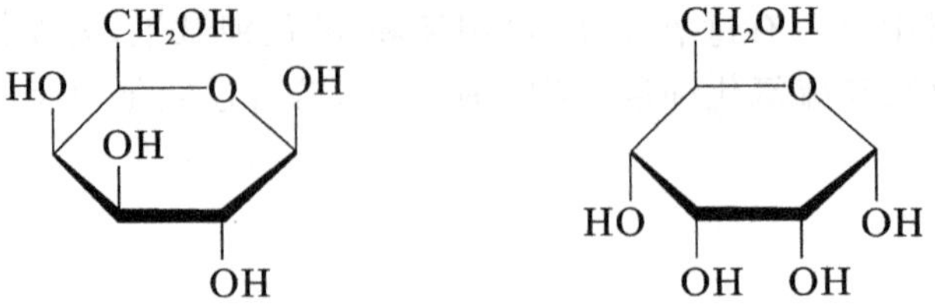

16-2 解答:

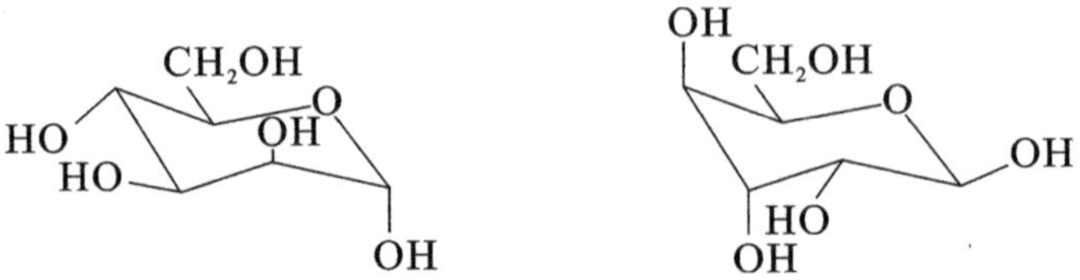

16-3 解答:因为果糖的羰基还原后形成一个手性碳,A 与 B 的关系为差向异构体。

16-4 解答:D-阿洛糖,D-半乳糖

16-5 解答:

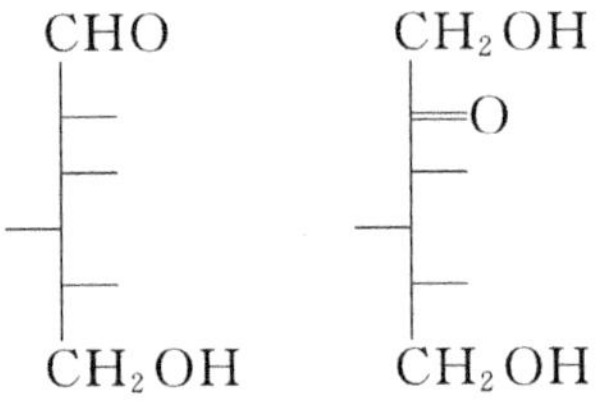

16-6 解答:a、b、f 有变旋现象。因为属半缩醛,可通过开链式 α-β 互变。

16-7 解答:DF

16-8 解答:

a. 水解反应

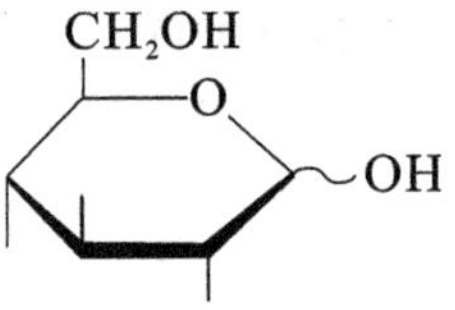

b. 不反应

c. 不反应

d. 甲基化反应

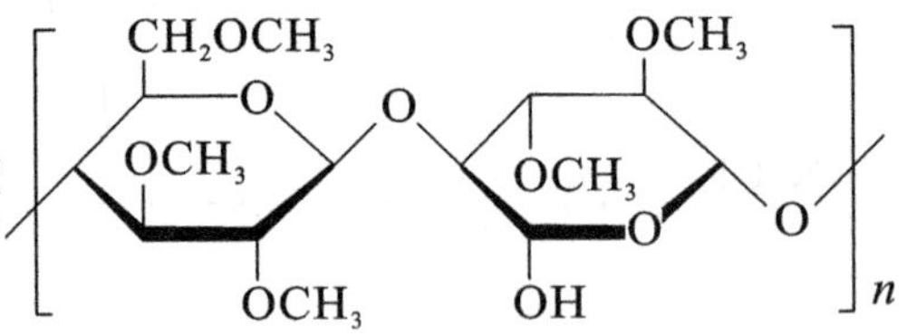

17-1:**解答**:

a.

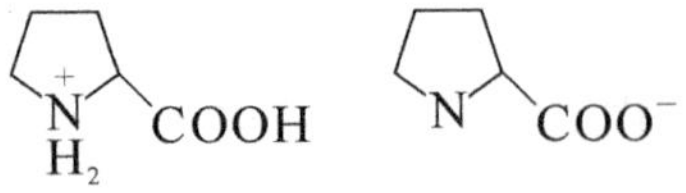

b.

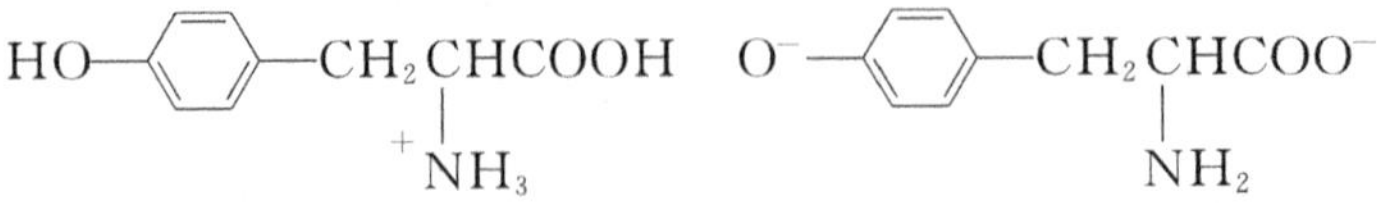

c.

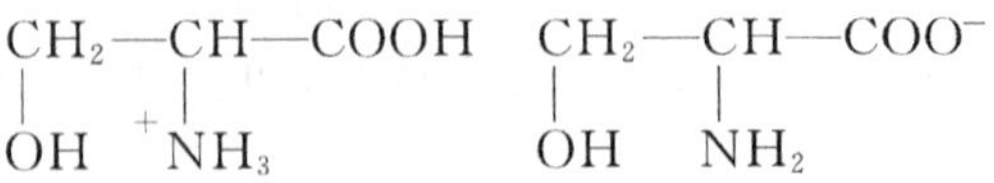

d. $HOOC-CH_2-\underset{^{+}NH_3}{\underset{|}{CH}}-COOH$ $\quad {}^{-}OOC-CH_2-\underset{NH_2}{\underset{|}{CH}}-COO^{-}$

17-2 解答：a. $(CH_3)_2CHCH(NH_2)COO^{-}$

b. $H_2N(CH_2)_4\underset{NH_2}{\underset{|}{C}}HCOO^{-}$

c. $\underset{OH}{\underset{|}{CH_2}}-\underset{^{+}NH_3}{\underset{|}{C}}HCOOH$

d. $HOOC(CH_2)_2\underset{^{+}NH_3}{\underset{|}{C}}HCOOH$

17-3 解答：三肽，N-端为亮氨酸，C-端为甘氨酸，此肽为中性。

17-4 解答：a. 丝氨酸-甘氨酸-亮氨酸，简写为：丝-甘-亮

b. 谷氨酸-苯丙氨酸-苏氨酸，简写为：谷-苯丙-苏

17-5 解答：(1)蛋白质不可逆沉淀；(2)蛋白质水解；(3)蛋白质可逆沉淀；(4)蛋白质凝絮；(5)蛋白质结构改变；(6)蛋白质结构改变。

18-6 解答：DNA 相对分子质量非常庞大，由脱氧核糖组成，在 RNA 中，核糖代替脱氧核糖；DNA 中含胸腺嘧啶，RNA 中含尿嘧啶。

18-1 解答：水解后得到 $CH_3(CH_2)_{16}COOH$ 和(Z)-$CH_3(CH_2)_7CH=CH(CH_2)_7COOH$。1,2-二硬脂酰-3-油酰甘油水解后能得到与之相同的产物。

18-2 解答：油脂是高级脂肪酸与甘油所形成的高级脂肪酸甘油酯；蜡是高级脂肪酸与高级饱和一元醇形成的酯；磷脂主要是甘油与磷酸、脂肪酸形成的酯，磷酸另一端与碱结合(卵磷脂、脑磷脂)，或者鞘氨醇与磷酸、脂肪酸形成的酯，磷酸另一端与胆碱结合(神经磷脂)。

18-3 解答：

(1) 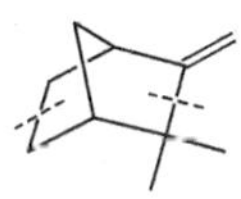
单萜

(2) 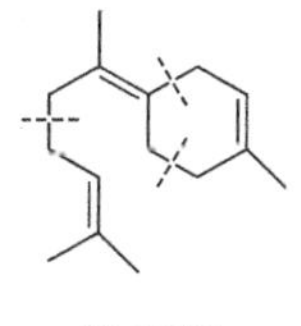
倍半萜

(3) 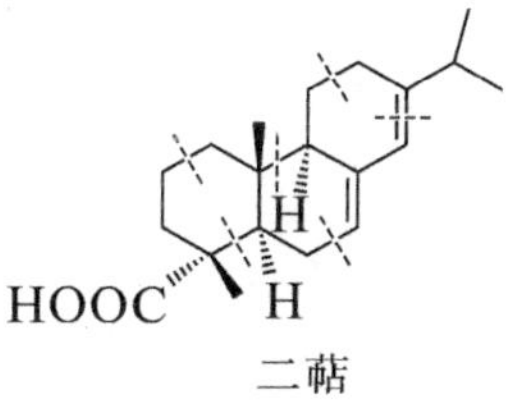

二萜

18-4 解答：(1) 3,7-二甲基-辛-1,6-二烯-3-醇(单萜)

(2) 3,7,11-三甲基十二碳-1,6,10-三烯-3-醇(倍半萜)

(3) 3,7-二甲基-辛-6-烯醛(单萜)

(4) 2,6-二甲基-10-亚甲基十二碳-2,6,11-三烯醛(倍半萜)

(5) 5-甲基-2-异丙基环己酮(单萜)

(6) 1,3,3-三甲基二环[2.2.1]庚-2-酮(单萜)

参考文献

[1] 中国化学会有机化合物命名审定委员会. 有机化合物命名原则 2017[M]. 北京:科学出版社,2018.

[2] 邢其毅,裴伟伟,徐瑞秋,等. 基础有机化学[M]. 3 版. 北京:高等教育出版社,2005.

[3] 胡宏纹. 有机化学[M]. 4 版. 北京:高等教育出版社,2013.

[4] 林辉. 有机化学[M]. 3 版. 北京:中国中医药出版社,2012.

[5] 徐寿昌. 有机化学[M]. 2 版. 北京:高等教育出版社,1993.

[6] McMurry J. Organic Chemistry[M]. 9th edition. Massachusetts:Cengage Learning,2015.

[7] Solomons T G, Fryhle C B, Snyder S A. Organic Chemistry[M]. 11th edition. New Jersey:John Wiley & Sons,Inc. ,2013.